“十三五”国家重点出版物出版规划项目

世界名校名家基础教育系列

Textbooks of Base Disciplines from World's Top Universities and Experts

yaleopencourses

oyc.yale.edu

耶鲁大学开放课程

基础物理 Ⅱ

电磁学、光学和量子力学

[美] R. SHANKAR 著

刘兆龙 吴晓丽 胡海云 译

机 械 工 业 出 版 社

Preface to Fundamentals of Physics, in Chinese

It is every author's wish that his works be available to the widest audience. This translation does that and more by allowing the student to focus on the physics without simultaneously confronting a foreign language. I thank and congratulate Dr. Zhang Jinkui of China Machine Press for a most successful completion of this mission.

My special thanks go to Professor Liu Zhaolong for her impeccable translation. In addition to preserving the content (including colloquialisms) she corrected some errors that had gone undetected by me and others. It was my pleasure to meet and thank her personally this June when I attended a conference in Beijing organised by China Machine Press.

I will close by wishing all the readers the best of luck in physics.

R. Shankar

August 28, 2017

中文版序

Yale

每一位作者都希望自己的作品能够拥有最广泛的读者，此中译本使学生专注于物理，不必在学习的同时面对外语，从而实现并超越了这一愿望。我感谢并且祝贺机械工业出版社的张金奎编辑，他非常成功地完成了这项工作。

我特别感谢刘兆龙教授完美的工作。除了保持原内容（包括一些口语）以外，她还改正了被我和其他人漏掉的几处错误。我很高兴与她相识。今年6月，在北京参加由机械工业出版社组织的会议期间，我当面向她表示了感谢。

最后，祝愿所有读者在物理学领域中好运！

R. Shankar

译者的话

Yale

本套书（《基础物理》和《基础物理Ⅱ》）出自耶鲁大学物理学“约翰·伦道夫·霍夫曼教授”[㊀] R. Shankar之手。Shankar教授是美国艺术与科学院院士，研究领域为量子场论，早期曾从事粒子物理方面的研究，曾荣获美国物理学会利林菲尔德奖。Shankar教授不仅是一位著名的物理学家，还是一名深受学生喜爱的物理教师。在耶鲁大学的课堂上，他的课受到学生的好评和欢迎，他录制的课堂视频也在网上广泛传播[㊁]。

《基础物理Ⅱ》共24章，包括电磁学、光学、量子力学等内容。它的姊妹篇《基础物理》涉及力学、相对论、振动与波动、流体、热力学等。在这两本书中，Shankar教授精选出物理学的主干内容，将之与相应的物理思想、物理方法、物理直觉和对物理学的热爱一起呈现给读者。他的书就像他的课一样，追求高水准，既深入严谨，又清晰简练。即使在数学工具的运用方面，Shankar教授也不做任何妥协，在书中循循善诱且坚决地使用了级数、复数等数学知识，使学生明白数学语言对于物理描述的重要性和必要性。

尽管如此，本套书并不枯燥刻板，在讲授物理知识和方法时，Shankar教授从物理学家的角度出发，深入浅出，或是给出巧妙的比喻，或是讲述一些令人发笑的想法，以帮助读者理解，其中不乏智者的幽默与诙谐。他还常在书中给出一些学生曾提出过的问题或是学生对某些问题的答案，以缩短读者与作者间的距离。读Shankar教授的书，常常会让人感到仿佛有个智者坐在对面，将基础物理学的精华向你娓娓道来。这套书秉承了作者的课堂风格，逻辑性强，富于想象且睿智活泼。

书中的插图也颇具特点。现在，大部分教材都会追求精美的插图，甚至不惜采用彩图来加强效果，可是Shankar教授却采用了非常质朴的插图，这些图简洁达意，不做任何渲染，使人联想起教师们在黑板上面向学生手绘出的那些图。他说这样做是为了降低书的价格。由此，你感受到Shankar教授的爱心与幽默了吧？

在翻译这套书时，译者力图保持Shankar教授的写作风格，使用的语言接近口语，更像教师们的课堂用语，以期给读者亲切自然之感。Shankar教授的书中自然

㊀ John Randolph Huffman Professor

㊁ 网易公开课搜索“耶鲁大学　基础物理”可免费观看全课程双语字幕视频。——编辑注

地融入了一些英文的双关语，带有美国文化的烙印，个别地方还使用了英制单位，为了帮助读者理解，译者和编辑在必要的地方给出了相应的注释。

本书由北京理工大学物理学院的刘兆龙教授（第 1 ~ 10 章）、吴晓丽副教授（第 11 ~ 18 章）和胡海云教授（第 19 ~ 24 章）翻译。在翻译过程中，Shankar 教授对于译者提出的各个问题都给予了认真耐心的解答，我们在此致以真诚的谢意！译者非常感谢北京理工大学的学生们，他们激励着我们的翻译工作，使我们更加确信此工作的意义。我们还非常感谢本书的编辑张金奎的帮助和他为本书的出版所付出的努力！

真诚欢迎读者就本书翻译的不妥之处提出宝贵的意见和建议！

译　者

2018 年 8 月于北京中关村

前言

本书是《耶鲁大学开放课程：基础物理 力学、相对论和热力学》的姊妹篇，包括电磁学、光学和量子力学等内容。就像上一卷那样，本书基于我在耶鲁对不同班级的讲授而编写。这两卷涵盖了所有重要的主题，可用于一年的基础物理课程教学，也可以用于学生自学，教师还可以将之作为其他教材的补充。

书中的各章内容或多或少地源自我在耶鲁的讲授，有一些小的改动，不过仍延续着我的课堂风格。我经常会引入一些学生们问过的问题，或是给出学生们对一些问题的答案，我相信这对读者是有益的。配套的习题和测试题发布在耶鲁的网站 http://oyc.yale.edu/physics 上，缺少了它们，你无法知道或是确定自己是否学好了物理。网站上还附有相应的解答。这些资源对所有人免费开放。还可以在线观看我的讲课，比如 YouTube，iTunes（https:// itunes. apple. com/us/ itunes-u/physics-video/id341651848? mt = 10），以及 Academic Earth 等[㊀]。

我在讲课时常提及我所著的《基础数学训练》这本书，该书由斯普林格（Springer）出版，受众是那些希望掌握物理学中所必需的大学数学知识的人。

正如前一本书那样，本书的问世要感谢很多人。时任耶鲁学院院长、现任耶鲁大学校长的彼得·沙洛维（Peter Salovey），劝说我加入第一批由惠留特基金（Hewlett foundation）资助的耶鲁公开课。戴安娜·克莱纳（Diana. E. E. Kleiner），她是讲授艺术与经典史的邓纳姆（Dunham）讲座教授，在许多方面鼓励并指导我，她也是力促我编写这两本书的人。在耶鲁大学出版社，乔·卡拉米亚（Joe Calamia）不断地给予我帮助，为改进这本书提出了无数的建议，他还赞同出现在书中的许多关于亚原子粒子的讨论。安-玛丽·殷博诺尼（Ann-Marie Imbornoni），再一次在各个阶段都顺利地运作着这本书。我非常高兴丽兹·凯西（Liz Casey）又一次对原稿进行了高超的编辑，不仅大大地改进了标点、句法和语法，还使表述更加清晰，并确保所用的那些文字传达出了我的意图。

感谢甘佩西·默菲（Ganpathy Murthy）教授（肯塔基大学）和布拉尼斯拉夫·乔志伟（Branislav Djordjevic）（乔治梅森大学）经过深思熟虑后给出的建议。我特别要感谢宾夕法尼亚大学的菲尔·尼尔森（Phil Nelson），他对书中的许多部

㊀ 网易公开课可免费观看全课程双语字幕视频。——编辑注

分进行了细致、深刻地评议。

本书的写作开始于一年前，2015 年 8 月在阿斯潘物理中心（ACP）完成。非常感谢 ACP 提供的氛围，在那里，作为一名科学家和作者，我感受到了自己在智慧上被给予的滋养。ACP 由国家自然科学基金（NSF）1066293 项目资助。

本书的大部分内容是在位于圣塔巴巴的卡弗里理论物理研究所（KITP）写作的，在那里我荣幸地得到了 2014 年秋季的西蒙杰出访问学者奖励。KITP 由国家自然科学基金 NSF PHY11-25915 项目给予部分资助。我特别要感谢拉尔斯·比尔德斯登（Lars Bildsten）教授使这成为可能。

我发现自己不能在这两个奇妙之地写书的那天，就是我的改行之日。

巴里·布莱德林（Barry Bradlyn）和阿列克谢·什卡林（Alexey Shkarin）是两名优秀的研究生，他们校读了本书，找出了其中的漏洞并且对体裁的变化提出了建议。

我的三代之家一如既往地支持着我。最终的检查是斯特拉（Stella）做的，她自作主张地用铅笔在页边空白处及正文留下了许多注释，书中剩余的错误都该由她负责。

R. Shankar

目 录

Yale

第1章 Yale

静电学Ⅰ

在本课程第二部分的开始，我们引入一种新的力——电磁力；随后，我们将学习光学；最终，以量子力学结束这门课程。其实，量子力学并不是转向到一种新的力，它完全是另外一回事儿。它研究的不是什么力确定了物体的运动轨道，而是我们到底该不该认为粒子具有运动轨道。答案是否定的。你会发现它颠覆了牛顿力学的许多核心思想。但是，有个好消息，这就是只在研究非常小的东西时，如分子或者原子，才需要用到量子力学。当然，关键的问题是分界线在哪里？多小才算是小？有些人甚至问我："是否要用量子力学来描述人的大脑呢？"答案是："是的，如果它足够小。"我参加过一些聚会，与某个人交谈了几分钟后，我认为："是的，对待这个人的脑袋，需要使用完备的量子力学。"但是，在大部分时间里，一切都是宏观的，所以你可以用牛顿力学和经典电磁学来进行研究。

1.1 回顾 $\boldsymbol{F}=m\boldsymbol{a}$

在开始学习电磁学之前，我们来回顾一下力、质量、加速度之间的关系，还要复习 $\boldsymbol{F}=m\boldsymbol{a}$，在前一本书中，也就是第Ⅰ卷中，已经对此进行了详尽的讨论。所有人从一开始就知道 $\boldsymbol{a}$ 表示加速度，并且都知道该如何测量它。你测得现在的位置和稍后某个时刻的位置，计算两者之差，用它除以时间间隔，就得到了速度。尽管速度需要连续测定两个位置，但是我们却说"此刻"的速度，因为可以让这两次测量无限地接近，在时间间隔趋近于零的极限下，我们就有了此刻的速度。如果你汽车上的速度表指示的是60mile/h，这是你此刻的速度。同理，求出现在的速度和稍后时刻的速度，用它们的差值除以时间间隔，就得到了加速度，它是瞬时量。如果你踩油门并且感受到了座椅的推力，那么这反映出你此刻具有加速度。

假设我们知道了测量加速度的方法，又应该怎样确定物体的质量呢？首先，我们需要任选一个标准质量。在标准局中存有一个由某种材料制成的物块，将之定义为1kg。利用它，你能够给出其他的质量吗？你一定知道，用秤来称量是不成的，因为那测量出的是物体受到的重力，它源于地球的引力。而无论在何处，即便是在远离地球的地方，都可以对物体的质量进行定义。你或许会说，"那好，用一个已知的力除以它产生的加速度”，但是，我们也还没有谈到如何对力进行测量。因为你只有 $\boldsymbol{F}=m\boldsymbol{a}$ 这一个方程。

有个正确的选择是这样来应用 $\boldsymbol{F}=m\boldsymbol{a}$。找一根弹簧，将其一端固定于墙上，在其另外一端挂上一个已知质量为 1kg 的物体。拉这个物体，使弹簧伸长一定的量，之后释放这个物体，测量其加速度 a_1。现在，取一个待测质量的物体，比如说是一头大象。你把这个 1kg 的物体拿下来，换上这头大象，将弹簧拉伸同样的长度，测量这头大象的加速度 a_E。由于弹簧的伸长量相同，所以这两种情况下的弹力是相同的。你不知道也不必知道弹力是多大，只要知道是相同的就好。于是，我们得到

$$1 \cdot a_1 = m_E \cdot a_E \tag{1.1}$$

由这个方程就可以确定出大象的质量 m_E。

假设利用这样的过程确定出了所有物体的质量，那么我们是否就可以利用 $\boldsymbol{F}=m\boldsymbol{a}$ 得到这些物体的运动轨道了呢？不行，我们还需要了解在各种情况下，都有哪些力作用于物体之上。我们需要明确在给定的情形下 $\boldsymbol{F}=m\boldsymbol{a}$ 中的力 $\boldsymbol{F}$。一般来说，牛顿并没有告诉你这些。例如，对于弹簧，你必须明确，当它被拉伸时，作用力有多大。为此，你将一个已知质量的物体系在弹簧上，使弹簧的伸长量为 x，找到物体的加速度，这样乘积 ma 就可以给出这个力随 x 变化的函数关系。然而，牛顿的确针对一个著名的案例给出了方程的左侧，这就是质量 M 和 m 间的万有引力，它与两者的间距 r 及引力常数 G 之间的关系为

$$F=\frac{GMm}{r^2} \tag{1.2}$$

根据这个定律，我们可以进行一些很了不起的天体力学研究，这项研究一直持续到了今天。

与弹簧不同，地球与它吸引的那个物体实际上并没有相互接触，无论它是苹果还是月亮。这是个远程作用的例子。相信没有接触的物体之间可以发生相互作用是一种非常伟大的抽象，如彼此吸引（或排斥）。在这种力中，第一个被定量表达出来且公开发表的就是引力。

要记住 $\boldsymbol{F}=m\boldsymbol{a}$ 和 $F=-kx$ 之间的不同。前者是普适的，将力与力产生的加速度联系在一起，但是它并没有给出在某个情形下会存在什么样的力。我们每次都要找出作用在物体上的各个力。如果物体被系在一根弹簧上，我们就必须对弹簧进行实验研究，进而得到 $F=-kx$。

总之，利用 $\boldsymbol{F}=m\boldsymbol{a}$ 能够完成三件事：定义质量、通过检测已知质量物体的加速度确定力和求出在已知力作用下物体的加速度。

每当物体加速运动时，我们必定可以将其加速度与作用在其上的各个力的合力联系在一起。但是，有时我们却发现它不能成立。我们可以放弃 $\boldsymbol{F}=m\boldsymbol{a}$，或者坚信 $\boldsymbol{F}=m\boldsymbol{a}$ 是正确的，但要在所有力都被考虑在内的条件下才成立，进而去发现这种不

相符所揭示出的未知力及其性质。

1.2　走进电学

现在，我将讲述一个实验，它揭示出一个新力的存在。我找一把梳子，使劲儿地梳自己的头发，然后让它接近一个小纸片。我发现小纸片被粘在了梳子上，而且我可以将小纸片提起来。可是，一旦我用力地甩动梳子，小纸片就掉下去了。我们可以从这个实验中知道些什么呢？

很明显，梳子与纸片之间的力不是引力，因为引力与你梳不梳头发没有关系。我们可以认为出现了一个新的力。但是，我们或许会认为这个力比引力小很多，因为一旦甩动梳子，纸片就最终屈服于引力而掉落下去。要是这样想，你可就错了。事实上，在某种标准下，这个新力是引力的 10^{40} 倍，稍后我会对此进行解释。但是在开始阶段，我们还是直观地了解一下吧。

在图 1.1 中，你看到我拎着一把梳子，梳子提着那纸片。是谁在试图向下拽纸片呢？是整个地球！喜马拉雅在将它向下拉，太平洋在将它向下拉，甚至尼斯湖的怪兽也在将它向下拉。所有的东西都在把它往下拉。有些人通常认为这个世界施予他们的是阻力，我就是其中之一。但是，我这一次的想法是对的。所有东西都在对抗我和我的梳子，而我们却能够克服所有这些。这就是你比较电力和引力的办法。我搞出来的梳子和纸片儿之间的那点电力，需要整个地球来进行抵消。后面我们将看到 10^{40} 这个值与此事实定量相符。

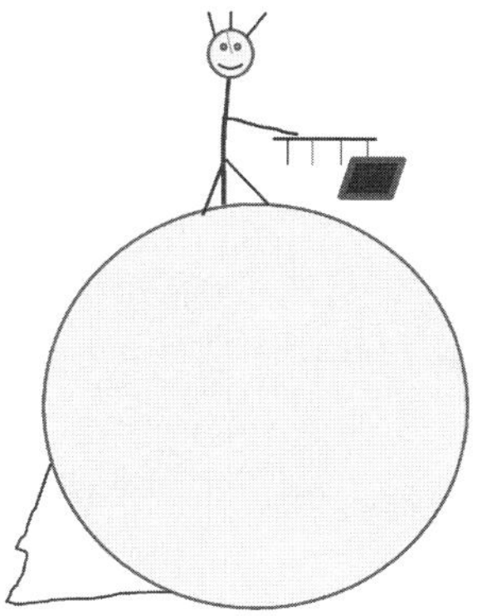

图 1.1　梳子对纸片施以静电吸引，而全世界对纸片施以反向的引力。

当我用梳子摩擦头发时，梳子发生了一些变化，使得它可以吸起纸片。我们这样描述梳子的状况："梳子带电了。"如果将梳子在水中沾一下再拿出来，就会发现它不能吸引纸片了。我们说这把梳子被**放电**了。

我将详细地讲述相应的微观理论，它可以定性和定量地解释这个以及更多的实验。但是，我们首先在定性的层次上，再看几个类似的实验（见图 1.2）并用这些思想来进行解释。

实验 1：戴上丝绸手套，拿起一根铝棒，在飞奔而过的带有毛皮的动物身上蹭一下，比如说在夜帝[1]身上蹭一下。然后，使铝棒与一个孤立的金属球短暂地接触一下。结果这根棒和球将会相斥。

实验 2：用那根带电棒靠近一个孤立不带电的球。在接触之前，它们会彼此相

[1] 传说中在喜马拉雅山区出现的全身长毛的大雪怪。——译者注

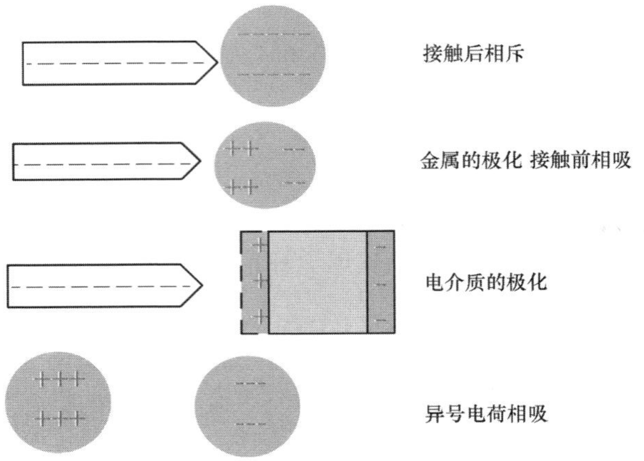

图 1.2　第 1 个图：通过接触，有一些负电荷从带负电的棒上转移到球上，使得两者相斥。第 2 个图：带负电的棒与中性球不发生接触。棒使这个球极化，吸引球。第 3 个图：带电棒使电介质极化。带有正电荷的矩形（虚线边界）和负电荷的矩形（实线边界）在中间那个浅色的区域交叠。这个浅色的区域是电中性的，而两侧带有未被抵消的电荷。第 4 个图：由于两个球带有异号电荷，故它们相互吸引。

吸。以一片纸替代金属球，情况相同。

实验 3：再取两个不带电的球。用一片涤纶摩擦那根铝棒，重复前面的实验，你将发现相同的结果。

实验 4：取两个不带电的球。用与夜帝摩擦过的棒接触一个球，用与涤纶摩擦过的棒接触另外一个球。这回，这两个球相吸。

实验 5：用导线连接这两个球，它们便不再相互吸引了。

现在，我们转向实验背后的理论，它是经历了上百年的研究而得到的。我们先来看一些定性结论。

最重要的思想是，物质都是由原子构成的。原子中有一个由质子和中子组成的核。一些非常轻的被称为电子的粒子围绕在原子核外。一般情况下，原子中的电子与质子数目相等。两个质子彼此排斥，两个电子也这样，但是质子与电子却彼此相吸。一个中子与其他中子、质子或是电子之间不发生作用，也就是说，不会相吸或是相斥。［此处，我说的相互作用指的是电力，而不是核力。核力的强度要大得多，不过只在很短的距离下（约为 10^{-15}m）才显现出来。中子全部参与核相互作用，而电子则不然。］对于参与电力相互作用的物体，像电子和质子，我们称之为带电或带有一个电荷，而称中子是（电）中性的。

正如质量是粒子间引力的起因，电荷是电作用的起因。但是，它们是不同的。没有引力中性的粒子——每个物体的质量都是正值。其次，引力总是相互吸引，而电力既可以是相斥的又可以是相吸的。我们这样描述，有两种电荷，即正电荷和负电荷，它们可以像正数和负数那样彼此相抵消。规定质子所带的电荷为正，电子所带的电荷为负。同号电荷相斥，异号电荷相吸。带有等量正电荷和负电荷的系统将显示出电中性，至少在距离较远、内部结构可以忽略时是这样的。然而，不存在与此类似的中和掉引力的方法。

若一个原子具有相等数量的质子与电子，那么它是电中性的。这归因于一个著名的事实，即**电子与质子恰好带有等量异号的电荷**。这种相等很令人不解，因为这两种粒子在其他方面有着很大的不同：质子的质量为电子的1836倍，而且它参与一些电子并不参与的力。

下面，我们利用上述结论解释实验1~5。

实验1：通过摩擦，电子从夜帝流动到棒上，使得棒带负电，夜帝带正电。质子会留在原地。丝绸是绝缘体，所以丝绸手套阻止了棒上的电子转移到你的身体进而进入大地。电子趋向于彼此分散开，故棒与球一接触，就有一些电子转移到球上。球和棒都带上了负电荷，因而相互排斥。

实验2：当带负电的棒靠近中性的金属球时，球中的电子受到棒上剩余电子的排斥，选择占据远侧，使得靠近棒的那侧出现正电区。正电区吸引棒，而负电区则排斥棒。因为带正电的部分更靠近棒，所以引力胜出。**在导体中，电子可以自由运动**。如果我们以一片纸代替金属球，它也会被吸引，但是其中的机理要更复杂一些。纸是电介质，是**绝缘体**，其中的电子不能自由运动到纸的一端。但是，在受到作用后，电子可以从原本中心位于原子核处的轨道上移动一点。想象有一张矩形的纸，它由两层交叠而成，一层带正电（在图中以虚线画出它的边界），由原子核构成；而另外一层带负电，由电子构成（边界为实线）。开始时，两层完全重合，各处均是电中性的。当带负电的棒靠近纸的一端时，电子所在的那层发生了非常微小的位移（原子尺度的），远离了棒，而带正电的原子核层没有移动。纸的大部分区域（中间的实线交叠区域）仍然是电中性的，但是在靠近棒的那侧边缘上出现了未被抵消的质子带，而较远的那侧边缘上出现了未被抵消的电子带。对于这样的过程，正负电荷发生了非常小的相对位移，我们称之为**极化**。同样，临近的正电荷带受到的引力大于较远的负电荷带受到的斥力。

实验3：当把棒在涤纶上摩擦时，电子反过来流动：从棒转移到涤纶上，棒带正电了。我们可以重复对实验1和2的论述，只要将所有电荷的符号都反号即可。

实验4：这回，一个球带正电（被涤纶摩擦），而另外一个球带负电（这要感谢夜帝），它们相吸。

实验5：导线是导体，允许电子从带负电的球流动到带正电的球上，直到两者成为中性（假设它们带的电荷等量异号）。

在所有的案例中，都可以观察到，**只有电子才可以移动**。特别地，我们来想一想实验3，一旦带正电的棒接触到球，结果两者都带上了正电。质子不会从棒流动到球上。相反，这根棒开始时**失去了电子**传给涤纶。它缺少电子，当与球接触时，它从球那里得到了一些电子。这样，球变为带正电的，而棒的正电荷稍微减少了一些。就好像有一些正电荷从棒转移到球上去了。同理，习惯上，我们规定导线中电流的方向为正电荷流动的方向，其实是电子沿着反方向运动。我们会遇到一个例外：这就是在电池或电池组内，电流的载体是带正电的离子和负电的离子（即得到或失去了电子的非中性原子）。

1.3 库仑定律

现在，我们从对电荷的定性描述进展到定量描述。如何测量或是量度 q，也就是电荷呢？两个**静止**电荷 q_1 和 q_2 之间的作用力与两者间距离的精确函数关系是什么呢？所有的答案都包含在一个公式之中，它叫作**库仑定律**，是以查尔斯-奥古斯丁·德·库仑（1736—1806）的名字来命名的。尽管只有库仑的名字，但他的工作是基于前人的许多努力之上的。然而，的确是他给出了这个定律的最终表达和直接验证，正因为如此，电荷的单位被记为 C，称为库仑。

库仑定律表明，分别位于 $\boldsymbol{r}_1$ 和 $\boldsymbol{r}_2$（见图 1.3）处的两个电荷 q_1 和 q_2 间的作用力

$$\boldsymbol{F}_{21}=-\boldsymbol{F}_{12}=\frac{q_1q_2}{4\pi\varepsilon_0r_{12}^2}\boldsymbol{e}_{12} \tag{1.3}$$

式中

$$r_{12}=|\boldsymbol{r}_2-\boldsymbol{r}_1| \tag{1.4}$$

且

$$\boldsymbol{e}_{12}=\frac{\boldsymbol{r}_2-\boldsymbol{r}_1}{|\boldsymbol{r}_2-\boldsymbol{r}_1|} \tag{1.5}$$

它是单位矢量，方向由 q_1 指向 q_2，且

$$\frac{1}{4\pi\varepsilon_0}=9\times10^9\ \frac{\text{N}\cdot\text{m}^2}{\text{C}^2} \tag{1.6}$$

公式中，$\boldsymbol{F}_{21}$（$=-\boldsymbol{F}_{12}$）是电荷 1 对电荷 2 的作用力。图中的两个电荷是同号的，彼此相斥。如果两电荷电量的符号相反，那么它们受到的力将调转方向，相互吸引。

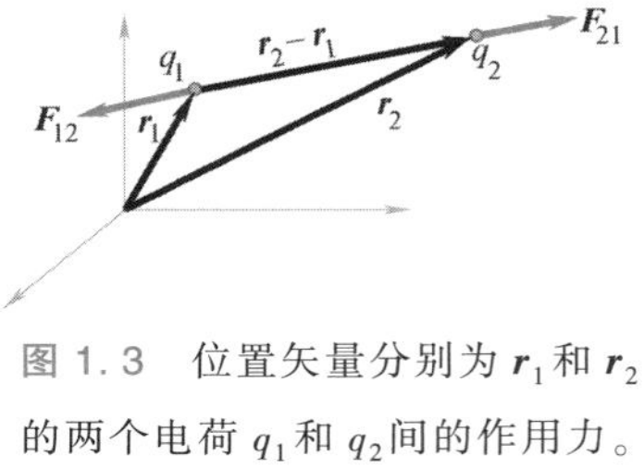

图 1.3 位置矢量分别为 $\boldsymbol{r}_1$ 和 $\boldsymbol{r}_2$ 的两个电荷 q_1 和 q_2 间的作用力。$\boldsymbol{F}_{12}$ 是电荷 2 对电荷 1 的作用力，与以同样方法定义的力 $\boldsymbol{F}_{21}$ 大小相等，方向相反。

我们将花费相当长的时间来展示这个公式的定量应用。

首先要注意，无论怎样量度 q，公式表明如果两个电荷同号，则它们相斥；反之，两个异号的电荷相吸。

其次，公式定义了 1C 的电荷：两个相距 1m、

电量均为 1C 的电荷之间的作用力将为 9×10^{9}N。

这是个很大的力（为 10，000，000 个成人的体重），没被中和掉的电荷通常没有 1 库仑那么多。通常在涉及电流时，我们才更多地提到 1 库仑：每秒通过 1 库仑的电量叫作 1 安培（以 A 表示），它并不罕见。（记住导线还是中性的：流动电子的电量被导线中静止原子核的电量所中和。）

质子的电量以 e 表示，等于 1.6×10^{-19}C，而电子的电量为 $-e$。

1.4 电荷的性质

现在，我们来看看两个关于电荷的基本结论，库仑定律中没有这部分内容，这就是：**电荷守恒**和**电荷的量子化**。

就像你所知道的，“守恒”是个物理词汇，意思是“不随时间变化。”尽管电荷可以从一个物体转移到另一个物体或是从一个地方移动到另外一个地方，然而，只要一直考虑电荷的符号，那么总电荷是守恒的。在化学反应中或是粒子加速器中，经过碰撞会出现各种新粒子，最终生成物的总电荷与反应物的总电荷总是相等的。

电荷不仅仅是守恒的，它还是**定域**守恒的。我来解释一下认为守恒定律不是定域性的是什么意思。假如我说这个教室里的学生人数是守恒的。这表明无论在什么时候去数，你得到的那个数都是一样的。但是，假设乔突然从房间的后面消失，并且瞬间出现在了这个房间的前面，那么乔的个数是不变的。但是，这不是定域性的守恒，因为乔从世界上的一个部分消失，出现在了另外一个部分，中间没有轨道。这种非定域性的守恒定律似乎不存在，我们对它也不感兴趣，因为它在相对论下不成立：乔的消失与出现，在一个坐标系中是同时的，在另外一个坐标系中不一定是。在那里，有一段时间内哪里都没有乔或者有两个乔。如果要守恒定律在所有坐标系中都成立，那么，它必须是定域性的。

电荷守恒定律是定域性的。因此，电荷不会仅仅是消失于某个地点并出现在其他某个地点。电荷是移动的，在它移动时，我们可以连续地追踪它的运动。利用这种观点，我们可以重新表述电荷守恒定律如下。你在空间划出一片区域，并且（ⅰ）对这区域内部的电荷计数，而且（ⅱ）一直追踪通过这个区域的边界进入以及离开的所有电荷。你会发现此区域内电荷的增加（减少）与通过其边界流入（流出）的电荷恰好相等。乔的情况与此不同：如果你选定教室后面的一个区域和前面的一个区域，数一数乔的个数，所得到的数目将会突变，在两个边界上都不伴随着乔的流动。

从库仑时代，人们就认为电荷是守恒的，在解释前面所述的那些静电实验时，它起到了重要的作用。

电荷的第二个性质是它是量子化的。这是说电荷的值不能连续地取任意值，不

能像一个物体的 x 坐标值那样可以是你想要的任意值。我们所知的所有电量都是一个基本电荷量 $e=1.6\times10^{-19}$C 的整数（可正可负）倍。（夸克例外，但是它们总是被禁闭在像质子和中子那样的粒子中。夸克的电量也是量子化的，不过是 e 的分数倍。例如，质子由两个电量 $2e/3$ 和一个电量为 $-e/3$ 的夸克以及一团净电荷为零的夸克-反夸克对组成。）

保罗·狄拉克（1902—1984）为电荷的量子化提供了一个可能的解释，他用到了我到目前为止还没有讲过的两个观点：磁单极与量子力学。尽管如此，在这里我还是跑会儿题，描述一下狄拉克的工作，因为我怕等讲到这两个观点时，你们早已经忘了我们现在正在讨论的这个问题。简单地说，如果存在磁单极，那么它会具有磁荷，就像电荷那样，磁荷也有两种符号。同号磁单极相斥，异号磁单极相吸，遵守平方反比定律。我们观察到的所有磁现象，就像磁铁那样，都有两个磁极，净磁荷为零，实际上它们是由电流造成的。一个磁单极就像一条只有北极的磁铁，这是我们至今还没有见过的东西。目前，我们还没有关于磁单极的直接的和可重复的证据，更别提仅有一个磁极的磁铁这种宏观表现了。然而，某些大统一理论预言磁单极是存在的，并预测它们会相当重，相互间的作用会比电荷间的相互作用强度大很多。狄拉克证明，如果量子理论对于电荷和磁荷相互作用的描述是一致的，那么**所有电荷都必须是某个基本单元的倍数，且与磁单极的磁荷成反比**。因此，哪怕有一个单个磁单极，无论它存在于宇宙中的什么地方，都保证了电荷的量子化。如果相信**可以**存在的东西**将会是**存在的，那么你可以寄希望于磁单极将会在某日被观察到。

我们简单地关注一些事实，你或许已经知道这些，但并没有进一步深究下去。

每个电子，无论在宇宙中何处，都与任一其他电子相同：具有完全相同的电荷和完全相同的质量。你或许会说："瞧，这有些多余，因为如果不具有同样的电荷以及同样的质量，那么你就会把它叫作其他东西了。"但是，我所说的并非是空话，这世上的电子有很多很多，它们是绝对相同的。在宏观上，这从未发生过。即使是双生子，也不会完全相同；而且，我们认为是相同的那些车其实也是有不同之处的。但是，微观层面的基本粒子，比如一个电子，它与宇宙中任何地方的电子都是全同的，即使它们是通过碰撞诞生于宇宙中不同地方的也如此。这是个谜，至少在经典力学中是，尽管相对论量子场论对此给出了解释。（相对论量子场论描述的是场，比如电磁场，与相对论和量子力学的定律相容。它是所有现代粒子理论的基础。）它们是绝对完全相同的这一事实为我们提供了便利，因为，假设每个粒子与每个其他粒子不同，我们就无法做出许多有用的预测了。例如，一个退行星系中的氢原子与地球上的氢原子是一样的，一旦观察到它发出的光有频移，那么我们就可以由多普勒频移推测出这个星系的速度，而不必认为其他星系中的这个"氢原子"是个不同的原子了。这种分子和原子具有的全同性也是像 DNA 这样的结构保持稳定和可复制的原因。

我们知道，电子与质子具有非常不同的质量、非常不同的除电力以外的作用，可电子的电量与质子的为什么恰好等量异号呢？借助关于强相互作用、弱相互作用和电磁相互作用的标准模型，基于叫作“反常相消”的一致性条件，可以对此进行解释。这种电荷量的相等性是原子为电中性的关键，它使我们得以生存。它也是为什么我们能够探测到相对强度很弱的引力的原因，我们会在后面对引力的强度进行更仔细的探讨。

1.4.1 叠加原理

假设有三个电荷 q_1、q_2 和 q_3，如图 1.4 所示，以 $\boldsymbol{r}_1$、$\boldsymbol{r}_2$ 和 $\boldsymbol{r}_3$ 表示它们的位置。现在，我们来看看库仑定律的应用。其他两个电荷对 q_3 的作用力如何呢？大部分学生会立即回答说等于我们以符号 $\boldsymbol{F}_{31}$ 和 $\boldsymbol{F}_{32}$ 表示的两个力的矢量和，也就是 q_1 单独存在时对 q_3 的作用力与 q_2 单独存在时对 q_3 的作用力的和。这的确是正确的，但它不是由库仑定律得出的结论。库仑定律仅涉及一对电荷，而同学们给出的答案中假设 $\boldsymbol{F}_{31}$，即 q_1 对 q_3 的作用力，并没有因为 q_2 的存在而受到影响。这不能由库仑定律得到，不是库仑定律的结果，甚至如果考虑相对论量子力学效应的话，它并不正确。我们发现，当出现第三个电荷时，会出现某种新力，这种力不能利用这种成对的“两体”作用来描述。换言之，当出现更多对粒子时，对于一对孤立粒子的研究，不能给出我们所需要知道的一切。然而，在我们这里所关注的经典电磁学中，当存在三个电荷时，要计算 q_3 的受力，你可以通过将 q_1 单独存在时对 q_3 的作用力与 q_2 单独存在时对 q_3 的作用力相加而得到。这称为叠加原理。我重复一下：这不是库仑定律的推论，经典电磁学中的这个特性不过是基于经验的，它在很大程度上简化了我们的研究。

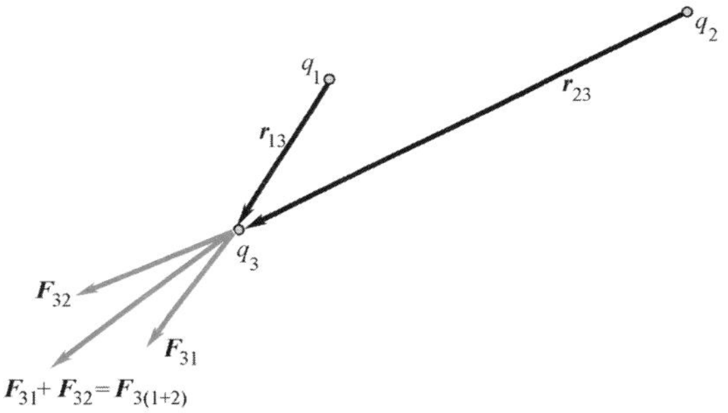

图 1.4 q_3 受到的作用力等于 q_1 和 q_2 单独存在时对它的作用力的矢量和。这就是叠加原理。

1.5 库仑定律的验证

假设我给出库仑定律，要求你去验证它。你怎样证实两个电荷之间的作用力与 q_1、q_2 以及 $r = |\boldsymbol{r}_1-\boldsymbol{r}_2|$ 之间的关系呢？在看以下同学们给出的答案之前，想一想这个问题。我的一个学生是这样想的，保持 q_1、q_2 不变，改变 r，并且测量出两者间的相互作用力随 r 变化的函数关系。关于力的测量，我的学生有两个主意。一个是，将两个电荷系于一根弹簧的两端，观察一下与电力平衡时弹簧所具有的伸长

（或压缩）量。另外一个方法是，只固定一个电荷，让另外一个电荷加速，然后利用 $F=ma$ 求出力（随起始间距 r 变化的函数关系）。

需要指出，只要验证过程在原理上是正确的，我就认可，不要求这些验证与绝顶聪明的实验家所用的一致。

请注意，如果要验证的是 $1/r^2$ 关系成立与否，那么只要保证 q_1 和 q_2 是固定不变的即可，不必知道它们的数值。使 r 加倍（或是变为原来的 3 倍），看看作用力（用上面的方法测量）是否减小为初始值的四分之一（或是九分之一）。当然，你需要考虑 r 的许多值，以真正地确定力随 r 变化的关系。

接下来，你要验证的是力是 q_1 和 q_2 的一次方。来想一下这个建议："取两个金属球。使其中一个球带上确定的电量（这是个固定的量 q_1），改变另外一个球上的电量（q_2），然后测量力。例如，你使 q_2 减半，那么力将减小到过去值的一半。"将球 2 上的电荷减小一半，你不能简单地说"使加在其上的电子数减半"，因为，在库仑那个年代，人们还不知道电子的存在，你必须遵循前-原子理论时代的游戏规则。讨论一番后，出现了这样一个可以被接受的方法。

取两个带电球 1 和 2，找出两者间的作用力。不要碰球 1，找一个与球 2 相同的电中性球，使之与球 2 接触，然后将它们分开。根据**对称性**，这两个球最终所带的电量均为 $q_2/2$。尽管不知道 q_2 的值，但是我们知道，经过这个过程后，已经将它分为了两半。将球 2 放回原地，看看其受力是否减半了。

我们物理学家喜爱这种对称性论证，它超越了物理，与哲学接壤：将电量分配给两个相同的球时，自然界没有什么理由不精确地各分配给它们总电量的一半。

我们回到这些球上来，再分一次，你可以得到带电量为 $q_2/4$ 的球。使带电量为 $q_2/4$ 的球与一个相同的带电量为 $q_2/2$ 的球接触，你就可以得到一个带电量为 $3q_2/8$ 的球，等等。

这样，我们便可以验证出力随 q_2 按线性关系变化。当然，它与 q_1 间的关系也是线性的，因为把谁称为 q_2 是随意的。

还有另外一个挑战。我给你一个带电球，要你找出它所带的电量，单位用库仑。你该怎样做呢？曾经有一个学生这样回答："将它置于一个参考电荷附近，然后测量它的加速度。"我问她，怎样得到一个已知电量的参考电荷呢？她的答案是这样的（答案正确，但绝不是唯一的）：取两个相同的球，每个球所带的电量相同，为一个未知量 q（例如使他们等分 $2q$ 的电量），然后将它们分开一段已知的距离，比如说是 1m，再来测定出使它们保持原地不动所需要的力。应用库仑定律就可以得到 q^2。

如果一直坚持思考该怎样测量所遇到的东西，那么你对物理的理解将会更深入，而且你将发现做题时会容易得多。反之，如果你忙于摆弄符号，忙于找像 2π 那样的因子，你最终将感到迷惘。

1.6　引力与电力之比

回忆一下，我们曾经说过引力与电力之比 F_g/F_e 在 10^{-40} 的量级。我们必须要说明一下是怎样得到这个数值的。我们的任务不是像卖牙膏那样，口口声声地说它可以使牙齿白3.14倍：那是另外一个游戏，它不遵守任何规则。

我们必须解释 10^{-40} 是如何得出的。结果表明，这答案的确略微依赖于我们所选择的比较方法。会有一些不同，但是相对这个很大的比值来说，差异是很小的。零的个数在37~43之间，与选取的比较方法相关。

考虑两个相距为 r 的质点，它们的质量分别为 m_1 和 m_2，电量分别为 q_1 和 q_2。可以求出

$$\frac{F_g}{F_e}=\left(\frac{Gm_1m_2}{r^2}\right)\cdot\left(\frac{q_1q_2}{4\pi\varepsilon_0r^2}\right)^{-1}=\frac{Gm_1m_2\cdot4\pi\varepsilon_0}{q_1q_2} \tag{1.7}$$

幸运的是，这个比值与我们所取的距离 r 无关，因为这两个力都按距离平方反比规律衰减。可是，两个力的比值的确与电量和质量相关。如果宇宙中仅有一种粒子(和它的反粒子)，我们就直接将其质量和电荷代入，便可计算出来结果。但是，毫无疑问，粒子种类是很多的。然而，我们可以关注组成所有物质的两个关键角色，质子与电子。

如果考虑两个电子，我们得到

$$\frac{F_g}{F_e}=\frac{(6.7\times10^{-11})\times(9\times10^{-31})^2}{(1.6\times10^{-19})^2\times(9\times10^9)}\approx2.3\times10^{-43} \tag{1.8}$$

如果取一个质子和一个电子，则这个比值的数量级为 10^{-40}。如果取两个质子，则这个比值的数量级为 10^{-36}。无论你怎样选，相比于电力，引力都极其地弱。

如果引力是如此弱，人们是怎样发现它的呢？我们假定，自己仅仅知道电力的存在，全然不知世上还有引力。有一种方法可以使我们发现还存在一个力，这就是测量两个粒子之间的作用力，不过那要令人难以置信地精确，才能发现在小数点后40位上存在的不符之处。当然，其实并不是这样做的。大家都明白其中的原因：电力，尽管强度很大，但是却伴随着两种电荷而存在。想想地球。它由许多许多原子组成，每个原子内部存在许多电荷，但是每一个原子都是中性的。月亮也是由许多许多原子组成，但是这些原子也是中性的。由于内部的抵消，所有电力之和不值一提。但是，在计算原子质量时，电子的质量与质子的质量可不能相消。所以，尽管电荷可以藏而不露，但质量却不能。因此，尽管电力之和有可能惊人地大，但是地球和月球都视对方为电中性的。在大部分涉及天体的计算中，你可以忽略电力。剩下的那个力（也就是引力）在宇宙的构成中发挥着决定性的作用。

这就是引力的特点，质量是掩藏不住的，它使得我们可以推测出暗物质的存

在。来回顾一下我们是怎样发现自己的星系中存在有暗物质的。如果一颗星绕着我们星系的中心做轨道运动，仅仅采用牛顿的引力公式，且了解这个物体的运行速度，你就可以知道它的轨道内所包围的质量有多大。或许你不记得了，对于半径为 r 的圆轨道，其速度要满足

$$v^2 r = GM \tag{1.9}$$

式中，M 为轨道内所包围的质量。如果所取的轨道半径越来越大，你就会发现轨道内所围的质量越来越多，直至你所取的轨道与这个可见的星系一样大为止。到此，一切都挺好。但是，你会发现，如果再取更大些的轨道，延伸出某个很远的距离，其内的质量还在一直增大。那就是我们星系的暗物质晕。组成暗物质的粒子是极难被探测的，但是它却不能隐蔽掉其引力效应。暗物质存在于各个地方，甚至存在于星系团之中。全世界的物理学家，包括耶鲁大学的，都在试图寻找暗物质。问题在于，我们还不精确地知道暗物质是由什么粒子构成的。它们不在通常的猜想之中，否则的话，它们会与其他的粒子发生相互作用，那么我们早就发现它们了。必须建造探测器，用以探测这些未知种类的粒子。我们寄希望于这些暗物质中的一个粒子与置于探测器中的东西发生碰撞，引发一次反应。当然，其他的粒子会引起很多的反应。这称为背景。你必须剔除背景事件，希望留下的那些反应是由暗物质引起的。对此，有一个判定方法。尽管普通粒子在探测器中会进行多次典型碰撞，但是暗物质粒子的一次碰撞，就将会使我们为之喜极而泣。天体物理学家和粒子物理学家对于构成暗物质的粒子非常地关注，可能性会有很多。

1.7 库仑定律对连续带电体的应用

在这一章的结束部分，我们来看库仑定律的最后一种变形。我们已经知道怎样利用叠加原理将一个电荷所受到的很多其他电荷的作用力相加。但是，我们常常会遇到电荷连续分布的问题。（实际上，所有东西都不是连续的，它们是由质子和电子组成的，但是在一定的宏观尺度上，电荷表现出连续性。就好像水，它是由分子组成的，而看起来是连续的液体。）对于这种变化，我们的处理方法与解决连续质量分布的引力问题相似：以积分代替求和。

举一个例子。xy 平面内有一个半径为 R 的圆环、圆心位于坐标系原点。该圆环每米所带的电荷为 λ，如图 1.5 所示。一个点电荷 q 位于 z 轴上，到圆环中心的距离为 z，求圆环对这个点电荷的作用力。将圆环划分为许多微小的线元 $\mathrm{d}l$。取垂直于 yz 平面的加粗线元 $\mathrm{d}l$，见图 1.5。它可以被处理为电量为 $\lambda \mathrm{d}l$ 的点电荷，其对 q 的作用力为 $\mathrm{d}\boldsymbol{F}$，大小为

$$|\mathrm{d}\boldsymbol{F}| = \frac{q \cdot \lambda \mathrm{d}l}{4\pi\varepsilon_0(R^2+z^2)} \tag{1.10}$$

这个力位于 yz 平面内。因为在直径对面的线段 $\mathrm{d}l^*$（以虚线表示）抵消了其水平

部分，我们只要保留它沿 z 轴正向的竖直部分即可。通过积分可以求得沿竖直方向合力的大小为

$$F_z = \int \mathrm{d}F_z = \int \frac{q \cdot \lambda \mathrm{d}l}{4\pi\varepsilon_0(R^2 + z^2)} \times \frac{z}{\sqrt{R^2 + z^2}} \tag{1.11}$$

$$= \frac{q \cdot \lambda \cdot 2\pi Rz}{4\pi\varepsilon_0(R^2+z^2)^{3/2}} \tag{1.12}$$

式中的 $2\pi R$ 是对 $\mathrm{d}l$ 积分所得的结果，将 $\mathrm{d}\boldsymbol{F}$ 沿竖直方向投影所用到的因子为

$$\frac{z}{\sqrt{R^2+z^2}} = \cos\theta \tag{1.13}$$

一旦完成了这个计算，你一定要设法检验所得结果。有两个好办法。第一，如果令 $z=0$，也就是点电荷在圆心，那么结果应该为零。这是因为每个线元的作用力都是指向圆心的，它会被直径对面那个线元的力所抵消。我们的结果正是这样的。

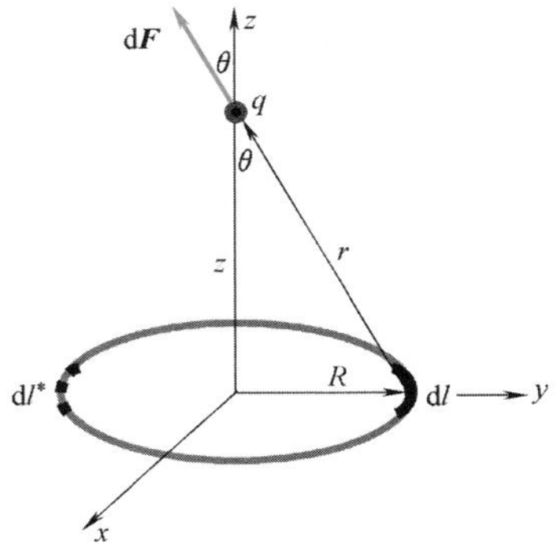

图 1.5　位于 xy 平面内的圆环对于 z 轴上点电荷的作用力。长度为 $\mathrm{d}l$ 的加粗线段所带的电荷为 $\lambda\mathrm{d}l$，对点电荷所施加的力为 $\mathrm{d}\boldsymbol{F}$。由于在直径对面的线段 $\mathrm{d}l^*$（以虚线表示）抵消了 $\mathrm{d}\boldsymbol{F}$ 的水平分量，因此仅需考虑 $\mathrm{d}\boldsymbol{F}$ 的 z 分量。

第二个办法是令点电荷相距圆环很远，这样圆环可以被视为电量为 $\lambda \cdot 2\pi R$ 的点电荷。多远才算是远呢？任何一段长度，比如说我头部的直径，都可以被视为非常大或是极度小，这可以通过选择长度的单元为微米或是光年来实现。谈及大或小，只能依据长度的比值。为了有意义，求长度之比时，应该相对于问题中某个特征长度。以我的头部来说，要想将之视为一个点，那你距我的距离就要是我头部大小的很多倍。要将这个圆环视为点，那么，距离圆环的距离 $z \gg R$。你可以验证一下，在这个极限下，上面的结果的确退化为两个相距为 z、电量分别为 q 与 $2\pi R\lambda$ 的两个点电荷间的作用力。

Yale

第2章 电场

我将先进行复习，重温前面一章中对于后续学习所必备的部分思想观点。

2.1 重要内容回顾

有一些粒子，例如质子和电子，具有一种属性，叫作电荷。而其他粒子，比如说中子，则没有这个属性。带有电荷的物体会对其他带电物体施加力的作用。电荷的单位是库仑，它是利用库仑定律定义的，以符号 C 表示。为方便起见，我重复一下：

$$\boldsymbol{F}_{21}=-\boldsymbol{F}_{12}=\frac{q_1q_2}{4\pi\varepsilon_0r_{12}^2}\boldsymbol{e}_{12} \tag{2.1}$$

其中

$$r_{12}=|\boldsymbol{r}_2-\boldsymbol{r}_1| \tag{2.2}$$

且

$$\boldsymbol{e}_{12}=\frac{\boldsymbol{r}_2-\boldsymbol{r}_1}{|\boldsymbol{r}_2-\boldsymbol{r}_1|} \tag{2.3}$$

$$\frac{1}{4\pi\varepsilon_0}=9\times10^9\ \frac{\mathrm{N\cdot m^2}}{\mathrm{C}^2} \tag{2.4}$$

公式中，q_1 和 q_2 分别为两个电荷的电量，这两个电荷的位置分别以 $\boldsymbol{r}_1$ 和 $\boldsymbol{r}_2$ 来表示，且 $\boldsymbol{F}_{12}(=-\boldsymbol{F}_{21})$ 是电荷 1 受到的电荷 2 对它的作用力。

如果有两个电荷，电量都等于 1C，且两者间的距离为 1m，那么两电荷间的作用力等于 9×10^9N。一旦给定了这个参考电量（或是它的一个已知部分），就可以利用库仑定律测定其他电荷。(给出参考电量的一个方法是：取两个一模一样的中性球，使其中一个带上电量 q，再使它与另一个球分享这电荷，则任意一个球所带的电量都是 $q/2$，当两者间距离确定时，它们之间的力取决于 $q^2/4$。)

电荷可正可负。根据库仑定律，同号电荷相斥（即 $\boldsymbol{F}_{12}$ 和 $\boldsymbol{F}_{21}$ 的指向彼此相背)，异号相吸。质子和电子的电量分别为 $e=1.6\times10^{-19}$C 和 $-e$，中子的电荷量为零。最后，当存在一对以上的电荷时，我们需要用叠加原理进行处理。利用这个原理，当出现多个电荷时，任一电荷所受的力等于其他各个电荷的单独贡献之和。一对电荷间的作用力不会由于其他电荷的存在而发生变化。

系统的总电荷量等于系统各组分电荷量的代数和。因此，带有等量电子和质子的原子是电中性的。正因为此，我们可以探测到地球与月亮之间的万有引力，由于它们是电中性的，所以只有引力被保留下来并且被探测到，尽管它的强度会弱10^{40}倍。

2.2 离题说说核力

现在，简单地说一些题外话。我们可以这样理解，原子中电子和核中质子之间的引力造就了原子。但是，质子的行为会如何呢？它们都位于大小为10^{-15}m的原子核内，彼此非常接近。为什么库仑斥力没有使原子核破裂开呢？答案是，或许你已经知道了，质子间存在有另外一种力，即**核力**或是**强力**，它是一种吸引力且强度远大于库仑斥力。如果的确如此的话，我们是怎样探测出这个相对来说非常微小的电力呢？它会被核力掩盖起来。答案涉及这样一个事实，这就是**相比于电力 F_e，核力 F_n 随距离的变化关系会非常不同**。核力随距离变化的关系近似为

$$F_n = A\frac{e^{-r/r_0}}{r^2} \tag{2.5}$$

式中，$r_0 \approx 10^{-15}$m，叫作**核力的力程**。当然，电力随距离变化的关系为

$$F_e = \frac{k}{r^2} \tag{2.6}$$

式中的k包含有q、ε_0等。结果，**与 F_g/F_e 不同，F_n/F_e 是随 r 变化的**。

$$\frac{F_n}{F_e} = \frac{Ae^{-r/r_0}}{k} \tag{2.7}$$

在原子核的深处，$r \ll r_0$，$e^{-r/r_0} \approx 1$，则

$$\frac{F_n}{F_e} = \frac{A}{k} \tag{2.8}$$

因为$A \gg k$，所以核力占主导。当距离$r \gg r_0$时，指数项e^{-r/r_0}完全抑制住了因子A/k，结果库仑力胜出。当然，这两个力的反转不是突然发生的，而是大致发生在原子核的尺度内。

现在看看原子核内中子的角色。中子在其中起什么作用呢？尽管在库仑力作用中，中子不值一提，但是中子之间或是中子与质子之间的核力与质子间的核力是一样强的。（这就是质子与中子被统称为核子的原因。）当原子核越来越大时，引力部分中的指数衰减生效，质子间的库仑斥力苏醒。因此，尽管质子的增加引起了不稳定，但是增加的中子是起稳定作用的：它们带来的是核引力而不是库仑斥力。（这种库仑斥力是质子所无法摆脱的，它趋向于使原子核破裂。）当原子核变得越

来越重时，其内的中子数会远大于质子数（如$^{235}_{92}U$中有92个质子，143个中子）。但是，中子能做的也就这么多了。按照量子力学的定律，更多的中子会具有越来越多的动能，于是当尺度超过某个限度时，核变得不稳定了，会衰变为稳定的核，比如说，会放出α粒子，也就是由两个质子和两个中子组成的He核。

有关核物理这个复杂主题的简短题外话就到此为止了。

2.3 电场 E

现在来看这一章的正题：电场——一个重要的观点。

将q_1对q_2的作用力写为如下形式：

$$\boldsymbol{F}_{21}=\frac{q_1 q_2}{4\pi\varepsilon_0 r_{12}^2}\boldsymbol{e}_{12} \tag{2.9}$$

$$=\frac{q_1}{4\pi\varepsilon_0 r_{12}^2}\boldsymbol{e}_{12}\cdot q_2 \tag{2.10}$$

$$\equiv \boldsymbol{E}(\boldsymbol{r}_2)q_2 \tag{2.11}$$

我们将q_1对q_2的作用力写为了q_2与$\boldsymbol{E}(\boldsymbol{r}_2)$之积。$\boldsymbol{E}(\boldsymbol{r}_2)$称作$q_2$处的电场强度[㊀]。将$\boldsymbol{F}_{21}$分解为$\boldsymbol{E}(\boldsymbol{r}_2)$和$q_2$这两个因子之积会将我们引向何方呢？

首先，我们要说的是，q_1与q_2间的作用是个两步过程：

第一步：电荷q_1激发电场，在q_2所在处的电场强度$\boldsymbol{E}(\boldsymbol{r}_2)$为

$$\boldsymbol{E}(\boldsymbol{r}_2)=\frac{q_1}{4\pi\varepsilon_0 r_{12}^2}\boldsymbol{e}_{12} \tag{2.12}$$

第二步：电荷q_2对这个场的响应是感受到了力的作用$\boldsymbol{F}_{21}=q_2\boldsymbol{E}(\boldsymbol{r}_2)$。

这样，我们将这个简单的库仑作用分解为两个部分：一个电荷激发场，另外一个对这场做出响应。当然，我们也可以将$\boldsymbol{F}_{12}$分解为q_2在q_1处激发的场$\boldsymbol{E}(\boldsymbol{r}_1)$与$q_1$这两因子之积。

要想领悟出蕴藏于这种分解后面的巧妙之处，你还要等上一段时间。到目前为止，仅仅明白这个专业术语和这个过程就好。

要注意两点。

第1点：尽管要受到力的作用必须得有两个电荷，但是仅要一个电荷就可以激发场。一个位于原点的电荷q在$\boldsymbol{r}$处的电场强度为

$$\boldsymbol{E}(\boldsymbol{r})=\frac{q}{4\pi\varepsilon_0 r^2}\boldsymbol{e}_r \tag{2.13}$$

式中，$\boldsymbol{e}_r=\boldsymbol{r}/r$是沿径向的单位矢量，由原点（即$q$所在点）指向计算$\boldsymbol{E}$的那个点，该点的位置由$\boldsymbol{r}$所确定。

㊀ 在文字叙述中，有时简称为电场或场强。——编辑注

第 2 点：q 激发的场在空间各处都是非零的。空间中另外一个电荷感应到了它的场，然而 q 激发的场并非仅仅出现在此电荷所在处。

我们认为 $\boldsymbol{E}(\boldsymbol{r})$ 分布在空间中，它是由 q 的出现造成的。与没有 q 相比，伴随着 q 的存在，$\boldsymbol{r}$ 处会有些不同。这个不同之处在于：当 q 存在时，位于 $\boldsymbol{r}$ 处的任何电荷都会受力；而没有 q 时，这些电荷只不过就静止于那里罢了。

有了场就可以期待出现力的作用了：在电场中放上一个实验电荷，你将会发现它受力了。一个电荷激发的场只能被其他电荷感受到。

如果存在多个电荷，我们可以使用叠加原理，即多个电荷共同在 $\boldsymbol{r}$ 处激发的电场将是每个电荷激发的场的（矢量）和。要计算出那里的场，你可能需要做这种非常复杂的矢量求和运算。要测量这个场就容易一些：将一个已知电量的实验电荷置于 $\boldsymbol{r}$ 处，平衡它受到的电场力 $q\boldsymbol{E}$。如果 $q=1\text{C}$，那么这个力与 $\boldsymbol{E}$ 在数值上是相等的，但是两者的量纲不同。因此，我们说**电场强度等于单位电荷受到的力**。

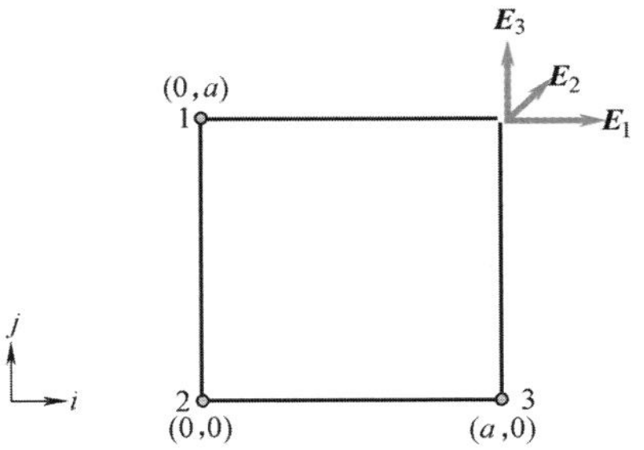

图 2.1 位于（0，0）、（a，0）、（0，a）的三个电量相等的电荷 q 在（a，a）处激发的电场 $\boldsymbol{E}_1$、$\boldsymbol{E}_2$和 $\boldsymbol{E}_3$。（a，a）处的合场强等于三者的矢量和。图中的 $\boldsymbol{i}$、$\boldsymbol{j}$ 为单位矢量。

我们来做个计算 $\boldsymbol{E}$ 的练习。一个正方形边长为 a，在（0，0）、（a，0）、（0，a）这三个角处各有一个电荷 q，如图 2.1 所示。求未放置电荷的那个角（a，a）处的电场强度。一旦你掌握了这个练习，就可以解决一些更难的问题，比如，矩形的、各个角处的电荷量不同、符号不同等等。

图中分别画出了位于（0，0）、（a，0）、（0，a）的三个电量相等的电荷 q 在（a，a）处激发的电场 $\boldsymbol{E}_1$、$\boldsymbol{E}_2$和 $\boldsymbol{E}_3$：

$$\boldsymbol{E}_1=\frac{q}{4\pi\varepsilon_0 a^2}\boldsymbol{i} \tag{2.14}$$

$$\boldsymbol{E}_2=\frac{q}{4\pi\varepsilon_0\cdot 2a^2}\frac{\boldsymbol{i}+\boldsymbol{j}}{\sqrt{2}} \tag{2.15}$$

$$\boldsymbol{E}_3=\frac{q}{4\pi\varepsilon_0 a^2}\boldsymbol{j} \tag{2.16}$$

我希望你能够知道为什么 $\boldsymbol{E}_2$是另外两个值的一半大，且指向 45°的方向，也就是沿着 $\boldsymbol{i}+\boldsymbol{j}$ 的方向，用 $\boldsymbol{i}+\boldsymbol{j}$ 除以其长度$\sqrt{2}$，就得到了这个方向上的单位矢量。将这三部分相加即可得到（a，a）处的合场强为

$$\boldsymbol{E}(a,a)=\frac{q}{4\pi\varepsilon_0 a^2}\left(1+\frac{1}{2\sqrt{2}}\right)(\boldsymbol{i}+\boldsymbol{j}) \tag{2.17}$$

后面，我们会做各种这类问题，计算各种电荷分布激发的场，包括分立的或是

连续的电荷分布。但是，在开始时，我必须提醒你，这种形式的库仑定律是违背相对论的。设想你和我各持一个正电荷 q_1 和 q_2，你、我间的距离为 1 光年。你对电荷施加一个力，使之等于我那个电荷对它的斥力，以保持你的电荷原地不动。现在我突然向远离你的方向移动一点点。你会立刻察觉到电荷间斥力的减少。这样，我就在瞬间设法向你发出了一个信号，而这个大于光速的信号是违背相对论的。

电动力学违背相对论吗？不违背。我们将发现它与相对论是很相容的。在这个完备的理论中是这样的，如果我移动了电荷，这个信号会在一年后到达你那里，它的运动速度为光速。此前，我的电荷在你所在处的场是不会发生变化的。

对于这个由两部分组成的故事，也就是根据电荷计算电场 $\boldsymbol{E}$ 以及实验电荷对场的响应，在这个完备的理论中修改的是前面那部分。在某个时空点处的场，例如（$\boldsymbol{r}=\boldsymbol{0}$，$t=0$），接收到的所有电荷的贡献不是它们现在所给的，而是先前某个时刻所给的。我们所要倒回的时间恰好就是光从场源处到（$\boldsymbol{r}=\boldsymbol{0}$，$t=0$）所需的时间。位于 1 光年远处的电荷在 1 年前会对（$\boldsymbol{0}$，0）点的场有贡献。这称为推迟作用。我们将在 15 章的结尾处对此进行简短的讨论。

那么，库仑定律的作用何在呢？原则上说，在没有电荷运动时，它是成立的。这种情况下，推迟作用是没有关系的，因为每个电荷都知道其他电荷的位置，所有的信号都已经到达了并且不发生变化。实际上，只要题目中的电荷彼此相距很近，并且运动速率满足$\frac{v}{c}\ll 1$，就像在大多数电路中那样，那么**推迟效应**就可以被忽略，我们还是可以使用库仑定律的。

值得注意的是，这个故事的第二部分，对场的响应方程，$\boldsymbol{F}=q\boldsymbol{E}(\boldsymbol{r})$ 在最终的电动力学中保持不变。它是那个时空点的场与那点处的电荷之间的局域关系。任意一点的场都是宇宙历史中各个电荷的非常复杂的函数，然而，（实验电荷 q）对场的响应仅仅与电荷 q 所在处场的当前值相关，与 $\boldsymbol{E}$ 是怎样形成的无关。因此，场的概念是电磁学理论与相对论相容的基础。

2.4 场的图示

现在，我们回过头来看世界上最简单的问题：一个电荷激发的场。公式很简单。将电荷 q 置于原点，它的电场为

$$\boldsymbol{E}(\boldsymbol{r})=\frac{q}{4\pi\varepsilon_0 r^2}\boldsymbol{e}_r \tag{2.18}$$

式中，$\boldsymbol{e}_r$是径向单位矢量，即 $\boldsymbol{r}/r$。有时，可以将式（2.18）改写为

$$\boldsymbol{E}(\boldsymbol{r})=\frac{q}{4\pi\varepsilon_0 r^3}\boldsymbol{r} \tag{2.19}$$

如果遇到这样的表达式，你不要错认为这个场按照 r^{-3}的方式衰减。它依旧是 r^{-2}的

关系，因为上面还有个 $\boldsymbol{r}$。

到此，你有了这个公式。如果你是个喜欢摆弄公式的人，那么这就是你所需要的。你在纸上操作它，添加上各种场。但是，人们乐于直接看到场。我们怎么才能将场图示出来呢？来看一个实际问题。如果有人问你：美国某个部分的海拔是多少？你碰到的或许是某些山，或许是某些峡谷。有些人会给你一个函数，这个函数给出了美国任意点的高度。但是对于我们大多数人来说，更有启迪性的是拥有某种等高线图。每条等高线代表不同的高度。如果去远足，你所需要的是这样的图，而不是相应的函数。与此相似，你想要的是一幅电场的图片表示。电场强度与高度函数不同。高度函数是标量，这就是说，对于每个点，它都是个数。而电场强度 $\boldsymbol{E}(\boldsymbol{r})$ 在每个点 $\boldsymbol{r}$ 都是矢量。

假设我想要借助图向你传达式（2.18）中所包含的信息。我从最低的目标开始，仅描述图 2.2 中 1 点处的 $\boldsymbol{E}$。

像我后来将要展示给你的许多图一样，它是个三维位形的二维截面图。

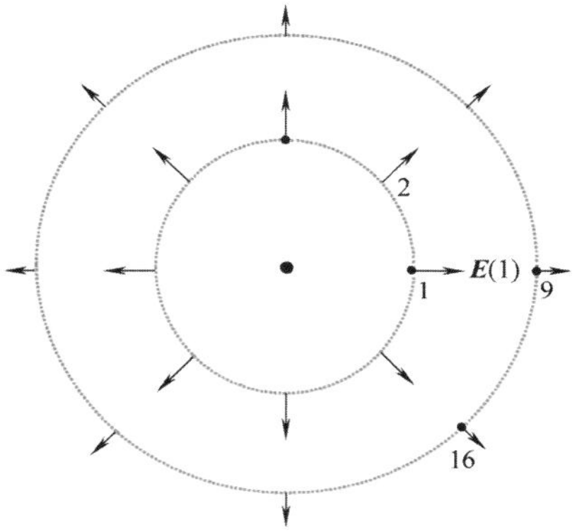

图 2.2　环绕原点处电荷的两个不同半径的圆周和圆周上的几个点的电场强度 $\boldsymbol{E}$。

我找到那个点，在那里画了一个箭头表示 $\boldsymbol{E}(1)$。以若干厘米长表示单位场强，按照这个比例画出箭头的长度，便给出了场的大小，这就是点 1 处的场强。接下来，在同一个圆周上取几个点，比如说总共取 8 个点。（这些点位于纸面内的同一个圆周上，然而电荷是在三维空间中的。你要将这个圆周想象为一个各处半径相同的球面的截面。）**这些点的分布也是对称，以便反映出场的对称性**。这张图已经告诉了你一些事情，即场是沿径向向外的，且 r 相同的点，场的大小相同。一定要注意图中所不表示的事情。一个箭头不表明在它的长度范围内发生了什么事情。它显示的是起点的情况，也就是箭头尾部的情况。你要明白这个箭头其实是在你的头脑之中的，它并不伸展在空间。它是起点处的一个性质或是一种状态，不过我们得想办法将它画出来，因此这就是我们画法。（如果 $\boldsymbol{E}$ 是一条河中流体的速度，那么，起始于某点 $\boldsymbol{r}$ 的箭头仅仅代表 $\boldsymbol{r}$ 点处的速度，即使那个箭头有一英尺长，即使实际水流速度的大小和方向在那箭头所跨过的区域内是完全不同的也如此。）

当我们沿着半径方向向外走，情况会如何呢？如果将实验电荷放在更远的地方，它还会受到沿径向的排斥力，但是会小一些。因此，我在代表点 9～16 处画出了几个箭头，将它们的长度画得短一些，以反映出 $1/r^2$ 的特点。我可以再多画几个箭头，但是希望你能从这几个离散的代表点中获得场的图像。

接着，有人想出了一个好主意：将图 2.3 中的箭头连起来，并称它们为**场线**。

实际的电荷和场线应该是三维的，而图2.3显示的是一个代表平面内的情形，为讲授起见，我假设有8条线。这样做的得失是什么呢？以前我只知道在某些半径上所选定的几个点处场的方向，现在我能知道每条线上每点的场强方向。而另一方面，我失去了场强大小的信息：箭头长度所记录的 $|\boldsymbol{E}|$ 不复存在，被一直不停延伸出去的场线所替代。这些线只说出了 $\boldsymbol{E}$ 所指的方向，而没有表明大小。它们仅仅表明这个电荷将每个（正）实验电荷沿径向向外推出，且这个力是各向同性的。

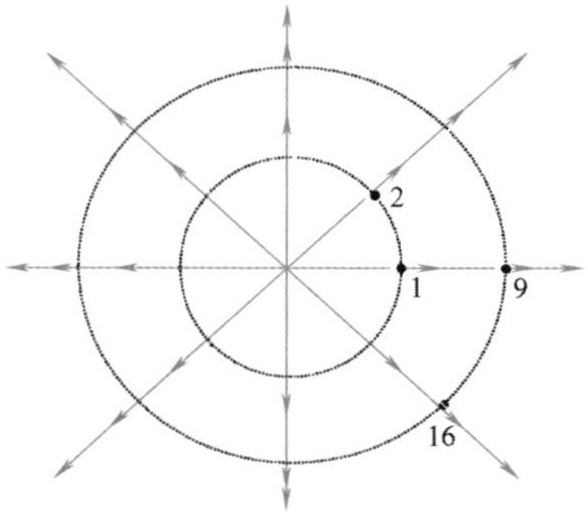

图 2.3 原点处电荷的电场线。实际上，电荷和场线是三维的，这张图显示的是一个代表面上的情况，其中我假设有8条线。

但是，幸亏库仑力有个神奇的性质，就是它按 $1/r^2$ 规律衰减，这使得电场强度的信息是存在的。这个信息包含在场线的密度之中。我所说**场线的密度**，指的是以穿过与场线垂直的面的场线条数除以这个面的面积。

为此，我们采用一些规定，这就是规定好绘制自每库仑电荷发出的场线的数目，比如说是64条。如果我们画一个某半径的球面，使之包围这个库仑的电荷，那么会有64条线穿过这个球面，球面上各点处的场线与球面垂直且密度均匀，反映出这个点电荷场是各向同性的。如果画出一个更大的球面，这64条线依旧会穿过这个球面，但是，场线的密度会减小，单位面积上的场线数目会减少。由于球的表面积按 r^2 规律增大，故场线密度按 $1/r^2$ 这样的规律减小。**这恰好是电场强度 $|\boldsymbol{E}| \equiv E$ 随距离衰减的规律。**

正因为我们生活在三维空间中（在其中，包围电荷的球的面积按 r^2 规律增大），而且场按 $1/r^2$ 规律减小，所以场线才具有能够记录场大小和方向的奇妙能力。例如，如果采用同样的场线表示一个按 $1/r^3$ 规律衰减的径向场，场线的方向将如实地表示出场的方向，但是它们的密度将无法表示场的强度 E。

这些线帮助你看出场的强度。在线密集处，场的强度大。线稀疏处，场的强度弱。它是个很清晰的表述。唯一不清晰的是每库仑要画出多少条线。这真的是由你自己决定的，但是你必须保持一致。一旦选择每库仑画64条线，那么遇到2库仑时，你必须自知画出128条均匀分布的线。只要你遵守这个规定，通过单位面积的场线的条数将正比于场强。

现在，不管你选择每库仑画多少条线，这些线之间都是有空隙的。这并不意味着这些线之间的地方场强为零。场是连续地分布于空间的，而不是集中在这些线之上。你必须知道线与线之间是存在场的。例如，在两条相邻场线的中间取一个点，该处场的指向也介于中间，强度由此半径处的线密度决定。

很明显，如果我们考虑的是负电荷的激发场，场线会向内指，反映出实验电荷会被吸引。

场线的概念可以扩展到多个电荷的场。图 2.4 显示的是一对电荷 $\pm q$ 的场。这样的一对电荷称为偶极子。我要你注意的第一件事是，无论有多少其他电荷，在离任一个电荷非常近的地方，场线都均匀地沿径向的方向，或是自电荷发出或终止于电荷，依电荷的符号而定。这是因为当我们接近任何一个电荷时，它所激发的按 $1/r^2$ 规律变化的场淹没了来自其他电荷的有限贡献。

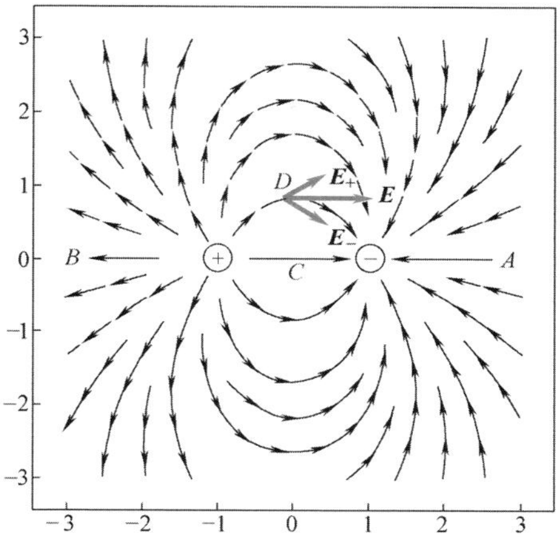

图 2.4　一个电偶极子的场。D 点的两个矢量 $\boldsymbol{E}_+$ 和 $\boldsymbol{E}_-$ 是两个电荷对 $\boldsymbol{E}$ 的贡献。它们的矢量和沿水平方向。

我们接着看 A、B、C 和 D 点的场线。先看 A 线。很明确，置于 A 线（从负电荷所在处延伸至无限远）上任意点的（正）实验电荷会被向这个偶极子的负端吸引，负电荷对它施加的引力大于正电荷给予它的斥力。反过来也可以解释在向外的 B 线上斥力更大。在由正电荷指向负电荷的 C 线上，两个电荷的施力方向均是向右的。最后，看 D 线。其上的 D 点位于两电荷连线的垂直平分线上。注意在 D 点场线沿水平方向。从对称性可以推论出这个方向。负电荷吸引实验电荷，沿着从 D 到它自身连线的方向；正电荷排斥实验电荷，方向沿它到 D 点的连线。两个力大小相同（因为 D 到两者的距离相等），竖直分量抵消了，仅有水平分量进行相加。

由图可以明显地看到，任何只包围正（负）电荷的闭合曲面都会与同等数量向外（向内）的场线相交。如果我做一个闭合曲面，将这两个电荷包围于其中，那么净穿入或穿出的场线数为零。这是对高斯定理的定性介绍。高斯定理将净穿出闭合曲面的场线的条数（穿出与穿入之差）与该曲面所围的电荷联系在了一起。（如果卷曲这个曲面，那么，一条场线或许会穿出，再穿入，再穿出。这种情况下，这条场线被计为是净穿出的。）

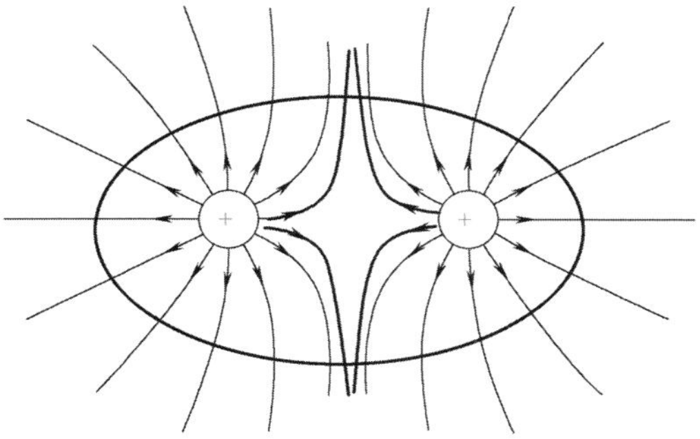

图 2.5　两个正电荷激发的电场。在距它们很远处的场与一个点电荷的场相似，不过强度增大一倍。穿过包围着这两个电荷的闭合面的场线条数等于自两电荷发出的场线条数之和。

图 2.5 中有两个完全相同的正电荷。距它们很远处的场，与一个点电荷的场相似，不过强度增大一倍。做一个闭合曲面，使之包围这两个电荷，穿过该面的场线条数等于自两电荷发出的场线条数之和。图中的曲面是个标准的椭圆，不过无论我使之变形成什么样，只要这两个电荷还在其中，那么穿过曲面的场线条数就不会改变（这也是高斯定理的例子）。

如果我们有两个异号不等量的电荷会如何呢？例如，两个电荷的电量各为 10C 和-5C，每个电荷伴有 10 条和 5 条场线。你可以自己画出这样的草图：在每个电荷附近可以不理会其他电荷，自 10C 电荷发出的线中有 5 条线止于-5C 的电荷，其他线将延伸至无限远处，渐进为沿径向向外的、类似一个 10C-5C=5C 的点电荷的场线。

最后，我们看一个电荷连续分布的案例。两块金属板彼此平行、其上电荷均匀分布，电荷密度为$\pm\sigma$（单位为 C/m^2）。这个装置叫作**平行板电容器**，如图 2.6 的上图所示，其中左边的图是从某个视角向下看的，右边的图是自其一端看过去的，两个板垂直纸面向外。场线应该是怎样的呢？我们知道场线起自正电荷、止于负电荷。图 2.6 的下图显示的是一个带正电的粒子以速度$\boldsymbol{v}_0$从左侧射入后发生了偏转。

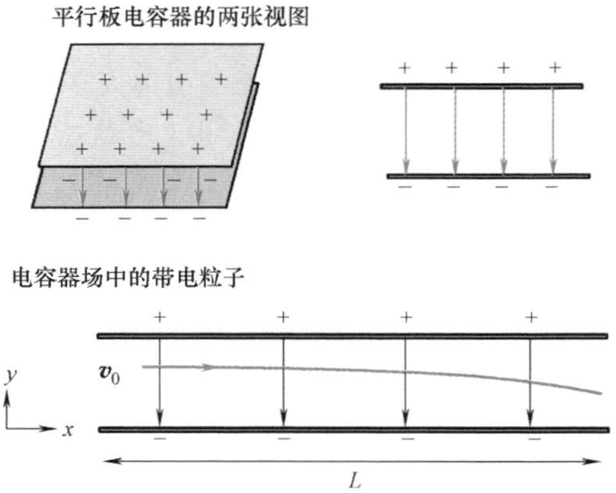

图 2.6　上部的两张图给出了平行板电容器的两张视图以及其中的电场。在边缘处场线向外凸出（图中没有画出），而其余地方的场是匀强的。下图给出的是一个从左侧射入的正电荷在电场中的运动轨迹。

如果你设想这两块板的面积是无限大的，那么图中所表示的是远离边缘的部分。（在边缘处，场线在上下两板中间处会向外凸出。）对于给出的这幅图，你不敢直接接受它，甚至在定性方面也不能。来看看在非常非常靠近带正电板的地方。根据对称性，带负电的板不存在时，场线将向上下方与板垂直地发出去，且密度均匀。对于带负电的板也如此，不过场线是指向板的。如果考虑两块板，你会看到在两板间的区域两者激发的场方向都是向下的，场会相加强，就好比是偶极子场在两电荷连线上那样。但是，如果采用偶极子类比考虑上面那块板上面的各点，你会知道，两块板激发的场方向相反，但是上面板的场要更强，因为这些点距它更近些。因此，应该有一些场线向上发出。可是，图中表明在上面板的上方没有场线，所有的场线都是在其下方竖直向下的。**就好似在那里，两块板的场完全被抵消了，无论板间的距离有多大都如此**。同样的情况还发生在下面那块板的下方，那里也没有场线。对于这个谜的解答，我们会在计算无限大板的电场之后再给予揭晓。我们会发现对于电荷均匀分布的无限大板，在我们远离板的过程中，电场不会随之减弱！场线是与板垂直的，**尽管板上各个电荷的场都按照 $1/r^2$ 规律减小**，但是无论距离这块板有多远，场的大小都相同。因此，在这两板以外的区域（上板的上方，下板的下方），场被完全抵消；而在两板中间，场是加强的。仅对于无限大平行板电容器的一个有限部分，或者对一个很大电容器中远离边缘的区域，这图才是正确的。实际中有限大板的问题要复杂得多：原则上是可计算的，但是并不容易。

即使场被限制在两板间的空间内，问题还依然存在。对于无限大平行板电容器，当我们在两板之间上下移动或者从一侧向另外一侧移动时，场为什么不发生变化呢？它为什么是匀强场呢？

首先，我们要清楚这一点。对于这个无限大电容器，如果我们位于一个平行于两板的给定平面上，比如说，在距下板高度为 $y=2\text{cm}$ 的平面上，当平行于平板移动时，例如沿 x 方向运动时，场不会发生变化。对于某个给定的 y 值，每个点与其他点都是相像的：如果自这些点中的任意一点向左或是向右看，我们看到的都是这两块板延伸至无限远（$\pm\infty$）。

看看更仔细的因果分析。假设场是随 x 坐标变化的，也就是，场的图形带有某些不一般的特征，强度随着 x 有上升或是下降。那么，如果我将两板向右平移 2cm，这些特征也会随之移动。然而，在另一方面，我可以证明说，它们不应该移动，因为激发场的源，也就是这两个无限大的带电板，在我移动前后看上去是完全相同的。如果水平移动后这两个板看上去是相同的，它们激发的场也一定如此。

如果板是有限大的，这些就不再成立了。一定会有一个中点，还存在着边缘，即板终止的地方。如果你将这个有限大系统水平移动，那么，移动后，它看上去会不同，所以场是与 x 相关的。的确，场确实是这样的，它在边缘向外凸出。

因此，场不随 x 变化。为什么场也与 y 无关呢？毕竟 y 是有限的，因此不该在所有的 y 处都等价。如果靠近或是远离任一个板的话，我们是可能分辨出来的。好，假设场在靠近中间处会减弱。这样场线就会分散开，也就是线间距必须增大。但是，当板为无限大时，这是不可能的。假如你使一根场线，比如说图 2.6 中从左侧数的第 2 根线，远离它左边的那根线，以减弱它左侧的场；这根场线距离其右侧的那根更近，使这两者之间的场加强。对于无限大电容器，我们已经看到，这种随 x 的变化是不被允许的。因此，没有办法，场线只能竖直向下，即使 y 变化，也保持不变的密度。再次强调，对于有限大的电容器，随 x 和 y 的变化是允许的，当我们向中心移动时，场线的确更稀疏，而且场线在两侧向外凸出。

无论如何，如果场是匀强的，那么力就是恒定的，就像地面附近的重力那样。因此，由左侧射入场中的粒子，就像下半部图所描述的那样，沿着抛物线轨道运动。后面会对此进行更多的讨论。

2.5 偶极子的场

现在我们集中精力，精确地计算偶极子激发的电场。我们将给出一般公式，但是仅选择一些比较容易计算的地方，给出场的值。我们将考察在远远大于两电荷间距处的场。在后面的一章中，采用电势的概念，我们将给出一种求解这个场的更简便的方法。

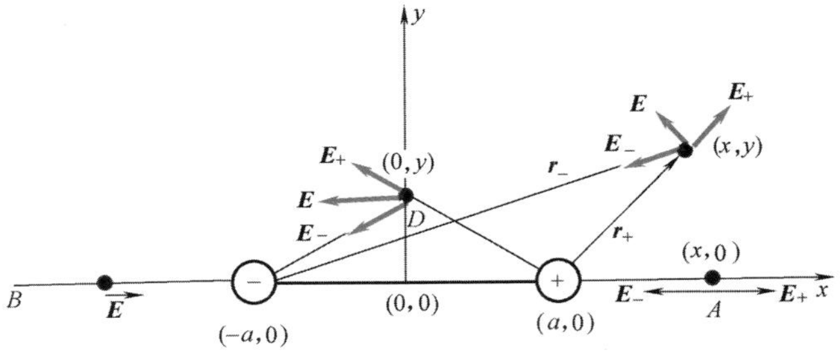

图 2.7　偶极子的场。$\boldsymbol{E}_{\pm}$是位于（±a，0）的电荷±q激发的场。

图 2.7 中，电荷 q 位于（a，0）点，电荷 $-q$ 位于（$-a$，0）点。任取一点（x，y）。（一旦有了 xy 平面上的场，我们就可以将这图绕 x 轴旋转，从而得到三维空间中的答案。换言之，过 x 轴的任意一个其他截面上的场，与 xy 平面这个截面上的场是相同的。根据对称性，这一点将很快得到进一步确认。）

回忆一下，位于原点的单个点电荷 q 在 $\boldsymbol{r}$ 点激发的电场为

$$\boldsymbol{E}(\boldsymbol{r})=\frac{q}{4\pi\varepsilon_0}\frac{\boldsymbol{r}}{r^3} \tag{2.20}$$

如果这个电荷的位置不在原点（就像下面马上要用到的），则 $\boldsymbol{r}$ 为从电荷所在点到我们要计算的场点的矢量。

对于任意点（x，y），±q 激发的场等于各自的场 $\boldsymbol{E}_{\pm}$ 的和。可以逐一地令式（2.20）中的 $\boldsymbol{r}=\boldsymbol{r}_{\pm}$ 得到它们，然后将它们按下面的方法相加

$$\boldsymbol{E}_{+}=\frac{q}{4\pi\varepsilon_0}\frac{\boldsymbol{r}_{+}}{r_{+}^3}=\frac{q}{4\pi\varepsilon_0}\frac{\boldsymbol{i}(x-a)+\boldsymbol{j}y}{((x-a)^2+y^2)^{3/2}} \tag{2.21}$$

$$\boldsymbol{E}_{-}=-\frac{q}{4\pi\varepsilon_0}\frac{\boldsymbol{r}_{-}}{r_{-}^3}=-\frac{q}{4\pi\varepsilon_0}\frac{\boldsymbol{i}(x+a)+\boldsymbol{j}y}{((x+a)^2+y^2)^{3/2}} \tag{2.22}$$

$$\boldsymbol{E}=\frac{q}{4\pi\varepsilon_0}\left[\frac{\boldsymbol{i}(x-a)+\boldsymbol{j}y}{((x-a)^2+y^2)^{3/2}}-\frac{\boldsymbol{i}(x+a)+\boldsymbol{j}y}{((x+a)^2+y^2)^{3/2}}\right] \tag{2.23}$$

这个通式或许有些难消化。来看一些简单的特例。

在 x 轴上任取一点（$y=0$），$\boldsymbol{E}_{\pm}$都是水平的，且

$$\boldsymbol{E}=\frac{q}{4\pi\varepsilon_0}\left[\frac{\boldsymbol{i}(x-a)}{|x-a|^3}-\frac{\boldsymbol{i}(x+a)}{|x+a|^3}\right] \tag{2.24}$$

（要记得，$\lim\limits_{y\to 0}[\sqrt{(x\pm a)^2+y^2}]^3=|x\pm a|^3$，而不是 $[x\pm a]^3$。）对于像 A 这样 $x>a$ 的点，可以去掉绝对值符号，得到

$$\boldsymbol{E}=\frac{q}{4\pi\varepsilon_0}\boldsymbol{i}\left(\frac{1}{(x-a)^2}-\frac{1}{(x+a)^2}\right) \tag{2.25}$$

$$=\frac{q}{4\pi\varepsilon_0}\boldsymbol{i}\frac{4ax}{(x^2-a^2)^2} \tag{2.26}$$

$$\equiv\frac{\boldsymbol{p}}{4\pi\varepsilon_0}\frac{2x}{(x^2-a^2)^2} \tag{2.27}$$

式中

$$\boldsymbol{p}=2aq\boldsymbol{i} \tag{2.28}$$

叫作电偶极矩。电偶极矩等于 q 与矢量 $2a\boldsymbol{i}$ 的乘积，方向由负电荷指向正电荷。

若 $x\gg a$，电场变为

$$\boldsymbol{E}(x\to\infty)\approx\frac{\boldsymbol{p}}{2\pi\varepsilon_0x^3}=\frac{\boldsymbol{p}}{2\pi\varepsilon_0r^3} \tag{2.29}$$

因为若 $y=0$，则自电偶极子中心到（x，y）的距离 r 等于 x。

对于像 x 轴上 E 这样的点，$x<-a$，你要返回去看式（2.24），可以证明在 $x\to-x$ 变换下，场是不变的，仍然沿 x 轴的正向。

看 y 轴。D 点在 y 轴上，坐标为（0，y），请你自己证明

$$\boldsymbol{E}=-\frac{\boldsymbol{p}}{4\pi\varepsilon_0(y^2+a^2)^{3/2}} \tag{2.30}$$

若 $y\gg a$，则场变为

$$\boldsymbol{E}(y\to\infty)\approx-\frac{\boldsymbol{p}}{4\pi\varepsilon_0|y|^3}=-\frac{\boldsymbol{p}}{4\pi\varepsilon_0r^3} \tag{2.31}$$

上面这些结果中，$\boldsymbol{E}\propto\boldsymbol{p}$，当 $x\to\infty$ 或 $y\to\infty$ 也如此。式（2.23）给出了 $\boldsymbol{E}_\pm$ 之和，如果其中的 $a=0$，则会得到 $E\equiv 0$。这是肯定的，原因在于这两个电荷彼此重合成为了电中性。当 $a=0$ 时，作为 a 的函数的总场强 $\boldsymbol{E}$ 为零。合场仅在 $a\neq 0$ 时才是非零的，而且非零部分在泰勒级数中以 a 的一次方开始（见本书第Ⅰ卷第16章）。其实，为了保证场强 $\boldsymbol{E}$ 的量纲正确，级数中的 a 必须以 a/r 的形式现身。我们可以在式（2.29）和式（2.31）中看出这一点，式中的 $\boldsymbol{p}=2a\boldsymbol{i}$ 正比于 a。

回想一下单个电荷的场，它看上去就像一只刺猬，是各向同性的。如果我将场线的这种分布绕着任意一根过原点的轴刚性地旋转过任意角度，它们看上去依然是相同的。根据下面基于对称性的讨论，我们可以得到这一要求。你一定同意：电荷是原因，而场是结果。如果原因没有变化，那么结果也不会改变。绕原点的转动对

于电荷本身没有影响，它依然待在它所在的地方，因为它就是个点，所以旋转后看上去也还是一样的。由此我们推论旋转对于场的分布没有影响。

另一方面，尽管在距电偶极子很远处，它看上去像个点电荷，但是 $\boldsymbol{E}$ 却并非是各向同性的。电场感受到在原点附近的这个电偶极子在空间选定了一个由 $\boldsymbol{p}$ 确定的方向，它不像是点电荷，点电荷不会这样的。绕通过原点的任意一根轴的一般转动都会改变这个电偶极子的空间取向（因），而场（果）将随之改变。然而，绕电偶极子所在轴的转动不会影响它，而它激发的 $\boldsymbol{E}$ 的分布不会受到这个旋转的影响。我们之所以只求出 xy 平面上的 $\boldsymbol{E}$ 就可以了，原因就在于此。在其他平面内的答案可以通过绕 x 轴进行一个刚性旋转而得到。

2.5.1 电偶极子的远场：一般情况

在距电偶极子很远处，通式（2.23）可以被化简，不过这需要我们费些劲，将 a 的线性部分提出来。如果感到有点难，请跟上下面这些细节，这有助于提高你的数学技巧。我们自精确解开始。

$$\boldsymbol{E}=\frac{q}{4\pi\varepsilon_0}\left[\frac{\boldsymbol{i}(x-a)+\boldsymbol{j}y}{((x-a)^2+y^2)^{3/2}}-\frac{\boldsymbol{i}(x+a)+\boldsymbol{j}y}{((x+a)^2+y^2)^{3/2}}\right] \tag{2.32}$$

这个答案是 a 的某个函数（当然也是 x 和 y 的函数），当 $a=0$ 时，它也为零。在这个零值附近，将此函数按 a 做泰勒展开。通过量纲分析，这个级数必须是 a 除以一个长度，唯一的候选者就是到电偶极子中心的距离 r。只要找到对零的一级修正就好。它会正比于 a，正比于 $\boldsymbol{p}=2a\boldsymbol{i}$，也同样好。

式（2.23）有两部分，每部分都是分子除以分母，或是分子乘以分母的倒数。我们可以在两项中找到 a 的相同次项，而由其他的得到 a^0 项。如果在分子上有了 a^1，我们就可以令分母中的 $a=0$，反之亦然。

看看正电荷的贡献。

$$\boldsymbol{E}_+=\frac{q}{4\pi\varepsilon_0}\frac{\boldsymbol{i}(x-a)+\boldsymbol{j}y}{((x-a)^2+y^2)^{3/2}} \tag{2.33}$$

$$=\frac{q}{4\pi\varepsilon_0}\frac{\boldsymbol{r}-a\boldsymbol{i}}{((x-a)^2+y^2)^{3/2}} \tag{2.34}$$

$$\approx\frac{q}{4\pi\varepsilon_0}\frac{\boldsymbol{r}}{(x^2-2ax+y^2)^{3/2}}+\frac{q}{4\pi\varepsilon_0}\frac{-a\boldsymbol{i}}{(x^2+y^2)^{3/2}} \tag{2.35}$$

给出一些解释。在最后一行中，第一项来自分子上保留 a^0 项，也就是 $\boldsymbol{r}$，且在分母中保留线性项［因此去掉了 $(x-a)^2$ 展开式中的 a^2。］第二项来自分子上保留 a，并且令分母中的 $a=0$。保留下来的那些项为

$$\boldsymbol{E}_+(\text{到 } a \text{ 的一次项})=\frac{q}{4\pi\varepsilon_0}\left(\frac{\boldsymbol{r}}{(r^2-2ax)^{3/2}}-\frac{a\boldsymbol{i}}{r^3}\right) \tag{2.36}$$

将 $q\to-q$，$a\to-a$，得到 $\boldsymbol{E}_-$：

$$\boldsymbol{E}_-(\text{到 } a \text{ 的一次项}) = -\frac{q}{4\pi\varepsilon_0}\left(\frac{\boldsymbol{r}}{(r^2+2ax)^{3/2}}+\frac{a\boldsymbol{i}}{r^3}\right) \tag{2.37}$$

合场为

$$\boldsymbol{E}(\text{到 } a \text{ 的一次项}) = \frac{q}{4\pi\varepsilon_0}\left(-\frac{2a\boldsymbol{i}}{r^3}+\frac{\boldsymbol{r}}{(r^2-2ax)^{3/2}}-\frac{\boldsymbol{r}}{(r^2+2ax)^{3/2}}\right) \tag{2.38}$$

$$= \frac{q}{4\pi\varepsilon_0}\left(-\frac{2a\boldsymbol{i}}{r^3}+\frac{\boldsymbol{r}}{r^3\left(1-\frac{2ax}{r^2}\right)^{3/2}}-\frac{\boldsymbol{r}}{r^3\left(1+\frac{2ax}{r^2}\right)^{3/2}}\right) \tag{2.39}$$

$$= \frac{q}{4\pi\varepsilon_0 r^3}\left[-2a\boldsymbol{i}+\boldsymbol{r}\left(1+\frac{3}{2}\frac{2ax}{r^2}\right)-\boldsymbol{r}\left(1-\frac{3}{2}\frac{2ax}{r^2}\right)\right] \tag{2.40}$$

$$= \frac{q}{4\pi\varepsilon_0 r^3}\left[-2a\boldsymbol{i}+\boldsymbol{r}\frac{3}{2}\cdot 2\cdot\frac{2ax}{r^2}\right] \tag{2.41}$$

$$= \frac{q}{4\pi\varepsilon_0 r^3}\left[-\boldsymbol{p}+3\boldsymbol{r}\left(\frac{\boldsymbol{p}\cdot\boldsymbol{r}}{r^2}\right)\right] \tag{2.42}$$

上式中我用到了 $\boldsymbol{p}=2aq\boldsymbol{i}$，$\boldsymbol{p}\cdot\boldsymbol{r}=2axq$，还利用 $(1+z)^n=1+nz+\cdots$ 得到

$$\left(1-\frac{2ax}{r^2}\right)^{-3/2}=1+\left(\frac{-3}{2}\right)\cdot\left(\frac{-2ax}{r^2}\right)+a \text{ 的高次项} \tag{2.43}$$

2.6 对场的响应

看过了怎样利用库仑定律在不同条件下求解场之后，我们利用 $\boldsymbol{F}=q\boldsymbol{E}$ 考虑电荷对于场的响应。我们从图 2.6 所示平行板电容器的场开始，这个电场在两板之间是匀强的，为 $\boldsymbol{E}=-\boldsymbol{j}E_0$。假设我将一个质量为 m、电荷为 q 的粒子以速度 $\boldsymbol{v}_0$ 从左侧射入电场。它在电场中的位置和速度将如何呢？

作用于电荷的力是个恒量，$\boldsymbol{F}=-qE_0\boldsymbol{j}$，与引力类似，产生的加速度为

$$\boldsymbol{a}=-\boldsymbol{j}\frac{qE_0}{m} \tag{2.44}$$

粒子的运动轨道为抛物线，

$$\boldsymbol{v}(t)=\boldsymbol{v}_0+\boldsymbol{a}t=\boldsymbol{v}_0-\boldsymbol{j}\frac{qE_0}{m}t \tag{2.45}$$

$$\boldsymbol{r}(t)=\boldsymbol{r}_0+\boldsymbol{v}_0t+\frac{1}{2}\boldsymbol{a}t^2=\boldsymbol{r}_0+\boldsymbol{v}_0t-\boldsymbol{j}\frac{1}{2}\frac{qE_0}{m}t^2 \tag{2.46}$$

要计算它从电容器中射出时的 y 坐标，我们需要知道，若以上面的速度运动，它

“下落”所需的时间为多长。很清楚，这时间为 $t^*=L/v_0$，L 是电容器的宽度。（尽管电容器的宽度是有限的，我们将场简化为无限大电容器的匀强场 $\boldsymbol{E}$。）就像重力场中那样，运动过一段水平距离所需的时间由初始的水平速度决定，不受竖直方向加速度的影响。因此，令 $\boldsymbol{r}(t)$ 中的 $t=t^*$，就可以得到它离开电场时的位置。

看看电视机成像的基本原理。采用两对板，一对已在图中画出（与纸面垂直）；另外一对板与纸面平行，一个板在纸面上方，另外一个板在纸面下方，将电子从左侧射入这对板所在的区域。这样，电子可以上下、也可以垂直纸面向内向外运动了。将荧光屏置于右侧，与电子束垂直。如果采用合适的场，电子就可以落在屏幕上，在所需处引起一个发光点。通过一秒内多次扫描屏幕，并恰当地改变场以及调整电子束的强度，就可以生成视觉上稳定的图像了。（其实，老式阴极射线管中，也采用磁场偏转电子。）

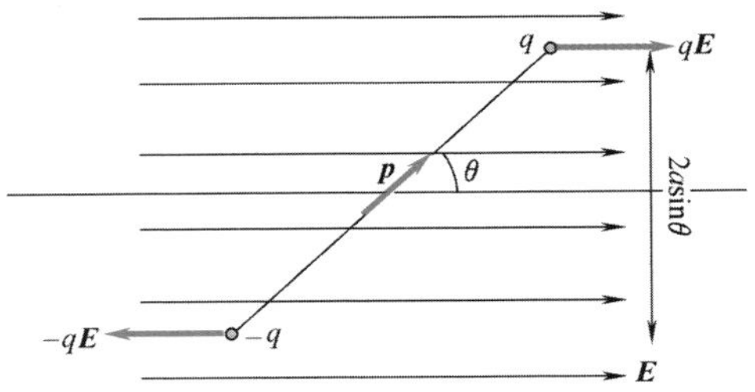

图 2.8　处于水平匀强电场 $\boldsymbol{E}$ 中的电偶极子 $\boldsymbol{p}$ 所受到的力和力矩。力矩可相对于负电荷计算，所得出的大小为 $\tau=2aqE\sin\theta$。力矩趋向于使这个电偶极子沿外场方向取向。当 $\boldsymbol{p}$ 与 $\boldsymbol{E}$ 平行或反平行时，矢量 $\boldsymbol{\tau}=\boldsymbol{p}\times\boldsymbol{E}$ 的值为零。

2.6.1　匀强电场中的电偶极子

电偶极子在匀强电场中受力如何呢？图 2.8 中给出了一个由间距为 $2a$、电量为 $\pm q$ 的两电荷构成的电偶极子，它处于匀强电场中。假设电荷是被固定在某个刚性结构上的，比如说被固定在一根棒上。电场作用于两电荷的力为 $\pm q\boldsymbol{E}$，如图 2.8 所示。因此，作为一个整体，电偶极子所受的合力为零，这是因为它的两部分被大小相等的力向相反的方向拉。（如果电场不是均匀的，例如电场在正电荷处更强，那么电偶极子会向右加速。）尽管受力为零，但是这两个力产生了力矩。我希望你能够看出来这个力矩趋于使电偶极子沿电场方向取向。回忆一下，当合力为零时，可以选任意一点来计算力矩。选择对负电荷 $-q$ 所在处计算力矩，可以求得其大小（见图 2.8）为

$$\tau=qE\cdot 2a\ \sin\theta \tag{2.47}$$

它使电偶极子顺时针转动。作为一个矢量，可以将这个力矩以叉乘表示为

$$\boldsymbol{\tau}=\boldsymbol{p}\times\boldsymbol{E} \tag{2.48}$$

它垂直纸面向内。如果将这个电偶极子支起来，使之可以在纸面内转动，你可以把它当作一个“指电针”，它会指向所在处的电场方向。（我们假设，两端固连着两电荷的那根棒的转动惯量 I 不为零，而且支架是有摩擦的。这样，若电偶极子开始

时方向不平行于电场 $\boldsymbol{E}$，那么通过某种阻尼振动后，它会很快就转到 $\boldsymbol{E}$ 的方向了。）

当偶极子与 $\boldsymbol{E}$ 反平行时，力矩也为零。这是一种非稳定的平衡状态。一旦受到扰动，它就不再回到原来的方向，最终将平行于 $\boldsymbol{E}$。可以从能量的角度理解这一点。

回想一下，保守力 $F(x)$ 与相应的势能 $U(x)$ 之间满足下面的关系式：

$$F(x) = -\frac{\mathrm{d}U}{\mathrm{d}x} \tag{2.49}$$

积分得

$$U(x_1) - U(x_2) = \int_{x_1}^{x_2} F(x)\,\mathrm{d}x \tag{2.50}$$

接下来，回忆一下 SAT[㊀] 中的比喻：“力矩与力类似于角度与位移”。此处，力矩为 $\tau = -pE\sin\theta$，式中的负号表示它趋于使这个偶极子沿顺时针使得 θ 减小的方向转动。这样，我们可以写出：

$$U(\theta_1) - U(\theta_2) = \int_{\theta_1}^{\theta_2} (-pE\sin\theta)\,\mathrm{d}\theta \tag{2.51}$$

$$= pE\cos\theta_2 - pE\cos\theta_1 \tag{2.52}$$

$$U(\theta) = -pE\cos\theta = -\boldsymbol{p}\cdot\boldsymbol{E} \tag{2.53}$$

从式（2.52）到式（2.53），我们去掉了 $U(\theta)$ 中可能的附加常数。

在图 2.9 中，你看到 $U(\theta)$ 是反转过来的余弦函数，最小值在 $\theta = 0$ 处，该点是稳定的平衡点；最大值在 $\theta = \pi$ 处，该点是非稳定的平衡点。$\pm\pi$ 点的 $U(\theta)$ 值是一样的。当在 $\theta = 0$ 处受到扰动时，这个偶极子不过是做简谐振动。对于小角度，单位角位移的回复力矩 κ，以及振动频率 ω 分别为（I 表示转动惯量）

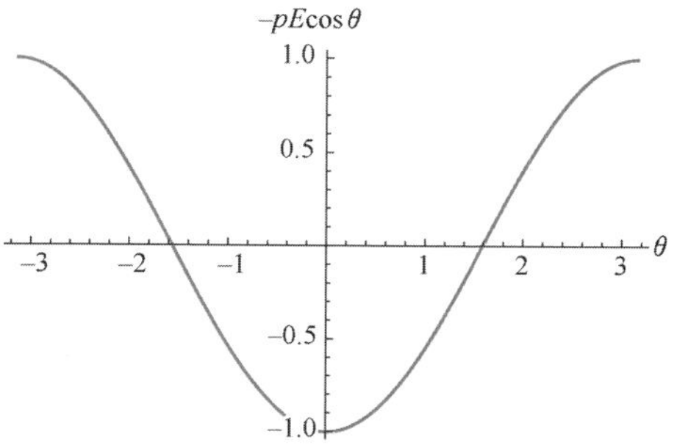

图 2.9　电偶极子的势能 $U = -pE\cos\theta$ 随它与电场夹角 θ 变化的函数。

$$\tau = -pE\sin\theta \approx -pE\theta \tag{2.54}$$

$$\kappa = -\frac{\tau}{\theta} = pE \tag{2.55}$$

$$\omega = \sqrt{\frac{pE}{I}} \tag{2.56}$$

㊀ SAT——Scholastic Assessment Test 的缩写，由美国大学委员会主办。SAT 成绩是美国高校录取学生时的一种参考。——译者注

第3章 高斯定理

Yale

通过上一章的学习，我们明确了这样一点：应该采用电场的观点进行思考，电荷之间并非是按照库仑定律直接发生远程相互作用的。采用这种表达，我们说电荷依据库仑定律激发场，而场按照 $\boldsymbol{F}=q\boldsymbol{E}$ 的规律反过来作用于电荷。

电场 $\boldsymbol{E}(\boldsymbol{r})$ 是 $\boldsymbol{r}$ 处的一种状态，即使那里没有电荷，场也是存在的。一旦我们将实验电荷置于那里，并且发现了作用于这个电荷上的力 $q\boldsymbol{E}(\boldsymbol{r})$，这种状态就被揭示出来了。多个电荷激发的场等于各个电荷场的矢量和。

严格地讲，库仑定律仅仅适用于电荷不运动的静态情形，然而在一些情况下，如果相比于光速 c，电荷的运动是缓慢的，就像在电路中那样，我们依旧可以使用库仑定律。本章中，我们假设电荷的分布是静态的，因此库仑定律适用。

我们看到了如何采用场线描述电场：场线给出了各处电场的方向，而且场线的面密度（通过垂直于场线的单位面积上的场线条数）与场强的大小成正比。可以任意规定每库仑电荷所对应的场线条数，然而一旦给出了规定，比如说 64 条/库仑，我们就必须要遵守它。我们看到了电偶极子场的场线，以及两个相同电荷场的场线。

我们定量地计算出了电偶极子的场。对于由位于 $\boldsymbol{r}_\pm$ 的两电荷 $\pm q$ 组成的电偶极子，我们将它的场以电偶极矩 $\boldsymbol{p}=q(\boldsymbol{r}_+-r_-)$ 表示了出来。

我们求出了电偶极子场的通式；给出了沿着偶极子轴线上和垂直于偶极子轴线上的电场；讨论了 $r\gg a$ 时，即距偶极子的距离 r 远大于两电荷间距 a 条件下电偶极子的场。一个要点是 $\boldsymbol{E}$ 的首项按 $1/r^3$ 的规律衰减。

我们学习了电荷对于场的响应。我们设平行板电容器两极板间的场是匀强场，且与两极板垂直，知道了射入平行板电容器两极板间的电荷如何运动。最后，我们看到处于场中的电偶极矩会受到力矩的作用，等于 $\boldsymbol{p}\times\boldsymbol{E}$，它趋于使偶极子转向外场方向。与此力矩相关的势能函数为 $U=-\boldsymbol{p}\cdot\boldsymbol{E}$。

3.1 无限长带电直线的场

这是个典型问题。有一根无限长带电直线，比如说一根带电导线，平行于 x 轴放置，图 3.1 中画出了其中有限长的一段。现使之均匀地带上电荷，电荷密度是连续的，为 λ C/m。假想在这根导线上剪下1m长的一段，我们会发现其上所带的电荷量为1C。对于这种电荷分布，我们现在利用库仑定律计算出它在空间各处的电场。（设 λ 为正。如果它是负值，我们只要将各处的电场反向就可以了。）

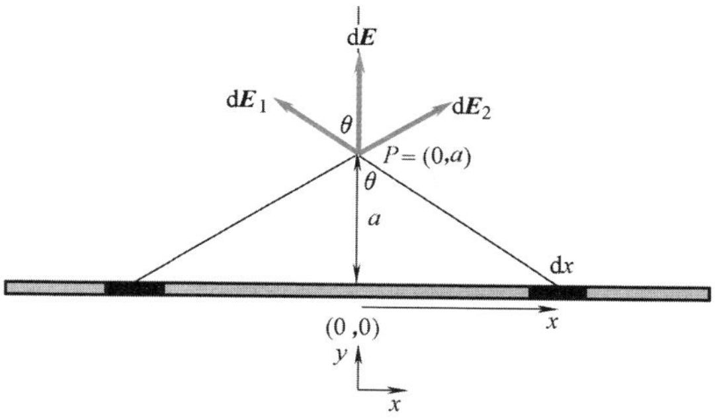

图3.1 线电荷密度为 λ 的无限长带电直线的场。将长为 dx 的小线元视为一个点电荷。把各线元的贡献求和即可计算出场。从图中可以清楚地看到位于 x 和 $-x$ 处的两线元激发的场 d$\boldsymbol{E}_1$ 和 d$\boldsymbol{E}_2$ 的 y 分量相同，而 x 分量相反。

考虑距导线为 a 的一点 $P(0,a)$。在进行完整的计算之前，对于这个场，我们了解些什么呢？

首先，直觉上会清晰地感到，到导线距离为 a 的各点所在处的场应该是相同的。场对 x 的依赖会引起下面的矛盾。假设场沿 x 方向是变化的，如果我将该导线向右移动一点，那么场分布的图样也会移动那么多，所以看上去会不同。然而，在我移动之后，这导线与移动前看起来是相同的，因此它激发的场也应该如此。

但是，场可以与 y 相关，而且它确实如此。

接下来我们可以提出：这场的指向必须是沿径向向外，不能向导线的一侧或另外一侧倾斜，因为这根无限长导线没有左右之分。换一种说法。假设场是向右倾斜的。好，我们绕着一根过 P 点且垂直于导线的轴（见图3.1中的 y 轴）将导线旋转 π。场线也将会随之旋转，结果最终 P 点的场会向左侧倾斜。但是，旋转之后，这根导线与旋转前看起来是相同的，因此它激发的场也会如此。唯一不受这种旋转影响的位形就是场在各处均与这根导线垂直。

这个推论对于有限长直线不成立，一根有限长的直线有一些明显的特征和特殊点，比如中点和端点。将之沿自身方向平移后，会产生变化，因此场可以随 x 变化。如果 P 点在中心左侧，那么场线可以向左端倾斜。同理，如果 P 点位于中心右侧，场也可以向右端倾斜。对于任何不会令导线发生变化的操作，场分布也不会变化。例如，像上面用到过的操作，将导线绕其中点旋转 π。

回到无限长直导线，场是垂直于导线的，我们来计算一下它怎样随 a 变化。

图3.1中，我们取一个中心在 x 点、长为 dx 的小线元，这个线元非常小，可以将之视为点电荷。图中没有将 dx 画为一个点，但是最终，我们会使它任意地小。这个线元像一个电量为 $q=\lambda \mathrm{d}x$ 的点电荷，距原点的距离为 x。它在 P 点激发的无限小电场的大小为

$$\mathrm{d}E_1=\frac{\lambda\,\mathrm{d}x}{4\pi\varepsilon_0(a^2+x^2)} \tag{3.1}$$

方向沿着由（x，0）点到 P 点的那个矢量的方向。我们只要保留其 y 分量即可，因为合场的 x 分量为零。这既可以利用对称性论证出来，也可以通过直接考虑位于 $-x$ 点的那个相似线元的贡献而得到证明。通过看图，你要确定一旦将这两者对场的贡献相加，水平分量相消，而竖直分量将是其中一个的两倍。因此，我们将右边那个线元的竖直贡献加倍，但是要记得只考虑 $x\geqslant 0$ 的情况。利用

$$\cos\theta=\frac{a}{\sqrt{a^2+x^2}} \tag{3.2}$$

投影出竖直分量，通过积分得到沿竖直方向的合场为

$$\boldsymbol{E}(a)=\boldsymbol{j}\int_0^{\infty}\frac{2\cdot\lambda\,\mathrm{d}x}{4\pi\varepsilon_0(a^2+x^2)}\frac{a}{\sqrt{a^2+x^2}} \tag{3.3}$$

接下来做什么呢？这个积分可以通过巧妙的替代来完成。如果我们没有想到这个方法该怎样做呢？事实表明，利用量纲分析我们可以取得许多进展。我们利用无量纲变量 w，将坐标 x 用 a 来表达出来，a 是问题中唯一的长度，得到

$$x=a\cdot w \tag{3.4}$$

这样，对 $w=x/a$ 的积分的极限为 0 和 ∞。因为 $\mathrm{d}x=a\mathrm{d}w$，因此得

$$\boldsymbol{E}(a)=\boldsymbol{j}\times 2\times\frac{a\lambda}{4\pi\varepsilon_0}\times\int_0^{\infty}\frac{a\,\mathrm{d}w}{a^3(1+w^2)^{3/2}} \tag{3.5}$$

$$=\boldsymbol{j}\frac{\lambda}{2\pi\varepsilon_0 a}\times\int_0^{\infty}\frac{\mathrm{d}w}{(1+w^2)^{3/2}} \tag{3.6}$$

$$=\boldsymbol{j}\frac{\lambda}{2\pi\varepsilon_0 a}\times N \tag{3.7}$$

式中

$$N=\int_0^{\infty}\frac{\mathrm{d}w}{(1+w^2)^{3/2}} \tag{3.8}$$

是个数，与所有参量无关。因此为了得到答案，我们还需要求一个整体因子 N，且 N 与 λ 和 a 无关。即使还没有对 N 进行计算，我们也可以看到一个令人吃惊的事情，这就是，尽管每一小段的贡献按距离的平方反比规律衰减，但是场却按 $1/a$ 而不是 $1/a^2$ 衰减。这有些令人惊讶，然而从量纲角度看，它是必然的。现在，我们的答案中，场强正比于 λ，即单位长度的电荷，而不是电荷。前面的因子 λ 在分母上占据了长度的一次方，剩下那一次方留给了问题中唯一的一个长度 a。

对于有限长导线，这个推论不再成立。现在我们另取一根长度为 L 的直导线，它会带来一个类似于 L/a 的因子（或是关于 L/a 的无量纲函数），这样就不会搞乱答案中的量纲。的确，在这种情况下我们预期并且发现，若距导线的距离远远大于 L，则电场类似于一个电量为 λL 的点电荷场。

下面我们开始做计算，做个代换

$$w=\tan\theta \tag{3.9}$$

（我将这个代换中的变量写作 θ 而不是其他的希腊字母，因为在这里，它的确是图中的那个 θ 角。$w=\tan\theta$ 意味着 $x=a\tan\theta$。）你可以看出，因为 $\tan\theta$ 的取值范围是0~∞，所以这个变量代换可以通过选择 θ 使 w 取所有值。假设我们采用的代换是 $w=\cos\theta$，那么就得不到 $w>1$（或是 $x>a$）了。

接下来，我们得到

$$\frac{\mathrm{d}w}{\mathrm{d}\theta}=\sec^2\theta \tag{3.10}$$

$$\mathrm{d}w=\sec^2\theta\mathrm{d}\theta \tag{3.11}$$

$$N=\int_0^{\pi/2}\frac{\sec^2\theta\mathrm{d}\theta}{(1+\tan^2\theta)^{3/2}} \tag{3.12}$$

$$=\int_0^{\pi/2}\cos\theta\mathrm{d}\theta=1 \tag{3.13}$$

为了方便今后的应用，请大家记住：对于位于 xy 平面内、电荷线密度为 λ 的无限长直线，在距它为 a 处电场的大小为

$$E(a)=\frac{\lambda}{2\pi\varepsilon_0 a} \tag{3.14}$$

方向垂直导线向外。

图 3.1 是二维的，而导线和场分布是三维的。图中显示的是一幅过 xy 平面的截面图。将图中的位形绕 x 轴做刚性旋转，就可以得到场的整体位形。可以用过 x 轴的任意平面去截那个三维的位形，而我们得到的二维位形图是一样的。这是对称性和因果关系的要求。如果将这根导线绕 x 轴转过某个角度，它看起来是相同的。因此，在这种操作下，它所激发的场的位形也是不变的。由这根线均匀向外辐射出去的场线分布是唯一满足这种要求的静电位形。（场线的指向也可能是沿径向向内的，不过这对应着 $\lambda<0$ 的情形。）将导线垂直纸面向里放置，从其一端看过去，场线分布如图 3.2 所示。

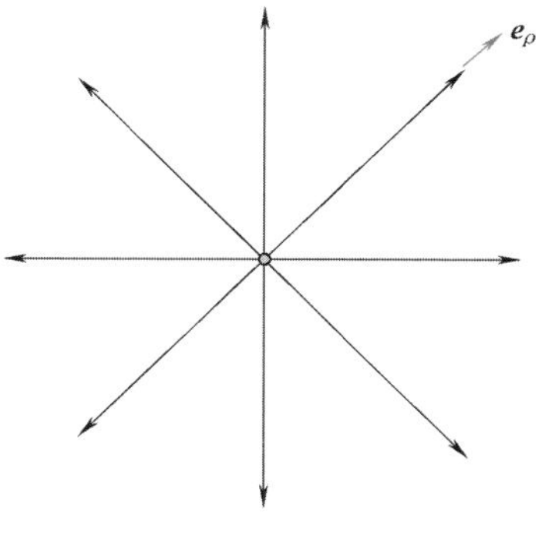

图 3.2　从无限长直导线的一端看过去的场分布，导线垂直于纸面。对于绕导线自身的旋转操作，导线和它激发的场分布保持不变。

在三维空间中，通常以 ρ（而不是 a）表示距导线的垂直距离。因此，我们应该将场表达为

$$\boldsymbol{E}=\boldsymbol{e}_\rho\frac{\lambda}{2\pi\varepsilon_0\rho} \tag{3.15}$$

式中，$\boldsymbol{e}_\rho$ 是单位矢量，方向与导线垂直。（在 xy 平面内，$\boldsymbol{e}_\rho=\pm\boldsymbol{j}$。）

3.2 无限大带电平面的场

设想有一个无限大平面，面电荷密度为 σ，如图 3.3 所示。这就是说，如果你从上面剪下一个很小的部分，面积为 dA，那么它所带的电荷为 σdA。（规定，λ 表示单位长度的电荷，σ 表示单位面积的电荷，ρ 表示单位体积的电荷。）我们站在到平面距离为 a 的 P 点，求解该点的电场。

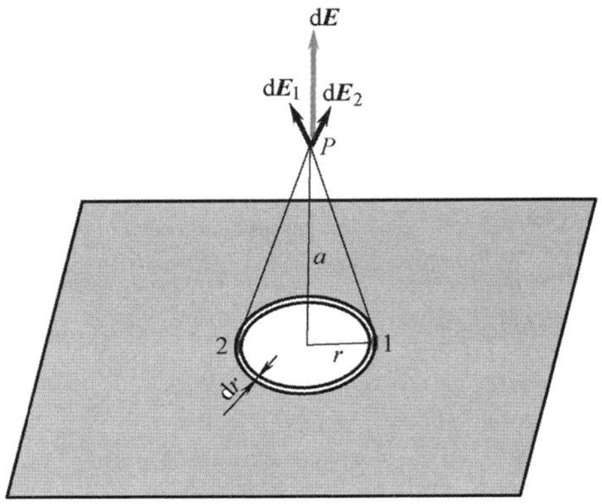

图 3.3　面电荷密度为 σ 的无限大平面。图中给出了一个半径为 r、宽度为 dr 的圆环对场的贡献。它激发的场 d$\boldsymbol{E}$ 垂直于这个平面，如图中那个蓝色箭头所示。d$\boldsymbol{E}$ 没有水平分量，这是因为：取在圆环直径两端相对的两部分电荷，它们所激发场的水平分量彼此相抵消了。图中圆环上加黑的两部分电荷的贡献分别为 d$\boldsymbol{E}_1$ 和 d$\boldsymbol{E}_2$。圆环上所有部分的矢量和为 d$\boldsymbol{E}$。将 d$\boldsymbol{E}$ 对所有圆环积分就给出了整个平面激发的合场。

再次，在进行计算之前，我们基于一些基本的考虑看看场的性质。

我觉得我们可以认同一点，这就是，距该平面 a 米远处某点的电场值，与该点在平行于带电面的另外两个坐标轴上的坐标无关。假设我们平行于这个带电平面运动，保证 a 是个定值，而场强却有增大和减小。那么，如果我将这个带电平面向右移动 1in，场的图样也会随之移动。然而，移动过的那个带电平面与没有移动过的看上去是完全一样的，因此，它激发的场也是一模一样的，大小和方向均相同。只有对于那些平行于此带电平面的位移，这才可能出现。

关于方向，场的方向必须垂直于这个平面，这也是基于对称的原因。如果场偏离了平面的垂线方向，它会向哪边倾斜呢？除了与之垂直的方向之外，这个平面再没有独特的方向了。假设场线偏离该平面的垂线 30°，比如说沿 d$\boldsymbol{E}_1$ 方向。现在，我将这个平面绕过 P 点且与该平面垂直的轴转动，这斜线的方向也会转动（旋转 π 角后最终平行于 d$\boldsymbol{E}_2$）。但是，这个转动过的面与没有转动的那个面看起来是相同的，所以它激发的场也该如此。要满足这一要求，唯一可能的场位形就是各处的场线都垂直于该平面。

基于对称，我们还可以推出这样一个结论：位于该平面两侧且距平面距离相等的两点处的场强大小相等。如果这个带电面在 xy 平面上，则 $E(z)=E(-z)=E(|z|)$。带电面上所有电荷对于距它某个距离的实验电荷的排斥强度是相等的，无论这个实验电荷在平面的哪一侧，方向当然是相反的，其指向背离这个平面。这样，我们可以确定

$$\boldsymbol{E}(\boldsymbol{r})=\boldsymbol{k}E(|z|) \quad z>0 \tag{3.16}$$

$$=-\boldsymbol{k}E(|z|) \quad z<0 \tag{3.17}$$

式中，$\boldsymbol{k}$ 是单位矢量，沿 z 轴正向。

尽管从直觉上说，这个结论是明显的，我们还是可以由因果论进行推理得到它。如果把这个带电平面像翻饼那样绕 x 轴旋转 π 角，则操作后的平面与之前看起来是相同的，场的位形应该保持不变。我们上面给出的位形满足这一要求。

有了这些基于对称性推论而得到的预期后，我们转向计算与这预期相一致的结果。方法如下。过场点 P 向这个无限大平面做垂线，如图 3.3 所示。将这个平面划分为许多半径为 r、宽度为 $\mathrm{d}r$ 的圆环，求得每个圆环的贡献 $\mathrm{d}\boldsymbol{E}$，之后对所有圆环积分。

某个圆环的贡献可以从式（1.12）推导出来，该式给出了线电荷密度为 λ 的圆环对置于其对称轴上、距之 z 米远的电荷 q 的作用力为

$$F_{\perp}=\left[q\times\frac{2\pi r\lambda}{4\pi\varepsilon_0}\right]\cdot\left[\frac{1}{r^2+z^2}\right]\cdot\left[\frac{z}{\sqrt{z^2+r^2}}\right] \tag{3.18}$$

第 1 个因子是与实验电荷和圆环相关的 $q_1q_2/(4\pi\varepsilon_0)$；第 2 个因子反映出的是平方反比定律；第 3 个是 cos 因子，它投影出这个圆环贡献的垂直于平面的分量，当对所有圆环的贡献求和时，只有这个分量可以保留下来。

做三个修改，我们就可以得到结果了：

- 去掉 q 就可以由力得到场。
- 令 $z=a$。
- 将 σ 与 λ（即这个圆环单位长度的电荷）联系在一起。圆环上长度为 1 的一段具有的面积为 $1\cdot\mathrm{d}r$，它带有的电量为 $1\cdot\sigma\mathrm{d}r$。因此，这个问题中的线电荷密度与面电荷密度间的关系为

$$\lambda=\sigma\mathrm{d}r \tag{3.19}$$

对于到平面距离为 a 的点，该处的合场强为

$$E_{\perp}=\frac{2\pi r(\lambda=\sigma\mathrm{d}r)}{4\pi\varepsilon_0}\cdot\frac{1}{r^2+a^2}\cdot\frac{a}{\sqrt{a^2+r^2}} \tag{3.20}$$

式（3.20）中的 $E_{\perp}$ 为宽度为 $\mathrm{d}r$ 的圆环的无限小贡献，我们将它明确地表示为一个无限小的形式

$$dE_{\perp}=\frac{2\pi r\sigma dr}{4\pi\varepsilon_0}\cdot\frac{1}{r^2+a^2}\cdot\frac{a}{\sqrt{a^2+r^2}} \tag{3.21}$$

对之积分得到合场为

$$E_{\perp}=\frac{2\pi\sigma}{4\pi\varepsilon_0}\int_0^{\infty}\frac{rdr}{r^2+a^2}\cdot\frac{a}{\sqrt{a^2+r^2}} \tag{3.22}$$

再一次，我们可以换算一下，像下面那样用找到与 a 的关系。令

$$r=aw \tag{3.23}$$

由上式得到

$$dr=adw$$

我们得到

$$E_{\perp}=\frac{2\pi\sigma}{4\pi\varepsilon_0}\int_0^{\infty}\frac{aw\ adw}{a^2(1^2+w^2)}\cdot\frac{a}{a\sqrt{1^2+w^2}} \tag{3.24}$$

$$=\frac{\sigma}{2\varepsilon_0}\int_0^{\infty}\frac{wdw}{(1+w^2)^{3/2}} \tag{3.25}$$

$$=\frac{\sigma}{2\varepsilon_0} \tag{3.26}$$

式中的积分等于 1，用 $z=w^2$ 做代换就可以推出这个结果。

上面的结论非常重要，我要重复一下，并且建议你记住它：

$$\text{电荷密度为 }\sigma\text{ 的无限大带电平面的场强为 }\frac{\sigma}{2\varepsilon_0} \tag{3.27}$$

这个结果最引人注目的地方在于：在我们远离该平面的过程中，电场并不减弱，与到平面的垂直距离 a 无关。因为平面上每个部分的贡献都按 $1/(a^2+r^2)$ 那样的规律衰减，并且当 a 增加时，到平面上所有点的距离都随之增加，因此场应该是减弱的，对吗？然而，情况却并非如此。

我们可以基于量纲分析明白为什么结果一定是这样的。场强的量纲为电量除以长度的平方（可以不用理会那个普适的常数 $4\pi\varepsilon_0$）。对于单个点电荷，问题中的长度必须是 r，即电荷到场点的距离。对于带电直线，所得结果与 λ 一定为线性关系（以满足叠加原理）。λ 的量纲为电量除以长度，所以只给一个长度 a 留下了余地，使之出现在了分母上。这个 a 是到导线的垂直距离。对于平面，线性因子 σ 是无法避免的，σ 的量纲为电量除以长度的平方，用尽了所有的长度方次，无论是在分子上还是在分母上，都没有给到导线的垂直距离 a 留下任何余地。就像我在直导线场时说的那样。这个推论在平面为有限大时会失效。比如说边长为 L 的正方形。在这种情况下，答案中可以出现类似于 L^2/a^2 这样的因子，而且如果 $a\gg L$，场将是电量为 $q=\sigma L^2$ 的点电荷场。

要形象地理解电场强度 $\boldsymbol{E}$ 与 a 的不相关性，可以看图 3.3。我们从某个 a 值开

始，接近平面，使得 a 减小。我们发现，因为 a^2+r^2 会减小，各个线元的贡献的确是增大了。然而，在我们接近平面的过程中，方向沿着线元到场点连线的那些贡献变得越来越平行于这个平面了。（去看一看图中的 $d\boldsymbol{E}_1$ 和 $d\boldsymbol{E}_2$。）我们已经看到由于（每个环的）对称性，平行于平面的分量会彼此抵消，仅有（微小的）竖直分量保留下来。所以，在接近平面的过程中，存在两个相反的因素：各个圆环上线元的贡献增大，但是对各个圆环求和后留下来的有效的分量，也就是竖直分量却减小了。所以，当 a 变化时，你可以给出场为什么减小的理由和场为什么会增大的理由。要证明这两个趋势恰好是相互抵消的，你必须咬紧牙做计算。

现在，我们可以求出平行板电容器两极板间的电场了（忽略边缘效应）。两极板面电荷密度为 $\pm\sigma$，在两板间的区域，两个板的场加强，合场强为 σ/ε_0，方向由正极板指向负极板。在两板外的区域，场为零，因为两个板的场大小相等，方向相反，且与距离无关，所以它们彼此相消。

3.3　球形电荷分布：高斯定理

现在，我们转向更复杂的情况，球形电荷分布。我回避正面地着手这个问题，而是介绍一个有效的方法，叫作高斯定理[㊀]，它提供了一条捷径。

假设有一个电荷密度为 ρ（以 C/m^3 来量度）的球体。我们要求出这个球激发的电场。

在解决引力中的类似问题时，我们认为：在球外，这个球体的行为类似于将其全部质量集中于球心的一个质点；在球内（就像我们对暗物质进行的分析），在所处半径内部的那些质量类似于位于球心的一个质点，而其外部的质量没有任何贡献。

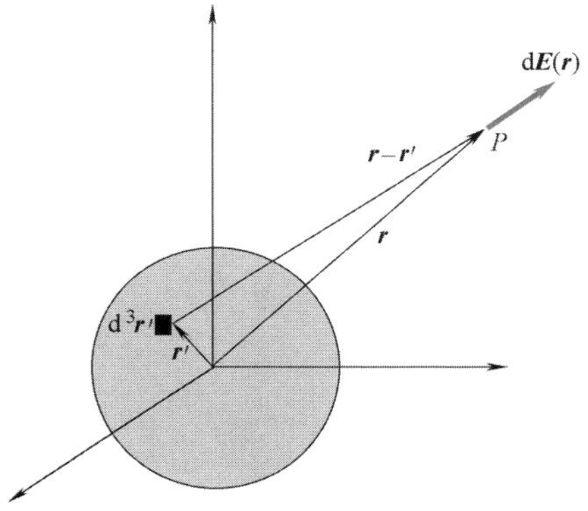

图 3.4　球形电荷分布的场。位于 $\boldsymbol{r}'$ 的小体元 $d^3\boldsymbol{r}'$ 按照库仑定律对 $\boldsymbol{E}(\boldsymbol{r})$ 的贡献为 $d\boldsymbol{E}(\boldsymbol{r})$。对各个体元的贡献求矢量和就可以计算出 $\boldsymbol{E}(\boldsymbol{r})$。

由于静电力也遵守平方反比定律，我们可以将上面那段话中的“质量”换为“电荷”，这不足为奇。但是，我们现在要对此进行证明，而不是将之作为假设。

这样的问题耗费了牛顿大量的时间。他知道结论，但是却证明不了它。因为要解决这个问题，他得先发明出微积分。直至今日，采用积分的方法求球体的场都是个相当困难的问题。想想你要做的事情

㊀　这里原文为 Gauss’s law，我们仍按国内叫法译为高斯定理。——编辑注

吧！看图 3.4，要求位置为 $\boldsymbol{r}$ 的 P 点处的场。你必须将这个球分为许多中心在 $\boldsymbol{r}'$ 的小体元，每个体元携带的电荷等于电荷密度 $\rho(\boldsymbol{r}')$（这里恰好为常量）乘以它的体积 $\mathrm{d}^3\boldsymbol{r}'$。其中一个典型的小质元激发的场为 $\mathrm{d}\boldsymbol{E}(\boldsymbol{r})$，如图所示。你要对这个球上每个小体元的 $\mathrm{d}\boldsymbol{E}(\boldsymbol{r})$ 做积分。而且每个小体元贡献的场大小和方向会不同。将所有这些矢量相加是个很困难的问题，我们要利用一个叫作高斯定理的强大概念去巧妙地处理它。在开始时，我们需要铺垫一些有关面积和面积分的数学思想。

3.4 关于面积元矢量 $\mathrm{d}\boldsymbol{A}$ 的插言

假设在三维空间中，我手持一个很小的平面，比如说一枚邮票，它的位置矢量为 $\boldsymbol{r}$。我想要让你想象出这个小平面的样子。除了告诉你它的位置 $\boldsymbol{r}$ 以外，我还要向你描述些什么呢？首先要说的就是它有多大。我告诉你它的尺寸是 $\mathrm{d}A$（平方米）。然后，我必须说的是它位于哪个平面上。我怎么来表述呢？

假设它在 xy 平面内。我可以说它与 z 轴垂直，而不说"它在 xy 平面内"。**我可以将这个小平面与一个大小为 $\mathrm{d}A$、方向沿着 z 轴的矢量 $\mathrm{d}\boldsymbol{A}$ 建立起联系**。但是，与 xy 平面垂直的方向有两个：沿 z 轴向上或是向下。为了确定这个面积，使之具有**方向**或是**符号**，我在其边界所包围的区域内画上箭头，它可以有两个方向。就这些箭头而言，如果我们采用右手，**按照环路的方向弯曲四指，那么拇指所指的就是面积元矢量 $\mathrm{d}\boldsymbol{A}$ 的方向**。这称为**右手定则**，如图 3.5 中的两个小面积元所示，其中一个是 $\mathrm{d}\boldsymbol{A}_1=-\boldsymbol{k}\mathrm{d}A_1$，另外一个是 $\mathrm{d}\boldsymbol{A}_2=-\boldsymbol{k}\mathrm{d}A_2$。（一个没有箭头的平面，就好比是没有标注头尾的矢量。）

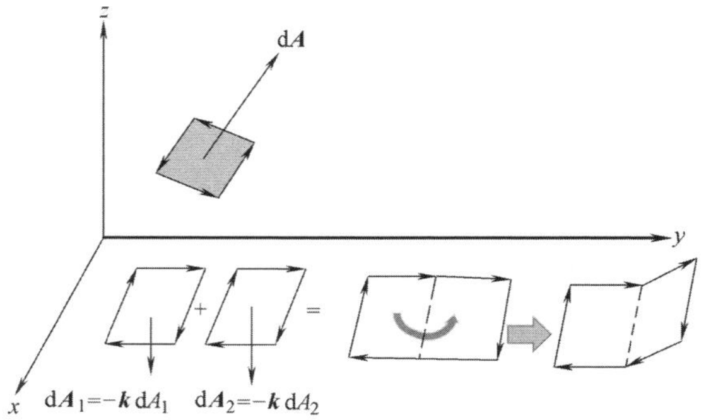

图 3.5 图中给出了漂浮于三维空间中的任意一个平面（带阴影的）。面积元矢量 $\mathrm{d}\boldsymbol{A}$ 的方向由右手定则确定。利用右手定则，可给出被边界所环绕的箭头的方向。图中有两个位于 xy 平面内且有共同边界的平面。在将它们相加所得的平面中，这个共同的边界（虚线所示）消掉了。如果我们以虚线为轴旋转第 2 个平面，使之偏出 xy 平面（像图中所画的那样），那么两者的和是由没有被消掉的边界所围出非平面区域。

图的上半部给出了漂浮于三维空间中的任意一个（带阴影的）面积元矢量 d$\boldsymbol{A}$。面积元矢量 d$\boldsymbol{A}$ 的方向由右手定则确定。利用右手定则，可给出被边界所环绕的箭头的方向。

一个矢量只能表示一个平面区域。所有的无限小面积都可以被处理为平面。无法用一个矢量来表示非平面的面积，比如说一个半球或是魔毯：仅仅借用一个幅度和一个方向，我们无法重建出带有起伏的整个宏观表面。

在描述面积时对于右手定则的应用会提醒你注意叉乘运算，的确存在着这样的解读。取一个平行四边形，定义其两条相邻的边为矢量 $\boldsymbol{B}$ 和 $\boldsymbol{C}$，它们的夹角为 θ。这样，$\boldsymbol{A}=\boldsymbol{B}\times\boldsymbol{C}$ 等于平行四边形的面积，其大小为 $|BC\sin\theta|$，方向由右手定则确定。无限小的面积由无限小的矢量表示。

仅仅在三维空间中，才能利用矢量描述面积或是借助叉乘由两个矢量得到第三个，因为在其中每个平面都有一个确定的法向，由一个符号决定。在四维空间中，不能利用两个矢量做叉乘而生成第 3 个矢量。如果你取两个不共面的面积，由它们两者的面积元定义出一个平面，则这个平面会有两个与之正交的方向。

3.4.1 面元的拼接

尽管我们采用矢量表示无限小的面积，但是面元拼接的自然规律与矢量加法的不同，除非这些面元都是共面的。我做个类比，利用较低的维度，来介绍拼接规律。请看图 3.6。

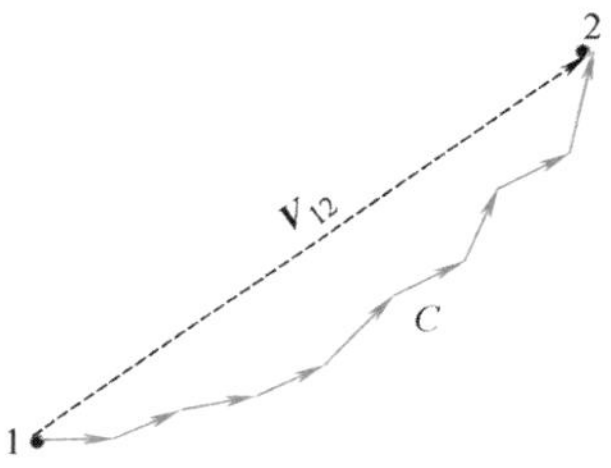

图 3.6 将平面上许多很小的矢量头尾相连所构成的曲线 C，其起点和终点分别为点 1 和点 2。头和尾是每个箭头的端点。将两个箭头接在一起后，相接处的那个终点和那个起点就不再是端点了。最终，只有第一个矢量的起点和最后一个矢量的终点保留下来，成为 C 的两个端点。不要将拼接箭头所形成的曲线与矢量加法相混淆。由矢量加法得到的是 $\boldsymbol{V}_{12}$。如果点 1 和点 2 恰好重合，那么，我们会得到一条闭合曲线，此时矢量和 $\boldsymbol{V}_{12}$ 为零。

假设我有若干很小的矢量，想要利用它们在二维或是三维空间中构建出一条曲线。每个矢量有两个端点，起点和终点，并以相反的符号表示它们。为了给出这条曲线，我们将这些矢量接起来：第 2 个矢量的头与第 1 个矢量的尾部相连，第 3 个矢量的头与第 2 个矢量的尾部相连，以此类推，直至最后一个矢量。最终形成的曲线只有两个端点：第一个矢量的起点和最后一个矢量的终点。在我们将矢量首尾连接时，其他那些矢量的端点都被成对地消掉了。当然，只有在无限多的无限小矢量的极限下，才能认为这曲线是光滑的。

不要将曲线拼接与矢量和相混淆，矢量和是由起点到终点的一条直线段。矢量和记录的是一个梗概，而曲线记录下了组成它的每一个矢量。举例说，如果这条曲线是闭合的，比如说是一个圆，那么矢量和不过就是零罢了。

利用面积元拼接出二维面的规则是相似的。图 3.5 中有两个面元 $\mathrm{d}\boldsymbol{A}_1$ 和 $\mathrm{d}\boldsymbol{A}_2$。我们假设 $\mathrm{d}\boldsymbol{A}_1$ 的右边缘的箭头与 $\mathrm{d}\boldsymbol{A}_2$ 的左边缘的箭头反向。（就好比是将一个矢量的尾部置于与前一个矢量的头部，从而构成一条曲线。）两相反的箭头交叠，这两处不再是边界。“合”面元的边界就是其他那些保留下来的边界。

来看由虚线所示的被消除掉的边界。如果我们以它为轴，旋转第 2 个平面，使之偏出 xy 平面，那么它们的和，边界为没有被消除的那些边，就不是平面面元了。采用这种方法，可以利用许多小面元或是小块拼接在一起，消除共同的边界，构成一个三维空间中的一般表面，如图 3.7 所示。对于位于内部的一个小块，包围在其边界上的箭头与相邻小块边界上的反向箭头相消。保留下来的是那些外围的箭头，它们沿着所拼成的那个整体的边界，或者说是沿着这些小块的和的边界。

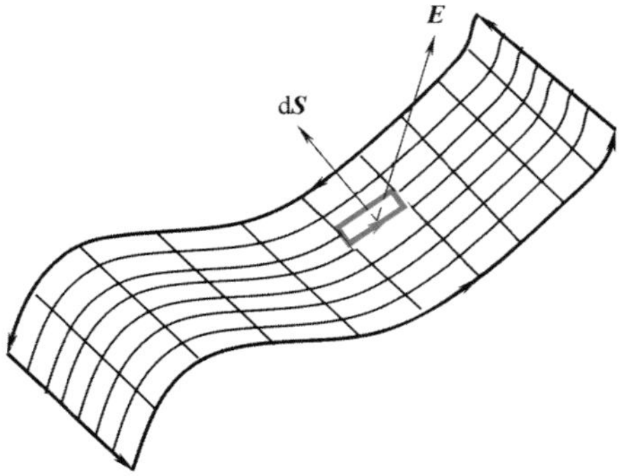

图 3.7　三维空间中的一个任意表面，它由许多小面元或是小块拼接而成。对于内部的一个小块，包围在其边界上的箭头与相邻小块边界上的反向箭头相消。保留下来的是那些外围的箭头，它们沿着所拼成的那个整体的边界，或是说是沿着这些小块的和的边界。为了后续学习的需要，我们在图中以粗线给出了内部的一个小面元 $\mathrm{d}\boldsymbol{S}$，以及该处的电场强度 $\boldsymbol{E}$。这个面元的方向是由边界上箭头的绕向来确定的。

3.4.2　面积元矢量的应用

我们将面积元矢量的概念实用化。假设一个管子的横截面是高为 h、宽为 w 的矩形，管子中的液体以速度 $\boldsymbol{v}$ 沿着管子流动，如图 3.8 所示。每秒钟内通过任一截面的流量 Φ 是多少呢？

为了确定 Φ，我们取图中最左侧的面积 A 作为观测点，问在 1s 内有多少液体通过这个截面。为此，在某个时刻，令此刻为 $t=0$，我在 A 处放进去一些很小的珠子。经过 1s，这些珠子运动过的距离为 $v\cdot 1$，到达图中中间的那个面，那是在异地复制出的一个 A 面。这两个面之间所包含的就是在 1s 内通过我们观测点的流体。它占据的是一个图中所示的那个以 $A=wh$ 为底、高为 $v\cdot 1$ 的平行六面体。因此，

$$\Phi = whv = Av \tag{3.28}$$

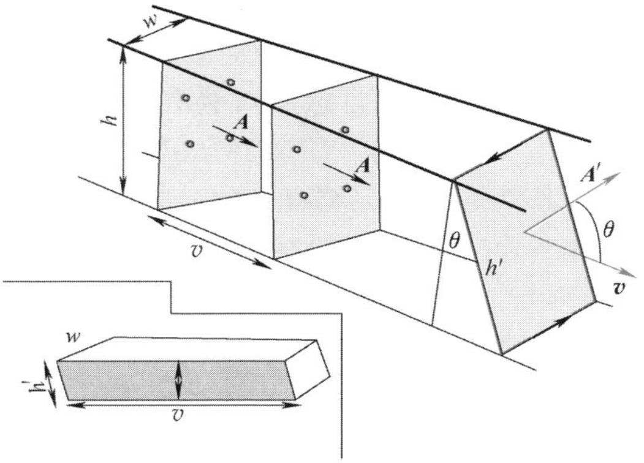

图 3.8 横截面积为 $A=wh$ 的管子，其中流体的流速为$\boldsymbol{v}$，方向平行于 $\boldsymbol{A}$。为了观测通过左侧面积 $\boldsymbol{A}$ 的流量（每秒钟流过的流体体积），我们在 $t=0$ 时刻撒进去了一些小珠子。1s 后，这些珠子到达了中间的那个面。这两个面之间的体积就是每秒的流量，$\boldsymbol{\Phi}=Av=\boldsymbol{A}\cdot\boldsymbol{v}$。虽然管子最右侧的面积 $\boldsymbol{A}'$比 $\boldsymbol{A}$ 大一个因子 $1/\cos\theta$，但是每秒内通过它的液体量或是流量与通过 $\boldsymbol{A}$ 的相同。就像文中证明的，$\boldsymbol{\Phi}'=\boldsymbol{A}'\cdot\boldsymbol{v}=A'v\cos\theta=Av=\boldsymbol{A}\cdot\boldsymbol{v}=\boldsymbol{\Phi}$。插图表示的是在 $t=0$ 和 $t=1$ 时刻、相距为 $v\cdot 1$（m）的两个倾斜面 $\boldsymbol{A}'$间的体积。

因为 v 和 A 是两个彼此平行矢量$\boldsymbol{v}$ 和 $\boldsymbol{A}$ 的大小，所以可以将 $\boldsymbol{\Phi}$ 写为这两个矢量的点积

$$\boldsymbol{\Phi}=Av=\boldsymbol{A}\cdot\boldsymbol{v} \tag{3.29}$$

要记得，如果面积 A 是平面，那么该平面垂直于流体流动的方向，但是我们所定义的面积元矢量 $\boldsymbol{A}$ 却是与$\boldsymbol{v}$ 平行的。因此，点积中的 $\cos\theta$ 很简单，等于 1。

对于现在的情况，利用点积做计算似乎有些炫技，流量不过就是 $\boldsymbol{A}$ 与$\boldsymbol{v}$ 的大小之积。但是，我们来看在图 3.8 中给出的一个更一般的情况。看最右侧的那个面 $\boldsymbol{A}'$，它也是从顶部贯穿到底部的，但是它是倾斜的，偏离竖直面 θ 角，

$$A'=wh'=w\cdot\frac{h}{\cos\theta}=\frac{A}{\cos\theta} \tag{3.30}$$

它的一条边 w 与 A 的相同，但是另外一边比 A 的更长一些，为 $h/\cos\theta$。我们来计算一下通过 $\boldsymbol{A}'$的流量。如果我们等上 1 秒钟，$\boldsymbol{A}'$上的点顺流而下运动过的距离为 $v\cdot 1$，在那里复制出了 A'面。流量 $\boldsymbol{\Phi}'$等于两个倾斜面之间的体积。这个体积（如插图所示）等于宽度 w 与插图中那个平行四边形面积之积，而该平行四边形的底为 v、侧边长为 h'、高为 h。大家还记得，平行四边形面积等于底边乘以高。因此得到

$$\boldsymbol{\Phi}'=vwh=vwh'\cos\theta=\boldsymbol{v}\cdot\boldsymbol{A}' \tag{3.31}$$

与 $\boldsymbol{\Phi}=\boldsymbol{v}\cdot\boldsymbol{A}=vwh$ 相等。因此，即使 A'的面积比 A 大一个因子 $1/\cos\theta$，它拦截的也是相同的流量，因为它相对于$\boldsymbol{v}$ 倾斜了一个角度 θ。

一个给定的截面，当它垂直于流动方向或者其面积元矢量与流动方向平行时，

通过它的流量最大。同理，如果这个截面平行于流动方向，或者其面积元矢量垂直于流动方向，那么它根本就拦截不到液体。更重要的是，对于介于两者间的角度，与 vA 相乘的那个因子恰好是 $\cos\theta$。它自然而然地出现在点积运算中，似乎就是为计算流量而定制出来的。

我们用“通量”这个词表示面积元与任意的其他矢量 $\boldsymbol{V}$ 的点积，即使 $\boldsymbol{V}$ 不是速度也如此。在下面的内容中，我所要用的那个矢量将是 $\boldsymbol{E}$—电场强度。

3.5 图说高斯定理

考虑一个电荷 q 和它的场线。设每库仑电荷对应着 k 条场线，k 是个任意常量。由图 3.9 可以明显地得到下面这些结论。

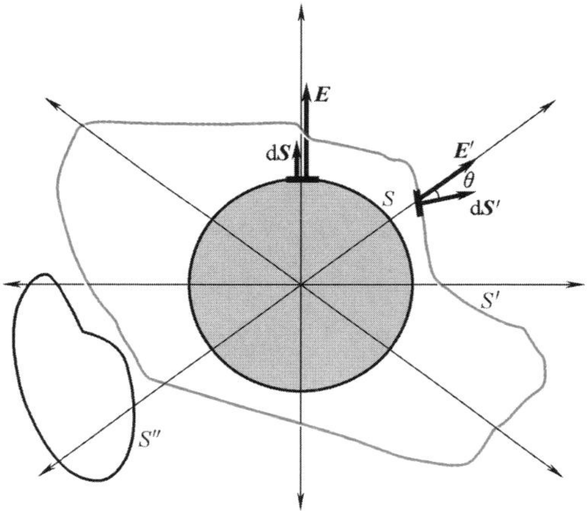

图 3.9 图中给出了由电荷 q 发出的场线的二维截面图。圆 S 代表的是一个球面。很显然，场线会穿过包围它的任意曲面。图中画出了一个球面 S 和另外一个任意面 S'。因为穿过一个面的场线条数正比于对 $\boldsymbol{E}$ 的面积分，所以对于任意一个包围 q 的面，后者的值都相同。图中在 S 和 S'这两个面上，各给出了两个小面元，$\mathrm{d}\boldsymbol{S}$ 和 $\mathrm{d}\boldsymbol{S}'$，以及它们所在处的 $\boldsymbol{E}$ 和 $\boldsymbol{E}'$。$\mathrm{d}\boldsymbol{S}$ 与 $\boldsymbol{E}$ 垂直，而 $\mathrm{d}\boldsymbol{S}'$与 $\boldsymbol{E}'$对应于夹角为 θ 的一般情况。左下角的第 3 个面 S''没有包围电荷，净穿过它的场线条数为零。

- 通过以电荷 q 所在处为圆心的球面 S 的电场线条数与 S 的半径无关，等于 kq，也就是等于自 q 发出的场线条数。
- 通过包围这个电荷的任意闭合面（例如 S'）的场线条数均相等。
- 若任意闭合面 S'内包围多个电荷 q_i，$i=1$，2，…，n，通过它的场线条数为 $k\sum_i q_i$。这可能不那么明显，因为多个电荷存在时，场线并非呈直线辐射至无限远状，会很复杂。因此，来看看图 2.5 中两个正电荷的场线。两电荷各发出

kq_1和kq_2条场线。(此例中，它们恰好相等。) 因为两个电荷的电量均为正，所以它们各自的场线不会终止于对方的电荷。这样，所有这 (kq_1+kq_2) 条场线都必须穿过 S'，外围没有负电荷可供这些场线终止，所以它们都延伸至无限远处。(如果 S'扭曲得很厉害，那么，在到达无限远前，场线可以多次穿入穿出这个面，且穿入穿出的总次数是个奇数。)

假设另有一个 q_2，其电量为负，也就是，$q_2=-|q_2|$，且假设 $|q_2|<q_1$。现在，会有 $k|q_2|$ 条线终止于 q_2，而其他的那 $kq_1-k|q_2|=k(q_1+q_2)$ 条线将终止于 S 之外的负电荷上或是延伸至无限远，或许会多次穿过 S 面。这个结论很容易被推广至任意个、任意符号和任意电量的电荷。我们可以断言，如果一个任意面 S'内所围的电荷为 q_i，那么

$$\text{穿过这个闭合面的场线条数}=k\sum_i q_i=kq_{\text{enc}} \tag{3.32}$$

式中，q_{enc}为 S'内所包围的总电荷。

如果你通过读图明白了式 (3.32)，那么，一旦我们将穿过 S'面的场线条数以电场表达出来，你就明白了高斯定理，因为式 (3.32) 是这个定理的基本内容。

我们一步步地讲。首先，看一个特例，S'是个球面，球心处有一单个电荷 q，我们来计算一下场线的面密度。这些场线垂直球面，或者换句话说，平行于这个球面的法线。

$$\text{穿过 } S \text{ 面单位面积的场线条数}=\frac{\text{穿出的条数}}{\text{球的表面积}}=\frac{kq}{4\pi r^2} \tag{3.33}$$

然而，因为 S 面上的场强 $E(r)$为

$$E(r)=\frac{q}{4\pi\varepsilon_0 r^2} \tag{3.34}$$

我们可以写出

$$\text{穿过 } S \text{ 面单位面积的场线条数}=\frac{kq}{4\pi r^2}=k\varepsilon_0 E(r) \tag{3.35}$$

因此，场强正比于单位面积上的场线条数，此处的面位于与场线 $\boldsymbol{E}$ 垂直的平面上，或者等价地讲，该面积元矢量与 $\boldsymbol{E}$ 线平行。

考虑这个球面上的一个小面元 $\mathrm{d}\boldsymbol{S}$。我以 $\mathrm{d}\boldsymbol{S}$ 代替了 $\mathrm{d}\boldsymbol{A}$，用以表示这个小面元是 $\boldsymbol{S}$ 面的一部分，从现在起我将沿用这种表示。令 $\mathrm{d}S$ 表示它的大小，则

$$\begin{aligned}\text{穿过 d}S\text{ 的场线条数}&=(S\text{ 面上单位面积的场线条数})\times \mathrm{d}S\\&=k\varepsilon_0 E(r)\ \mathrm{d}S\end{aligned} \tag{3.36}$$

现在，我们将乘积 $E(r)\ \mathrm{d}S$ 以它们相应的矢量 $\boldsymbol{E}$ 和 $\mathrm{d}\boldsymbol{S}$ 重新表示一下。这两个矢量均是沿径向的，故得到

$$\boldsymbol{E}=\boldsymbol{e}_r E(r) \tag{3.37}$$

$$\mathrm{d}\boldsymbol{S}=\boldsymbol{e}_r \mathrm{d}S \tag{3.38}$$

$$\boldsymbol{E}\cdot\mathrm{d}\boldsymbol{S}=E(r)\mathrm{d}S\boldsymbol{e}_r\cdot\boldsymbol{e}_r=E(r)\mathrm{d}S \tag{3.39}$$

这样，我们由此得到了一个非常重要的关系式：

$$\text{穿过 d}S\text{ 的场线}=k\varepsilon_0E(r)\,\mathrm{d}S=k\varepsilon_0\boldsymbol{E}\cdot\mathrm{d}\boldsymbol{S} \tag{3.40}$$

因此 $\boldsymbol{E}\cdot\mathrm{d}\boldsymbol{S}$，即通过 d$S$ 面的电通量，正比于穿过这个面的场线条数。比例常数等于 $\varepsilon_0 k$，ε_0是个定值，而 k 依赖于我们的选择（只能是一次性的选择。）

如果以微小的小块 d$\boldsymbol{S}$ 覆盖满整个球面，将它们对式（3.40）两侧的所有贡献分别相加，并且令这些小块越来越小，使求和转变为积分，我们就可以得到

$$\text{穿过 }S\text{ 的场线}=k\varepsilon_0\oint_S\boldsymbol{E}\cdot\mathrm{d}\boldsymbol{S} \tag{3.41}$$

上式右侧的积分被称为 $\boldsymbol{E}$ 对 S 的面积分。符号 $\oint$ 表明 S 是一个闭合面。

因为通过这球面的场线与球面半径无关，我们可以断定 $\boldsymbol{E}$ 对球面 S 的面积分也同样与球面的半径 r 无关。

接下来考虑一个包围电荷 q 的任意曲面 S'，如图 3.9 所示。我们知道穿过这个面的总场线数一样等于 kq 条。我们如何将此结果用 $\boldsymbol{E}'$表达出来呢？如果用很多小块覆盖这个球面，这回其面积元矢量 d$\boldsymbol{S}'$一般来说并不沿径向。通过这些小块的场线条数不等于 $k\varepsilon_0E'(r)\mathrm{d}S'$这个乘积，而等于 $k\varepsilon_0E'(r)\mathrm{d}S'\cos\theta$，$\theta$ 是 $\boldsymbol{E}'$与 d$\boldsymbol{S}'$间的夹角。如果将场线想象为某种东西的流动，类比于流体的流动，很明显对于给定的面元，面积元矢量平行于 $\boldsymbol{E}'$时，穿过它的场线最多。将面积元矢量从此位置开始旋转，则穿过这个面元的场线按几何因子 $\cos\theta$ 减小。由此，将这个结果写为

$$\text{穿过 d}S'\text{的场线条数}=k\varepsilon_0\boldsymbol{E}'\cdot\mathrm{d}\boldsymbol{S}' \tag{3.42}$$

$$\text{穿过 }S'\text{的场线条数}=k\varepsilon_0\oint_{S'}\boldsymbol{E}'\cdot\mathrm{d}\boldsymbol{S}' \tag{3.43}$$

只要这个一般的面是包围着电荷的，那么穿过这个面的场线条数就与其形状无关，因此我们推出一个有关场强对任意面积分的结论：

$$\begin{aligned}k\varepsilon_0\oint_S\boldsymbol{E}\cdot\mathrm{d}\boldsymbol{S}&=\text{穿过 }S\text{ 的场线条数}\\&=\text{由 }q\text{ 发出的场线条数}=kq\end{aligned} \tag{3.44}$$

$$\oint_S\boldsymbol{E}\cdot\mathrm{d}\boldsymbol{S}=\frac{q}{\varepsilon_0} \tag{3.45}$$

我们去掉了式中 $\boldsymbol{E}$ 和 $\boldsymbol{S}$ 上的撇号，从现在起，后者表示的是个一般的闭合面，可能是球面，也可能不是。式（3.45）是只存在单个电荷时的高斯定理。

在这个关系式中，没有了任意常数 k，它本来就不应该存在于式中。对于为了帮助我们的想象而画出的这些场线，其疏密度与 k 无关，空间某点的场强是由激发它的电荷决定的，或是通过实验电荷所受的力来定义的。因此，场对闭合曲面的积分最好是与 k 无关。上面的这一结果是由库仑定律得到的电场的性质，与场线的观

点无关。场线有助于我们分析出最后的结果，然而，这结果也可以通过计算清晰地得到。

作为一个证明，来看一下点电荷场和以它为球心的球面。直接进行计算得到

$$\oint_S \boldsymbol{E} \cdot \mathrm{d}\boldsymbol{S} = \oint_S \frac{q}{4\pi\varepsilon_0 r^2}\boldsymbol{e}_r \cdot \boldsymbol{e}_r \mathrm{d}S \tag{3.46}$$

$$= \frac{q}{4\pi\varepsilon_0 r^2}\oint \mathrm{d}S \tag{3.47}$$

$$= \frac{q}{4\pi\varepsilon_0 r^2}4\pi r^2 = \frac{q}{\varepsilon_0} \tag{3.48}$$

需要对于式（3.48）的推导步骤做出一些解释。这个面积分的值可以被直接看出来，简单地将答案直接写出来。这个积分是怎么回事呢？答案是这样的，被积函数为 $E(r)=\dfrac{q}{4\pi\varepsilon_0 r^2}$，对于球面来说这是个常量。因此，$E(r)$ 可以像一个常数那样，比如说是 19，被提到积分号之外。故而，$E(r)\mathrm{d}S$ 这个球面积分被化简为常量 $E(r)$ 与球表面积的乘积。（这里打个比方。如果 $f(x)=f_0$，是个常数，它在一个长度区间 L 上的定积分等于高为 f_0、底边为 L 的矩形面积。更正规些，f_0 可以被提出积分号外，剩下的对 $\mathrm{d}x$ 做积分就等于 L。）

如果 S 不是球面，就需要做更多的工作，利用立体角的概念可以证明式（3.48）依旧成立。利用关于场线分布图形所进行的论证，使我们省去了这些工作。

现在，我们将高斯定理推广至存在许多电荷 q_i（$i=1, 2, \cdots, n$）的情况。我们姑且忘记所有关于场线的事情，因为场线分布或许是很复杂的。对于多个电荷，我们转而利用多电荷场的叠加原理，而且每个电荷的场都是满足高斯定理的。电荷 q_i 激发的场 $\boldsymbol{E}_i$ 满足

$$\oint_S \boldsymbol{E}_i \cdot \mathrm{d}\boldsymbol{S} = \frac{q_i}{\varepsilon_0} \tag{3.49}$$

对于任意包围电荷的闭合曲面均成立。将等式两侧对 i 求和，可以得到最一般的高斯定理

$$\oint_S \boldsymbol{E} \cdot \mathrm{d}\boldsymbol{S} = \frac{1}{\varepsilon_0}\sum_i q_i = \frac{1}{\varepsilon_0} \cdot q_{\mathrm{enc}} \tag{3.50}$$

式中，$\boldsymbol{E}=\sum \boldsymbol{E}_i$ 是合场强，而 q_{enc} 是 S 包围的所有电荷的代数和。

电荷 q_i 必须在 S 内，因而才对 $\boldsymbol{E}$ 的面积分有所贡献，或者等效于对于通过 S 的场线有贡献。例如，来看图 3.9，其中有个空的曲面 S''，电荷 q 在其外部。由电荷发出的任一根场线进入这个曲面后又从它穿了出去，因为没有电荷可供场线终止。穿入的场线为负，而穿出的场线为正，正与负精确地相消了。用场强来表述的话，可以这样说：若场线穿入曲面，$\boldsymbol{E} \cdot \mathrm{d}\boldsymbol{S}$ 为负；若场线穿出曲面，$\boldsymbol{E} \cdot \mathrm{d}\boldsymbol{S}$ 为正。$\boldsymbol{E}$ 对

S''的面积分为零。

为了后面可以更好地进行应用，我借用图 3.7，在此重复一下 $\boldsymbol{E}$ 对 S 的面积分的计算，无论 S 是否是闭合曲面。

- 用位于 $\boldsymbol{r}_i$的小面元或是小块 $\mathrm{d}\boldsymbol{S}(\boldsymbol{r}_i)$ 来覆盖这个表面。对于闭合表面，规定面积元矢量的方向以向外为正。
- 对于每个小面元计算通量 $\mathrm{d}\Phi(\boldsymbol{r}_i)=\boldsymbol{E}(\boldsymbol{r}_i)\cdot\mathrm{d}\boldsymbol{S}(\boldsymbol{r}_i)$。
- 求和，$\sum_i \mathrm{d}\Phi(\boldsymbol{r}_i)=\sum_i \boldsymbol{E}(\boldsymbol{r}_i)\cdot\mathrm{d}\boldsymbol{S}(\boldsymbol{r}_i)$。
- 采用越来越小的小块，直至对它们的通量之和收敛为某个极限值。这定义了 $\int_S \boldsymbol{E}\cdot\mathrm{d}\boldsymbol{S}$。

尽管仅对于某些特例，如点电荷场，这个积分可以解析地做出，然而在所有情况下，这个积分都是有确定数值的，这个值可以按照上述方法确定出来。

3.5.1 连续的电荷密度

假设 S 内包围的不是离散电荷 q_i，是电荷密度为 $\rho(\boldsymbol{r})$ 的连续电荷。要写出高斯定理，我们就需要知道 S 内包围的总电荷。位于 $\boldsymbol{r}$ 的小体元 $\mathrm{d}^3\boldsymbol{r}=\mathrm{d}x\mathrm{d}y\mathrm{d}z$ 拥有的电荷为 $\rho(\boldsymbol{r})\,\mathrm{d}^3\boldsymbol{r}$，而包围的总电荷是这个量对 S 所围空间 V 的体积分。我们发现高斯定理更有用的形式如下：

$$\oint_{S=\partial V}\boldsymbol{E}(\boldsymbol{r})\cdot\mathrm{d}\boldsymbol{S}=\frac{1}{\varepsilon_0}\int_V\rho(\boldsymbol{r})\,\mathrm{d}^3\boldsymbol{r} \tag{3.51}$$

式中

$$S=\partial V\ \text{代表闭合曲面}\ S\ \text{是体积}\ V\ \text{的边界} \tag{3.52}$$

后面，我也会用到

$$C=\partial S\ \text{代表闭合曲线}\ C\ \text{是曲面}\ S\ \text{的边界} \tag{3.53}$$

第4章

Yale

高斯定理Ⅱ：应用

上一章中，我们介绍了高斯定理

$$\oint_{S=\partial V}\boldsymbol{E}\cdot\mathrm{d}\boldsymbol{S}=\frac{1}{\varepsilon_0}\int_V\rho(\boldsymbol{r})\mathrm{d}^3\boldsymbol{r}=\frac{1}{\varepsilon_0}q_{\mathrm{enc}} \tag{4.1}$$

式子左侧是电场强度对于闭合曲面的面积分，S 是体积 V 的边界。对于连续的电荷分布，右侧出现电荷密度 $\rho(\boldsymbol{r})$ 的体积分；对于分立的电荷分布，右侧出现对 q_i 求和。

曲面 S 称为高斯面，是为了帮助计算而从理论上构建出来的。我们可以随意选择一个曲面，对于我们选出的每个 S，上面等式都成立。高斯面可以与一个实际的面重合（比如说一个导体的表面）。

对于式（4.1）的左侧，要记得计算面积分的一般方法：将 S 分为小面元或是小块 $\mathrm{d}\boldsymbol{S}$，将每个面元对 $\boldsymbol{E}\cdot\mathrm{d}\boldsymbol{S}$ 的贡献求和（$\boldsymbol{E}$ 是小面元处的场强），之后对无限多的无限小面元取极限。通常做这个积分的唯一方法是利用数值计算。然而，它偶尔也可能会有解析解，例如点电荷场，且这电荷恰好在 S 面的球心处时。

在式（4.1）右侧，出现了对 ρ 的积分，在我们这章所讨论的案例中，都可以直接看出它的结果来。一般情况下，你必须将 ρ 对体积 V 做多重积分。

4.1 高斯定理的应用

首先，我们考虑球心位于坐标系原点、半径为 R 的均匀带电球所激发的电场，设球体的总电量为 Q。假设使这个球绕过其球心的任意一根轴转动，这个球体的电荷分布看起来都是相同的，所以它激发的场也应该具备这一性质。唯一满足这一要求的就是像刺猬那样的场，其场线均匀地向所有方向展开出去，对于给定的 r，各点的场线密度均相等。采用场来描述，允许的场分布为

$$\boldsymbol{E}(\boldsymbol{r})=\boldsymbol{e}_r E(r) \tag{4.2}$$

我们仅要求出 $E(r)$ 即可，利用高斯定理来做。

要解出球外的场，可以取一个半径为 $r>R$ 的高斯面 S，如图 4.1 中的左上图所示。所做的计算与一个点电荷的相似：

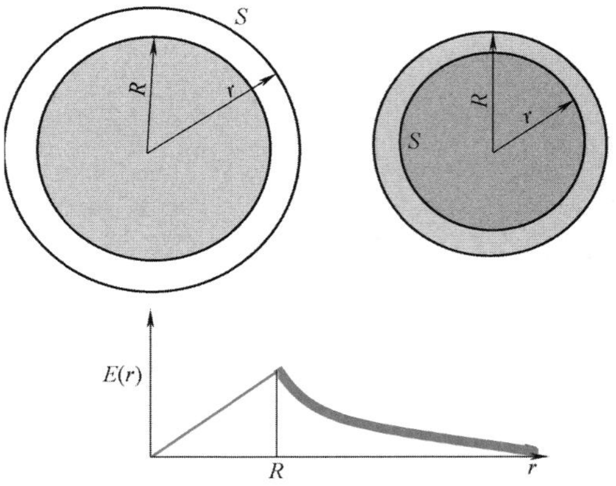

图 4.1　高斯定理的应用。半径为 R 的均匀带电球，球心位于坐标系原点。采用不同半径的高斯面，求带电球外（上左图）和球内（上右图）的电场。下图给出的是径向场 $E(r)$ 随 r 增大的函数图像。当 $r \leqslant R$ 时，场随 r 线性增加；r 再增大的话，场按 $1/r^2$ 规律衰减。

$$\oint_S \boldsymbol{e}_r E(r) \cdot \boldsymbol{e}_r \mathrm{d}S = \oint_S E(r)\mathrm{d}S = E(r)\oint \mathrm{d}S \tag{4.3}$$

因为

$$\text{整个 } S \text{ 上的 } E(r) \text{ 为常数} \tag{4.4}$$

所以，根据高斯定理得

$$\text{上式} = E(r)4\pi r^2 = \frac{Q}{\varepsilon_0} \tag{4.5}$$

因此有

$$E(r) = \frac{Q}{4\pi\varepsilon_0 r^2} \tag{4.6}$$

$$\boldsymbol{E}(\boldsymbol{r}) = \boldsymbol{e}_r E(r) = \boldsymbol{e}_r \frac{Q}{4\pi\varepsilon_0 r^2} \tag{4.7}$$

这与一个位于原点的点电荷 Q 的场相同。

注意，高斯定理仅仅给出了关于 $E(r)$ 的一条信息：它在一个面 S 上的积分值。

我们不能由这一结果推论出整个 $\boldsymbol{E}(r)$ 的形式。例如：如果说给你

$$\int_{-1}^{+1} f(x)\mathrm{d}x = 14 \tag{4.8}$$

你能说出 $f(x)$ 的形式是什么样吗？它可能是 $f(x) = 7$，$f(x) = 7+\sin x$，等等。但是，如果我告诉你，在积分区域内 $f(x)$ 是个常数 f_0，你就可以像下面那样推出 $f_0 = 7$：

$$\int_{-1}^{+1} f(x)\mathrm{d}x = \int_{-1}^{+1} f_0 \mathrm{d}x = f_0 \int_{-1}^{+1} \mathrm{d}x = f_0 \cdot 2 = 14 \tag{4.9}$$

这意味着如果一个函数在被积区域内是个常数，那么积分的结果就等于这个常数乘以区域的长度、面积或是体积。

式（4.3）就如此：这个面积分等于 $E(r)\times 4\pi r^2$。令它等于 Q/ε_0，就得到了式（4.7）那个结果。

只有当我们基于对称性推论出这个未知量在高斯面上退化成为单一的数值 $E(r)$ 时，才可能利用高斯定理得到整个场 $\boldsymbol{E}(\boldsymbol{r})$。假如我们选取的 S 是个球面，但是电荷是凹凸不平的非球面，这时虽然 $\boldsymbol{E}$ 的面积分依然等于 Q/ε_0，但是你却无法由此得到各点的 $\boldsymbol{E}(\boldsymbol{r})$，因为场在 S 上是变化的。同理，如果电荷是球形的，但是 S 不是个球面，我们依然可以得到正确的积分结果，但是却无法借助它求出 S 面上各点的 $\boldsymbol{E}(\boldsymbol{r})$。

接下来，我求解这个带电球球内的电场。为此取一个半径为 $r<R$ 的高斯面，如图 4.1 上部的右图所示。计算仍然按照 $r>R$ 的情况进行，但是会有一个变化，这就是高斯面内所包围的电荷不是全部的 Q，而是 q_{enc}，即半径为 r 的球面内的电荷。由于电荷密度均匀，该球面内的电荷与总电荷之比等于它们的体积之比：

$$\frac{q_{\text{enc}}}{Q}=\frac{r^3}{R^3} \tag{4.10}$$

如果你不喜欢这样推导，我可以将这个结果改写为

$$q_{\text{enc}}=\frac{Q}{\frac{4}{3}\pi R^3}\cdot\frac{4}{3}\pi r^3 \tag{4.11}$$

式中，第 1 个因子是电荷密度，第 2 个因子是问题中所需的体积。

场强的面积分与之前相同，由高斯定理得到

$$E(r)\cdot 4\pi r^2=\frac{q_{\text{enc}}}{\varepsilon_0}=\frac{1}{\varepsilon_0}\frac{Qr^3}{R^3} \tag{4.12}$$

$$E(r)=\frac{Qr}{4\pi\varepsilon_0 R^3} \tag{4.13}$$

$$\boldsymbol{E}(\boldsymbol{r})=\boldsymbol{e}_r\frac{Qr}{4\pi\varepsilon_0 R^3} \tag{4.14}$$

因此，从里向外，实际上场是从零开始增大的，在球表面达到最大值 $Q/(4\pi\varepsilon_0 R^2)$，其后，按照 $1/r^2$ 关系衰减。无论 r 为何值，场总是沿径向的，大小为

$$E(r)=\frac{Qr}{4\pi\varepsilon_0 R^3}\quad r\leqslant R \tag{4.15}$$

$$=\frac{Q}{4\pi\varepsilon_0 r^2}\quad r\geqslant R \tag{4.16}$$

图 4.1 下部给出了场的函数图线。上面两式在 $r=R$ 时的值相同。

为什么 $r<R$ 时，$E(r)$ 随 r 线性增大呢？因为，随着 r 的增大，相应的高斯面

内所围的电荷按 r^3 增大，而它激发的场，像位于原点的点电荷场那样，按 $1/r^2$ 规律衰减。一旦走出了这个球面，即 $r>R$，随着高斯面半径 r 的增大，我们不再能获得更多的额外电荷了，因此，电场按 $1/r^2$ 规律衰减。

这些结果，对于引力也照样如此，不过要知道，这种力总是吸引力。特别地，我们考虑这样一种情况，即力是线性的，方向在质量球内是指向球心的。这个线性（回复）力意味着简谐运动。假设问题中的质量球就是地球，那么就会有下面这个有趣的结论。如果你钻出一个过球心的非常小的窄洞（以至于你挖出来的质量不会影响之前的场），之后将一个物体丢入这个洞中，那么这个物体将在你和直径那端的点之间往复振动。请你证明 $\omega=\sqrt{\frac{GM}{R_{\mathrm{E}}^3}}$（首先要写出引力的高斯定理。）

4.2 球壳内部的场

假设有一个半径为 R_2 的均匀带电球，同心地从中挖出一个半径为 $R_1<R_2$ 的球形部分。我们要求这一中空球壳的场。根据高斯定理，对于 $r>R_2$ 的区域，这个球壳的场与电量集中于其球心的点电荷场相同。在 $r<R_1$ 的中空区域，场是怎样的呢？取半径 $r<R_1$ 的高斯面，根据高斯定律可知电场为零，因为它所围的电荷等于零。这结论对引力场也同样成立。

我们来尝试着利用库仑定律直接理解为什么中空的球壳内部没有电场。这段讨论为选学内容。

我只需证明一个半径为 R 的无限薄空球壳内部的场等于零。有了这个结论，我就大功告成了，因为可以将原来那个厚度为（R_2-R_1）的球壳看作是由许多无限薄球壳组成的，这些球壳的半径介于 $R_1\sim R_2$，每个球壳对于总场的贡献均为零。

在这样一个半径为 R 的无限薄空球壳内部取一点 P，如图 4.2 所示。设该球壳的面电荷密度为 σ。（请你证明：$\sigma=\rho\mathrm{d}r$，式中 ρ 为均匀的体电荷密度，$\mathrm{d}r$ 为球壳的厚度。）

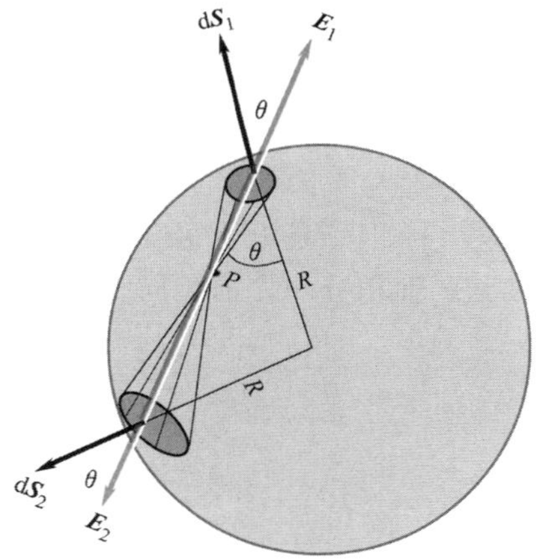

图 4.2　我们要证明空球壳内部任意一点处的场强等于零。图中有两个顶点交于 P 点、锥角相等的反向圆锥面，它们在球面上截出两顶帽子，如图中深色椭圆所示。球内 P 点有一个实验电荷，由它发出的穿过这两顶帽子的场线条数相等。这意味着这两顶帽子上的电荷对位于 P 的实验电荷的作用力是等值反向的，文中给出了证明。这一对圆锥对实验电荷的作用力相消，可以利用这样的一对对圆锥将整个球壳覆盖起来。

如果 P 点恰好位于球壳的球心处，利用对称性，我们可以推出该处的场为零。因为球心处非零的 $\boldsymbol{E}$ 一定指向某个方向，这会违背该问题中的旋转对称性。但是，我们也可以更直接地看出场强一定为零这一结果，因为球壳上每小块电荷对实验电荷的作用力均为斥力，直径两端的两小块对这个实验电荷的作用力大小相等，方向相反。

不过，这个结果更具一般性，它说的是：$E(r)=0$，包括偏离球心的那些点，例如图中的 P 点。我们要证明这也是成立的，并利用球壳上不同部分施予实验电荷的作用力可以相消这一特点进行论证。为此，考虑两个锥角相同、自 P 点发出的走向相反的圆锥，它们在球面上截出两顶帽子。设圆锥的锥角无限小，它们在球面上截得的面积分别为 $\mathrm{d}\boldsymbol{S}_1$ 和 $\mathrm{d}\boldsymbol{S}_2$。

我们不去证明这两顶帽子（其上的电荷）对 P 点单位实验电荷的作用力等值反向，取而代之的是，我们将证明这个单位实验电荷对于两顶帽子（上电荷的）作用力大小相等、方向相反。这样我们就可以完成证明了，因为利用库仑定律得到的作用力与反作用力大小相等，方向相反。如果 P 点实验电荷对于两顶帽子的作用力大小相等，方向相反，那么两顶帽子对该实验电荷的作用力就是等值反向的。因为可以用这样一对对使 P 点实验电荷受力相消的圆锥覆盖住整个球壳，故 P 点实验电荷所受的合力等于零。

设想在 P 点放置一个单位实验电荷，电场线从该点各向同性地延伸出去。由于两个圆锥的锥角相同，所以它们包含的场线条数相等，因而穿过两顶帽子的场线条数也是相等的。根据式（3.42），穿过两顶帽子的场线条数分别为 $k\varepsilon_0\boldsymbol{E}_1\cdot\mathrm{d}\boldsymbol{S}_1$ 和 $k\varepsilon_0\boldsymbol{E}_2\cdot\mathrm{d}\boldsymbol{S}_2$，式中的 $\boldsymbol{E}_1$ 和 $\boldsymbol{E}_2$ 分别为 P 点的实验电荷激发的电场在两顶帽子处的场强。

现在，我们整理一下有关的结论。

- 面积元矢量 $\mathrm{d}\boldsymbol{S}_1$ 和 $\mathrm{d}\boldsymbol{S}_2$ 沿球的径向，它们都位于该球壳上。
- 电场强度 $\boldsymbol{E}_1$ 和 $\boldsymbol{E}_2$ 的方向沿着这两个头对头圆锥的对称轴向外。
- 两个面积元矢量与各自所在处场强的夹角相等，记这个角为 θ。这两个角的对顶角是同一个等腰三角形的两个底角。这个等腰三角形的两个相等的边长为球面半径 R，底边是连接 $\mathrm{d}\boldsymbol{S}_1$ 和 $\mathrm{d}\boldsymbol{S}_2$ 的那条弦。

将这些归纳到一起，并做如下推论：

$$\begin{aligned}\text{通过帽子 1 的场线条数} &= k\varepsilon_0\boldsymbol{E}_1\cdot\mathrm{d}\boldsymbol{S}_1\\ &= k\varepsilon_0\boldsymbol{E}_2\cdot\mathrm{d}\boldsymbol{S}_2=\text{通过帽子 2 的场线条数}\end{aligned} \tag{4.17}$$

$$\mathrm{d}S_1E_1\cos\theta=\mathrm{d}S_2E_2\cos\theta \tag{4.18}$$

$$\mathrm{d}S_1E_1=\mathrm{d}S_2E_2 \tag{4.19}$$

$$\sigma\mathrm{d}S_1E_1=\sigma\mathrm{d}S_2E_2 \tag{4.20}$$

$$\mathrm{d}q_1E_1=\mathrm{d}q_2E_2 \tag{4.21}$$

式中，$\sigma\mathrm{d}S_i=\mathrm{d}q_i$，$i=1$ 或 2，是帽子 i 上的电荷。当圆锥的锥角趋于零时，这些帽

子与电量分别为σdS_1和σdS_2的点电荷行为相似。

看式（4.21）。它表明$dq_1 E_1$，也就是P点单位实验电荷以场强E_1对dS_1上电荷的作用力，等于$dq_2 E_2$，即P点单位实验电荷以场强E_2对dS_2上电荷的作用力。这两个力的方向当然是相反的，沿背离实验电荷的方向。如果实验电荷对于两个帽子的作用力大小相等，方向相反，那么，反过来，这两者对于实验电荷的作用力也是作用力大小相等，方向相反的，因为在库仑定律中，作用力与反作用力大小相等，方向相反。（回忆一下，我们有$\boldsymbol{F}_{12}=-\boldsymbol{F}_{21}$。）

根据库仑定律，我们将通过两个帽子的场线条数与场强$\boldsymbol{E}_1$和$\boldsymbol{E}_2$联系起来。反过来，中空球壳内的场强为零是最早验证平方反比定律的实验之一。

4.3 无限长带电直线的场，再解

我们已经看到，对于线电荷密度λ为常量的无限长带电直线，如果我们保持距直线的距离为定值ρ，并平行于直线运动，那么根据对称性可以知道，场的方向是沿径向背离直线的[㊀]，即

$$\boldsymbol{E}(\boldsymbol{r})=\boldsymbol{e}_\rho E(\rho) \tag{4.22}$$

通过对这条直线积分，我们已经求出$E(\rho)=\lambda/(2\pi\varepsilon_0\rho)$。

现在我们利用高斯定理重新求$E(\rho)$。方法是找到一个高斯面，其上只有一个未知量$E(\rho)$。自然地，取一个半径为ρ的同轴圆柱面，如图4.3所示，因为其侧面上的场大小是个常数。但是，只考虑圆柱的曲面部分是不够的，我们还要考虑两端的两个底平面，因为要想应用高斯定理，高斯面必须是闭合的，这样面内才能包围一定数量的电荷。

很显然，圆柱横截面半径需要等于ρ，因为我们要求的是ρ处的场，但是它的长度L应该是多长呢？因为高斯面是通过我们的想象虚构出来的，其实并没有围在导线外，所以长度L的值可以任意地取，并且我们极度地渴望所得出的答案与这个任取的L无关。

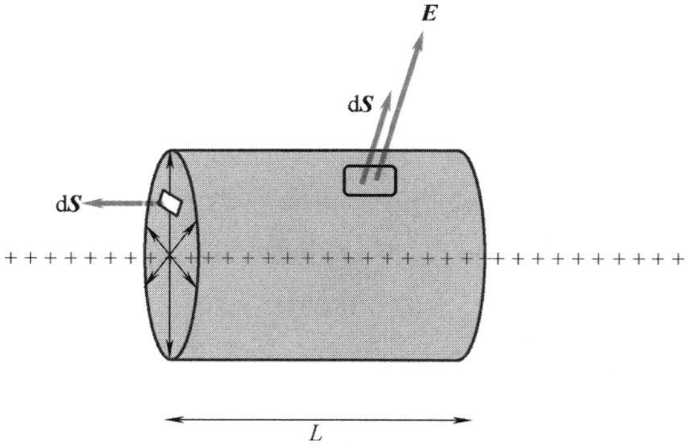

图4.3 根据对称性，无限长直导线的场方向沿径向，对于距导线距离为ρ的各点，场强的大小是个常数。取高斯面为半径为ρ的同轴圆柱面，长度L为任意值。它所围的电荷就等于λL。在圆柱的两个底平面处，$\boldsymbol{E}$与$d\boldsymbol{S}$垂直，所以对于通量没有贡献。在曲面上，通量的密度为常量，曲面对通量的贡献等于$E(\rho)\cdot 2\pi\rho L$。

看图4.3。先前对于λ给出过定义，它等于单位长度的电荷。由此可以得到，此圆柱面所围的电荷量等于

㊀ 此处指λ为正值时场的方向。——译者注

$\lambda\cdot L$。因此，在一开始，我们就可以得到

$$\oint_S \boldsymbol{E}\cdot \mathrm{d}\boldsymbol{S}=\frac{\lambda L}{\varepsilon_0} \tag{4.23}$$

这个面可以被分为三部分：两个平面和平行于这根导线的曲面。

对于两个平面，我们似乎会出现问题，因为在其上，$E(\rho)$ 不是常数，平面上不同部分距导线的距离不相等。另一方面，我们已经知道，只有场在整个面上都是一个常数 E 时，才可用高斯定理求解出来。幸运的是，我们被这样一个结论拯救了。这个结论是在这两个面上，面积元 $\mathrm{d}\boldsymbol{S}$ 与 $\boldsymbol{E}$ 垂直。$\mathrm{d}\boldsymbol{S}$ 的方向平行于直导线，而的 $\boldsymbol{E}$ 方向与直导线垂直，因此通过这两个面的通量等于零。或者，你也可以这样说，场线与这两个平面平行，因此，没有场线穿过这两个平面。

这样，只剩下那个曲面了，其面积元矢量 $\mathrm{d}\boldsymbol{S}$ 是沿径向的，且 $\boldsymbol{E}(\rho)$ 沿着径向、大小是常量。（要记住，对于闭合曲面，以外法线方向为正。）因此，由高斯定理得到

$$\int_{曲面}\boldsymbol{e}_\rho E(\rho)\cdot \boldsymbol{e}_\rho \mathrm{d}S=E(\rho)(2\pi\rho L)=\frac{\lambda L}{\varepsilon_0} \tag{4.24}$$

$$E(\rho)=\frac{\lambda}{2\pi\varepsilon_0\rho} \tag{4.25}$$

与前面结果相同。那个应该被消掉的任取长度 L 也被消掉了。

我们能够如此简单地得到了答案，是源于这个问题中所具有的高度对称性。例如，如果这根导线不是均匀带电的，$\lambda=\lambda(x)$，那么通过圆柱面的通量依旧等于它所围的电荷（$\lambda(x)$ 对长度 L 的积分）除以 ε_0；然而，因为 $\boldsymbol{E}$ 的大小和方向（不是总沿径向的）都是变化的，因此我们不知道 $\boldsymbol{E}$ 在这个高斯面上的积分情况以及在它任意处的值。反之，如果以均匀的柱形分布代替这根直线电荷，那么就可以利用高斯定理和对称性，求出各处的 $\boldsymbol{E}$。

4.4 无限大带电平面的场，再解

假设有一个无限大的均匀带电平面，它位于 xy 面内，且其面电荷密度为 σ。

还记得对称性所能告诉我们的那些结论吧。场与 x 或 y 无关（有可能与 z 相关），且一定与带电平面垂直，沿背离该平面的方向，z 与 $-z$ 处的场强大小相等。这就是说，$\boldsymbol{E}$ 的形式一定为

$$\boldsymbol{E}(z)=\boldsymbol{k}E(|z|)\quad z>0 \tag{4.26}$$

$$=-\boldsymbol{k}E(|z|)\quad z<0 \tag{4.27}$$

想要求解出 $E(|z|)$，需要做一个高斯面，在这个面上各部分的场 E 要么是常量，要么垂直于面积元矢量。这样的高斯面如图 4.4 所示。它的横截面积为 A，对称轴平行于 z 轴，且两个平面分别位于 $\pm z$ 处。

面积 A 的值是任取的，我们希望它不出现在答案之中。这个高斯面所围的电荷为 σA，其中 A 是圆柱与这个带电平面所截出的圆的面积。与无限长直线不同，这次圆柱的曲面对于面积分没有贡献，因为场平行于圆柱体的母线，它垂直于面积元矢量。（场线穿过的是圆柱的两个平面而不是这个圆柱的曲面。）对于那两个平面，在上面的面上我们有 $\boldsymbol{k}A\cdot\boldsymbol{k}E(|z|)=A\cdot E(|z|)$。下面那个面的贡献是相同的，其上的 $\boldsymbol{E}$ 和面积元矢量都调转了方向，我们得到 $(-\boldsymbol{k}A)\cdot(-\boldsymbol{k}\,E(|z|))=A\cdot E(|z|)$。根据高斯定理得到

$$2AE(|z|)=\frac{\sigma A}{\varepsilon_0} \tag{4.28}$$

$$E(|z|)=\frac{\sigma}{2\varepsilon_0} \tag{4.29}$$

面积 A 被消掉了，这是必需的，而且，需要注意的是，场与垂直于带电平面方向的坐标 z 无关。

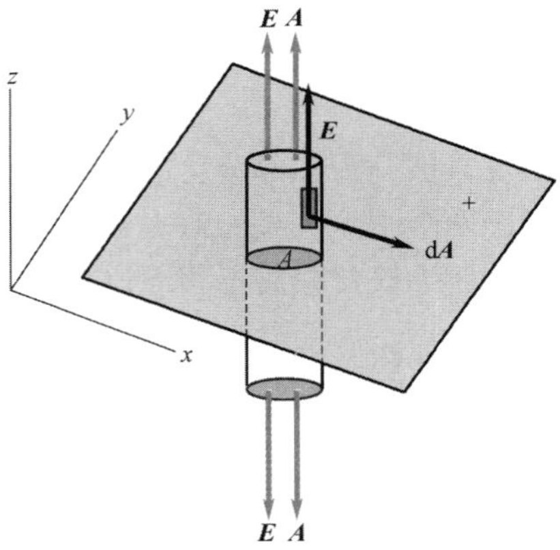

图 4.4　面电荷密度为 σ 的无限大带电平面。根据对称性可知，当我们平行于该平面运动时，各处场的方向与该平面垂直，大小保持不变。高斯面是横截面为 A、高度为 $2z$ 的圆柱面，它关于带电平面对称。这个高斯面包围的电荷等于 σA。对于通量，或是 $\boldsymbol{E}$ 的面积分，曲面部分是没有贡献的，因为其面积元矢量与场垂直；而两个平面对于通量的贡献相同，均为 $E(|z|)\ A$。对于距带电面为 $|z|$ 处的各点，$E(|z|)$ 是个常量。

4.5　导体

假设我们有一块铜。它是良导体。对于良导体来说，原子中有些电子不受原子核束缚，是共有化的。这些电子在材料中自由运动，但是不会脱离材料。导体就像是个电子游泳池：电子在其中自由游动，但是不能越过周围的池壁。如果它们试图越壁的话，所有的原子核就会对它们施力，将它们拉回来。使一个电子逃逸到材料之外所需要的能量叫作逸出功。导体分为良导体和不良导体，我们将讨论的是理想导体。即使在很弱的电场中，理想导体中的电荷也可以自由运动。

现在，我们将主要采用高斯定理来预测导体的许多性质。

4.5.1　理想导体内部的电场强度为零

我们得到的第 1 个性质是，在静态条件下，根据定义，理想导体内部的电场等于零。假设场不等于零，那么电荷就会运动，但是我们已经假设它是处于静电平衡状态的，因此其内部没有场。这个零场规律对于非静态情况是不成立的。

例如：假设空间有电场 $\boldsymbol{E}$ 存在，我将一块导体板突然放入其中，如图 4.5 中上半部分所示。开始时，导体内部是会存在电场的。这个电场驱动电子（电量为负）沿电场反向运动。电子会在左侧堆积起来。失去电子后，原子核使另外一侧呈现出正电性。一旦这两类电荷激发的场与外场 $\boldsymbol{E}$ 相抵消，那么这种电子堆积的过程就会终止。对于无限大板，我们知道两侧电荷激发的场在这两侧之间的区域等于 σ/ε_0，与外场方向相反。如果板是有限大的，那么边缘处的情况会比较复杂，但是导体内部的场依然为零。

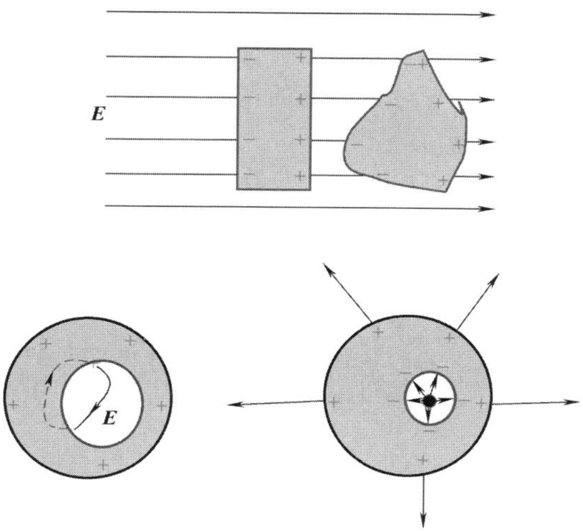

图 4.5　上图：将两块导体放入外场 $\boldsymbol{E}$ 之中。在导体内部，外电场会被抵消。对于矩形板，两侧电荷激发的内部场等于 σ/ε_0，与外场 $\boldsymbol{E}$ 相消。下面左图：带正电的空腔导体。根据高斯定理，电荷分布在外表面，内表面的电荷为零。如果内表面上可以有两个相互抵消的电荷，那么它们会激发电场。若一个实验电荷由那个正电荷处运动到那个负电荷处的话，就需要做功。还可以将这个实验电荷沿着图中虚线自导体自由地带回到那个正电荷处。这种回路运动是违背能量守恒定律的。下面右图：空腔内有一个电荷 q。它发出的场线终止于空腔的内壁（内壁上导体中堆积的负电荷处），场线由外壁上的正电荷再次发出。

如果金属处于随时间变化的电磁场中，且入射频率低于数量级为 10^{16} Hz 的等离子体频率，那么这个场会被屏蔽（和反射）。这个频率的倒数 $\approx 10^{-16}$s，是被扰动系统恢复平衡大致所需要的时间。

对于这种矩形导体板，我们可以预测出电荷在导体上的分布方式，电荷的分布将使它的场抵消或屏蔽掉外场。值得注意的是，即使是导体的外形使人抓狂，比如说是像土豆那样，它也会设法重新分布电荷，最终使其内部的场为零。就算导体的形状很简单，比如说是球形，要想从理论上计算出其上电荷的最终分布，使得这种电荷分布所激发的场在导体内部与外场相消，也是一件艰苦的工作。可是金属中的电子却可以设法在各种形状下做出相应的分布，而且几乎是在瞬间！不过你不必太感慨。它们是很盲目的。首先，它们沿着外场的反向运动（因为它们的电量为负），不久，后来的电子就借助库仑斥力阻止更后来的电子加入它们的行列。最终这种斥力与外场所施加的力相平衡，电子的迁移就结束了。

4.5.2 导体的净电荷将分布于其表面

假设我们将电荷投掷在一个中性导体上，这些电荷会尽可能地彼此远离。因为它们不能离开这个导体，所以你可能会猜想到这些电荷最终会停留在导体的表面上。的确如此，可以利用高斯定理对此进行证明。在导体内部任取一个无限小闭合曲面，对它应用高斯定理。由于导体内部的场强为零，所以场的面积分等于零，因而这个闭合曲面内部所围的电荷等于零。

导体不仅屏蔽了外场，而且我们掷于导体上的这些额外电荷在导体内部激发的场也是零。它们一定是这样的。因为假设不是这样，那么这些可以移动的电荷将会运动，一直到使场达到零为止。如果这个导体是个球，我们知道这些被注入的电荷将会均匀地分布在其表面上——这种电荷分布在球内激发的电场等于零。但是，使我们感到神奇的是，即使导体的形状像个土豆，这些电荷也将找到一种分布在导体表面的方法，使得导体内部的场等于零。

4.5.3 空腔导体

假设我们将一些电荷投掷在一个空腔导体上，如图 4.5 中下半部分所示。是不是所有电荷都分布在外表面上呢？或者内表面上是否也会有一些电荷呢？实际上，所有电荷都将分布在外表面上。为了证明这个结论，在导体中取一个紧紧包围住内表面的高斯面，它完全位于导体内部，与空腔无限接近。因为这个表面上各处的场为零，因此它所包围的净电荷等于零。

是否可能是这样：这个零电荷是由位于内表面上不同部分的等量正电荷和负电荷造成的，这可能吗？即使开始时是这样的，这些异号电荷也会在内表面上自由快速移动且彼此中和掉。

假设外表面上没有电荷，这是很显然的。但是，外表面上的电荷是否可以对这些电荷施加力的作用，从而阻止了内表面上电荷的中和呢？假设在内边界上存在着两种反号的电荷，如图 4.5 下部左图所示。那么，场线会由正电荷出发经空腔终止于负电荷处。（场线不会进入导体。）如果我们在正电荷附近放置一个实验电荷，它会沿着场线加速运动到达负电荷。我们可以取走它的全部动能（用于其他地方），之后让它经过导体内部回到正电荷处。返程中不消耗能量，因为导体内部没有电场。我们可以周而复始地做这个循环，无限量地抽取出这不知来自何处的能量，这是违背能量守恒定律的。而避免出现这种情况的唯一办法就是异号电荷相遇且中和掉。

接下来，我们将一个电荷 q（假设它是正电荷）放在空腔内，如图 4.5 下部右图所示。外部世界会知道它的存在吗？电场不能进入导体内部，那它怎样告诉外面的世界说有个电荷在导体内部呢？还有导体外的高斯面呢，由它可以得到相应面内电荷 q 的面积分。答案显示在图 4.5 下半部的右图中。中性导体出现了正电荷和负电荷，$\pm q$，正电荷在外表面，负电荷在内表面。（具体地说，电子分布在内表面，外表面上剩下了没有被中和掉的质子。）由我们放置在空腔内的电荷 q 发出的场线会终止于分布着 $-q$ 的内表面上，而由带有 $+q$ 的外表面上发出的场线将穿过我们的高斯面。

4.5.4　导体表面的场

有一个导体，不一定是球形的，我们放一些电荷在它上面，结果这些电荷会分布于表面上。既然电场不能进入导体内部，那么在导体表面上会如何呢？电场不能有平行于表面的分量，因为这会使得电荷沿表面移动，违背导体处于静态的假设。（原子核不会阻止电荷**沿表面**的运动，它们不过是不许电荷逸出导体。）因此，电场必须垂直于表面。现在，我们将找到 $\boldsymbol{E}_{\perp}$ 与局域电荷密度 σ 之间的关系。

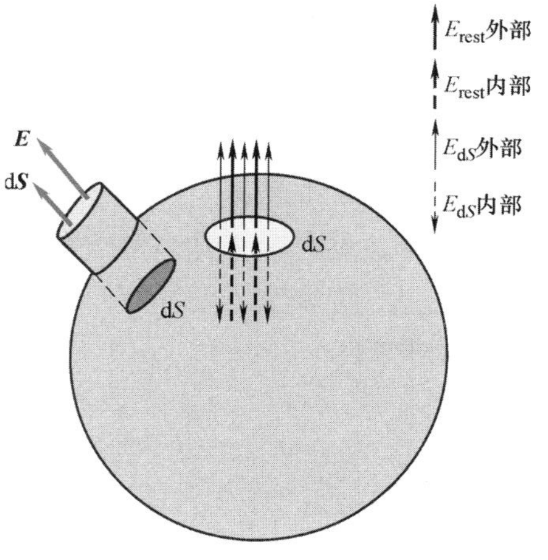

图 4.6　计算带电导体表面的电场。做圆柱形高斯面，其轴垂直于导体表面，一半在导体内，一半在导体外。这个高斯面上只有位于导体外的平面部分上的通量不为零。导体内没有电场，而且露出导体外的那部分曲面上也没有通量，这是因为它平行于电场。图中还给出了导体表面上一个小面元 d$\boldsymbol{S}$ 处的电场（细箭头，外面的为实线，内部的为虚线）。两部分的贡献在内部完全抵消，在外部则加倍。各点的电荷密度 σ 和 $\boldsymbol{E}_{\perp}$ 是可以变化的。

图 4.6 中有一个（倾斜的）圆柱形高斯面，其底为 dS，高为无限小，它的轴与表面垂直。这个高斯面一半在导体内，一半在导体外。它所围的电荷等于 σdS。导体内的那个平面底对于通量没有贡献，因为导体内的电场强度为零。在侧面上，

$\boldsymbol{E}$ 要么为零（对于在导体内的部分），要么平行于表面（对于导体外的部分），而且在这两种情况下，侧面上的通量均为零。通过顶部面的通量为 $E_{\perp}\mathrm{d}S$。

$$E_{\perp}\mathrm{d}S=\frac{\sigma\mathrm{d}S}{\varepsilon_0} \tag{4.30}$$

$$E_{\perp}=\frac{\sigma}{\varepsilon_0} \tag{4.31}$$

这个结果一定要记住。

我们可以这样理解上面这个结果。在带电导体表面上取一个很小的小块 d$\boldsymbol{S}$，我们来计算此处的 $\boldsymbol{E}_{\perp}$。可以将这个带电导体表面分为两部分，d$\boldsymbol{S}$ 和除了它之外的其余部分。后者上面有个小洞，这个小洞就在 d$\boldsymbol{S}$ 所在处，无限地接近 d$\boldsymbol{S}$。当距 d$\boldsymbol{S}$ 的距离远远小于 d$\boldsymbol{S}$ 本身的线性尺寸时，这个小块就可以被视为无限大的带电面。它激发的场 $\boldsymbol{E}_{\mathrm{d}\boldsymbol{S}}$在曲面外部沿该面的法向向外，而在曲面内部则沿该面的法向向里，场的大小均为 $\sigma/2\varepsilon_0$。对于无限大带电面，这种内外部电场的不连续性是我们所熟知的，原因在于电荷密度将空间划分成了两部分。我们还要将这个场叠加上表面上其他电荷对场的贡献 $\boldsymbol{E}_{\mathrm{rest}}$。$\boldsymbol{E}_{\mathrm{rest}}$在小洞处是连续的，因为原来位于小洞所在处的电荷已经被剔除，不会引起场的不连续性。这个连续的场一定是垂直导体表面向外的，大小为 $\sigma/2\varepsilon_0$，这样它就可以与由 d$\boldsymbol{S}$ 激发的沿法向向内的场相抵消，使得导体内部的场等于零。然而，当我们一走出导体外部，这个场就会与 d$\boldsymbol{S}$ 的一模一样，将它与 d$\boldsymbol{S}$ 的场进行叠加后，合场增强且加倍了。

简言之，表面上 d$\boldsymbol{S}$ 的场在它所在处改变了符号（由于它携带有电荷），而表面上其他电荷的场在那里是连续的。这就是为什么两者在外部加强，而在内部相消的原因。

第5章 库仑势

电动力学包含两部分：求所有电荷激发的电场和利用 $\boldsymbol{F}=q\boldsymbol{E}$ 求场对电荷 q 的作用。这是个很复杂的问题，每个电荷都扮演着双重角色：激发作用于其他电荷的场，和受其他电荷场的作用。由于相对论所要求的延迟性，电场依赖于所有电荷的过去位置。

到目前为止，由于一直都在处理静态电荷，所以我们的日子过得还不错。尽管电荷之间有力的作用，但是我们假设还存在着其他的力使得这些电荷的位置都是固定的，这样就可以利用库仑定律求出 $\boldsymbol{E}$。然而，如果没有任何自由电荷可以对场进行响应的话，那么求解 $\boldsymbol{E}$ 也就没有什么意思了。因此，我们稍微放松一些：除了一个电荷以外，其他电荷的位置都是固定的且按着库仑定律激发 $\boldsymbol{E}$，这个单独的电荷 q 可以在场 $\boldsymbol{E}$ 的作用下运动。在运动过程中，它对其他电荷的作用力是变化的，但是这无关紧要，因为即使如此，其他那些电荷也不能自由地受其影响而发生运动。

我们从下式出发：

$$m\frac{\mathrm{d}^2\boldsymbol{r}}{\mathrm{d}t^2}=q\boldsymbol{E}(\boldsymbol{r}) \tag{5.1}$$

式中，$\boldsymbol{E}(\boldsymbol{r})$ 是所有固定电荷激发的场。式（5.1）就是我们所需的所有原理。一旦有了这个方程，以及初始位置 $\boldsymbol{r}(0)$ 和初始速度 $\boldsymbol{v}(0)$，我们就可以在极少数的情况下给出这个粒子运动的解析解；如果有一台运行速度很快的电脑，我们就可以在所有情况下给出这个粒子运动的数值解。利用初始速度，我们求出经过 $\mathrm{d}t$ 时间粒子的位置为

$$\boldsymbol{r}(\mathrm{d}t)=\boldsymbol{r}(0)+\boldsymbol{v}(0)\mathrm{d}t \tag{5.2}$$

根据初始加速度（由初始时刻所在处的场决定），我们可以求出经过 $\mathrm{d}t$ 时间粒子的速度为

$$\boldsymbol{v}(\mathrm{d}t)=\boldsymbol{v}(0)+\frac{q\boldsymbol{E}(\boldsymbol{r}(0))}{m}\mathrm{d}t \tag{5.3}$$

我们可以在 $\mathrm{d}t$ 时刻重复这个过程，并且以 $\mathrm{d}t$ 为时间增量向前推进。在 $\mathrm{d}t\to 0$ 的极限下，误差就消失了。

5.1 保守力与势能

这个话题已经在第 1 卷中被详尽地讨论过了。为了承上启下，现在把它简短地回顾一下。

一个物体 m 与劲度系数为 k 的弹簧相连，拉动物体使弹簧伸长的量为 A，之后将这个物体释放。通过解微分方程，我们可以找到它其后的位置 $x(t)$，对 $x(t)$ 求导就可以得到它的速度 $v(t)$ 了。但是，我们发现，有些问题是很容易回答的，例如“它在 $x=x_0$的速度是多大？”其中的技巧是利用机械能守恒定律。由机械能守恒定律我们知道，在这种情况下有

$$\frac{1}{2}mv_1^2+\frac{1}{2}kx_1^2=\frac{1}{2}mv_2^2+\frac{1}{2}kx_2^2 \tag{5.4}$$

式中，脚标 1 和 2 分别指物体运动轨道上的两点。如果 x_1和 v_1表示初始时刻的位置和速度，那么我们可以解方程（5.4），求出它在 x_2点的速度 v_2（方向取决于符号）。

更普遍地，我们有

$$K_1+U_1=K_2+U_2 \tag{5.5}$$

式中，$K=\frac{1}{2}mv^2$为动能；$U_1\equiv U(x_1)$ 和 $U_2\equiv U(x_2)$ 表示与作用于这个物体上的与力相关的势能。

对于一维运动，很容易可由牛顿定律出发推导出式（5.5），其中一个方法如下。

$$\frac{\mathrm{d}K}{\mathrm{d}t}=\frac{m}{2}\frac{\mathrm{d}v^2}{\mathrm{d}t}=\frac{m}{2}\cdot 2v\frac{\mathrm{d}v}{\mathrm{d}t}=m\frac{\mathrm{d}v}{\mathrm{d}t}\cdot v \tag{5.6}$$

$$=F(x)\frac{\mathrm{d}x}{\mathrm{d}t} \tag{5.7}$$

$$\int_{t_1}^{t_2}\frac{\mathrm{d}K}{\mathrm{d}t}\mathrm{d}t=\int_{t_1}^{t_2}F(x)\frac{\mathrm{d}x}{\mathrm{d}t}\mathrm{d}t \tag{5.8}$$

$$\int_1^2\mathrm{d}K=K(t_2)-K(t_1)=\int_{x_1}^{x_2}F(x)\,\mathrm{d}x \tag{5.9}$$

这就是动能定理。这个量

$$\mathrm{d}W=F(x)\,\mathrm{d}x \tag{5.10}$$

是物体移动 $\mathrm{d}x$ 过程中式中的**这个力做的功**。动能定理将这个功与物体动能的增量 $\mathrm{d}K$ 联系在了一起。此定理仅依赖于 $F=ma$，对于所有的力均适用，包括摩擦力在内。

现在，一个一元函数的线积分可以被表示为

$$\int_{x_1}^{x_2} F(x)\,\mathrm{d}x = G(x_2) - G(x_1) \tag{5.11}$$

式中

$$\frac{\mathrm{d}G}{\mathrm{d}x} = F(x) \tag{5.12}$$

与式（5.9）联立，得到

$$K_2 - K_1 = G_2 - G_1 \tag{5.13}$$

$$K_2 - G_2 = K_1 - G_1 \tag{5.14}$$

$$K_2 + U_2 = K_1 + U_1 \tag{5.15}$$

式中

$$G = -U \tag{5.16}$$

下面两个 F 和 U 之间的对应关系要记住：

$$F = -\frac{\mathrm{d}U}{\mathrm{d}x} \tag{5.17}$$

$$U(x_2) - U(x_1) = -\int_{x_1}^{x_2} F(x)\,\mathrm{d}x \tag{5.18}$$

利用这两个方程，我们可以由势能求出力，反之亦然。

为什么有摩擦力存在时，这个推导就不成立了呢？因为摩擦力不仅仅是 x 的函数，它还与速度相关，总与速度方向相反，所以式（5.11）不再成立了。只要粒子的运动方向不改变，我们可以赋予摩擦力一个符号，利用动能定理求出它对动能的影响。但是，如果运动方向是变化的，比如说，阻尼振动，我们就不可能得到机械能守恒定律。

在二维（或更高维）情况下，即便是不存在摩擦力，也有可能推不出式(5.5)。我们回过头来看这个问题和它的解。

我们从高维情况下动能的原始定义开始：

$$K = \frac{1}{2}m|\boldsymbol{v}|^2 = \frac{1}{2}m\,\boldsymbol{v}\cdot\boldsymbol{v} = \frac{1}{2}m(v_x^2 + v_y^2 + v_z^2) \tag{5.19}$$

对时间求导得

$$\frac{\mathrm{d}K}{\mathrm{d}t} = m\left(v_x\frac{\mathrm{d}v_x}{\mathrm{d}t} + v_y\frac{\mathrm{d}v_y}{\mathrm{d}t} + v_z\frac{\mathrm{d}v_z}{\mathrm{d}t}\right) \tag{5.20}$$

$$= \boldsymbol{v}\cdot m\frac{\mathrm{d}\boldsymbol{v}}{\mathrm{d}t} \tag{5.21}$$

$$= \boldsymbol{F}\cdot\boldsymbol{v} = \boldsymbol{F}\cdot\frac{\mathrm{d}\boldsymbol{r}}{\mathrm{d}t} \tag{5.22}$$

$$\mathrm{d}K = \boldsymbol{F}\cdot\mathrm{d}\boldsymbol{r} \tag{5.23}$$

到此为止，还没有什么问题。物体在力的作用下发生了矢量位移 $\mathrm{d}\boldsymbol{r}$，其动能增量是明确的，为 $\boldsymbol{F}\cdot\mathrm{d}\boldsymbol{r}$。

如果我们将很多的小 d$\boldsymbol{r}$ 串联在一起，形成连接 1 点和 2 点的有限长路径，如图 5.1 所示，那么麻烦就来了。这两点间有无限多条路径，图中给出了两条。

下面关系中的线积分

$$K_2 - K_1 = \int_1^2 \mathrm{d}K = \int_1^2 \boldsymbol{F} \cdot \mathrm{d}\boldsymbol{r} \tag{5.24}$$

通常是与路径相关的，不能被写作 U_1-U_2。

然而，如果这个线积分可以写为如下形式：

$$\int_1^2 \boldsymbol{F} \cdot \mathrm{d}\boldsymbol{r} = U_1 - U_2 \tag{5.25}$$

与路径无关，只是与起点和终点有关，我们就可以得到

$$K_2 - K_1 = U_1 - U_2 \tag{5.26}$$

进而得到机械能守恒定律。

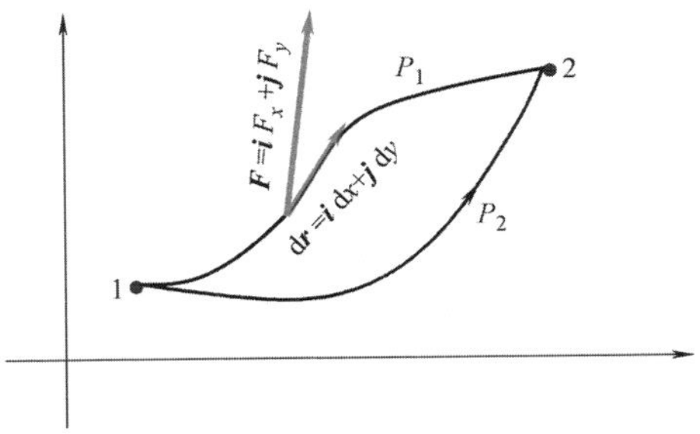

图 5.1 连接相同两个端点 1 和 2 的两条路径。线积分，也就是 $\boldsymbol{F} \cdot \mathrm{d}\boldsymbol{r}$ 的和，通常是依赖于积分路径的。

线积分与路径无关的力叫作**保守力**。你可能觉得这种力是非常少的，但是有个办法可以造出任意多的这种力。取一个函数 $U(x, y, z)$，由它定义一个力

$$F_x = -\frac{\partial U}{\partial x} \tag{5.27}$$

$$F_y = -\frac{\partial U}{\partial y} \tag{5.28}$$

$$F_z = -\frac{\partial U}{\partial z} \tag{5.29}$$

或者，写为更紧凑的形式

$$\boldsymbol{F} = -\left(\boldsymbol{i}\frac{\partial U}{\partial x} + \boldsymbol{j}\frac{\partial U}{\partial y} + \boldsymbol{k}\frac{\partial U}{\partial z}\right) \equiv -\nabla U \tag{5.30}$$

式中的 ∇U 叫作 U 的**梯度**，读音为“grad U”。

我们来看看为什么这个力是保守力。因为

$$\mathrm{d}\boldsymbol{r} = \boldsymbol{i}\mathrm{d}x + \boldsymbol{j}\mathrm{d}y + \boldsymbol{k}\mathrm{d}z \tag{5.31}$$

$$\boldsymbol{F} \cdot \mathrm{d}\boldsymbol{r} = -\nabla U \cdot \mathrm{d}\boldsymbol{r} \tag{5.32}$$

$$= -\left(\frac{\partial U}{\partial x}\mathrm{d}x + \frac{\partial U}{\partial y}\mathrm{d}y + \frac{\partial U}{\partial z}\mathrm{d}z\right) = -\mathrm{d}U \tag{5.33}$$

因此，坐标 x、y、z 变化引起的 $\mathrm{d}U=\boldsymbol{F} \cdot \mathrm{d}\boldsymbol{r}$ 对函数 U 是一阶的（对 $\mathrm{d}x$、$\mathrm{d}y$、$\mathrm{d}z$ 是线性的）。故

$$\int_1^2 \boldsymbol{F} \cdot \mathrm{d}\boldsymbol{r} = -\int_1^2 \mathrm{d}U = U_1 - U_2 \tag{5.34}$$

它是两个端点间 U 的总增量。由此得到

$$E_1 \equiv K_1+U_1=K_2+U_2 \equiv E_2 \tag{5.35}$$

因此，生成 $\boldsymbol{F}$ 的函数 U，就是公式 $E=K+U$ 中的势能函数。

对于二维情况 $d=2$，将 U 想像为在 (x, y) 点处的高度将会对我们很有帮助。相应于运动过的位移 $\mathrm{d}\boldsymbol{r}$，$\boldsymbol{F}\cdot\mathrm{d}\boldsymbol{r}=-\nabla U\cdot\mathrm{d}\boldsymbol{r}=-\mathrm{d}U$ 量度出的是“高度”变化（负值），它的线积分是 1、2 两点间的高度差。这样，很显然，它与我们在这两点之间所取的路径无关。

在高维情况下，势能与力之间的相互关系依然是成立的：

$$\boldsymbol{F}=-\nabla U \tag{5.36}$$

$$U_2-U_1=-\int_1^2 \boldsymbol{F}\cdot\mathrm{d}\boldsymbol{r} \tag{5.37}$$

如果一个物体受到了保守力 $\boldsymbol{F}$ 的作用，而我们要让它沿这个保守力的反向运动（没有加速度），那就需施加一个力 $-\boldsymbol{F}$ 使之完全抵消掉 $\boldsymbol{F}$。上式右侧是这个物体从 1 运动到 2 过程中我们必须做的功，左侧是相应的势能增量。

可以给出产生保守力的全部方法，这就是：每个保守力都是某个 U 的梯度。

借助于这一点，一旦有了一个力，我们就可以按照下面的方法看出它是否是保守力。如果 $\boldsymbol{F}$ 是保守力，那么，对于某个 U，其分量的形式为

$$F_x=-\frac{\partial U}{\partial x} \tag{5.38}$$

$$F_y=-\frac{\partial U}{\partial y} \tag{5.39}$$

由于求导的先后顺序没有关系，因此得到

$$\frac{\partial F_x}{\partial y}-\frac{\partial F_y}{\partial x}=-\frac{\partial^2 U}{\partial y \partial x}+\frac{\partial^2 U}{\partial x \partial y}=0 \tag{5.40}$$

例如：若 $U=3x^2y$，那么

$$\boldsymbol{F}=-\boldsymbol{i}6xy-\boldsymbol{j}3x^2 \tag{5.41}$$

是保守力。而

$$\boldsymbol{F}=-\boldsymbol{i}6x^2y-\boldsymbol{j}3x^2 \tag{5.42}$$

不是保守力。

在三维情况下，我们还要多加两个像式（5.40）那样的方程。做循环置换，将 $x\rightarrow y$，$y\rightarrow z$，$z\rightarrow x$ 就可以得到这些方程。

对于保守力，我们说它的线积分与路径无关，我们还可以说它沿闭合回路的线积分等于零。

推理如下。取两条不同路径 P_1 和 P_2，它们具有相同的起点和终点，如图 5.1 所示。由已知条件出发，进行如下推导：

$$\int_1^2 \boldsymbol{F}\cdot\mathrm{d}\boldsymbol{r}(\text{沿路径 } P_1)=\int_1^2 \boldsymbol{F}\cdot\mathrm{d}\boldsymbol{r}(\text{沿路径 } P_2) \tag{5.43}$$

$$\int_1^2 \boldsymbol{F} \cdot \mathrm{d}\boldsymbol{r}(\text{沿路径 } P_1) - \int_1^2 \boldsymbol{F} \cdot \mathrm{d}\boldsymbol{r}(\text{沿路径 } P_2) = 0 \tag{5.44}$$

$$\int_1^2 \boldsymbol{F} \cdot \mathrm{d}\boldsymbol{r}(\text{沿路径 } P_1) + \int_2^1 \boldsymbol{F} \cdot \mathrm{d}\boldsymbol{r}(\text{沿路径 } P_2) = 0 \tag{5.45}$$

$$\oint \boldsymbol{F} \cdot \mathrm{d}\boldsymbol{r} = 0 \tag{5.46}$$

从式（5.44）到式（5.45）的推导利用的是：当互换积分的两个端点后，积分会改变符号。在回程中，各点的力 $\boldsymbol{F}$ 没有变，但是每个 $\mathrm{d}\boldsymbol{r}$ 都反号了。

式（5.46）表明，对于任取的闭合回路 1→2→1，这个积分为零。

5.2 静电场是保守的吗？

因为我用了很多时间复习保守力，所以你会知道它一定是。下面给出更充分的推理。

若电场 $\boldsymbol{E}$ 沿任意闭合回路的积分为零，那么我们就说它是保守的。有了这一点，电场施加于电荷 q 的力 $\boldsymbol{F}=q\boldsymbol{E}$ 也会是保守力。

怎样证明这一点呢？对于各种静止电荷分布所激发的静电场，$\boldsymbol{E}$ 沿任意闭合回路的积分为零。

关键步骤是利用叠加原理。如果我证明出一个点电荷的场是保守场，那么由多电荷激发的其他场也将是保守场，这是因为这个场是各个保守场的和。

例如，有两个保守场 $\boldsymbol{E}_1$ 和 $\boldsymbol{E}_2$，它们满足

$$\oint \boldsymbol{E}_1 \cdot \mathrm{d}\boldsymbol{r} = 0 \tag{5.47}$$

$$\oint \boldsymbol{E}_2 \cdot \mathrm{d}\boldsymbol{r} = 0 \tag{5.48}$$

上面的两个积分路径相同（但却是任意的）。将两式相加得到

$$\oint \boldsymbol{E}_1 \cdot \mathrm{d}\boldsymbol{r} + \oint \boldsymbol{E}_2 \cdot \mathrm{d}\boldsymbol{r} = 0 \tag{5.49}$$

$$\oint (\boldsymbol{E}_1 + \boldsymbol{E}_2) \cdot \mathrm{d}\boldsymbol{r} = 0 \tag{5.50}$$

这表明 $\boldsymbol{E}_1+\boldsymbol{E}_2$ 是保守的。

换言之，如果两个场对任意闭合路径的线积分等于零，那么我就会得到一个对于任意闭合回路的线积分也为零的场，因为被积函数之和的积分等于它们各自的积分之和。

为了证明点电荷激发的电场 $\boldsymbol{E}$ 是保守的，我将证明它等于一个函数 V 的梯度（的负值），这个函数 V 被称为电势，或简称为势，即

$$\boldsymbol{E} = -\nabla V \tag{5.51}$$

位于原点的点电荷场的电势为

$$V(\boldsymbol{r}) = \frac{q}{4\pi\varepsilon_0 r} \tag{5.52}$$

我们来看一下，如果电势是这样的，怎样得到

$$-\nabla V=\boldsymbol{E}(\boldsymbol{r})=\boldsymbol{e}_r\frac{q}{4\pi\varepsilon_0 r^2} \tag{5.53}$$

首先考虑$-\nabla V$中的x。

$$-\frac{\partial V}{\partial x}=-\frac{q}{4\pi\varepsilon_0}\frac{\partial(1/r)}{\partial x}=-\frac{q}{4\pi\varepsilon_0}\frac{\partial}{\partial x}\left[\frac{1}{\sqrt{x^2+y^2+z^2}}\right] \tag{5.54}$$

$$=\frac{q}{4\pi\varepsilon_0}\left[\frac{1}{2}\right]\frac{2x}{(x^2+y^2+z^2)^{3/2}} \tag{5.55}$$

$$=\frac{q}{4\pi\varepsilon_0}\frac{1}{r^2}\frac{x}{r} \tag{5.56}$$

正像我们想要的那样，推出了

$$-\nabla V=-\boldsymbol{i}\frac{\partial V}{\partial x}-\boldsymbol{j}\frac{\partial V}{\partial y}-\boldsymbol{k}\frac{\partial V}{\partial z}=\frac{q}{4\pi\varepsilon_0 r^2}\frac{\boldsymbol{i}x+\boldsymbol{j}y+\boldsymbol{k}z}{r} \tag{5.57}$$

$$=\frac{q}{4\pi\varepsilon_0 r^2}\frac{\boldsymbol{r}}{r}=\frac{q}{4\pi\varepsilon_0 r^2}\boldsymbol{e}_r=\boldsymbol{E} \tag{5.58}$$

通常，我们可以在电势V上加上任意常数而不会改变$\boldsymbol{E}$。现在给出的电势在无限远处为零，即$V(r\to\infty)=0$。

电势必须遵守如下对应关系：

$$-\int_1^2\boldsymbol{E}\cdot\mathrm{d}\boldsymbol{r}=V_2-V_1=\frac{q}{4\pi\varepsilon_0 r_2}-\frac{q}{4\pi\varepsilon_0 r_1} \tag{5.59}$$

然而，作为练习，我们用下面的式子来推出上述关系：

$$\boldsymbol{E}=\boldsymbol{e}_r\frac{q}{4\pi\varepsilon_0 r^2} \tag{5.60}$$

$$\mathrm{d}\boldsymbol{r}=\boldsymbol{e}_r\mathrm{d}r+\boldsymbol{e}_\theta r\mathrm{d}\theta \tag{5.61}$$

上式中，$\mathrm{d}\boldsymbol{r}$为任取的一个由$\boldsymbol{r}_1$到$\boldsymbol{r}_2$的无限小位移，它被写为径向部分$\boldsymbol{e}_r\mathrm{d}r$（1→3）和角向部分$\boldsymbol{e}_\theta r\mathrm{d}\theta$（3→2）的矢量和，如图5.2所示。对于1→3→2→1的无限小回路，认为电场是常量。利用$\boldsymbol{e}_r\cdot\boldsymbol{e}_\theta=0$，我们得到

$$\boldsymbol{E}\cdot\mathrm{d}\boldsymbol{r}=\boldsymbol{e}_r E(r)\cdot(\boldsymbol{e}_r\mathrm{d}r+\boldsymbol{e}_\theta r\mathrm{d}\theta)=E(r)\mathrm{d}r \tag{5.62}$$

$$=\frac{q}{4\pi\varepsilon_0}\frac{\mathrm{d}r}{r^2} \tag{5.63}$$

如果将这样的无限小$\mathrm{d}\boldsymbol{r}$连接起来，形成一条有限长的曲线，那么对它的线积分为上面给出

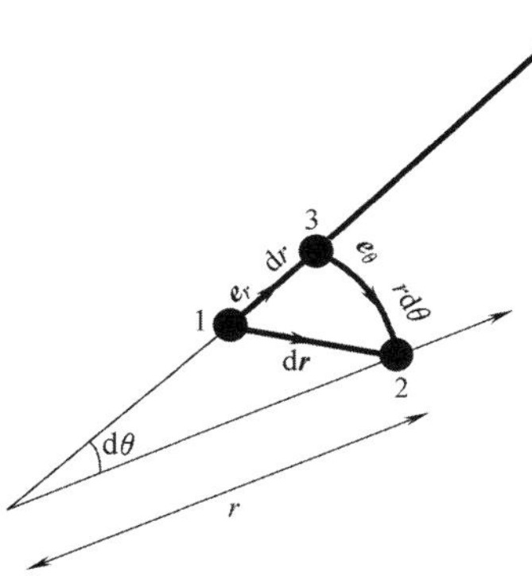

图5.2 对于粒子的微小位移$\mathrm{d}\boldsymbol{r}$，电场$\boldsymbol{E}$所做的功可以利用$\boldsymbol{E}\cdot\mathrm{d}\boldsymbol{r}$来计算，或者也可以用连接相同端点的径向$\boldsymbol{e}_r\mathrm{d}r$与角向$\boldsymbol{e}_\theta r\mathrm{d}\theta$两部分功之和来计算。角向部分对功的贡献等于零。

的每个小线元的贡献之和。对于任意的两 1、2 点，得到的结果是

$$\int_1^2 \boldsymbol{E} \cdot \mathrm{d}\boldsymbol{r} = \int_{r_1}^{r_2} \frac{q}{4\pi\varepsilon_0} \frac{\mathrm{d}r}{r^2} \tag{5.64}$$

$$= \frac{q}{4\pi\varepsilon_0} \frac{-1}{r} \bigg|_{r_1}^{r_2} \tag{5.65}$$

$$= \frac{q}{4\pi\varepsilon_0}\left(\frac{1}{r_1} - \frac{1}{r_2}\right) = V_1 - V_2 \tag{5.66}$$

位于 $\boldsymbol{r}_1$，$\boldsymbol{r}_2$，$\cdots\boldsymbol{r}_i\cdots\boldsymbol{r}_N$处的电荷 q_1，q_2，$\cdots\ q_i\cdots q_N$在 $\boldsymbol{r}$ 处激发的电势等于

$$V(\boldsymbol{r}) = \sum_{i=1}^{N} \frac{q_i}{4\pi\varepsilon_0 \mid \boldsymbol{r} - \boldsymbol{r}_i \mid} \tag{5.67}$$

式中，$\mid \boldsymbol{r} - \boldsymbol{r}_i \mid$ 为从 q_i到我们所求电势那点的距离。（我们推广了式（5.52)，其中只给出了一个位于原点 $\boldsymbol{r}_1 = 0$ 的电荷 $q_1 = q$ 的电势。）与此相应的合场为 $\boldsymbol{E} = -\nabla V$，根据叠加原理可知它是保守场。

注意式（5.67）中的各项不是矢量，每个电荷的贡献均是标量，它们只是简单地进行代数相加就给出了总电势。在求解电偶极子场时，我们会看到这种方法的优势。

如果一个电荷 q 在电场中运动，且该电场是由任意多个位置固定的电荷激发的，那么采用式（5.67）所给出的电势，能量守恒定律的形式为

$$E_1 \equiv \frac{1}{2}m\,|\boldsymbol{v}_1|^2 + qV(\boldsymbol{r}_1) = \frac{1}{2}m\,|\boldsymbol{v}_2|^2 + qV(\boldsymbol{r}_2) \equiv E_2 \tag{5.68}$$

关于电势的一些结束语：它叫作 V 而不是 U，因为 $-\nabla U$ 等于力 $\boldsymbol{F} = q\boldsymbol{E}$；而 $-\nabla V = \boldsymbol{E}$，是电场。因此电势 V 与电场中电荷 q 的势能之间有如下关系：

$$U = qV \tag{5.69}$$

对于地球表面的重力，$U = mgh$，相应的 $V = gh$。因此，重力场中，V 等于单位质量的势能；对于静电场，V 等于单位电荷的势能。（在很多高级课程中，采用 ϕ 表示势，而不用 V 表示势。）

电势的单位是 V（伏特），即 J/C。在所有计算中，你都得用到单位。没有单位的答案，例如 23，是没有意义的。你必须要永远给出单位。我可能有时不写单位，不过我有了终身教职。一旦得到了终身职位，你就可以不用必须写单位，交税，履行陪审团职责，或是避开消防栓停车。㊀得到终身职位后，生活就像深海中一种已经成年的软体动物那样，它将自己永远地附着于一块岩石之上，以自己的大脑为食。

5.3 图解场的线积分不依赖于路径

$\boldsymbol{E}$ 的线积分与所选取的路径无关，让我们借助图形对此进行理解。如图 5.3 所

㊀ 这是作者为活跃课堂气氛的玩笑话。——编辑注

示，点电荷场中有两条由 A 到 B 的典型路径。一条路径沿径向由 A 到 4，然后保持 r 不变沿角向到达 B 点。沿角向的 $4\to B$ 对于 $\boldsymbol{E}$ 的线积分没有贡献，因为 $\boldsymbol{E}$ 是径向的，而 $\mathrm{d}\boldsymbol{r}$ 是切向的。对所选的 $A\to1\to2\to3\to B$ 路径，角向部分 $A\to1$ 和 $2\to3$ 都对于 $\boldsymbol{E}$ 的线积分没有贡献，原因同上；而 $1\to2$ 和 $3\to B$ 这两个径向部分合起来的贡献与所选另外一条路径中径向部分 $A\to4$ 的相同。

为什么径向的贡献是相同的呢？从 $A\to4$ 路径的贡献为 $\boldsymbol{E}(\boldsymbol{r})\cdot\mathrm{d}\boldsymbol{r}$，其中沿径向的 $\mathrm{d}\boldsymbol{r}=\boldsymbol{e}_r\mathrm{d}r$。我们来看图。对于这条路径上的每个线元，都在 $1\to2$ 段（当 $r_1\leqslant r\leqslant r_2$）或是 $3\to B$ 段（当 $r_3\leqslant r\leqslant r_B$）上有一个对应的线元，两者的 $\boldsymbol{E}(\boldsymbol{r})\cdot\mathrm{d}\boldsymbol{r}=E(r)\mathrm{d}r$ 值相同。其中的原因在于：$1\to2$ 和 $3\to B$ 上的 $\boldsymbol{E}(\boldsymbol{r})$ 和 $\mathrm{d}\boldsymbol{r}$，不过是把 $A\to4$ 上 $\boldsymbol{E}(\boldsymbol{r})$ 和 $\mathrm{d}\boldsymbol{r}$ 做了刚性转动，这种联合转动不会改变两个矢量的点积值。

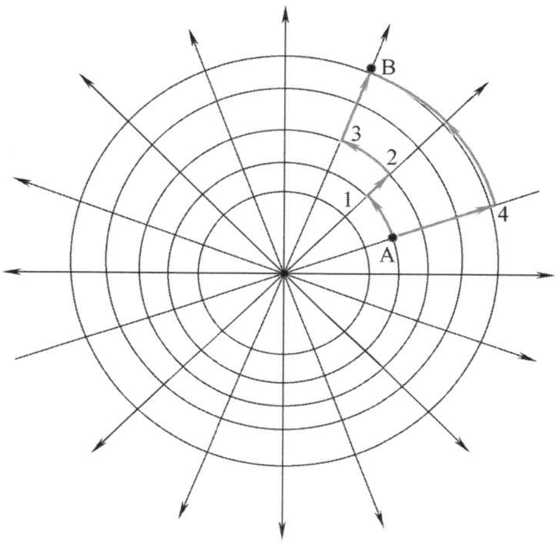

图 5.3　点电荷场中由 A 到 B 的功与路径无关。一条路径沿径向从 A 到 4，然后保持 r 不变沿角向到达 B 点。沿角向的 $4\to B$ 对于 $\boldsymbol{E}$ 的线积分没有贡献，因为 $\boldsymbol{E}$ 与 $\mathrm{d}\boldsymbol{r}$ 是正交的。另外一条路径由 $A\to1\to2\to3\to B$，角向部分 $A\to1$ 和 $2\to3$ 同样都对于 $\boldsymbol{E}$ 的线积分没有贡献；而 $1\to2$ 和 $3\to B$ 这两个径向部分合起来的贡献与另外一条路径中径向部分 $A\to4$ 的相同。

总之，我们可以随意地画一条包含径向和角向部分路径将 A 和 B 连接在一起，对于所有路径，结果都是相同的。路径中的角向部分没有贡献，而径向所有部分的贡献之和与一次性地由 $A\to4$ 的相等。

如果使网格越来越细，我们就可以用这种径向和角向的线元来近似任意一条平滑路径，这似乎是合理的。然而这里有一些微妙之处。尽管对于我们的肉眼来说，平滑的和由角向及切向部分组成的锯齿状路径可能看上去没有区别，但是有些性质是非常不同的。假设有一个单位边长的正方形，考虑对角线两端点间的路径。对于沿对角线的路径，其长度等于$\sqrt{2}$。而非常靠近这条直线、由许多平行于两边的微小平台构成的台阶状路径的长度却等于 2。因此，这样一个结论，即某个矢量场 $\boldsymbol{V}(\boldsymbol{r})$ 沿平滑的和锯齿状路径的线积分是相等的，并非是显然的。幸运的是，$\int\boldsymbol{E}(\boldsymbol{r})\cdot\mathrm{d}\boldsymbol{r}$ 这个积分，对于一条平滑的路径和由径向及角向线元构成的对它的锯齿状近似路径来说，的确是相等的，正如对图 5.2 所进行的讨论。

从 A 到 B，我们还可以考虑不在纸平面内的路径或是 r 变化的路径。因为 $\boldsymbol{E}$ 是沿径向的，所以角向部分（位于某个半径为 r 的球面上）同样是没有贡献的；而且各个径向部分的贡献加起来就是 $A\to4$ 的贡献。

一旦明白了为什么一个电荷的场是保守的，我们便可能利用叠加原理对多个电荷的场给出相同的推论。（图片不太能派上用场了，因为合场强 $\boldsymbol{E}$ 可能是非常复杂的。）

5.4 偶极子的电场和电势

回想一下，对于由 $+q$ 和 $-q$ 组成的电偶极子，我们曾用矢量法求出了它的电场。两个大小和方向不同的矢量的计算是相当复杂的。我劝你在学习下面内容之前返回去看看 2.4 节中的推导。

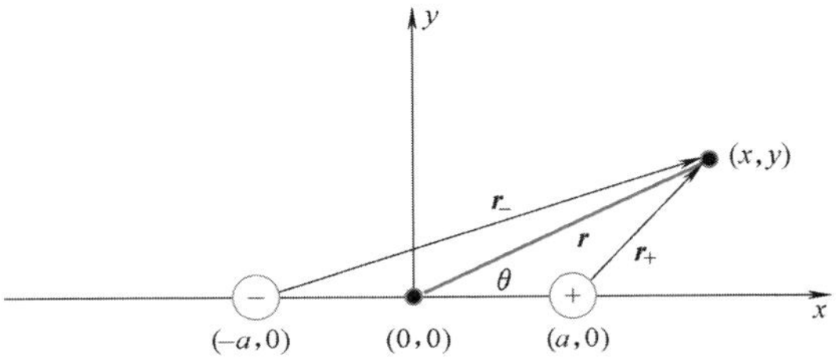

图 5.4　$\pm q$ 位于（$\pm a$，0）处。点（x，y）处的电势不过是源于它们的两个标量贡献之和。

现在，我们用另外一种方法来解决问题。先计算 $\pm q$ 的电势，然后去求梯度。可以证明，这种方法要简单得多，因为电势是标量，不需要做矢量叠加。求一下导数不仅是个不太费脑子的工作，而且是个较好的方法。

看图 5.4。很明显，

$$V(x,y)=\frac{q}{4\pi\varepsilon_0}\left[\frac{1}{r_+}-\frac{1}{r_-}\right]\tag{5.70}$$

$$=\frac{q}{4\pi\varepsilon_0}\frac{r_--r_+}{r_+r_-}\tag{5.71}$$

$$r_+=\sqrt{(x-a)^2+y^2}\quad 且\quad r_-=\sqrt{(x+a)^2+y^2}\tag{5.72}$$

在 $r\gg a$ 条件下，我们来求一下这个表达式的值。当 $a=0$ 时，$V\equiv0$，因为两个电荷相互交叠且 $r_\pm=r$。当 $a>0$ 时，我们想得到答案中的第一项非零项，此项与 a 的一次方成正比。任何像 a^2 或更高次的项将被忽略。

在式（5.71）中，分子 r_--r_+ 至少包含 a 的一次方（因为当 $a=0$ 时，它等于零）：

$$r_--r_+=\sqrt{(x+a)^2+y^2}-\sqrt{(x-a)^2+y^2}\tag{5.73}$$

$$\approx\sqrt{x^2+2ax+y^2}-\sqrt{x^2-2ax+y^2}\tag{5.74}$$

(上式中略去了 a^2 项)

$$= \sqrt{r^2+2ax}-\sqrt{r^2-2ax} \tag{5.75}$$

(上式中用到了 $x^2+y^2=r^2$)

$$= r\left(1+\frac{2ax}{r^2}\right)^{1/2}-r\left(1-\frac{2ax}{r^2}\right)^{1/2} \tag{5.76}$$

$$\approx r\left[1+\frac{1}{2}\frac{2ax}{r^2}+\cdots-1+\frac{1}{2}\frac{2ax}{r^2}+\cdots\right] \tag{5.77}$$

(上式中用到了 $(1+z)^{\frac{1}{2}}=1+\frac{1}{2}z+\cdots$)

$$= \frac{2ax}{r} \tag{5.78}$$

因为这个表达式出现在式 (5.71) 的分子上，的确是 a 的一次方，而且我们不需要更高次的项，所以可以令分母中 $a=0$，也就是令 $r_{\pm}=r$，便可计算出：

$$V(x,y)=\frac{2aqx}{4\pi\varepsilon_0 r^3}=\frac{px}{4\pi\varepsilon_0 r^3}=\frac{\boldsymbol{p}\cdot\boldsymbol{r}}{4\pi\varepsilon_0 r^3} \tag{5.79}$$

式中

$$\boldsymbol{p}=2aq\boldsymbol{i}=p\boldsymbol{i} \tag{5.80}$$

为电偶极矩。

如果写出 $x=r\cos\theta$，其中 θ 是 $\boldsymbol{r}$ 与 x 间的夹角，那么我们就可以看到 V 按照 $1/r^2$ 的规律随 r 衰减。对 V 求梯度计算出的 $\boldsymbol{E}$ 将按照 $1/r^3$ 的规律随 r 衰减。具体计算如下。

$$E_x=-\frac{\partial V}{\partial x}=-\frac{p}{4\pi\varepsilon_0}\frac{\partial}{\partial x}\left[\frac{x}{(x^2+y^2)^{3/2}}\right] \tag{5.81}$$

$$=-\frac{p}{4\pi\varepsilon_0}\left[\frac{1}{(x^2+y^2)^{3/2}}-\frac{3x}{2}\frac{2x}{(x^2+y^2)^{5/2}}\right] \tag{5.82}$$

$$=\frac{p}{4\pi\varepsilon_0 r^3}\left(3\frac{x^2}{r^2}-1\right)=\frac{p}{4\pi\varepsilon_0 r^3}(3\cos^2\theta-1) \tag{5.83}$$

同理

$$E_y=-\frac{\partial V}{\partial y}=-\frac{p}{4\pi\varepsilon_0}\frac{\partial}{\partial y}\left[\frac{x}{(x^2+y^2)^{3/2}}\right] \tag{5.84}$$

$$=\frac{p}{4\pi\varepsilon_0}\frac{3}{2}\frac{2xy}{r^5} \tag{5.85}$$

$$=\frac{p}{4\pi\varepsilon_0 r^3}3\sin\theta\cos\theta \tag{5.86}$$

在将 E_x 和 E_y 合成为 $\boldsymbol{E}$ 之前，我们先来推导出需要用到的一些结论。由图 5.4 我们看出：

$$\boldsymbol{r}=\boldsymbol{i}x+\boldsymbol{j}y \tag{5.87}$$

$$=\boldsymbol{i}r\cos\theta+\boldsymbol{j}r\sin\theta \tag{5.88}$$

$$=r(\boldsymbol{i}\cos\theta+\boldsymbol{j}\sin\theta)\equiv r\boldsymbol{e}_r \tag{5.89}$$

式中

$$\boldsymbol{e}_r=\boldsymbol{i}\cos\theta+\boldsymbol{j}\sin\theta \tag{5.90}$$

已知电偶极矩 $\boldsymbol{p}=\boldsymbol{i}\mathrm{p}$，因此

$$\boldsymbol{p}\cdot\boldsymbol{e}_r=p\cos\theta \tag{5.91}$$

利用式（5.90）和式（5.91），我们推出：

$$\boldsymbol{E}=\boldsymbol{i}E_x+\boldsymbol{j}E_y \tag{5.92}$$

$$=\frac{p}{4\pi\varepsilon_0 r^3}[3\cos^2\theta\boldsymbol{i}-\boldsymbol{i}+3\sin\theta\cos\theta\boldsymbol{j}] \tag{5.93}$$

$$=\frac{1}{4\pi\varepsilon_0 r^3}[3p\cos\theta(\boldsymbol{i}\cos\theta+\boldsymbol{j}\sin\theta)-\boldsymbol{p}] \tag{5.94}$$

$$=\frac{1}{4\pi\varepsilon_0 r^3}[(3\boldsymbol{p}\cdot\boldsymbol{e}_r)\boldsymbol{e}_r-\boldsymbol{p}] \tag{5.95}$$

结果与式（2.42）一致。

第6章 Yale

导体与电容器

在本章的开始，让我们先来回顾上一章中的重点。我们着重讨论了电场 $\boldsymbol{E}$ 是保守场这一思想。这意味着电场在 1、2 两点间的线积分值与连接这两点时所取的路径无关，或者说电场沿任意闭合路径的线积分等于零，这两种表达是等价的。

保证 $\boldsymbol{E}$ 具有此性质的充分必要条件是，它可以被表达为某个标量函数的梯度：

$$\boldsymbol{E} = -\nabla V \tag{6.1}$$

式中，V 被称作电势，单位是 V（伏特）。将式（6.1）两侧乘以 q，得到电力

$$\boldsymbol{F} = q\boldsymbol{E} = -\nabla(qV) = -\nabla U \tag{6.2}$$

它也是保守力。因此，在静电场中运动的粒子遵守能量守恒定律。

势能函数为

$$U = qV \tag{6.3}$$

$$E_1 \equiv K_1 + qV_1 = K_2 + qV_2 \equiv E_2 \tag{6.4}$$

就像 $\boldsymbol{E}$ 在数值上等于单位电荷所受的力那样，V 在数值上等于单位电荷的势能。在重力场中，如果 $h(x)$ 是一座山在 x 点的高度，则我们可以将势能写为

$$U = mgh(x) = m \times gh(x) \tag{6.5}$$

因此 $gh(x)$ 基本上记录下了山的高度，而 $mgh(x)$ 为将某个质量为 m 的物体从海平面拖拽到那个高度所需的功。

静电场中，电势 V 是电高度（相对于某参考点），而 qV 是将 q 从指定的 $V=0$ 参考点拖拽到那点所需的功。

我们由 V 的梯度求出电场强度。以二维为例，若

$$V(x,y) = x^2\sin y \tag{6.6}$$

那么

$$\boldsymbol{E} = -\nabla V = -2x\sin y\boldsymbol{i} - x^2\cos y\boldsymbol{j} \tag{6.7}$$

与 $\boldsymbol{E} = -\nabla V$ 相对应的关系是

$$V_2 - V_1 = -\int_1^2 \boldsymbol{E}\cdot \mathrm{d}\boldsymbol{r} \tag{6.8}$$

式中的线积分可以沿 1、2 两点之间的任意路径进行。

式（6.8）表明：如果你用与静电力精确平衡的力将单位电荷从 1 移动到 2，那么你所做的功等于电势能的增量。

要证明 $\boldsymbol{E}$ 是保守场，我仅需要写出它的电势

$$V(\boldsymbol{r})=\frac{q}{4\pi\varepsilon_0 r} \tag{6.9}$$

对于位于原点的电荷，证明出它的梯度的负值给出的是电场强度：

$$-\nabla\left[\frac{q}{4\pi\varepsilon_0 r}\right]=\boldsymbol{e}_r\frac{q}{4\pi\varepsilon_0 r^2} \tag{6.10}$$

我还给出了怎样反过来按照式（6.8）由 $\boldsymbol{E}$ 通过积分求出 V。

对于多电荷系统，设 q_i 位于 $\boldsymbol{r}_i$ 处，利用叠加原理得出电势为

$$V(\boldsymbol{r})=\sum_i\frac{q_i}{4\pi\varepsilon_0|\boldsymbol{r}-\boldsymbol{r}_i|} \tag{6.11}$$

我们利用图解释了 $\boldsymbol{E}$ 的线积分与路径的选择无关。对于单个电荷，我们看到对于从 A 到 B 的那些不同路径，尽管是由不同的径向和角向线元构成的，对它们做线积分时，是怎样得到相同的结果的。其中的道理在于：角向部分没有贡献（因为 $\boldsymbol{E}$ 与 $\mathrm{d}\boldsymbol{r}$ 正交），而径向部分的贡献之和对于各条路径都是相同值。这是因为 $E(r)\mathrm{d}r$，也就是沿某条路径在径向延伸一小段 $\mathrm{d}r$ 所做的功，与沿另一路径横跨这一 r 的范围所做的功是相同的。旋转一条路径上的 $\boldsymbol{E}$ 和 $\mathrm{d}\boldsymbol{r}$ 就得到另一路径上对应的 $\boldsymbol{E}$ 和 $\mathrm{d}\boldsymbol{r}$，而且场与位移的点积不受这种旋转的影响，旋转后对 $E(r)\mathrm{d}r$ 的贡献一样。

最后，我们看到，对于多电荷场，采用对电势求和的方法去求解电场会容易很多。这种做法不过是先将若干标量相加，然后再去求梯度。相比于把对 $\boldsymbol{E}$ 有贡献的各个矢量相加来说，这个过程更轻松。我们通过计算电偶极子的场 $\boldsymbol{E}$ 并重现前面解出的结果，验证了这一点。

6.1 利用 E 计算 V 更简单的例子

有些情况下，利用 $\boldsymbol{E}$ 来计算 V 会比其他方法更简单。半径为 R、表面均匀带有电荷 Q 的空心球壳问题就是这样的一个例子。

倘若直接计算 V，我们可以将这个空心球壳分为一个个圆环，这些圆环的中心位于原点与所求电势点 $\boldsymbol{r}$ 的连线上，如图 6.1 所示。对于任一个圆环，由于其上各点距电势点 $\boldsymbol{r}$ 的距离相等，所以这个圆环所贡献的电势等于其上的电荷除以环上各个点到 $\boldsymbol{r}$ 的距离（现在我们暂且忽略 $4\pi\varepsilon_0$）。之后，我们要对所有圆环积分，最近的圆环在 $r-R$ 处（半径为零），最远的圆环在 $r+R$ 处（半径依然为零）。当然，可以采用这种方法做，但是，对于这个问题，完全可以回避这种令人痛苦的计算。

对于这种具有球对称性的问题，我们可以采用高斯定律很容易地求出 $\boldsymbol{E}$，之后通过积分得到 V。

若 $r>R$，则这个球壳激发的场与位于球心的点电荷 Q 的相同，而球壳内部的场

等于零：

$$\boldsymbol{E}(\boldsymbol{r})=\frac{Q}{4\pi\varepsilon_0 r^2}\boldsymbol{e}_r \quad r>R \tag{6.12}$$

$$=0 \quad r<R \tag{6.13}$$

要计算 V，只要做积分

$$V(\boldsymbol{r}_2)-V(\boldsymbol{r}_1)=-\int_{r_1}^{r_2}\boldsymbol{E}(\boldsymbol{r})\cdot \mathrm{d}\boldsymbol{r} \tag{6.14}$$

我们选 $\boldsymbol{r}_1$ 为无限远，$\boldsymbol{r}_2$ 是球外我们所求电势点的坐标 $\boldsymbol{r}$，积分路径（由于积分结果与路径无关，所以可以任意选取路径）为沿径向由 ∞ 到半径为 r 处。当然，由于电荷分布的对称性，电势 $V(r)$ 仅依赖于径向坐标 r。我们得到

$$V(r)-V(\infty)=-\int_{\infty}^{r}\boldsymbol{e}_r E(r)\cdot\boldsymbol{e}_r\mathrm{d}r$$

$$=-\int_{\infty}^{r}\boldsymbol{E}(r)\mathrm{d}r=\frac{Q}{4\pi\varepsilon_0 r} \tag{6.15}$$

我们规定 $V(\infty)=0$，所以可以将 $V(\infty)$ 去掉，得到

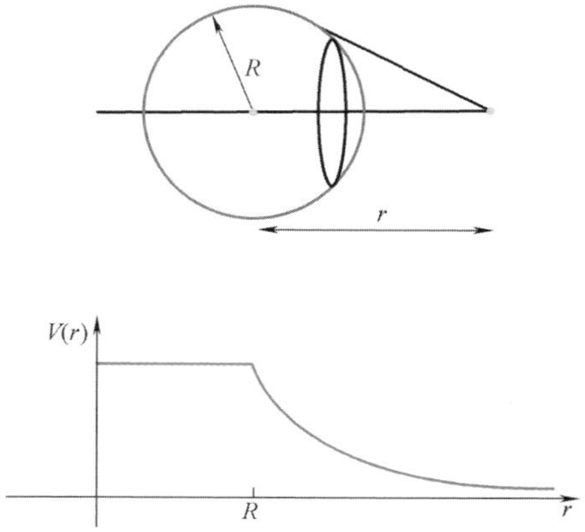

图 6.1 要计算电量为 Q 的球壳的 V，我们可以将这个空心球壳分为一个个圆环，然后对所有圆环积分。我们略去了这个积分的细节，因为有更简单的方法，这就是利用高斯定理。图中的下半部给出了 $V(r)$ 的分布。因为球内的 $E=0$，因此，球内部空间各处的电势与球表面的电势相等。球表面处的电势等于一个位于原点的点电荷 Q 的电势。

$$V(r)=\frac{Q}{4\pi\varepsilon_0 r} \quad r\geqslant R \tag{6.16}$$

要得到球内的电势，我们必须使这个线积分继续延伸至球内。但是，球内没有电场！可这并不意味着 $V=0$，而是表明当我们进入球内后，这个线积分得不到更多的贡献了。它的值在球内各点均等于 $V(R)$，即这个球表面处的电势。图 6.1 给出了 $V(r)$ 图线。

6.2 V 的图示

我们已经看到，绘制电场线是一个很好的方法，它使我们直观地看到了 $\boldsymbol{E}(\boldsymbol{r})$ 的一些重要性质。即使有了计算场的公式，绘图对于我们依旧是有帮助的。对于 V，我们将要进行类似的工作。

考虑一种简单的情况。有两块无限大平行带电板，电荷的面密度为 $\pm\sigma$。我们知道，两板间的场强为 σ/ε_0，方向由带正电的板指向带负电的板。对于一个位于两板间的实验电荷，上面的板以力 $\sigma/(2\varepsilon_0)$ 向下推它，而下面的板以相同大小的

力向下拉它，因此合场强为 σ/ε_0。在两板以外区域，也就是，上面板的上方和下面板的下方，由于无限大板的场不随距离而衰减，所以场被抵消掉了。

下面的板是个导体，因为导体内部 $E=0$，所以板各处的电势相等。我们取这个电势为零。（通常取 $V(\infty)=0$，但是，在此处或电路中它不太好用。）如果将一个单位电荷向上提升，逆着方向向下的电场而运动，需要的功不过是匀强的 E 乘以所通过的距离。因此，距负极板高为 y 处的电势为

$$V(y)=Ey=\frac{\sigma}{\varepsilon_0}y \tag{6.17}$$

这就好比是在重力场中，单位质量的物体在距地面高度为 y 时，势能等于 gy 一样。图 6.2 画出了几条线，每条线上各点的 V 相等。它们叫作等势线。在图中，上板的电势比下板的高 4V。如果一个电量为 10C 的电荷由上板落到下板处，它会获得 40J 的动能。如果有个质子（电量为 1.6×10^{-19}C）落下来，获得的动能为

$$K=4\text{V}\times1.6\times10^{-19}\text{C}=4\times(1.6\times10^{-19})\text{J}\equiv4\text{eV} \tag{6.18}$$

式中的 eV 表示电子伏特，它的值为

$$1\text{eV}=1.6\times10^{-19}\text{J} \tag{6.19}$$

它是一个质子经历 1V 的电压降所获得的动能。它也被称作 1 电子伏特，因为一个电子（它做的这种下降最多）从 1.5V 电池的负极“落到”正极同样会获得 1.5eV 的动能。这不是危言耸听：在图中，将一个电子从负极板处释放，它将向正极板“降落”。此处，不能再将电势类比于重力场中的高度了。这是因为，具有质量的物体在重力场中总是沿场的方向下落，与此不同的是，电荷即可以顺着也可以逆着电场方向运动，取决于电量的符号。假设存在负质量的物体，那么必须将它们拴在地板上，否则它们会像氦气球那样飘到天花板上去。

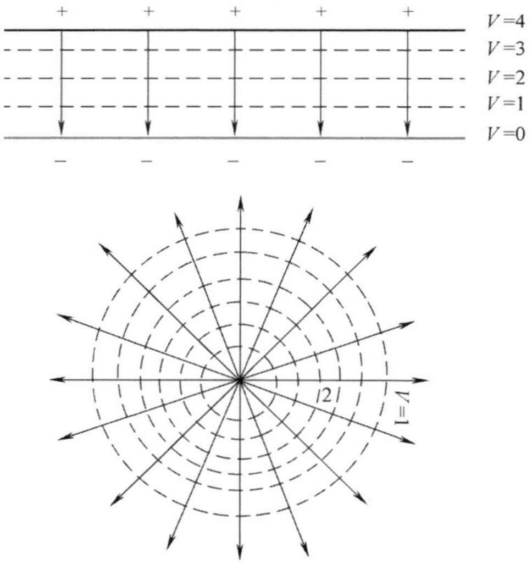

图 6.2　二维横截面上的等势线（虚线）和电场线（实线）。上图：平行带电板的匀强场。下图：点电荷场。注意电场总是垂直于等势面。在第一种情况中，等势面是平面；而第二种情况中，等势面是同心圆面。

电子伏特是个好用的能量单位，不仅仅用于讨论电子（当然从闪电到电路，在我们的日常生活中，电子都承担着携带电荷的任务），还用于讨论原子尺度的粒子，这些粒子的电荷是电子电量的很小的倍数。选用了这个单位，就不必非常麻烦地一直带着 10^{-19}那样的数字。

例如，电子在氢最内层轨道上的总能量为-13.6eV。这意味着如果提供这么多能量或更多，比如说通过辐射，就可以将电子从原子中打出去。电子的这种脱离叫作电离。

6.3 等势

我们回到平行板问题，请注意那些由电势 V 相等的点所连成的线——等势线，它们与场线垂直。我现在再给出个例子，这个结论对于此例也成立。之后我来解释其中的原因。

这个例子是位于原点的点电荷，其场线是均匀地向外辐射的。V 相等的点会构成什么形状呢？因为 $V(r)\propto 1/r$，所以这些点构成的是球面。场线是沿径向的，与这些等势球面垂直，图6.2中给出了一张横截面图。

假设你将1C的电荷由无穷远处移向原点，原点处有个电荷 q。越接近山顶，这座库仑山越难爬，因为 q 对你的斥力是发散的，遵从 $1/r^2$ 那样的规律。由 V 相等的点构成的那些轮廓使你知道自己的进展如何。可悲的是，你将不可能到达顶点，因为它在高不可攀的 $V=\infty$ 处。另一方面，如果你将1C的电荷从负极板带到正极板，且正极板的电势比负极板高4V，这些等间距的等势面将会标识出你的稳步进展。

考虑一个电偶极子和它的等势面。在距两电荷非常近的地方，我们知道场线与等势面彼此正交。因为在这些地方，另外一个电荷激发的有限大场与它自身场 $1/r^2$ 的发散性相比是可以忽略不计的，场线和等势面就像你在图6.2下半部分中看到的那样。通过分析它的 $\boldsymbol{E}$ 和 V 公式，我们可以证明其实场线和等势面在各处都是彼此正交的。但现在，我们将在静电中彻底地建立起这种正交性。

由定义

$$\boldsymbol{E}=-\nabla V \tag{6.20}$$

推出

$$\boldsymbol{E}\cdot \mathrm{d}\boldsymbol{r}=-\nabla V\cdot \mathrm{d}\boldsymbol{r}=-\frac{\partial V}{\partial x}\mathrm{d}x-\frac{\partial V}{\partial y}\mathrm{d}y-\frac{\partial V}{\partial z}\mathrm{d}z=-\mathrm{d}V \tag{6.21}$$

以 $\boldsymbol{r}$ 表示你的位置，这个方程将表明如果你移动了 $\mathrm{d}\boldsymbol{r}$，V 会变化多大。这个 $\mathrm{d}\boldsymbol{r}$ 的方向是任意的，对于给定的 $|\mathrm{d}\boldsymbol{r}|$，也就是你的步长，沿某些方向移动引起的变化将大于沿其他方向的。把点积写为如下形式，我们就可以定量地得到

$$\mathrm{d}V=-\boldsymbol{E}\cdot \mathrm{d}\boldsymbol{r}=-|\boldsymbol{E}||\mathrm{d}\boldsymbol{r}|\cos\theta \tag{6.22}$$

式中，θ 是电场与位移之间的夹角。让我们保持固定步长 $|\mathrm{d}\boldsymbol{r}|$，看看由与 $\boldsymbol{E}$ 的夹角 θ 所引起的影响。

如果沿着 $\boldsymbol{E}$ 的方向运动（$\theta=0$），V 降低得最快。因此，电场强度指向电势下降速度最快的方向。如果 V 描述的真是一座火山的高度，想要在它喷发前跑到山

脚下，你就应该计算每点的梯度，且沿着其反向运动，或者你也可以计算出电场，并顺着电场方向运动。然而，如果要冲上山顶跑赢跟在身后的海啸，你就应该反着做。

假设喜欢当前的高度，你当然可以原地不动，但是你也可以沿着与梯度或是 $\boldsymbol{E}$ 垂直的方向运动，这样 $\cos\theta = 0 = \mathrm{d}V$，所以你仍旧保持在这个高度上。对于三维情况，与 $\boldsymbol{E}$ 垂直的区域是一个二维的平面。当然，在这个平面上，你只能运动无限小的距离，因为空间各点 $\boldsymbol{E}$ 的方向会变化。一旦你运动起来到达了新的地点，你也能在那里找到一个与场正交的平面。将这些小平面区域组合在一起，你就能够再现等势面，无论在等势面上何处，$\boldsymbol{E}$ 都与之垂直。

带异号电荷的平行板是最简单的情况，$\boldsymbol{E}$ 是均匀的，其方向向下，你用这种方法找到的等势面将是与两板平行的那些平面。对于点电荷场，将那些等势的小块面积组合起来，所得到的面近似是一个球面。当这些小块面积的尺度趋于零时，等势面便成为球面。对于偶极子场，等势面形状很复杂，在接近两电荷处，退化为球面。

6.4 镜像法

有一类问题可以从等势角度出发，应用被称为镜像法的技巧得到解决。

看下面图 6.3 所示的问题。将电荷 q 置于一个无限大导体平面左侧，该导体平面垂直于 x 轴，q 到导体平面的距离为 a。相对于图中的原点（0，0，0），这个电荷的坐标为（$-a$，0，0）。将导体平面接地，也就是使之与地球等电势，保持电势为零。地球的体积很大，可以供给这个平面电荷或是从这个平面上取走电荷，从而使这个平面保持其电势，这个电势为零。电场将怎样分布于整个空间呢？

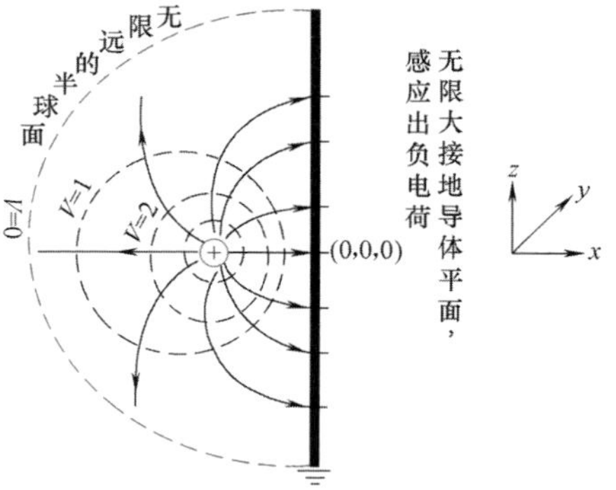

图 6.3　一个带电系统电场的主要特性。该带电系统由点电荷 q 和无限大导体平面构成。点电荷 q 位于无限大导体平面前。导体板接地，且通过原点并垂直于 x 轴。该图为 xz 平面内横截面图。场线由点电荷出发，沿径向到达导体，场线垂直于导体表面，终止于带负电的感应电荷。图中还给出了半径为无限大的半球面，它与这个导体平面构成了一个 $V=0$ 的闭合曲面 S。

我们可以猜测出一些图 6.3 所示电场的大致性质。在距电荷很近处，场线将沿径向且是各向同性的。如果这个平面不起任何作用的话，那么沿径向的场线将会撞到平面，它们平行于此平面的投影是沿背离（0，0，0）方向的。但是，对于处于静电平衡状态的导体来说，不可能存在平行于表面的电场分量，因为如果这样，那么电荷将受其影响而运动。的确，开始时是这样的。会有沿电场方向背离（0，0，0）流动的电流。这种流动会引起负电荷的堆积，直至 q 引起的平行于表面的场被消除掉为止。实际上，电流不是正电荷形成的（那些正电荷不会定向运动），而是电子沿 q 所激发电场的负向移动。这些电子不能离开导体落到 q 上面去，因此它们只能聚集在这个平面的前部，在（0，0，0）处面电荷密度最大。

利用电势，我们也能得到同样的图像。开始时，q 的效果是使平面各处的电势不同，因为 $V\propto q/r$，距离平面近的点会比距平面远的点电势高。随着（来自地面的）电子向高电势区域的流动，初始状态被迅速改变，平面上各处的电势被抹平，最终都一样为零。

无论怎样，一旦稳定下来达到静态分布，来自 q 的场线到达导体时会垂直于其表面，终止于负电荷处。因为要吞掉发自 $+q$ 的那些场线，负电荷的总电量一定等于 $-q$。因为场线不能穿过导体，所以平面右侧的电场一定为零。图 6.3 中的草图给出了这些性质。

如果这个平面不接地会如何呢？一旦将 $+q$ 放在板前，这个中性的板会分离或极化出 $\pm q$。$-q$ 将分布在外部电荷 $+q$ 前，使得这个平面是等势的，或者等价地说，消除了平行于表面的电场。而将 $+q$ 那部分电荷分布于这个平面上，则形成电势等于 V_0 的等势面。这些分布在无限大平面上的有限量电荷 q 所带来的将是零电荷密度和零场强。

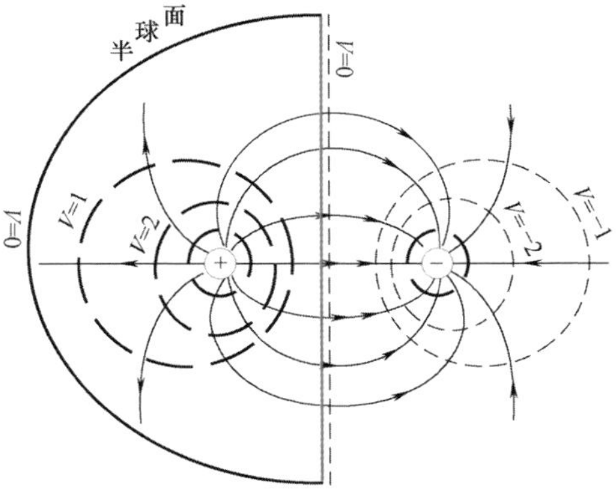

图 6.4 电偶极子的等势面。等势面的形状由在极其接近两电荷的球面变为了 $V=0$ 的无限大平面，这个无限大平面垂直于两电荷的连线。$V=0$ 的无限大平面与半径为无限大的半球面合起来，形成一个包围着 q 的闭合曲面 S，这个曲面的 $V=0$。

我们是否可以跳出这些定性的分析来回答一些定量的问题呢？在平面左侧，$\boldsymbol{E}$ 不为零的区域，场最终的位形如何？导体表面上的感应电荷是怎样分布的呢？带负电的平面与电荷 q 之间的引力有多大呢？

事实表明，利用下面所讲的方法，我们可以精确地回答出所有这些问题。

我们先把这个问题搁置起来，看看图 6.4，这是一张电偶极子的等势面图。注意看图中那个无限大平面，它是两电荷连线的垂直平分面。平面上各点的 $V=0$，因为此平面上的各点距两个异号电荷的距离相等，使两电荷的电势贡献彼此精确相消。该平面左侧 $x<0$ 区域的偶极子场与我们的问题有很多共同之处：场线呈球对称状自 q

发出，垂直地终止于这个平面上。这种相似性是不是就此结束了，抑或这个偶极子场在 $x<0$ 的区域的结果实际上就是我们这个在导体面前放置电荷问题的答案？

答案是肯定的，但是其中的原因颇为精妙。它基于下面这个唯一性定理：

闭合曲面 S 内的电势 V 由该曲面 S 的电势以及其内部的电荷分布唯一地确定。如果这些都给定了，那么对 V 回答将是唯一的。

我们暂且推迟对唯一性定理的证明，来看看它在我们这个问题中的应用。一个无限大平面前有个电荷 q。要应用这个定理，我们需要有一个包围这个电荷的闭合面 S。为此，我们把这个平面与延伸在 $x<0$ 区域的无限大半球面合在一起。这个闭合面的 $V=0$，而且在这个面内，只有一个位于 $x=-a$ 处的电荷。

在偶极子问题中也有一个 $V=0$ 的闭合面，由那个平分电偶极矩的无限大等势面和位于 $x\leqslant 0$ 区域内半径为无限大的半球面组成。这个闭合区域也包围着一个位于 $x=-a$ 处的电荷。偶极子势是由静电规律求出的，它服从静电规律。

这两个问题在边界面（无限大平面和延伸在 $x<0$ 区域的半球面）上具有相同的电势值 $V=0$，以及相同的内部电荷分布（在 $x=-a$ 处有电荷 q），因此，在 S 内部各处，它们一定具有相同的电势和场。

这样，要求解将电荷 q 置于无限大接地平面前这个问题，我们只需取偶极子在 $x<0$ 区域的场和电势，并且舍弃右侧 $x>0$ 区域的就可以了。

两者在右半侧是不同的。在给定的问题中，右半侧没有场也没有电荷；而在偶极子问题中，右半侧在 $x=a$ 处有电荷 $-q$，偶极子场是由 $\pm q$ 共同激发的。

至关重要的一点是，可以采用两种办法生成我们所感兴趣的 $x<0$ 区域：利用置于无限大接地平面前的那个电荷 q 和面上的感应电荷，或是利用电荷 q 和位于 $x=a$ 处的 $-q$，而没有导体板。这个电荷 $-q$ 被称为镜像电荷。这个镜像电荷是虚幻的，就像你在镜子后面的那个像，在原来的问题中并不存在。

然而这个虚幻的像对于我们计算 q 与那个平面间的引力是有益的。具体做法是这样的。平面上负感应电荷通过它们在 $x<0$ 区域激发的场对电荷 q 施加引力。而这个场与镜像电荷在此区域内激发的场相同。因此，电荷 q 受到的那个平面对它的引力与 $-q$ 对它的引力是相同的，其值为

$$F=\frac{(-q)\times q}{4\pi\varepsilon_0(2a)^2} \tag{6.23}$$

平面上感应电荷面密度 σ 的计算如下。将电荷 q 和其镜像电荷 $-q$ 激发的电场做矢量叠加，求出无限大平面上各点处与表面垂直的电场。我们回忆一下，导体表面处与表面垂直的电场等于 σ/ε_0。例如，在（0，0，0）点，电荷 q 与电荷 $-q$ 对场的贡献相同：

$$\boldsymbol{E}(0,0,0)=\boldsymbol{i}\,\frac{q}{2\pi\varepsilon_0 a^2} \tag{6.24}$$

此处的感应电荷密度

$$\sigma(0,0,0)=-\frac{q}{2\pi a^2} \tag{6.25}$$

将面电荷密度对平面积分，我们得到的值将等于$-q$。这正是我们所预期的，因为由电荷q发出的场线在一种描述中终止于那个平面，而在另外一种描述中是终止于镜像电荷的。

再举一个可以用镜像法求解的问题。假设在接地（$V=0$）的导体球壳（不是无限大平面了）外放置一个电荷q，已知导体球壳的半径为R，该电荷距球心的距离为a。我们知道球壳内部的场等于零，但是场在球外是如何分布的呢？电荷q与导体球壳上感应电荷间的引力如何呢？感应电荷在导体球壳上是怎样分布的呢？

答案来自一个已解出的问题，如图6.5所示。我们看到在$x=-a$处有一个电荷q，在$x=-b$处有一个电荷$q'=-q\sqrt{b/a}$。这对电荷产生出半径为$R=\sqrt{ab}$、电势为$V=0$且球心在$x=0$的球形等势面。由$R=\sqrt{ab}$，你也可以写出$q'=-q\sqrt{b/a}=-q\dfrac{b}{R}$。（请你证明在$r=R$的圆周上$V=0$。因而，由对称性可知，在$r=R$的球面上$V=0$。）

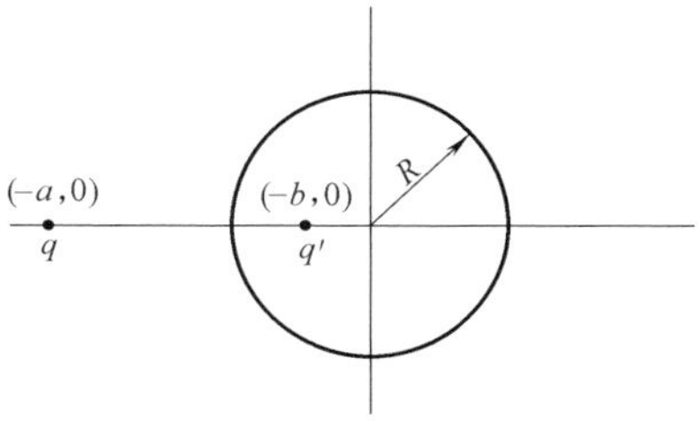

图6.5 电荷q与q'构成一个$V=0$的球形等势面。球外的场也相当于置于半径为R的接地导体球前的电荷q这样一个问题。

要应用唯一性定理，我们需要一个具有相同电势的闭合曲面S，其中包围的电荷对于两个问题是相同的。

由整个空间一个无限大半径的球面开始，从中挖除一个圆心位于原点、半径为R的球面。这个空间有两个边界：在无限远的外边界，是个球面；以及内边界，一个半径为R的球面。这就是我们的S，它包围着我们在原问题中所关心的那个空间。

在原问题以及镜像问题中，在S上都有$V=0$。两种情况中，S所包围的电荷均为位于$x=-a$的电荷$+q$。因此，在S内，两种情况的答案是相同的。

球外的场是由q和位于$x=-b$处的镜像电荷$q'=-q\sqrt{b/a}$激发的。要计算由q和q'在球表面激发的（沿法向的）电场，可以令它等于面电荷密度σ除以ε_0，即σ/ε_0。面电荷密度的积分结果为q'。尝试一下理解其中的原因。

同样，镜像法给出的场仅在包含真实电荷的那个区域才是正确的。整体中的其他部分，即镜像电荷所在的区域（此问题中是半径为R的球面内部），情况是不同的。原问题中球内没有场，因为球面屏蔽了q的电场。在镜像问题中，两个区域内都有电荷，一个区域包围着q，另外区域一个包围着q'，然而却没有导体球面。

假设那个不带电的导体球面不是接地的，那么它就不能从大地借来负电荷q'，因而无法实现上面讨论中用到的$V=0$等势位形。可以这样解决这个问题。原本在各点都中性的球面，现在分离出了或是极化出了 $\pm q'$。q'（为负）按照刚刚在 $V(S)=0$ 问题中解出的 σ 方式分布于球面上，而 $-q'$（为正）均匀地分布在这个球面上，使得其表面成为电势为 $V=-q'/(4\pi\varepsilon_0 R)$ 的等势面。如果令 $R\to\infty$，这个球面就成为我们之前研究过的无限大平面，而表面的电势变为 $V=-q'/(4\pi\varepsilon_0\infty)=0$。

6.4.1 唯一性定理的证明（选学）

静电学中唯一性定理的表述是：若给定了

- 一个闭合曲面 S
- 将 S 内部分布的电荷统称为 q_{in}
- S 面上的电势值为 $V(S)$

那么 S 内只有一种可能的电势 V。

首先，你会同意这一点，如果我知道世上的全部电荷，将 S 内的电荷统称为 q_{in}，S 外的电荷统称为 q_{out}，那么，一旦选定了 $V(\infty)=0$，当然就能够写出一个唯一的 V：

$$V(\boldsymbol{r})=\sum_{i=\text{in},\text{out}}\frac{q_i}{4\pi\varepsilon_0|\boldsymbol{r}_i-\boldsymbol{r}|}\tag{6.26}$$

这就是我们目前为止所用的方法：已知每个电荷的位置，我们就可以利用叠加原理和选择 $V(\infty)=0$ 写出各点的 V。

但是，我们另有所求。我们要在整体中取出以曲面 S 为边界的一部分，仅想知道 S 内的 V。这个闭合曲面 S 可以是一个数学曲面，就像高斯面；也可以是个实际的曲面，例如一个导体的边界。我们已知的是 q_{in}，对 q_{out} 一无所知。要求解我们这个小世界中的 V，我们是否真的需要知道外部世界中的每个 q_{out} 吗？实际上，不需要，我们需要知道的只有 $V(S)$，即曲面 S 的 V 值。换句话说，如果我们只想知道曲面 S 内的 V，那么，限定 $V(S)$ 与限定所有外部电荷 q_{out} 是一样。

我重复一下：静电学中，若给定曲面 S 的 V 值以及其内部的电荷分布 q_{in}，则 V 在 S 内只有唯一解。

现在，我将这样去证明它：对应于 S 上相同的 $V(S)$ 值以及其内相同的 q_{in}，如果存在另外一个解 V'，那么在 S 内各处均有 $V=V'$。

若 $V\neq V'$，那么一定有其原因，这个原因一定在于 q_{out} 有所不同，因为我们假设 q_{in} 相同。以 q'_{out} 表示新的分布（见图 6.6，q'_{out} 与 q_{out} 的不同之处在于多了第三个电荷 q^3_{out}）。

我们已知的是：

$$(q_{\text{in}},q_{\text{out}})\text{激发 }V\qquad\text{在 }S\text{ 面上 }V=V(S)\tag{6.27}$$

$$(q_{\text{in}},q'_{\text{out}})\text{激发 }V'\qquad\text{在 }S\text{ 面上 }V'=V(S)\tag{6.28}$$

用第 1 行减去第 2 行：

$$(0,q_{\text{out}}-q'_{\text{out}})\quad\text{得到}\quad V-V'=V_{\text{d}}\quad\text{在 }S\text{ 面上 }V_{\text{d}}=0\tag{6.29}$$

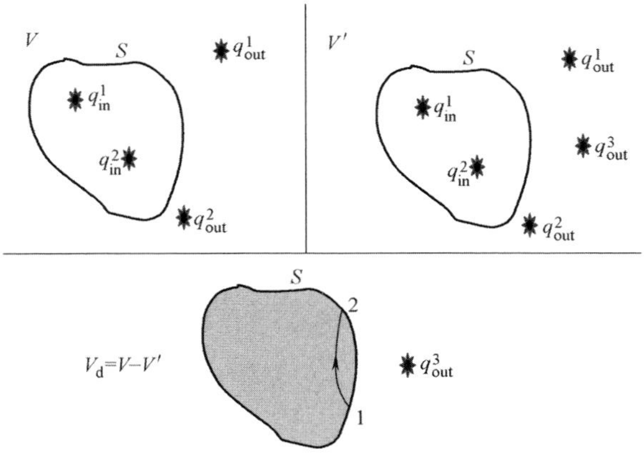

图 6.6 左上图：一组电荷激发的电势 V 在闭合曲面 S 上等于 $V(S)$。右上图：仅仅在 S 外才不同的另外一组电荷激发的电势为 V'，然而，在 S 面上电势仍为 $V(S)$。这两组电荷分布仅在 S 面外有所不同。下图：两组不同电荷之差，在 S 外是非零的，并以 q_{out}^3 表示。两组电荷所激发的电势之差为 $V_d=V-V'$，其值在 S 面上为零。若 V_d 在 S 面内不为零，那么它会从零开始变化，对应的场线一定是从 S 发出（图中在 1 点）并且再次到达 S（图中在 2 点）。这些场线导致了 1 和 2 之间存在电势差。而我们已知在这个等势面上 $V_d=0$。

我解释一下最后一步。你知道，如果你将两组电荷相加或是叠在一起，那么相应地电势或是电场也可以进行相加或是叠加。我希望你能够看出来这样一点，如果你从一组电荷（q_{in}，q_{out}）中拿走另一组电荷（q_{in}，q'_{out}），那么导致的电势“差” $V_d=V-V'$以及场的变化是与电荷差相对应的。（可以先将第二组电荷反号，之后用加法来代替减法即可。）

我们来看看最后一个等式所描述的 $V_d=V-V'$。它是由 S 面外的全部电荷之差 $q_{out}-q'_{out}$（图中用仅一个电荷来代表这种差异）造成的，并对于同一个 S 面为零。如果 V_d在 S 面内不为零，而在 S 面上为零，那么当我们进入 S 内部时，V_d的值将会由零变成非零。这种变化会引起出现电势梯度和相应的电场 $\boldsymbol{E}_d=-\nabla V_d$。$\boldsymbol{E}_d$的场线不能起自或止于 S 面内，因为其内部没有电荷。因此，（在图中 1 点）进入 S 的场线一定是从 S 面上的另外一点（图中的 2 点）离开。这导致了一个矛盾。将 $\boldsymbol{E}_d$沿这条线从 1 到 2 积分，得到的是非零的电势差，而我们已经假设了在 S 面上各处的 $V_d=0$。避免这个矛盾的唯一方法就是 V_d不仅在 S 面上为零，而且在 S 面内也是处处为零的。也就是说，在 S 面内各处 $V=V'$均成立。

我仅仅证明了在给定 $V(S)$ 和 q_{in}的条件下，V 是唯一的，但是没有指明怎样得到这个唯一的解。我们习惯了由给出的所有 q 去求解电势 V，如果给定了某个曲面上的电势值以及它所包围的 q，在解电势 V 时，我们会不太习惯。这需要用到更奇特的方法，你将在高级课程中学到。

6.4.2 电势 $V(\boldsymbol{r})$ 的其他性质

现在，我将要讲一些 $V(\boldsymbol{r})$ 的性质。我之所以要讲它们，部分原因在于这是它们的本性，另外一部分原因在于它们为证明唯一性定理提供了另外的路径。

性质 1 在没有电荷的区域 $V(\boldsymbol{r})$ 没有极大值和极小值。

假定与此相反，在区域内某点 $\boldsymbol{r}_0$，V 是极小值。这就意味着当我们沿任意方向离开 $\boldsymbol{r}_0$ 时，V 是增大的。它表明梯度 ∇V 的指向是背离 $\boldsymbol{r}_0$ 的，或者说无论我们沿什么方向接近 $\boldsymbol{r}_0$，电场 $\boldsymbol{E}=-\nabla V$（回复力）是指向 $\boldsymbol{r}_0$ 的。将 $\boldsymbol{E}$ 对于包围 $\boldsymbol{r}_0$ 的一个很小的曲面进行积分，所得结果是非零的（且为负值）。根据高斯定理，这个面内一定包围了一些负电荷。这违背了这个区域内没有电荷的假设。若在 $\boldsymbol{r}_0$ 点有极大值，很简单，我们只要将上述证明中的电场和所围电荷的符号改变一下即可，这也将导致矛盾。

性质 2 若 $V(S)=0$ 且曲面 S 内没有电荷，则在 S 内有 $V(\boldsymbol{r})\equiv 0$。

设 V 在 S 内有一些非零值。如果这些值为正，那么其中数值最大的那个是极大值；如果是负值，那么其中数值最大的那个是极小值，两种情况都违背了性质 1。因此，若 $V(S)=0$，那么在没有电荷的 S 内部 $V\equiv 0$。

现在，我可以用另外一种方法完成前面唯一性的证明。我从证明出电势之差 $V_{\mathrm{d}}=V-V'$ 在 S 面上为零处开始。因为 S 面内没有电荷（在内部电荷差为零），根据性质 2 得到在 S 内部 $V_{\mathrm{d}}\equiv 0$。

6.5 电容器

假设你愿意做一些机械功，将能量储存起来以备后用。有这样一个办法，做 mgh 的功，将水提升到距地面某高度的水箱内。当你准备用时，让水沿着管子流到地面处。水的动能可用于驱动涡轮机的叶片或是使风车转起来。

可用电容器对这一过程做电学模拟，利用它们储存电势能并将之留作后用。

举个简单的例子。有两块彼此平行的金属板，板的面积为 A，两板间的距离为 d。每块板，均是导体且内部没有场，会具有确定的电势。如果在开始时两块板是中性的，那么它们的电势相等，设这个值为零。现在，将一些电荷从下面的板搬到上面的板上去。在过程持续之中，电荷的搬运会越来越困难，因为上面板上的正电荷将排斥后来的电荷。更精确一些，设 Q 为上板所带的电荷（$-Q$ 是下板所带的电荷），电场会抵抗这样的电荷搬运，（忽略有限大板的边缘效应）其值为

$$E=\frac{\sigma}{\varepsilon_0}=\frac{Q}{A\varepsilon_0} \tag{6.30}$$

两板间的电势差等于这个匀强场与板间距 d 之积：

$$V=Ed=\frac{Qd}{A\varepsilon_0} \tag{6.31}$$

对这一对金属板，如果我们定义其**电容**为

$$C=\frac{Q}{V} \tag{6.32}$$

则得到平行板电容器的电容为

$$C=\frac{\varepsilon_0 A}{d} \tag{6.33}$$

再举一个例子。取两个同心球壳，设半径 $a<b$，将 Q 库仑的电荷从内球壳搬到外球壳上。在两球壳之间的区域，内球壳的行为与一个位于球心的点电荷的行为相同，显然，两球壳间的电势差等于一个点电荷场在此区间的值：

$$V=\frac{Q}{4\pi\varepsilon_0}\left(\frac{1}{a}-\frac{1}{b}\right)\equiv\frac{Q}{C} \tag{6.34}$$

因此得到

$$C=\frac{4\pi\varepsilon_0 ab}{b-a} \tag{6.35}$$

我们来检验一下这个结果。两球壳间的距离为 $d=b-a$。设相比于 b 或 a，d 可以忽略不计。对于一个尺度很小的 d，两球壳似乎是无限大的且为平面，这个公式应该退化为平行板电容器的电容公式。它的确如此。令

$$a=R-\frac{d}{2}\qquad b=R+\frac{d}{2} \tag{6.36}$$

式（6.35）化为

$$C=\frac{4\pi\varepsilon_0 ab}{b-a}=\frac{4\pi\varepsilon_0\left(R^2-\frac{1}{4}d^2\right)}{d}=\frac{\varepsilon_0 A}{d} \tag{6.37}$$

上式中，分母上的 d^2 相比于 R^2 是可以忽略的，并且设球的面积为 A，$4\pi R^2=A$。

更一般地来说，我们可以用任意两个导体形成一个电容器。每个导体都有一定的电势（因为是导体）。如果初始时它们不带电，我们可以取它们这个共同的电势为 $V=0$。当电荷被从一个极板搬运到另外一个极板上，就会出现正比于 Q 的电势差。我们可以这样定义这对导体的电容：

$$C=\frac{Q}{V} \tag{6.38}$$

对于任意一对导体，要解析地计算其电容，可能会很难或是不可能的。

我们来理解为什么 V 一定是正比于 Q 的（而不是，比如说 Q^2）。电荷 $\pm Q$ 分布于两导体上，使两者间存在电势差 V。假设**每点的**电荷密度都增加为原来的 λ 倍。根据叠加原理，合场 $\boldsymbol{E}$ 与电势 V 也增大为原来的 λ 倍。若 $Q\to\lambda Q$，则 $V\to\lambda V$，这

说明 V 随 Q 线性变化。

电容的单位是 C/V，单位名称是法拉第（符号为 F），以纪念迈克尔·法拉第（1791—1867）。一个电容 $C=1\text{F}$ 的电容器，当两导体极板间的电压为 1V 时，拥有 1C 的电荷。法拉第是个相当大的单位，你遇到的典型电容是毫法（mF）或者是微法（μF）量级的。

6.6 储存于电容器中的能量

假设我们已经从负极板向正极板搬运了 Q'的电荷，电势差为 $V=Q'/C$。如果要反抗此电势再搬运 $\mathrm{d}Q'$，我们必须要做的功为

$$\mathrm{d}W=V\mathrm{d}Q'=\frac{Q'}{C}\mathrm{d}Q' \tag{6.39}$$

设搬运的总电荷为 Q，我们做的总功为

$$W=\int_0^Q \frac{Q'}{C}\mathrm{d}Q'=\frac{Q^2}{2C} \tag{6.40}$$

这个功等于储存在电容器中的能量，以 U 表示：

$$U=\frac{Q^2}{2C} \tag{6.41}$$

看式（6.39），它使人想起

$$\mathrm{d}W=kx\mathrm{d}x \tag{6.42}$$

这是我们拉伸一根弹簧，使其伸长量由 x 变到 $x+\mathrm{d}x$ 所必须做的功。要不断增加 x，会越来越困难，因为弹簧的阻力随 x 线性增大。与此类似，当 Q'增大时，搬运 $\mathrm{d}Q'$ 会越来越困难，因为阻碍电荷转移的电场随 Q'线性增大。

利用 $Q=CV$，可以将电容器储存能量的表达式（6.41）写为

$$U=\frac{1}{2}CV^2 \tag{6.43}$$

6.7 电荷系的能量

假如我们想要将一组相距无限远的电荷，q_1，q_2，…，q_N，构成某种位形，使得 q_i位于某个有限远的位置，设其位矢为 $\boldsymbol{r}_i$。令所有电荷为正（如果是负电荷，我们知道如何根据需要加上负号，并将“相斥”一词换为“相吸”）。

当彼此相距无限远时，它们甚至不知道其他电荷的存在。它们感受不到任何力的作用。问题是，如果使它们构成末位形，我们必须要做多少功呢？先看电荷 1，将它置于 $\boldsymbol{r}_1$点。这不需要做功，因为有限远处没有其他电荷，也就没有电荷对它施力。然后，将电荷 2 从无限远处移至 $\boldsymbol{r}_2$点。按照定义，所做的功等于 q_2乘以 q_1

在 $\boldsymbol{r}_2$ 点的电势：

$$W=q_2\frac{q_1}{4\pi\varepsilon_0|\boldsymbol{r}_2-\boldsymbol{r}_1|} \tag{6.44}$$

这也是被储存起来的能量：

$$U=\frac{q_1q_2}{4\pi\varepsilon_0|\boldsymbol{r}_2-\boldsymbol{r}_1|} \tag{6.45}$$

如果让 q_2（或 q_1）跑到无限远去，我们还可以得到这些能量。为了阻止它们彼此远离，我们假设用某种力将这两个电荷固定住。

之后，我们将 q_3 从无限远处移至 $\boldsymbol{r}_3$ 点。我们要做多少功呢？它等于 q_3 乘以 q_1 和 q_2 在 $\boldsymbol{r}_3$ 点的电势。储存的总能量为

$$U=\frac{q_1q_2}{4\pi\varepsilon_0|\boldsymbol{r}_1-\boldsymbol{r}_2|}+\frac{q_1q_3}{4\pi\varepsilon_0|\boldsymbol{r}_1-\boldsymbol{r}_3|}+\frac{q_2q_3}{4\pi\varepsilon_0|\boldsymbol{r}_2-\boldsymbol{r}_3|} \tag{6.46}$$

第 1 项是将 q_1 和 q_2 组合起来所需的功，第 2 项是将 q_3 从无限远拖拽过来抵抗 q_1 的作用力所做的功，第 3 项是将 q_3 从无限远拖拽过来抵抗 q_2 的作用力所做的功。

注意，U 的最终表达式与将电荷从无限远移动过来的顺序无关。

最终，这 N 个电荷具有的能量为

$$U=\frac{1}{2}\sum_{i=1}^{N}\sum_{j=1}^{N}\frac{q_iq_j}{4\pi\varepsilon_0|\boldsymbol{r}_j-\boldsymbol{r}_i|}\quad j\neq i \tag{6.47}$$

我们来理解一下这个求和。首先，不允许 $i=j$，也就是不计电荷 q_i 对自身的作用，不计形成电荷 q_i 所需的能量。我们假设电荷 q_i，比如说一个电子，是大自然赋予我们的。我们的工作不过是简单地移动这些已经存在的电荷，使它们由无限远处彼此靠近。接下来是 $\frac{1}{2}$ 这个因子。由 $N=3$ 这个例子（见式 6.46）我们知道，对每对电荷应该只计 1 次数。式中的求和对于每对电荷都计了 2 次数，因此应该将这个和除以 2。请取较小的 N 值，试一试。

现在，我另给你一个简单的例子。我想要一个半径为 R 的中空球壳表面上均匀地带有 Q 库仑电荷。我必须要做多少功呢？对于第一对到达的电荷，它们不会受到阻力。然而，当球壳被充上电以后，它就开始做反抗了。在某个中间阶段，若球壳上的电荷为 Q'，而要搬运过去的电荷为 $\mathrm{d}Q'$，我需要做多少功呢？若球壳所带的电量为 Q'，那么这个球表面的电势为 $Q'/(4\pi\varepsilon_0R)$。现在整个球壳具有这个电势，而我试图将更多的电荷 $\mathrm{d}Q'$ 从无限远处搬过来并且将之涂在上面。为此所需做的功为

$$\mathrm{d}W=\frac{Q'\mathrm{d}Q'}{4\pi\varepsilon_0R} \tag{6.48}$$

由此得到

$$W=\frac{1}{4\pi\varepsilon_0 R}\int_0^Q Q'\mathrm{d}Q'=U=\frac{Q^2}{8\pi\varepsilon_0 R} \tag{6.49}$$

如果将储存的能量写为 $Q^2/2C$，就会得到

$$C=4\pi\varepsilon_0 R \tag{6.50}$$

将此结果与两个同心球壳的电容

$$C=\frac{4\pi ab\varepsilon_0}{b-a} \tag{6.51}$$

对比（其中半径 $a<b$），如果令外半径 $b\to\infty$、内半径 $a=R$，你会得到 $C=4\pi\varepsilon_0 R$。这是合理的，当你给一个半径为 R 的孤立球充电，是将电荷从无限远搬运过来，可以将无限远想象为一个半径为无限大且 $V=0$ 的等势球面。

第7章 电路与电流

在上一章最后，我们学到了电容。用任意两个导体均可以组成一个电容器，只要将电荷 Q 由一个导体移动到另外一个导体即可。每个导体在各阶段都是等势的，且两导体间存在着确定的电势差 V。根据叠加原理，V 一定是随 Q 线性变化的。电容的定义式是

$$V=\frac{Q}{C} \tag{7.1}$$

尽管对于平行板电容器和同心球壳这两个简单的例子，我们成功地给出了其电容公式，但是一般来说，不可能解析地推导出 C 的表达式。

设在某个中间状态，已搬运的电荷量为 Q'，电压为 $V'=Q'/C$，再搬运电荷 $\mathrm{d}Q'$所需的功为

$$\mathrm{d}W=V'\mathrm{d}Q'=\frac{Q'}{C}\mathrm{d}Q' \tag{7.2}$$

将 V'的定义代入有

$$W=\int_0^Q\frac{Q'}{C}\mathrm{d}Q'=\frac{Q^2}{2C}=\frac{1}{2}CV^2 \tag{7.3}$$

我们看到，给电容器充电与拉伸一根弹簧很相似：一种情况中，抵抗随伸长量 x 的增大而线性增大，另一种情况中抵抗随 Q'线性增大。你做的功被储存于两板上的电荷中：尽管它们是相互吸引的，但是却被分开了。它们趋于重新结合在一起，但是却没有连接两导体的通路。一旦提供了一条通路，比如说一根导线，电子就会由负极板跑到正极板上而获得动能。在沿途上，它们可以点亮闪光灯。

7.1 电场的能量

然而，所做的功还引起了另外一种现象：这就是现在两个导体间出现了原本没有的电场。例如，对于平行板电容器，两个板间出现了匀强电场 $E=\sigma/\varepsilon_0=Q/(A\varepsilon_0)$，方向由正极板指向负极板。我们现在将场与能量 $U=\frac{Q^2}{2\varepsilon_0}$联系起来，步骤如下。

$$U = \frac{Q^2}{2C} = \frac{\sigma^2 A^2}{2C} \tag{7.4}$$

$$= \frac{\varepsilon_0^2 E^2 A^2}{2C} \tag{7.5}$$

根据 $C = \varepsilon_0 A/d$ 得

$$= \frac{\varepsilon_0^2 E^2 A^2}{2(\varepsilon_0 A/d)} \tag{7.6}$$

$$= \frac{\varepsilon_0}{2} E^2 Ad \tag{7.7}$$

然而，Ad 为两板间的体积，电场就存在于这部分体积内（忽略边缘效应）。于是，我们利用一个简单的电容器，得到该电场的能量密度或是单位体积内电场的能量 u_E 为

$$u_E = \frac{1}{2}\varepsilon_0 E^2 \tag{7.8}$$

对于任意 $\boldsymbol{E}(\boldsymbol{r})$，无论它是怎样建立起来的，能量密度为

$$u_E(\boldsymbol{r}) = \frac{1}{2}\varepsilon_0 E^2(\boldsymbol{r}) \tag{7.9}$$

即使 $\boldsymbol{E}$ 是由一个无线电台发出、随时间及空间变化的场，这个能量密度的公式在时-空点上也是成立的。它类似于这样的说法：伸长量为 A 的弹簧具有的能量为 $\frac{1}{2}kA^2$，无论是谁（人、雪人）使之伸长的。

建立电场需要能量，因此它不能凭空消失。根据能量守恒定律，你必须要考虑它。

7.2 电路与电导率

我扼要地讲讲电路，假定你以前已经知道它了。我们从导线中电流的定义开始。设想导线是一个理想的圆柱体，横截面积为 A。你在其横截面上选定某块面积，测量每秒钟通过它的库仑数。你所得到的是以安培为单位的电流，以 A 表示安培。安培原本是个宏观术语，是利用导线中电流的磁效应给出的定义。那时，我们对原子或是电子还一无所知。

这样的宏观电流与其微观本质之间有什么联系呢？我们知道，电流是由电子的运动形成的。现在我们遇到了生活中最大的烦恼之一。因为电子的电量已经被定义为负值，所以，当你画出向右流动的电流时，实际上电子的定向运动是向左的。我们需要关注的正是那电流的方向。我们要想象有电量为 $+e$ 的物体沿电流方向运动。在任何时候，将这些载流子的速度和电量反号，你就回到了真实的生活，知道了电

子的行为。

回到导线中的电流：设单位体积内有 n 个载流子，每个载流子的电量为 e。根据前面对于流量的讨论，我们知道在1s内通过任意截面 A 的体积为 Av，其中 v 是这些载流子的速度。这部分体积中载流子的数目为 Avn，携带的电量为 $Avne$。因此，电流强度为

$$I = nevA \tag{7.10}$$

可以将这个电流写为面积 A 与电流密度 j 的乘积，j 是单位面积的电流：

$$I = jA \tag{7.11}$$

式中

$$j = nev \tag{7.12}$$

由于面积元矢量 $\boldsymbol{A}$ 与电流密度平行（沿导线），我们可以将 $I=jA$ 写为 $\boldsymbol{A}$ 和电流密度矢量 $\boldsymbol{j}$ 的点积：

$$I=\boldsymbol{j}\cdot\boldsymbol{A} \tag{7.13}$$

（不幸的是，$\boldsymbol{j}$ 也表示沿 y 轴方向的单位矢量的符号。我尽力使两者不同时出现在同一讨论中。如果不特别说明，$\boldsymbol{j}$ 为电流密度矢量。）

如果通过一个面积上的电流密度不均匀，那么，总电流应该等于 $\boldsymbol{j}$ 的面积分：

$$I=\int_A \boldsymbol{j}\cdot \mathrm{d}\boldsymbol{A} \tag{7.14}$$

在我们的讨论中，将假设导线中的电流密度是均匀的。此外，在稳定状态下，沿导线长度方向的电流 I 可以被设定为常量，否则的话，在某个点就会出现电荷堆积，最终导致电流停止流动。

导线中为什么会有电流流动呢？原因并不简单地归结为电子的运动。固体中的电子的确是快速运动的，典型的速率为每秒100万米，然而这种运动是随机的，且各个电子的运动速率会不同。这种运动造成的净电流为零，因为对于每个沿某方向快速运动的电子，存在另外一个沿其反向且运动且同样快的电子。随着时间的推移电子可能会交换动量，但是作为一个具有这种随机速度分布的整体，其平均速度为零。实际上，你可以这样论证，如果不通过某种外界机制确定出一个方向，这些速度的平均值肯定为零。这些电子就像一大群停滞不前的蚊子。

如果沿导线方向外加一个电场，事情就发生了转机。速度获得了一个非零的平均值，叫作**漂移速度**。群体以这个平均速度漂移，转化为电流。你可能说，“我认为导体内没有电场。”是的，处于静态**平衡**状态的**理想**导体内部没有电场。静态平衡时电荷在宏观层次上的确是**静止**的。而我们正在讨论的载流导线中的平衡是**动态**的。净漂移是存在的，不过这种漂移已经具备了一个稳定值。在这种动态平衡中，载流子具有确定的平均漂移速度（与稳定的电流相关），而不是像静电平衡中的载流子那样保持固定不变的位置。

电场是怎样形成这个稳定的速度的呢？它们不是应该一直加速运动吗？电流不

是应该随时间无限地增大吗？如果是理想导体，情况的确如此。而对于像铜这样的实际导体，根据经典电动力学（后面会讨论由量子效应引起的修正），情况就不同了。在某个时刻，我们任取一个载流子，它受到的力为 $F=eE$ 且加速运动。（我省略了矢量标记，因为这个讨论是限于一维的，沿导线方向。）除了起始随机速度以外，随着外加电场的出现，现在它获得了一个附加的**漂移速度**。之后它与固体中的原子核发生碰撞。经过这种碰撞，它通常会失去一些能量（转化为电阻热），且通常会失去对原速度的记忆，碰撞后完全随机地沿某个方向运动。它曾经获得的漂移速度丧失殆尽。现在我们着重讨论沿方向 $\boldsymbol{E}$ 的漂移速度，不去关心随机运动（它对电流没有贡献）。如果观察这样的一群载流子，我会有什么发现呢？对于每个载流子，其漂移速度依赖于它自上次碰撞漂移速度被清零后所能拥有的加速时间。若上次碰撞后它有 t 的时间被加速，那么沿电场方向的漂移速度为

$$v(t)=\frac{eE}{m}t \tag{7.15}$$

所有载流子的平均漂移速度为

$$\bar{v}=\frac{eE}{m}\tau \tag{7.16}$$

式中，$\tau=\bar{t}$，是**平均碰撞时间**（自上次碰撞后的平均时间）。

前面，我们曾假设所有载流子以一个速度 v 运动，写出了公式 $j=nev$。现在，我们看到的这个图景要复杂得多。今后，当我们写 $j=nev$ 时，要理解这个式子中的 v 实际上是 $\bar{v}$。这样，在电场 E 中，电流密度为

$$j=nev=ne\bar{v}=ne\frac{eE}{m}\tau=\frac{ne^2\tau}{m}E \tag{7.17}$$

定义，材料的电导率 σ 等于电流密度除以产生它的电场：

$$j=\sigma E \tag{7.18}$$

式（7.17）表明：根据由保罗·特鲁德（1863—1906）提出的这一简化模型，得到

$$\sigma=\frac{ne^2\tau}{m} \tag{7.19}$$

我们来琢磨一下式（7.17）。它是合理的吗？我们知道 E 的作用：如果没有它确定出一个方向、造成附加的漂移速度，仅靠电子的随机运动就不会形成电流。很明显，载流子的密度越大，电流越强。与载流子质量的反比关系正是来自 $a=F/m$。τ 越大，作用效果越强，因为载流子在被碰撞前运动的时间越长，那么它们沿电场方向加速运动的时间就会越长。式中的 e^2 挺有趣。e 的一个因子源于载流子的受力为 eE，第 2 个 e 源于电流本身就正比于 e。注意电流与 e 的符号无关。如果你认为它是负的，那么载流子会沿反向加速，但是由于带有反号的电量，所以电流的方向还是相同的。这意味着你不能通过测量电导率而得知电流载体电量的符号。

我们可以将 $j=\sigma E$ 写为更熟悉的形式。考虑这样一种情况，有一根长为 L 的导线，两端的电压为 V，其中的电场为 E。根据定义，$V=EL$。导线中的总电流等于电流密度乘以面积，$I=jA$。我们可以说导线两端有电势差时产生的电流，用之代替电场中产生电流密度的说法。结果我们得到

$$I=jA=\sigma EA=\sigma A\frac{V}{L}=GV \tag{7.20}$$

式中

$$G=\frac{\sigma A}{L} \tag{7.21}$$

叫作电导。电导率 $\sigma=ne^2\tau/m$ 仅依赖于材料（是铜还是铝），而电导 G 还会与导线的尺度相关。一根导线，尽管电导率小，但若横截面积大且长度小，则其电导也可以是很大的。

相比于电导，我们更熟悉的是电阻 R，利用它，我们重新写一下式（7.20），因为

$$I=\frac{\sigma A}{L}V$$

故

$$V=IR \tag{7.22}$$

式中

$$R=\frac{L}{A\sigma}\equiv\frac{\rho L}{A} \tag{7.23}$$

且

$$\rho=\frac{1}{\sigma} \tag{7.24}$$

是电阻率。同样，电阻率是由材料本身性质决定的，而电阻则会与导线的尺度相关。

式（7.22）是著名的欧姆定律，以乔治·欧姆（1789—1854）的名字命名。电阻的符号为 R，单位是欧姆，单位符号为 Ω。因此，当 5Ω 电阻两端的外加电压为 $V=10\text{V}$ 时，其中的电流为 2A。

根据式（7.23），电阻率越大，电阻越大，这是合理的。此外，如果导线的长度增加一倍，比如说将两根同样的导线接在一起，则电阻将增大一倍。这是对的，因为两根导线上的电位降相同，所以在保持电流不变的前提下，电压需要加倍。如果导线的面积加倍，则电阻减半。这也是合理的，如果将一根导线想象为是由两根相同的导线并在一起粘合而成，那么每段导线上的电压均是 V 且各自均有电流通过。

这里需要说明两点。

首先，遇到电路时，我会常常提到理想导线或是理想引线，它们没有电阻且两端也没有电位降。电流 $I=\frac{0}{0}$，它似乎是不确定的，但只是在你孤立地看它时才如此。理想引线中的电流 I 是由其他电路元件和电池决定的。图 7.1 中，电流由 C、R 以及电容器的电荷决定。实际上，所有的引线都有一些电阻和电位降。然而，两者均很小，为简单起见将它们取为零。假想以一根轻绳将两个质量不为零的物体连接在一起，之后以外力拉动其中一个物体。理想引线就像是那根在两个物体间传递力的轻绳。绳子的质量以及绳子中的力均为零，它的加速度 $a=\frac{0}{0}$ 似乎是不确定的，但其实不然。其加速度由那两个非零质量的物体以及外力决定。引入轻绳这一概念也是一种理想化，用以简化计算和着重讨论大质量的物体。

接下来，当我说到电阻源于载流子与原子核的碰撞时，我是在做简化。对于理想固体，每个原子核静止于周期性晶格中的某个确定位置，电子根本不与它们碰撞（自上次碰撞后的平均时间 τ 为无限大）。这是基于量子力学的。根据电子的波动理论（在本书后面会讲到），电子可以绕开这些原子核穿行于固体中。打个比方，将家具等间隔地放置满整个房间，且保持这些家具的位置固定，这样盲人就可以被引导着在这房间中穿行。绝对零度时，原子核在周期性晶格中具有确定的位置，电导为无限大。若温度不为绝对零度，原子核会在它们的标称位置附近晃动，成为随机热涨落的一部分。这种不可预测性导致了它和电子的碰撞，产生了电阻。电阻还有其他来源，例如杂质，也就是嵌入固体中的外界原子。

一般来说，电导率与温度、样品的纯度以及电子间相互作用的强度相关。即使是质量 m 也不是真空中的电子质量，它要受到晶格与电子以及电子间相互作用的修正。计算 σ 是个大工程，需要用复杂的量子力学进行处理。

7.3 电路

我们从图 7.1 中的简单电路开始。取一个电容器，给它充电，使之带上电荷 $Q(0)$。然后，通过开关将它与一个电阻 R 相连。如果在 $t=0$ 时刻闭合开关，会出现什么情况呢？正电荷很渴望到负极板上去，但是无法越过两板间的真空区域。如果利用导线这种形式为它们提供一条路径，正电荷将通过导线到另外一块极板上去，中和掉异号电荷。在这个过程中，电容器放电，两极板间的电压消失了。

要计算这个回路中的电流和电压怎样随时间变化，我们要用到两条古斯塔夫·基尔霍夫（1824—1887）定律。

1. 如果电路中的某个节点处有一个分支，那么流入某节点的电流等于流出这节点的电流。这符合电荷守恒定律，并且在节点处不发生电荷堆积，因为这会导致电流消失。

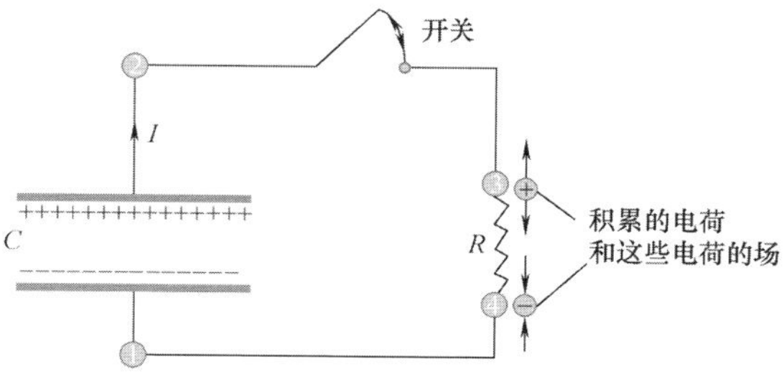

图 7.1 RC 电路。如果去掉 R，电荷会在 3 点和 4 点处积累。它们的场（方向以箭头表示）抵消掉了引线中的场，而在应该连接 R 的空隙之间，它们的场是互相加强的。

2. 绕任意闭合回路一周，所有电势差之和一定等于零。这是由于电场沿闭合回路的线积分等于零。或者也可以这样说，任意点的电势就像是一个电高度，若沿着闭合回路走一周，并将所有的高度变化相加，那么，所得的结果一定是零。

对于图 7.1 中的这个电路，没有支路，且只有一个电流 $I(t)$。

接下来我们从 1 点开始，沿着闭合回路将各高度差相加。向上走，经过电容器到达 2 点，我们在电高度上增大的量为 Q/C。到电阻的那段导线电阻为零，因此 2 点和 3 点间的电势降为零。电阻两端有电压才能有电流通过。由于是向低处流动的，所有从 3 点到 4 点电势降为 RI。沿着理想导线回到 1 点，不再有电势降。因此，我们得到

$$0=\frac{Q}{C}-IR \tag{7.25}$$

还需要说一说理想导线。我们知道，它们内部没有电场。然而，电阻内部却需要有电场驱动电流。电场怎么会突然地恰好出现在 R 内呢？有个很简单的解释。首先将电阻拿走，让连接它的两个端点 3 和 4 悬空。一些微量的电荷会开始从正极板移动到上面导线的端点处（3 点），直到它的场能够阻止更多的电荷到达此处。堆积电荷的场与正极板上电荷的场在导线中彼此抵消。于是，导线内部没有了场，成为等势体。导线的另外一端也如此，其端点上堆积有一些微量的负电荷。注意 3 点和 4 点处累积电荷的场在将要放入电阻的地方是相互加强的（在图中方向均向下）。如果我们将电阻再放回原处，那些累积的电荷将在电阻中形成电流。

回到电路方程（7.25）。I 和 Q 之间有什么关系呢？如图 7.1 所示，在 $\mathrm{d}t$ 内电流 I 从正极板上携带过来的电荷为

$$\mathrm{d}Q=-I\mathrm{d}t \tag{7.26}$$

因此

$$I=-\frac{\mathrm{d}Q}{\mathrm{d}t} \tag{7.27}$$

将它代入式（7.25），得到一个关于 Q 的微分方程

$$R\frac{\mathrm{d}Q}{\mathrm{d}t}+\frac{Q}{C}=0 \tag{7.28}$$

对下式积分：

$$\frac{\mathrm{d}Q}{Q}=-\frac{\mathrm{d}t}{RC} \tag{7.29}$$

我们得到，从初始的 0 时刻（开关闭合瞬间）到 t 时刻

$$\ln\frac{Q(t)}{Q(0)}=-\frac{t}{RC} \tag{7.30}$$

也就是

$$Q(t)=Q(0)\mathrm{e}^{-t/RC} \tag{7.31}$$

电流为

$$I(t)=-\frac{\mathrm{d}Q}{\mathrm{d}t}=\frac{Q(0)}{RC}\mathrm{e}^{-t/RC}\equiv I(0)\mathrm{e}^{-t/RC} \tag{7.32}$$

一旦闭合开关，电容器上的电荷从 $Q(0)$ 开始按照指数规律衰减。要将电荷全部放掉需要多长时间呢？答案是："不可能"！为什么电容器不能彻底放电呢？一旦它驱动电流通过电阻时，就开始放电，两端电压降低，于是驱动电流通过电阻的能力减弱。它尽力地去放电，但是不久自身的放电能力骤降：能够驱动更多电荷通过电阻的 Q 越来越少。所以 $Q(t)$ 不会降到零，电流 $I(t)$ 也不会。但是实际上，经过时间常数几倍的时间后，放电过程就基本结束。**时间常数**为

$$t_0=RC \tag{7.33}$$

原因在于：当 $t\gg t_0$ 时，e 的指数是个很大的数且为负，可以忽略。例如：若式（7.32）中的 $t=3RC=3t_0$，就会得到 $\mathrm{e}^{-3}\approx 1/20$。如果所用的时间相比于时间常数 t_0 来说要大得多，那么衰减就基本上完成了。还有一种理解时间常数 t_0 的方法。利用式（7.32），电流的初始衰减率为

$$\left.\frac{\mathrm{d}I}{\mathrm{d}t}\right|_0=-\frac{I(0)}{RC}=-\frac{I(0)}{t_0} \tag{7.34}$$

可以将它写为

$$t_0\cdot\left.\frac{\mathrm{d}I}{\mathrm{d}t}\right|_0=-I(0) \tag{7.35}$$

它表明，假设电流持续地以初始衰减率衰减，就会在 t_0 时刻到达零。（当然，这是不可能的——当电流减小时，衰减率本身也减小。在所有的有限大的时刻 t，电流不会为零。）

所以，电容器可能是相当危险的。如果你拆开一个旧的放大器，即使它并没有与电源相连，但其中的电容也可能是带电的，你或许就是图中的那个电阻 R。因此人们常常告诫你，"可别把放大器放入浴缸。"

使用相机中的闪光灯时，你将电容器充电，一按下快门，你就接通了电路，使

之通过灯泡放电。这里，你希望时间常数越短越好，因为被拍照人的微笑只能保持一会儿。

在闭合开关前，电容器已经完全充好了电，它的能量为

$$U(0)=\frac{Q^2(0)}{2C} \tag{7.36}$$

在 $t=\infty$ 时刻，电容器被放电，没有了电流。能量到哪里去了？我们知道它使电阻发热了。但是，我们想搞清楚初始时刻所储存的能量是否严格地等于随时间延续而损失掉的能量。

设通过电阻的电流为 I，电阻两端的电压为 V，这意味着每秒钟有 I 库仑的电荷电势降低了 V，损失的能量为

$$P=VI=I^2R \tag{7.37}$$

（通过与原子核的碰撞，在电势降低过程中所获得的动能转化为了热。）将损失的功率对所用的时间积分得到

$$\text{电阻 } R \text{ 耗散的总能量}=\int_0^\infty P(t)\,\mathrm{d}t \tag{7.38}$$

$$=\int_0^\infty I^2(t)R\,\mathrm{d}t \tag{7.39}$$

$$=R\left[\frac{Q(0)}{RC}\right]^2\int_0^\infty \mathrm{e}^{-2t/RC}\,\mathrm{d}t \tag{7.40}$$

$$=\frac{Q^2(0)}{2C} \tag{7.41}$$

它恰好等于电容器的初始能量。

7.4　电池与电动势 $\mathcal{E}$

RC 电路有一点很麻烦，这就是一旦你闭合开关，经过几倍时间常数的时间后，电流基本为零。如果想要持久的电流，你需要有一个电池组或是一节电池，如图 7.2 所示。我要跟你们仔细地说一说电路中的电池。

我们从你或许已经知道的事情开始讲解。在电池的正负极之间，有一些化学物质，实质上，是它们将正极板上的电子搬到了负极板上去。不久，这就会遇到一些阻碍：那些累积起来的电荷不想接纳更多的同类。它们建立起静电场 $\boldsymbol{E}$ 用以反抗化学力。达到平衡时，单位电荷的化学力 $\boldsymbol{E}'$ 与单位电荷的电场力 $\boldsymbol{E}$ 相平衡。与这个电场相关的电势差就是标称电压，比如说是 1.5V。于是，我们习惯于将电路中的电池纳入回路方程之中，它使得电压从负极到正极被升高了那 1.5V。

这一切貌似很熟悉，但是其中蕴藏着一些精妙的话题，我想跟大家分享一下。

我们从图 7.2 右半部分图的那个比喻开始。你从山顶 T 处沿覆盖着雪的斜坡滑下，到达小木屋 C。重力将你往下拉，使你加速。原则上说，如果你没有被树刮

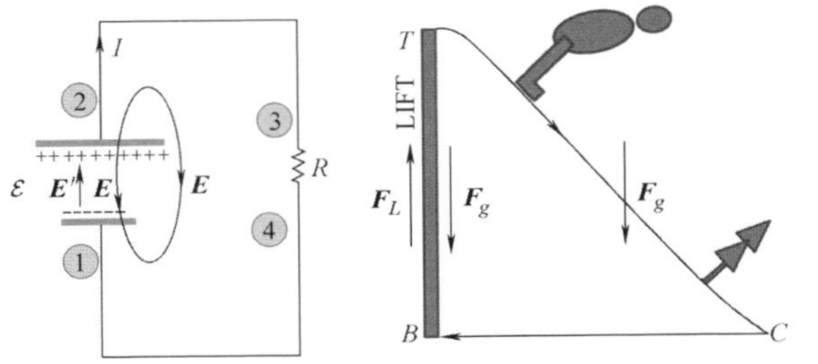

图 7.2　左图：电路。图中给出了作用于单位电荷的非保守化学力 $\boldsymbol{E}'$ 与单位电荷的电场力 $\boldsymbol{E}$。在电池内部，两者大小相等、方向相反。使每个电荷 q 从负极板爬坡到正极板，电池所做的功为 $\mathcal{E}q$。在电荷经过外电路从正极板下坡到负极板过程中，静电场给出了等量的功。右图：力学类比。在每次循环中，缆车施予的非保守力 $\boldsymbol{F}_L$ 所做的功为 mgh。因为在缆车中，$\boldsymbol{F}_L$ 与重力 $\boldsymbol{F}_g$ 是严格平衡的，即 $\boldsymbol{F}_L=-\boldsymbol{F}_g$，所以 $\boldsymbol{F}_L$ 所做的功也就等于重力势能之差。

到，就还可以沿斜坡返回以零速率到达顶点。这是由引力场中动能加势能是守恒的决定的。但是，假如在你向 C 运动的过程中撞上了许多树，下降到了 C 点，之后到达了位于同一高度的山底 B，损失掉了所获得的全部动能。一旦你到达底部 B，重力就帮不上你了。它不能使你再次到达顶点 T。的确，引力使你下降，但是它会阻碍你返回。这本该如此，因为它是保守力。

某个人观察了你一整天，他会发现你在每一次循环中都把能量传递给了那些树。你通过某种作用获得了能量，或是说在每一次循环中它都对你做功。这个作用不可能是重力，因为它在每一次循环中所做的功为零。它应该是一种对于闭合回路线积分不为零的力，一定是个非保守力。

这个力理所当然地是由滑雪缆车给你的。在你乘坐缆车由底部 B 处向上到达顶部 T 的过程中，缆车对你施加了力 $\boldsymbol{F}_L$，它与重力 $\boldsymbol{F}_g$ 平衡：

$$\boldsymbol{F}_g=-\boldsymbol{F}_L \tag{7.42}$$

在上升行程中，$\boldsymbol{F}_L$ 所做的功为

$$\int_B^T \boldsymbol{F}_L\cdot \mathrm{d}\boldsymbol{r}=mgh \tag{7.43}$$

判断是否是非保守力时要根据其环流，即它对于闭合回路的线积分。在缆车上由 $B\to T$ 这一小段 $\boldsymbol{F}_L$ 的线积分不为零，但是这一小段不是闭合的。由这一小段的积分结果，我们怎样判定 $\boldsymbol{F}_L$ 的环流呢？只要简单地加上另外一部分，即在缆车之外沿任意路径从 T 返回到 B 的部分，就完成了一个闭合的循环，比如加上图中的 $T\to C\to B$ 那段。你可以选择不同的路径来完成闭合的循环，这没有关系，因为对于缆车外部的任意一段路径来说，$\boldsymbol{F}_L$ 都是零。设以 $\mathcal{E}$ 表示沿闭合回路的积分，我们得到

$$\mathcal{E}=\oint \boldsymbol{F}_L\cdot \mathrm{d}\boldsymbol{r}=\int_B^T \boldsymbol{F}_L\cdot \mathrm{d}\boldsymbol{r}=-\int_B^T \boldsymbol{F}_g\cdot \mathrm{d}\boldsymbol{r}=U(T)-U(B)\,(=mgh) \tag{7.44}$$

上式推导中用到了

$$-\int_{1}^{2} \boldsymbol{F}_{g} \cdot \mathrm{d}\boldsymbol{r}=U_{g}(2)-U_{g}(1) \tag{7.45}$$

对于由 T 到 B 的任意路径，由于 $\boldsymbol{F}_g$ 是保守力，故势能差 $U_g(T)-U_g(B)$ 可以转换为动能。这在缆车内是行不通的，因为缆车的地板对你有作用力，它阻止你掉下去。但是，你可以离开缆车并沿 $T \rightarrow C \rightarrow B$ 滑下坡，在这段行程中有

$$\int_{T \rightarrow C \rightarrow B} \boldsymbol{F}_{g} \cdot \mathrm{d}\boldsymbol{r}=U_{g}(T)-U_{g}(B)=\mathcal{E} \tag{7.46}$$

此式将 $\mathcal{E}$，即缆车为增加重力势能所做的功，与作用于滑雪者的重力的功很好地联系在一起。

式（7.44）表明：$\mathcal{E}$，即缆车的**非保守力** $\boldsymbol{F}_L$ 沿闭合回路的线积分，等于与**保守力** $\boldsymbol{F}_g$ 相应的势能在山顶与山底的值之差。这个关系的成立源于

- $\mathcal{E}$，这个非保守力 $\boldsymbol{F}_L$ 沿一个闭合回路的线积分，不过是它在缆车行程内的积分，因为 $\boldsymbol{F}_L$ 在其他地方为零。
- 对于上升过程，$\boldsymbol{F}_g=-\boldsymbol{F}_L$，因此这个积分也就是顶部与底部的势能之差。

现在回到左半部分带有电池的那幅图。你跟着我的思路，会发现滑雪缆车这一比喻将会很有帮助。

由于其中化学物质的作用，电池两极处会堆积起电荷，这些电荷激发了静电场 $\boldsymbol{E}$。在电池内部，该静电场 $\boldsymbol{E}$ 由正极指向负极，恰似 $\boldsymbol{F}_g$。不过两者间有一些微小的区别：$\boldsymbol{E}$ 是单位电荷所受的力；而 $\boldsymbol{F}_g$ 为作用于滑雪者上的力，不必是单位质量的力。对于闭合电路，正电荷可以通过电阻由正极板向负极板流动。（实际上，是电子在反向运动。）在电阻内部，通过碰撞，它们将电场给予的动能传递给原子核（电阻发热），最终到达负极。与在电池内部的运动相反，在静电场中，正电荷不能攀高运动到正极板。非保守化学力 $\boldsymbol{E}'$（类似于缆车的作用力 $\boldsymbol{F}_L$）在电池内部发挥作用，使得电荷反抗内部静电场的作用，聚集在正极板。定义**电动势**等于 $\boldsymbol{E}'$ 沿闭合路径的积分，它等于沿闭合路径对单位电荷所做的功：

$$\mathcal{E}=\oint \boldsymbol{E}' \cdot \mathrm{d}\boldsymbol{r} \tag{7.47}$$

积分回路是闭合的，一部分路径在电池内部，由负极到正极；另一部分是位于电池外部且形状任意的一条路径。我们选择什么形状的外部路径都没有关系，因为对于 $\oint$ 的贡献来自电池内部从负极到正极的那一段，即

$$\mathcal{E}=\oint \boldsymbol{E}' \cdot \mathrm{d}\boldsymbol{r}=\int_{-}^{+} \boldsymbol{E}' \cdot \mathrm{d}\boldsymbol{r} \tag{7.48}$$

接下来，因为在电源内部 $\boldsymbol{E}'=-\boldsymbol{E}$（就像 $\boldsymbol{F}_g=-\boldsymbol{F}_L$），我们可以推出

$$\mathcal{E}=-\int_{-}^{+} \boldsymbol{E} \cdot \mathrm{d}\boldsymbol{r}=V(+)-V(-)=V_{+-} \equiv V \tag{7.49}$$

电池的电压，比如1.5V

对于从电源正极到负极的任意路径，这个电势差可以被用来转换为动能。在电池内部，任意路径都被化学力所封堵（就好比缆车阻止了其上的滑雪者掉到地面上）。但是对于由外电路提供的任意外部路径，这是被允许的。闭合电路就是这样工作的。

这里的要点是，尽管电压的概念是与保守的静电场 $\boldsymbol{E}$ 联系在一起的，但是它的数值与一个非保守的化学场 $\boldsymbol{E}'$ 的环路积分相等，这一点你以前或许没有领悟到。电荷在回路中运动时，电池需要这个非保守的化学力来不停地做功。保守的电场从电池内部的化学力获得能量，并将之传递给了电路中的电荷。

如果你不想深究，可以简单地认为，经过电池从负极到正极升高的电势值与电动势 $\mathcal{E}$ 相等（这是对的）。有时将电池两极间的电压记作更常用的 V 而不是 $\mathcal{E}$，因为两者的数值相等。

我们对图 7.2 的回路来列方程。我们从 1 点出发将电压的变化加在一起，从 1→2，电势升高的值为 $V_2-V_1=\mathcal{E}$；从 2→3，电势降为零（理想导线上无电位降）；从 3→4，电势降低 IR；且从 4→1，电势降为零。所以，我们得到

$$0=\mathcal{E}-IR \tag{7.50}$$

$$\mathcal{E}=IR \tag{7.51}$$

有时也写作 $V=IR$。

7.5 有电源的 RC 回路

回路如图 7.3 所示。你有一个电动势为 $\mathcal{E}$ 的电池、一个电容器 C、一个电阻 R 和一个开关，开始时开关是断开的。用导线将电容器的下极板与电池的负极相连，使得两者电势相等，设为 $V=0$。这个电容器上极板的电势也是 $V=0$，因为两极板之间没有电场来提供电势差。电池内部有电场，故电池正极 $V=\mathcal{E}$。你也许会这样想：电池负极处的一些电荷会因彼此间的斥力作用移动到电容器的负极板处。这是不会发生的，因为负极处的负电荷被正极处的正电荷束缚住了，这种分布是由电池内的化学物质建立起来的。运动到电容器的负极板，它们距正电荷的距离就增大了，能量也会增大。电池两极处的正负电荷倒是乐于在电池内部相聚，不过这被化学力阻止了。

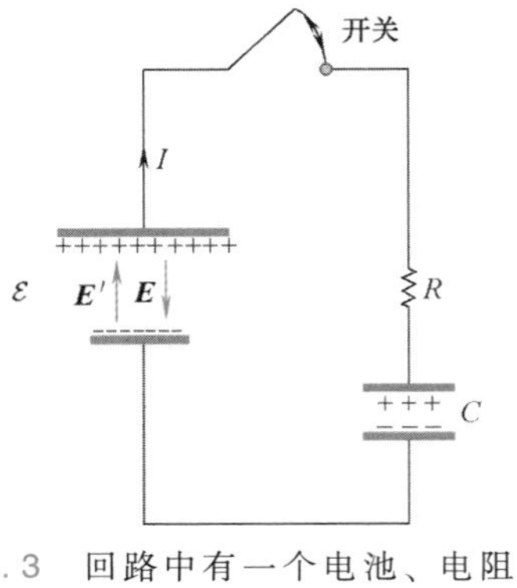

图 7.3　回路中有一个电池、电阻、电容和开关。图中给出了单位电荷的非保守化学力 $\boldsymbol{E}'$ 和静电场 $\boldsymbol{E}$，在电池内部，两者大小相等、方向相反。闭合开关前，电容器的两极板不带电，它们的电势相等。一旦闭合开关，就有等量反号的电荷冲向电容器的两极板（见图），电容器就开始抵抗那个给它注入电荷的电池。

现在，我们闭合开关，于是电势为 $\mathcal{E}$

的电池的正极与电容器的正极板相连了。想要在电池内部团聚却被化学力拉住的正负电荷还是团聚不了，但是它们可以靠得更近一些：一些正电荷将冲向电容器上面的极板，等量的负电荷会冲向电容器下面的极板。因为电路中有电阻，所以电流是有限大的。随着电流的流动，电容器上建立起电压以抵抗电流。当抵抗电压与电池的电动势恰好相等时，电流就停止了。这会发生在何时呢？后面我们将给出解答。

当正负电荷离开两极后，电池内部的静电场力瞬时小于化学力。化学力立刻在两极处堆积起反号的电荷，使两极间的电压回到 $\mathcal{E}$。

看看开关闭合后发生了什么。诞生于电池内部的正电荷达到正极，继续向电容器的正极板前进。诞生于电池内部的负电荷达到负极，接着向电容器的负极板运动。但是，从负极流向电容器负极板的负电荷与从电容器负极板流向电池负极的正电荷或是电流相等。**尽管没有电荷跨越电容器两极板之间的间隙，但是整体上看，就好似有正电荷电流在回路中流动。**

这就是我们将要讨论的电流，先做定性描述，再进行定量描述。由于电池是唯一的驱动力，起始电流为 $\mathcal{E}/R$。但是，随着电流的流动，电池给电容器充电。如果你去看图，便可发现，电容器趋向于驱动一个与来自电池反向的电流。它恩将仇报。最终，我们能预测到，电容器将恰好抵抗住电池，电流会停止。要想知道这发生在何时，我们要在写下回路方程后进行计算。

由于没有支路，我们只需处理电流 $I(t)$。

从电池下面的一个点开始，通过电池，电势升高 $\mathcal{E}$，之后跨过电阻，电势下降 IR；从电容器的正极板到负极板，电势降低 Q/C，到达起点。令电压变化的总和为零，得到

$$0=\mathcal{E}-IR-\frac{Q}{C} \tag{7.52}$$

请自己验证一下，给电容器充电的电流（不是前面仅有电容器和电阻那道例题中的放电电流）与 Q 之间的关系为

$$I=+\frac{\mathrm{d}Q}{\mathrm{d}t} \tag{7.53}$$

联立后两个方程，可以得到电量满足的方程为

$$R\frac{\mathrm{d}Q}{\mathrm{d}t}+\frac{Q}{C}=\mathcal{E} \tag{7.54}$$

如果右侧没有 $\mathcal{E}$，解这个方程会容易得多。它是个常量，我们可以这样消掉它。定义 $\widetilde{Q}$ 为

$$Q=\widetilde{Q}+C\mathcal{E} \tag{7.55}$$

式（7.54）化为（要知道，$C\mathcal{E}$ 对时间的导数为零）

$$R\frac{\mathrm{d}\widetilde{Q}}{\mathrm{d}t}+\frac{\widetilde{Q}}{C}+\mathcal{E}=\mathcal{E} \tag{7.56}$$

$$R\frac{\mathrm{d}\widetilde{Q}}{\mathrm{d}t}+\frac{\widetilde{Q}}{C}=0 \tag{7.57}$$

我们以前解过这个方程，答案是

$$\widetilde{Q}(t)=\widetilde{Q}(0)\mathrm{e}^{-t/(RC)} \tag{7.58}$$

因为电容器上起始电荷 $Q(0)=0$，由式（7.55）看出

$$\widetilde{Q}(0)=-C\mathcal{E} \tag{7.59}$$

利用 $Q(\infty)=C\mathcal{E}$，由式（7.55）得到

$$Q(t)=\widetilde{Q}+C\mathcal{E} \tag{7.60}$$

$$=\widetilde{Q}(0)\mathrm{e}^{-t/(RC)}+C\mathcal{E} \tag{7.61}$$

$$=C\mathcal{E}[1-\mathrm{e}^{-t/(RC)}] \tag{7.62}$$

$$=Q(\infty)[1-\mathrm{e}^{-t/(RC)}] \tag{7.63}$$

由式（7.62）我们得到，电容器上的电压 $Q(t)/C$ 总是低于 $\mathcal{E}$，并且仅当$t\to\infty$时才可达到这个值。因为电容器反抗给它充电的电池，故当它的电荷接近这个电池的电荷时，所能得到的电荷会越来越少。但是它的电量无法与电源的相等。

对 $Q(t)$ 求导，可以得到电流

$$I=\frac{\mathrm{d}Q}{\mathrm{d}t}=\frac{\mathcal{E}}{R}\mathrm{e}^{-t/(RC)} \tag{7.64}$$

这个简单的分析会使你感觉到该怎样做物理。你建立好电容器、电阻和电池的模型，写下回路（微分）方程。方程反映出了诸如电荷守恒和保守力这样的基本原理。你解方程，绞尽脑汁看看由这些方程可以预测出些什么。此后，数学占统治地位。一旦有了结果，你就急忙冲进实验室对之进行检验。例如，你需要让电容器具有的电荷值为其最大电量的 80%，你想知道，“我得等待多长时间呢?”只要令式（7.63）中的 $Q(t)/Q(\infty)=0.8$，就可以求出 t 了。(你别指望它具有百分之百的最大电量，那是不可能的。)

最后来看看能量。对功率 P 积分便可得到电池所做的功 W_{Batt}。电池每秒钟将 I 库仑的电荷“举高”了 $\mathcal{E}$ 伏特，它提供的功率为

$$P(t)=\mathcal{E}I(t) \tag{7.65}$$

它输出的总能量为

$$W_{\mathrm{Batt}}=\int_0^{\infty}\mathcal{E}I(t)\,\mathrm{d}t \tag{7.66}$$

$$=\frac{\mathcal{E}^2}{R}\int_0^{\infty}\mathrm{e}^{-t/(RC)}\,\mathrm{d}t=\mathcal{E}^2C \tag{7.67}$$

请自己验证一下，所得结果等于电容器最终储存的能量与电阻放热的之和，两者的贡献相等。

7.6　串联和并联电路

接下来，我们看看直流电路，其中所用到一些定律对于课程后面要学习的交流电路也是适用的。先来看看图 7.4。

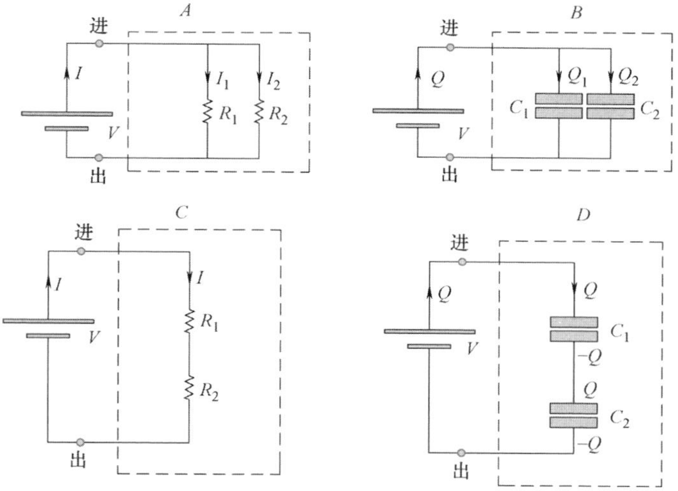

图 7.4　A：接入并联的电阻。B：接入并联的电容。C：接入串联的电阻。D：接入串联的电容。图中的元件被装在仅有两根引线的黑色盒子（虚线）中。

在图 7.4 的 A 部分中，两个电阻 R_1 和 R_2 并联在一起，躲在一个盒子里，以虚线表示这个盒子。可以看见的只有标着“进”和“出”的两端。我们要知道盒子中的有效电阻是多大。为此，我们将盒子两端连在已知电压的电池上，测量通过的电流，宣布其中的电阻等于

$$R=\frac{V}{I} \tag{7.68}$$

图中画出了流入这个盒子的电流，它分为两部分 I_1 和 I_2，两者的和为 I。我们进行如下推导：

$$I_1=\frac{V}{R_1} \tag{7.69}$$

$$I_2=\frac{V}{R_2} \tag{7.70}$$

$$I=I_1+I_2=\frac{V}{R_1}+\frac{V}{R_2}\text{（分电流之和等于总电流）} \tag{7.71}$$

$$\frac{I}{V}=\frac{1}{R_1}+\frac{1}{R_2}=\frac{1}{R}\text{（给出了 }1/R\text{）} \tag{7.72}$$

$$R=\frac{R_1R_2}{R_1+R_2} \tag{7.73}$$

这个公式表明，总电阻比这两个电阻中的任意一个都小。（请验证一下这个结论）。这也是合理的，因为彼此平行的路径意味着更大的电流和更小的阻力。你还可以验证如下结论：

$$I_1=\frac{V}{R_1}=\frac{IR}{R_1}=\frac{R_2}{R_1+R_2}\cdot I \tag{7.74}$$

$$I_2=\frac{R_1}{R_1+R_2}\cdot I \tag{7.75}$$

它表明一条支路中的电流与另外一条支路的电阻成正比。这是合乎道理的：另外一条支路中对电流的抵抗越大，电流越喜欢经过你这条路。

现在看图 7.4 的 B 部分，其中有两个并联的电容。要想知道它们的有效电容，我们给它们加上电压 V，求出充入的电量 Q，计算出盒子内的电容值为

$$C=\frac{Q}{V} \tag{7.76}$$

充入的电量分为 Q_1 和 Q_2 两部分，并且每个电容器两端的电压均为 V。故此得到

$$Q_1=C_1V \tag{7.77}$$

$$Q_2=C_2V \tag{7.78}$$

$$Q=Q_1+Q_2=(C_1+C_2)V \tag{7.79}$$

$$\frac{Q}{V}=C_1+C_2=C \tag{7.80}$$

因此并联时，电容相加。你几乎可以从图中看出这一点。如果让两个电容相接触成为一个整体，那么联合体的面积为两个面积的和，而板间距是相同的。由公式 $C=\varepsilon_0A/d$ 可以看出 $C=C_1+C_2$。一般说来，如果电容器的构造完全不同，我们必须返回到更基本的概念，即电容量度的是在给定电压下容纳电荷的能力。并联时，电容相加。

图 7.4 中 C 部分，两个电阻串联：

$$V=IR_1+IR_2=I(R_1+R_2) \tag{7.81}$$

$$R=\frac{V}{I}=R_1+R_2 \tag{7.82}$$

最后是图 7.4 中 D 部分，其中有两个串联的电容。电源给予 C_1 上极板和 C_2 下

极板的电荷为$\pm Q$。如果中间的两个极板没有什么作用，那么这两个板之间将充满电场，每单位体积内都具有相应的能量。然而，如果C_1的下极板从C_2的上极板借来$-Q$，那么能量就会降低。它将使场线被困在每个电容器的两极板之间，从而降低能量。按照这样的电荷分布，很明显会得到

$$V=\frac{Q}{C_1}+\frac{Q}{C_2} \tag{7.83}$$

$$\frac{V}{Q}=\frac{1}{C}=\frac{1}{C_1}+\frac{1}{C_2} \tag{7.84}$$

$$C=\frac{C_1 C_2}{C_1+C_2} \tag{7.85}$$

总之，并联时电容相加，就像电阻串联时那样。串联时电容的倒数相加，就像并联时电阻的倒数相加那样。

第8章 磁学 I

每当你觉得自己已经掌握了那些物理定律时，就会有人完成某个物理实验，而其结果与你所知道的并不相符，因此不得不补充一些新东西。我们就此进入下一个主题：磁。当父母发现孩子正用一些小黑石头将自己的艺术作品贴在冰箱上时，请不要相信这样一个神话：磁现象是在古希腊时期被发现的。实际上，早在很久以前人们就发现了磁石所具有的磁现象，并且后来常用磁石做磁针。

8.1 显示磁现象的实验

我将给出一系列更现代的实验（见图 8.1），这些实验向你表明所发生的事情并不在我目前在这门课程中已讲授的内容之内，是还没有给予解释的新现象。

看最简单的实验。两根平行导线，其中各通有同向电流 I_1 和 I_2。这两根导线彼此相互吸引。这个力不会是静电力，因为导线是中性的。你可以这样来核实一下，将一个实验电荷置于任意一条导线旁，你会看到它没有反应。接下来，将其中一个电流反向，这力就变为了斥力。你可以猜测出一条新的定律：平行（反平行）电流相吸（斥）。然而，要想把沿这两条平行电流方向的矢量联系在一起给出由一条导线指向另外一条导线的力矢量绝非易事，尽管当其中一个电流反向后，它们的点积会改变符号，但是点积所得的结果是一个标量而非矢量；如果做叉乘的话，这两个沿电流方向矢量的叉积则将会是零。

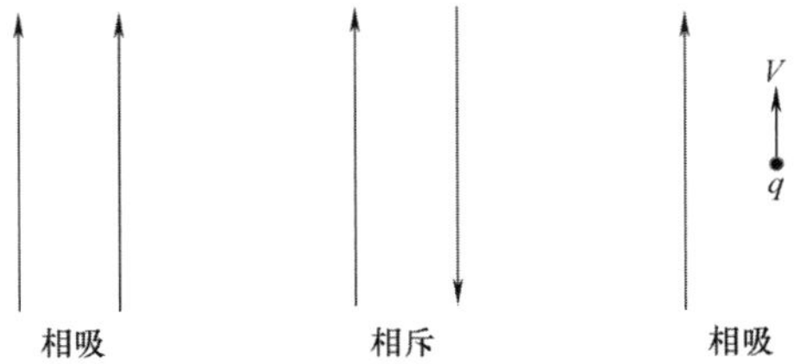

图 8.1　三个磁力的例子。平行电流相吸，反平行电流相斥。沿电流流向运动的电荷 $q>0$，被吸引。若该电荷沿与电流流向相反的方向运动，则被排斥（图中未画出）。

上面的讨论中有两个主角，我们简化一下其中的一个，以一个 $q>0$ 的电荷代替其中的一根导线，如图 8.1 所示。当这个电荷 q 静止于导线旁时，没有什么事情发生。这在预料之中，因为这根导线是中性的。然后，这个电荷开始以速率 v 平行于电流运动。现在发现，它被这根导线所吸引。它开始向里靠近这根导线。这也不会是电力引起的，电力不在乎电荷是否运动。而且如果这个电荷调转它的速度方向，相对于这根导线反平行运动，这个力变为了斥力。因此，它不属于到目前为止我曾经描述过的那类现象或是实验。

接下来说说最熟悉的例子：磁棒。它们似乎有一个北极和一个南极，异性磁极相吸，同性磁极相斥，就像电荷那样。怎样确定哪端为北极呢？找一个参考磁铁，你随意指定其一端为北极。另外一个磁铁的一端如果与参考磁铁的北极相吸，那么这端就是南极；如果相斥，这端就是北极。作为一种约定，这是我们确定哪些是正电荷哪些是负电荷的方法。但是“北”和“南”这两个字是有着确定含义的（加拿大位于美国的北边），不允许有任意性。如果你将一块天然磁石支起来使之可以转动，形成一个指南针，那么它可以沿地球的南北向排列。指北（北极）的那端是这个磁针的北极 N。这似乎有些不对劲儿：它应该与地球的北极相斥，而不是相吸。原因是这样的，地球内的巨大磁铁激发的地磁场实际上是反过来的，磁南极（吸引磁针的北极）在地理北极，而磁北极位于地理南极，如图 8.2 中最左边的图所示。（这又是一件麻烦事，就像电子的电量前有个负号那样。）要描绘出条形磁铁的场，需将磁针置于不同处，等它静止下来，然后自它的南极向北极画一个小矢量，最后将这些小箭头连在一起就给出了磁场线。你会得到图 8.2 中所示的熟悉画面。这些线发自条形磁铁的北极，回到南极。如果能够带着磁针进入这个磁铁的内部，你就会发现进入到南极的线继续沿磁铁向上成为从北极发出离开磁铁的那些线。磁场线是闭合的。

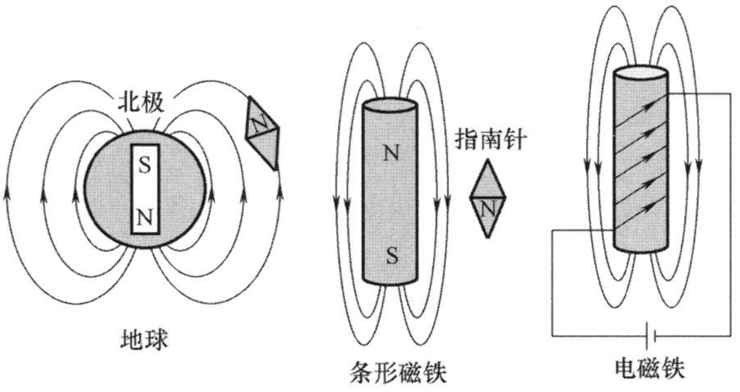

图 8.2　地球、条形磁铁和电磁铁。利用磁针确定各点场的方向。磁针的北极标有符号 N。当这端指向条形磁铁的南极时，所指的是地球的地理北极，因为地球磁极的排列与地理两极相反。

另外一个令人困惑的实验是你可以使电流通过螺线管做成一个磁铁，如图所示。磁针对这个电磁铁的响应与对条形磁铁的是相同的。如果你改变电流的方向，磁性也会倒转过来。

所有这些都足以使你确信支配它们的是某个静电之外的东西。为什么我们以前不需要它，而现在却需要它呢？相比于我们目前已经学习过的，为什么这个刚刚描述的现象是新的呢？相比于静电，这些现象有什么不同的特性呢？

经过讨论，我的学生集中到这一答案上：电荷在运动。回过去看画在载有电流 I 的导线旁的那个电荷 q。这个电荷在运动，载流导线中的电荷也在运动。如果这个电荷停止运动或是撤掉电流的话，相互作用力就消失了。（条形磁铁似乎违背这个特点，因为它没有运动。实际上，磁性的背后是原子环形电流。后面会详述。）

总之，**磁是由运动电荷引起的，也是运动电荷所感受到的**。我们需要构想出怎样使速度在这两部分中都进入游戏。

在已经使你感受到了一系列我们尚未给以解释的磁现象后，我将告诉你静磁学的基本方程，这些方程总结了到目前为止我所描述的一切。（我们刚刚讲过，磁所涉及的是运动电荷，所以静磁学中“静”这个字似乎不太妥当。其实，它指的是这样一种现象——所研究的宏观电流不随时间变化。）

与静电相似，静磁学分为两部分。第一部分为运动电荷在磁场中受到的力。第二部分为电流所激发的磁场 $\boldsymbol{B}$。

电荷受到的这种力叫作洛伦兹力，借以纪念亨德里克·洛伦兹（1853—1928）。这个定律不是他发现的，但是他对电动力学做出了许多卓越的其他贡献。洛伦兹力公式为

$$\boldsymbol{F}=q(\boldsymbol{E}+\boldsymbol{v}\times\boldsymbol{B}) \tag{8.1}$$

式（8.1）中的第一项是我们熟悉的电力。以前提到过，这部分在相对论中保持其形式不变：它只是将某个时空点的 $\boldsymbol{E}$ 与电荷在此点受到的力 $\boldsymbol{F}$ 联系在一起。在计算 $\boldsymbol{E}$ 时，采用场源电荷表达它所激发的场时，原因和效果之间是有一个延迟的，但是这并不影响此电荷 q 对场的响应，后者遵循的不过是时空中的一个局域关系。

式（8.1）中的第二项是磁力。它在相对论中也没有变化。这基于这样的理解：力所表示的是正确的相对论动量 $\boldsymbol{p}=m\boldsymbol{v}/\sqrt{1-v^2/c^2}$ 对时间的变化率，而不是其低速时的极限 $m\boldsymbol{v}$ 对时间的变化率。你可以认为这个洛伦兹力公式是多年实验所总结出的结果。

你怎样测定出现这个公式中的某点的 $\boldsymbol{E}$ 和 $\boldsymbol{B}$ 呢？

我们以前讲过 $\boldsymbol{E}$ 了。取 1C 电荷，将之放到你要测量 $\boldsymbol{E}$ 的地方，使之静止。找到所需施加的力，这个力等于 $\boldsymbol{E}$。如果你用的是 5C 电荷，那么需要将这个力除以 5。求电场相对容易，因为它的方向与这个电荷的加速度的方向一致。

在磁学问题中，会涉及许多矢量，如图 8.3 所示。

有电荷的运动速度 $\boldsymbol{v}$、磁场 $\boldsymbol{B}$ 以及它们的叉乘给出的磁力 $\boldsymbol{F}$。假设我问你，“$\boldsymbol{B}$ 的方向如何？”你不可以使用指南针。这是在考验你，我不过是让你利用洛伦兹公

式。一种方法是（从原理上说）发射几个带电粒子，看看它们的偏转情况。凡是速度与 $\boldsymbol{B}$ 平行的粒子都不会发生偏转，因为$\boldsymbol{v}\times\boldsymbol{B}$ 的结果为零。一旦你明白了，就可以找到一个与 $\boldsymbol{B}$ 垂直的平面，在此平面内再发射一个粒子。它所受到的磁力的大小为 qvB，因为对于两个相互垂直的矢量 $\sin\theta=1$，而对粒子偏转方向的辨识可以告诉我们与该平面垂直的两个方向中哪一个可能是 $\boldsymbol{B}$ 的方向。

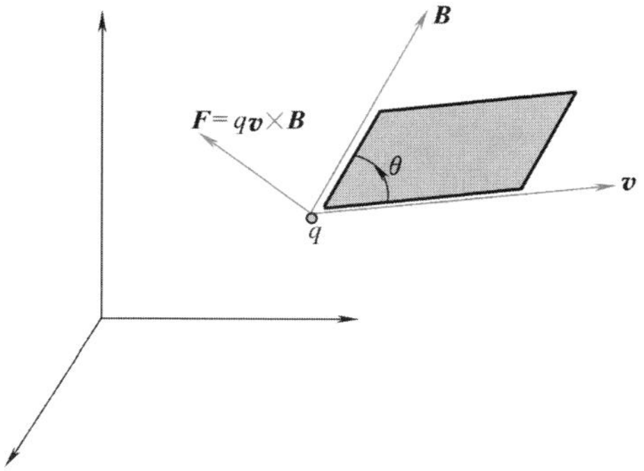

图 8.3　磁场 $\boldsymbol{B}$ 中以速度$\boldsymbol{v}$ 运动的电荷 q 受到的磁力为 $\boldsymbol{F}=q\boldsymbol{v}\times\boldsymbol{B}$。

磁感应强度的单位是特斯拉，符号为 T。设 1C 电荷以 1m/s 的速度垂直于 1T 的磁场运动，那么它所受的力大小为 1N。

我们知道，一旦有力作用于物体之上，那么它的功率为 $P=\boldsymbol{v}\cdot\boldsymbol{F}$，这就是它单位时间内所做的功。对于洛伦兹力，其功率为

$$P=q(\boldsymbol{E}+\boldsymbol{v}\times\boldsymbol{B})\cdot\boldsymbol{v}=q\boldsymbol{E}\cdot\boldsymbol{v}\tag{8.2}$$

因为$\boldsymbol{v}\times\boldsymbol{B}$ 垂直于$\boldsymbol{v}$，所以它与$\boldsymbol{v}$ 的点积为零：

$$\boldsymbol{v}\cdot(\boldsymbol{v}\times\boldsymbol{B})=0\tag{8.3}$$

磁力总是与粒子的运动速度相垂直。这意味着它不做功。你可能说“谁会在意这种事情呢?”电场能做很多功。它们可以加速粒子，也可以减速粒子。与此相反，磁场不会改变粒子的动能。然而，你会看到，它作为能量转化的媒介，例如在发电机或是电机中是极其重要的。

8.2　洛伦兹力举例　回旋加速器

我们举一些简单的例子，帮助大家熟悉磁力。

第一个问题，如图 8.4 所示。我有一束质量 m 相同的粒子，它们的电荷 $q>0$，从左向右以不同的速率运动。

要从中选出以某个速率运动的粒子。我希望有一个速度过滤器。它的工作原理如下。取两个彼此平行的平板，给它们充电，就获得了电场，如图 8.4 所示。在这个方向向下的匀强电场中，粒子会向下偏转。现在，施加一个垂直屏幕向内的磁场 $\boldsymbol{B}$。在这本书中，以符号⊗表示纸面垂直向内、背离你的矢量，以符号⊙（或是一个简单的点）表示垂直纸面向外、指向你的矢量。现在$\boldsymbol{v}\times\boldsymbol{B}$ 会如何呢？其方向竖直向上，大小为 qvB，随粒子的速率 v 变化。那些速率 v^* 满足方程

$$qE=qv^*B\tag{8.4}$$

或
$$v^{*}=\frac{E}{B} \tag{8.5}$$

的粒子不发生偏转，自板的右端射出。假设板是无限长的，其他粒子或是撞到上面的板（$v>v^{*}$）或是撞到下面的板（$v<v^{*}$）。若粒子的速度 $v>v^{*}$，则磁力大于电力，粒子向上偏转。否则，相反。这个装置的工作机理在于磁力与粒子的运动速率相关，而电力则不然。

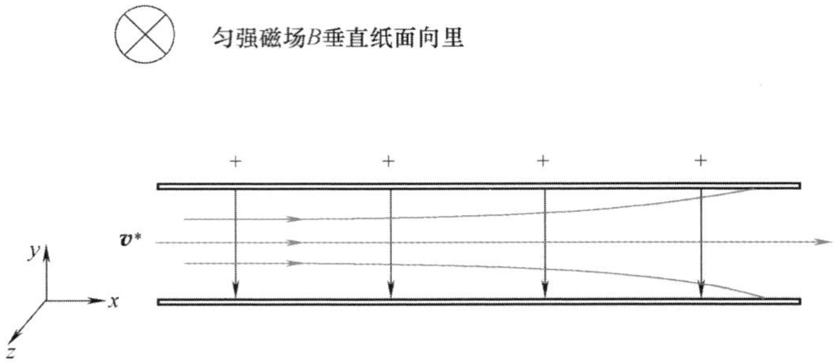

图 8.4　一束以不同速率沿 x 轴正向运动的粒子进入速度过滤器，也就是电场 $\boldsymbol{E}$（沿 y 轴向下）与磁场 $\boldsymbol{B}$（垂直纸面向里，沿 z 轴负向）交叠的区域。以 $v^{*}=E/B$ 速率运动的粒子可以通过，而速率较大（和较小）的粒子会撞击到上面（或下面）的板。

另外一个洛伦兹力的标准例子如图 8.5 中左图所示。

均匀磁场垂直纸面向内。我将一个 $q>0$ 的电荷射入图示的纸面内。它会怎样运动呢？它将受到沿 $\boldsymbol{v}\times\boldsymbol{B}$ 方向的力向左偏转。在新地点它受到的力仍旧与瞬时速度垂直，它会继续偏转，像行星那样运动。它沿一个圆周运动。因为力总是垂直于速度，所以它的速率没有增加。动能没有变化，但是运动的方向却改变了。如果希望约束住电荷，你可以将它们置入磁场之中。这样，它们就运动不到其他地方了，只是沿着圆周运动。

与引力不同，磁力与速度相关，致使这些圆轨道有一个显著的性质。如果这个轨道的半径为 r，按照非相对论的牛顿力学（设问题中的速度使得牛顿力学成立），这个所需的向心力与磁力相等，即

$$\frac{mv^2}{r}=qvB \tag{8.6}$$

（因为 $\boldsymbol{v}$ 与 $\boldsymbol{B}$ 相垂直，所以我直接写出了结果。）方程两侧消去 v 的一次方，我们得到

$$\frac{v}{r}=\frac{qB}{m} \tag{8.7}$$

对于圆轨道，速度沿圆的切向，v 与角速度 ω 间的关系为

$$v=\omega r \tag{8.8}$$

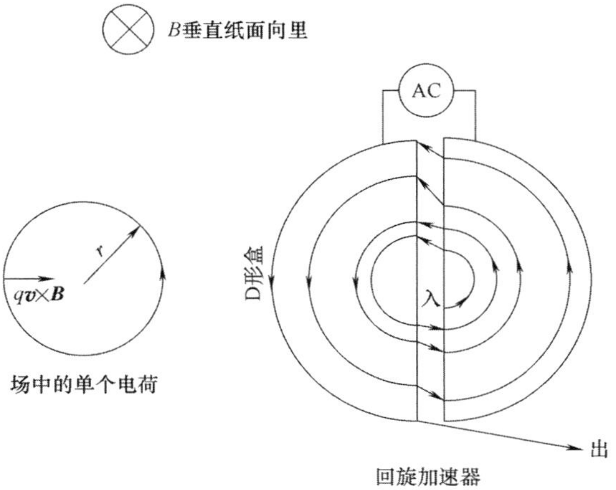

图 8.5　左：质量为 m 的正电荷 q 进入方向垂直于纸面的磁场，磁场使它沿着圆轨道逆时针偏转。负电荷会沿顺时针方向做轨道运动。频率 ω 仅与 q/m 相关，即与轨道半径无关，也与运动速度无关。右图：回旋加速器利用的就是 ω 的这个特性。在其中心附近射入一个粒子，它将沿这个 D 形盒内的一个圆弧运动。在它向另外一个 D 形盒穿越时，两个 D 形盒间的电势降将使之在其间被加速。当它转出来向第一个 D 形盒运动时，两个 D 形盒间的极性发生变化，又使它在其间加速。最终，这个粒子从这个机器中射出。

于是得到

$$\omega = \frac{qB}{m} \tag{8.9}$$

这个结果的引人注目之处在于，轨道频率 ω（被称为回旋频率）与粒子的速度及这个轨道的半径无关。它仅依赖于 q/m，即给定磁场中的荷质比。这就是说，如果你将许多具有相同荷质比但速率不同的粒子射入一个垂直于磁场的平面内，它们的轨道半径会不同，但是不管是大轨道，还是小轨道，也不管运动的快与慢，所有轨道上的粒子，都会在相同的时间内回转。

欧内斯特・劳伦斯（1901—1958）在去伯克利工作之前，曾在耶鲁做过一段时间的教员。在设计粒子加速器——回旋加速器时，他绝妙地利用了这一性质。先来看一个简单的加速器。取一个电压为 V 的电池，将之与两块平行板相连，在两板间形成一个场。从正极板处释放一个质子，它将加速向负极板运动，获得的动能为 $\frac{1}{2}mv^2 = eV$。当它到达负极板时，发现你已经巧妙地开出了一个孔，使它以大小为 $v = \sqrt{2eV/m}$ 的速度从这个孔射出。这就是你的粒子加速器。如果要加速它，使它的能量越来越高，可以使电池的电压越来越高，也可以采用一系列刚才讲过的加速器依次加速粒子。的确，斯坦福直线加速器中心（SLAC）有一个加速器就是这样工作的，它在两英里的长度内反复不停地加速粒子，不过其中还使用了交流电。

劳伦斯发明的加速器与这个设计不同，利用了电场和磁场。取一个封闭的金属圆柱，其底面积很大，但是高度很小。将之沿直径分为相等的两半。这两半叫作 D 形盒，这样命名的理由是显而易见的。使两个 D 形盒分开，中间留有一个小间隙，如图 8.5 的右图所示。在垂直于两个 D 形盒的平面内加磁场 B。将一个电压为 V 的电池与两个 D 形盒相连，两者的电势就不同了。这样，在两个 D 形盒之间建立起了电场 $\boldsymbol{E}$ 和电势差 V。在接近中心的地方，以切向速度 $\boldsymbol{v}$ 向正的 D 形盒射入一个带正电的粒子。进入磁场后，它沿圆形轨道偏转，运动过半个回路后射出，进入另外一个 D 形盒。在跳跃过程中，因为两个 D 形盒之间的电压为 V，所以它获得了动能，大小为 qV。经过另外这一半圆周后，当它再次向原来那个 D 形盒运动时，会失去所获得的动能，因为电场阻止它运动，前面跳跃时的下山行程现在变为了向山上爬。这可不是一个好的加速器。假设我们可以巧妙地恰好在第二次跳跃前交换电池的极性，就可以使得粒子的动能又一次增加了 qV。因为速率增大了，所以它就会在一个半径更大的轨道上运动。当它将要再次跳跃时，我们就再次交换极性。粒子在沿轨道盘旋过程中速率会增大，一直保持向低电位运动，就像出自艾舍尔㊀的作品。最终这个粒子的轨道半径会超过 D 形盒的尺寸，我们将这个加速运动的粒子引出，用于其后所需的碰撞。

这种设计的缺陷是，我们必须快速地交换极性。但是，我前面所讲的内容里隐藏着一个好消息：这就是我们交换引线的频率是不变的，因为 ω 不受速率和半径变化的影响。你可能已经猜到了，劳伦斯并没有手工变换两个 D 形盒的极性，也没有让他的研究生去这样做，他只不过根据所需的 ω 使用了相应的交流电压。

劳伦斯的第一台回旋加速器的直径约为 5 英寸，可以使质子获得 80,000eV 的能量。（这就像将 80,000V 的电池接在我们的平行板加速器上。）后来，他采用了更大的磁铁使得这个能量达到了 16,000,000eV。他的想法是：要想将 100 万电子伏特的能量传给一个粒子，你不必用百万伏特的电池，你只要将它加速 100 万次而每次仅给它很小的 1eV 能量即可。最终还是需要改变设计，因为前面推导中用到的非相对论运动学不再成立。其后的那一代加速器叫作电子感应加速器，专为相对论级的能量而设计，后面将对此进行讨论。

8.3 载流导线受到的磁力

洛伦兹力公式描述的是单个电荷，比如说一个电子，受到的磁力。在某些情况

㊀ 艾舍尔（Maurits Cornelis Escher）（1898—1972），荷兰版画家。他的版画充满幻想，赋予数学色彩，常会令人叫绝。——译者注

下，例如在设计阴极射线管或加速器时，这个公式发挥了作用。但是，在很多时候，运动电荷不过是载流导线的一部分。让我们由洛伦兹力的表达式出发，推导出宏观电流所受的磁力公式。

取一根通有电流 I 且横截面积为 A 的导线，设其中的电流是恒定的。不过，这根导线可以被扭转和弯曲，所以电流的方向是变化的。我们在导线上取一小段，利用矢量将它写作 $\mathrm{d}\boldsymbol{l}$，求一求它受到的磁力。这根导线位于磁场 $\boldsymbol{B}(\boldsymbol{r})$ 之中，在这个线元上，磁场可以被视为是均匀的。因为有很小的载流子在这一小段导线内运动，所以这个线元会受到力的作用。每个载流子受到的磁力为 $e\boldsymbol{v}\times\boldsymbol{B}$。我们必须要把所有这些力加起来。如果这个线元的长度为 $\mathrm{d}l$，我们会涉及多少电荷呢？它等于载流子的密度 n 乘以这个线元的体积，$A\mathrm{d}l$。因此，这个线元所受的力等于

$$\mathrm{d}\boldsymbol{F}=e\cdot n\cdot A\cdot \mathrm{d}l\cdot \boldsymbol{v}\times\boldsymbol{B} \tag{8.10}$$

现在，我将在此处做个转换。这个力包含着 $\mathrm{d}l$，也就是矢量 $\mathrm{d}\boldsymbol{l}$ 的模，与速度矢量 $\boldsymbol{v}$ 的乘积。因为 $\mathrm{d}\boldsymbol{l}$ 与 $\boldsymbol{v}$ 都沿着导线的，所以可以将矢量符号放在 $\mathrm{d}\boldsymbol{l}$ 上，而将 $\boldsymbol{v}$ 以其大小 v 代替，得到

$$\mathrm{d}l\,\boldsymbol{v}=v\mathrm{d}\boldsymbol{l} \tag{8.11}$$

两者描述的都是一个沿电流方向而大小为 $\boldsymbol{v}\mathrm{d}l$ 的矢量。由此得到

$$\mathrm{d}\boldsymbol{F}=enAv\mathrm{d}\boldsymbol{l}\times\boldsymbol{B} \tag{8.12}$$

而 $enAv$ 是电流强度 I，所以作用于线元 $\mathrm{d}\boldsymbol{l}$ 的力等于

$$\mathrm{d}\boldsymbol{F}=I\mathrm{d}\boldsymbol{l}\times\boldsymbol{B} \tag{8.13}$$

这是个值得我们记住的结论。

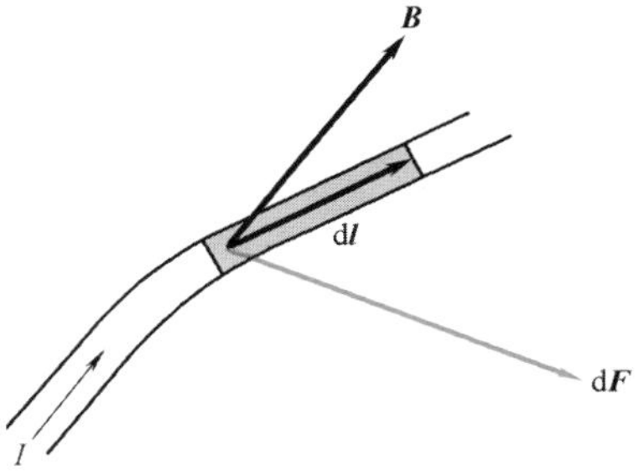

图 8.6 一根通有电流 I 的导线，作用于其上线元 $\mathrm{d}\boldsymbol{l}$ 的磁力等于 $I\mathrm{d}\boldsymbol{l}\times\boldsymbol{B}$。它不过是 $\mathrm{d}\boldsymbol{l}$ 内各个载流子受到的磁力之和。

现在举个例子。空间存在着均匀的磁场 $\boldsymbol{B}$，其方向垂直纸面向外，沿 z 轴正向。一根半圆形导线位于纸面（xy 平面）内，载有沿逆时针方向的电流 I，如图 8.7 所示。我们来求一求作用于直径上以及半圆部分的力。

很容易想出该如何求解直径部分的受力，因为这段上各处电流方向是一样的。这个力的大小为

$$F=B(2R)I \tag{8.14}$$

方向沿 y 轴向下。

来看半圆部分，图中在与 x 轴夹角为 θ 方向给出了一个线元 $\mathrm{d}\boldsymbol{l}$。因为 $\boldsymbol{B}$ 与 $\mathrm{d}\boldsymbol{l}$ 垂直，而力与两者均垂直，所以力位于纸面内，沿径向向外，如图所示，大小等于 $\mathrm{d}F=IB\mathrm{d}l$。图中在与 x 轴夹角为 $\pi-\theta$ 方向还画出了另外一个线元 $\mathrm{d}\boldsymbol{l}^*$，它所受到的力 $\mathrm{d}\boldsymbol{F}^*$ 具有与 $\mathrm{d}\boldsymbol{F}$ 相同的 y 分量和相反的 x 分量。因此只有力的 y 分量会保留下来，我们只要对这部分进行计算就可以了。

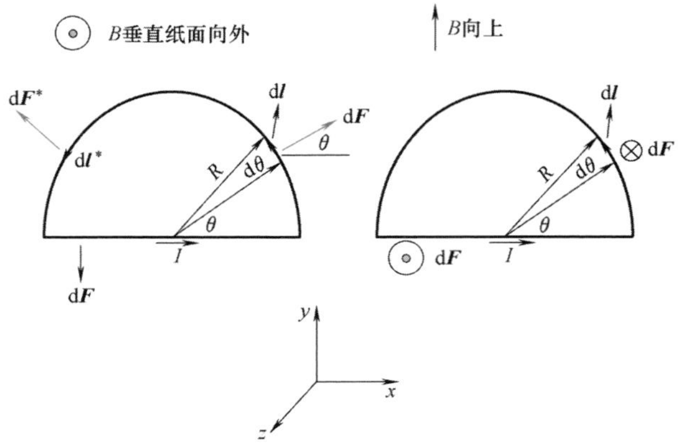

图 8.7　左图：电流回路在 xy 平面内，磁场垂直纸面向外。右图：电流回路和磁场位于同一 xy 平面内。对于这两种情况，作用于电流回路的合力均为零。

$$\mathrm{d}F_y = +IB\mathrm{d}l\sin\theta \tag{8.15}$$

要知道上式中的 $\sin\theta$ 并非是常出现在叉乘之中的那个与两矢量间夹角相关的因子。此处，两个矢量之间的夹角为 $\pi/2$，因为 $\boldsymbol{B}$（垂直纸面向外）和 $\mathrm{d}\boldsymbol{l}$（在纸面内）是彼此垂直的。式（8.15）中的角度 θ 源于 $\mathrm{d}\boldsymbol{F}$ 在 y 轴上的投影。因为 $\mathrm{d}l=R\mathrm{d}\theta$，故作用于半圆部分的合力等于

$$F_y = IBR\int_0^{\pi}\sin\theta\mathrm{d}\theta = 2IBR \tag{8.16}$$

其方向沿 y 轴向上。这个力与作用于直径上方向向下的力恰好彼此抵消。因此作用于闭合电流回路的力等于零。

现在，设 $\boldsymbol{B}$ 与纸面平行，沿 y 轴向上，如图 8.7 右图所示。对于水平的那段，因为电流仍然与 $\boldsymbol{B}$ 垂直，所以作用于水平段的力依旧为 $2IBR$，但是方向是垂直纸面向外的。在半圆上与 x 轴夹角为 θ 处取一个线元 $\mathrm{d}\boldsymbol{l}$，它不再与 $\boldsymbol{B}$ 垂直，而是与 $\boldsymbol{B}$ 成 θ 角。它所受磁力的大小为 $\mathrm{d}F=IB\mathrm{d}l\sin\theta$，这个力会将线元向纸面里推。这次 $\sin\theta$ 是计算叉乘时出现的因子。对 $\mathrm{d}F$ 积分，结果又是 $2IBR$，与作用于直径上的力相抵消。

可以证明，匀强磁场中任意闭合电流回路所受到的磁力为零。

$$\boldsymbol{F} = \oint \mathrm{d}\boldsymbol{F} = I\oint \mathrm{d}\boldsymbol{l}\times\boldsymbol{B} \tag{8.17}$$

$$= I\left[\oint \mathrm{d}\boldsymbol{l}\right]\times\boldsymbol{B} \tag{8.18}$$

$$= 0 \tag{8.19}$$

我将式中的 $\boldsymbol{B}$ 提出到积分号外面，并且用到了这样一个结论：构成闭合回路的所有小线元 $\mathrm{d}\boldsymbol{l}$ 的矢量和为零。

8.4 磁矩

接下来看一个面积为 $A=wl$ 的矩形线圈，将之放到沿 z 轴正向的均匀磁场 $\boldsymbol{B}$ 中，如图 8.8 所示。回路中的电流方向为 1→2→3→4→1。我们用围绕着该面积的箭头表示电流的方向。如果你用右手围着电流按其流向弯曲自己的四指（在家不要这样做），那么你拇指所指的就是面积矢量 $\boldsymbol{A}$ 的方向。

由于对称性，磁场对这个回路的合力为零。对于每一个指向某个方向的 $\mathrm{d}\boldsymbol{l}$，都可以在回路的对边上找到一个与之方向相反的线元，因为 $\boldsymbol{B}$ 是均匀的，所以这个线元会受到相反的力。

然而，磁场会施加力矩，引起绕 OO' 的转动。力矩是由 12 段和 34 段产生的，这两段上的力大小为 BwI，方向与导线垂直且指向是背离线圈的。（另外两条边，23 和 41 也受到指向是背离线圈的力的作用，但是它们对力矩没有贡献。）这个力矩的力臂为 $l\sin\theta$，其中 θ 为 $\boldsymbol{A}$ 与 $\boldsymbol{B}$ 之间的夹角。这一点在图左下角的侧视图中会看得更清楚。这个侧视图是顺着垂直于线圈 41 边的转轴 OO' 方向看过去得到的。所以，线圈受到的力矩等于

$$\tau=BwIl\sin\theta=IAB\sin\theta \tag{8.20}$$

式中的 $\sin\theta$ 清晰地表明，我们可以将之处理为两个矢量的叉乘，这两个矢量是 $\boldsymbol{B}$ 和磁矩 $\boldsymbol{\mu}$，而 $\boldsymbol{\mu}$ 平行于 $\boldsymbol{A}$：

$$\boldsymbol{\mu}=I\boldsymbol{A} \tag{8.21}$$

于是得到

$$\boldsymbol{\tau}=\boldsymbol{\mu}\times\boldsymbol{B} \tag{8.22}$$

力矩 $\boldsymbol{\tau}$ 趋向于使磁矩 $\boldsymbol{\mu}$ 转向外场 $\boldsymbol{B}$ 的方向。所以可以用一个小线圈做磁针：它的法线方向将会指向 $\boldsymbol{B}$ 的方向。

我们称线圈的磁矩为 $\boldsymbol{\mu}$，它对应于电偶极矩。你应该还记得，电场中的电偶极子 $\boldsymbol{p}$ 受到的力矩为

$$\boldsymbol{\tau}=\boldsymbol{p}\times\boldsymbol{E} \tag{8.23}$$

它也试图使 $\boldsymbol{p}$ 转向 $\boldsymbol{E}$ 的方向。因此，在磁场中，一个载流线圈就好似一个磁偶极子。换句话说，线圈的行为类似于一对沿 $\boldsymbol{A}$ 的方向被彼此拉开的反号磁荷。如果磁荷或是磁单极存在，这不过就是一个磁偶极子，可以转向外场方向。截至现在，我们还没有可靠的和可重复的证据表明存在有磁荷或是磁单极，使得磁场可以由它们沿径向发出或是终止于其上。我们只有与磁偶极子行为相似的闭合回路。电偶极矩 p 等于电荷与两电荷间距之积，与此类似，磁矩 μ 等于电流与其面积之积。

除了像电场中的电偶极子那样受到磁场的作用之外，线圈还会激发磁场，它在远处的场与电偶极子的电场相像。我们后面会计算这个场，不过只考虑简单的情况。

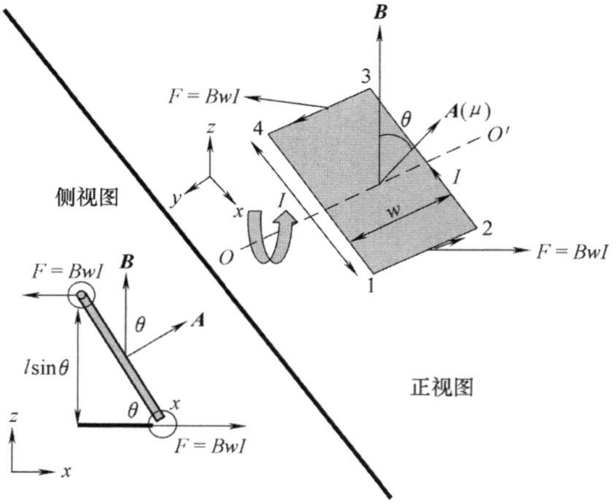

图 8.8 置于磁场 **B** 中的一个面积为 $A=wl$ 的载流线圈。它所受到的合力为零，合力矩 $\boldsymbol{\tau}=\boldsymbol{\mu}\times\boldsymbol{B}$，式中 $\boldsymbol{\mu}=I\boldsymbol{A}$。力矩源于 12 段和 34 段的受力，它试图使线圈按图示方向绕 OO' 轴转动。作用于 23 段和 41 段的力试图拉扯线圈，而不是使之转动。为了便于计算力矩，在左下角给出了一幅插图，它是将线圈沿 OO' 轴方向看过去的侧视图。

由力矩出发，我们可以对它积分，得到势能

$$U=-\boldsymbol{\mu}\cdot\boldsymbol{B}=-\mu B\cos\theta \tag{8.24}$$

当磁矩与场平行（反平行）时，势能最小（最大）。与电偶极子的情况不同，此能量仅反映转动线圈所需的机械功，与线圈转动时保持回路中恒定电流的电场的功无关。

8.5 直流电机

现在我可以利用力矩赚得一些收益了。我可以建造一种装置，这个装置叫作电机。取两块条形磁铁，使它们的南北极相对，如图 8.9 中的左上图所示。在 **B** 恒定的区域内，放置一个与电池相连的线圈。这个线圈会绕平行于引线的轴自由转动。若电流方向如图所示，那么线圈将会转动，直到其 $\boldsymbol{\mu}$ 转至 **B** 的方向为止。假设其运动受到了小小的摩擦阻力，它将会停止在那个位置。那就是我的电机的短暂的一生。它将转到磁矩保持与场的方向一致时，结局就是这样。并且如果磁矩已经指向外场方向的话，它甚至都不干活。这可就卖不出去了。我该怎样做呢？

课堂上有人给出了一个很好的建议，就是使用交流电。但是，假设只有直流电源，我该怎么办呢？每过半圈就互换一下两个磁极倒是能让人开怀大笑一下，但是没有人认为这是个好主意。实际用到的解决办法非常聪明。我们分步讲一讲。

首先，我可以交换电池与旋转线圈相连的引线，而不是其交换磁极。每当线圈

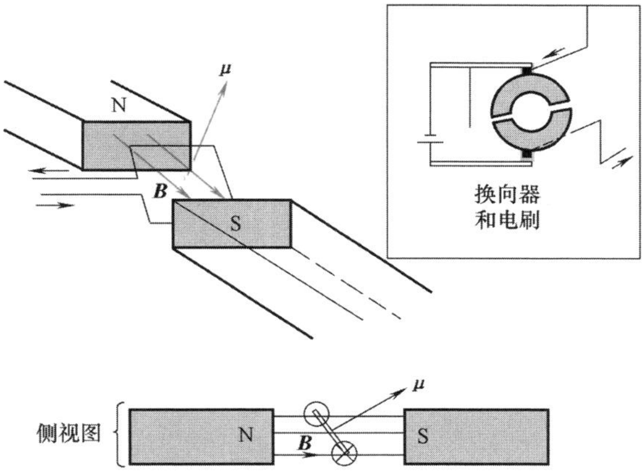

图 8.9 左上：两个永磁体场中的载流线圈。作用于线圈上的力矩使它转动，直到 $\boldsymbol{\mu}$ 平行于 $\boldsymbol{B}$。如果电流反向，它将再转过另外一个 180°，照此继续下去。采用交换器实现电流的反向，如（右上）插图所示，此图中的虚线是用于固定电刷的弹簧。下图：电机的侧视图。

觉得自己已经找到了幸福，达到了最小能量，我就说不行。在它到达那个状态时，通过使电流反向，我将最小能量转变为最大能量。这样，它会接着转半圈，然后，我再次进行这样的操作。现在电机将工作起来，可是我却永远不能离开这台电机去其他地方了，因为我不得不守在引线的开关旁。维持它的成本真是很高。

现在来揭晓实际的答案。如果还不知道答案的话，你就会像我一样，被其深深地折服。与刚才提到的完全不同，实际上，人们发明了换向器，如图 8.9 中的插图所示。旋转线圈的引线与两个金属半圆环相连。这两个金属半圆环随线圈一起转动，其间有微小的间隙。电池并不通过电线与这个线圈硬连接在一起，而是通过两个带有弹簧的电刷与两个半环相连，这保证了两个半环转动时一直是与电池相接通的。现在你就可以从图中看出其端倪了。开始时正极与下面的半环相连，而负极与上面的半环相连，因此电流像图中表示的那样流动。但是，在转过半圈后，两个半环互换了位置，这样，它们的极性以及电流的方向便反转了过来。

第9章

磁学Ⅱ：毕奥-萨伐尔定律

我们已经完成了磁学的第一部分，这部分涉及的是作用于运动电荷以及载流导线的磁力和磁力矩。现在我们学习第二部分：运动电荷以及载流导线所激发的磁场。

从微观层面上看，磁场是由运动电荷激发的，但是采用相应的公式来计算磁场很难，因为任意一点的场都会与这些电荷在过去各个时刻的运动相关。这就像电场，如果电荷是运动的，那么场很难计算，因为在相对论中禁止存在瞬时的远程作用。在静电学中，问题是这样解决的，我们说："看，这些电荷都从不运动，它们永远静止于那里。"于是，它们现在所处的位置也就是它们在过去任一时刻的所在处，这样我们就可以计算出电场了。然而，在磁学中，我们不能禁止电荷运动，因为这禁止的将是激发场的电流。**取而代之的是，我们这样说，电流是恒定的，与时间无关**。到目前为止，这是一条聪明的出路：尽管电荷在导线中运动，但是激发场的电流是恒定的。此时位于导线中某处的电子 A 过一会儿可以被电子 B 所替代，但是对于电流来说，这没有什么区别，它是稳恒的。所以这样的电流所激发的磁场不随时间变化。这就是我们所说的静磁学的含义。

不要将稳恒电流与以恒定速度运动的单个粒子相混淆，它不是稳恒电流。你看出两者间的区别了吗？对于稳恒电流来说，如果你静止于导线内任意一点处，通过你的电流总是相同的。如果你用电流表测量电流，读数是稳定的。与之相反，以恒定速度运动的单个粒子仅在它所在处激发电流。当它运动时，电流随之运动。电流仅存在于电荷所在处。打个比方说。我行驶在高速路上，每小时行驶 40 英里，我自身不会构成稳定的车流，因为我不在的地方没有车辆。我一经过收费亭就向收费机投钱，费用就结清了。另一方面，对于稳定的车流量，钱将被持续地投入收费机。

现在的问题是一个微元，也就是载流导线上很小的一小段，会怎样激发磁场呢？导线中电流的大小是 I，无论我们取哪一段均如此，但是导线是可以被扭转和弯曲的，这个问题中的微元可以用一个矢量 $d\boldsymbol{l}$ 来表示，它是一个更大的回路的一部分，回路给它注入电流并且电流又流入这个回路，而它对场的贡献依赖于它的取向，这取向被记录在 $d\boldsymbol{l}$ 之中。设微元位于 $\boldsymbol{r}'$ 处，而我想要求的是 $\boldsymbol{r}$ 处的场。导线上的每一个微元都将激发微小的磁场 $d\boldsymbol{B}$，计算这个场的公式叫作毕奥-萨伐尔定律：

$$\mathrm{d}\boldsymbol{B}=\frac{\mu_0 I}{4\pi}\frac{\mathrm{d}\boldsymbol{l}\times(\boldsymbol{r}-\boldsymbol{r}')}{|\boldsymbol{r}-\boldsymbol{r}'|^3}\equiv\frac{\mu_0 I}{4\pi}\frac{\mathrm{d}\boldsymbol{l}\times\boldsymbol{e}_{\boldsymbol{r}-\boldsymbol{r}'}}{|\boldsymbol{r}-\boldsymbol{r}'|^2} \tag{9.1}$$

式中

$$\frac{\mu_0}{4\pi}=10^{-7}\frac{\mathrm{N}\cdot\mathrm{s}^2}{\mathrm{C}^2} \tag{9.2}$$

这样取定常量$\frac{\mu_0}{4\pi}$$\left(它与电学部分的\frac{1}{4\pi\varepsilon_0}相似\right)$的值和单位，那么如果以安培度量电流，并且以米度量距离 $\boldsymbol{r}$ 和 $\boldsymbol{r}'$，则由此公式计算出的场的单位为特斯拉。

与库仑定律不同，这是个棘手的公式。磁场的源是一个矢量 $\mathrm{d}\boldsymbol{l}$，而那个电场的源是个点电荷。相应的公式也如此，因为磁场的源是运动电荷，所以电荷的速度矢量会被引入进来。

点电荷不具备矢量特性，所以在我们所关心的场点处，它所激发的电场沿着电荷与此场点的连线，即沿着相对位置矢量的方向。其他矢量无法起作用。而电流元则不同，它除了具有位置以外，还具有方向，描述了通过这点的电流是怎样流动的。正因为多了这个 $\mathrm{d}\boldsymbol{l}$，才可以将它与相对位置矢量 $\boldsymbol{r}-\boldsymbol{r}'$以叉乘的方式结合在一起，形成另外一个矢量。这就是对于这些叉乘的理解。

9.1　毕奥-萨伐尔定律的应用：圆电流的磁场

我们来求解圆电流的场，这是第一个关于毕奥-萨伐尔定律的应用的例子。如图 9.1 所示，一个半径为 R 的圆电流位于 xy 平面内，圆心在原点，其中通有电流 I。我们仅考虑在点（0，0，z）处或是在 $\boldsymbol{r}=\boldsymbol{k}z$ 处的磁场。

与处理带电圆环一样，我们将这个圆电流分为小段，求出每一段激发的场，再进行叠加。首先，在 y 轴上 $\boldsymbol{r}'$点处取线元 $\mathrm{d}\boldsymbol{l}$，如图所示。它一半露在纸面外，另外一半在纸面后（恰似这个圆电流），电流的方向是垂直纸面向里的。我们以 $\mathrm{d}\boldsymbol{l}$ 与 $\boldsymbol{r}-\boldsymbol{r}'$的叉积除以一些标量。这个叉积一定（ⅰ）位于纸面内，因为它垂直于 $\mathrm{d}\boldsymbol{l}$，（ⅱ）与叉乘中另外一个矢量 $\boldsymbol{r}-\boldsymbol{r}'$垂直。因此，$\mathrm{d}\boldsymbol{B}$ 一定在 yz 平面内，大小为

$$|\mathrm{d}\boldsymbol{B}|=\frac{\mu_0 I}{4\pi}\frac{\mathrm{d}l}{R^2+z^2} \tag{9.3}$$

式中没有出现叉乘中的那个因子“$\sin\theta$”，因为这里的两个矢量彼此垂直。

只有 $\mathrm{d}\boldsymbol{B}$ 的 z 分量会保留下来，

$$\mathrm{d}B_z=|\mathrm{d}\boldsymbol{B}|\cos\alpha=|\mathrm{d}\boldsymbol{B}|\frac{R}{\sqrt{R^2+z^2}} \tag{9.4}$$

因为直径另一端方向垂直纸面向外的微元 $d\boldsymbol{l}^*$，有与 $d\boldsymbol{l}$ 相同的 z 分量、相反的 y 分量。最终，合场为

$$\boldsymbol{B}(0,0,z)=\boldsymbol{k}\frac{\mu_0 I}{4\pi}\frac{1}{R^2+z^2}\frac{R}{\sqrt{R^2+z^2}}\int dl \tag{9.5}$$

$$=\boldsymbol{k}\frac{\mu_0 I}{4\pi}\frac{2\pi R^2}{(R^2+z^2)^{3/2}} \tag{9.6}$$

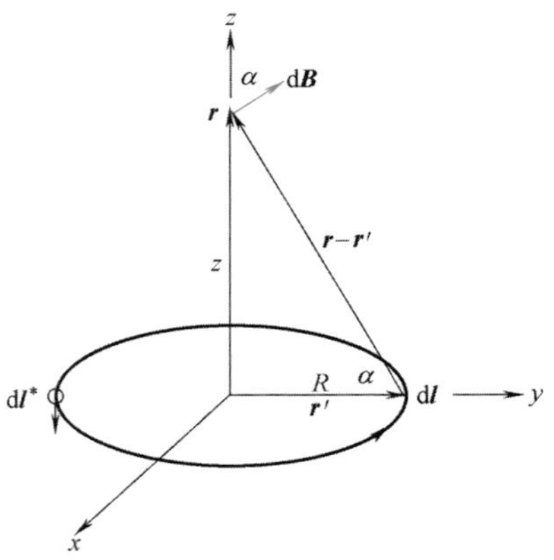

图 9.1 圆电流（一半露在纸面外，另外一半在纸面后）对称轴上一点的场。垂直于纸面的矢量微元 $d\boldsymbol{l}$ 激发的场矢量 $d\boldsymbol{B}$ 垂直于矢量 $\boldsymbol{r}-\boldsymbol{r}'$。我们只保留 $d\boldsymbol{B}$ 的 z 分量即可，因为其平行于 xy 平面的分量被位于直径另一端的其对面的微元 $d\boldsymbol{l}^*$ 所抵消。

式中用到了 $\int dl=2\pi R$。

在圆电流的中心，即原点处有

$$\boldsymbol{B}(0,0,0)=\boldsymbol{k}\frac{\mu_0 I}{2R} \tag{9.7}$$

当 $z\to\infty$ 时有

$$\boldsymbol{B}(0,0,z\to\infty)=\boldsymbol{k}\frac{\mu_0(\pi R^2 I)}{2\pi z^3} \tag{9.8}$$

$$=\boldsymbol{\mu}\frac{\mu_0}{2\pi z^3} \tag{9.9}$$

式中的磁矩

$$\boldsymbol{\mu}=I\boldsymbol{A}=\boldsymbol{k}\pi R^2 I \tag{9.10}$$

除了不可避免地将 $\varepsilon_0\leftrightarrow 1/\mu_0$ 外，这个场与我们以前求出的电偶极子在远处的场是完全一样的。

若场点偏离对称轴，求解磁场是非常复杂的，因为所有的对称性都不再存在了。结果是，在远离这个偶极子的地方，场与电偶极子在远处的场是完全相同，如图 9.2 所示，这里不再证明。

就像以前所说的那样，在相应的场中，磁偶极子与电偶极子不仅所受的力矩是相似的，而且它们在远处激发的场也是一样的。风马牛不相及的事情竟然如此相近！如果你靠近电偶极子，会发现两个反号的电荷。但如果靠近磁偶极子，你在中心处找到的不是磁荷，而是个圆电流。所以大自然赐予了我们磁偶极子，但是没有给磁单极。

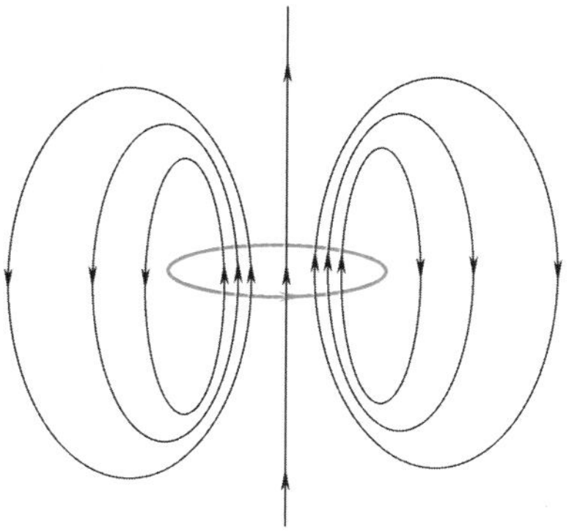

图 9.2　圆电流在偏离轴线的一般点所激发的场（草图）。除非你靠近场源，它与电偶极子的场是相似的。你在场源附近遇到的是一个圆电流，而不是一对极性相反的磁单极。

9.2　条形磁铁的微观描述

假如我现在把许多圆电流共轴地摞在一起，比如说用一根导线在圆柱形的纸筒上绕许多圈形成一个螺旋状。若已知一个圆电流激发的是个偶极子场，那么我们将看到它的场类似于图 8.2 中所示的那个电磁铁的场，这是合理的。这个场与一个条形磁铁的场也是完全一样的。假如有一个小磁针，那么它在这两者周围的行为是一样的。

接下来，我们要研究的是由若干载流线圈激发的磁场。我们也可以研究看上去没有电流的永磁体的场。这个磁铁没有与任何东西相连。来做个选择。我们可以说这是上帝创造的一种新磁力，只有上帝知道它是什么，或者我们也可以这样说，“我们相信一切均源于电流。”如果采用第二种看法，那么问题是条形磁铁的电流在哪里呢？它们来自原子中的电子。每个原子中的电子都围绕着原子核运动，且每个运动的电子都构成了电流。（电子做轨道运动的图景不是最终结果，量子力学会对之进行修正。）假设有 9 个电子位于纸面内，它们在各自的原子内运动，如图 9.3 的左图所示。在两个原子之间的区域内，电流方向相反，彼此抵消。只有在边界或是边缘处的电流不能被抵消。因此单一的一层的原子只在边缘处形成电流。因为源于原子电流，所以它是永久性的。

不错，这仅仅是由一层原子层构成的一种二维的电流，但是你可以认为一个具有磁性的固体是由许多层这样原子构成的。因此磁性材料表面会具有一层这样的等效电流，就是它们激发了磁场。对于图 9.3 中所示的圆柱形磁铁，电子轨道位于与圆柱体的高相垂直的平面内，而边缘电流沿着弯曲的表面流动，按照右手定则，它所激发磁场是沿着圆柱体轴向的。

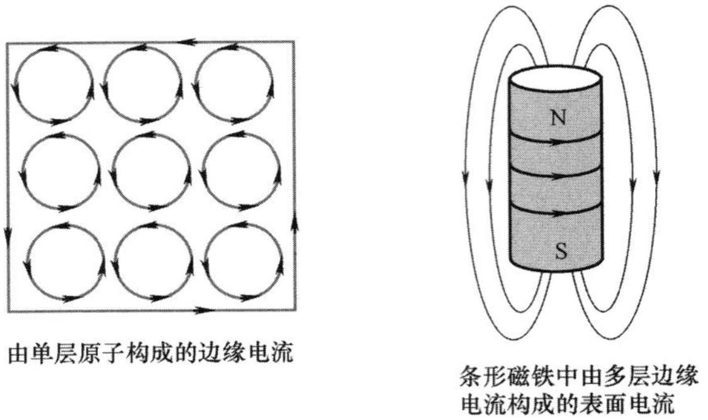

图 9.3　左图：由位于同一层的 9 个原子形成的边缘电流。右图：永磁体中多层边缘电流构成了表面电流。

即使是这样一个对磁性的粗糙描述，也给我们留下了许多问题。为什么不是所有物体都具有磁性？为什么土豆就没有磁性呢？它的原子中也是有电子的，对吗？为什么这些电子的轨道没有排列起来激发出磁场呢？假如这些电子的轨道排列起来，它们的南北极轴会沿什么方向呢？

首先，有些材料可能不能成为磁铁，这可能是因为其中各个电子轨道对原子合磁矩的贡献为零。例如，原子中有两个电子，它们的运动方向相反。对于原子整体来说，其磁矩为零。这样，毫无疑问，宏观上看它没有磁性。

即使原子具有未被抵消的磁矩，然而，**不同**原子磁矩的指向也可能是随机的，使得它们相加后为零。这种杂乱无章的取向是热运动的反映。受热时，物质就会**随机运动**。如果将电冰箱上的磁铁拿下来，放到烤盘上加热一会儿，你就会发现它的磁性变弱了。如果你将它加热到**居里温度**之上，这种热运动就会变得很剧烈，它甚至可以将这个磁铁的磁性完全破坏。然而，如果你将之冷却到**居里温度**之下，磁性就又恢复了。

这里有一个深奥的问题。很清楚，一个南北极指向某个方向的磁铁被加热后会失去磁性。但是如果被冷却到居里温度之下它就会磁化了，那么**磁化强度指向何方呢？**（此处，我们假设原子形成的晶体是没有方向的。）这些小磁矩是怎样具有了一个共同的方向，形成了磁有序的状态呢？答案是它们需要**外磁场**的帮助。当这些偶极子处于外磁场之中时，外磁场促使这些磁矩按照场的方向排列起来。如果撤去外磁场，结果会如何呢？某些情况下，无规则的热运动占据优势，结果磁性消失。对于顺磁材料，处于居里点温度之下时，**即使撤去外此场**，偶极子仍会保持沿那个方向的排列。为什么？因为当沿外场排列时，这些偶极子自身会激发足够强的磁场，以致即使外场消失，它们也可以保持住这种排列。它借助自身力量取得成功。（这好比是帮助孩子练习骑自行车时，先推一下，使较低的速度持续一会儿，再让孩子自己骑。）因此，磁性是共同作用的结果。只有在热扰动不够强、不足以遏制磁矩自身带来的有序趋势时，磁性才能够存在。

9.3 无限长载流直导线的磁场

现在，来看一个经典问题，通有电流 I 的长直导线所激发的磁场。图 9.4 所示的就是这样一根沿 x 轴放置的导线。我们来求一下 xy 平面上 $\boldsymbol{r}=(0, a)$ 点的场。像通常所做的那样，在 x 轴上取一个长为 $\mathrm{d}x$ 的线元，由此线元到场点的矢量 $\boldsymbol{r}$-$\boldsymbol{r}'$也位于 xy 平面上，如图所示。它们的叉积的方向是垂直纸面向外的，大小为

$$\mathrm{d}B = \frac{\mu_0 I}{4\pi(x^2+a^2)}\mathrm{d}x\sin\theta \tag{9.11}$$

$$= \frac{\mu_0 I}{4\pi(x^2+a^2)}\mathrm{d}x\,\frac{a}{\sqrt{a^2+x^2}} \tag{9.12}$$

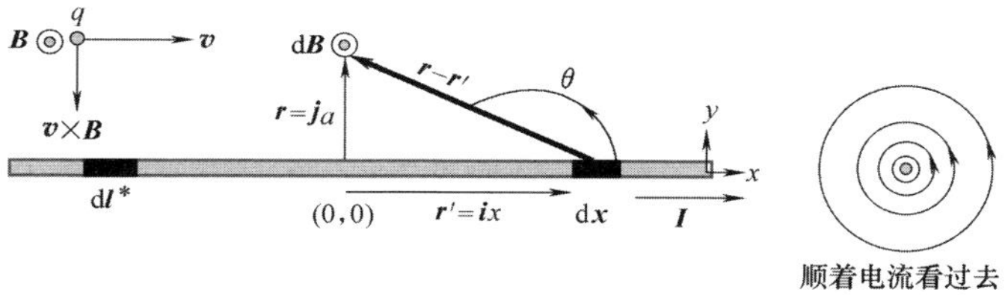

图 9.4 左图：线元 $\mathrm{d}\boldsymbol{l}=\boldsymbol{i}\mathrm{d}x$ 贡献的场。这个线元与 $\boldsymbol{r}$-$\boldsymbol{r}'$矢量间的夹角为 θ。结果是 $\mathrm{d}\boldsymbol{B}$ 是指向纸面外的。(中心带有圆点的圆圈表示该矢量的方向垂直纸面向外。) 位于$-x$ 处的线元 $\mathrm{d}\boldsymbol{l}^*$ 对场贡献的大小是相同的。顺着导线平移和绕 x 轴旋转就可以得到各处的场。一个平行于导线运动的电荷受到的是吸引力。右图：顺着 x 轴看过去得到的视图，电流垂直纸面向外。

$$B = \frac{\mu_0 I}{4\pi}\int_{-\infty}^{\infty}\frac{a\mathrm{d}x}{(a^2+x^2)^{3/2}} \tag{9.13}$$

$$= \frac{\mu_0 I}{2\pi a} \tag{9.14}$$

(位于$-x$ 处的线元 $\mathrm{d}\boldsymbol{l}^*$ 对场贡献的大小与 $\mathrm{d}\boldsymbol{l}$ 相同。)

利用常见代换 $x=a\tan\theta$，证明下面这个等式，就可以补上省略的那些步骤：

$$\int_{-\infty}^{\infty}\frac{a\mathrm{d}x}{(a^2+x^2)^{3/2}} = \frac{2}{a} \tag{9.15}$$

像以前一样，写出 $x=aw$，进行变量代换，你便可以证明对 x 的积分是个常量（量纲为 1 的积分）乘以 $1/a$。甚至更简单，这个积分的量纲为长度的倒数，而这里仅有 a 具有长度量纲。

根据对称性，我们可以求得空间各点的场。首先，对于无限长直线，当我们平

行于导线运动时，所经过的各点的场是相同的。其次，导线是位于三维空间中的，我们在图中看到的是过 xy 平面的一个截面。将在图中所看到的绕 x 轴旋转，就能够得到整体的分布。图中右侧给出了顺着导线看过去得到的视图，电流是垂直纸面向外的。利用角向单位矢量 $\boldsymbol{e}_{\phi}$，我们可以写出

$$\boldsymbol{B}=\frac{\mu_0 I}{2\pi a}\boldsymbol{e}_{\phi} \tag{9.16}$$

此处可以用右手定则：如果沿着 $\boldsymbol{B}$ 弯曲你的四指，那么拇指所指的就是电流的方向。

无限长载流导线的场线是闭合的，是围绕着电流的。而对于无限长带电直线来说，从其一端看过去，场线是沿径向向外的。尽管各个微元对场的贡献随距离按平方反比规律衰减，但是这两个场却按 $1/a$ 方式衰减。

利用这个公式可以解释开始讲磁学时提到的一些现象。图 9.4 中有个电荷 $q>0$ 以速度 $\boldsymbol{v}$ 平行于导线且垂直于 $\boldsymbol{B}$ 运动。它受到的力大小为

$$F=qvB=\frac{\mu_0 Iqv}{2\pi a} \tag{9.17}$$

方向指向这根导线。若使速度 $\boldsymbol{v}$ 或是电流的方向反向，则引力变为斥力。

紧接着，如果我们将电荷 q 换为一根载有同向电流 I' 的导线，这根导线也会被吸引。为方便起见，我们设这两根导线均是无限长的。然而，这样的话，它们之间的作用力也会是无限大的。因此，对第 2 根导线，我们来求单位长度所受的力。回忆一下，通有电流 I' 的微元 $\mathrm{d}\boldsymbol{l}$ 受到 $\boldsymbol{B}$ 对它作用力为

$$\mathrm{d}\boldsymbol{F}=I'\mathrm{d}\boldsymbol{l}\times\boldsymbol{B} \tag{9.18}$$

我们看到，第 2 根导线每单位长度（$|\mathrm{d}\boldsymbol{l}|=1$）所受到的第 1 根导线对它的作用力的大小为

$$\text{单位长度受力}=\frac{\mu_0 II'}{2\pi a} \tag{9.19}$$

任意改变其中一个电流的方向，引力就变为斥力。我们还看到，这个结果关于 I' 和 I 对称，所以遵守牛顿第三定律。在我们知道原子和电子之前很久，就是根据这个公式利用宏观量来定义安培的。两根相距 1m、彼此平行且通有 1A 电流的导线在单位长度上受到的对方导线的作用力等于 2×10^{-7} N/m［取式（9.19）中的 $\mu_0=4\pi\times10^{-7}\mathrm{N\cdot s^2/C^2}$］。

前面我曾问过这样一个问题："怎样构建一个矢量，才能使得两根载流导线间的作用力在电流平行时相吸、电流反平行时相斥呢？"简单地引入电流矢量不能成功，它们做点乘得到的是个标量，做叉乘结果为零。我们看到正确的结果相当复杂，要按顺序做两个叉乘。第一个叉乘源自利用毕奥-萨伐尔定律求 $\boldsymbol{B}$，将第一根导线上的各个微元 $\mathrm{d}\boldsymbol{l}$ 与矢量 $\boldsymbol{r}-\boldsymbol{r}'$ 做叉乘。第二个是将求出的 $\boldsymbol{B}$ 与第二根电流的微元 $\mathrm{d}\boldsymbol{l}'$ 做叉乘。（求解一根导线和一个运动电荷间相互作用力的方法相同，只不过是

以$\boldsymbol{v}$代替了 d$\boldsymbol{l}$。）两个电荷间的引力很简单，由 q_1q_2/r^2决定，而两根导线间的引力尽管有着简单的表达式，但是其背后却隐藏着复杂的叉乘。

9.4　安培环路定理

安培环路定理㊀在静磁学中的地位与高斯定理在静电学中的一样。回顾一下我们在静电学中的工作。我们计算了点电荷 q 所激发的电场对以其为球心的球面的积分。我们得到的答案是 q/ε_0，它与积分球面的半径无关，因为球的表面积按 r^2规律变化，而电场按 $1/r^2$规律衰减。然后，我们证明了对于所有包含电荷的闭合曲面来说，这个面积分的值相同。最后，利用叠加原理，我们证明了 $\boldsymbol{E}$ 对于任何闭合曲面的积分等于该曲面所包围的电荷除以 ε_0。

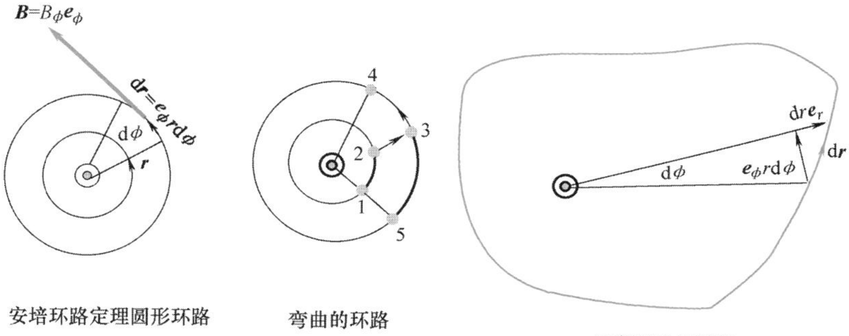

图 9.5　左图：安培环路定理与圆形环路。中间图：两部分对导线所张的角度相同。右图：任意形状的安培环路。

下面是安培环路定理。取一根通有电流 I 的无限长载流导线，设它的场为 $\boldsymbol{B}$。我们从导线一端看过去，如图 9.5 中最左边的部分所示，电流方向向外朝向我们，而场线是逆时针方向的圆。

图 9.5 左侧的那幅图中，有一个半径为 r 的圆围绕着这根电流。来看一下 $\boldsymbol{B}$ 沿这个环路的积分。这个积分被称为环流。线元和场都是沿角向的：

$$\boldsymbol{B}=\boldsymbol{e}_\phi\frac{\mu_0 I}{2\pi r} \tag{9.20}$$

$$\mathrm{d}\boldsymbol{r}=\boldsymbol{e}_\phi r\mathrm{d}\phi \tag{9.21}$$

所以这个线积分很简单：

$$\oint \boldsymbol{B}\cdot\mathrm{d}\boldsymbol{r}=\int_0^{2\pi}\boldsymbol{e}_\phi\frac{\mu_0 I}{2\pi r}\cdot\boldsymbol{e}_\phi r\mathrm{d}\phi \tag{9.22}$$

㊀　这里原文为 Ampère's law，我们仍按国内叫法译为安培环路定理。——编辑注

$$= \mu_0 I \frac{1}{2\pi}\int_0^{2\pi} \mathrm{d}\phi \tag{9.23}$$

$$= \mu_0 I \tag{9.24}$$

这个线积分或是环流与圆的半径无关。与这一点相似的是：电场强度的面积分对以这个电荷为球心的任意球面都相同，与半径无关。

接下来考虑包含径向和角向部分的环路。图 9.5 中间的那幅图中给出了两个这类环路的片段，它们对原点的张角相同。看沿圆周的那一段，5→3→4。$\boldsymbol{B}$ 沿这段的线积分等于

$$\frac{\mu_0 I}{2\pi} \cdot (5\to3\to4 \text{ 弧张开的角度})$$

另外一段 1→2→3→4 张开的角度相同，但是路径不同。$\boldsymbol{B}$ 沿角向 1→2 部分的线积分等于

$$\frac{\mu_0 I}{2\pi} \cdot (1\to2 \text{ 弧张开的角度})$$

因为 $\boldsymbol{B}$ 是沿角向的，所以径向 2→3 部分对线积分没有贡献。最后，$\boldsymbol{B}$ 沿 3→4 部分的线积分等于

$$\frac{\mu_0 I}{2\pi} \cdot (3\to4 \text{ 弧张开的角度})$$

最终结果很清楚，$\boldsymbol{B}$ 沿这两段路径积分的结果都相同，因为它只与路径所扫过的总角度相关。因此，环流对于包围电流的任意路径都相同，这路径中可以有任意多的径向和角向部分。

图中最右侧那幅图给出了一个任意环路。线元 $\mathrm{d}\boldsymbol{r}$ 既不是径向的也不是角向的，而是两部分的组合：

$$\mathrm{d}\boldsymbol{r} = \boldsymbol{e}_r \mathrm{d}r + \boldsymbol{e}_\phi r \mathrm{d}\phi \tag{9.25}$$

做线积分时，经过与纯沿角向的磁场做点积运算后，上式中只有角向部分才能被保留下来：

$$\oint \boldsymbol{B} \cdot \mathrm{d}\boldsymbol{r} = \oint \boldsymbol{e}_\phi \frac{\mu_0 I}{2\pi r} \cdot (\boldsymbol{e}_\phi r \mathrm{d}\phi + \mathrm{d}r \boldsymbol{e}_r) \tag{9.26}$$

$$= \mu_0 I \frac{1}{2\pi}\int_0^{2\pi} \mathrm{d}\phi \tag{9.27}$$

$$= \mu_0 I \tag{9.28}$$

因此，$\boldsymbol{B}$ 沿任意闭合环路的线积分等于该环路所包围的电流乘以 μ_0。

与此相似的是这样一个表述，电场强度对包围电荷的任意曲面的积分等于这个曲面所围的电荷除以 ε_0。这是单个电荷场中高斯定理的最一般表述。从此出发，利用叠加原理求出合场强，我们可以得到点电荷系的高斯定理。同理，我们将安培环路定理从单根电流场拓展到多电流场。

假设位于纸面内的闭合环路 C 包围着多根电流 I_1，…，I_N，如图9.6所示。我们可以将相应的磁场进行叠加，进而得到合场的 $\boldsymbol{B}$ 沿闭合环路 C 的线积分或是环流与环路 C 所围的电流间的关系，即著名的安培环路定理：

$$\oint_C \boldsymbol{B} \cdot \mathrm{d}\boldsymbol{r} = \mu_0 \sum_{j=1}^{N} I_j \tag{9.29}$$

请记住符号规定。顺着环路沿逆时针方向弯曲右手四指，那么你的拇指将指向纸面外。如果电流流向纸面外⊙，则它的符号为正；如果电流流向纸面内⊗，则它的符号为负。式（9.29）右手侧电流的符号必须遵守这个法则。例如：如果两个1A的电流流向外，还有两个1A的电流流向里，那么 $\boldsymbol{B}$ 的线积分是零。环路外的电流对于这个线积分没有贡献。如果对于不包围电流的环路重复上述推导，所得的答案依旧是与环路扫过的角度成正比，而现在这个角度等于零。我们沿着这个环路走，所在的那个角度开始时是增大的，随后减小，完成一圈后，回到初始值。自己证明一下这个结论，需要的话，可以画个图。

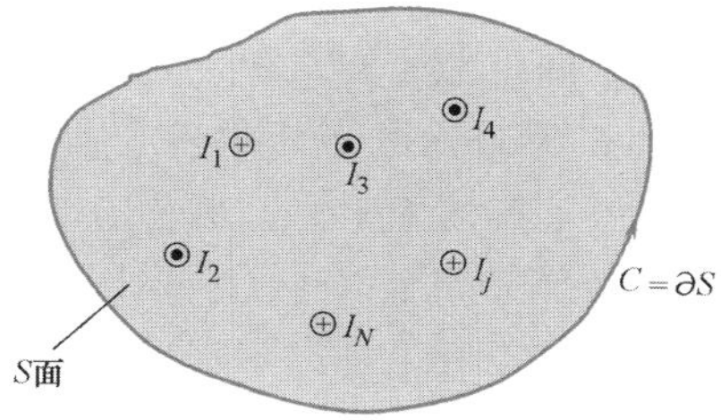

图9.6　安培环路定理应用于包围多个电流的闭合环路 C。有些电流向纸面外⊙，有些电流向纸面内⊗。电流可以被写为电流密度 $\boldsymbol{j}$ 对以 C 为边界的 $S=\partial C$ 面的面积分。

所有这些都与高斯定理很相像。高斯定理将 $\boldsymbol{E}$ 沿一个闭合曲面 S 的面积分与该闭合曲面内所围的总电荷联系在一起，并且需要注意每个电荷的符号。S 外的电荷没有贡献，源于这个电荷的通量进入闭合面后还会离开，不会存留于这个曲面内。

不过，区别还是存在的。

首先在式（9.29）描述的情景中，电流 I_j 为无限长的直电流，在这一情形下，$\boldsymbol{B}$ 的公式非常简单。我们要取消这个限制。先将 C 所包围的电流改写一下，将之写为电流密度 $\boldsymbol{j}$ 对 S 面（图中以阴影表示）的积分。安培环路定理的形式变为

$$\oint_C \boldsymbol{B} \cdot \mathrm{d}\boldsymbol{r} = \mu_0 \sum_{n=1}^{N} I_n = \mu_0 \int_S \boldsymbol{j} \cdot \mathrm{d}\boldsymbol{S} \tag{9.30}$$

（只有在导线穿过 S 的地方，电流密度才不为零。$\boldsymbol{j}$ 对导线 n 横截面的积分等于 I_n。）

这看上去是合理的。$\boldsymbol{B}$ 沿 C 的线积分和电流密度对以为 C 边界的 S 面的面积分仅与这个面的电流密度相关，与电流是否是无限长的（我们前面推导时用到的）无关，它可以是其他任意一些穿过 S 面的相同强度的电流。这个合理的猜测是正确的，可以利用毕奥-萨伐尔定律和某些更高等的方法对之进行证明。这样，应用安培环路定理时，对于式（9.30）中穿过 S 面的电流，我们不必再做限

制了。

现在说第二个区别。我是在三维空间中证明的高斯定理。闭合曲面是三维空间中的，曲面所包围的电荷等于电荷密度 ρ 对 S 所包围的那部分体积的积分，这个体积是唯一确定的。然而，前面对安培环路定理的推导却是在二维空间中进行的，边界 C 位于垂直于电流的平面内（在纸面内）。这个边界包围的面（平面）S 是唯一的，穿过这个面的电流就是安培环路定理等式右侧中所指的电流。但是，电流是位于三维空间中的。如果那个包围电流的边界 C 是三维的、并不位于平面内，或是假如以 C 为边界做出无限多个具有相同边界的面 S，那安培环路定理会如何呢？你的思路一定要跟上来。假想有一个闭合的金属圈，你把它浸入肥皂水中，那么肥皂膜将会形成一个以这个金属圈为边界的面。如果这个圈不是平面的，则这个面也不是平面的。安培环路定理可以用于此情况，肥皂膜是那个面，而圈是那个边界。现在，向这个肥皂膜吹气，它就会凸起来，形成一个新的面，但是这个圈还是其边界。图 9.7 就此进行了图解。对于这样的圈和凸起的面，安培环路定理是否还成立呢？这就是我们要说的问题。

图 9.7 中的轮廓线 C 是 S 和 S' 两个面的边界。若将 $\boldsymbol{B}$ 沿着 C 进行积分，所得结果是否等于 μ_0 乘以通过 S 和 S' 这两个面的电流呢？答案是肯定的，因为通过两者的电流是相同的。因此使用安培环路定理时可以用两者中的任意一个面。（如果电流穿入 S 之后并没有穿出 S'，那么，这要么是违背了电荷守恒，要么是在以 S 和 S' 为边界通过 C 黏合在一起的体积内出现了随时间持续地积累的电荷。）

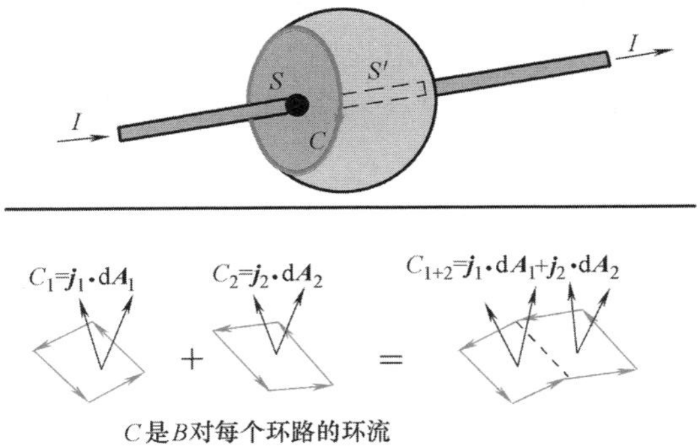

图 9.7　上图：轮廓线 C 是 S 和 S' 两个面的边界。根据电荷守恒可知，穿过这两个面的电流 I 是相同的，所以使用安培环路定理时可以用这两者中的任意一个面。下图：对于由两个具有共同边线的平面接合起来所组成的曲面的安培环路定理。两个环路的环流就像穿过它们的电流那样，是相加的。这里去掉了 μ_0，并将相消的共同边界以虚线表示出来。

在已知安培环路定理对于平面 S 成立的前提下，要证明安培环路定理对于非平面的 S 依旧成立是相当简单的，如图 9.7 中下半部分所示。先取一个无限小的闭合环路，记为环路 1，我们可以将之处理为一个平面。$\boldsymbol{B}$ 沿着这个环路的积分，也就是对 C_1 的环流（边界上的箭头表示出其环路绕行方向），等于（μ_0 乘以）穿过这个环路的电流 $\boldsymbol{j}_1 \cdot \mathrm{d}\boldsymbol{A}_1$。接下来，就像将两个无限小的面粘在一起那样，将另一平面 $\mathrm{d}\boldsymbol{A}_2$ 与其接在一起，且使两环路的绕行方向在两者共同的边线上彼此相反。这样就形成了一个更大的区域，而原来共同的边线不再是边线。尽管这两个环路共有一条边，但是他们不必在也不在一个共同的平面内。**B** 沿着这个组合环路 C_{1+2} 的环流等于各个环路的环流之和，因为积分在这两个环路共同的边线上彼此相消。穿过这个组合区域的电流等于穿过各个区域的电流之和。经过这样的处理后，我们证明了三维空间中对具有非平面型边线的任意曲面的安培环路定理：

$$\oint_{C=\partial S}\boldsymbol{B}\cdot\mathrm{d}\boldsymbol{r}=\mu_0 I_{\mathrm{enc}}=\mu_0\int_S \boldsymbol{j}\cdot\mathrm{d}S \tag{9.31}$$

9.5 麦克斯韦方程组（静态）

现在，我们停一停，来说说数学。我们已经知道了场对电荷作用力的洛伦兹公式，在故事结束时我们需要具备一整套法则，用以计算由任意静止电荷和与时间无关的电流所激发的场。目前，对于静电，我们有由库仑定律推出的高斯定理；对于静磁，有由毕奥-萨伐尔定律推出的安培环路定理，它们是

$$\oint_{S=\partial V}\boldsymbol{E}\cdot\mathrm{d}\boldsymbol{S}=\frac{q_{\mathrm{enc}}}{\varepsilon_0}=\frac{1}{\varepsilon_0}\int_V \rho\,\mathrm{d}^3 r \quad \text{高斯} \tag{9.32}$$

$$\oint_{C=\partial S}\boldsymbol{B}\cdot\mathrm{d}\boldsymbol{r}=\mu_0 I_{\mathrm{enc}}=\mu_0\int_S \boldsymbol{j}\cdot\mathrm{d}\boldsymbol{S} \quad \text{安培} \tag{9.33}$$

式中，高斯定理中的 S 是体积 V 的闭合表面，安培环路定理中的 C 是开放曲面 S 的边线。

上面的方程给出了 **E** 的面积分（通量）和 **B** 的线积分（环流）。那么 **B** 的面积分（通量）和 **E** 的线积分（环流）又会如何呢？

我们已知知道了这两个结果。首先，因为 **E** 是保守的，故

$$\oint_C \boldsymbol{E}\cdot\mathrm{d}\boldsymbol{r}=0 \quad (\boldsymbol{E}\text{ 是保守的}) \tag{9.34}$$

接下来，我们已知磁场线没有头和尾（因为单个磁极是不存在的），所以穿入任何一个闭合曲面的场线都将穿出这个曲面。这意味着通过闭合面的净磁通为零：

$$\oint_{S=\partial V}\boldsymbol{B}\cdot\mathrm{d}\boldsymbol{S}=0 \quad (\text{没有单个磁极}) \tag{9.35}$$

从式（9.32）到（9.35）的这些方程叫作静态麦克斯韦方程组的积分形式。（更一般地，完全等效的表达式将涉及微分，出现在环路和面都无限小时。）

这些方程是对我们目前所学内容的最好总结。之所以这样说，是因为对于像 **E** 或者 **B** 这样的矢量场来说，如果它们在无限远处为零，并且表述出了对每个环路的环流和对每个闭合面的积分，那么这个矢量场的数学结果就能够被唯一确定。这正是麦克斯韦方程组在给定的电荷和电流条件下的作用。给定了这些数据，也就具备了求解场的方法。我们不去讨论这些方法，因为这要用到很多数学工具。我们只要能够求解出几个具有高度对称性问题的场就很好了。

第10章 安培环路定理Ⅱ、法拉第定律和楞次定律

我们刚刚学过了安培环路定理，现在来应用这个定理做一些工作，借助它求解某些具有高度对称性问题的磁场。回忆一下这个定律：

$$\oint_{C=\partial S} \boldsymbol{B} \cdot \mathrm{d}\boldsymbol{l} = \mu_0 I_{\mathrm{enc}} = \mu_0 \int_S \boldsymbol{j} \cdot \mathrm{d}\boldsymbol{S} \tag{10.1}$$

式中，S 是以 C 为边界的一个面；I_{enc}是穿过 S 的电流总和，它等于$\boldsymbol{j}$对 S 的面积分。如果绕 S 的边界弯曲自己的右手，那么你拇指所指的就是电流的正方向。对于位于纸面内的逆时针方向的边界，电流的正向是直指纸面外的。注意 C 是一条指定的闭合曲线，而 S 可以是以 C 为边界的任意面。

右手定则很常用，你必须要掌握住，还要会应用它。我们的拇指能够对着手上的其余四指，这是我们与低级灵长类动物的一个区别。低级灵长类动物可没有右手定则。洞穴绘画上的电动机和发电机注定成功不了，因为这些穴居人五个手指一起弯曲。然而右手定则问世了。这个发明的意义堪比轮子和火，自此之后就没有什么能难倒我们了。

10.1 无限长载流直导线的磁场，再解

就像高斯定理一样，安培环路定理表述的是场的积分。尽管它总是正确的，但是只在特殊的情形下，你才可以由对积分的了解出发推导出场。回忆一下，高斯定理适用于各种电荷分布和各种包围电荷的面，可这并不能帮助我们求解出各处的 $\boldsymbol{E}$。怎么能够期望由一个已知的积分结果来求出相应的被积函数呢？不能，除非是在具有高度对称性的情况下。对于球对称或是柱对称的问题，被积函数在高斯面上是常数，所以积分会简单，它等于这个常数乘以相应的积分面积。例如在半径为 r 的包围着具有球对称电荷分布的高斯面上各处，我们知道

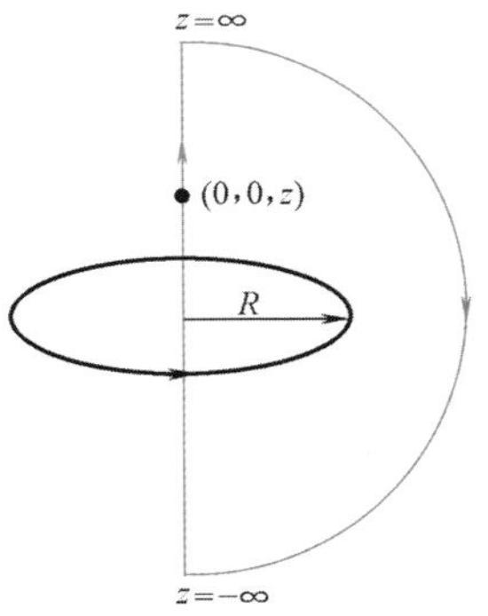

利用已知的 $\boldsymbol{B}$ 验证安培环路定理

图 10.1 利用无限大的半圆环路验证安培环路定理。

场是沿径向的，具有恒定的大小 $E(r)$。因此这个面积分等于 $4\pi r^2 E(r)$，将它与这个球面内所包围的电荷联系起来，我们就可以推导出 $E(r)$。

安培环路定理也如此。就像高斯定理，它总是正确的，但是它在求解磁场方面的有效性非常依赖于对称性。考虑一个通有电流 I 的圆环，设圆环位于 xy 平面内，半径为 R，圆心在原点，如图 10.1 所示。尽管我们仅仅计算出了 z 轴上（0，0，z）那些点的场，但是也足以说明问题了。这些点处的场沿 z 轴（根据电流借助右手定则进行判断），大小为

$$B_z(z)=\frac{\mu_0 I}{2}\frac{R^2}{(R^2+z^2)^{3/2}} \tag{10.2}$$

我们来计算 $\boldsymbol{B}$ 沿着以 z 轴为直径的无限大半圆形闭合回路的线积分。这个回路起始于 $z=-\infty$，沿 z 轴向上通过圆心到达 $z=\infty$，之后沿着一个巨大的半圆弯曲，在 $z=-\infty$ 处闭合。先考虑在无限大半圆上的积分。我们不知道偏离坐标轴处的场的细节，但是确切地知道这个偶极子场按照 $1/r^3$ 方式衰减。（在上面的公式中，对于轴上的场，在 $z\to\infty$ 时最终也如此。）对于按照 $1/r^3$ 方式衰减的被积函数，当沿着长度仅随 r 增大的曲线积分且在 $r\to\infty$ 时，积分值为零。从 $-\infty$ 到 ∞ 的直线路径部分对积分的贡献为

$$\int_{-\infty}^{\infty}\frac{\mu_0 I}{2}\frac{R^2\mathrm{d}z}{(R^2+z^2)^{3/2}}=\mu_0 I \tag{10.3}$$

这很好，因为回路所围的电流的确是 I，且按照顺时针边界所要求的，是指向纸面内的。

但是，问题是我们不能反向进行：已知沿边界的积分是 $\mu_0 I$，我们却不能由此推导出 $B_z(z)$，因为被积函数 $B_z(z)$ 在边界上是变化的。

明确了这一点之后，我们就可以转到这样一个问题，它具有足够的对称性，使得我们可以利用安培环路定理求解出 $\boldsymbol{B}$，这就是无限长导线的场。来看图 10.2 中的那根导线，其电流方向指向纸面外。在没有进行计算之前，我们知道些什么呢？沿着这根导线平移所得到的场分布一定不会发生变化，因为电流没有变化。以导线为轴绕导线转动的话，场分布一定是不变的，因为电流没有发生变化。这些是由平移和旋转对称性出发得到的很普遍的结论。对于无限长带电线的电场，我们也论述过，在任意一点，场不可能向平行于这根导线的轴的左侧或是右侧偏斜，因为如果我们把导线以及相应的场分布绕与这根导线垂直的轴旋转 π，这根带电线还是一样的，然而场的倾斜情况将会翻转过来。场偏向于与这根线平行的轴的左侧或是右侧，将导致原因没有变化而结果却发生了变化。由于这电流造成了上述的左右之别，所以这样的论述对于这根通电导线是不成立的。我们来看一下基础的毕奥-萨伐尔定律，这个定律中的叉乘运算使得各个线元所激发的 $\boldsymbol{B}$ 没有平行于 $\mathrm{d}\boldsymbol{l}$ 的分量。取与导线垂直的一个截面，设电流方向指向纸面外。如果将导线和电流绕自身轴转动，导线和它所带的电流不会发生变化，基于这个性质，场只可能有两种分布，场

线要么沿径向向里或是向外，要么是围绕着这根导线的圆。可以有很多理由否定沿径向的那种分布，我来给出一些理由，使你对之有所感觉：放射性的线意味着有单个磁极，而这是不存在的；毕奥-萨伐尔定律中的叉乘逐段地否定了径向的场；最后还有，当我将这根导线绕与之垂直的轴旋转 π 后，电流改变了符号，但是径向的场却未随之改变。

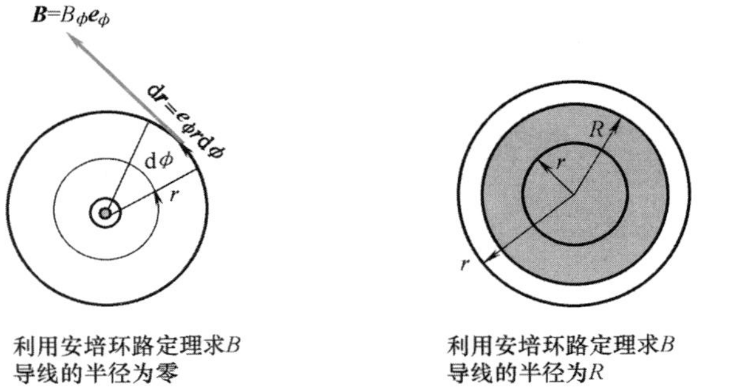

图 10.2　左图：利用安培环路定理求解无限长导线的场。图中给出了迎着电流看过去得到的视图，电流流向纸面外。安培环路与导线垂直。利用对称性可以推导出场所显示出的这些性质。右图：求解半径非零且电流密度均匀的导线的 **B**。半径为 R 的黑圈代表载流导体，另外两个圆圈代表安培环路。

因此，我们相当地确信场线会环绕着电流，绕行的方向由右手定则确定，如图 10.2 中的左图所示。这种分布满足那个要求，即如果我将这个电流和场分布绕与电流垂直的轴旋转 π 后，电流的方向以及场线的绕行方向均会翻转过来。

选取安培环路为半径为 r 的同心圆，在这个环路上有

$$\boldsymbol{B}=\boldsymbol{e}_\phi B(r) \tag{10.4}$$

式中，$B(r)$ 是个常数，因为 r 不发生变化。相应的环流等于

$$\oint B_\phi \boldsymbol{e}_\phi \cdot \boldsymbol{e}_\phi r\mathrm{d}\phi = B(r)2\pi r \tag{10.5}$$

由安培环路定理得到

$$2\pi r B(r)=\mu_0 I \tag{10.6}$$

$$B(r)=\frac{\mu_0 I}{2\pi r} \tag{10.7}$$

$$\boldsymbol{B}=\boldsymbol{e}_\phi \frac{\mu_0 I}{2\pi r} \tag{10.8}$$

这正是我们应用毕奥-萨伐尔定律做积分所得到的结果式（9.16）。

有反对意见，认为在进行对称性分析的这段时间内，我们早就利用毕奥-萨伐尔定律完成了相应的积分计算。这有一定的道理，或许是对的，但是来考虑一下接下来的这个变化，如图 10.2 的右图所示。我们将这根无限长的细导线换为一根横截面半径为 R 的导线。电流 I 均匀地分布于圆形的横截面上。电流密度为

$$j(r)=\frac{I}{\pi R^2} \quad r\leqslant R \tag{10.9}$$

$$=0 \qquad r>R \tag{10.10}$$

它激发的磁场会如何呢？如果直接采用毕奥-萨伐尔定律，由于这根导线具有非零的半径，我们会面临一个令人沮丧的三维积分。然而，若将安培环路定理用于一个圆形的环路，我们就可以采用曾对细导线做出的所有对称性分析。我们发现当 $r \leqslant R$ 时

$$2\pi r B(r)=\mu_0 I_{\text{enc}}=\mu_0 \underbrace{\left[\frac{I}{\pi R^2}\right]}_{\text{电流密度}} \underbrace{\pi r^2}_{\text{面积}}$$

$$=\mu_0 I \frac{r^2}{R^2} \qquad r \leqslant R \tag{10.11}$$

而

$$2\pi r B(r)=\mu_0 I \qquad r>R \tag{10.12}$$

得到

$$\boldsymbol{B}=\boldsymbol{e}_\phi \mu_0 I \frac{r}{2\pi R^2} \qquad r \leqslant R \tag{10.13}$$

$$=\boldsymbol{e}_\phi \frac{\mu_0 I}{2\pi r} \qquad r>R \tag{10.14}$$

与带电球内部的场相似，这个场在导线内部随 r 线性增大，在 $r=R$ 处达到峰值，越过导线后按照 $1/r$ 方式衰减。场最初的增大是因为安培环路内的电流按照 r^2 增大，而电流的影响按 $1/r$ 方式减小。在导线之外，环路半径的增大不再导致所围的电流增加，故而它激发的场按 $1/r$ 方式减弱。

类似地，就像带电球半径之外的场等效于位于球心的点电荷场那样，对于电流密度均匀的载流导线，其半径之外的磁场为一根半径为零且携带所有电流的导线所激发的场。

以此类推，假设你从这根导线内部挖出一个与之共轴、半径为 a 的圆柱体。现在这根导线在 $0 \leqslant r \leqslant a$ 部分是空的，在 $a \leqslant r \leqslant R$ 区域通有电流。安培环路定理和对称性表明，在空心区域没有磁场。

10.2　通电螺线管的磁场

假设有一个横截面半径为 R 的硬纸筒，你把导线在那上面绕 N 圈，给导线通上电流 I，如图 10.3 左半部分所示。

我们知道，单个一圈电流的场就像一块小磁铁，其南北极沿着这个偶极子磁矩 $\boldsymbol{\mu}$ 的方向。场线自这圈电流内部向上，从其外部返回到这圈电流的下面而闭合。螺线管由许多圈组成，就像一摞这样的 NSNSNS…首尾相连的偶极子。毫不奇怪，它所激发的应该是圆柱形磁铁那样的场。在这个螺线管的垂直平分面 $P_\perp$ 上，管外部的场方向竖直向下。当螺线管的长度趋于无限大时，管两端场线弯曲的部分被挤到

无限远处，外部的场线在各点均是竖直向下的。换言之，对于无限长螺线管来说，每个垂直于轴的面都与 $P_{\perp}$ 相似。（很像平行板电容器，当板变为无限大时，板边缘处的弯曲场线被赶到无限远处。我们在此整体的这个有限部分所看到的将是彼此平行且与板垂直的场线。）我们要利用安培环路定理求解出螺线管内的 $\boldsymbol{B}_{内}$ 和管外的 $\boldsymbol{B}_{外}$，方向分别是向上和向下的。它们与距轴的距离相关。

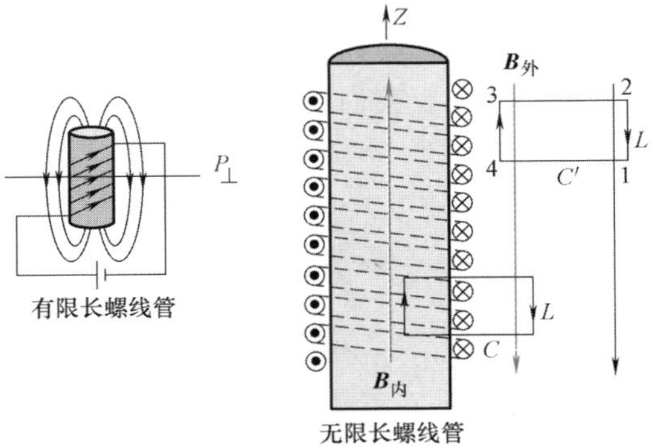

图 10.3　左侧：有限长螺线管。场线在这螺线管内部方向向上，且自其外部返回。右图：无限长螺线管的剖面图。在内部和外部，场均与螺线管平行。C 和 C' 是两个安培环路。

先来看 $\boldsymbol{B}_{外}$，取环路 C'，应用安培环路定理得到

$$\oint_{C'} \boldsymbol{B} \cdot \mathrm{d}\boldsymbol{r} = \mu_0 I_{\text{enc}} \tag{10.15}$$

水平边 23 和 41 对于这个线积分没有贡献，因为这两段上的场垂直于 $\mathrm{d}\boldsymbol{r}$。方向相反的竖直边 21 和 43 与 $\boldsymbol{B}_{外}$ 平行（或反平行），对积分的贡献分别为 $+B_{外}(12)L$ 和 $-B_{外}(34)L$。它们的值一定彼此相消，因为环路 C' 内没有电流。这表明在两条竖边上的 $\boldsymbol{B}_{外}$ 相等：$+B_{外}(12)=B_{外}(34)$。接下来，我们加宽这个环路，使得 12 边到达无限远处，此处的 $\boldsymbol{B}_{外}$ 一定为零。由此可以推出，场在 34 这条边上也为零。而我们可以将 34 边置于（螺线管外的）任何地方，结论是 $B_{外}=0$。（一个无限大线圈在无限远处的 $\boldsymbol{B}$ 为零，而无限大带电板的 $\boldsymbol{E}$ 却并非如此。因为前者是在一维上，即螺线管的长度方向，为无限大，而后者是在二维上的无限大。取越来越长的螺线管计算 $\boldsymbol{B}$，就可以验证这个结论了。）

接下来将安培环路定理用于环路 C，这个环路部分位于螺线管内，部分位于螺线管外，如图所示。两水平边对积分的贡献为零。外部的那条竖直边对积分也没有贡献，因为我们已经证明了 $B_{外}=0$。内部那条竖直边的贡献为 $\boldsymbol{B}_{内}L$。对于如图所示方向的环路，若电流指向纸面内，则环路所围的电流为正。设每单位长度上有 n 匝线圈，由安培环路定理得到

$$B_{内}L=\mu_0 nLI \tag{10.16}$$

要注意两件事。第一，长度 L 被消掉了，理当如此，因为它所代表的是一个假想的安培环路的性质，不能出现在场的结果之中。第二，所围的电流与竖直边在管内的位置无关。由此推出，$\boldsymbol{B}_{内}$ 在螺线管内是常量。设 z 轴与螺线管的轴线重合，则最终的结果为

$$\boldsymbol{B} = \boldsymbol{k}\mu_0 nI \quad 管内 \tag{10.17}$$

$$= \boldsymbol{0} \quad 管外 \tag{10.18}$$

这又是一个应该记住的结论。

无限长螺线管是一种理想化的情况，在这种理想化中，返回的通量被推到了无限远。任何一个有限长的螺线管都存在返回的通量，同时在两端处情况也是复杂的。从北极离开的场线必然会回到南极，这样场线才是闭合的。这使得对于有限长的螺线管来说，无法利用安培环路定理求解出它的场。（实际上，只要不靠近螺线管的两端或是距离轴不很远，对于有限长螺线管，我们是能够使用无限长螺线管的结果的。）

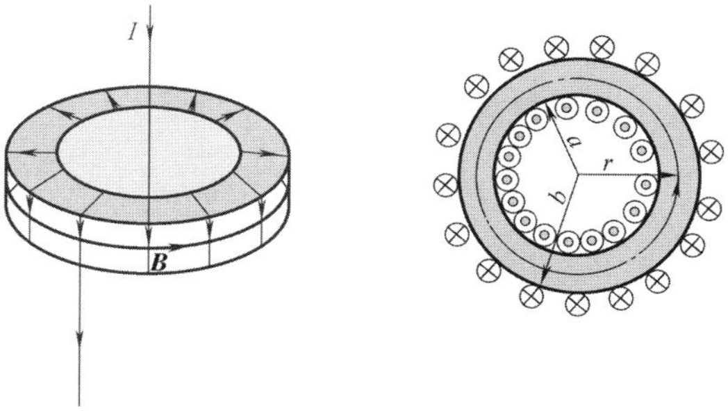

图 10.4 左侧：螺绕环的正视图。右侧：假想中被剖开的螺绕环。点划线表示的是安培环路，它是半径为 r 的同心圆，且 $a<r<b$。更小的和更大的环路所围的净电流为零，这表明场为零。

螺绕环是有限大的，而且无头无尾，是个再好不过的问题。窍门是将我们刚刚讨论过的直螺线管头尾相连，弯成一个呼啦圈。完成之后，它看上去像个多纳圈，通量均被束缚于其内部（多纳圈中面团所在处）而且自身是闭合的。通常会将铁心填充入其中心，以促使通量停留在多纳圈内部。图 10.4 可以使你对此有个了解。为方便起见，我所取的面团的横截面为矩形，而不是圆形。要利用安培环路定理求解场，我们需要像抹黄油时那样将这个多纳圈剖开。得到的剖面如图 10.4 右侧所示。(它可以是按图中由 B 标示出的线沿赤道平分多纳圈所得的剖面，也可以在这个面的上方或是下方。无论如何，所得的剖面是相同的，因为螺线管的横截面是矩形。) 这个剖面的边界是两个半径分别为 a、b（$a<b$）的同心圆。（想象中）所截得的电流在内圈处方向是指向纸面外的，在外圈处方向指向纸面内。取半径为 r 的圆为安培环路，且 $a<r<b$，如图中点画线所示。场是沿角向的，半径 r 为处的值为 $B_\phi(r)$。注意场的方向与电流的流向满足右手定则。利用安培环路定理得到

$$2\pi r B_\phi(r) = \mu_0 NI \tag{10.19}$$

式中，N 是总匝数。于是得

$$B_\phi(r) = \frac{\mu_0 NI}{2\pi r} \quad a<r<b \tag{10.20}$$

多纳圈中的场不是常量，在内边缘 $r=a$ 处最强，越向外场越弱，直到 $r=b$。

很显然，若 r 不在 a 和 b 之间，那么场为零，因为环路所包围的总电流要么确实是零（$r<a$），要么由于反向电流相消而为零（$r>b$）。

我们可以检验一下这个结果。假想这个螺绕环的内径和外径变为天文距离，但

是 $b-a$ 是个有限值。在这个极限下，因为我们不能感受到如此之大圆环的弯曲，因此螺绕环的任意有限部分看起来都是一个直管子。角向的场 B_ϕ 将变为沿着这个管子轴线方向的场。在 $a<r<b$ 区域内，因为对于天文学数字 a 和 b 来说，$1/r$ 这个函数在 $a<r<b$ 距离内变化极小，所以 $B_\phi(r)$ 的变化可以被忽略。在这个极限下，场应该趋于为无限长直螺线管内部的场，它的确如此

$$B=\mu_0 I\frac{N}{2\pi R}=\mu_0 nI \tag{10.21}$$

式中，R 可以是 a 或 b，取哪一个都可以，且我们取每单位长度的圈数 n 等于 $N/(2\pi a)$ 或是 $N/(2\pi b)$。

我们关于静电学和静磁学的学习到此圆满结束。对所有事情的完整数学表述如下：

$$\boldsymbol{F}=q(\boldsymbol{E}+\boldsymbol{v}\times\boldsymbol{B}) \quad \text{（洛伦兹力）} \tag{10.22}$$

$$\oint_{S=\partial V}\boldsymbol{E}\cdot \mathrm{d}\boldsymbol{S}=\frac{q_{\text{enc}}}{\varepsilon_0}=\frac{1}{\varepsilon_0}\int_V \rho \mathrm{d}^3 r \quad \text{（高斯定理）} \tag{10.23}$$

$$\oint_{C=\partial S}\boldsymbol{B}\cdot \mathrm{d}\boldsymbol{r}=\mu_0 I_{\text{enc}}=\mu_0\int_S \boldsymbol{j}\cdot \mathrm{d}\boldsymbol{S} \quad \text{（安培定律）} \tag{10.24}$$

$$\oint_C \boldsymbol{E}\cdot \mathrm{d}\boldsymbol{r}=0 \quad \text{（}\boldsymbol{E}\text{ 是保守场）} \tag{10.25}$$

$$\oint_{S=\partial V}\boldsymbol{B}\cdot \mathrm{d}\boldsymbol{S}=0 \quad \text{（没有单个磁极）} \tag{10.26}$$

式（10.23）和式（10.26）中的 V 是 S 面所包围的体积，安培环路定理［式（10.24）］中的 S 是任意以曲线 C 为边界的开放面。

洛伦兹力公式表明场对电荷和电流是如何作用的，反过来，四个麦克斯韦方程［式（10.23）~式（10.26）］表明了电荷和电流是怎样激发场的。

在电荷和电流都不发生变化的世界里，这就是故事的结局。

10.3 法拉第定律和楞次定律

然而，它们当然是会随时间变化的！而且我们必须要考虑这一点。我很清楚一个接一个新内容的引入给你们造成的心理负担。对此，班里同学常常会说这是“抱着消防水带饮水”。然而，我们对电磁学的讨论快接近尾声了，你将会感受到好似把所有剩余的碎片都拼合在一起所带来的那种喜悦。它是数学物理中最好的典范之一。

现在，我来给你讲述一些实验，这将促使我们将几个静态下的麦克斯韦方程变为其最终形式。

第一个实验如图 10.5 所示，在某条直线，比如 $x=0$ 的右侧，存在着匀强磁场 $\boldsymbol{B}$，方向指向纸面内。在这条直线的左侧，磁场为零。

图中没有画出激发 $\boldsymbol{B}$ 的螺线管或是磁铁，以便我们聚焦于主要装置——那个位于纸面内且宽为 w 的矩形线圈。它长为 L 的那一部分位于磁场之中。电路中接有一个灯泡。当回路静止时，灯泡不发光。现在我向右以速率 v 拉动这个回路。想想看，会发生什么事情呢？

班里面的每位同学都会猜出，这个灯泡将会发光。最一般的猜测是，如果不是这样的话，我就不会画这个灯泡了。来看看，我们是否可以摆脱这种有助于你在SAT㊀中得分的推理呢？灯泡为什么会发光呢？其中有哪些新物理知识呢？

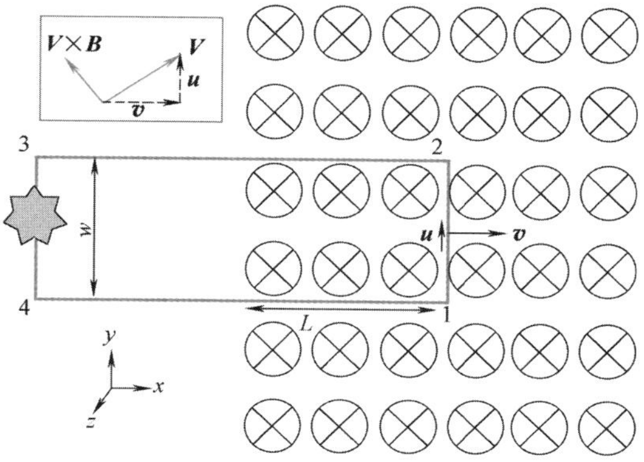

图 10.5　在指向纸面内的磁场 $\boldsymbol{B}$（以带有圆圈的叉表示）中，我以速率 v 向右拉动一个矩形导电线圈。载流子在导线中（逆时针地）以速率 u 从 1 向 2 运动。载流子的合速度是 $\boldsymbol{V}=\boldsymbol{v}+\boldsymbol{u}$，见图中左上方小图。磁场沿 $\boldsymbol{u}$ 方向做了功，我沿 $\boldsymbol{v}$ 方向做了功。灯泡之所以能够发光，是因为 $\boldsymbol{B}$ 从中斡旋，将机械能转化为电能，而磁场所做的总功为零。

每当你看到灯泡发光时，就应该找一找电池。回路中没有电池，然而其中必有电动势，因为在回路中运动的电荷赋予了发光灯泡一些能量。谁提供了这能量呢？谁驱动这些电荷在回路中运动呢？我们曾经这样定义电动势，它等于每单位电荷受到的驱动它们沿回路运动的力的线积分。这是个什么力呢？而且为什么它只在我移动回路时才现身呢？

通常，最后一句话会使学生们想出：在计算 $\mathcal{E}$ 时要引入的作用于单位电荷的那个力是洛伦兹力 $\boldsymbol{v}\times\boldsymbol{B}$。

学习电学时，我们定义了电动势

$$\mathcal{E}=\oint \boldsymbol{E}\cdot \mathrm{d}\boldsymbol{r} \tag{10.27}$$

现在学习过了磁学，我们必须对电动势进行更一般的定义，它是作用于单位电荷的电磁洛伦兹力的线积分。

$$\mathcal{E}=\oint (\boldsymbol{E}+\boldsymbol{v}\times\boldsymbol{B})\cdot \mathrm{d}\boldsymbol{l} \tag{10.28}$$

式中的 $\mathrm{d}\boldsymbol{l}$ 是以速度 $\boldsymbol{v}$ 运动的实物线圈上的一个线元。在我们的问题中，没有 $\boldsymbol{E}$，整个电动势均来自 $\boldsymbol{v}\times\boldsymbol{B}$ 这一项。

看这个线圈，你会看到 12 边在场 $\boldsymbol{B}$ 中以速率 v 向右运动。这一段内的每单位

㊀　见第 2 章中脚注。——译者注

电荷受到的力$\boldsymbol{v}\times\boldsymbol{B}$方向由1指向2。这个力的大小为$vB$，对电动势的贡献为$vBw$。在线圈的水平部分，力与水平边垂直，对电动势没有贡献。最后，看34边，它所处的区域内没有磁场，因此也没有这个力。这样，沿逆时针方向进行计算，电动势为

$$\mathcal{E}=\oint(\boldsymbol{v}\times\boldsymbol{B})\cdot\mathrm{d}\boldsymbol{l} \tag{10.29}$$

$$=\int_{12}+\int_{23}+\int_{34}+\int_{41} \tag{10.30}$$

$$=vBw+0+0+0=vBw \tag{10.31}$$

到此为止，一切都挺好。我们没有引入新东西，却解释了这个实验。只是要面对一个矛盾。在最开始的时候，我们证明过磁场不会做功。记得，最初是这样进行说明的，它为什么不做功呢，因为$\boldsymbol{v}\cdot(\boldsymbol{v}\times\boldsymbol{B})=0$。但是，此处$\boldsymbol{v}\times\boldsymbol{B}$的方向沿着这根导线，也就是电流的方向。看起来好像是磁场沿着12段推动了这些电荷，而且每当电荷沿回路运动一周，它都净做了功。出了什么问题呢？

答案包括许多部分。

首先，导线中电荷的实际速度并非仅仅是线圈沿x轴移动的速度$\boldsymbol{v}$，由于回路中出现了电流，电荷还具有沿导线的速度$\boldsymbol{u}$。因此，合速度为（见图10.5）。

$$\boldsymbol{V}=\boldsymbol{i}v+\boldsymbol{j}u=\boldsymbol{v}+\boldsymbol{u} \tag{10.32}$$

每单位电荷受到的总磁力为

$$\boldsymbol{V}\times\boldsymbol{B}=-\boldsymbol{i}Bu+\boldsymbol{j}Bv \tag{10.33}$$

其功率为零：

$$\boldsymbol{V}\cdot(\boldsymbol{V}\times\boldsymbol{B})=-vuB+uvB=0 \tag{10.34}$$

我要解释一下式中彼此相消的两项。

如果以恒定的速率v拉动这个线圈，那么我必须要克服$\boldsymbol{V}\times\boldsymbol{B}$中向左的那部分$(-Bu)\boldsymbol{i}$。为此，我必须提供的功率是$P=Buv$。这一功率是怎样传输给灯泡的呢？

为此，我们考虑方向沿y轴正向的$+Bv\boldsymbol{j}$部分。

它不能使电荷顺导线沿y方向向上加速，**因为导线内存在着静电场E_c，恰好与之相抗衡**。E_c是这样建立起来的。假设没有灯泡，我们的电路是不闭合的，3和4两点之间存在着空隙。当我开始拖动线圈，沿导线向上的磁力Bv便开始使正电荷在端点3处堆积起来，而端点4处出现等量反号的负电荷。就是这些电荷激发了静电场E_c。有一些场线在间隙处方向直接向下，从3点指向4点，另外一些场线自3点进入导线到达4点。电荷的堆积将一直进行，直到导线内部12段部分的E_c与Bv相平衡为止。（因此，对于理想导体，其内部并非不允许存在净场，而是不能有净力。此处，出现了电场，借以抵消沿导线方向的磁力。）现在，想象着将灯泡接入电路，允许电流流动，那么已经积累起来的电荷将从3点向4点方向运动经

过灯丝，将电势能转为热。这种流动初始时会使 E_c 开始减弱并低于 Bv，但 Bv 将会及时地运送来更多电荷，以恢复平衡。Bv 这个 y 分量为了抵抗静电场 E_c 而输运电荷，正是这个静电场 E_c 在以功率 $P=Bvu$ 做功。就这样，我拉动线圈所消耗的（每单位电荷的）功率与反抗电场 E_c 给 3、4 点充电并保持灯泡发光所需的功率恰好相等。

尽管磁场不做功，但是我需要借助它推动电荷对抗 E_c。我不能徒手抓着这些电荷迫使它们通过灯泡。正是 $\boldsymbol{B}$ 场将我所施加的那个向右的力转换为了方向向上的力。这力作用于内部电荷之上，用于对抗 E_c。它将我拖拉线圈时提供的宏观功率转换为提供给电荷的微观功率，电荷又将它输送给了灯泡。它从我这里拿到了宏观的机械功率，将之转换为供给电荷的微观功率。

有个等价的方法，就是去检验一下能量。输送给灯泡的能量为 $P_{\mathrm{res}}=\mathcal{E}I$。现在，我们知道，一旦回路中有了电流，对于每段通有电流 I 的线元 $\mathrm{d}\boldsymbol{l}$，我都必须要克服的力为 $I\mathrm{d}\boldsymbol{l}\times\boldsymbol{B}$。对于 12 段，这个力大小是 $F=IBw$，方向向左。我克服这个力以速率 v 拉动线圈所需要付出的功率为 $P_{\mathrm{me}}=IBwv$。然而，因为 $Bvw=\mathcal{E}$（单位电荷所受的力乘以它作用的距离），所以我提供的功率也是 $P_{\mathrm{me}}=\mathcal{E}I$。

简言之，这个线圈是个发电机。如果我要使某个灯泡发光，有一个办法，这就是建立起与地面垂直的磁场，将这个灯泡连接在金属矩形框上，抓住它，使之动起来。只要我维持这种运动，这个灯泡就会持续发光。但是，除了必须要不停地运动之外，这里还有一个问题。当尾部的线段 34 进入磁场后，电流就消失了。这一段上沿顺时针方向的电动势与 12 段上沿逆时针方向的电动势方向相反。单位电荷所受力的线积分将等于零。

现在，利用 $\boldsymbol{v}\times\boldsymbol{B}$ 这个力，我们完全地理解了这个实验所涉及的力和能量。似乎没有必要摆弄我之前写下的那些麦克斯韦方程。但是，这些方程是有必要的，并且在我引入相对性原理适用于电磁学规律这样一个合理的假设之后，这一点会变得很清晰。原因如下。

回到我先前拖动的那个带有灯泡的运动线圈。我们取一个相对于线圈和我都静止的坐标系。我可以认为自己是静止的，而那个激发场的磁铁在向左运动。的确，可以是这样的，我一直静止不动，让某个人带着这个磁铁朝向另外一个方向运动。我仍然认为我的灯泡会发光。很多事情都是相对的，但是灯泡是否会发光则不是相对的。一个发光的灯泡在任意一个参考系中都是发光的灯泡。它消耗的功率可以不同，但是，不能否定的是它发光这一事实。

在线圈静止于其中的参考系中，我该怎样理解灯泡发光的现象呢？的确，某个人现在正在移动磁铁，而且 $\boldsymbol{B}$ 是随时间变化的：假设在 $t=0$ 时刻，$x=0$ 这条线右侧的磁场不为零，那么在 t 时刻 $x=-vt$ 右侧的磁场不为零。在 $-vt<x<0$ 这个区域，场由零变成了非零。但是，这不能产生 $\boldsymbol{v}\times\boldsymbol{B}$ 这种力，因为这个线圈静止不动，$v\equiv0$。

是什么力推动电荷在线圈中运动呢？如果相信所能用到的只有 $\boldsymbol{F}=q(\boldsymbol{E}+\boldsymbol{v}\times\boldsymbol{B})$，那么，留给我们的只有电力了，现在 $\boldsymbol{v}\times\boldsymbol{B}$ 没有指望了。在这种情况下，如果相对

性原理是适用于电磁学的，那么我们可以推论，在线圈静止而磁铁运动的参考系中，一定存在着电场。不仅如此，它一定是这样一种电场，它的场沿这个线圈的线积分不为零：电荷在线圈中运动，它做功使灯泡发光。相应的电动势正是源于这个电场。

截至目前，我们学过的所有电场都是由静止电荷激发的，遵从库仑定律，而且是保守的。现在，我们发现，没有借助任何未被抵消的电荷，在变化的磁场中得到了一种环流不为零的电场。

除了环流不为零之外，对于这个电场 $\boldsymbol{E}$，我们还能知道得更多吗？

能，我们借助相对性来讨论一个更简单的相关问题。回到磁铁参考系，将这个以速度 $\boldsymbol{v}$ 运动的线圈换为一个在纸面内以相同的速度 $\boldsymbol{v}$ 运动的单位电荷。它将受到 $\boldsymbol{v}\times\boldsymbol{B}$ 这个力（方向沿 y 轴）的作用，继而开始沿 y 轴加速。现在，采用一个以速度 $\boldsymbol{v}$ 运动的参考系，在这个参考系中，这个粒子瞬间静止。我们考虑低速（牛顿）极限的情形，当我们变换惯性系时，加速度和力是不变的。在这个它静止的参考系中，粒子的加速度和所受到的力没有变化。如果这个加速度源于电场，那么场一定等于

$$\boldsymbol{E}=\boldsymbol{v}\times\boldsymbol{B} \tag{10.35}$$

(关于精确的公式，我不在这里进行推导了，与上式相差的是 v^2/c^2 级以及更高级次的项，在低速极限下与上式相符。对于发光灯泡的解释，我们不需要全部进行相对论处理。）因为对于线圈在其中静止的参考系来说，这个粒子也是静止的，因此在线圈在其中静止的参考系中，一定存在着 $\boldsymbol{E}=\boldsymbol{v}\times\boldsymbol{B}$ 这个场，如图 10.6 所示。（图中没有画出激发 $\boldsymbol{B}$ 场的那个运动磁铁。）

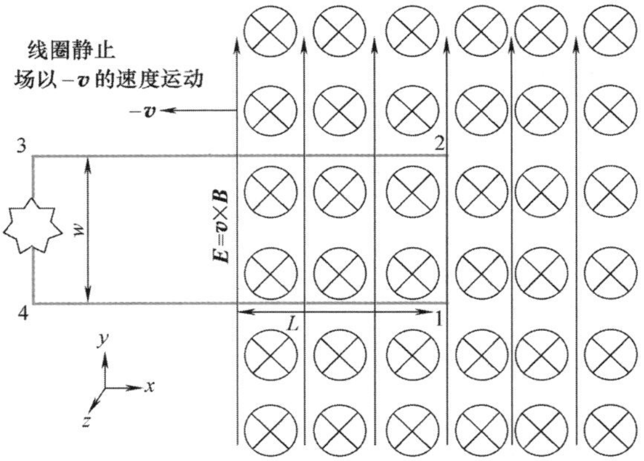

图 10.6 线圈参考系中的情况。$\boldsymbol{E}$ 的图样（沿 y 轴的那些箭头）和 $\boldsymbol{B}$（沿 $-z$ 指向纸面里）以及激发 $\boldsymbol{B}$ 场的磁铁（图中没有画出来）一起以 $-\boldsymbol{v}$ 向左运动。电场 $\boldsymbol{E}=\boldsymbol{v}\times\boldsymbol{B}$ 在这个线圈中产生了电动势，因为它仅在 12 段上不为零。

如果线圈一部分在磁场里面，一部分在磁场外面，则由这个 $\boldsymbol{E}$ 产生的电动势仅来自 12 线段，等于 $Ew=vBw$。34 段和其他两段对电动势没有任何贡献，因为在 34 线段上 $B=0$，故 $E=0$，且 $\boldsymbol{E}$ 与其他那两段均垂直。

总之，这个线圈中的电动势可以采用两个坐标系以两种方法来理解：以实验室或是磁铁为参考系，它是力 $\boldsymbol{v}\times\boldsymbol{B}$ 的线积分；以线圈为参考系，它是电场 $\boldsymbol{E}=\boldsymbol{v}\times\boldsymbol{B}$ 的

线积分。

新的物理知识是变化的磁场可以激发环流不为零的电场。

其实，我们有一个基本公式，它不仅可以描述在这两种情况下（线圈固定或是磁铁固定）灯泡发光的机理，而且还可用于两者间的任意情况，线圈和场可以都随时间变化，且电动势可以即源于 $\boldsymbol{E}$ 又源于 $\boldsymbol{B}$。这个公式叫作法拉第定律，它表明

$$\mathcal{E}=\oint_C(\boldsymbol{E}+\boldsymbol{v}\times\boldsymbol{B})\cdot\mathrm{d}\boldsymbol{l}=-\frac{\mathrm{d}\Phi}{\mathrm{d}t} \tag{10.36}$$

式子左侧是 $\mathcal{E}$，其定义是作用于单位电荷的全部洛伦兹力对环路 C 的线积分。这个环路 C 是一个实际的可变回路，一个载有电荷的导体。它是运动的，而 $\boldsymbol{v}$ 是其上线元 $\mathrm{d}l$ 的运动速度。式子右侧的 Φ 是穿过任意以环路 C 为边界的 S 面的磁通量。

式（10.36）中的负号，与海因里希·楞次（1804—1865）相关，它的意义是：在回路中驱动电流的 $\mathcal{E}$ 将试图抵抗磁通的变化。例如：如果磁通增加，则回路中会出现电流，此电流激发的场将会对抗这个磁通；如果磁通减少，同样会出现电流，这个电流造成的磁通意义相同，试图使磁通增强回原来的值。因此电动势要消除的不是磁通本身，而是磁通的变化。

相比于做叉乘，楞次对负号的解释通常能使我们更快地得到最终答案。

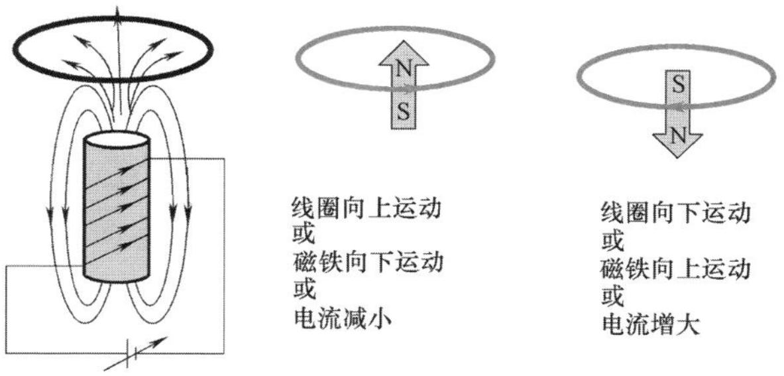

图 10.7　回路中感应出的电流仅依赖于此回路所围磁通的变化率，无论这个变化是源于运动的回路，还是运动的电磁铁抑或磁体中的变化电流。每个回路上所标的箭头表示的是其中感应电流磁矩的方向。

在将法拉第定律式（10.36）用于在随时空变化的 $\boldsymbol{B}$ 中运动的可变回路这样的一般情况之前，我们来看一个示例，它给爱因斯坦留下了深刻的印象，爱因斯坦曾在自己的论文中提到过它。图 10.7 的左侧给出了一个导线回路，它位于电磁铁的北极附近。如果我们向上移动这个回路，使之远离磁铁，那么通过此回路的磁通减少，由 $\mathcal{E}$ 引起的电流流向如图所示，以抵抗这种减小。如果我们对运动回路中的载流子计算 $\boldsymbol{v}\times\boldsymbol{B}$，所得的也是这个结果。假设这个磁铁向下移动或通过它的电流减

少，出现的也会是这样的 $\mathcal{E}$，因为这两种情况均导致磁通的减小。不过，现在的 $\mathcal{E}$ 源于由变化的磁场激发的非保守电场。

如果这个回路朝向磁铁运动或是磁铁中的电流增大，就会出现反向的 $\mathcal{E}$。当然，如果这个回路和磁铁都运动，电动势仍旧与磁通的变化率相关，将会是由 $\boldsymbol{E}$ 和 $\boldsymbol{v}\times\boldsymbol{B}$ 这两者引起的。

回路反抗变化的这种趋势也可以根据磁极的相吸与相斥来理解，如图 10.7 所示。如果将回路靠近磁铁（图 10.7 右侧），回路中由 $\mathcal{E}$ 激发的磁矩 $\boldsymbol{\mu}$ 的北极将指向电磁铁的北极（因此磁极间相斥）。如果试图增大两者间的距离（图中中间部分），那么事情会相反（磁极间相吸）。在这两种情况，你都要克服回路与磁铁间的作用力。

法拉第定律和楞次的负号一举解释了所有事实：产生 $\mathcal{E}$ 以抵抗磁通的变化。

我们回到那个线圈和灯泡，看看怎样运用法拉第定律在实验室参考系和线圈参考系中解释电动势 $\mathcal{E}$。

先来看简单的部分，磁场固定，而我拉动这个线圈。穿过这个回路的磁通是多大呢？它不过是这个恒定磁场、线圈宽度和线圈位于磁场中的长度 L 之积，即

$$\Phi = BwL \tag{10.37}$$

现在两侧取对时间的负导数。左侧得到 $\mathcal{E}$。右侧的 B 是不变的，w 是不变的，而 L 是变化的。L 的变化率等于线圈的运动速率 v。由此得到

$$\mathcal{E} = -\frac{\mathrm{d}\Phi}{\mathrm{d}t} = -Bvw \tag{10.38}$$

前面我们已经看到，在 12 段中源于 $\boldsymbol{v}\times\boldsymbol{B}$ 的 $\mathcal{E}$ 数值为 Bvw，驱动电荷逆时针运动。按照楞次的法则，式（10.38）中的负号确切地表明了这一点。磁通是进入指向纸面内的。当回路向右运动时，通过这个回路的朝向纸面内进入的磁通增大。于是，由 $\mathcal{E}$ 产生的电流的流向一定会使向着纸面内的磁通减少。要产生向纸面外的磁通，电流的流向一定是逆时针的。

如果我向左拖动线圈，那么线圈所围的磁通会减少。由 $\mathcal{E}$ 产生的电流应该试图增强磁通，因此其方向是顺时针的。这与 12 段中的力 $\boldsymbol{v}\times\boldsymbol{B}$ 方向相符。

最后，一旦线圈全部进入磁场之中，电动势便不复存在，这是因为通过回路的磁通不再发生变化了。我们已经利用 $\boldsymbol{v}\times\boldsymbol{B}$ 看到了这一点。当回路全部在磁场中时，12 段与 34 段上由 $\boldsymbol{v}\times\boldsymbol{B}$ 导致的 $\mathcal{E}$ 大小相等，符号相反。

到此为止，法拉第定律中没有什么是不能由 $\boldsymbol{v}\times\boldsymbol{B}$ 这个力来推导出的。有什么新内容呢，如果有，我们什么时候能够遇到呢？

假如采用线圈参考系，我们就会遇到新图景。按照法拉第定律，由于通过回路的磁通是变化的（现在，这是由于磁铁向另外一个方向运动而引起的），将会产生电动势。然而，它源于非零环流的电场。这个定律指出，此环流等于 $-(\mathrm{d}\Phi/\mathrm{d}t)$，但是没有说 $\boldsymbol{E}$ 是什么。然而，在这个简单的线圈实验中，我们能够基于相对性证

明 $\boldsymbol{E}=\boldsymbol{v}\times\boldsymbol{B}$，且在位于磁场内的 12 段中，它的方向向上，在位于磁场外的 34 段中它等于零。它垂直于其他两边。源于这个电场的电动势仅来自 12 段，大小为 vBw。

法拉第定律中所蕴藏的创新点是：变化的磁场意味着存在一种具有特定环流的电场。我们来抽象出两者之间的精确联系，由 $\mathcal{E}$ 的定义开始，$\mathcal{E}$ 等于单位电荷所受电磁洛伦兹力的环流，即

$$\mathcal{E}=\oint_{C=\partial S}(\boldsymbol{E}+\boldsymbol{v}\times\boldsymbol{B})\cdot \mathrm{d}\boldsymbol{l}=-\frac{\mathrm{d}\Phi}{\mathrm{d}t}=-\frac{\mathrm{d}}{\mathrm{d}t}\int_{S(t)}\boldsymbol{B}\cdot \mathrm{d}\boldsymbol{S} \tag{10.39}$$

式中，C 是用于计算 $\mathcal{E}$ 的一个空间环路；Φ 是通过任意以 C 为边界的 S 面的磁通。这个回路是实际的导线，$\boldsymbol{v}$ 是线元 $\mathrm{d}\boldsymbol{l}$ 的速度。因此 $\boldsymbol{v}\times\boldsymbol{B}$ 指的是导线上的线元 $\mathrm{d}\boldsymbol{l}$ 内的那些电荷受到的磁力，这些电荷获得了导线的瞬时速度 $\boldsymbol{v}$。

式（10.39）右侧是磁通的变化率，它既来自变化的磁场又来自变化的回路和以此回路为边界的 S 面。在本章的后面，我将说明这两种贡献可以被很好地分为两部分，分别与 $\boldsymbol{E}$ 和 $\boldsymbol{v}\times\boldsymbol{B}$ 对左侧 $\mathcal{E}$ 的贡献相联系。这个推导相当棘手，所以我绕过它，先直接得到 $\boldsymbol{E}$ 的环流与变化的磁场之间的关系，将复杂的推导作为选学留到最后。

先考虑一个静止不动的回路，利用它推出 $\boldsymbol{E}$ 的环流与变化的磁场 $\boldsymbol{B}$ 之间的关系。这肯定是被允许的，因为无论回路运动状态如何答案都成立。现在，$\boldsymbol{v}$ 不起作用了，而且边界 C 是固定的。它甚至不必与任何实在的导体相关。它不过就是空间中的一条闭合曲线，借之计算 $\boldsymbol{E}$ 的环流。为了突出这一点，我们将线元 $\mathrm{d}\boldsymbol{l}$ 换为 $\mathrm{d}\boldsymbol{r}$。在这种情况下，我们得到

$$\oint_{C=\partial S}\boldsymbol{E}\cdot \mathrm{d}\boldsymbol{r}=-\frac{\mathrm{d}\Phi}{\mathrm{d}t}=-\frac{\mathrm{d}}{\mathrm{d}t}\int_{S}\boldsymbol{B}\cdot \mathrm{d}\boldsymbol{S} \tag{10.40}$$

一般来说，积分前的求导 $\mathrm{d}/\mathrm{d}t$ 有两部分：一部分源于变化的 C 或是 S，另外一部分源于变化的 $\boldsymbol{B}$。但是现在，已经假设 C 是固定的，故可以将求导置于积分内作用于 $\boldsymbol{B}$，得到

$$\oint_{C=\partial S}\boldsymbol{E}\cdot \mathrm{d}\boldsymbol{r}=\int_{S}\left[-\frac{\partial \boldsymbol{B}}{\partial t}\right]\cdot\ \mathrm{d}\boldsymbol{S} \tag{10.41}$$

（最终的一个麦克斯韦方程！）

式中的偏微分表明我们仅仅计算 $\boldsymbol{B}$ 对时间的变化率，而不将 $\boldsymbol{B}$ 对 S 内的空间坐标求导。场 $\boldsymbol{E}$ 和 $\boldsymbol{B}$ 间这种关系，与任何导体以及导体会怎样运动无关，是麦克斯韦最终的四个方程之一。它代替了

$$\oint \boldsymbol{E}\cdot \mathrm{d}\boldsymbol{r}=0$$

上式是我在表达静电场的保守性时写下的。现在我们学到的是，当存在随时间变化的磁场时，电场的环流不等于零，其环流由式（10.41）确定。

来看看我们目前的进展。在开始时，我们有

$$\oint_{C=\partial S}(\boldsymbol{E}+\boldsymbol{v}\times\boldsymbol{B})\cdot \mathrm{d}\boldsymbol{l}=-\frac{\mathrm{d}\Phi}{\mathrm{d}t}=-\frac{\mathrm{d}}{\mathrm{d}t}\int_{S(t)}\boldsymbol{B}\cdot \mathrm{d}\boldsymbol{S} \tag{10.42}$$

等式右侧，对时间的积分产生了两项：一项来自随时间变化的 $\boldsymbol{B}$，另外一项来自随时间变化的 S（起因于回路的运动）。换言之，

$$\oint_{C=\partial S}(\boldsymbol{E}+\boldsymbol{v}\times\boldsymbol{B})\cdot \mathrm{d}\boldsymbol{l}=\int_{S\text{固定}}\left[-\frac{\partial \boldsymbol{B}}{\partial t}\right]\cdot \mathrm{d}\boldsymbol{S}-\boldsymbol{S}(t)\text{ 变化引起的 }\Phi\text{ 的时间变化率} \tag{10.43}$$

我们刚刚已经看到

$$\oint_{C=\partial S}\boldsymbol{E}\cdot \mathrm{d}\boldsymbol{r}=\int_{S}\left[-\frac{\partial \boldsymbol{B}}{\partial t}\right]\cdot \mathrm{d}\boldsymbol{S} \tag{10.44}$$

那么，等式两侧的第二项一定是相匹配的

$$\oint_{C=\partial S}\boldsymbol{v}\times\boldsymbol{B}\cdot \mathrm{d}\boldsymbol{l}=-\text{变化的 }S(t)\text{引起的 }\Phi\text{ 对时间变化率} \tag{10.45}$$

如果你想知道如何证明它，就必须读一读接下来的选学部分，我在其中讨论了处于变化的场之中的变化回路。但是或许你会略过这部分内容，所以在此处至少要给出一个概述。如图 10.8 所示，它给出了一个简单且便于想象的情况。图中 t 时刻的圆形环路 C_1 在 $t+\mathrm{d}t$ 时刻变为了 C_2。很明显，计算 $t+\mathrm{d}t$ 时刻通量所用的是那个带有阴影的圆平面，面积为 S_2。然而，我们可以随意用任意一个以同一 C_2 为边界的其他面。我们用 S_2'，它是 $S_2+\Delta S$，ΔS 为运动回路扫出的（圆筒形）面积。**做这种操作的优点是这个变化的面对于 $-\mathrm{d}\Phi/\mathrm{d}t$ 的贡献仅来自 ΔS。**我们从图中看到在以速度 $\boldsymbol{v}$ 运动的回路上，$\mathrm{d}\boldsymbol{l}$ 部分扫过的面积为 $\boldsymbol{v}\mathrm{d}t\times\mathrm{d}\boldsymbol{l}$，它对 $-\mathrm{d}\Phi$ 的贡献为 $-\boldsymbol{B}\cdot(\boldsymbol{v}\,\mathrm{d}t\times\mathrm{d}\boldsymbol{l})=\boldsymbol{v}\times\boldsymbol{B}\cdot\mathrm{d}\boldsymbol{l}\mathrm{d}t$。整个回路的贡献之和为

$$-\left.\frac{\mathrm{d}\Phi}{\mathrm{d}t}\right|_{\text{对}\Delta S}=\oint_{C=\partial S}(\boldsymbol{v}\times\boldsymbol{B})\cdot \mathrm{d}\boldsymbol{l} \tag{10.46}$$

这与 $\mathcal{E}$ 中的 $\boldsymbol{v}\times\boldsymbol{B}$ 项正好是相符的。显然，即使开始和最后的回路不是圆，即使各段 $\mathrm{d}\boldsymbol{l}$ 的速度 $\boldsymbol{v}$ 不同，这个结果也应该是正确的。要特别注意的是，会出现不少负号，还要考虑到各个面的方向。下一节中将对此进行说明。

10.4 法拉第定律的选学内容

让我们回到法拉第定律。

$$\mathcal{E}=\oint_{C=\partial S}(\boldsymbol{E}+\boldsymbol{v}\times\boldsymbol{B})\cdot \mathrm{d}\boldsymbol{l}=-\frac{\mathrm{d}\Phi}{\mathrm{d}t}=-\frac{\mathrm{d}}{\mathrm{d}t}\int_{S(t)}\boldsymbol{B}\cdot \mathrm{d}\boldsymbol{S} \tag{10.47}$$

我们已经零星断续地使用过它了，并且已经从中获得了将 $\boldsymbol{E}$ 的环流与变化磁场的通量联系在一起的那个麦克斯韦方程。另外，我们已经就两种情形解释了线圈发电机中的电动势。

- 电动势等于 $\boldsymbol{E}$ 的线积分，且 $-\mathrm{d}\Phi/\mathrm{d}t$ 源于变化的磁场。

- 电动势等于 $\boldsymbol{v}\times\boldsymbol{B}$ 的线积分，且 $-\mathrm{d}\Phi/\mathrm{d}t$ 源于线圈在静磁场 $\boldsymbol{B}$ 中的运动。

但是，法拉第定律的卓越作用在于它可以描述最一般的情况，其中 $-\mathrm{d}\Phi/\mathrm{d}t$ 相应于处在随时空变化的磁场中的任意一个可变回路，电动势等于电力和磁力这两者的线积分。让我们来进一步探究这个特性。

设 t 时刻运动线圈所围的面为 S_1，$t+\mathrm{d}t$ 时刻运动线圈所围的面为 S_2，如图 10.8 所示。磁通的变化量为

$$\mathrm{d}\Phi=\int_{S_2}\boldsymbol{B}(t+\mathrm{d}t)\cdot\mathrm{d}\boldsymbol{S}-\int_{S_1}\boldsymbol{B}(t)\cdot\mathrm{d}\boldsymbol{S} \tag{10.48}$$

一般来说，S_1 和 S_2 的形状是任意的。然而，鉴于会像我这样遇到视觉和艺术方面的挑战，我只限于讨论一种简单的情况（这讨论对于一般情况也成立）。设想有一个封闭的圆柱，由两个平面和一个曲面组成。将下面的面记作 S_1，其边界 C_1 为 t 时刻的导线环。根据右手定则，S_1 的面积矢量向上。这表明方向向上的 $\boldsymbol{B}$ 对通量的贡献为正。将圆柱上面的面记作 S_2，其边界为 $t+\mathrm{d}t$ 时刻导线环所在处。S_2 面的面积矢量方向也是向上的。

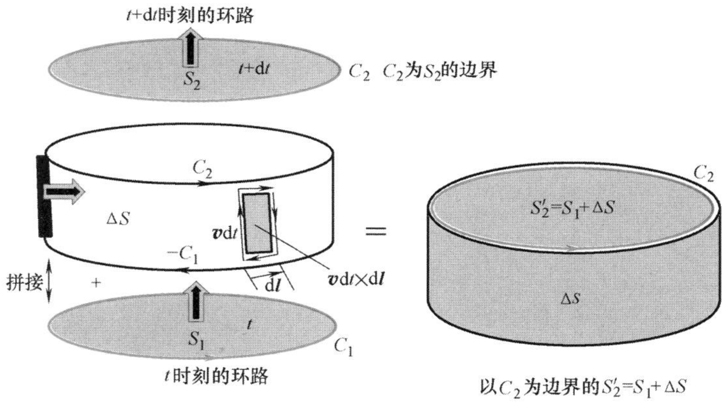

图 10.8　t 时刻的导体回路 C_1，它是圆柱体下表面 S_1 的边界。在 $t+\mathrm{d}t$ 时刻，导体回路运动到 C_2，为圆柱体上表面 S_2 的边界。我们将把 S_2 面换为 $S_2'=S_1+\Delta S$，ΔS 是圆柱体的曲面。这是允许的，因为其边界仍为 C_2，两者合在一起，共同的边缘 C_1 和 $-C_1$（分别在 S_1 和 ΔS，绕向相反）被抹掉了，留下了 C_2。叉乘 $\boldsymbol{v}\mathrm{d}t\times\mathrm{d}\boldsymbol{l}$ 是 ΔS 上一个很小的矩形，$\boldsymbol{v}\mathrm{d}t$ 是线元 $\mathrm{d}\boldsymbol{l}$ 在 $\mathrm{d}t$ 时间内扫过的矢量距离。这个小矩形的面积矢量方向向内，将所有这些小矩形面积相加就得到了 ΔS。

对于这个简单的情况，在 t 到 $t+\mathrm{d}t$ 之间，导线回路在圆柱的曲面上竖直向上运动，每个线元 $\mathrm{d}\boldsymbol{l}$ 的运动速度均为 $\boldsymbol{v}$。平面面积的大小可以任意取值，但是，运动的导线回路在 $\mathrm{d}t$ 时间内所扫出的 ΔS，也就是圆柱的曲面，应该被认为是关于 $\mathrm{d}t$ 的一阶无限小量。

当求解在 $t+\mathrm{d}t$ 时刻通过 C_2 的通量时，我们会很自然地取上面的面 S_2 来进行计算，因为它是以 C_2 为边界的一个最简单的面。然而，相应的积分，即式（10.48）中的第一项将两个效果集于一体，它是在后面那个时刻对后面的那个面的线积分。为了同时处理这两个变化，我们将把 S_2 面换为与之具有相同边界 C_2 的另外一个面 S_2'。这样做是被允许的，因为通过边界相同的各个面的通量是相同的。这种做法的目的是要将运动回路的效果和变化磁场的效果区分开来。选取 S_2' 会起到什么作用呢？设想 S_2 是一片橡胶薄膜，被绷紧在圆柱形鼓的圆形边 C_2 之上。现在慢慢地使之变形（从上面向它吹气），最终使之成为这个圆柱的其余部分，即曲面 ΔS 和底部的平面 S_1。这就是 S_2' 面。它的边界仍然是 C_2 边。

直观上很清楚，S_2' 不过就是由 S_1 和曲面 ΔS 所组成的（这就是将之称为 ΔS 的原因）。但是，我们来做个验证。为此我们按照粘贴面积的法则将这两个面积加在一起（消掉了交叠在一起的两方向相反的边缘），如图 10.8 所示。

先来看 ΔS，即由运动的导线回路在 $\mathrm{d}t$ 时间内扫出的那个面，它本身是由各个线元扫出的微小的矩形构成的。在上面取一个以速度 $\boldsymbol{v}$ 运动的线元 $\mathrm{d}\boldsymbol{l}$。它在 $\mathrm{d}t$ 时间内扫出的面积大小为 $|\boldsymbol{v}|\mathrm{d}t|\mathrm{d}\boldsymbol{l}|$。面积矢量以叉乘表示为

$$\mathrm{d}\boldsymbol{S}=\boldsymbol{v}\,\mathrm{d}t\times\mathrm{d}\boldsymbol{l} \tag{10.49}$$

方向指向圆柱内部。这个方向正是所预期的。根据右手定则，S_1 和 S_2 的面积矢量原本就是向上的，并规定向上的通量为正。如果我们将 S_2 上布满向上的小箭头，用以表示组成它的各个小面积的方向，然后不停地使之变形形成 S_2'。那么，曲面 ΔS 上箭头最终的指向将是向内的，而 S_1 上箭头的指向将是向上的。

（一般情况下，$\mathrm{d}\boldsymbol{l}$ 与 $\boldsymbol{v}$ 不一定彼此垂直，且各个线元的 $\boldsymbol{v}$ 也不一定相同。然而，这个叉积依旧可给出所扫出那个平行四边形的正确面积 $|\boldsymbol{v}|\mathrm{d}t|\mathrm{d}\boldsymbol{l}|\sin\theta$。）

将这些矩形拼接起来就形成了 ΔS，相邻的竖直边方向相反彼此相消，顶部的边形成了 C_2，底部的边形成了 $-C_1$（它就是反向的 C_1）。这样，ΔS 面有两个边界，下面的边界 $-C_1$ 和上面的边界 C_2。当将 ΔS 接着与 S_1 拼接在一起形成 S_2' 时，如图所示，交叠在一起的 S_1 的 C_1 与 ΔS 的 $-C_1$ 将被抹去，ΔS 的另外一条边界，也就是 C_2 将成为 S_2' 的边界。由于 C_2 也是 S_2 的边界，所以我们可以用 S_2' 替换 S_2。

这样我们可以将 S_2 换为 S_2'。我已经说明过应该这样做，因为这会将磁场变化与回路变化这两者的贡献区分开来。现在就会看到这一点。

开始时，我们有

$$\mathrm{d}\Phi=\int_{S_2}\boldsymbol{B}(t+\mathrm{d}t)\cdot\mathrm{d}\boldsymbol{S}-\int_{S_1}\boldsymbol{B}(t)\cdot\mathrm{d}\boldsymbol{S} \tag{10.50}$$

$$=\int_{S'_2}\boldsymbol{B}(t+\mathrm{d}t)\cdot\mathrm{d}\boldsymbol{S}-\int_{S_1}\boldsymbol{B}(t)\cdot\mathrm{d}\boldsymbol{S}\quad\text{因为}\ \partial S_2'=\partial S_2=C_2 \tag{10.51}$$

$$= \int_{S_1} \boldsymbol{B}(t+\mathrm{d}t) \cdot \mathrm{d}\boldsymbol{S} + \int_{\Delta S} \boldsymbol{B}(t+\mathrm{d}t) \cdot \mathrm{d}\boldsymbol{S} - \int_{S_1} \boldsymbol{B}(t) \cdot \mathrm{d}\boldsymbol{S} \tag{10.52}$$

$$= \int_{S_1} \boldsymbol{B}(t+\mathrm{d}t) \cdot \mathrm{d}\boldsymbol{S} + \oint_{C_1} \boldsymbol{B}(t+\mathrm{d}t) \cdot (\boldsymbol{v}\mathrm{d}t \times \mathrm{d}\boldsymbol{l}) - \int_{S_1} \boldsymbol{B}(t) \cdot \mathrm{d}\boldsymbol{S} \tag{10.53}$$

为了推出最后那个方程，对式（10.52）右侧的中间那项，用到了 $\mathrm{d}\boldsymbol{S}=\boldsymbol{v}\mathrm{d}t\times\mathrm{d}\boldsymbol{l}$。

现在我们将第一项和第三项组合在一起，它们涉及的是相同的面 S_1，但是却是不同时刻的场：

$$\mathrm{d}\Phi = \int_{S_1} (\boldsymbol{B}(t+\mathrm{d}t)-\boldsymbol{B}(t)) \cdot \mathrm{d}\boldsymbol{S} + \mathrm{d}t \oint_{C_1=\partial S_1} \boldsymbol{B}(t+\mathrm{d}t) \cdot (\boldsymbol{v} \times \mathrm{d}\boldsymbol{l}) \tag{10.54}$$

$$= \int_{S_1} \mathrm{d}t\left(\frac{\partial \boldsymbol{B}}{\partial t}\right) \cdot \mathrm{d}\boldsymbol{S} + \mathrm{d}t \oint_{C_1=\partial S_1} \boldsymbol{B}(t) \cdot (\boldsymbol{v} \times \mathrm{d}\boldsymbol{l}) \tag{10.55}$$

我将第二个积分中的 $\boldsymbol{B}(t+\mathrm{d}t)$ 换为了 $\boldsymbol{B}(t)$，原因是两者之差在 $\mathrm{d}t$ 的级次，而积分号前已经有了一个 $\mathrm{d}t$（来自 ΔS）。两侧除以 $\mathrm{d}t$，并且取 $\mathrm{d}t\to 0$ 的极限，我们得到

$$-\frac{\mathrm{d}\Phi}{\mathrm{d}t} = -\int_{S} \left(\frac{\partial \boldsymbol{B}}{\partial t}\right) \cdot \mathrm{d}\boldsymbol{S} - \oint_{C_1=\partial S} \boldsymbol{B}(t) \cdot (\boldsymbol{v} \times \mathrm{d}\boldsymbol{l}) \tag{10.56}$$

$$= -\int_{S} \frac{\partial \boldsymbol{B}}{\partial t} \cdot \mathrm{d}\boldsymbol{S} + \oint_{C} \boldsymbol{v} \times (\boldsymbol{B}(t) \cdot \mathrm{d}\boldsymbol{l}) \tag{10.57}$$

因为

$$\boldsymbol{B}(t) \cdot (\boldsymbol{v} \times \mathrm{d}\boldsymbol{l}) = -(\boldsymbol{v} \times \boldsymbol{B}) \cdot \mathrm{d}\boldsymbol{l} \tag{10.58}$$

我去掉了 S 和 C 的下标 1 和 2，因为在 $\mathrm{d}t\to 0$ 的极限下，只有一个 S 和 C。

最后我们得到

$$\mathcal{E} = \oint_{C=\partial S} (\boldsymbol{E}+\boldsymbol{v} \times \boldsymbol{B}) \cdot \mathrm{d}\boldsymbol{l} = -\int_{S} \frac{\partial \boldsymbol{B}}{\partial t} \cdot \mathrm{d}\boldsymbol{S} + \int_{C} (\boldsymbol{v} \times \boldsymbol{B}(t)) \cdot \mathrm{d}\boldsymbol{l} \tag{10.59}$$

令人惊奇的是，与线圈的运动相关的磁场部分，完美地出现在等式两侧，可以被消去，留给我们的是这个麦克斯韦方程

$$\oint_{C=\partial S} \boldsymbol{E} \cdot \mathrm{d}\boldsymbol{r} = -\int_{S} \left(\frac{\partial \boldsymbol{B}}{\partial t}\right) \cdot \mathrm{d}\boldsymbol{S} \tag{10.60}$$

式中没有出现任何实际线圈线元 $\mathrm{d}\boldsymbol{l}$ 的运动速度。我们得到是 $\boldsymbol{E}$ 对某个边界 C 的环流与通过以这个 C 为边界的一个面的磁通对时间的变化率之间的关系。为了突出这一点，我将这个假想边界的线元表示为 $\mathrm{d}\boldsymbol{r}$。

对于这个推导，我要说很微妙的一点。计算导线中的电动势时，作用于电荷上的正确磁力为 $\boldsymbol{V}\times\boldsymbol{B}$，而 $\boldsymbol{V}=\boldsymbol{v}+\boldsymbol{u}$，式中 $\boldsymbol{v}$ 是导线线元 $\mathrm{d}\boldsymbol{l}$ 的速度，而 $\boldsymbol{u}$ 是载流子沿承载其电流的导线方向的速度。（与此相像的是前面说过的那个被在磁场中拖动的矩形线圈，其前面 12 边中运动电荷的速度是由两部分组成的。）然而，在计算电动势时，我们发现，$\boldsymbol{V}$ 中的这个额外项没有作用：

$$\mathcal{E}=\oint(\boldsymbol{E}+(\boldsymbol{v}+\boldsymbol{u})\times\boldsymbol{B})\cdot\mathrm{d}\boldsymbol{l} \tag{10.61}$$

$$=\oint(\boldsymbol{E}+\boldsymbol{v}\times\boldsymbol{B})\cdot\mathrm{d}\boldsymbol{l} \tag{10.62}$$

因为速度 $\boldsymbol{u}$ 与线元 $\mathrm{d}\boldsymbol{l}$ 均平行于导线，故我能够令$(\boldsymbol{u}\times\boldsymbol{B})\cdot\mathrm{d}\boldsymbol{l}=0$。

第11章 法拉第定律进阶

我们已经看到，法拉第电磁感应定律指出，一个变化的磁场激发一个环流不为零的电场，由如下麦克斯韦方程表示：

$$\oint_{C=\partial S} \boldsymbol{E} \cdot \mathrm{d}\boldsymbol{r} = -\int_S \frac{\partial \boldsymbol{B}}{\partial t} \cdot \mathrm{d}\boldsymbol{S} \tag{11.1}$$

在高斯定理和安培环路定理的情形中，我们不能仅由环流来导出感应电场。然而，当问题具有足够的对称性时，这是可以做到的。下面来看一个例子。

11.1 电子感应加速器

为了克服回旋加速器因相对论效应而产生的极限能量的限制，科学家发明了电子感应加速器。回顾一下回旋加速器的基本原理。回旋加速器由两个半圆形 D 盒组成，两 D 盒的直径靠在一起，中间有一个狭缝。垂直于 D 盒平面的磁场穿过 D 盒从而使射入 D 盒的带电粒子偏转。射入第一个 D 盒的带电粒子的轨迹被弯曲成半圆。当它进入另一个 D 盒时，缝隙间加有下降电压使粒子加速。粒子就以更高的速率和更大的半径在第二个 D 盒中做圆周运动。当它又回到第一个 D 盒时，两 D 盒的极性交换，粒子再一次被下降电压加速。经过多次加速后，带电粒子以极高的速率从回旋加速器中射出。不管粒子的速率和半径如何变化都能够转换两 D 盒的极性，这是由如下运动学的显著特性决定的。

径向的牛顿定律指出，在圆周运动中

$$\frac{mv^2}{r} = qvB \tag{11.2}$$

$$\frac{v}{r} = \omega = \frac{qB}{m} \tag{11.3}$$

这表明**即使粒子加速并且轨道半径增大，圆周运动的频率也保持不变**。因此两 D 盒上加交变电压的必要条件可以通过把它们简单地连接到一个具有这一频率的 AC 电源上来实现。

上述牛顿运动学在高速时就不适用了。正确的方程仍然是

$$\boldsymbol{F}=\frac{\mathrm{d}\boldsymbol{p}}{\mathrm{d}t}=q\,\boldsymbol{v}\times\boldsymbol{B} \tag{11.4}$$

但是动量不再是 $\boldsymbol{p}=m\boldsymbol{v}$，而是

$$\boldsymbol{p}=\frac{m\,\boldsymbol{v}}{\sqrt{1-v^2/c^2}} \tag{11.5}$$

由于动量与速度之间这一新的关系，ω 不再与 r 无关。

电子感应加速器不需要通过 ω 保持不变或者静电势来加速粒子。它具有完全不同的设计，即随空间、时间变化的磁场产生一个环形电场来加速粒子。这一磁场也使粒子的轨迹弯曲成半径不变的圆形轨道。下面是详细描述。

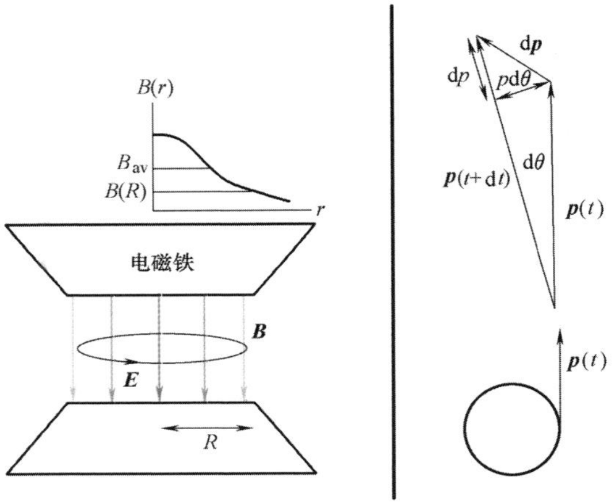

图 11.1　左：电磁铁产生向下的磁场 $B(r,\ t)$。在任意时刻它随空间的变化曲线 $B(r)$ 具有平均值 B_{av}。（向下箭头颜色的深浅也显示磁场随 r 增大在减小。）当 B 随时间增大时，环向法拉第电场 $E(R,\ t)$ 使粒子加速。在每一时刻调节由 $B(r,\ t)$ 所产生的力 $\boldsymbol{v}\times\boldsymbol{B}$ 来提供使粒子沿半径为 R 的圆周运动的必要的向心力。右：粒子轨道的俯视图。t 时刻粒子在 $\theta=0$ 位置沿切线方向运动，$t+\mathrm{d}t$ 时刻它的动量大小增加 $\mathrm{d}p$，方向改变 $\mathrm{d}\theta$，因此动量的径向分量改变 $\mathrm{d}p_{\mathrm{r}}=p\mathrm{d}\theta$。

首先是运动学结果。考虑一个具有式（11.5）所定义的相对论动量 $\boldsymbol{p}$ 的粒子。假设它沿圆周运动并且逐渐加速。如图 11.1 右侧所示，动量 $\boldsymbol{p}$ 的改变包含两部分。忽略沿切线方向的动量大小的增量 $\mathrm{d}p$（这一部分由切向力产生），只考虑由方向改变引起的径向部分。从图中可以看出，动量在径向方向的增量

$$\mathrm{d}p_r=p\mathrm{d}\theta \tag{11.6}$$

这说明在径向方向动量的变化率为

$$\frac{\mathrm{d}p_r}{\mathrm{d}t}=p\frac{\mathrm{d}\theta}{\mathrm{d}t}=p\omega \tag{11.7}$$

由于这一结果基于几何和矢量的知识，不管动量是非相对论力学中的 $\boldsymbol{p}=m\boldsymbol{v}$ 还是由式（11.5）给出，它都是正确的。在非相对论情况，这就是我们所熟悉的向心力

$$p\frac{\mathrm{d}\theta}{\mathrm{d}t}=p\omega=mv\omega=\frac{mv^2}{r} \tag{11.8}$$

对于电子感应加速器，图 11.1 中显示电磁铁产生向下的磁场 $B(r, t)$。在某一时刻，这一磁场随 r 变化的曲线为 $B(r)$。磁场随时间从 0 开始稳步增长，因此随着时间改变，这一曲线的唯一变化是函数 $B(r)$ 的均匀增大（在所有 r 处变化相同）。在一个圆心位于磁铁对称轴上且半径为 R 的圆周上，这一磁场产生的遵守法拉第电磁感应定律的环向电场 $E(R, t)$ 为

$$2\pi RE(R,t)=\frac{\mathrm{d}\Phi(r<R,t)}{\mathrm{d}t} \tag{11.9}$$

其中 $\Phi(r<R, t)$ 是 t 时刻被半径为 R 的圆周所包围的磁通量。（楞次定律中的减号由图中显示的 $\boldsymbol{E}$ 的方向表示。）

在讨论中我们应该假设并且保证，即使粒子的速率改变，它也沿固定半径 $r=R$ 的轨道运动。

下面定义一个不随 r 变化的平均磁场 B_{av}，它应该在 $r<R$ 的区域内产生和实际磁场相同的通量：

$$\Phi(r<R)=\int_{r<R}\boldsymbol{B}(r,t)\cdot\mathrm{d}\boldsymbol{S}\equiv\pi R^2B_{\mathrm{av}}(t) \tag{11.10}$$

现在把电场和 B_{av} 联系起来：

$$2\pi RE(R,t)=\frac{\mathrm{d}\Phi(r<R)}{\mathrm{d}t}=\pi R^2\frac{\mathrm{d}B_{\mathrm{av}}(t)}{\mathrm{d}t} \tag{11.11}$$

$$E(R,t)=\frac{1}{2}R\frac{\mathrm{d}B_{\mathrm{av}}(t)}{\mathrm{d}t} \tag{11.12}$$

这一环向电场将改变动量 $\boldsymbol{p}$ 的大小：

$$\frac{\mathrm{d}p}{\mathrm{d}t}=qE(R,t)=\frac{q}{2}R\frac{\mathrm{d}B_{\mathrm{av}}(t)}{\mathrm{d}t} \tag{11.13}$$

把此式对时间积分，并假设 $p(0)=B_{\mathrm{av}}(0)=0$，我们得到

$$p(t)=\frac{q}{2}RB_{\mathrm{av}}(t) \tag{11.14}$$

这就是 t 时刻粒子动量的大小。

同时，尽管粒子的动量在逐渐增大，但是这一磁场也被要求提供使粒子在 $r=R$ 的圆形轨道上运动所必需的向心力。从式（11.7）得到径向动量的变化率是 $\frac{\mathrm{d}p_r}{\mathrm{d}t}=$

$p\omega$，让它等于磁场提供的向心力 $q\boldsymbol{v}\times\boldsymbol{B}$：

$$p\omega=qvB(R,t)=q\omega RB(R,t) \tag{11.15}$$

利用了 $v=\omega R$。削去 ω，可得

$$p(t)=qRB(R,t) \tag{11.16}$$

尽管在 $r<R$ 区域内的全部磁场 $B(r, t)$ 都对变化的通量（其产生 $E(R, t)$）有贡献，但只有轨道处的磁场 $B(R, t)$ 提供向心力 $q\boldsymbol{v}\times\boldsymbol{B}$。

式（11.14）指出 E 产生的加速运动使粒子在 t 时刻获得动量 $p(t)$。式（11.16）给出力 $q\boldsymbol{v}\times\boldsymbol{B}$ 可以承受多大的 $p(t)$ 值，即可以把轨道弯曲成圆周。使这两个公式相等，以满足半径是 R 的圆形轨道的假设，我们可以得到操作的条件：

$$\frac{q}{2}RB_{\mathrm{av}}(t)=qRB(R,t) \tag{11.17}$$

$$B_{\mathrm{av}}(t)=2B(R,t) \tag{11.18}$$

为使电子感应加速器工作，**在 $r<R$ 区域内的平均场在任意时刻都应该是 $r=R$ 处的场的两倍**。这就是图 11.1 中画出同一时刻的 $B(r)$ 和 B_{av}所要表达的观念。如果我们全部要做的就是增大电磁铁中的电流从而均匀抬高 $B(r)$ 曲线（对所有 r 处的值增大相同的因子），那么如初始时刻时条件 $B_{\mathrm{av}}(t)=2B(R, t)$ 成立，则它在任意时刻都成立。

磁场有双重作用。在 $r<R$ 区域，磁场随时间变化而产生环向电场 E（从而加速粒子）；在轨道半径 R 处，通过磁场的 $\boldsymbol{v}\times\boldsymbol{B}$ 力，即使 p 的大小增大，磁场也能保持粒子沿圆周运动。

电子感应加速器避免了由相对论运动学所造成的能量限制，但是它最终也遇到了问题，即加速的带电粒子向外辐射能量，这一能量损失使上述分析失效。

11.2 发电机

现在讨论一个实用的话题：发电机。记得我以前告诉过你们，点亮一只灯泡的方法是拿着一个导电回路并且一直跑，保证回路一部分在垂直于回路平面的磁场内，一部分在这一磁场外。另一种方法是保持回路不动，让其他人拿着磁铁向相反的方向跑。这些改变磁通量的方法是关于有多少耶鲁人如此点亮灯泡的很好的笑料，但是并不实用。下面是一个更好的方法。观察图 11.2 中显示的某一角度的发电机的上半部分。为方便起见，设线圈是边长为 a 的方形。它能够绕轴按图中弯曲箭头的方向自由转动，并且处于永久磁铁产生的均匀磁场 $\boldsymbol{B}$ 中。线圈的面积矢量 $\boldsymbol{A}$ 垂直于线圈平面，并与磁场 $\boldsymbol{B}$ 成 θ 角。通过线圈平面的磁通量为

$$\Phi(\theta)=\boldsymbol{A}\cdot\boldsymbol{B}=AB\cos\theta \tag{11.19}$$

线圈上有两根引线。首先在开路状态下，引线没有连接任何设备。忽略引线尾端的箭头。假设沿曲线箭头所指的方向以角频率 ω 转动线圈，即

$$\theta(t)=\omega t \quad (11.20)$$

这会产生电动势。像之前一样，我们可以用两种方法计算电动势。一种是沿线圈的每一边对$\boldsymbol{v}\times\boldsymbol{B}$力的积分，另一种是计算通过线圈磁通量的变化率。

在第一种方法中，我们注意到在边23和边41上$\boldsymbol{v}\times\boldsymbol{B}$与线段$\mathrm{d}\boldsymbol{l}$垂直，因此对电动势没有贡献。对于边12，利用图中下半部分的侧视图更方便。边12以速度$\omega\cdot a/2$逆时针转动，作用在单位电荷上的力为$(a/2)\omega B\sin\theta$，方向从2指向1，因此它的线积分为$(a/2)\omega Ba\sin\omega t$。对边34对电动势的贡献相同（沿同一方向），因此总电动势为

$$\mathcal{E}=\omega Ba^2\sin\theta=\omega BA\sin\omega t \quad (11.21)$$

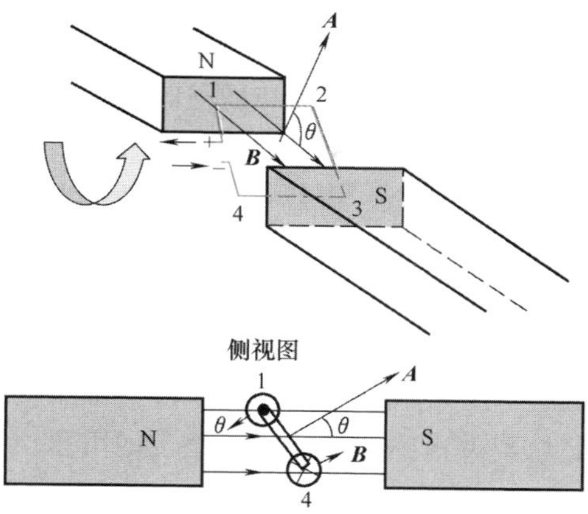

图 11.2 发电机。边长为a的方形线圈置于永久磁铁产生的磁场中。当线圈转动时，产生的电动势等于$\boldsymbol{v}\times\boldsymbol{B}$力的积分或者磁通量的变化率。在开路中，这一电动势引起电荷在如图所示的引线处聚集，直到它们产生的静电场与电动势平衡。当电路闭合时，电流流过且对灯泡做功，并且外力必须做功才能使线圈转动。

对式（11.19）进行微分来计算$\mathcal{E}$更方便：

$$\mathcal{E}=-\frac{\mathrm{d}\Phi}{\mathrm{d}t}=AB\omega\sin\omega t \quad (11.22)$$

现在，电动势应该沿闭合路径计算，而边41上有一个缺口，因此这是一个开路。如果我假设这一缺口无限小，那么计算结果就是一样的。或者如果你喜欢的话，也可以在计算电动势时让缺口处的$\boldsymbol{v}\times\boldsymbol{B}=0$。

由$\boldsymbol{v}\times\boldsymbol{B}$力引起的电动势会做什么呢？它会产生电流来反抗变化的磁通量。如图所示，当线圈按图中方向转动时，它会截出更少的磁通量。因此电流沿4→3→2→1方向流动来抵抗它。（你应该用右手定则来检验它。）但是，在开路状态，电流不能流过引线之间的缺口。因此正负电荷在图中开放的引线处聚集，直到它们在导体中建立的电场与$\boldsymbol{v}\times\boldsymbol{B}$力平衡。在数值上，逐渐积累的电荷产生的电场力在发电机内部的线积分等于$\mathcal{E}$。但是，由于它的保守性，在发电机外它沿连接两极的任意路径的线积分也具有相同的数值。这表明在发电机外，两极间存在一个与路径无关的静电势差，并且等于$\mathcal{E}$。

这正是发生在电池里的情况。在电池内部非保守的化学力在两极聚集正的和负的电荷，直到这些电荷所建立的相反方向的库仑场恰好抵消它。保守的静电力要抵消电池内非保守的化学力，它必须在电池内具有相反的线积分，但是数值上等于

$\mathcal{E}$。但由于它是保守力，它沿电池外连接两极的任意路径的线积分也相同。因此在电池外，两极间的电势差 $V=\mathcal{E}$，可以点亮灯泡或者驱动电动机。

由于发电机的电动势随时间（按 $\sin\omega t$）变化，这里就产生了一个微妙的问题。平衡电动势的电场并不是真正的静电场。但是，因为 ω 不大，延迟效应小，所以聚集的电荷所产生的电场可以在任意时刻持续与变化的 $\boldsymbol{v}\times\boldsymbol{B}$ 力平衡。我们可以继续应用静电学的概念，包括电势和电压的概念。

回到电池的情况。电池一旦与某一设备连接，聚集的电荷就开始通过这一设备从正极流向负极。这会立刻消弱电池内的静电场，化学力会短暂占优，并且补充两极的电荷，很快恢复内部的平衡。如果产生的电流低于某一界限，这一反应就会快到足以使外电路两级间保持稳定的电压。

类似地，一旦发电机与某一设备连接形成电流，在线圈引线处聚集的电荷会立刻减少而不能完全平衡 $\boldsymbol{v}\times\boldsymbol{B}$ 力。$\boldsymbol{v}\times\boldsymbol{B}$ 力中未被抵消的部分将使电荷聚集，直到库仑力和 $\boldsymbol{v}\times\boldsymbol{B}$ 力大小相等且方向相反。通常这一过程发生得非常快，除非产生的电流很大，否则我们不会觉察到电压的瞬时下降。如果我们能觉察到变化，也只是灯光非常短暂地暗了一下。

现在有一个佯谬，这在我们讨论在垂直的 $\boldsymbol{B}$ 场中拖动导电线圈时也遇到过。两种情况下在理想导体内部都存在电场。这不被它严格的定义所禁止吗？像之前一样，答案是，在理想导体中真正阻止自由电荷的无限制加速的约束因素是净力为零，而不是电场为零。因此在线圈转动从而 $\boldsymbol{v}\times\boldsymbol{B}$ 力出现的时刻，就不仅允许聚集的电荷产生一个静电力来补偿，而且要求必须如此。

在开路状态下，两极间存在电压，可以连接到家用电源插座上以备使用。但在你接入一个设备并且产生电流前，它不会对你产生任何费用。转动线圈不会耗费能量，因为在线圈四个边中的每一边都没有电流，也不会受到 $I\mathrm{d}\boldsymbol{l}\times\boldsymbol{B}$ 力。

当我们把引线与电阻 R 连接并且电流开始流动后，这一切就改变了。电阻消耗的功率为

$$P_{\mathrm{res}}=\mathcal{E}I \tag{11.23}$$

其中 $I=\mathcal{E}/R$。谁为此付账？假如我转动线圈的话，我付账。因为载流线圈受到阻碍转动的力矩，所以这需要能量。这一能量来源于机械能，通过我转动曲柄（或者流水转动涡轮叶片）来提供。转动时机械功率为力矩乘以角速度。力矩的大小为

$$\tau=|\boldsymbol{\mu}\times\boldsymbol{B}|=AIB\sin\theta \tag{11.24}$$

而我提供的功率为

$$P_{\mathrm{me}}=\omega AIB\sin\theta=\mathcal{E}I=P_{\mathrm{res}} \tag{11.25}$$

其中利用了式（11.22）$\mathcal{E}=\omega AB\sin\theta$。

实际中的涡轮机具有相当大的质量和转动惯量，同时还有摩擦。即使没有消费者产生的电流负荷，我们也需要提供动力使涡轮机旋转。当你把烤面包机接入插座

的时刻，就开始产生电流，电流流过发电机的线圈，使它更难于转动。这是蒸汽涡轮机真正工作的时刻。这就是你所支付的。

11.3 电感

考虑图11.3所示的装置。我把若干匝线圈缠绕在一个硬纸板制作的管上，并且把这一初级螺线管连接在交变电压上。注意某一时刻初级电流如图所示流动的情形。

此时向下的磁通量穿过螺线管。次级线圈缠绕在初级线圈上，其两端悬空作为引线。这一时刻将在次级螺线管的引线处发现什么呢？

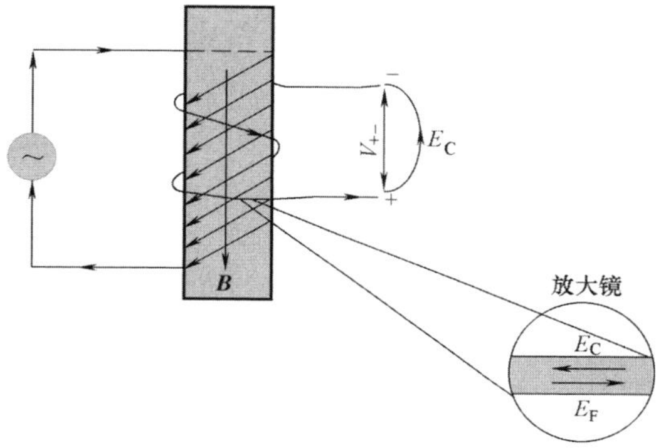

图11.3 初级线圈中的电流产生向下的 $\boldsymbol{B}$ 通量并且通过次级线圈的时刻。如果电流增大，次级线圈中的 $\mathcal{E}$ 和法拉第场 $\boldsymbol{E}_F$ 就会通过产生电流来抵抗它，这将在图中所示的开路状态形成正负电荷的聚集。因为在导体中净电场为零，所以这将会建立一个库仑场 $\boldsymbol{E}_C=-\boldsymbol{E}_F$。放大图像显示了次级线圈中的一部分。保守场 $\boldsymbol{E}_C$ 在线圈外的正、负极间的线积分等于它在线圈内的线积分，因此电压 $V(+)-V(-)\equiv V_{+-}=\mathcal{E}$。

如果通过初级线圈的电流变化，其中的通量也变化。因为两个线圈围绕同样的通量，这意味着通过次级线圈的通量也发生变化。设这一时刻的初级电流增大。这表明向下的 $\boldsymbol{B}$ 增强。在次级线圈中将会产生一个电动势 $\mathcal{E}(t)$ 来抵抗这一变化。这时电动势不是由 $\boldsymbol{v}\times\boldsymbol{B}$ 力产生，而是根据法拉第电磁感应定律由感生电场 $\boldsymbol{E}_F$ 产生：

$$\mathcal{E}=\oint \boldsymbol{E}_F\cdot \mathrm{d}\boldsymbol{r} \qquad (11.26)$$

放大图像显示了 $\boldsymbol{E}_F$ 的方向，它产生的电流阻碍磁通量的增大。

为了计算 $\mathcal{E}$，沿如下环路 L 逆时针对 $\boldsymbol{E}_F$ 积分：从标记“−”的引线端出发，向左进入次级线圈的顶端，通过次级线圈直到你出现在它的下端，然后向右到达标记“+”的端点，最后通过标记 E_C 的曲线回到端点“−”。(这一曲线不是实际的导线，它是计算 $\mathcal{E}$ 的路径。)

在开路的情况下，电场 $\boldsymbol{E}_F$ 并不能产生电流。它将聚集电荷，在顶端的引线处积累净的负电荷（因为电流从此处流出），而在底端处积累净的正电荷（因为电流从此处流入）。这些积累的电荷快速建立起静电场或者库仑场 $\boldsymbol{E}_C$，恰好与法拉第场 $\boldsymbol{E}_F$ 平衡，如图中放大图像所示。与电池的情况一样，我们有一个保守场来平衡螺线管内的非保守场。这表明引线“+”和“−”之间的电压 V_{+-} 等于 $\mathcal{E}$，这将在下面证明。但是，与电池的情况不同的是，电动势和电压 V_{+-} 是随时间变化的。

下面是关于图示的开路状态下在次级线圈的两引线处电压 $V=\mathcal{E}$ 的等价证明。

$$\mathcal{E}=\oint \boldsymbol{E}_{\mathrm{F}}\cdot \mathrm{d}\boldsymbol{r} \quad \text{沿包含次级线圈的环路 } L \tag{11.27}$$

$$=\int_{-}^{+} \boldsymbol{E}_{\mathrm{F}}\cdot \mathrm{d}\boldsymbol{r} \text{ 只在次级线圈内，因为外部 } \boldsymbol{E}_{\mathrm{F}}=0 \tag{11.28}$$

$$=\int_{-}^{+} (-\boldsymbol{E}_{\mathrm{C}})\cdot \mathrm{d}\boldsymbol{r} \quad \text{在次级线圈内，因为内部 } \boldsymbol{E}_{\mathrm{F}}=-\boldsymbol{E}_{\mathrm{C}} \tag{11.29}$$

$$=V(+)-V(-)\equiv V_{+-} \tag{11.30}$$

一旦次级线圈形成闭路，电流开始流过某一设备，这些正、负电荷将开始向另一电极迁移并且消失。但是，只要交变电流变化得不太快，总会有足够的电荷来保证线圈内部的总电场（$\boldsymbol{E}_{\mathrm{C}}$和 $\boldsymbol{E}_{\mathrm{F}}$的总和）持续消失，而次级线圈的两引线之间的电压 $V_{+-}=\mathcal{E}$。

再一次强调我们不应该应用库仑定律或者静电学来解决这一问题，因为这些理论只适用于静止电荷的情况。但是只要延迟效应可以忽略，我们就可以继续应用静电的库仑力的两个概念，它们可以瞬时地抵消依赖于时间的法拉第场 $\boldsymbol{E}_{\mathrm{F}}$和相应的电压 V_{+-}。

我花费了相当多的时间给大家展示如何在电池、发电机和螺线管外部的两极间应用电势差的概念，而不管其内部非保守力的存在。然而，螺线管和另外两个之间有一点不同。发电机中的$\boldsymbol{v}\times\boldsymbol{B}$ 力和电池中的化学力不排除保守的静电场和相应的两极间电势差 $V=\mathcal{E}$ 的存在。但法拉第场 $\boldsymbol{E}_{\mathrm{F}}$是不同的。螺线管中随时间变化的通量可能不能限制在螺线管内——它可以从侧面漏出，而且实际上它是从螺线管的北极离开并返回南极。如果这一通量穿过一个回路，由于 $\oint \boldsymbol{E}\cdot \mathrm{d}\boldsymbol{r}\neq 0$，我们就不能定义一个不依赖于路径的势函数。所以我们或者希望通量的泄露可以忽略，或者找到一个方法使它不通过回路。一个完美的方法是把初级线圈和次级线圈缠绕在一个环形的铁心上。这样几乎所有的通量将被限制在铁心内而不能漏到外面的真空中(因为此处不作讨论的某些热力学知识)。

前述限制的底线是，当次级线圈是回路的一部分时，你可以要求沿包含次级线圈的回路一周电压变化的总和为零，而在通过次级线圈时电压降 $V_{+-}\equiv V(+)-V(-)=\mathcal{E}$。

11.4 互感

现在把次级线圈中的电动势和初级线圈中的交变电流联系起来。对于包围通量 Φ 的回路，通常有

$$\mathcal{E}=-\frac{\mathrm{d}\Phi}{\mathrm{d}t} \tag{11.31}$$

次级线圈中的电动势实际为

$$\mathcal{E}_2 = -N_2 \frac{\mathrm{d}\Phi}{\mathrm{d}t} \tag{11.32}$$

其中 N_2 是次级线圈的匝数。式中出现系数 N_2 是因为要把 $\boldsymbol{E}_\mathrm{F}$ 从螺线管的一端积分到另一端来求解 $\mathcal{E}_2$，而每一匝的贡献为 $-\mathrm{d}\Phi/\mathrm{d}t$。实际上，每一匝线圈可以等效地看作一个电动势为 $\mathcal{E} = -\mathrm{d}\Phi/\mathrm{d}t$ 的小电池，N_2 个这样的小电池串联在一起。因此这里相关的物理量是 Φ_2，也就是线圈 2 的总通量

$$\Phi_2 = N_2 \Phi \tag{11.33}$$

其中 Φ 是通过每一匝的通量，也是通过初级线圈长度的通量。因此

$$\mathcal{E}_2 = -\frac{\mathrm{d}\Phi_2}{\mathrm{d}t} \tag{11.34}$$

现在计算 Φ_2。初级线圈中的磁场为

$$B = \mu_0 n_1 I_1 \tag{11.35}$$

其中 $n_1 = N_1/l$，是初级线圈单位长度的匝数，I_1 是其中流过的电流。从结构来看，初级线圈中的全部通量都通过次级线圈的每一匝。通过截面积为 A_2 的次级线圈的磁通量为

$$\Phi_2 = N_2 \cdot (\mu_0 n_1 I_1) \cdot A_2 \equiv M_{21} I_1 \tag{11.36}$$

这里定义了物理量

$$M_{21} = N_2 \mu_0 n_1 A_2 \tag{11.37}$$

称为螺线管 1 和 2 的互感系数。互感系数 Φ_2/I_1 是螺线管 1 中的单位电流产生的通过螺线管 2 的磁通量。基于叠加原理，Φ_2 与 I_1 成正比关系是可以预期的。如果把初级线圈中的电流加倍，它所产生的磁场也加倍。这是由于你可以把加倍的电流看成流过同一导线的两个完全相同的电流，每一个电流产生它自己的磁场。（这也是从毕奥—萨伐尔定律得出的。）

综合以上各式

$$\mathcal{E}_2 = -\frac{\mathrm{d}\Phi_2}{\mathrm{d}t} \tag{11.38}$$

$$= -M_{21} \frac{\mathrm{d}I_1}{\mathrm{d}t} \tag{11.39}$$

考虑如下关系：

$$M_{21} = M_{12} \tag{11.40}$$

这表明螺线管 1 中单位电流产生的通过螺线管 2 的通量等于螺线管 2 中单位电流产生的通过螺线管 1 的通量。这一关系不是显而易见的。因为根据图 11.3，螺线管 1 所产生的全部通量都穿过 2，但反过来不对。如果两个螺线管都缠绕在同一个环形芯上，由于每一个产生的通量都通过同一个环形芯，这一结果就会更明显。但是，即使在不明显的情况下，这一结果也是成立的。

一般来说，对于任意两个线圈（不一定缠绕在同一个铁心上），我们可以让单位电流通过其中一个线圈，找出它产生的通量有多少通过另一个线圈，来定义和测量互感系数 $M_{12}=M_{21}=M$。在设计电路时互感系数很重要。如果有意使两个线圈耦合，它就非常有用。但是，在其他情况下，电路中可能有两个邻近的闭合回路不需要耦合，却由于一个回路中变化的电流使另一个回路中产生无用的电动势。

电感的单位是亨利（H），以纪念约瑟夫·亨利（1797—1878）。

考虑两个缠绕在同一环形芯上的线圈，匝数分别为 N_1 和 N_2，初级线圈中通有交变电流。由于同样的磁场穿过两个线圈，磁通量的比值就是匝数的比值。把通量对时间求导，这一比值就是电动势的比值：

$$\frac{\mathcal{E}_1}{\mathcal{E}_2}=\frac{N_1}{N_2} \tag{11.41}$$

这里我们显然是在讨论变压器。对初级线圈提供 AC 电压就可以在次级线圈获得成比例的 AC 电压。电压的高低依赖于比值 N_2/N_1——它可以是升压或降压变压器。你也可以让电流通过次级线圈而在初级线圈获得电压，但是电压比要倒过来。尽管你可以升压或降压，但是不可以用这种方法产生能量，也不能用这一原理把 DC 电压升高或降低。

11.5 自感

现在我们讨论一种非常重要的电路元件——电感器。它是一个单独的螺线管，并且可以作为载有电流 $I(t)$ 的电路的一部分。当电流流过一个电阻器时，在电流流入端和电流流出端之间存在一个电压降 $V_{in}-V_{out}=IR$。对电感器来说，相应的电压降是什么呢？

螺线管中的导线是理想导体，因此不需要电压就可以在其中通过电流。但是当电感器中的电流变化时，根据法拉第电磁感应定律，螺线管自身的电流变化在其中产生电动势，因此它两端的电压降就不是零。

随时间变化的电流可以出现在 AC 电路中，也可以出现在图 11.4 所示的瞬时过程中。我们先来讨论图 11.4 中的过程。

图 11.4 显示端电压为 V_0 的电池与电感器 L 和电阻器 R 通过开关 S 串联。当 S 闭合时，电流会在线圈内产生磁通量。线圈中就会产生电动势 $\mathcal{E}$ 来抵抗磁通量的增长。电动势等于线圈中的电流产生的磁通量 Φ_{sel} 的变化率。根据叠加原理，场和通量跟电流是线性关系。因此我们可以定义用 L 表示的自感系数

$$\Phi_{sel}=LI \tag{11.42}$$

作为比例系数。先不计算 L，我们接着用 L 来计算 $\mathcal{E}$：

$$\mathcal{E}=-\frac{\mathrm{d}\Phi_{\mathrm{sel}}}{\mathrm{d}t}=-L\frac{\mathrm{d}I}{\mathrm{d}t} \qquad (11.43)$$

首先忽略负号。当我们考虑实际情况时，再来应用它作为确定电压、场，或者电流方向的指导原则。

像以前一样，如果我们把电感器装入一只黑盒子中，也就是说，假设变化的通量被限制在它的内部而不通过电路的其他部分，我们就可以确定在引线两端所测量的电压。这将是一个熟悉的讨论，让我们带有感情地做最后一次，但是加入一些变化以减轻单调。

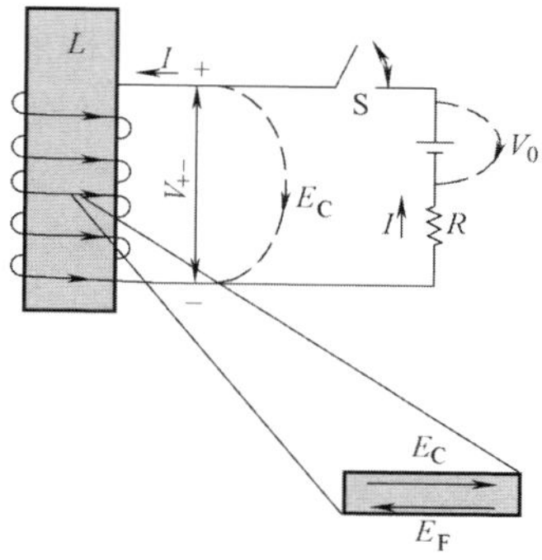

图 11.4　LR 电路。当电流流过时，电感器两端的电压降（沿电流的方向）是 $L\mathrm{d}I/\mathrm{d}t$。在电感器内部，如图中一小段线圈的放大图像所示，感生电场 E_F 被聚集的电荷所建立的库仑电场 E_C 抵消。感生电场 E_F 的线积分只在线圈内部从负极到正极对电动势 $\mathcal{E}$ 有非零的贡献，这相应地等于线圈内部 E_C 从正极到负极的线积分。由于 E_C 是保守电场，它也等于线圈外部 E_C 的线积分。这就导致 $V(+)-V(-)\equiv V_{+-}=\mathcal{E}$。虚线不代表实际的导线。

如图 11.4 所示，假设电流流入 L，并且逐渐增大。法拉第场 E_F 将会试图推动电荷来抵抗增大的电流，引起正电荷和负电荷如图中所示堆积。因此这是又一个相同的故事。线圈是一个理想导体，其内部没有净电场。法拉第场 E_F 被库仑场 E_C 抵消。二者在线圈内部的线积分大小相等，符号相反。因此，我们可以让 $\mathcal{E}$，也就是 E_F 从负极到正极的线积分，等于外引线之间的电压。为了强化各个概念，我把上述讨论用一系列方程来表示：

$$\mathcal{E}=\oint \boldsymbol{E}_{\mathrm{F}}\cdot\mathrm{d}\boldsymbol{r} \quad \text{（任意含有线圈的环路）} \qquad (11.44)$$

$$=\int_{-}^{+}\boldsymbol{E}_{\mathrm{F}}\cdot\mathrm{d}\boldsymbol{r} \quad \text{（线圈内部，因为在外部 } \boldsymbol{E}_{\mathrm{F}}=0\text{）} \qquad (11.45)$$

$$=-\int_{-}^{+}\boldsymbol{E}_{\mathrm{C}}\cdot\mathrm{d}\boldsymbol{r} \quad \text{（因为在线圈内部 } \boldsymbol{E}_{\mathrm{F}}=-\boldsymbol{E}_{\mathrm{C}}\text{）} \qquad (11.46)$$

$$=\int_{+}^{-}\boldsymbol{E}_{\mathrm{C}}\cdot\mathrm{d}\boldsymbol{r}=V(+)-V(-)\equiv V_{+-} \quad \text{（电压的定义）} \qquad (11.47)$$

这表明，对于黑盒子（限制通量）外的人来说，在电感器的两端存在一个与路径无关的电势差

$$V(+)-V(-)=\mathcal{E}=L\frac{\mathrm{d}I}{\mathrm{d}t} \qquad (11.48)$$

这里我们再一次假设电势的概念可以从真正的静电情形扩展到目前这种随时间变化的情形。

电路理论指出：在电路中沿着电流方向遇到电阻时，在电流流入端和电流流出端之间有电压降 IR，而电感器两端有电压降 $L\mathrm{d}I/\mathrm{d}t$。如果电流增大，这是真正的电压下降。但如果电流是减小的（仍沿原来的方向），这一电压降就是负值。

因此，与电阻不同，电感器两端的电压"降"不需要一定是沿电流方向的降落。它由其变化率决定。电路中的箭头一般只显示 I 的方向，而不是它的变化率。因此 $L\mathrm{d}I/\mathrm{d}t$ 可以具有任何符号。

回到图 11.4 所示的 LR 电路并讨论开关 S 闭合时的情况。加入沿闭合回路一周电压变化为零的条件。回路如下：从电池的正极开始，沿连线到电感器的正极，沿标注 E_C 的虚线绕过螺线管的内部跳到电感器的负极，用 $L\mathrm{d}I/\mathrm{d}t$ 代替令人讨厌的 E_F，通过电压降为 IR 的电阻器到达电池的负极，再逆着虚线绕过电池到达电池的正极，获得电势升高 V_0。这些电势变化的总和一定为零，或者说电势升高的大小一定等于电压降的大小：

$$L\frac{\mathrm{d}I}{\mathrm{d}t}+IR=V_0 \tag{11.49}$$

这是需要求解的方程。由于下一章将大量求解这一类方程，这里主要讨论 L 的计算。自感系数 L 定义为

$$L=\frac{\text{电感中的磁通匝链数}}{\text{引起磁通的电流}} \tag{11.50}$$

电感器自身的磁通匝链数等于线圈的匝数乘以磁感应强度 $B=\mu_0 nI$，再乘以横截面积 A：

$$\Phi_{\text{sel}}=N\mu_0 nIA \tag{11.51}$$

因此

$$L=\mu_0 nNA=\mu_0\frac{N^2}{l}A \tag{11.52}$$

其中 l 是螺线管的长度。

11.6 磁场的能量

载有电流 I 的电感器储存了多少能量？这是一个有意义的问题，因为当你驱动电流通过电感器时，你在做功。变化的电流用电压 $L\mathrm{d}I/\mathrm{d}t$ 来抵抗你，而你压制住了这一抵抗。所需的功率为

$$P=VI=L\frac{\mathrm{d}I}{\mathrm{d}t}I=\frac{1}{2}L\frac{\mathrm{d}[I^2]}{\mathrm{d}t} \tag{11.53}$$

把方程两侧从 $t=0$ 到 $t=t$ 积分，并假设 $I(0)=0$，可得储存的能量为

$$U=\frac{1}{2}LI^2 \tag{11.54}$$

因此就像需要能量来给电容器充电一样，在电感器中产生电流也需要能量。

将式（11.52）中 L 的表达式代入可得

$$U=\frac{1}{2}\mu_0\frac{N^2}{l}AI^2 \tag{11.55}$$

$$=\frac{1}{2}\left[\frac{\mu_0 NI}{l}\right]^2\frac{1}{\mu_0}Al \tag{11.56}$$

$$=\frac{B^2}{2\mu_0}\times Al \tag{11.57}$$

由于 Al 是磁场 $B=\mu_0 nI$ 存在的体积，因此单位体积的磁场能量为

$$u_B=\frac{B^2}{2\mu_0} \tag{11.58}$$

对于这一讨论，考虑把磁通量完全限制在其内部的螺绕环会更清楚。这里导出的 u_B 的最终公式是精确的，也可以应用许多其他方法推导出来。

回顾电场中的能量密度

$$u_E=\frac{1}{2}\varepsilon_0 E^2 \tag{11.59}$$

因此 u_E 和 u_B 的表达式具有相似的形式。它们都与场的平方成正比，而且其中的常数也有相似的形式：在其他公式中，μ_0 通常都位于分子上，而这里位于分母上；ε_0 通常都位于分母上，而这里位于分子上。

总结一下这里你所有需要记住的内容。称为电感器的电路元件就是缠绕在某种芯上的线圈。当通过电感器的电流变化时，电感器会抵抗这一变化。这和电阻器不同。电阻器抵抗任何电流，而电感器只抵抗电流的变化。这些都被总结在下述电路方程中：

$$V_0=L\frac{\mathrm{d}I}{\mathrm{d}t}+RI \tag{11.60}$$

即使不求解这一方程，我们也可以基于所知道的事实进行一些判断。例如，在开关闭合的一瞬间电路中的电流为零。为什么不是其他数值，例如 2A？在零时间间隔内电流从零跳升到某一非零值会产生一个无限大的导数。由于 $L\mathrm{d}I/\mathrm{d}t$ 永远不会超过 V_0，因此这是不允许的。所以电感器中的电流永远不会跳升。而另一方面，如果把电池接在电阻器上，可以假设电流立即具有电流值 $I=V/R$。

这些限制来自于能量方面的考虑。电感器中的电流意味着储存的能量是 $\frac{1}{2}LI^2$。如果电流瞬间跳升，储存的能量也瞬间跳升，意味着输入或输出无限大的功率，而这是不可能的。另一方面，电阻器不储存能量，当打开或闭合开关时，通过它的电流可以跃变。

第12章 AC电路

电流和电压可能不是在每一种情况下都是震荡的，但是在所有情况下它们都随时间变化。电路可以包含电阻器、电感器和电容器。

12.1 回顾电感器

在讨论包含电感器的电路之前，让我们从回顾电感器开始。

无论是从能量角度还是数学处理上，电感器和电阻器在电路理论中都有很大不同。当把电阻器与某一电压 $V(t)$ 连接时，电流由下式决定：

$$I(t)R=V(t) \tag{12.1}$$

这是一个代数方程。这意味着可以利用基本的代数知识来求解电流：简单地把方程两侧同时除以 R 可得

$$I(t)=\frac{V(t)}{R} \tag{12.2}$$

你可以把电路做得更复杂一些——再增加几个电阻，其中一些串联，另外一些并联等等。不管如何做，你总能用通常的法则连接它们，并且找出从电池流出的电流。如果你顺着电流进入一条支路，总有简单的法则告诉你电流在各支路之间分配的比例。你不需要任何微积分来处理这些问题。

当加入电感器，情况就会变得不一样。如果电流通过电感器，在电流的方向必定会有电压降

$$V=L\frac{\mathrm{d}I}{\mathrm{d}t} \tag{12.3}$$

如果电流是减小的，这一“压降”可以是负值。你注意到的第一个不同之处就是电压和电流的关系不是代数方程，而是一个微分方程。在适当的时候我会告诉你们如何求解微分方程。

电感器和电阻器的第二个区别是当电流流过电阻器时，不管你提供的是什么形式的能量，它都转化成了热能。它是耗散的。灯泡发光并且到此为止。对于电感器，当电流通过时，电感器内部建立起磁场，并且有能量与磁场相关联。这些储存的能量以后会回馈给你。因此它像一个电容器。电容器充电需要做功，因为不管你

遇到多大的抵抗，你必须把电荷持续地从一个极板搬运并且堆积在另一个极板上。但如果那时你把两极板与一只灯泡相连，电容器就放电，把你储存在其中的能量释放出来。

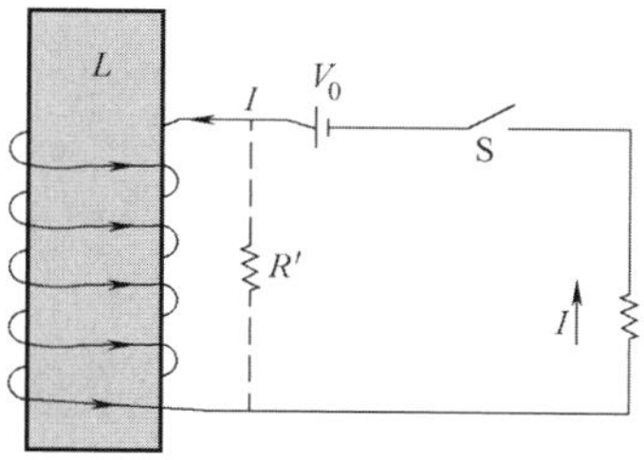

图 12.1 *LR* 电路通过开关与电池连接在一起。目前可以忽略电路中连接一个大电阻 R' 的虚线部分，这部分将在后面讨论。

我们从图 12.1 中所描述的简单问题开始讨论。把固定的电压 V_0 通过一个打开的开关 S 作用在串联在一起的电阻 R 和电感 L 上。目前忽略连接大电阻 R' 的虚线部分，或者假设 $R'=\infty$ 从而没有电流从那里通过。

当我闭合开关时，开始流动的电流会有多大？电路方程为

$$L\frac{\mathrm{d}I}{\mathrm{d}t}+RI=V_0 \tag{12.4}$$

由于电感器是没有电阻的线圈，你可能认为会立即产生大小为 $I=V_0/R$ 的电流，但是我们已经看到这是不对的。实际上是电流从零开始逐渐增强。

描述电流的方程 $I(t)$ 是什么？下面做一些基本的推导。

当电流开始爬升时，电阻器占用了电压 RI，因此只有电压 V_0-RI 来维持 $\mathrm{d}I/\mathrm{d}t$。电流不断增大，但增大的趋势在减小。我们期望经过一段时间，电流会稳定在某一值。让电路方程式（12.4）中的 $\mathrm{d}I/\mathrm{d}t=0$ 可得

$$I(\infty)=\frac{V_0}{R} \tag{12.5}$$

把此电流称为 $I(\infty)$ 是因为只有当 $t=\infty$ 时才能看到电流达到此值。这使人联想到用电池通过电阻器给电容器充电。开始时所有的 V_0 都用来驱动电流通过 R，但是随着电容器充电，它开始抵抗电池。电流越来越小，但是永远不会完全停止，这是因为电容器永远不能在反方向上等于电池。当电容器通过电阻放电时会发生相似的过程。在任意 $t<\infty$ 的时间内，电容器永远不会完全放电。因为当它放电时，电容器上剩下的、通过电阻放电的电压越来越小。在当前的 *LR* 电路中，当电流增大时，由于 R 两端的电压降在增大，它变成了自身的对手。

但是，电流可以在有限的时间内达到 $I(\infty)$ 的任意百分比，例如 95%。为了找到这一时刻 t，我们需要踏踏实实从如下方程求解 $I(t)$：

$$L\frac{\mathrm{d}I}{\mathrm{d}t}+RI=V_0 \tag{12.6}$$

对方程右侧的 V_0，可以非常简单地求解出来。可以采用如下方法消去它。把电流表示成两部分之和，一部分是渐进值 $I(\infty)=V_0/R$，其他部分表示成 $\tilde{I}$：

$$I(t)=I(\infty)+\tilde{I}(t) \tag{12.7}$$

如果把此式代入式（12.6），我们发现（注意 $I(\infty)$ 的时间导数为零）

$$L\frac{\mathrm{d}I}{\mathrm{d}t}+RI=V_0 \tag{12.8}$$

$$L\frac{\mathrm{d}I(\infty)}{\mathrm{d}t}+L\frac{\mathrm{d}\tilde{I}}{\mathrm{d}t}+RI(\infty)+R\tilde{I}=V_0 \tag{12.9}$$

$$0+L\frac{\mathrm{d}\tilde{I}}{\mathrm{d}t}+V_0+R\tilde{I}=V_0$$

因为

$$RI(\infty)=V_0 \tag{12.10}$$

$$L\frac{\mathrm{d}\tilde{I}}{\mathrm{d}t}+R\tilde{I}=0 \tag{12.11}$$

求解此方程可得

$$\tilde{I}(t)=I_0\mathrm{e}^{-tR/L}\equiv I_0\mathrm{e}^{-t/\tau} \tag{12.12}$$

其中

$$\tau=\frac{L}{R} \tag{12.13}$$

是 LR 电路的时间常数。像在所有线性方程中一样，I_0是任意的。

为求解 I_0，我们加入初始条件，即当 $t=0$ 时总电流为零：

$$0=I(0)=I(\infty)+\tilde{I}(0) \tag{12.14}$$

$$=\frac{V_0}{R}+I_0\mathrm{e}^{-0} \tag{12.15}$$

表明

$$I_0=-\frac{V_0}{R} \tag{12.16}$$

结合这一结果我们可以把总电流 $I(t)$ 重新表示为

$$I(t)=I(\infty)+\tilde{I}(t) \tag{12.17}$$

$$=\frac{V_0}{R}+I_0\mathrm{e}^{-t/\tau} \tag{12.18}$$

$$=\frac{V_0}{R}[1-\mathrm{e}^{-t/\tau}]\equiv I(\infty)[1-\mathrm{e}^{-t/\tau}] \tag{12.19}$$

这一结果再次证明了理论和实验之间的相互作用。我们用实验的方法研究事物，定义和测量一些物理变量，例如 L、C、R 和 I，写出它们所遵循的规律，并且求解方程。然后，我们可以获得在一定条件下的非常精确的预测，再来用实验证实。在目前的例子中，我们不需要猜测在什么时刻 t^* 电流将达到其最大值的 95%。它是下述方程

$$0.95=\frac{I(t^*)}{I(\infty)}=1-e^{-t^*/\tau} \tag{12.20}$$

的解，并且其值约等于 3τ。

如同电容器的情况一样，时间常数给出了适合这一问题的自然时间单位。我们知道电流永远不会达到 $I(\infty)$，但是如果等待的时间足够长，电流将无限接近此值。时间常数 τ 告诉我们“足够长的时间”意味着什么——它意味着许多倍的 τ。

假设我们等待的时间 $t=1000\tau$。现在打开开关，将会发生什么？通常当你试图减小电流时，电感器会通过产生自己的电流以维持原有电流来抵抗这一过程。但现在这会非常令人沮丧，因为当开关打开时不会产生任何电流。另外，如何突然之间释放它所储存的磁能？答案是当开关打开时，持续的电流将开始在开关的两端聚集相反符号的电荷。正电荷将聚集在开关打开前电流流进的一端，而负电荷聚集在另一端。通常这将产生非常强的电场，从而在间隙处发生火花。火花是被强电场电离的气体分子——分离为正的和负的部分——载有的电流。

因此中断螺线管中的电流非常危险。那么人们如何处理这一问题呢？如图12.1中虚线所示，一个大电阻 R' 与 L 并联起来。当开关闭合时，R' 几乎不起作用；当电流来到电感器和 R' 并联的节点时，它看了一眼巨大 R' 的并且说：“我要走另一条路。”但是当你打开开关时，电流就突然全部通过 R'。它知道没有其他选择。你通过 R' 给电感器提供了一条释放能量的通道，即使 R' 很大，电流也会从那个通道流过。电流将继续像之前一样沿相同的方向流过 L，然后通过 R' 逆时针返回 L。电阻器将最终消耗所有储存的能量。我们从只包含 L 和 R' 的电路开始计算这一过程的变化率：

$$-L\frac{dI}{dt}-R'I=0 \tag{12.21}$$

下面重新推导来强调符号的问题。从电阻器下端的一点沿逆时针方向（电流的假设方向）出发，当我们到达 R' 的上端时电压降为 $R'I$，然后经过 L 的两端电压降为 LdI/dt。方程把这些“电压降”的和设为零。（因为 $dI/dt<0$，经过 L 的“电压降”实际是上升。）

求解这一非常熟悉的方程，我们知道电流按指数规律衰减：

$$I(t)=I_0e^{-R't/L} \tag{12.22}$$

时间常数 L/R' 告诉你需要等待多长时间才能使电感器充分（但永远不会完全）放电。

下面检验能量。最初电感器具有能量 $U=LI_0^2/2$。它最好等于耗散在电阻器中的功率 $P=I^2R'$ 对时间的积分：

$$\text{Loss}=\int_0^\infty I^2(t)R'dt \tag{12.23}$$

$$=I_0^2R'\int_0^\infty e^{-2R't/L}dt \tag{12.24}$$

$$= I_0^2 R' \frac{-e^{-2R't/L}}{2R'/L} \Bigg|_0^{\infty} \qquad (12.25)$$

$$= \frac{1}{2} L I_0^2 \qquad (12.26)$$

12.2 *LC* 电路

现在将要讨论如图 12.2 所示的 L 和 C 连接在一起的稍微复杂的电路。

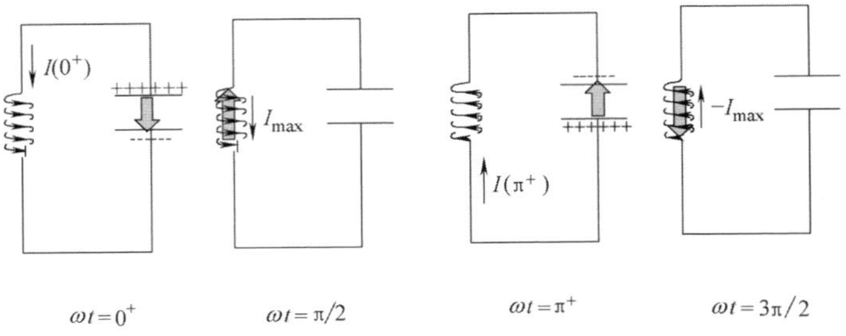

图 12.2　不同时刻的 LC 电路。电容器中的电场和电感器中的磁场以频率 $\omega = 1/\sqrt{LC}$ 振荡。能量在完全由 L 中的电流产生的磁场能量和完全由 C 中聚集的电荷产生的电场能量之间交替变化。当电流最大时，电容器中的电荷为零，反之亦然。电容器和电感器中的电场和磁场由宽箭头表示。

假设当 $t = 0$ 时，如图所示，电容器被充电而电流为零。正电荷通过 L 到达另一个极板并且与那里的负电荷中和，最终电容器放电。如果电容器与一个电阻器相连，电容器放电，故事就到此为止。但是当它通过 L 放电时，故事并没有完结。为什么？因为电感器通有电流时电流不能突然中断。实际上，能量守恒不允许如此。因此它会继续驱动电流直到电流为零。这时电感器没有能量（因为 $I = 0$）并且准备好退出，但是电容器被完全充电，我们几乎回到了起点，只有一点不同：电容器是被反向充电的。因此你可以等待另一个半圈，真正回到起点，而且振荡会永远持续下去。图中显示了一些中间状态和能量储存在哪里。这一振荡的频率将被证明为 $\omega = 1/\sqrt{LC}$。

为了使这些启发式的讨论更精确，我们可以求解方程

$$-L\frac{dI}{dt} + \frac{Q}{C} = 0 \qquad (12.27)$$

当我们沿逆时针方向绕行回路，对于图中所示的时刻 0^+ 的电流方向，在电感器两端电压降为 LdI/dt，在电容器两端电势升高 Q/C。因为 Q 是正极板上的电荷，如果电流如图中所示流动，则 Q 减小。所以

$$I=-\frac{\mathrm{d}Q}{\mathrm{d}t} \tag{12.28}$$

因此关于 Q 的方程为

$$L\frac{\mathrm{d}^2Q}{\mathrm{d}t^2}+\frac{Q}{C}=0 \tag{12.29}$$

我们之前已经遇到过这一方程，对吗？回顾连接在弹簧上的一个质点 m 的方程

$$m\frac{\mathrm{d}^2x}{\mathrm{d}t^2}+kx=0 \tag{12.30}$$

从数学上来说，这两个方程的解完全相同。一个有关电荷，而另一个有关质点。你不必在意。在方程

$$[\text{牛}]\frac{\mathrm{d}^2\text{狗}}{\mathrm{d}t^2}+[\text{大象}]\text{狗}=0 \tag{12.31}$$

中，**狗**是时间的函数，这一方程具有完全相同的解。把未知变量称为什么并不重要。一旦你向我保证**牛**和**大象**是与时间无关的，就像 m、k、L 和 C 一样，我就可以告诉你狗将会振荡，其频率为

$$\omega=\sqrt{\frac{\text{大象}}{\text{牛}}}$$

因为 $x(t)$ 的解为

$$x(t)=A\cos(\omega t-\phi) \quad \omega=\sqrt{\frac{k}{m}} \tag{12.32}$$

其中 A 是振幅，ϕ 是相位，所以 Q 的解为

$$Q(t)=A\cos(\omega_0t-\phi) \tag{12.33}$$

$$I=-\frac{\mathrm{d}Q}{\mathrm{d}t}=A\omega_0\sin(\omega_0t-\phi) \tag{12.34}$$

式中

$$\omega_0=\sqrt{\frac{1}{LC}} \tag{12.35}$$

由于图中所示正的电流使电容器放电，因此这里设定 $I=-\mathrm{d}Q/\mathrm{d}t$，而且我把振荡频率表示为 ω_0，因为后面会出现另一个频率 ω。

因为当我们只有一个振子时，ϕ 没有用处，所以这里设 $\phi=0$。（这里 ϕ 不为零意味着当 $t=0$ 时振子不能达到它的最大振幅。对于这种情况我们可以重新设定时钟从而与最大值一致。由于没有其他人使用这一时钟，所以不会有人抱怨。但如果有两个振子，因为对于哪一个会在 $t=0$ 时刻达到最大值会有争论，所以这是不可行的。排除巧合，只有一个（胜利者）可以在 $t=0$ 时刻达到最大值，失败者则必须具有非零的 ϕ）。

图 12.2 显示了能量在 C 中全部的电能和 L 中全部的磁能之间的流动。当电流

最大时电荷为零，反之亦然。

通过启发式的讨论我们确实看到电荷如预期般振荡。但是求解方程使我们了解了更多。我们知道振荡的频率是 $1/\sqrt{LC}$，并且知道完成一个循环的时间与电容器极板上的初始电荷无关。与机械振子的类比是完全的。例如，从电容器充电到 1C 且初始电流为零开始与拉开质点到 1m 并从静止释放是等价的。表 12.1 显示了完整的物理量的对比。

表 12.1 机械振荡和电振荡的等价物理量

机械振荡	电振荡	机械振荡	电振荡
x	Q	k	$1/C$
v	I	$\frac{1}{2}kx^2$	$\frac{1}{2}Q^2/C$
m	L	$\frac{1}{2}mv^2$	$\frac{1}{2}LI^2$

得益于这一表格，如果你知道电感器不能瞬时改变其电流，便可以推断出质点不能瞬时改变其速度。它对于进一步探究这种相似性具有非常重要的指导意义。

12.2.1 驱动 *LC* 电路

下面我们把串联的 L 和 C 与一个交变电压 $V(t)=V_0\cos\omega t$ 连接在一起，如图 12.3 所示。电路方程为

$$L\frac{\mathrm{d}^2Q}{\mathrm{d}t^2}+\frac{Q}{C}=V_0\cos\omega t \tag{12.36}$$

这里 ω 不是振荡的固有频率 ω_0，它是外界提供的频率，例如墙上的电源插座输出的 60Hz 频率。现在会发生什么？我们不得不再一次猜测答案。我们需要找到一个函数 $Q(t)$，求出它的二阶导数，把此二阶导数与 $Q(t)$ 的某一倍数相加，得到一个常数和余弦函数的乘积。显然 $Q(t)$ 是一个余弦函数。所以我们假设解具有如下形式：

$$Q(t)=Q_0\cos\omega t \tag{12.37}$$

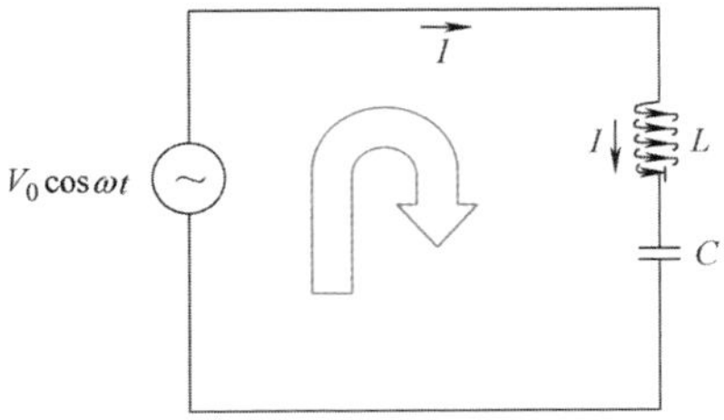

图 12.3 驱动 *LC* 电路。

把上式代入方程（12.36）可得

$$\left(-\omega^2L+\frac{1}{C}\right)Q_0\cos\omega t=V_0\cos\omega t \tag{12.38}$$

因为 $\cos\omega t$ 不恒为零，我们可以消去它，而且当前因子 Q_0 满足

$$Q_0=\frac{V_0}{-\omega^2L+1/C} \tag{12.39}$$

时，我们的解是正确的。所以最终结果为

$$Q(t)=Q_0\cos\omega t=\frac{V_0}{-\omega^2L+1/C}\cos\omega t \tag{12.40}$$

实际上，我们可以把解修正为

$$Q(t)=\frac{V_0}{-\omega^2L+1/C}\cos\omega t+A\cos(\omega_0t-\varphi) \tag{12.41}$$

其中多出来的一项是 $V_0=0$ 时的解，即式（12.33）。你可以验证加上这一项不会使式（12.38）失效。现在我选择 $A=0$ 以使讨论简化，并且保证在下一章对多出的这一项进行深入的讨论。

式（12.39）中引人注目的是当

$$\omega^2=\frac{1}{LC}=\omega_0^2 \tag{12.42}$$

即当驱动频率等于固有频率时，就会发生振幅 Q_0 趋于无穷大的共振。最好不要以共振频率驱动电路。对于机械振动也是如此。

注意在 LC 电路中，电压以余弦规律变化，而电流（当 $A=0$ 时）以正弦规律变化：

$$I(t)=\frac{\mathrm{d}Q}{\mathrm{d}t}=-Q_0\omega\sin\omega t \tag{12.43}$$

这是我要求你们思考的地方。电流与电压变化不同步，而在电阻电路中，电流与电压同步变化。把电压的图形简单地除以 R 就是电流的图形。但在这里，V 是余弦，而 I 是正弦。当其中之一在最大值时，另外一个为零。它们的相位差为90°。

这表明作为时间函数的电流不等于作为时间函数的电压除以任何与时间无关的量，但之前在纯电阻电路中却是如此。你不能把 $\cos\omega t$ 除以任何与时间无关的量而变成 $\sin\omega t$。似乎你要和AC电路中的欧姆定律说再见了。但是即便在这里，依然有办法得到某种形式的欧姆定律，马上我们就会推导出来。

12.3 *LCR* 电路

下面将要求解如图12.4所示的 LCR 电路中的电流，此电路由以余弦规律变化的电压驱动。电路方程为

$$L\frac{\mathrm{d}I}{\mathrm{d}t}+RI+\frac{Q(t)}{C}=V_0\cos\omega t \tag{12.44}$$

其中 $Q(t)$ 是 $I(t)$ 的积分。因此这一方程包含电流、它的导数和它的积分。

12.3.1 回顾复数

求解这一方程需要用到复数，而复数在这里以及其他很多情况下至关重要。例如，当我们逐项列出扣税项目时，就严重依赖于虚数。或许你们已经在其他课程或

详细介绍过复数的卷 I [1] 中遇到过复数。为保险起见，我们快速回顾一下。我只介绍基本知识，然后假定你们可以自由运用复数，并且我可以在需要的时候经常应用它。

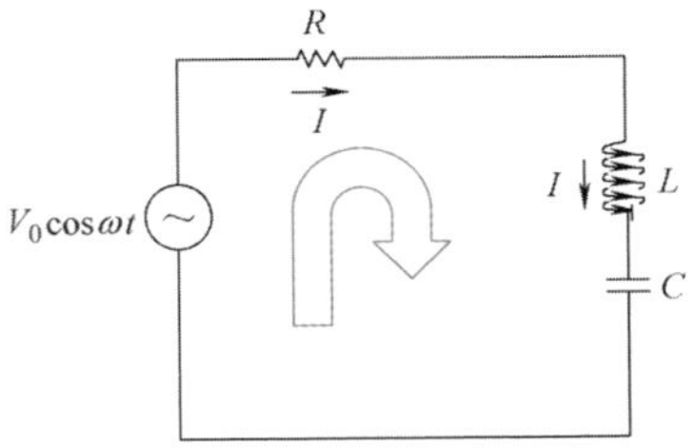

图 12.4　由以余弦规律变化的电压驱动的 LCR 电路。对于图中所示的电流方向，注意 Q 随时间在增大。

- 复数 z 用两个实数 x 和 y 以及

$$i=\sqrt{-1} \tag{12.45}$$

表示，即

$$z=x+iy \tag{12.46}$$

并且如图 12.5 所示可视化为 xy 平面上的一个点 (x, y)。这是复数的直角坐标形式。今后你全部需要知道的就是 $i^2=-1$。

- z 的**复共轭**为

$$z^*=x-iy \tag{12.47}$$

我们把 x 和 y 称为 z 的实部和虚部。因此 z 和 z^* 具有相同的实部和互为相反数的虚部。

- z 的实部和虚部分别为

$$\mathrm{Re}[z]=\frac{z+z^*}{2} \tag{12.48}$$

$$\mathrm{Im}[z]=\frac{z-z^*}{2i} \tag{12.49}$$

这对于关于 z 的任何函数的实部和虚部都适用。例如

$$\mathrm{Re}[f(z)]=\frac{f(z)+f^*(z)}{2} \tag{12.50}$$

为找出 $f^*(z)$，你不仅要写出 z 的复共轭，还必须写出任何复常数的复共轭。例如，如果

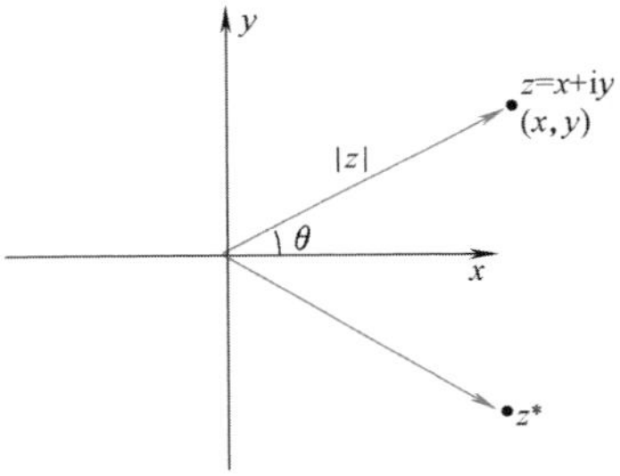

图 12.5　复平面，其中 $z=x+iy$ 是 z 的直角坐标形式，在平面上表示为 (x, y)。它的极坐标形式用 $|z|$ 和 $\theta=\arctan(y/x)$ 表示。它的共轭 z^* 具有相反符号的虚部。

$$f(z)=(3+4i)z+9iz^2 \tag{12.51}$$

则

$$f^*(z)=(3-4i)z^*-9iz^{*2} \tag{12.52}$$

- 当且仅当两复数的实部和虚部分别相等的时候，两复数才相等。
- 两复数的和为

$$\begin{aligned} z_1+z_2 &=(x_1+iy_1)+(x_2+iy_2) \\ &=(x_1+x_2)+i(y_1+y_2) \end{aligned} \tag{12.53}$$

这与矢量求和相似，不同的是复数可以相乘。

[1] 这里指“力学、相对论和热力学”卷。下同。——编辑注

- 复数的乘积为

$$z_1z_2=(x_1+\mathrm{i}y_1)(x_2+\mathrm{i}y_2)$$
$$=(x_1x_2-y_1y_2)+\mathrm{i}(x_1y_2+y_1x_2) \tag{12.54}$$

- 复数的模或绝对值为

$$|z|=\sqrt{zz^*}=\sqrt{x^2+y^2} \tag{12.55}$$

也就是连接原点和点（x，y）的直线的长度。

- 辐角（见图 12.5）是位置矢量和实轴或 x 轴之间的夹角

$$\theta=\arctan\frac{y}{x} \tag{12.56}$$

- 为求 z_1 和 z_2 的除法，我们引入 z_2 的模：

$$\frac{z_1}{z_2}=\frac{z_1z_2^*}{z_2z_2^*}=\frac{z_1z_2^*}{|z_2|^2} \tag{12.57}$$

因为我们已经可以计算分子上的乘积，而且可以把实部和虚部除以实数 $|z_2|^2$，所以除法运算也可以进行了。

- 欧拉公式（在卷 I 中已证明）为

$$\mathrm{e}^{\mathrm{i}\theta}=\cos\theta+\mathrm{i}\sin\theta \tag{12.58}$$

利用 $\cos(-\theta)=\cos\theta$ 和 $\sin(-\theta)=-\sin\theta$，有

$$\mathrm{e}^{-\mathrm{i}\theta}=\cos\theta-\mathrm{i}\sin\theta \tag{12.59}$$

也可以通过将式（12.58）的两侧同时求复共轭得到此式，这里假设 θ 是实数，只需写出 i 的复共轭为-i 即可。

- 根据欧拉公式可以把 z 表示为极坐标形式

$$z=x+\mathrm{i}y=|z|\cos\theta+\mathrm{i}|z|\sin\theta=|z|\mathrm{e}^{\mathrm{i}\theta} \tag{12.60}$$
$$z^*=x-\mathrm{i}y=|z|\cos\theta-\mathrm{i}|z|\sin\theta=|z|\mathrm{e}^{-\mathrm{i}\theta} \tag{12.61}$$
$$zz^*=|z|\mathrm{e}^{\mathrm{i}\theta}|z|\mathrm{e}^{-\mathrm{i}\theta}=|z|^2 \tag{12.62}$$

这里应用了 $\mathrm{e}^{\mathrm{i}\theta}\mathrm{e}^{-\mathrm{i}\theta}=\mathrm{e}^0=1$。

- 应用极坐标形式可以很方便地求解两个复数的乘积

$$z_1z_2=|z_1|\mathrm{e}^{\mathrm{i}\theta_1}|z_2|\mathrm{e}^{\mathrm{i}\theta_2}=|z_1||z_2|\mathrm{e}^{\mathrm{i}(\theta_1+\theta_2)} \tag{12.63}$$

因此一个复数乘以第二个复数，只需把第一个复数的模以第二个复数的模重新缩放，然后把它转动第二个复数的辐角。注意并且要记住复数乘积的模等于它们模的乘积。

- 除法同样简单（与直角坐标的情况不同）：

$$\frac{z_1}{z_2}=\frac{|z_1|\mathrm{e}^{\mathrm{i}\theta_1}}{|z_2|\mathrm{e}^{\mathrm{i}\theta_2}}=\frac{|z_1|}{|z_2|}\mathrm{e}^{\mathrm{i}(\theta_1-\theta_2)} \tag{12.64}$$

因此复数的乘法和除法同时完成两件事——模的缩放和转动。这是我们将要应用的关键特性，如图 12.6 所示。

- 复数之间的任何方程都意味着另一两侧都变为复共轭的方程也成立，只要把方程两侧的所有复数都变成它们的复共轭就可以。也就是说，实部都保持不变，虚部都变成相反的符号。之所以如此是因为如果两复数相等，它们的实部和虚部一定分别相等。你不能从实部借一部分并加到虚部上。它们是苹果和橙子。因此如果一个复数方程的两侧实部和虚部分别相等，则当两侧的虚部都改变符号时，它们仍然相等。

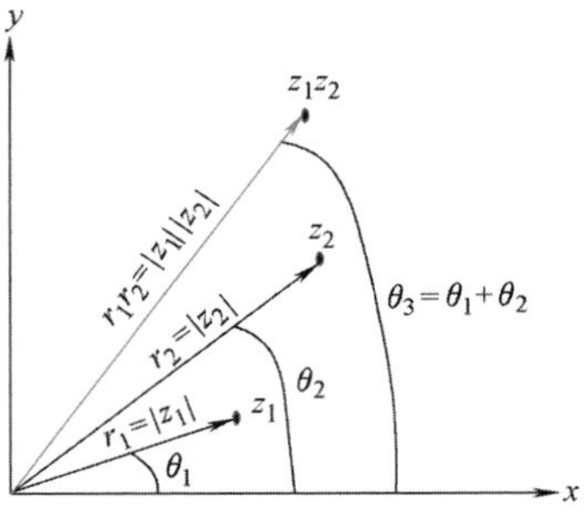

图 12.6　z_1 乘以 z_2 就是把 z_1 重新缩放 $|z_2|$ 倍，并且把它转动 θ_2。因此 $\theta_3=\theta_1+\theta_2$。

这和二维矢量相似。只有当两矢量的 x 分量和 y 分量分别相等时它们才相等。所以二维矢量方程实际上是两个方程，一个是关于两侧 $\boldsymbol{i}$ 的系数的，另一个是关于两侧 $\boldsymbol{j}$ 的系数的。如果两个相等的矢量在 x 轴上反射（即它们的 y 分量改变符号），则反射后的两个矢量仍然相等。

12.3.2　求解 *LCR* 方程

现在我们将应用所有这些知识来求解 LCR 电路方程

$$L\frac{\mathrm{d}I}{\mathrm{d}t}+RI+\frac{1}{C}\int^{t}I(t')\,\mathrm{d}t' = V_0\cos\omega t \tag{12.65}$$

考虑含有电容的项

$$\frac{1}{C}\int^{t}I(t')\,\mathrm{d}t' = \frac{Q(t)}{C} \tag{12.66}$$

这一不定积分可能会使你困扰，因为它使电容器上的电荷依赖于积分下限从而不确定。由于 $I(t)$ 是 $Q(t)$ 的导数，你会看到这一不确定不会阻止我们求解电流 $I(t)$。

猜测答案会很困难。你在试图找到一个函数 $I(t)$，当你求出它的导数并且把此导数与它的某一倍数和它的积分的某一倍数相加在一起时，你得到与 $\cos\omega t$ 成正比的某个值。纯的 $\sin\omega t$ 和 $\cos\omega t$ 都不会满足此条件。

但如果 $V(t)=V_0\mathrm{e}^{\alpha t}$，你就可以猜测此答案。这时你可以猜测电流自身也是 $\mathrm{e}^{\alpha t}$ 的某一倍数 $I_0\mathrm{e}^{\alpha t}$。这一猜测是成功的，因为不管你做积分、微分或者什么都不做，$\mathrm{e}^{\alpha t}$ 都会保持 $\mathrm{e}^{\alpha t}$。因此你可以在方程中消去所有项中这一依赖于时间的因子，从而得到一个不依赖于时间的关系，把 I_0 和电压振幅 V_0 以及电路常数 R、L 和 C 联系在一起。

为求解电压为 $\cos\omega t$ 的问题，我们将要应用一个基于线性方程的叠加原理的技巧。

考虑如下的两个方程：

$$L\frac{\mathrm{d}I_{\mathrm{c}}}{\mathrm{d}t}+RI_{\mathrm{c}}+\frac{1}{C}\int^{t}I_{\mathrm{c}}(t')\,\mathrm{d}t'=V_0\cos\omega t \tag{12.67}$$

$$L\frac{\mathrm{d}I_{\mathrm{s}}}{\mathrm{d}t}+RI_{\mathrm{s}}+\frac{1}{C}\int^{t}I_{\mathrm{s}}(t')\,\mathrm{d}t'=V_0\sin\omega t \tag{12.68}$$

因此 I_{c} 和 I_{s} 是分别被余弦电压 $V_0\cos\omega t$ 和正弦电压 $V_0\sin\omega t$ 驱动的电流。现在我们不知道它们是什么。把式（12.68）两侧乘以 i 并且与第一个方程相加可得

$$L\frac{\mathrm{d}(I_{\mathrm{c}}+\mathrm{i}I_{\mathrm{s}})}{\mathrm{d}t}+R(I_{\mathrm{c}}+\mathrm{i}I_{\mathrm{s}})+\frac{1}{C}\int^{t}(I_{\mathrm{c}}+iI_{\mathrm{s}})(t')\,\mathrm{d}t'$$
$$=V_0(\cos\omega t+\mathrm{i}\sin\omega t) \tag{12.69}$$

$$L\frac{\mathrm{d}I_{\mathrm{e}}}{\mathrm{d}t}+RI_{\mathrm{e}}+\frac{1}{C}\int^{t}I_{\mathrm{e}}(t')\,\mathrm{d}t'=V_0\mathrm{e}^{\mathrm{i}\omega t} \tag{12.70}$$

其中

$$I_{\mathrm{e}}=I_{\mathrm{c}}+\mathrm{i}I_{\mathrm{s}} \tag{12.71}$$

为得到第一个方程，我简单应用了如下原则：两个导数（或积分）的和等于和的导数（或积分）。在第二个方程中我引入了复指数电流

$$I_{\mathrm{e}}=I_{\mathrm{c}}+\mathrm{i}I_{\mathrm{s}} \tag{12.72}$$

来对应复指数电压 $V_{\mathrm{e}}=V_0\mathrm{e}^{\mathrm{i}\omega t}$。

你可能奇怪事情会这样发展。为什么我会引入复电压？然而并没有人要求我这样，而且即使是实数余弦电压我也不能求解这一问题。原因如下。

- 得益于指数函数的良好特性，我可以非常容易地找出由复指数电压 $V_{\mathrm{e}}=V_0\mathrm{e}^{\mathrm{i}\omega t}$ 驱动的电流 I_{e}。
- 我真正想要求得的电流，即由 $V_0\cos\omega t$ 驱动的 I_{c}，是 I_{e} 的实部。

对于

$$L\frac{\mathrm{d}I_{\mathrm{e}}}{\mathrm{d}t}+RI_{\mathrm{e}}+\frac{1}{C}\int^{t}I_{\mathrm{e}}(t')\,\mathrm{d}t'=V_0\mathrm{e}^{\mathrm{i}\omega t} \tag{12.73}$$

我们对方程两侧求时间的一阶导数从而消去不定积分：

$$L\frac{\mathrm{d}^2I_{\mathrm{e}}}{\mathrm{d}t^2}+R\frac{\mathrm{d}I_{\mathrm{e}}}{\mathrm{d}t}+\frac{1}{C}I_{\mathrm{e}}(t)=\mathrm{i}\omega V_0\mathrm{e}^{\mathrm{i}\omega t} \tag{12.74}$$

现在我们可以猜测解 I_{e} 的形式：它也是复指数

$$I_{\mathrm{e}}=I_0\mathrm{e}^{\mathrm{i}\omega t} \tag{12.75}$$

其中常数 I_0 也可以是复数。因为方程左侧的三项——两个导数和函数本身——都是同样的指数形式，所以这一猜测是可行的。把这一假设代入式（12.74）可得

$$L\frac{\mathrm{d}^2 I_0 \mathrm{e}^{\mathrm{i}\omega t}}{\mathrm{d}t^2}+R\frac{\mathrm{d}I_0\mathrm{e}^{\mathrm{i}\omega t}}{\mathrm{d}t}+\frac{1}{C}I_0\mathrm{e}^{\mathrm{i}\omega t}=\mathrm{i}\omega V_0\mathrm{e}^{\mathrm{i}\omega t} \tag{12.76}$$

$$\left((\mathrm{i}\omega)^2 L+\mathrm{i}\omega R+\frac{1}{C}\right)I_0\mathrm{e}^{\mathrm{i}\omega t}=\mathrm{i}\omega V_0\mathrm{e}^{\mathrm{i}\omega t} \tag{12.77}$$

两侧同时消去 $\mathrm{i}\omega\mathrm{e}^{\mathrm{i}\omega t}$可得

$$ZI_0=V_0 \tag{12.78}$$

其中

$$Z=\left(\mathrm{i}\omega L+R+\frac{1}{\mathrm{i}\omega C}\right) \tag{12.79}$$

称为阻抗。

如果我们从

$$L\frac{\mathrm{d}I_\mathrm{e}}{\mathrm{d}t}+RI_\mathrm{e}+\frac{1}{C}\int^t I_\mathrm{e}(t')\,\mathrm{d}t' = V_0\mathrm{e}^{\mathrm{i}\omega t} \tag{12.80}$$

出发，也可以得到同样的关于 I_0、V_0和 Z 之间的关系。不用像之前那样对时间 t 求导数，而是计算不定积分

$$\frac{1}{C}\int^t I_\mathrm{e}(t')\,\mathrm{d}t' = \frac{1}{C}\int^t I_0\mathrm{e}^{\mathrm{i}\omega t'}\mathrm{d}t' = \frac{I_0\mathrm{e}^{\mathrm{i}\omega t}}{\mathrm{i}\omega C} \tag{12.81}$$

这样可以非常简单地排除积分下限中与时间无关的部分。这一做法给出同样的结果，并且因为允许我们给电容器分配一个对 Z 的贡献 $1/(\mathrm{i}\omega C)$，从而使电路理论的计算更简单。我将在后面应用它。

阻抗 Z 与电阻具有相同的单位。例如，如果

$$R=100\Omega,\quad C=100\mu\mathrm{F},\quad L=0.1\mathrm{H},\quad \omega=100\pi$$

$$Z=\left[100+10\pi\mathrm{i}-\frac{100}{\pi}\mathrm{i}\right]\Omega \tag{12.82}$$

注意复指数的神奇之处：它把包含积分和导数的方程转换成关于 I_0的代数方程式（12.78），只需简单地把方程两侧除以 Z 就可得

$$I_0=\frac{V_0}{Z}=\frac{V_0}{\left(\mathrm{i}\omega L+R+\frac{1}{\mathrm{i}\omega C}\right)} \tag{12.83}$$

12.3.3 Z 的图示法

如图 12.7 所示，我们可以在复平面上图示 Z。它的实部为 R，虚部为 $(\omega L-1/(\omega C))$。

Z 的大小为

$$|Z|=\sqrt{R^2+\left(\omega L-\frac{1}{\omega C}\right)^2} \tag{12.84}$$

辐角为

$$\phi=\arctan\left[\frac{\omega L-\frac{1}{\omega C}}{R}\right] \quad (12.85)$$

因此将来我们可写为

$$Z=|Z|e^{i\phi} \quad (12.86)$$

记住下述各式以备之后应用：

$$\phi>0 \quad \omega L>1/(\omega C) \quad (12.87)$$

$$\phi<0 \quad \omega L<1/(\omega C) \quad (12.88)$$

$$\phi=0 \quad \omega L=1/(\omega C)\text{或者当}\ \omega=\omega_0 \quad (12.89)$$

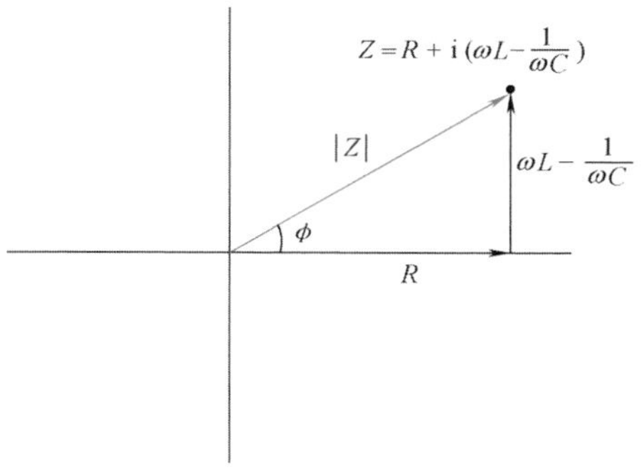

图 12.7 极坐标形式和直角坐标形式的阻抗。共振时 $Z=R$，$\phi=0$。$|Z|$的最小值出现在 $\omega=\omega_0=\sqrt{1/LC}$。

在复指数电压驱动下的电流为

$$I_e(t)=I_0e^{i\omega t}=\frac{V_0}{Z}e^{i\omega t} \quad (12.90)$$

$$=\frac{V_0e^{i\omega t}}{|Z|e^{i\phi}} \quad (12.91)$$

$$=\frac{V_0}{|Z|}e^{i(\omega t-\phi)} \quad (12.92)$$

为求得指数电压的实部，也就是余弦电压的解 $I_c(t)$，只需简单取 $I_e(t)$ 的实部可得

$$I_c=\mathrm{Re}[I_e]=\frac{V_0}{|Z|}\cos(\omega t-\phi)\equiv I_{c0}\cos(\omega t-\phi) \quad (12.93)$$

实际电流的幅值 $I_{c0}=\frac{V_0}{|Z|}$与复电流的幅值 $I_0=\frac{V}{Z}$之间的关系为

$$I_0=I_{c0}e^{-i\phi} \quad (12.94)$$

为以后深入讨论，我们把 I_c完整地写为

$$I_c(t)=\frac{V_0}{\sqrt{R^2+\left(\omega L-\frac{1}{\omega C}\right)^2}}\cos(\omega t-\phi) \quad (12.95)$$

$$\tan\phi=\frac{\omega L-\frac{1}{\omega C}}{R} \quad (12.96)$$

12.4 欧姆定律的复数形式

当驱动电压为（复）指数形式时，电流也是如此，它的幅值 I_0满足代数方程

$$V_0=I_0\left(R+\mathrm{i}\omega L+\frac{1}{\mathrm{i}\omega C}\right)=I_0 Z \tag{12.97}$$

把两侧简单地除以 Z 就可解得

$$I_0=\frac{V_0}{Z} \tag{12.98}$$

除了代替 R 在 DC 电路中作用的 Z 是复数外，此式像欧姆定律一样简单。我们可以把图 12.4 中原始的 AC 电路替换为图 12.8 中的类 DC 电路，其中电压和电流中的指数 $\mathrm{e}^{\mathrm{i}\omega t}$去掉了，只有幅值 V_0和 I_0出现在图中，而且电路元件被各自对阻抗的贡献 $Z_R=R$，$Z_L=\mathrm{i}\omega L$ 和 $Z_C=1/(\mathrm{i}\omega C)$ 替换。电压方程为

$$V_0=V_R+V_L+V_C \tag{12.99}$$

$$=Z_R I_0+Z_L I_0+Z_C I_0 \tag{12.100}$$

$$=RI_0+(\mathrm{i}\omega L)I_0+\frac{1}{\mathrm{i}\omega C}I_0 \tag{12.101}$$

一旦我们求得复电流的幅值 I_0，实际的随时间变化的电流可以通过恢复因子 $\mathrm{e}^{\mathrm{i}\omega t}$并取实部得到

$$I_c(t)=\mathrm{Re}[I_0\mathrm{e}^{\mathrm{i}\omega t}] \tag{12.102}$$

如果实际的电流 I_c是 $I_e\mathrm{e}^{\mathrm{i}\omega t}$的实部，那么任意电路元件两端的实际的随时间变化的电压 $V(t)$ 是多少呢？最简单的情况是电阻。其两端的电压降为

$$V_R(t)=RI_c(t)=R\cdot\mathrm{Re}[I_e]=\mathrm{Re}[RI_e(t)]$$
$$=\mathrm{Re}[RI_0\mathrm{e}^{\mathrm{i}\omega t}]\equiv\mathrm{Re}[V_R\mathrm{e}^{\mathrm{i}\omega t}] \tag{12.103}$$

因此，为得到实际的电压 $V_R(t)$，我们必须把与时间无关的复数 V_R与 $\mathrm{e}^{\mathrm{i}\omega t}$相乘并且取实部。因为 R 是实数，我们才能交换取实部和乘以 R 这两种运算。

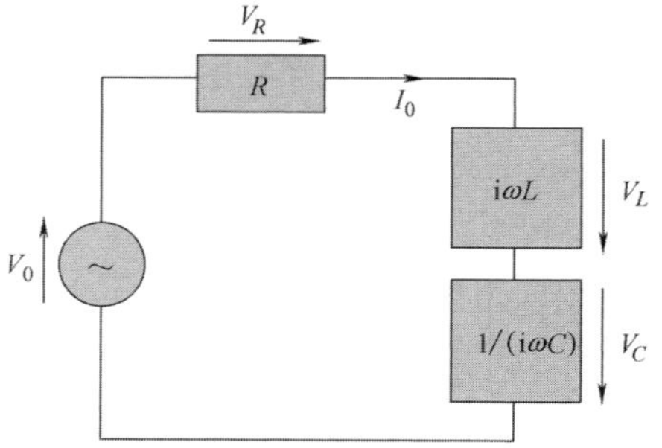

图 12.8　用类 DC 项表示的 LCR 电路，其中每一个电路元件用各自的阻抗代替。去掉电压和电流的公共因子 $\mathrm{e}^{\mathrm{i}\omega t}$，只显示幅值 V_0和 I_0。R、L 和 C 两端的复电压降的幅值用 $V_R(=RI_0)$，$V_L(=\mathrm{i}\omega LI_0)$ 和 $V_C=\frac{1}{\mathrm{i}\omega C}I_0$ 表示。实际的随时间变化的对应物理量可以通过恢复因子 $\mathrm{e}^{\mathrm{i}\omega t}$并取实部得到。

下面考虑电感器。其两端的实际的随时间变化的电压降为

$$V_L(t)=L\frac{\mathrm{d}I_c(t)}{\mathrm{d}t}=L\frac{\mathrm{d}\,\mathrm{Re}[I_e(t)]}{\mathrm{d}t} \tag{12.104}$$

$$=\mathrm{Re}\left[L\frac{\mathrm{d}(I_0\mathrm{e}^{\mathrm{i}\omega t})}{\mathrm{d}t}\right] \tag{12.105}$$

$$=\mathrm{Re}[(\mathrm{i}\omega L)I_0\mathrm{e}^{\mathrm{i}\omega t}] \tag{12.106}$$

$$= \mathrm{Re}[Z_L I_0 e^{i\omega t}] = \mathrm{Re}[V_L e^{i\omega t}] \tag{12.107}$$

为得到电感器两端实际的电压降 $V_L(t)$，我们再一次必须把与时间无关的复幅值 V_L 与 $e^{i\omega t}$ 相乘并且取实部。因为 L 是实数，我们才能交换取电流的实部和把它乘以 L 这两种运算。

类似地，电容器两端实际的随时间变化的电压降为

$$V_C(t) = \frac{1}{C}\int^t I_c(t')\,dt' = \frac{1}{C}\mathrm{Re}\left[\int^t I_0 e^{i\omega t'}dt'\right]$$

$$= \mathrm{Re}\left[\frac{1}{i\omega C}I_0 e^{i\omega t}\right] = \mathrm{Re}\ [Z_C I_0 e^{i\omega t}] \tag{12.108}$$

因为 $1/C$ 是实数，所以我们才能把取电流的实部和将它与 $1/C$ 相乘这两种运算交换。

第13章 LCR 电路和位移电流

上一章总结了被余弦电压驱动的 *LCR* 电路中电流的表达式。电路方程为

$$L\frac{\mathrm{d}I}{\mathrm{d}t}+RI+\frac{1}{C}\int^{t}I(t')\,\mathrm{d}t'=V_0\cos\omega t \tag{13.1}$$

这是一个微分方程。我们应用某种策略可以把它转换为代数方程。现在我用稍有些不同的语言来重新表述这一策略。

我们决定求解一个不同的问题，其中 $V(t)$ 是复指数，$I_e(t)$ 是相应的电流：

$$L\frac{\mathrm{d}I_e}{\mathrm{d}t}+RI_e+\frac{1}{C}\int^{t}I_e(t')\,\mathrm{d}t'=V_0\mathrm{e}^{\mathrm{i}\omega t} \tag{13.2}$$

为什么？因为如果我们能够解决这一问题，原来问题的答案就是其实部：

$$I(t)=\mathrm{Re}I_e(t) \tag{13.3}$$

这归因于叠加。电压 $V_0\mathrm{e}^{\mathrm{i}\omega t}$是一个实的和一个纯虚数电压的和：

$$V_0\mathrm{e}^{\mathrm{i}\omega t}=V_0\cos\omega t+\mathrm{i}V_0\sin\omega t \tag{13.4}$$

因而必然产生两部分电流的和，一个是实的，一个是纯虚数的。复指数电流 I_e总可以写成它的实部和虚部之和：

$$I_e(t)=I_c(t)+\mathrm{i}I_s(t) \tag{13.5}$$

因为 R、L 和 $1/C$ 是实数，实电压 $V_0\cos\omega t$ 只能产生实电流 I_c，这里下标 c 代表“余弦”。（纯虚部 $\mathrm{i}V_0\sin\omega t$ 产生纯虚数电流 $\mathrm{i}I_s$。它是振荡的正弦电压问题的解。）

我们的问题的解就是由 $V_0\mathrm{e}^{\mathrm{i}\omega t}$产生的电流的实部。

这一修正的含有复指数的问题非常容易通过猜测求解，这是因为指数具有如下神奇的特质：无论是它自身，还是对它积分，或者对它求导，它都保持同样的形式。因此我们可以轻而易举地猜到 I_e解的形式：它是具有同样频率的复指数：

$$I_e=I_0\mathrm{e}^{\mathrm{i}\omega t} \tag{13.6}$$

代入给出的电路方程，消去 $\mathrm{e}^{\mathrm{i}\omega t}$，

$$ZI_0=V_0 \tag{13.7}$$

其中

$$Z=\left(\mathrm{i}\omega L+R+\frac{1}{\mathrm{i}\omega C)}\right) \tag{13.8}$$

式（13.7）是类似于纯电阻电路中 $IR=V$ 的代数方程。除以阻抗 Z 可得

$$I_0=\frac{V_0}{Z} \tag{13.9}$$

由指数电压 $V_0e^{i\omega t}$ 产生的依赖于时间的电流为

$$I_e(t)=I_0e^{i\omega t}=\frac{V_0}{Z}e^{i\omega t}=\frac{V_0}{|Z|e^{i\phi}}e^{i\omega t} \tag{13.10}$$

$$=\frac{V_0}{|Z|}e^{i(\omega t-\phi)} \tag{13.11}$$

由实际的余弦电压 $V_0\cos\omega t=\mathrm{Re}\left[V_0e^{i\omega t}\right]$ 产生的电流由 I_e 的实部给出：

$$I_c=\frac{V_0}{|Z|}\cos(\omega t-\phi)=\frac{V_0}{\sqrt{R^2+\left(\omega L-\frac{1}{\omega C}\right)^2}}\cos(\omega t-\phi)$$

$$\equiv I_{c0}\cos(\omega t-\phi) \tag{13.12}$$

$$\tan\phi=\frac{\omega L-\frac{1}{\omega C}}{R} \tag{13.13}$$

复电流 $I_0=\frac{V_0}{Z}$ 的复幅值和实电流 $I_{c0}=\frac{V_0}{|Z|}$ 的幅值之间的关系为

$$I_0=\frac{V_0}{Z}=\frac{V_0}{|Z|e^{i\phi}}=I_{c0}e^{-i\phi} \tag{13.14}$$

因为最终结果中电流是实数，你可能会说："我不想处理复数。"你可以把 $\cos\omega t$ 和 $\sin\omega t$ 任意组合放入方程中，然后经过一系列操作得到相同的结果。但是复数的美丽之处在于联系电流和电压的公式一并得出，而且像欧姆定律一样容易应用。后面我会介绍更加复杂的电路，这些电路只用实数的方法非常难处理。

13.1 *LCR* 结果的分析

下面接着分析下式的显著特点：

$$I_c(t)=\frac{V_0}{\sqrt{R^2+\left(\omega L-\frac{1}{\omega C}\right)^2}}\cos(\omega t-\phi)$$

$$\equiv I_{c0}\cos(\omega t-\phi) \tag{13.15}$$

- 首先考虑电流 $I_{c0}(t)$ 的幅值。注意

$$I_{c0}=\frac{V_0}{|Z|}=\frac{V_0}{\sqrt{R^2+\left(\omega L-\frac{1}{\omega C}\right)^2}} \tag{13.16}$$

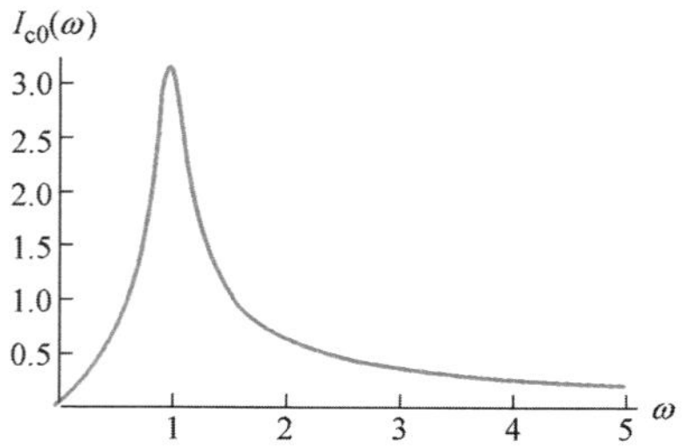

图 13.1　一个典型电路的电流幅值与频率 ω 的函数关系，ω 以 ω_0 为单位。I_{c0}的最大值出现在 $\omega=\omega_0=\sqrt{1/LC}$。

与电阻电路不同，这里电流的大小依赖于频率。图 13.1 画出了一个典型电路中 $I_{c0}(\omega)$ 与 ω 的函数关系曲线。当 ω 变化时，I_{c0} 也变化。当 $\omega\to 0$ 时，分母中出现 $\sqrt{(1/\omega C)^2}$。这将战胜一切，所以有

$$I_{c0}(\omega)\longrightarrow V_0\omega C \quad (当\ \omega\to 0) \tag{13.17}$$

因此在 $\omega=0$ 处电流从 0 出发。这对应于如果电压是 DC 电源而不是 AC 电源——这正是$\omega=0$ 代表的意思——电容器将充电直到它的电压等于 V_0，而电流停止。这就是最终的答案。

当 ω 增大时，开始时 I_{c0}将线性增大。由于当 ω 很大时，$|Z|$中的 ωL 项最终会占据优势，所以电流会下降，而且

$$I_{c0}(\omega)\Rightarrow\frac{V_0}{\omega L} \quad (当\ \omega\to\infty) \tag{13.18}$$

因此 I_{c0}在频率很大时随 $1/\omega$ 减小。在这两个极限之间，它将达到最大值。如果想得到最大电流，你需要把分母$|Z|$最小化。回顾

$$|Z|=\sqrt{R^2+\left(\omega L-\frac{1}{\omega C}\right)^2} \tag{13.19}$$

对于平方根中的 R^2你毫无办法。但是你可以操控 ωL 和 $1/\omega C$ 反向变化并且找出它们相消的频率：

$$\omega L=\frac{1}{\omega C} \tag{13.20}$$

或者

$$\omega^2=\frac{1}{LC}=\omega_0^2 \tag{13.21}$$

当驱动频率等于固有频率时共振就会发生。此时，电流的幅值就简化为

$$I_0=\frac{V_0}{R} \tag{13.22}$$

好像 L 和 C 不存在。它们相互中和了。但是，偏离共振时它们确实会起作用，并且会产生尖锐的共振峰。你知道这在日常生活中有什么用处吗？

我能想到的答案就是收音机。现在年轻人总是携带录音设备。但是如果你们像过去一样听收音机，你会遇到如下问题。每一个房间里充满收音机信号。所有的电台都正在发射信号，但是你只想听你喜欢的一个电台。如果你最喜欢的电台在某一频率 ω_f发射信号会如何？如果这是你全部想要的，去商店里购买

一个 LCR 电路，选择它的 L 和 C 使 $\omega_0=\omega_f$。当你接收到这一电台的信号时，会得到一个巨大的回应。现在假设其他电台具有不同的频率。你可能不想收听这些电台，但如果它们的频率落在共振峰内，你就不得不收听这些电台。你的收音机对于那个电台的回应就不是0。它比峰值的信号小很多但不是0，你可以在背景中听到它。如果 R 非常非常小，这一响应函数在共振处就非常大但也非常窄。你可以分配给不同的电台不相重叠的频率，至少间隔每一个峰值的宽度，这样可以避免它们相互干扰。

如果你改变主意而且想收听其他电台怎么办？为这个电台买一个收音机，为那个电台再买一个收音机吗？你知道答案：转动电台旋钮。你认为它是做什么的？它改变电容！你认为它如何做到的？现在，不要冲出去砸烂你的收音机。你不会看到任何有意义的东西。但在过去，当所有的东西都非常大，你可以看到内部而且会看见一个可变电容器。如何改变电容呢？回顾极板面积为 A 和间距为 d 的平行板电容器

$$C=\varepsilon_0\frac{A}{d} \tag{13.23}$$

因此一个选择是使面积变化来改变 C，但是如何通过转动旋钮来实现呢？实际的几何设计稍有不同，但原理如此。假设电容器的两极板没有完全重合。则公式中的有效面积 A 不是每个极板的全部面积 A，而是取决于重合程度的较小的面积。转动旋钮改变重合程度（实际上有多个重合的极板而且它们都是半圆形的），这将提供共振频率的一个范围，而且这就是你能收听到的电台范围。

- 下面考虑电流的辐角

$$\phi=\arctan\left[\frac{\omega L-1/(\omega C)}{R}\right] \tag{13.24}$$

当 ω 较小时，电容项占优，$\tan\phi$ 是负的，ϕ 也是负的。电流按 $\cos(\omega t-\phi)$ 变化，因此超前电压。

当 ω 较大时，电感项 ωL 占优，而且 ϕ 是正的，电流落后电压。最后，当 $\omega=\omega_0$时，相位 $\phi=0$，电流与电压同相。

考虑电压为 $\cos\omega t$，而电流落后，为 $\cos(\omega t-\phi)$ 的情况。你不能把第一个余弦通过除以任何实数的、与时间无关的函数转变为第二个余弦。你不能把电压除以像电阻的某一项来得到电流。这似乎是和欧姆定律说再见了。然而对于复数，你可以把 $\exp(\mathrm{i}\omega t)$ 除以 $\mathrm{e}^{\mathrm{i}\phi}$转变为 $\exp\mathrm{i}(\omega t-\phi)$。在复数的世界里，通过除以另一个复数，把一个复数一次性同时缩放和旋转它的辐角的可能性，正是博士所需要的把电压幅值 V_0转换成电流幅值 $I_0=V_0/Z$。这里提到的博士是查尔斯·施泰因梅茨博士（1865—1923），他是一个数学家、工程师，在通用电气公司工作，并发明了应用复数求解 AC 电路的方法。

- 根据第一性原理，电源提供的瞬时功率为

$$P(t)=V(t)I(t)=V_0\cos\omega t\times I_{c0}\cos(\omega t-\phi) \qquad (13.25)$$

（尽管 $V(t)$ 和 $I(t)$ 是相应的复指数的实部，但功率 $P(t)$ 不是这些复指数乘积的实部，因为实部的乘积不是乘积的实部。后面会进一步讨论。）

现在，注意 $P(t)$ 随时间振荡。振荡说明 L 和 C 或者获得能量，或者释放能量。应用三角恒等式我们可以求得 $P(t)$ 在一个完整周期内的平均值：

$$\cos\omega t\times\cos(\omega t-\phi)=\cos^2\omega t\cos\phi+\cos\omega t\sin\omega t\sin\phi \qquad (13.26)$$

$$=\frac{1+\cos2\omega t}{2}\cos\phi+\frac{\sin2\omega t}{2}\sin\phi \qquad (13.27)$$

在一个完整周期内周期函数的平均值都为零，只剩下$\frac{1}{2}\cos\phi$。因此平均功率为

$$P_{\mathrm{av}}=\frac{1}{2}V_0I_{c0}\cos\phi \qquad (13.28)$$

其中，$\cos\phi$ 称为功率因数。

13.1.1 暂态和补充解

提醒大家一个问题。我写下的解

$$I(t)=\frac{V_0}{\sqrt{R^2+\left(\omega L-\frac{1}{\omega C}\right)^2}}\cos(\omega t-\phi) \qquad (13.29)$$

$$\equiv I_{c0}\cos(\omega t-\phi)$$

中没有自由参数。你告诉我时间，我告诉你电流。不管电压是多少，你把它的相位移动 ϕ，并把它除以 $|Z|$ 即可得电流。但是时间的二阶方程应该有两个自由参数，分别对应某一时刻，如 $t=0$ 时电容器上的电荷和电流。（这和振子的初位置和初速度类似。）这些自由参数从哪里来？我将给你一条线索并让你仔细思索。这一线索是

$$V_0\cos\omega t=V_0\cos\omega t+0 \qquad (13.30)$$

如果你仍不知道，还有另外一条线索：叠加。

反正这就是答案。我们已经遇到很多次 V_1+V_2 驱动电流 I_1+I_2。因此 $V_0\cos\omega t+0$ 驱动电流 $I(t)+I_{\mathrm{com}}(t)$，其中 I_{com} 是没有电压时的电流，称为**补充解**。你可能会说："如果电压为零，电流显然为零。"但我需要提醒你，如果最初储存了能量，即使没有外加电压也会有电流。这就好像对于弹簧振子系统，如果开始时拉开弹簧，然后释放质点或者给质点一击从而输入一些动能，即使没有驱动力系统也会振动。在电学里，电容器可能已经被充电并与 R 和 L 连接在一起，或者载有电流的电感器储存了磁能，把连接在其上的开关突然打开就是这种情形。

因此考虑

$$L\frac{\mathrm{d}^2 I_{\mathrm{com}}}{\mathrm{d}t^2}+R\frac{\mathrm{d}I_{\mathrm{com}}}{\mathrm{d}t}+\frac{I_{\mathrm{com}}}{C}=0 \tag{13.31}$$

假设解是指数形式

$$I_{\mathrm{com}}(t)=A\mathrm{e}^{\alpha t} \tag{13.32}$$

则限制条件为

$$\left(\alpha^2 L+\alpha R+\frac{1}{C}\right)A=0 \tag{13.33}$$

由于 $A\neq 0$，所以

$$\alpha^2+\alpha\frac{R}{L}+\frac{1}{LC}=0 \tag{13.34}$$

假设

$$\frac{1}{LC}=\omega_0^2>\frac{R^2}{4L^2} \tag{13.35}$$

则式（13.34）的根为

$$\alpha_{\pm}=-\frac{R}{2L}\pm\sqrt{\frac{R^2}{4L^2}-\omega_0^2} \tag{13.36}$$

$$=-\frac{R}{2L}\pm\mathrm{i}\sqrt{\omega_0^2-\frac{R^2}{4L^2}} \tag{13.37}$$

$$\equiv-\frac{R}{2L}\pm\mathrm{i}\omega' \tag{13.38}$$

通解是带有任意系数的这两个解的和

$$I_{\mathrm{com}}=A_{+}\exp\left[-\frac{Rt}{2L}+\mathrm{i}\omega' t\right]+A_{-}\exp\left[-\frac{Rt}{2L}-\mathrm{i}\omega' t\right] \tag{13.39}$$

如果此解为实数，则 $A_{\pm}$ 为复共轭（这保证 $I_{\mathrm{com}}=I_{\mathrm{com}}^{*}$）

$$A_{\pm}=A\mathrm{e}^{\pm\mathrm{i}\chi} \tag{13.40}$$

其中 χ 任意，而 A 是某一实数。这导致

$$I_{\mathrm{com}}=2A\mathrm{e}^{-Rt/2L}\cos[\omega' t+\chi] \tag{13.41}$$

图 13.2 显示了这一方程。因此驱动 AC 电路的完整解为

$$I(t)=\frac{V_0}{\sqrt{R^2+\left(\omega L-\frac{1}{\omega C}\right)^2}}\cos(\omega t-\phi)+2A\mathrm{e}^{-Rt/2L}\cos[\omega' t+\chi] \tag{13.42}$$

可以选择常数 A 和 χ 来满足初始条件。

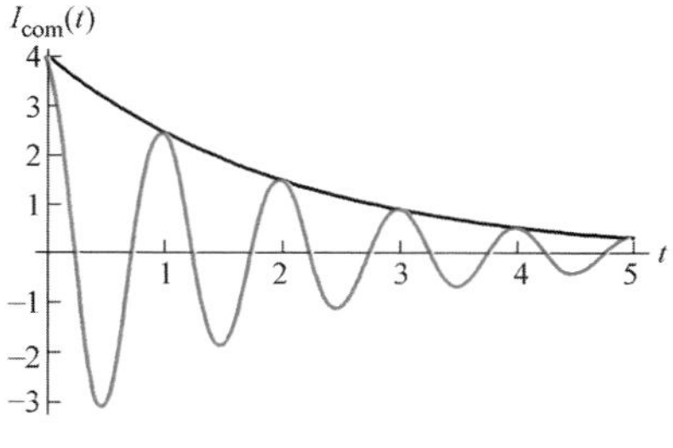

图 13.2　暂态电流或补充解 I_{com} 的衰减。

但是，补充函数是短暂的：它以指数规律衰减。如果我们只对长时间的结果有兴趣，就可以忽略它。暂态的电流可以烧坏你的电路，但**如果成功经过初期阶段**，长时间后它就不起作用了。这与这门课程非常相似。

13.2 复数的威力

现在我来解释为什么用实数来建立 AC 电路理论不可行。回顾一下，简单 LCR 电路的解是一个实的余弦函数，即 $\cos(\omega t-\phi)$。你可以用 $\cos\omega t$ 和 $\sin\omega t$ 的线性组合来替换，并且用方程求出系数从而得到答案。因为这一原因你忍不住避免应用复数。但是考虑如图 13.3 上半部分所示的更加复杂的电路，情况会有不同。

电路中电阻 R_1 与一个并联电路串联在一起。此并联电路的一个分支中 L_2 和 C_2 串联，另一个分支中只有一个电阻 R_3。驱动电压为 $V_0\cos\omega t$。电流用 I_1、I_2 和 I_3 标记。

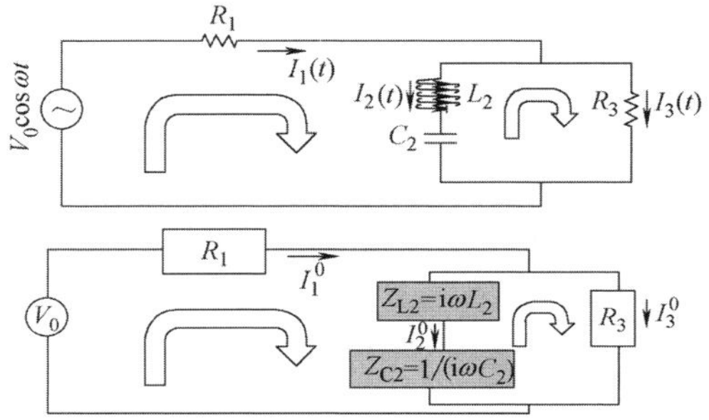

图 13.3 复杂电路中复数是不可避免的。上半部分是实际的电路元件、依赖于时间的电流和驱动电压。下半部分是类 DC 的描述，应用了复阻抗、电压幅值 V_0 和电流幅值 I_1^0、I_2^0 和 I_3^0。建立电压方程的两个回路用宽箭头表示。

我们的工作是找出这些振荡电流的大小和相位。回顾电路的基本方程。在每一个节点，流入的电流应该等于流出的电流：

$$I_1(t)=I_2(t)+I_3(t) \quad (13.43)$$

这表明只有两个独立的电流，由两个电压方程决定。我们可以把 I_2 和 I_3 作为独立的电流，一旦求得，I_1 就由它们的和给出。

下一步建立两个电压方程，要求在两个独立的回路中电压降之和为零。回路 1 包含电源 $V(t)$，还有元件 R_1、L_2 和 C_2。较小的回路 2 包含 C_2、L_2 和 R_3。回路的方向如图所示。

$$V_0\cos\omega t = R_1I_1+ L_2\frac{\mathrm{d}I_2}{\mathrm{d}t}+\frac{1}{C_2}\int^t I_2(t')\,\mathrm{d}t' \quad (13.44)$$

$$0=-L_2\frac{\mathrm{d}I_2}{\mathrm{d}t}-\frac{1}{C_2}\int^t I_2(t')\,\mathrm{d}t'+R_3I_3 \quad (13.45)$$

第二个方程中 L_2 和 C_2 两端的电压降前的负号是因为回路的绕行方向与通过它们的电流 I_2 的方向相反。对比回路 1，其绕行方向与 I_1 和 I_2 的方向相同。

如果选择只包含 R_1 和 R_3 的第三个（外围的）回路 3 会怎样呢？相应的方程为

$$V_0\cos\omega t=R_1I_1+R_3I_3 \quad (13.46)$$

可以把其他两个方程线性组合得到这一方程。这时线性组合就是简单地求和。与预想的一样，你只能得到两个独立方程来求解两个电流。

这里的情况比较复杂，而且回路越多越混乱。电流的导数与电流的积分等等相加在一起。那么我们怎样才能求解这些方程？试图猜测答案将很快变得难以应付。

但如果我们应用复数，我们可以把问题简化，类似DC电路。

首先我们把给出的电压用 $V_0 e^{i\omega t}=V_0\cos\omega t+iV_0\sin\omega t$ 替换。由于所有方程都是电压和电流的线性关系，系数 R、L 和 $1/C$ 都是实数，所以电压的实部只能产生电流的实部。因此最终我们只取电流的实部。

假设复电流的形式为

$$I_1(t)=I_1^0 e^{i\omega t} \tag{13.47}$$

$$I_2(t)=I_2^0 e^{i\omega t} \tag{13.48}$$

$$I_3(t)=I_3^0 e^{i\omega t} \tag{13.49}$$

（之前当图中只有一个电流时，我用下标0来表示电流幅值 I_0。现在0成为上标，下标1、2或3用来区分不同的电流。）代入三个电流方程并且消去公因子 $e^{i\omega t}$，我们得到

$$I_1^0=I_2^0+I_3^0 \tag{13.50}$$

$$V_0=R_1 I_1^0+(i\omega L_2)I_2^0+\frac{1}{i\omega C_2}I_2^0 \tag{13.51}$$

$$0=-(i\omega L_2)I_2^0-\frac{1}{i\omega C_2}I_2^0+R_3 I_3^0 \tag{13.52}$$

这是关于未知的 I_1^0、I_2^0 和 I_3^0 的三个线性的、与时间无关的方程。除了系数是复数外，这一情况不比纯电阻电路更差。图中的下半部分显示我们如何把每一个元件替换为相应的阻抗：

$$R\longrightarrow Z_R=R \tag{13.53}$$

$$L\longrightarrow Z_L=i\omega L \tag{13.54}$$

$$C\longrightarrow Z_C=\frac{1}{i\omega C} \tag{13.55}$$

不管电路多复杂，我们总可以这样做。阻抗相互串联就是把它们相加，阻抗相互并联就是它们的倒数相加再取倒数。

例如，考虑电源所对应的总阻抗。首先我们计算并联支路中的阻抗 Z_p：

$$\frac{1}{Z_p}=\frac{1}{R_3}+\frac{1}{i\omega L_2+1/(i\omega C_2)} \tag{13.56}$$

V_0对应的总阻抗为

$$Z_T=R_1+Z_p \tag{13.57}$$

流出的电流为

$$I_1^0=\frac{V_0}{Z_T} \tag{13.58}$$

实际的电流是 $I_1^0 e^{i\omega t}$ 的实部

$$I_1(t)=\mathrm{Re}\left[\frac{V_0 e^{i\omega t}}{Z_T}\right] \tag{13.59}$$

各个电路元件两端的依赖于时间的电压降可以用上一章最后描述的电流求出。例如，R_3 两端的 $V_{R_3}(t)$ 为

$$V_{R_3}(t)=\mathrm{Re}[R_3 I_3^0 e^{i\omega t}] \tag{13.60}$$

L_2 两端的电压降是其两端复电压降的实部，而复电压降是复电流和复阻抗的乘积：

$$V_{L_2}(t)=\mathrm{Re}[(i\omega L_2)I_2^0 e^{i\omega t}] \tag{13.61}$$

假设已知 I_1，现在想知道在节点处它如何分配给 I_2 和 I_3。我可以完全像对待电阻电路一样给每一个分支分配与另一分支的阻抗成正比的电流：

$$I_2^0=I_1^0\cdot\frac{R_3}{R_3+i\omega L_2+1/(i\omega C_2)} \tag{13.62}$$

$$I_3^0=I_1^0\cdot\frac{i\omega L_2+1/(i\omega C_2)}{R_3+i\omega L_2+1/(i\omega C_2)} \tag{13.63}$$

依赖于时间的电流 $I_2(t)$ 为

$$I_2(t)=\mathrm{Re}[I_2^0 e^{i\omega t}] \tag{13.64}$$

当我们考虑功率时，取实部的做法就不可行了，因为功率是与复数的平方成正比的。我们来看看错在哪里。

根据第一性原理，电源输出的功率就是瞬时电压和电流的乘积：

$$P(t)=V_0\cos\omega t\times I_1(t) \tag{13.65}$$

$$=\mathrm{Re}[V_0 e^{i\omega t}]\times\mathrm{Re}\left[\frac{V_0 e^{i\omega t}}{Z_T}\right] \tag{13.66}$$

$$\neq\mathrm{Re}\left[V_0 e^{i\omega t}\frac{V_0 e^{i\omega t}}{Z_T}\right] \tag{13.67}$$

关键是两复数的实部的乘积不等于它们乘积的实部

$$\mathrm{Re}[z_1 z_2]=\mathrm{Re}[(x_1+iy_1)(x_2+iy_2)] \tag{13.68}$$

$$=x_1x_2-y_1y_2 \tag{13.69}$$

$$\neq\mathrm{Re}[z_1]\mathrm{Re}[z_2]=x_1x_2 \tag{13.70}$$

在一个周期内这一功率的平均值已经推导出来［见式（13.28）］：

$$P_{av}=\frac{1}{2}|V_0||I_0|\cos\phi \tag{13.71}$$

我们可以把上式重新写为

$$P_{av}=\frac{1}{2}|I_0|^2|Z|\cos\phi \tag{13.72}$$

在简单 LCR 电路中，由于 $|Z|\cos\phi$ 就是 R，即 Z 的实部，所以 $P_{av}=\frac{1}{2}|I_0|^2R$。除了因子 1/2 来自时间平均，这就是我们所熟悉的电阻消耗的功率。L 和 C 有时消耗能量，有时释放能量，在一个周期内平均值为零。如果定义**均方根**或者 **RMS** 电压和电流，P_{av}就具有和 DC 电路中完全一样的形式，因子 1/2 就可以消去：

$$V_{RMS}=\frac{|V_0|}{\sqrt{2}} \tag{13.73}$$

$$I_{RMS}=\frac{|I_0|}{\sqrt{2}} \tag{13.74}$$

$$P_{av}=I_{RMS}^2R=V_{RMS}I_{RMS}\cos\phi \tag{13.75}$$

当我们说家里的电压是 110V 时，指的是 RMS 电压。一个周期内电压的最大值为$\sqrt{2}\times 110$V。

13.3 位移电流

我们正在接近电磁理论的终点线，现在只需要对麦克斯韦方程组最后做一点改动。到目前为止对方程的改动都是依据新实验做出的，例如我们在线圈附近移动磁铁从而产生随时间变化的磁场。但现在我们要基于纯粹的思想考虑一点改动。这归功于麦克斯韦。图 13.4 显示了电路的一部分。我们不知道也不关心电流从哪里来，到哪里去，只知道电路中有一个振荡的电流。(当然没有电荷通过电容器中的间隙；电荷只是先沿一个方向运动，然后再沿另一个方向运动。)

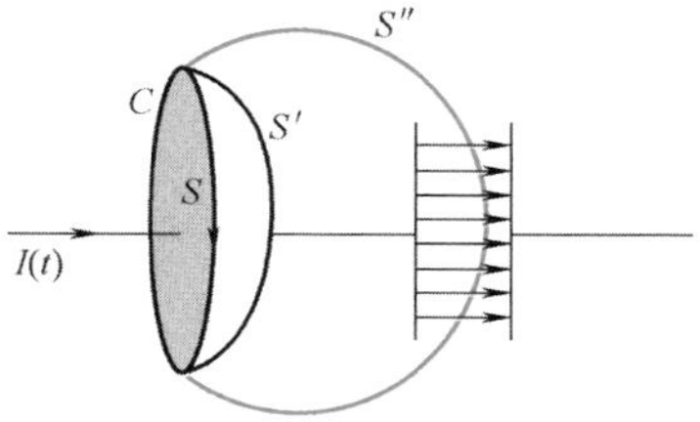

图 13.4 AC 电路的一部分。对回路 C 应用安培环路定理，当以 C 为边界的曲面从 S 或者 S'改为 S''时，我们遇到了一个问题：没有电流 $I(t)$ 通过 S''。但是，电通量确实通过 S''，而且它对于 S''的贡献与 $I(t)$ 对 S 或者 S'的贡献是一样的。

下面就是麦克斯韦注意到并解决的问题或者说佯谬。考虑安培环路定理

$$\oint_{C=\partial S}\boldsymbol{B}\cdot \mathrm{d}\boldsymbol{r}=\mu_0 I_{enc}=\mu_0\int_S \boldsymbol{j}\cdot \mathrm{d}\boldsymbol{S} \tag{13.76}$$

其中 C 是电容器左边的一个回路，I_{enc}是通过以这一回路为边界的任意曲面的电流。

首先考虑以 C 为边界的平面 S（为方便起见设为平面），通过它的电流为 $I(t)$。现在我们说：“这不是唯一的以回路 C 为边界的曲面。我们可以画出许多以此回路为边界的曲面。”因此我们考虑另一个曲面 S'。这仍然可行，因为不管通过 S 的电流是多少，都会通过 S'以避免电荷累积或电荷不守恒，或者二者兼而有之。安培环路定

理仍然适用。被胜利冲昏头脑之后，我们说，为什么不选 S''呢？这是我们的新曲面。她完全包围电容器的一个极板。现在我们遇到了问题，因为没有电流通过 S''。如果我画一个更大的曲面，把另一个极板也包围进来，也就是包围整个电容器，因为这时同样的电流 $I(t)$ 通过这一曲面，安培环路定理又适用了。失灵的就是曲面 S''。

如果你是麦克斯韦你会怎样做？你会意识到你需要修正安培环路定理。有时人们修正方程是基于真实的实验结果，有时是基于思想实验。爱因斯坦喜欢做思想实验，也称为想象实验。你不是真正做实验，但是你说："如果我这样做，将会发生什么？"如果这样做产生了问题，你需要修正你的理论。

因此我们需要在安培方程的右侧加入一项。这一项不应对 S 或 S'有任何贡献，但是对 S''的贡献应该和电流 $I(t)$ 对 S 或 S'的贡献完全相同。依据你的数学知识水平，可以有多种方法找到这一项。下面介绍一种适当的方法。

我们都同意位于两极板之间的区域没有电流。但确实在两极板之间存在其他的物质，而在导线中不存在。你知道是什么吗？

就是电场。我将要把穿过 S 的导线中的电流和穿过 S''的电场联系起来。推导如下：

$$\mu_0 I_{\text{enc}} = \mu_0 \frac{\mathrm{d}Q}{\mathrm{d}t} \tag{13.77}$$

$$= \mu_0 A \frac{\mathrm{d}\sigma}{\mathrm{d}t} \quad (A\text{ 是电容器极板的面积}) \tag{13.78}$$

$$= \mu_0 \varepsilon_0 A \frac{\mathrm{d}E}{\mathrm{d}t} \quad \left(\text{因为 } E = \frac{\sigma}{\varepsilon_0}\right) \tag{13.79}$$

$$= \mu_0 \varepsilon_0 \int_{S''} \left(\frac{\partial \boldsymbol{E}}{\partial t}\right) \cdot \mathrm{d}\boldsymbol{S} \tag{13.80}$$

定义

$$I_{\mathrm{d}} = \varepsilon_0 \int_{S''} \left(\frac{\partial \boldsymbol{E}}{\partial t}\right) \cdot \mathrm{d}\boldsymbol{S} \tag{13.81}$$

称为**位移电流**，它的密度为

$$\boldsymbol{j}_{\mathrm{d}} = \varepsilon_0 \frac{\partial \boldsymbol{E}}{\partial t} \tag{13.82}$$

你可能会认为式（13.80）的等式允许我用 $\mu_0 I_{\mathrm{d}}$ 替换 $\mu_0 I_{\text{enc}}$，但是我会加上它。重复计算了吗？下面来看修正的麦克斯韦方程：

$$\oint_{C=\partial S} \boldsymbol{B} \cdot \mathrm{d}\boldsymbol{r} = \mu_0 I_{\text{enc}} + \mu_0 \varepsilon_0 \int_{S''} \left(\frac{\partial \boldsymbol{E}}{\partial t}\right) \cdot \mathrm{d}\boldsymbol{S}$$

$$= \mu_0 \int \left(\boldsymbol{j} + \varepsilon_0 \frac{\partial \boldsymbol{E}}{\partial t}\right) \cdot \mathrm{d}\boldsymbol{S} \tag{13.83}$$

并且看看这一做法如何解决问题。

如果曲面是像 S 那样截断导线（理想导体），则此处没有电场，只有 $\mu_0 I_{\text{enc}}$ 这一项有贡献。如果选择两极板之间的 S''，则这里没有电流 I，而是有电通量的变化率，它的贡献在数值上等于 I_{enc} 的贡献。因此沿回路 C 的 $\boldsymbol{B}$ 的环流不依赖于选择的曲面。

因为在选择的曲面上 $\boldsymbol{j}$ 和 $\boldsymbol{j}_{\text{d}}$ 中只有一个是非零的，所以当我们把它们的贡献加在一起时，是没有重复计算的。

下面是最终的电磁学方程：

$$\boldsymbol{F}=q(\boldsymbol{E}+\boldsymbol{v}\times\boldsymbol{B}) \quad \text{（洛伦兹力）} \tag{13.84}$$

$$\oint_{S=\partial V}\boldsymbol{E}\cdot \mathrm{d}\boldsymbol{S}=\frac{1}{\varepsilon_0}\int_V \rho\,\mathrm{d}^3 r \quad \text{（高斯）} \tag{13.85}$$

$$\oint_{C=\partial S}\boldsymbol{B}\cdot \mathrm{d}\boldsymbol{r}=\mu_0\int_S\left(\boldsymbol{j}+\varepsilon_0\frac{\partial \boldsymbol{E}}{\partial t}\right)\cdot \mathrm{d}\boldsymbol{S} \quad \text{（安培+麦克斯韦）} \tag{13.86}$$

$$\oint_{C=\partial S}\boldsymbol{E}\cdot \mathrm{d}\boldsymbol{r}=\int_S\left(-\frac{\partial \boldsymbol{B}}{\partial t}\right)\cdot \mathrm{d}\boldsymbol{S} \quad \text{（法拉第）} \tag{13.87}$$

$$\oint_{S=\partial V}\boldsymbol{B}\cdot \mathrm{d}\boldsymbol{S}=0 \quad \text{（磁单极子不存在）} \tag{13.88}$$

其中 S 是式（13.85）和式（13.88）中包围体积 V 的闭合曲面，或者是式（13.86）和式（13.87）中以曲线 C 为边线的开放曲面。

考虑关于 $\boldsymbol{E}$ 和 $\boldsymbol{B}$ 的方程的对称性。电场强度的线积分与磁通量的变化率成正比。磁感应强度的线积分与电通量的变化率成正比，但还有另一个安培项。$\boldsymbol{E}$ 的面积分由闭合曲面包围的电荷给出，而对于 $\boldsymbol{B}$ 来说，因为磁单极子不存在，所以没有这样的右侧项。但是在真空中，$\rho=j=0$，方程就变成对称的。

在下一章中我们会发现这些方程允许电磁波作为一个解。电磁波由非零的电场和磁场组成，它们与任何 ρ 或 $\boldsymbol{j}$ 的距离都为任意远。从库仑定律或毕奥-萨伐尔定律求解不出它们。它们可能是由麦克斯韦加入的那一项导致的。

这是你生命中非常重要的一天，因为现在你终于知道了电磁学的全部。它通过式（13.84）到式（13.88）给出了完整描述。至少在经典理论中没有人知道得更多。你不需要把所有的结果装入你的大脑中。如果给出洛伦兹力公式和四个麦克斯韦方程（和 600 的 IQ 值），你就可以推导出目前为止我所教的全部。

第14章 电磁波

Yale

现在我们将求解麦克斯韦方程组并且推断电磁波的存在。不管讲过多少次，我依然心怀敬畏。这里还是麦克斯韦方程组：

$$\oint_{S=\partial V}\boldsymbol{E}\cdot \mathrm{d}\boldsymbol{S}=\frac{1}{\varepsilon_0}\int_V \rho\,\mathrm{d}^3 r \quad （高斯） \tag{14.1}$$

$$\oint_{S=\partial V}\boldsymbol{B}\cdot \mathrm{d}\boldsymbol{S}=0 \quad （磁单极子不存在） \tag{14.2}$$

$$\oint_{C=\partial S}\boldsymbol{E}\cdot \mathrm{d}\boldsymbol{r}=\int_S\left(-\frac{\partial \boldsymbol{B}}{\partial t}\right)\cdot \mathrm{d}\boldsymbol{S} \quad （法拉第） \tag{14.3}$$

$$\oint_{C=\partial S}\boldsymbol{B}\cdot \mathrm{d}\boldsymbol{r}=\mu_0\int_S\left(\boldsymbol{j}+\varepsilon_0\frac{\partial \boldsymbol{E}}{\partial t}\right)\cdot \mathrm{d}\boldsymbol{S} \quad （安培+麦克斯韦） \tag{14.4}$$

其中 S 是式（14.1）和式（14.2）中包围体积 V 的闭合曲面，或者是式（14.3）和式（14.4）中以曲线 C 为边线的开放曲面。

第一个方程指出电场线及电通量起自或止于电荷，取决于电荷的大小和符号。因此一个体积内的净电荷决定了净发自它的通量。第二个方程指出如果将 $\boldsymbol{B}$ 对任意闭合曲面积分，也就是如果你数一数净发出的磁感应线的条数，得到的结果是零。因为场线由电荷发出，也终止于电荷，而自然界不存在磁荷或磁单极子，所以这是正确的。磁感应线既没有头也没有尾，它们是闭合的。所以如果你选择任何一个闭合曲面，所有穿入的磁感应线都会穿出来。在静电情形，第三个方程过去常常称为电场是保守场。但之后我们发现变化的磁场可以维持一个非保守的电场。最后一个方程指出变化的电场可以产生磁场。另外，根据安培环路定理，电流可以产生磁场。

为了研究波，我将重点讨论真空的情形，其中 $\rho=j=0$。它们可以在任意远的地方有非零值。在静电的情形，根据库仑定律或毕奥-萨伐尔定律，当我们远离电荷和电流时，$\boldsymbol{E}$ 或者 $\boldsymbol{B}$ 都随 $1/r^2$ 下降或者更快地减小，这意味着没有场的存在。但是现在我们会发现它们可以脱离电荷和电流，依赖自身而存在。在真空中电磁波可以远离所有电荷和电流而存在，是因为一旦 $\boldsymbol{E}$ 场和 $\boldsymbol{B}$ 场在某处建立起来，由于它们携带能量，因而不会消失。就好像 LC 电路，如果电容器开始时已经充电完毕并且带有电场能，当它放电时就在电感器中产生电流从而储存磁场能。当电容器放电时电流不停止，它持续流动直到电容器被反向充电。电流持续地来回流动。*LC* 电路是只有一个自由度的例子，其自由度为电容器上的电荷 $Q(t)$（或者电路中的电流，是电荷的导数）。相比之下，在电动力学中 $\boldsymbol{E}(x, y, z)$ 和 $\boldsymbol{B}(x, y, z)$ 是相应的变量，对空间中的每一个点二者各有一个矢量。

当空间中没有电荷和电流时，麦克斯韦方程组变得在 $\boldsymbol{E}$ 和 $\boldsymbol{B}$ 之间非常对称。二者都没有面积分。其中之一的线积分与另一个的通量的变化率成正比。

从麦克斯韦方程组推导波动方程是物理学中的一个激动人心的时刻，我迫不及待地想要分享给你们。但如果你们在波动方程神奇出现时不能认出它来，你就不会体会到快感。因此我将提示你们某些已经在卷Ⅰ中深入讨论过的事实。

关于变量 $\psi(x, t)$ 的一维波动方程为

$$\frac{\partial^2\psi}{\partial x^2}=\frac{1}{v^2}\frac{\partial^2\psi}{\partial t^2} \tag{14.5}$$

其中 v 是波速。

我将要从麦克斯韦方程组出发，显示 $\boldsymbol{E}$ 和 $\boldsymbol{B}$ 所遵循的微分方程。在前面给出的形式中，麦克斯韦方程组包含对任意回路、曲面和体积的积分，而我们需要的麦克斯韦方程组只包含导数。通常所指的麦克斯韦方程组也是这些微分方程。将积分形式的麦克斯韦方程组应用于任意且无限小的回路、曲面和体积，会得到（微分形式的）麦克斯韦方程组。之后，由微分形式的麦克斯韦方程组出发，就可以非常容易地推出波动方程了。

首先我将利用一类特殊的 $\boldsymbol{E}$ 和 $\boldsymbol{B}$ 来推导麦克斯韦方程组的微分形式。这类 $\boldsymbol{E}$ 和 $\boldsymbol{B}$ 只依赖于 y 和 t，而且各自仅有一个分量：$\boldsymbol{E}$ 只有 z 分量，而 $\boldsymbol{B}$ 只有 x 分量：

$$\boldsymbol{E}=\boldsymbol{k}E_z(y,t) \tag{14.6}$$

$$\boldsymbol{B}=\boldsymbol{i}B_x(y,t) \tag{14.7}$$

把麦克斯韦方程组应用在这些场上会得到一对非常简单的方程，我将要展示如何由它们推出 $\boldsymbol{E}$ 和 $\boldsymbol{B}$ 的波动方程。对于所得出的方程，并非其所有的解都具有确定的波长或频率（它们只能描述以速度 c 运动的局部信号），而我将给出的是具有确定波长和频率的正弦解。我将推导出电磁波的能量公式，并且讨论电磁波的起源。

这之后是两个可选学的话题。

第一个是对任意的 $\boldsymbol{E}$ 和 $\boldsymbol{B}$ 在存在非零的 ρ 和 $\boldsymbol{j}$ 的情况下推导麦克斯韦方程组。最后我会用矢量微积分来表达它们。这一选择是为那些一路学到现在想要一睹麦克斯韦方程组最一般和最紧凑的形式的人所准备的。为了完整性，我将证明当把它应用于由式（14.6）和式（14.7）所描述的特定 $\boldsymbol{E}$ 和 $\boldsymbol{B}$，而且 $\rho=j=0$ 时，会得到一对与简单处理所得出的完全一样的方程。

接下来我问一个问题：在无限小的回路、曲面和体积上遵循麦克斯韦方程组的场是否在宏观的情况下也会如此。也就是说，从宏观到微观的通道是否可逆？答案是肯定的。你或者相信我的话，或者遵循下述事实的证明：

如果麦克斯韦方程组在任意无限小的回路、曲面和体积上都成立，则它们在所有宏观情形下也成立。

14.1 波动方程

自然界中存在许多种波：水波、弹性波、声波等。我将要讨论一根绳上的波。

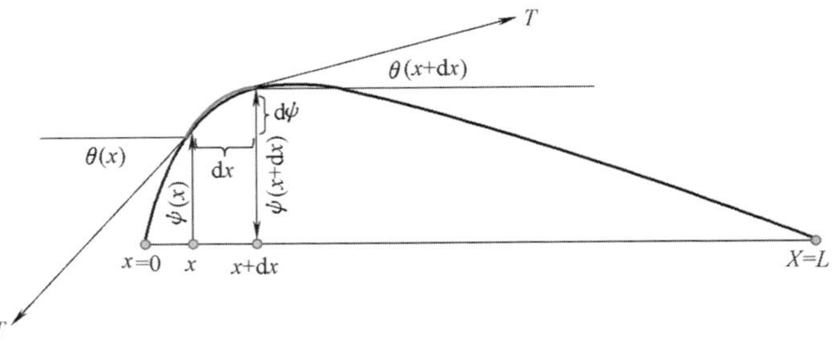

图 14.1 某一时刻，例如 $t=0$ 时刻的绳。它受到张力 T，单位长度的质量为 μ，在 $x=0$ 和 $x=L$ 处固定。图中蓝色的部分宽度为 $\mathrm{d}x$，两端受到的张力 T 大小相等但角度稍有差别。为清楚起见，图中放大了位移 ψ 和角度 θ。只有在这些都非常小的情况下推导才有效。

假设一根绳在两端（图 14.1 中的 $x=0$ 和 $x=L$ 处）被固定住。图中的细水平线是 x 轴，而且是静平衡时绳的位置。绳上的每一点用绳处于平衡位置时的 x 值来标注。在 t 时刻，x 处的点的位移为 $\psi(x, t)$，这是新的动力学变量。我们要写出它的运动方程。

在绳两端悬挂重物或者像在小提琴上那样拧紧它，绳就受到某一张力 T。你将看到没有张力的话，下面将要讨论的都不会发生。另一个关键参数是单位长度的质量 μ。把绳放在秤上得到它的质量，然后除以长度可得 μ。例如，如果绳的长度是 10m，质量是 1kg 的百分之一，则单位长度的质量是 $\mu=10^{-3}\mathrm{kg/m}$。

如果用某种方式推或者拉绳，使绳处于图中所示的实线位置 $\psi(x, 0)$，绳将会怎样？可以把绳与沿 y 方向振荡的弹簧振子系统进行比较。对弹簧振子，你把质点拉开到某一新的位置 $y(0)$，放开它，然后寻找 $y(t)$。弹簧振子只有一个自由度，就是质点的位置 $y(t)$。答案是 $y(t)=y(0)\cos\omega t$。这里，在 0 到 L 之间的任一点 x 都有一段绳。强调一下这里的 x 不是动力学变量，而是用来标记动力学变量 $\psi(x)$ 的，这一动力学变量给出了每一段绳离开平衡位置的位移。在时刻 0，我把无穷多的自由度移动到 $\psi(x, 0)$，释放它们，然后寻找 $\psi(x, t)$。为了实现这一目标，我们需要找到 $\psi(x, t)$ 满足的方程。

绳的行为满足什么原则呢？答案就是牛顿定律。我不会提出新的规律。我不会说："我们之前已经研究了质点和弹簧；现在要研究绳的运动了，需要引入新的规律。"只有一个运动规律，就是 $F=ma$。我的全部目的就是向你们展示这一规律真的控制所有事物；这就是为什么它是一个超级规律。

绳是长的、可伸展的而且复杂的物体。取图中所示的加粗的一小段 $\mathrm{d}x$，计算其上的合力并让它等于质量乘以加速度。重力对于振动的作用非常小，可以忽略不计。

图中显示了这一小段两端所受的力。二者都等于张力 T，对于不同的点其大小不会改变。但是张力作用的角度不一定相同。它与绳相切，相切的方向（与水平方向之间的夹角）从 $\theta(x)$ 变为 $\theta(x+\mathrm{d}x)$。一般来说绳是弯曲的；因此绳上一小段两端的相切量不完全相同，而且通常会有一个净力作用在这一小段上。

因此，我将找出这两个力的竖直分量并且取它们的差。在 $x+\mathrm{d}x$ 处的向上的力为 $T\sin(\theta(x+\mathrm{d}x))$，而左侧的向下的力为 $-T\sin(\theta(x))$，所以合力为 $T[\sin(\theta(x+\mathrm{d}x))-\sin(\theta(x))]$。它等于质量乘以加速度。这一小段的质量是单位长度的质量 μ 乘以长度 $\mathrm{d}x$。现在，用微积分表示的加速度是多少？注意，不是 $\mathrm{d}^2x/\mathrm{d}t^2$ 而是 $\partial^2\psi(x,t)/\partial t^2$，因为 $\psi(x,t)$ 是一小段绳的纵坐标。上下振动的是 ψ，所以加速度是它的二阶导数，而我应用偏导数是因为 $\psi(x,t)$ 随 x 和 t 变化。因此 $F=ma$ 变为

$$T[\sin(\theta(x+\mathrm{d}x))-\sin(\theta(x))]=\mu\mathrm{d}x\frac{\partial^2\psi(x,t)}{\partial t^2} \tag{14.8}$$

现在考虑方程左侧并且假设涉及的角度很小，也就是绳与水平方向偏离得不远。如果大家记得

$$\sin\theta=\theta-\frac{\theta^3}{3!}+\cdots \tag{14.9}$$

$$\cos\theta=1-\frac{\theta^2}{2!}+\cdots \tag{14.10}$$

$$\begin{aligned}\tan\theta&=\frac{\theta-\dfrac{\theta^3}{3!}+\cdots}{1-\dfrac{\theta^2}{2!}+\cdots}=\left(\theta-\frac{\theta^3}{3!}+\cdots\right)\left(1+\frac{\theta^2}{2!}+\cdots\right)\\&=\theta+\cdots\end{aligned} \tag{14.11}$$

而且只保留到含 θ 的项，则可近似为

$$\sin\theta\approx\theta\approx\tan\theta=\frac{\partial\psi}{\partial x} \tag{14.12}$$

式（14.8）变为

$$T\left[\frac{\partial\psi}{\partial x}\bigg|_{x+\mathrm{d}x}-\frac{\partial\psi}{\partial x}\bigg|_{x}\right]=\mu\mathrm{d}x\frac{\partial^2\psi(x,t)}{\partial t^2} \tag{14.13}$$

把方程两侧同除以 T 和 $\mathrm{d}x$ 而且让 $\mathrm{d}x \to 0$，我们最终得到波动方程为

$$\frac{\partial^2 \psi(x,t)}{\partial x^2} = \frac{\mu}{T} \frac{\partial^2 \psi(x,t)}{\partial t^2} \tag{14.14}$$

这是一个偏微分方程。通常把它改写为

$$\frac{\partial^2 \psi(x,t)}{\partial x^2} = \frac{1}{v^2} \frac{\partial^2 \psi(x,t)}{\partial t^2} \tag{14.15}$$

$$v = \sqrt{\frac{T}{\mu}} \tag{14.16}$$

归纳一下，当你把绳向上拉时，绳向下运动，因为在每一小段绳两端的张力的竖直分量不能完全抵消。因此，净力取决于 $\sin\theta \approx \tan\theta \approx \partial\psi(x,t)/\partial x$ 的变化率，即变化率的变化率，这就是为什么方程左侧出现 $\partial^2\psi(x,t)/\partial x^2$ 的原因。方程右侧对时间的二阶导数就是小段绳的加速度。

可以验证 v 具有速度的量纲。它恰好是绳上波的速度。如果抖动绳产生一个小的突起并且让它沿绳传播，小突起移动的速度就是 v。推导这一结论的一种方法是考虑这一方程的解的性质。你认为什么样的函数满足方程？因为是单一振子，所以你可能想到正弦或者余弦函数。这样的解存在，但是解的集合要大得多。我将要给大家写出波动方程的最一般的解：**ψ 可以是关于 $x-vt$ 的任何函数**，即

$$\psi(x,t) = f(w) \tag{14.17}$$

其中 $f(w)$ 是任意的函数。如果 f 只是 $x-vt$ 的函数，则它满足波动方程。为证明这一点，可应用链式法则：如果 $w=x-vt$ 则 $f=f(w)$，而且

$$\frac{\partial f}{\partial x} = \frac{\mathrm{d}f(w)}{\mathrm{d}w} \cdot \frac{\partial w}{\partial x} = \frac{\mathrm{d}f(w)}{\mathrm{d}w} \cdot 1 \tag{14.18}$$

$$\frac{\partial^2 f}{\partial x^2} = \frac{\mathrm{d}^2 f(w)}{\mathrm{d}w^2} \cdot 1^2 \tag{14.19}$$

$$\frac{\partial f}{\partial t} = \frac{\mathrm{d}f(w)}{\mathrm{d}w} \cdot \frac{\partial w}{\partial t} = \frac{\mathrm{d}f(w)}{\mathrm{d}w} \cdot (-v) \tag{14.20}$$

$$\frac{\partial^2 f}{\partial t^2} = \frac{\mathrm{d}^2 f(w)}{\mathrm{d}w^2} \cdot (-v)^2 \tag{14.21}$$

因此最终

$$\frac{1}{v^2} \frac{\partial^2 f}{\partial t^2} = \frac{\mathrm{d}^2 f(w)}{\mathrm{d}w^2} = \frac{\partial^2 f}{\partial x^2} \tag{14.22}$$

按照相同的逻辑 $f(x+vt)$ 也满足波动方程。

$\psi(x, t)$ 只是 $x-vt$ 的函数意味着什么呢？这意味着如果既改变 x 又改变 t，但是 $x-vt$ 不变，函数就不变。

考虑钟形函数

$$\psi(x,t)=A\mathrm{e}^{-(x-vt)^2/x_0^2} \tag{14.23}$$

其中 x_0 是某一常数。即使当你想到像正弦函数和余弦函数那样的波动时，钟形函数也不会轻而易举地出现在你的脑海中，但它依然遵循波动方程。在 $t=0$ 时刻，钟形曲线在 $x=0$ 处出现峰值，此处指数函数最大。在其后的某一时刻，钟形曲线在 $x=vt$ 处出现峰值，因为指数函数在此处最大。因此峰值以速度 v 运动。对峰值如此，对其他任何点也如此。例如在 $x-vt=6.5$ 处，它也以速度 v 运动。整个曲线以速度 v 向右运动，没有任何变形。

这对于任何以速度 v 向右移动的函数 $f(x-vt)$ 都是正确的：如果把 t 增加 $\mathrm{d}t$，并且把 x 增加 $\mathrm{d}x$，因为 $f(x+v\mathrm{d}t-v(t+\mathrm{d}t))=f(x-vt)$，所以 f 保持不变。

波动方程的最一般解是任意的关于 $x-vt$ 的函数**加**任意的关于 $x+vt$ 的函数。前者描述向右侧传播的波动，后者描述向左侧传播的波动。因为波动方程是线性的，所以二者可以叠加。

14.2 真空中特定条件下的麦克斯韦方程组

像最初提出的，为了推导波动方程，我们需要从麦克斯韦方程组的积分形式提炼出其微分形式。考虑真空中的场，其中 $\rho=j=0$。现在踏上第一条途径，我由麦克斯韦给出的以式（14.6）和式（14.7）所描述的那类特定函数开始，重复一下：

$$\boldsymbol{E}(x,y,z,t)=\boldsymbol{k}E_z(y,t) \tag{14.24}$$

$$\boldsymbol{B}(x,y,z,t)=\boldsymbol{i}B_x(y,t) \tag{14.25}$$

方程分为两类：涉及无限小体积的和涉及无限小回路的。

14.2.1 涉及无限小体积的麦克斯韦方程

真空中符合条件的方程为

$$\oint_{S=\partial V}\boldsymbol{E}\cdot\mathrm{d}\boldsymbol{S}=0 \quad（真空中的高斯定理） \tag{14.26}$$

$$\oint_{S=\partial V}\boldsymbol{B}\cdot\mathrm{d}\boldsymbol{S}=0 \quad（不存在磁单极） \tag{14.27}$$

考虑第一个 $\boldsymbol{E}$，具有如下形式：

$$\boldsymbol{E}=\boldsymbol{k}E_z(y,t) \tag{14.28}$$

积分形式的麦克斯韦方程组会要求它满足什么条件呢？

我们取边长为 $\mathrm{d}x$、$\mathrm{d}y$ 和 $\mathrm{d}z$ 的无限小立方体，如图 14.2 所示。该立方体中心位于任意一点，其表面平行于主平面。

我们要把每个表面上的 $\boldsymbol{E}\cdot\mathrm{d}\boldsymbol{S}$ 加起来，所得到的值必须是零。这就是麦克斯韦方程所要求的条件。立方体有 6 个表面。图中显示出我们能看到的表面 1、2 和

3，而不是我们不能完全看到的相对的表面−1、−2 和−3。来看表面 1 并且考察 $\boldsymbol{E}$ 的面积分是什么。因为 $\mathrm{d}\boldsymbol{S}_1$ 与 $\boldsymbol{E}_1$ 平行，很明显 $\boldsymbol{E}\cdot\mathrm{d}\boldsymbol{S}$ 不为零。但是因为 $\boldsymbol{E}$ 不随 z 变化，在表面−1 上 $\boldsymbol{E}$ 不变，而 $\mathrm{d}\boldsymbol{S}_{-1}$ 沿向外的法线方向指向下。立方体相对的表面上的电场相同而面积矢量 $\mathrm{d}\boldsymbol{S}$ 相反。因此这两个相对表面对面积分的总贡献是零。

我们可以用通量重新表述这些想法。因为场线与表面 1 和−1 垂直，所以这些面上的通量不为零。但是，由于这些线以同样的密度进入一个面并离开它所对的那个面，所以这两个面对通量的净贡献为零。

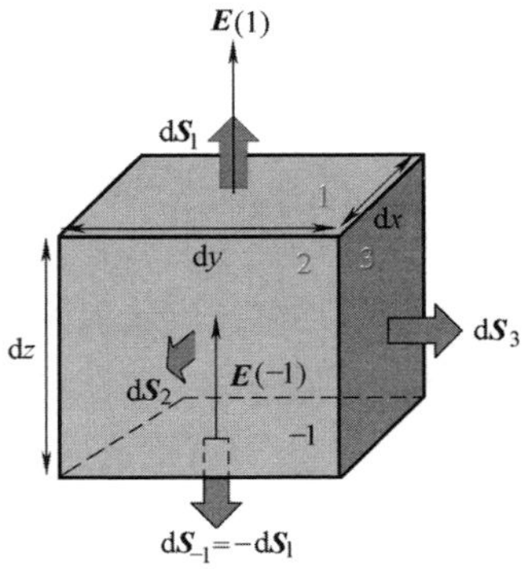

图 14.2　$\boldsymbol{E}$ 在无限小的立方体表面上被积分。三个可见的表面标识为 1、2 和 3，与它们相对的表面分别标识为−1、−2 和−3。只显示 $\boldsymbol{E}$ 在表面 1 和−1 上的积分以避免混乱。

还有其他表面，如 3 和−3。因为面积矢量和场相互垂直，或者你也可以说场线和表面平行，没有通量穿过它们，因此没有一个对面积分有贡献。面积 2 和−2 是同样的。因此最后我们得到一个大小为零的净的面积分或者通量，或者是由于场和面积矢量正交，或者由于它们平行，但在相对的表面上场的大小相同，而面积矢量的方向相反。

因此对于所给的假设函数形式，$\boldsymbol{E}$ 对这个小立方体的面积分为零。如果重复 $\boldsymbol{B}$ 的计算，你会面临同样的推理，只不过 $\boldsymbol{B}$ 线是沿着 x 方向。它们与表面 1、−1、3 和−3 平行。它们穿过的表面只有 2 和−2。它们不会单独消失，但是彼此抵消：两表面处的场相同，而面积矢量方向相反。

因此我们所假设的解

$$\boldsymbol{E}(x,y,z,t)=\boldsymbol{k}E_z(y,t) \tag{14.29}$$

$$\boldsymbol{B}(x,y,z,t)=\boldsymbol{i}B_x(y,t) \tag{14.30}$$

对于任意无限小立方体上的面积分完全满足麦克斯韦方程，即式（14.26）和式（14.27）。因此，这些积分形式的麦克斯韦方程对于 E_Z 或者 B_x 没有任何限制。

14.2.2　涉及无限小回路的麦克斯韦方程

对于另外两个包含线积分的麦克斯韦方程

$$\oint_{C=\partial S}\boldsymbol{E}\cdot\mathrm{d}\boldsymbol{r}=-\int_S\frac{\partial\boldsymbol{B}}{\partial t}\cdot\mathrm{d}\boldsymbol{S} \tag{14.31}$$

$$\oint_{C=\partial S}\boldsymbol{B}\cdot\mathrm{d}\boldsymbol{r}=-\mu_0\varepsilon_0\int_S\frac{\partial\boldsymbol{E}}{\partial t}\cdot\mathrm{d}\boldsymbol{S} \tag{14.32}$$

虽然只有一类无限小的立方体，但是有三类无限小的回路，分别位于三个主平面（xy、yz 和 zx）上。从一个这样的回路推导出来的方程不能从另外两个回路中推导出来，即各回路产生独立的方程。另一方面可以证明，从位于任意平面上的其他回路导出的方程可以从来自于主平面上的方程推导出来。

首先考虑图 14.3 中的回路Ⅰ。根据右手定则，面积矢量指向 y 的正方向。我们现在必须求出 $\boldsymbol{E}$ 沿此回路的线积分并且让它等于 $-\mathrm{d}\Phi_B/\mathrm{d}t$。因为 $\boldsymbol{E}$ 垂直于边 12 和 34，因此它们的贡献为零。因为 $\boldsymbol{E}$ 在边 23 和 41 上相同（它不依赖于 x），但是在线积分中两边上线元的方向相反，所以两边上非零的贡献互相抵消。因此，沿此回路 $\oint \boldsymbol{E}\cdot \mathrm{d}\boldsymbol{r}$ 为零。最好不要有任何磁通量穿过此回路。事实也确实如此：$\boldsymbol{B}$ 与此回路平行，它的通量没有穿过回路。等价地，面积矢量指向 $+y$ 方向，与 $\boldsymbol{B}$ 垂直。

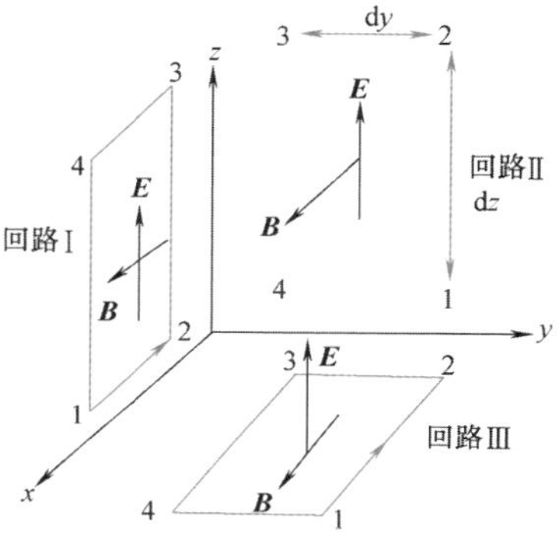

图 14.3 三个主平面上的回路。

下一步我们要求 $\boldsymbol{B}$ 沿回路Ⅰ的线积分等于 $\mu_0\varepsilon_0$ 乘以电通量的变化率。磁场垂直于边 23 和 41，所以这两边没有贡献。磁场与边 34 平行，而与边 12 反平行，而且不依赖于 z，在两边上线积分大小相等。因此这两边的贡献相互抵消。最好不要有任何电通量穿过此回路。事实也确实如此，因为 $\boldsymbol{E}$ 与此回路平行，或者等价地，指向 $+y$ 方向的面积矢量与 $\boldsymbol{E}$ 垂直。

到目前为止，我们没有得到任何对场的限制：所有方程约化为 0=0。但我们还有位于另外两个平面上的回路。考虑面积矢量指向 $+x$ 轴的回路Ⅱ。加入 $\boldsymbol{E}$ 的环流的条件：

$$\oint \boldsymbol{E}\cdot \mathrm{d}\boldsymbol{r} = -\frac{\partial \Phi_B}{\partial t} \tag{14.33}$$

方程的右侧容易计算：

$$-\frac{\partial \Phi_B}{\partial t} = -\frac{\partial B_x}{\partial t}\mathrm{d}y\mathrm{d}z \tag{14.34}$$

在式（14.33）的左侧，因为边 41 和 23 与 $\boldsymbol{E}$ 正交，所以这两边没有贡献。而边 12 和 34 方向相反，产生的贡献为

$$\oint \boldsymbol{E}\cdot \mathrm{d}\boldsymbol{r} = E_z(12)\,\mathrm{d}z - E_z(34)\,\mathrm{d}z \tag{14.35}$$

尽管线元的方向相反，然而它们的贡献并没有抵消掉，因为在两边上 E_z 不一定相等。保留 $\mathrm{d}y$ 的一阶项，得到

$$E_z(12) - E_z(34) = \frac{\partial E_z}{\partial y}\mathrm{d}y \tag{14.36}$$

代入式（14.35）可得

$$\oint \boldsymbol{E} \cdot \mathrm{d}\boldsymbol{r} = E_z(12)\,\mathrm{d}z - E_z(34)\,\mathrm{d}z = \frac{\partial E_z}{\partial y}\mathrm{d}y\mathrm{d}z \tag{14.37}$$

让上式等于式（14.34）给出的 Φ_B 变化率的负值可得

$$\frac{\partial E_z}{\partial y}\mathrm{d}y\mathrm{d}z = -\frac{\partial B_x}{\partial t}\mathrm{d}y\mathrm{d}z \tag{14.38}$$

$$\frac{\partial E_z}{\partial y} = -\frac{\partial B_x}{\partial t} \tag{14.39}$$

最终，我们得到了函数 $E_z(y, t)$ 和 $B_x(y, t)$ 要满足的条件。

另一方程

$$\oint \boldsymbol{B} \cdot \mathrm{d}\boldsymbol{r} = \mu_0 \varepsilon_0 \frac{\partial \Phi_E}{\partial t} \tag{14.40}$$

约化为 0=0。左侧为零，是因为 $\boldsymbol{B}$ 垂直于回路平面，从而在任一边上对线积分的贡献为零。右侧消失，是因为 $\boldsymbol{E}$ 线与回路平面平行而不穿过它，或者，如果你喜欢，面积矢量（沿 $\boldsymbol{i}$）和 $\boldsymbol{E}$（沿 $\boldsymbol{k}$）相互正交。

通过考虑回路Ⅲ，我们可以得到另一个重要的条件。因为过程相似，这里只简单地给出结果：

$$-\frac{\partial B_x}{\partial y} = \mu_0 \varepsilon_0 \frac{\partial E_z}{\partial t} \tag{14.41}$$

我强烈要求你们完善推导步骤。

14.3 波

我们从特定的场为满足麦克斯韦方程所必须遵循的那一对方程开始：

$$\frac{\partial E_z}{\partial y} = -\frac{\partial B_x}{\partial t} \tag{14.42}$$

$$-\frac{\partial B_x}{\partial y} = \mu_0 \varepsilon_0 \frac{\partial E_z}{\partial t} \tag{14.43}$$

这一对简单的方程足以推断出电磁波的存在。

取第一个方程对 y 的偏导数并且与第二个方程对 t 的偏导数相加可得

$$\frac{\partial^2 E_z}{\partial y^2} - \frac{\partial^2 B_x}{\partial t \partial y} = -\frac{\partial^2 B_x}{\partial y \partial t} + \mu_0 \varepsilon_0 \frac{\partial^2 E_z}{\partial t^2} \tag{14.44}$$

这意味着

$$\frac{\partial^2 E_z}{\partial y^2} = \mu_0 \varepsilon_0 \frac{\partial^2 E_z}{\partial t^2} \tag{14.45}$$

因为

$$-\frac{\partial^2 B_x}{\partial t\partial y}=-\frac{\partial^2 B_x}{\partial y\partial t} \tag{14.46}$$

我们认出式（14.45）是 E_z 的波动方程。

用 $\mu_0\varepsilon_0$ 乘以第一个方程对 t 的偏导数并且与第二个方程对 y 的偏导数相加可得 B_x 的波动方程

$$\frac{\partial^2 B_x}{\partial y^2}=\mu_0\varepsilon_0\frac{\partial^2 B_x}{\partial t^2} \tag{14.47}$$

这是第一个激动人心的时刻：发现麦克斯韦方程组（包括麦克斯韦加入的项）暗示电磁波。现在振荡的不是绳或介质，只是真空中变化的电场和磁场。

接下来第二个激动人心的时刻是当我们计算速度 v 的时候。因为在波动方程中 $1/v^2$ 乘以时间的二阶导数，所以我们推断

$$v=\frac{1}{\sqrt{\mu_0\varepsilon_0}} \tag{14.48}$$

记住

$$\frac{1}{4\pi\varepsilon_0}=9\times10^9 \tag{14.49}$$

$$\frac{\mu_0}{4\pi}=10^{-7} \tag{14.50}$$

这表明

$$\begin{aligned} v &=\frac{1}{\sqrt{\mu_0\varepsilon_0}}=\frac{1}{\sqrt{(\mu_0/4\pi)(4\pi\varepsilon_0)}}=\sqrt{9\times10^{16}} \\ &=3\times10^8\,\mathrm{m/s}\equiv c \end{aligned} \tag{14.51}$$

这就是光速。由此麦克斯韦推测光是一种电磁波。$v=c$ 不意味着电磁波都和光一样。例如，我们现在知道重力波也以光速传播。但是麦克斯韦的推断是正确的。不久之后，海因里希·赫兹（1857—1894）清楚演示了电路中生成的火花能够在几英尺远的天线中产生电流。通过形成驻波，赫兹证实了波速是 c。

因此我们现在对光是什么有了新的理解。它就是简单地由传播速度是 c 的电磁波组成。它包含变化的电场和磁场。我们已经看到的是一个简单波的例子，但是可以证明，对于最一般的 $\boldsymbol{E}$ 和 $\boldsymbol{B}$，真空中的波动方程为

$$\frac{\partial^2\Phi}{\partial x^2}+\frac{\partial^2\Phi}{\partial y^2}+\frac{\partial^2\Phi}{\partial z^2}=\frac{1}{c^2}\frac{\partial^2\Phi}{\partial t^2} \tag{14.52}$$

其中 $\boldsymbol{\Phi}$ 是 $\boldsymbol{E}$ 或者 $\boldsymbol{B}$ 的任一分量。

想想这有多神奇。你利用电荷、电流做实验，然后尽最大努力描述现象。从静电实验测量 ε_0，从静磁实验测量 μ_0，为保持一致性引入麦克斯韦的位移电流，然后就出来了波，结果是光的一个描述！不会有比这更好的了。

14.4 波动方程的正弦解

像之前提到过的，波动方程的解只要求以光速 c 移动；它们不需要在时间或空间上是周期性的，也就是说不一定具有频率或波长。它们可以表示以速率 c 移动的单个局域脉冲。

但是周期解是存在的。在我们所给出的特定家族中取一个简单的例子：

$$\boldsymbol{E}(y,t)=\boldsymbol{k}E_0\sin(\omega t-ky)$$

即

$$E_z=E_0\sin(\omega t-ky) \tag{14.53}$$

$$\boldsymbol{B}(y,t)=\boldsymbol{i}B_0\sin(\omega t-ky)$$

即

$$B_x=B_0\sin(\omega t-ky) \tag{14.54}$$

其中振幅 E_0 和 B_0 是自由的系数，角频率 ω 和波数 k 与我们更熟悉的周期 T 和波长 λ 的关系如下：

$$\omega=\frac{2\pi}{T} \tag{14.55}$$

$$k=\frac{2\pi}{\lambda} \tag{14.56}$$

当我们把振荡的函数用 T 和 λ 表示时，这一点得到证实：

$$\sin(\omega t-ky)=\sin\left(\frac{2\pi t}{T}-\frac{2\pi y}{\lambda}\right) \tag{14.57}$$

把 t 改变 T 或者 y 改变 λ，那么正弦函数中的角度就改变 2π，这不会引起正弦函数值改变。式（14.53）、式（14.54）描述平面波：在垂直于 y 轴的平面上 $\boldsymbol{E}$ 和 $\boldsymbol{B}$ 分别具有相同的值。

把麦克斯韦方程组

$$\frac{\partial E_z}{\partial y}=-\frac{\partial B_x}{\partial t} \tag{14.58}$$

$$\frac{\partial B_x}{\partial y}=-\mu_0\varepsilon_0\frac{\partial E_z}{\partial t}=-\frac{1}{c^2}\frac{\partial E_z}{\partial t} \tag{14.59}$$

应用于上述正弦函数，得到如下的限制：

$$-kE_0\cos(\omega t-ky)=-\omega B_0\cos(\omega t-ky) \tag{14.60}$$

$$-kB_0\cos(\omega t-ky)=-\frac{1}{c^2}\omega E_0\cos(\omega t-ky) \tag{14.61}$$

两侧同时消去 $\cos(\omega t-ky)$ 可得

$$kE_0=\omega B_0 \tag{14.62}$$

$$kB_0=\frac{1}{c^2}\omega E_0 \tag{14.63}$$

两方程左侧相除的商等于右侧相除的商，所以

$$\frac{E_0}{B_0}=c^2\frac{B_0}{E_0} \tag{14.64}$$

或者

$$|E_0|=c|B_0| \tag{14.65}$$

这表明在平面波中 E 场是 B 场的 c 倍。

式（14.62）和式（14.63）左侧的乘积等于右侧的乘积，可得

$$k^2=\frac{\omega^2}{c^2} \tag{14.66}$$

这一结果也可以通过把正弦波代入波动方程得到。(记住：只要满足两个麦克斯韦方程，由它们的组合所得到的波动方程就自动满足，不会产生额外的限制。）这一方程有两个解：

$$k=\pm\frac{\omega}{c} \tag{14.67}$$

传统上频率 ω 为正，k 的两个解就对应传播的两个方向。实际上，如果在正弦波中让 $k=\omega/c$，它就变成 $y-ct$ 的函数：

$$\sin(\omega t-ky)=\sin\left[\frac{\omega}{c}(ct-y)\right] \tag{14.68}$$

这是向右传播的波。另一解 $k=-\omega/c$ 产生一个 $y+ct$ 的函数，描述向左传播的波。

可以把 $\omega=kc$ 表示为另一种形式

$$\frac{2\pi}{T}=\frac{2\pi}{\lambda}c \tag{14.69}$$

这表明

$$c=\frac{\lambda}{T}=\lambda f \tag{14.70}$$

就是说波源每秒发出 f 个周期的波动，每一个波动的长度为 λ，因此波前每秒前进 λf，这就是波速的定义。

总结如下，平面波具有两个自由参数 E_0 和 ω，而 B_0 和 k 通过麦克斯韦方程组与它们相联系。

到目前为止描述沿 $+y$ 方向传播的波函数为

$$\boldsymbol{E}=\boldsymbol{k}E_0\sin(\omega t-ky) \tag{14.71}$$

$$\boldsymbol{B}=\boldsymbol{i}B_0\sin(\omega t-ky) \tag{14.72}$$

可以看出矢量 $\boldsymbol{E}\times\boldsymbol{B}$ 指向 $+y$ 方向，即传播的方向。

假如我需要一个相反方向的波。一个合理的猜测是

$$\boldsymbol{E}=\boldsymbol{k}E_0\sin(\omega t+ky) \tag{14.73}$$

$$\boldsymbol{B}=\boldsymbol{i}B_0\sin(\omega t+ky) \tag{14.74}$$

因为它具有 $f(y+ct)$ 的形式，所以波肯定会沿 $-y$ 方向移动并且满足波动方程。但是它不满足所有的麦克斯韦方程组。波动方程是结合麦克斯韦方程组中的两个方程得出的，满足波动方程不表明满足得出它的两个方程。你能看出上述“解”错在哪里吗？错在 $\boldsymbol{E}\times\boldsymbol{B}$ 不指向 $-y$ 方向；它还是指向 $+y$ 方向。因此我们需要让 $\boldsymbol{B}$ 反向来得到正确的答案：

$$\boldsymbol{E}=\boldsymbol{k}E_0\sin(\omega t+ky) \tag{14.75}$$

$$\boldsymbol{B}=-\boldsymbol{i}B_0\sin(\omega t+ky) \tag{14.76}$$

这是图 14.4 描述的波。

我知道这是正确答案的另一理由。如图 14.4 所示，波沿 $-y$ 方向移动。把整个波形绕 z 轴旋转 180°。你能在脑海中想象吗？旋转整个波形后它沿反方向移动，而且在这一过程中你可以看到 $\boldsymbol{B}$ 将改变符号，在前半个波长中指向 $+x$ 方向。一个自然规律是如果某事物是一个解，则旋转后仍然是解。这是因为空间自身中的任一方向都不比其他方向更占有优势。但是，你必须旋转所有的一切。例如，如果你有一个落地大摆钟，只旋转摆钟使它偏向一侧，这是不起作用的，因为钟表对地球的依赖性很强。但是如果你把摆钟和地球一起旋转，摆钟就会像之前一样运行。实际上，在地球自转和围绕太阳旋转的过程中这是时时刻刻在发生的。需要和电磁波一起旋转的相关事物是什么呢？由于它存在于真空中，没有其他事物可以旋转——我们可以围绕任何轴线只旋转波形并且期待其结果就是一个可能的解。

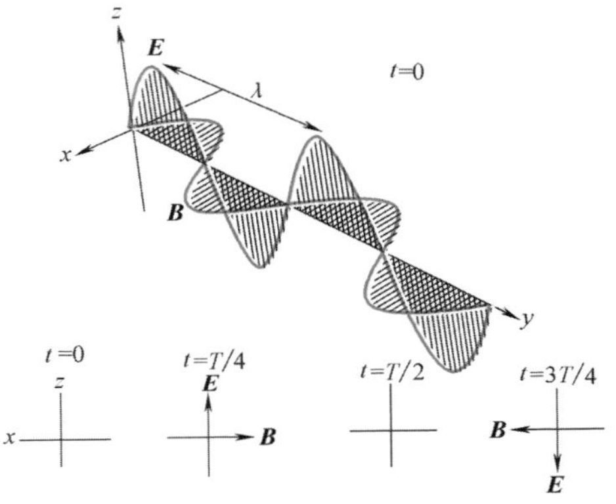

图 14.4 沿 $-y$ 方向或者 $\boldsymbol{E}\times\boldsymbol{B}$ 方向移动的平面波，在 $t=0$ 时刻 $E_z=E_0\sin(\omega t+ky)$，$B_x=-B_0\sin(\omega t+ky)$。此波形描述 $t=0$ 时刻 y 轴上各点的状态。轴上的场就是垂直于该点的整个 xz 平面上的场。波沿 $+z$ 方向偏振。随着时间推移，波形沿 $-y$ 方向移动并以速度 c 通过原点。底部的四个小图表示不同时刻原点处的情况。在 $t=0$ 时刻，两个场都消失。$y=\lambda/4$处的最大值在 $t=\lambda/4c=T/4$ 时刻到达原点。在 $t=T/2$ 时刻，两个场又消失。在 $t=3T/4$ 时刻，负的最大场到达原点。在 $t=T$ 时刻，两个场又消失。

作为另一个例子，假设在图 14.4 中围绕 y 轴，也就是传播的轴线旋转波形。$\boldsymbol{E}$（即偏振）和 $\boldsymbol{B}$ 将在相同的平面旋转并保持相互垂直。在前半个波长当 $\boldsymbol{E}$ 旋转到指向 $+x$ 方向时，$\boldsymbol{B}$ 将指向 $+z$ 方向。

图 14.4 显示了沿 $-y$ 方向移动的波在某一时刻（我们选择在 $t=0$ 时刻）的电场和磁场。矢量 $\boldsymbol{E}$ 总是位于 xz 平面，而且它的方向（图中指向 $+z$ 方向）称为波的偏振。场 $\boldsymbol{B}$ 也位于 xz 平面并且平行于 x 轴。记住图中的矢量描述 y 轴上各点的场。但是，因为这是一个平面波，在通过各点的整个 xz 平面上场具有相同的值。

随着时间推移，图中显示的波形沿$-y$方向以速度c通过原点。底部的四个小图表示随着时间推移原点处（$x=y=z=0$）的情况。在$t=0$时刻，如图所示，原点处的场消失。$y=\lambda/4$处$\boldsymbol{E}$和$\boldsymbol{B}$的最大值延迟$t=\lambda/(4c)=T/4$到达原点。在$t=T/2$时刻，两个场又消失。在$t=3T/4$时刻，它们又达到最大值但是符号相反。在$t=T$时刻，周期完成而且$\boldsymbol{E}$和$\boldsymbol{B}$消失。

波沿垂直于$\boldsymbol{E}$和$\boldsymbol{B}$的方向，即$\boldsymbol{E}\times\boldsymbol{B}$的方向传播。如果它遇到一个电子，振荡的电场将使电子上下振动。电子也会受到$\boldsymbol{v}\times\boldsymbol{B}$的力。但是因为$B_0=E_0/c$，磁力与电力的比值等于$v/c$。对于电路中的电子$v/c\ll 1$。因此当无线电波使天线中的电子运动起来时，电力起主要作用。但是在天体物理情况，粒子以接近于c的速度运动，这两种力变得可比较。

电磁波是横波。这只是表明振动发生在与传播方向垂直的平面内。如果我摇动一根固定在墙上的绷紧的绳，突起将向墙的方向运动，位移发生在垂直于传播方向的平面内。横波就是这样的。另一方面，声波是纵向的：当我说话时，运动的空气分子（被我的扬声器的振动膜引发）沿着波的方向前后振动。

完全偏振的平面波是非常难以找到的。我们家中灯泡发出的光是不同偏振、不同频率和不同相位的光的杂乱组合。平面波也是一个理想模型。灯泡或任何一个点光源发出的是球面波。但是在远离圆心的地方，当球面半径非常大时，在一个小面积上波可以看作是平面的。

现在可以理解偏光眼镜是如何工作的。眼镜中的偏振片具有一个优势方向，称为**偏振轴**。当光的偏振沿此轴时就被允许完全透过，如果光沿垂直方向偏振就被完全阻挡。如果光的偏振方向与轴的夹角是中间的角度θ，$\boldsymbol{E}$中平行于偏振轴的分量被允许透过，垂直分量被阻挡。如果入射光是随机偏振的，则不论你用什么方向的偏振透镜，50%的光就会被去掉。但是，当光在一个发亮的水平面（例如湖面）上反射时，它倾向于沿水平偏振方向进入你的眼睛。因此你的镜片应该垂直偏振以最有效地消除刺眼的光线。

想象通过两个叠放在一起的偏振透镜来看一个光源。不管进入第一个透镜的光是哪种类型，它透过后都会沿偏振轴方向偏振。当第二个透镜的轴转动时，传递到你眼睛中的光强将改变，当两轴垂直时光强降为零。没有光能同时透过两个透镜。

大家看到的光波波长范围是有限的，大概在400~700nm。在短波一端是紫外线和X射线，在长波一端是红外线和无线电波。它们都是电磁波，只是ω或者$\lambda=2\pi c/\omega$不同。因此，紫外线和红外线的前缀“ultra”和“infra”指的是频率。我们的眼睛被自然设计为只对一定范围内的ω有反应，可能是因为这些是我们最常见的敌人发出的频率。如果你有不同的敌人，你就有不同的视力。如果你有许多敌人，你就可能在头部长满眼睛，就像某些昆虫一样。既然自然只给我们两只眼睛，我认为我们一定是非常安全的。

14.5 电磁波的能量

当某一区域存在电磁波时，这一区域就存在能量。在研究电容器和电感器时，我们已经推导出单位体积的能量为

$$u_E=\frac{\varepsilon_0|\boldsymbol{E}|^2}{2} \tag{14.77}$$

$$u_B=\frac{|\boldsymbol{B}|^2}{2\mu_0} \tag{14.78}$$

你可能好奇这一公式是否适用于由无线电台产生的场。它是适用的，因为上述公式是局域的。它们只关心任一点的场是多少，而不关心场源。例如，$\boldsymbol{E}$ 是由静止的电荷产生还是由变化的磁场产生是没有任何关系的。就像说一只足球的动能是 $\frac{1}{2}mv^2$，这与足球是从山坡上滚下来还是被你踢一脚获得这一速度没有关系。

想象波进入一个没有场的区域。这一区域现在存在由波携带的能量。对于正弦平面波，能量密度为

$$u_E=\frac{\varepsilon_0E_0^2}{2}\sin^2(\omega t-ky) \tag{14.79}$$

$$u_B=\frac{B_0^2}{2\mu_0}\sin^2(\omega t-ky) \tag{14.80}$$

关系式

$$B_0=\frac{E_0}{c} \tag{14.81}$$

意味着磁力 $\boldsymbol{v}\times\boldsymbol{B}$ 比电力弱，是电力的 v/c 倍。可能你会期待磁场能量密度也小。但是实际上能量密度是相等的：

$$u_B=\frac{B_0^2}{2\mu_0}\sin^2(\omega t-ky) \tag{14.82}$$

$$=\frac{E_0^2}{2\mu_0c^2}\sin^2(\omega t-ky) \tag{14.83}$$

$$=\frac{\varepsilon_0E_0^2}{2}\sin^2(\omega t-ky)=u_E \tag{14.84}$$

这是因为 $c^2=1/(\mu_0\varepsilon_0)$。总能量密度为

$$u_T=u_E+u_B=2u_E=\varepsilon_0E_0^2\sin^2(\omega t-ky) \tag{14.85}$$

这一能量密度依赖于时间和空间。你可以坐在一点并且问：“一个完整周期内的平均能量密度是多少？”因为一个完整周期内 $\sin^2\theta$ 的平均值是 1/2，所以平均能量密度为

$$\bar{u}_T = \frac{\varepsilon_0 E_0^2}{2} \tag{14.86}$$

如果在固定的时刻对波长取平均也会得到相同的结果。这是因为给出空间和时间的周期性，在任何一点发生在一个完整周期内的事物也会在任意时刻发生在一个完整波长内。

强度 I 是多少？强度的定义是波所携带的每平方米的功率。如果我在垂直于波的方向放置一个一米见方的方框，I 就是每秒通过它的焦耳数。运用我们熟悉的推理可以很容易地从能量密度计算它。1s 内通过 1m^2 方框的波的体积是 $1 \cdot c\ \text{m}^3$，因此包含能量为 $u_T c$。所以

$$I = u_T c \tag{14.87}$$

对于我们研究的波，这变为（一个周期内的平均）

$$\bar{I} = c\frac{\varepsilon_0 E_0^2}{2} \tag{14.88}$$

$$= c\frac{\varepsilon_0 E_0 B_0 c}{2} \tag{14.89}$$

$$= \frac{E_0 B_0}{2\mu_0} \tag{14.90}$$

玻印廷矢量（为纪念约翰·玻印廷（1852—1914））

$$\boldsymbol{S} = \frac{\boldsymbol{E}\times\boldsymbol{B}}{2\mu_0} \tag{14.91}$$

不仅给出了波传播的方向，而且给出了波的平均能量 $\bar{I}$。

在地球表面，太阳光的强度大约为 $I = 1000\text{W/m}^2$。这非常神奇：在地球面对太阳的整个表面上，每秒每平方米地球吸入 1000J 的能量！太阳在 9300 万英里远处，向四面八方辐射能量，而我们位于半径为 9300 万英里的球面上，却还能够分得 1000W/m^2 的份额。你可以想象太阳巨大的输出。给出能量密度后，估算太阳光中的电场是非常有趣的。它大约为 1000V/m。这表明如果场是均匀的，每米的电势差将会是 100V。但是，场不是均匀的，随空间和时间随机变化。

14.6 电磁波的起源

这些电磁场来自于哪里？答案是它们由电荷和电流产生。但是我不是说过你不需要电流或者电荷，这些波可以在自由空间存在，距离二者可以任意远吗？所以哪一个是正确的？答案是这一个。静止电荷和电流产生随 $1/r^2$ 衰减的场。但是，随时间变化的电荷和电流可以辐射电磁波。波由加速的电荷产生。在本课程中我们不会推导这一意义深远的事实。振荡的电荷是加速电荷的一个特例。如果电荷像在直导

线中一样以匀速运动，它们不会产生电磁波。假设把电容器连接在一个交流电源上，电荷和电流来回运动，两极板间的电场将随时间变化。当电场随时间变化时，就会在周围产生磁场。因为 **B** 的线积分正比于电通量的变化率。而且感生的 **B** 自身也是随时间变化的，就会在周围产生电场。所以只要这些场依赖于时间，基本上它们就会彼此旋绕，而且可以脱离电容器传播出去，就像肥皂泡从最初产生它的环上漂浮而去。产生电磁波所需的全部就是两块极板和一个交流电源。电磁波的频率就是电源的频率，因此你可能看不见它们。你的狗狗也看不见它们，但是一些小装置可以检测到它们。在无线电台，通有交变电流的电路发射电磁波。电磁波到达你的收音机，如果电路调谐好了，就会使天线中的电子运动。

因此电磁波和它们的源真的像你和你的父母。在某些地方你不受你父母的控制；你可以自我管理，但是你在某些地方、某些时刻有父母，对吗？电磁波可以自己传播，但是不是自己由自己产生的。它们由随时间变化的电荷和电流产生。

14.7 麦克斯韦方程组——一般情况（选学）

现在我们对于任意的 **E** 和 **B**，在 ρ 和 j 存在的情况下，从无限小体积和面积中推导一般的微分形式的麦克斯韦方程组。[场不是式（14.6）和式（14.7）所表达的特定场。] 这就是通常意义上的麦克斯韦方程组。

14.7.1 涉及无限小立方体的麦克斯韦方程

首先把方程

$$\oint_{S=\partial V} \boldsymbol{E} \cdot \mathrm{d}\boldsymbol{S} = \int_V \frac{\rho(\boldsymbol{r})\,\mathrm{d}^3 r}{\varepsilon_0} \qquad (14.92)$$

应用于图 14.5 所示的无限小立方体来提取包含在其中的微分形式的麦克斯韦方程组。三个可见的表面标识为 1、2 和 3，与它们相对的表面标识为−1、−2 和−3。表面 1 和−1 的面积为

$$\mathrm{d}\boldsymbol{S}_{\pm1} = \pm\boldsymbol{k}\,\mathrm{d}x\mathrm{d}y \qquad (14.93)$$

通过它们的电通量全部是由垂直于表面穿过的 E_z 产生的。（另外两个分量与这些表面平行因而对通量没有贡献。）

它们的净贡献为

$$\Phi_E(1\text{ 面和}-1\text{ 面}) = [E_z(1) - E_z(-1)]\,\mathrm{d}x\mathrm{d}y \qquad (14.94)$$

$$= \frac{\partial E_z}{\partial z}\mathrm{d}z \cdot \mathrm{d}x\mathrm{d}y \qquad (14.95)$$

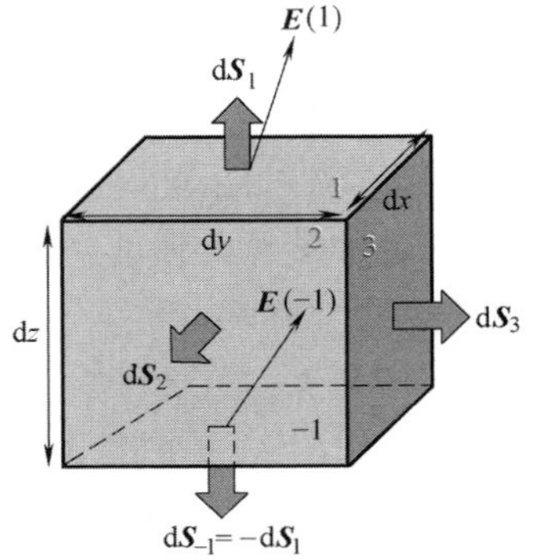

图 14.5 **E** 在无限小的立方体表面上被积分。三个可见的表面标识为 1、2 和 3，与它们相对的表面标识为−1、−2 和−3。只显示表面 1 和−1 处的 **E** 以避免混乱。

另外两对相对的表面贡献相似，总通量为

$$\Phi_E(\text{小立方体})=\left(\frac{\partial E_z}{\partial z}+\frac{\partial E_y}{\partial y}+\frac{\partial E_x}{\partial x}\right)\mathrm{d}x\mathrm{d}y\mathrm{d}z \tag{14.96}$$

根据积分形式的麦克斯韦方程，它等于

$$\frac{q_{\text{enc}}}{\varepsilon_0}=\frac{\rho(x,y,z)\,\mathrm{d}x\mathrm{d}y\mathrm{d}z}{\varepsilon_0} \tag{14.97}$$

消去 dxdydz 可以得到麦克斯韦方程组其中之一的最终形式：

$$\left(\frac{\partial E_x}{\partial x}+\frac{\partial E_y}{\partial y}+\frac{\partial E_z}{\partial z}\right)=\frac{\rho(x,y,z)}{\varepsilon_0} \tag{14.98}$$

因为不存在磁荷，$\boldsymbol{B}$ 的对应方程为

$$\left(\frac{\partial B_x}{\partial x}+\frac{\partial B_y}{\partial y}+\frac{\partial B_z}{\partial z}\right)=0 \tag{14.99}$$

总结如下：穿出立方体的非零通量来自于法线指向相反的相对表面上未完全抵消的贡献，这就是为什么它是由 $\boldsymbol{E}$ 和 $\boldsymbol{B}$ 沿各自方向的每一个分量的变化决定的。

注意一个细节。为什么我们不考虑在一个表面内 $\boldsymbol{E}$ 和 $\boldsymbol{B}$ 的变化（计算通量时把它作为一个常数）但却考虑相对的表面之间的变化？为确定考虑 E_z 在表面 1 和 -1上的积分。我们试图把表面积分与包含的正比于体积 dxdydz 的电荷相匹配。表面 1 和-1 的面积是 dxdy，只剩下 dz，它来自于相距 dz 的两表面 1 和-1 之间的变化。

14.7.2 涉及无限小回路的麦克斯韦方程

从来自于图 14.6 中所描述的回路上的方程

$$\oint_L \boldsymbol{E}\cdot\mathrm{d}\boldsymbol{r}=-\left[\frac{\partial \boldsymbol{B}}{\partial t}\right]\cdot\mathrm{d}\boldsymbol{S}=-\left.\frac{\partial \Phi_B}{\partial t}\right|_S \tag{14.100}$$

中提取麦克斯韦方程。回路位于 xy 平面，面积矢量为

$$\mathrm{d}\boldsymbol{S}=\boldsymbol{k}\,\mathrm{d}x\mathrm{d}y \tag{14.101}$$

根据右手定则，这一面积矢量指向正的 z 方向，穿出纸平面。我们需要计算 $\boldsymbol{E}$ 沿此回路的线积分并且让它等于$-\partial\Phi_B/\partial t$。

式（14.100）的右侧容易计算：

$$-\left[\frac{\partial \boldsymbol{B}}{\partial t}\right]\cdot\mathrm{d}\boldsymbol{S}=-\frac{\partial B_z}{\partial t}\mathrm{d}x\mathrm{d}y \tag{14.102}$$

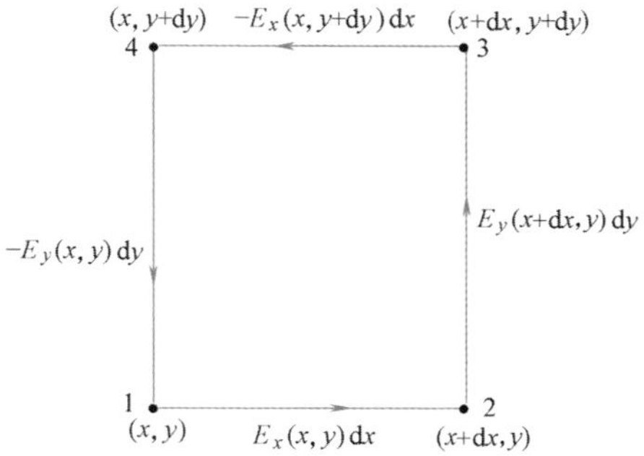

图 14.6 $\boldsymbol{E}$ 沿位于 xy 平面的无限小回路 L 的线积分，每一边的贡献均示于图中。只有沿 y 方向 E_x 的变化和沿 x 方向 E_y 的变化起作用，因为只有它们的贡献含有 dxdy，与通量的变化率 B_zdxdy 相匹配。

在左侧，边 12 和 34 方向相反，净贡献为

$$\int \boldsymbol{E} \cdot \mathrm{d}\boldsymbol{r}(12\text{ 边和 }34\text{ 边}) = E_x(12)\mathrm{d}x - E_x(34)\mathrm{d}x \tag{14.103}$$

尽管线段方向相反，但是它们的贡献没有抵消，这是因为在两边上 E_x 不必相等。对 $\mathrm{d}y$ 的一阶

$$E_x(12) - E_x(34) = -\frac{\partial E_x}{\partial y}\mathrm{d}y \tag{14.104}$$

其中存在负号是因为边 12 比边 34 处的 y 坐标小。

代入式（14.103）则前面的结果给出

$$\int \boldsymbol{E} \cdot \mathrm{d}\boldsymbol{r}(12\text{ 边和 }34\text{ 边}) = -\frac{\partial E_x}{\partial y}\mathrm{d}y\mathrm{d}x \tag{14.105}$$

边 23 和 41 方向也相反，贡献为

$$\int \boldsymbol{E} \cdot \mathrm{d}\boldsymbol{r}(23\text{ 边和 }41\text{ 边}) = \frac{\partial E_y}{\partial x}\mathrm{d}x\mathrm{d}y \tag{14.106}$$

四个边的贡献相加可得

$$\oint \boldsymbol{E} \cdot \mathrm{d}\boldsymbol{S} = \left(\frac{\partial E_y}{\partial x} - \frac{\partial E_x}{\partial y}\right)\mathrm{d}x\mathrm{d}y \tag{14.107}$$

让它等于 $\boldsymbol{\Phi}_B$ 变化率的负值［式（14.102）］可得

$$\left(\frac{\partial E_y}{\partial x} - \frac{\partial E_x}{\partial y}\right) = -\frac{\partial B_z}{\partial t} \tag{14.108}$$

我们再一次忽略某些变化，如当沿 x 方向积分时在平行于 x 的边上 E_x 的变化。这样做是因为我们试图获得正比于 $\mathrm{d}x\mathrm{d}y$ 的结果，在边上的线积分包含 $\mathrm{d}x$，只剩下 $\mathrm{d}y$，它来自于相距 $\mathrm{d}y$ 的相对两边的变化。

简而言之，围绕回路的非零的环流来自于方向相反的相对两边上未完全抵消的贡献，因此依赖于 $\boldsymbol{E}$ 和 $\boldsymbol{B}$ 在其他垂直方向的分量的变化。

考虑 yz 和 zx 平面上的回路将获得两个相似的方程，它们的下标的循环序列为：$x \to y \to z \to x$。下面是完整的方程组：

$$\left(\frac{\partial E_y}{\partial x} - \frac{\partial E_x}{\partial y}\right) = -\frac{\partial B_z}{\partial t} \tag{14.109}$$

$$\left(\frac{\partial E_z}{\partial y} - \frac{\partial E_y}{\partial z}\right) = -\frac{\partial B_x}{\partial t} \tag{14.110}$$

$$\left(\frac{\partial E_x}{\partial z} - \frac{\partial E_z}{\partial x}\right) = -\frac{\partial B_y}{\partial t} \tag{14.111}$$

可以证明，考虑不位于主平面上的回路不会出现新的独立方程。

另一麦克斯韦方程

$$\oint_L \boldsymbol{B} \cdot \mathrm{d}\boldsymbol{r} = \mu_0 \boldsymbol{j} \cdot \mathrm{d}\boldsymbol{S} + \mu_0 \varepsilon_0 \frac{\partial \Phi_E}{\partial t} \tag{14.112}$$

给出三个相似的方程，其中 $\boldsymbol{E}$ 和 $\boldsymbol{B}$ 的角色互换，而且还包含电流密度 $\boldsymbol{j}$ 的额外贡献：

$$\left(\frac{\partial B_y}{\partial x} - \frac{\partial B_x}{\partial y}\right) = \mu_0 \varepsilon_0 \frac{\partial E_z}{\partial t} + \mu_0 j_z \tag{14.113}$$

$$\left(\frac{\partial B_z}{\partial y} - \frac{\partial B_y}{\partial z}\right) = \mu_0 \varepsilon_0 \frac{\partial E_x}{\partial t} + \mu_0 j_x \tag{14.114}$$

$$\left(\frac{\partial B_x}{\partial z} - \frac{\partial B_z}{\partial x}\right) = \mu_0 \varepsilon_0 \frac{\partial E_y}{\partial t} + \mu_0 j_y \tag{14.115}$$

加上两个联系 $\boldsymbol{E}$ 和 $\boldsymbol{B}$ 的导数与电荷和磁荷的方程

$$\left(\frac{\partial E_x}{\partial x} + \frac{\partial E_y}{\partial y} + \frac{\partial E_z}{\partial z}\right) = \frac{\rho(x,y,z)}{\varepsilon_0} \tag{14.116}$$

$$\left(\frac{\partial B_x}{\partial x} + \frac{\partial B_y}{\partial y} + \frac{\partial B_z}{\partial z}\right) = 0 \tag{14.117}$$

我们一共有 8 个麦克斯韦方程。

为使这些方程更加简洁，可以引入符号

$$\nabla = \boldsymbol{i} \frac{\partial}{\partial x} + \boldsymbol{j} \frac{\partial}{\partial y} + \boldsymbol{k} \frac{\partial}{\partial z} \tag{14.118}$$

这不是一般的矢量，因为它的分量不是数字。它被称为微分算符，是一个等待作用于函数右侧的符号。当它运算时，就会产生数字，也就是函数的导数。

我们已经熟悉的一个例子，也就是梯度

$$\nabla V = \boldsymbol{i} \frac{\partial V}{\partial x} + \boldsymbol{j} \frac{\partial V}{\partial y} + \boldsymbol{k} \frac{\partial V}{\partial z} \tag{14.119}$$

是一个给定函数 V 的数字矢量。由于 V 是标量，所以 ∇V 是一个矢量场，由空间每一点处的一个独立矢量来描述。

目前把 ∇ 看作一个矢量，这样可以让它和一般的矢量，如 $\boldsymbol{E}$ 和 $\boldsymbol{B}$ 形成点积和叉积，但是有一个限制条件：∇ 必须总是在场的左侧，这样就可以计算它们的微分。

在这一原则下考虑 ∇ 和矢量场，如 $\boldsymbol{E}$ 的点积

$$\nabla \cdot \boldsymbol{E} = \left(\boldsymbol{i} \frac{\partial}{\partial x} + \boldsymbol{j} \frac{\partial}{\partial y} + \boldsymbol{k} \frac{\partial}{\partial z}\right) \cdot (\boldsymbol{i} E_x + \boldsymbol{j} E_y + \boldsymbol{k} E_z) \tag{14.120}$$

$$= \frac{\partial E_x}{\partial x} + \frac{\partial E_y}{\partial y} + \frac{\partial E_z}{\partial z} \tag{14.121}$$

表达式 $\nabla \cdot \boldsymbol{E}$ 称为“E 的散度”或者“div$\boldsymbol{E}$”，其中“div”与“give”是同韵词。应用这一符号可以把式（14.98）和式（14.99）重新简洁地写为

$$\nabla \cdot \boldsymbol{E}=\frac{\rho}{\varepsilon_0} \tag{14.122}$$

$$\nabla \cdot \boldsymbol{B}=0 \tag{14.123}$$

因此电场的散度正比于电荷密度，磁场的散度为零，说明没有磁单极子。因为 ρ 是标量，所以 $\nabla \cdot \boldsymbol{E}$ 必须是标量，同理 $\nabla \cdot \boldsymbol{B}$ 也是标量。

下面考虑 ∇和 $\boldsymbol{E}$ 的叉积

$$\nabla\times\boldsymbol{E}=\boldsymbol{i}\left(\frac{\partial E_z}{\partial y}-\frac{\partial E_y}{\partial z}\right)+\boldsymbol{j}\left(\frac{\partial E_x}{\partial z}-\frac{\partial E_z}{\partial x}\right)+\boldsymbol{k}\left(\frac{\partial E_y}{\partial x}-\frac{\partial E_x}{\partial y}\right) \tag{14.124}$$

表达式 $\nabla\times\boldsymbol{E}$ 称为“$\boldsymbol{E}$ 的旋度”。应用这一符号可以把另外 6 个麦克斯韦方程式 (14.109)~式 (14.111) 和式 (14.113)~式 (14.115) 简洁地表示为

$$\nabla\times\boldsymbol{E}=-\frac{\partial \boldsymbol{B}}{\partial t} \tag{14.125}$$

$$\nabla\times\boldsymbol{B}=\mu_0\boldsymbol{j}+\mu_0\varepsilon_0\frac{\partial \boldsymbol{E}}{\partial t} \tag{14.126}$$

因为最后两个方程的右侧都是矢量，所以左侧 $\nabla\times\boldsymbol{E}$ 和 $\nabla\times\boldsymbol{B}$ 也必须是矢量。

只有一个棘手的问题

$$\nabla\times\boldsymbol{E}\neq-\boldsymbol{E}\times\nabla \tag{14.127}$$

因为左侧是数字的，而右侧仍然等待去求某函数的微分。

现在准备好表述经典电动力学的全部了。它们隐含于最终的微分和积分形式的麦克斯韦方程组（标记为 I —IV）以及洛伦兹力公式中：

$$\text{I}\quad \nabla\cdot\boldsymbol{E}=\frac{\rho}{\varepsilon_0}\longleftrightarrow\oint_{S=\partial V}\boldsymbol{E}\cdot\mathrm{d}\boldsymbol{S}=\frac{1}{\varepsilon_0}\int_V\rho\,\mathrm{d}^3\boldsymbol{r} \tag{14.128}$$

$$\text{II}\quad \nabla\cdot\boldsymbol{B}=0\longleftrightarrow\oint_{S=\partial V}\boldsymbol{B}\cdot\mathrm{d}\boldsymbol{S}=0 \tag{14.129}$$

$$\text{III}\quad \nabla\times\boldsymbol{E}=-\frac{\partial\boldsymbol{B}}{\partial t}\longleftrightarrow\oint_{C=\partial S}\boldsymbol{E}\cdot\mathrm{d}\boldsymbol{r}=\int_S\left(-\frac{\partial\boldsymbol{B}}{\partial t}\right)\cdot\mathrm{d}\boldsymbol{S} \tag{14.130}$$

$$\text{IV}\quad \nabla\times\boldsymbol{B}=\mu_0\boldsymbol{j}+\mu_0\varepsilon_0\frac{\partial\boldsymbol{E}}{\partial t}$$

$$\longleftrightarrow\oint_{C=\partial S}\boldsymbol{B}\cdot\mathrm{d}\boldsymbol{r}=\mu_0\int_S\left(\boldsymbol{j}+\varepsilon_0\frac{\partial\boldsymbol{E}}{\partial t}\right)\cdot\mathrm{d}\boldsymbol{S} \tag{14.131}$$

$$\boldsymbol{F}=q(\boldsymbol{E}+\boldsymbol{v}\times\boldsymbol{B})\text{（洛伦兹力）} \tag{14.132}$$

14.7.3 对特定 $\boldsymbol{E}$ 和 $\boldsymbol{B}$ 的结果

在真空中，$\rho=j=0$，这些一般的麦克斯韦方程对于特定的函数

$$\boldsymbol{E}=\boldsymbol{k}E_z(y,t) \tag{14.133}$$

$$\boldsymbol{B}=\boldsymbol{i}B_x(y,t) \tag{14.134}$$

有什么约束呢？毫无意外，这些约束与我们之前只利用特定函数来推导麦克斯韦方程组时所得到的那一对方程是一致的。为了完整性，这里展示推导过程。

考虑真空中的麦克斯韦方程Ⅰ和Ⅱ：

$$\nabla\cdot\boldsymbol{E}\equiv\left(\frac{\partial E_x}{\partial x}+\frac{\partial E_y}{\partial y}+\frac{\partial E_z}{\partial z}\right)=0 \tag{14.135}$$

$$\nabla\cdot\boldsymbol{B}\equiv\left(\frac{\partial B_x}{\partial x}+\frac{\partial B_y}{\partial y}+\frac{\partial B_z}{\partial z}\right)=0 \tag{14.136}$$

它们全都被式（14.6）和式（14.7）中假设的函数满足：唯一非零的电场分量 E_z 没有 z 方向的导数，而且唯一非零的磁场分量 B_x 没有 x 方向的导数。使用麦克斯韦方程没有出现 E_z 或 B_x 的限制条件。

对于另外两个麦克斯韦方程（在真空中）

$$\nabla\times\boldsymbol{E}=-\frac{\partial\boldsymbol{B}}{\partial t} \tag{14.137}$$

$$\nabla\times\boldsymbol{B}=\mu_0\varepsilon_0\frac{\partial\boldsymbol{E}}{\partial t} \tag{14.138}$$

在第一个方程中，由于右侧的 $\boldsymbol{B}$ 只有一个 x 分量，因此左侧的散度 $\nabla\times\boldsymbol{E}$ 也只有 x 分量：

$$\frac{\partial E_z}{\partial y}-\frac{\partial E_y}{\partial z}=-\frac{\partial B_x}{\partial t} \tag{14.139}$$

这说明（因为 $E_y=0$）

$$\frac{\partial E_z}{\partial y}=-\frac{\partial B_x}{\partial t} \tag{14.140}$$

可以检测对于另外两个分量的方程约化为 $0=0$。

在第二个方程中，假定 $\boldsymbol{E}$ 和 $\boldsymbol{B}$ 的分量不为零，$\nabla\times\boldsymbol{B}$ 只得到一个重要的约束：

$$-\frac{\partial B_x}{\partial y}=\mu_0\varepsilon_0\frac{\partial E_z}{\partial t} \tag{14.141}$$

我们引入的场 E_z 和 B_x 只需满足下述两个条件以遵循麦克斯韦方程组：

$$\frac{\partial E_z}{\partial y}=-\frac{\partial B_x}{\partial t} \tag{14.142}$$

$$-\frac{\partial B_x}{\partial y}=\mu_0\varepsilon_0\frac{\partial E_z}{\partial t} \tag{14.143}$$

这恰好是我们早前通过捷径所得到的那一对方程。

14.8 从微观到宏观（选学）

我们已经讨论了麦克斯韦方程组的积分形式和微分形式。我们可以采用其他方法吗？或者说在取无限小极限的情况下有没有信息的损失？是的，我们可以，就像给出一个函数的导数就可以重建这个函数一样。应用矢量运算的初级理论，可以证明式（14.128）~式（14.131）左侧的微分形式的麦克斯韦方程组意味着右侧对应的积分形式的麦克斯韦方程组。在这一节我将演示这些理论中的核心论据。因为微分形式的麦克斯韦方程组把应用于无限小回路、面积和体积的积分形式的麦克斯韦方程组的内容进行加密，我只需证明如果（积分形式的）麦克斯韦方程组对每一个无限小的回路、面积和体积都适用，则对所有宏观的回路、面积和体积它们也适用。

14.8.1 涉及体积的麦克斯韦方程组

从联系 $\boldsymbol{E}$ 和 $\boldsymbol{B}$ 的面积分与包围的电荷的方程出发。考虑第一个 $\boldsymbol{E}$。

假设

$$\oint \boldsymbol{E}\cdot \mathrm{d}\boldsymbol{S}=\frac{q_{\mathrm{enc}}}{\varepsilon_0} \tag{14.144}$$

对每一个无限小的体积 V 都成立。如图 14.7 所示，V 是边长为 $\mathrm{d}x$、$\mathrm{d}y$ 和 $\mathrm{d}z$ 的立方体的体积，S 是它的表面积。立方体包围的电荷为 q_{enc}。如图 14.7 左上侧所示，表面是由立方体的六个面组成的。对每一个面，面积矢量 $\mathrm{d}\boldsymbol{S}_i$ 指向外法线方向，其中 $i=\pm1，\pm2，\pm3$，第 i 个面上的电场为 $\boldsymbol{E}_i$。根据定义，$\boldsymbol{E}$ 的面积分是 $\boldsymbol{E}_i\cdot\mathrm{d}\boldsymbol{S}_i$ 在六个面上的和。根据之前解释过的原因，在每一个面上 $\boldsymbol{E}_i$ 的值保持不变，但是相对的面上电场的变化要考虑。

上述讨论的一切也适用于包围电荷 q'_{enc} 的第二个立方体 V'。

从麦克斯韦方程适用于每一个立方体的事实出发：

$$\sum_{i=\pm1,\pm2,\pm3}\boldsymbol{E}_i\cdot\mathrm{d}\boldsymbol{S}_i=\frac{1}{\varepsilon_0}q_{\mathrm{enc}} \tag{14.145}$$

$$\sum_{i=\pm1,\pm2,\pm3}\boldsymbol{E}'_i\cdot\mathrm{d}\boldsymbol{S}'_i=\frac{1}{\varepsilon_0}q'_{\mathrm{enc}} \tag{14.146}$$

两方程相加可得

$$\sum_{i=\pm1,\pm2,\pm3}\boldsymbol{E}_i\cdot\mathrm{d}\boldsymbol{S}_i+\sum_{i=\pm1,\pm2,\pm3}\boldsymbol{E}'_i\cdot\mathrm{d}\boldsymbol{S}'_i=\frac{1}{\varepsilon_0}q_{\mathrm{enc}}+\frac{1}{\varepsilon_0}q'_{\mathrm{enc}} \tag{14.147}$$

假设现在把两个立方体粘合在

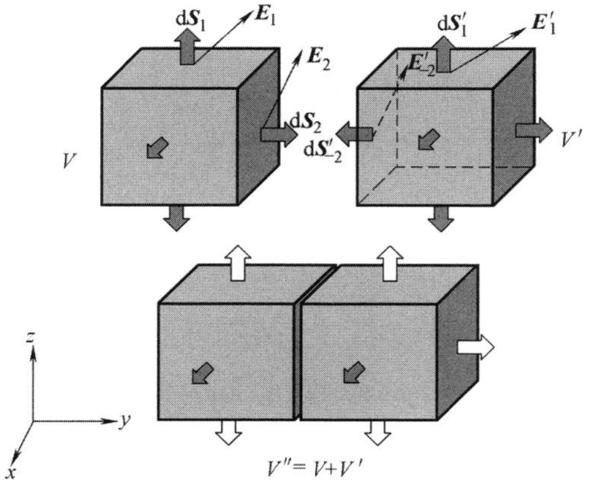

图 14.7 上部是面积矢量指向外侧的两个立方体，底部是两个立方体粘合在一起形成一个固体。在这一过程中，面积矢量指向相反的两个共有面消失了。可见的面标识为 1、2 和 3，与它们相对的面分别标识为-1、-2 和-3。

一起形成如图中下半部分所示的一个长方体 V''。上述方程的右侧是 V''所包围的电荷。如果麦克斯韦方程适用于它，方程左侧一定是 $\boldsymbol{E}$ 在表面 V''上的面积分。尽管 V''只有两个立方体 V 和 V'的 12 个面中的 10 个，但是这一定是正确的。每一个立方体的一个面在黏合的过程中消失了。幸运的是，它们的消失没有任何影响，这是因为它们的贡献互相抵消：

$$\boldsymbol{E}_2 \cdot \mathrm{d}\boldsymbol{S}_2 = -\boldsymbol{E}'_{-2} \cdot \mathrm{d}\boldsymbol{S}'_{-2} \tag{14.148}$$

这是成立的，因为当两个面合并时，同样的场在两个面上积分

$$\boldsymbol{E}_2 = \boldsymbol{E}'_{-2} \tag{14.149}$$

而面积矢量（从两个立方体指向外）大小相等，方向相反：

$$\mathrm{d}\boldsymbol{S}_2 = -\mathrm{d}\boldsymbol{S}'_{-2} \tag{14.150}$$

因此可以重新写为

$$\begin{aligned}&\sum_{i=\pm1,\pm2,\pm3} \boldsymbol{E}_i \cdot \mathrm{d}\boldsymbol{S}_i + \sum_{i=\pm1,\pm2,\pm3} \boldsymbol{E}'_i \cdot \mathrm{d}\boldsymbol{S}'_i \\ &= \frac{1}{\varepsilon_0}[q_{\mathrm{enc}} + q'_{\mathrm{enc}}]\end{aligned} \tag{14.151}$$

而

$$\sum_{i=1}^{10} \boldsymbol{E}''_i \cdot \mathrm{d}\boldsymbol{S}''_i = \frac{1}{\varepsilon_0} q''_{\mathrm{enc}} \tag{14.152}$$

其中求和是对 S''的 10 个面，它包围体积 V''和电荷 q''_{enc}。这正是应用于 V''的麦克斯韦方程。

显然我们可以通过这种方式黏合无限小的立方体来继续近似任意复杂的宏观体积，如果麦克斯韦方程在组成宏观体积的小立方体中适用，则麦克斯韦方程也适用于宏观体积。原因与黏合两个立方体的情况是相同的：最终的体积内包围的电荷是组成此体积的无限小立方体所包围电荷之和，而且最终体积表面的面积分也等于这些无限小立方体表面上的面积分之和，因为立方体共有的内表面（具有相反的面积矢量）提供相消的贡献。

当把 $\boldsymbol{E}$ 替换为 $\boldsymbol{B}$，而且 $q_{\mathrm{enc}} \equiv 0$，上述论据对于 $\boldsymbol{B}$ 也逐字适用。

14.8.2 涉及回路的麦克斯韦方程组

从联系 $\boldsymbol{E}$ 的线积分与 $\boldsymbol{B}$ 通量的变化率的麦克斯韦方程出发。如果角色互换，而且电流 $\boldsymbol{j}$ 的贡献和电通量的变化率一起考虑的话，相似的论证过程也成立。

图 14.8 显示了两个无限小的回路 L_1和 L_2，$\boldsymbol{E}$ 沿箭头指示的方向绕回路积分。麦克斯韦方程组对 L_1和 L_2成立：

$$\oint_{L_1} \boldsymbol{E}_1 \cdot \mathrm{d}\boldsymbol{r} = -\left[\frac{\partial \boldsymbol{B}_1}{\partial t}\right] \cdot \mathrm{d}\boldsymbol{S}_1 = -\left.\frac{\partial \boldsymbol{\Phi}_B}{\partial t}\right|_{L_1} \tag{14.153}$$

$$\oint_{L_2} \boldsymbol{E}_2 \cdot \mathrm{d}\boldsymbol{r} = -\left[\frac{\partial \boldsymbol{B}_2}{\partial t}\right] \cdot \mathrm{d}\boldsymbol{S}_2 = -\left.\frac{\partial \boldsymbol{\Phi}_B}{\partial t}\right|_{L_2} \tag{14.154}$$

其中 $\boldsymbol{E}_1$ 和 $\boldsymbol{E}_2$ 是回路 1 和 2 上的电场，$\boldsymbol{B}_1$ 和 $\boldsymbol{B}_2$ 是回路 1 和 2 包围的无限小面积或方形板上的磁场。

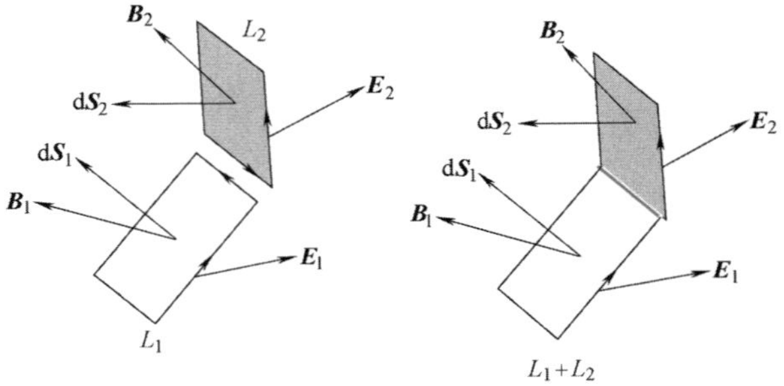

图 14.8　两个沿一定方向放置的平面或者方形板黏合在一起形成右侧所示的非平面面积。具有相反箭头的共有边消失。

假设沿一条共有边黏合两回路从而形成回路 L_1+L_2，把前面两个方程相加可得

$$\begin{aligned}\oint_{L_1} \boldsymbol{E}_1 \cdot \mathrm{d}\boldsymbol{r} + \oint_{L_2} \boldsymbol{E}_2 \cdot \mathrm{d}\boldsymbol{r} &= -\left.\frac{\partial \boldsymbol{\Phi}_B}{\partial t}\right|_{L_1} - \left.\frac{\partial \boldsymbol{\Phi}_B}{\partial t}\right|_{L_2} \\ &= -\left.\frac{\partial \boldsymbol{\Phi}_B}{\partial t}\right|_{L_1+L_2}\end{aligned} \tag{14.155}$$

因为穿过组合回路的通量是穿过两个方形板的通量之和。如果这就是适用于回路 L_1+L_2 的麦克斯韦方程，方程左侧一定等于 $\boldsymbol{E}$ 沿周长 L_1+L_2 的积分。现在周长 L_1+L_2 相比于组成它的回路少了两条边，分别来自于 L_1 上的一条和 L_2 上的一条黏合在一起的边。显然这些消失的边没有任何影响，因为它们的贡献总会抵消掉：当它们合并时边上具有相同的 $\boldsymbol{E}$，但是在两个回路中沿相反的方向积分。由此可见，如果麦克斯韦方程适用于小的回路，它也适用于组合的回路。我们可以如上所述黏合小的回路来近似包围任意面积的任意大和复杂的回路。

下面考虑相应的关于磁场的麦克斯韦方程

$$\oint \boldsymbol{B} \cdot \mathrm{d}\boldsymbol{r} = \mu_0 \int \left(\boldsymbol{j} + \varepsilon_0 \frac{\partial \boldsymbol{E}}{\partial t}\right) \cdot \mathrm{d}\boldsymbol{S} \tag{14.156}$$

除了电流项 $\boldsymbol{j}$，我们只是简单地交换了 $\boldsymbol{E}$ 场和 $\boldsymbol{B}$ 场的角色。上述分析对电流密度 $\boldsymbol{j}$ 也适用，因为当我们黏合两个回路时，通过它们的电流之和等于通过复合回路的电流，就像通量的情况一样。

在三维情形，回路具有立方体情形所不具有的复杂情况。考虑如图 14.9 所示

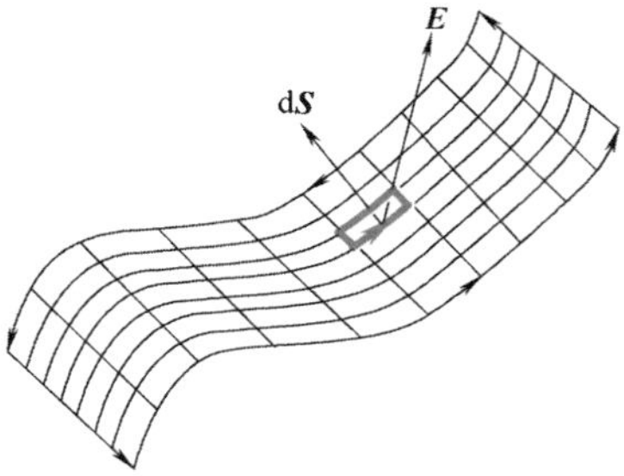

图 14.9 围绕三维非平面面积的非平面回路。它是由小的方形板黏合而成，而方形板被方向相反的边包围。任意场沿此宏观表面的周长的线积分等于围绕组成它的每一个小的方形板的线积分之和。每一对内边的贡献都相互抵消，只留下围绕大面积的边的贡献。穿过大面积的通量或电流等于穿过小的方形板的通量或电流之和。因此，如果麦克斯韦方程对组成宏观表面的方形板适用，则它对宏观表面也适用。

的宏观表面。如果麦克斯韦方程在每一个组成它的方形板上都适用，由于通过它的通量等于通过每一个方形板的通量之和，而且任何场沿边界的线积分等于围绕每一个方形板的线积分之和，所以麦克斯韦方程对于这一表面也适用。讨论中的方形板不在主平面上，而我们是在主平面上建立的麦克斯韦方程。因为我们可以用主平面上的方形板近似任意表面，所以这不是问题。

第15章 电磁学和相对论

相对论和电磁学在许多方面都存在相互作用。我极为不情愿地把讨论限定在两个话题。

第一个基本上是强制的练习，显示了如果你了解静电学的库仑定律并且相信相对论，你就可以推导出磁力$\boldsymbol{v}\times\boldsymbol{B}$ 的存在。

第二个是更为正式的话题：如果需要的话，要对麦克斯韦方程组进行怎样的修正，才能使它满足相对性原理，即麦克斯韦方程组在所有惯性系中都具有同样的形式。该问题的答案是不需要做任何修正：**我们至今所讨论的电动力学都符合相对性原理的要求**。但是，为了表述得更为简洁漂亮，也可对电动力学的表达方式进行修改，用由某些三维矢量和标量构成的四维矢量来进行描述。四维矢量一旦确定，电动力学的方程式就可以用四维矢量来表示，之前矢量和标量分别满足的多个分立方程就可以简化成单个四维方程，就如同牛顿力学中的能量守恒和动量守恒在相对论力学中变成能量-动量-四维矢量 P 的守恒一样。更为重要的是，四维方程在所有的惯性系都具有相同的形式，即在洛伦兹变换下保持不变。

电磁学和力学的一个主要的区别在于：力学中在定义四维动量矢量时，必须首先对能量和动量的表达式进行修正（例如：$p=mv\rightarrow p=m_0v/\sqrt{1-v^2/c^2}$），而在电动力学中则不需要进行任何修正。例如，洛伦兹力公式就不需要加入 v/c 的任何高阶修正项。洛伦兹力公式仍然保持 $\boldsymbol{F}=q(\boldsymbol{E}+\boldsymbol{v}\times\boldsymbol{B})$ 的形式，但是在这里它只构成由四维速度和场决定的四维力中的三个分量。第四个分量将洛伦兹力功率和场及四维速度联系了起来。

15.1 从库仑定律和相对论推出磁学

通过证明电学和磁学不是毫无关联的独立现象，相对论使电学和磁学统一了起来。虽然从静力学角度进行讨论电学和磁学似乎确实是彼此无关的，但是如果从动力学角度进行讨论，当它们随时间变化时就相互关联了起来，就像在法拉第电磁感应定律中一样。这里所说的统一是指当参考系发生变化时，$\boldsymbol{E}$ 和 $\boldsymbol{B}$ 将混合在一起、不分彼此，就如同洛伦兹变换中的 x 和 t 相互关联、不可分割一样。下面就来讨论一个非常有意思的结论：已知库仑力公式，加上狭义相对论的知识，就能推导出与速度有关的磁力的存在并计算出其大小。

考虑一正电荷 q 初始时沿着电流方向做平行于无限长载流导线的运动。我们知道运动电荷将受到电流的吸引力而逐渐靠近载流导线。假设我们只知道库仑定律而并不知道磁学，就不能解释似乎与电荷运动速度 v 有关的吸引力是如何产生的。为了解决这一问题，我们将参考系变换到随电荷以相同速度运动的惯性系，在这个参考系中电荷就变成静止不动的了。这样，我们只需要用到静电学的知识就能解释电荷与载流导线彼此接近的现象。

在参考系变换前后有一点是一致的，就是在两个参考系中电荷都受到了载流导线的吸引力而与导线彼此接近。由于平行于导线方向的运动不会引起垂直方向坐标的改变，这样我们就很难解释：变换参考系后我们观察到一条电中性的导线对一个静止的电荷产生了吸引力。如何解释这一现象呢？虽然在新参考系中导线整体以速度 v 向着与电流相反的方向在运动，但是它仍然是电中性的！即使考虑到长度收缩效应也无法对此进行解释：一根长度变短的电中性导线仍然不会对静止电荷产生吸引力。

图 15.1 给出了并不是显而易见的解释方法。

在导线静止的参考系（实验室参考系）中，将电中性导线等效成由两条极性相反的带电线组成，其单位长度的带电量，即线电荷密度，分别为 $\pm\lambda_0$。如果初始时两条带电线静止，则导线上既无电流也无净电荷，此时静止的试验电荷不会受到导线的任何作用力。现在使带正电荷的带电线以某一速率 V 向右运动，而使带负电荷的带电线以相同速率 V 向左运动。由于向左运动的负电荷对应于向右的电流，因此导线中的总电流就等于两条运动带电线分别对应的电流之和。由于长度收缩效应，两条带电线上的线电荷密度都同样增大至

$$\lambda_{\pm}=\pm\frac{\lambda_0}{\sqrt{1-V^2/c^2}} \qquad (15.1)$$

这样导线就仍然保持电中性。静止电荷就仍然不会受到指向电中性导线的作用力。

那么，流过导线的电流，即单位时间通过导线某一位置处的电荷

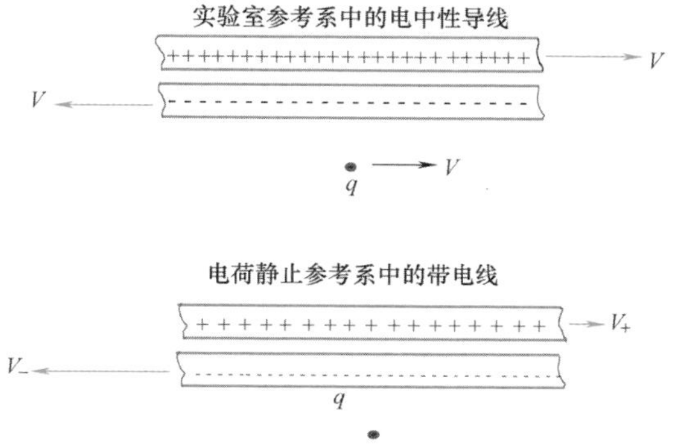

图 15.1　上：实验室参考系中的情形。将电中性导线等效成两条无限长的带电线，它们静止时的线电荷密度大小相等、符号相反，现在它们分别以相同速率向着相反方向运动（长度收缩效应相等），这对应于导线中向右的电流。一个向右运动的正电荷 q 将受到载流导线的吸引力。下：电荷静止参考系中的情形。正带电线的运行速率变小，其长度收缩效应较小；而负带电线的运行速率变大，其长度收缩效应较大；两条带电线合在一起就显示出负电性，静止正电荷 q 将受到导线的静电吸引力。

量，到底有多大呢？它等于单位长度的电荷量乘以 1s 内经过该位置的带电线的长度，即乘以 V：

$$I_{+}=\lambda_{+}\cdot V=\frac{\lambda_{0}}{\sqrt{1-V^{2}/c^{2}}}V \tag{15.2}$$

$$I_{-}=\lambda_{-}\cdot(-V)=\frac{\lambda_{0}}{\sqrt{1-V^{2}/c^{2}}}V \tag{15.3}$$

$$I_{总}\equiv I=\frac{2\lambda_{0}}{\sqrt{1-V^{2}/c^{2}}}V \tag{15.4}$$

为了简化运算，我们只考虑速度 V 较小时的情形，此时可以忽略掉 V^2/c^2 以上的高阶项，这样电流大小变为

$$I=2\lambda_{0}V \tag{15.5}$$

因为在利用二项式定理对式（15.4）的分母进行展开时，会产生 V^3/c^3 或以上的高阶项。

此时如果使电荷 q 以正的速度 v 沿着电流方向运动，就会观察到电荷因为运动而受到指向导线的作用力。由于我们还不知道磁学，因此就不明白这其中的物理道理。为了解释这一现象，我们将参考系变换到以速度 v 随电荷一起运动的惯性系，在这个惯性系中电荷 q 就变成了静止不动。在这个电荷静止不动的参考系中，正带电线的运动速率就由 V 减慢到 V_+（在低速近似下，$V_+=V-v$），其洛伦兹长度收缩效应减弱，它的线电荷密度也随之降低。相应地，负带电线的运动速率增加（在低速近似下，$V_-=V+v$），由于长度收缩效应增强，其线电荷密度也相应增大。因此，在电荷静止参考系中，导线带负电荷！这就不奇怪为什么电荷 q 受到了导线的吸引力。

为了方便地求出电荷 q 受到的吸引力的大小，我们进行另一简化：假设电荷在导线静止参考系中的运动速度也是 V，这样在电荷静止参考系中，正带电线就静止不动，其线电荷密度为

$$\lambda_{+}=\lambda_{0} \tag{15.6}$$

而负带电线在此参考系中就以 $-2V$ 的速度运动，其线电荷密度为（考虑 V^3/c^3 修正项）

$$\lambda_{-}=\frac{\lambda_{0}}{\sqrt{1-(4V^{2}/c^{2})}}\approx\lambda_{0}\left(1+\frac{2V^{2}}{c^{2}}+\cdots\right) \tag{15.7}$$

两条带电线合在一起的净线电荷密度为

$$\lambda_{净}=+\lambda_{0}-\lambda_{0}\left(1+\frac{2V^{2}}{c^{2}}\right)=-\frac{2V^{2}\lambda_{0}}{c^{2}} \tag{15.8}$$

这样的带电线将对相距 r 的静止电荷 q 产生我们熟悉的静电吸引力，即

$$F = qE = q \cdot \frac{\lambda_{净}}{2\pi\varepsilon_0 r} \tag{15.9}$$

$$= -q\frac{2V^2\lambda_0}{c^2}\frac{1}{2\pi\varepsilon_0 r} \tag{15.10}$$

$$= -qV\frac{I}{2\pi\varepsilon_0 c^2 r} \quad (应用\ I = 2V\lambda_0) \tag{15.11}$$

其中负号表示作用力指向导线。在低速牛顿力学极限下，电荷受到的作用力及其运动加速度与实验室参考系（导线静止参考系）中的相同。因此可得，在实验室参考系中，**距离导线 r、以速度 V 运动的电荷 q 受到载流导线的吸引力为**

$$F_{吸} = qV\frac{1}{2\pi\varepsilon_0 c^2 r} \equiv qV\frac{\mu_0 I}{2\pi r} \tag{15.12}$$

这里我们引入了一个新常量 $\mu_0 = 1/(\varepsilon_0 c^2)$，以上讨论中并没有用到磁学的知识，但是光速 c 从一开始就出现在所有的相对论公式中。

当然我们也可以采用另外一种方法来求解作用力。在我们前面学习磁学时，μ_0 是作为一个独立常量在毕奥-萨伐尔定律中被引入的，用于描述一种新的被称之为磁的现象。要计算运动电荷和载流导线之间的作用力，就需要首先利用毕奥-萨伐尔定律计算出无限长载流导线产生的磁感应强度 $\boldsymbol{B}$，然后再利用洛伦兹力公式计算出该磁场对运动电荷的作用力。而关系式 $\mu_0\varepsilon_0 = 1/c^2$ 只是在上一章中才出现的。

你可能会想，如果前面为了计算简便而给出的条件 $v = V$ 不再成立，那么上面讨论得到的结果是不是也不成立了。事实上速度 v 的大小并不影响计算结果，你可以任意给定不等于 V 的速度 v，同样也可以推导得到式（15.12）所示的作用力关系式。

另外我们还需要考虑：上面最后的结果给出了作用力随电流 I 的变化关系，却并没有表示成与带电线速度 V 及其线电荷密度的关系。因此我们希望，如果在电流不变的情况下改变带电线的运动速度，也会得到相同的结果。当然我们可以证明：具有较小线电荷密度、较大运动速度的带电线与具有较大线电荷密度、较小运动速度的带电线会产生同样大小的电流 I。

总结起来，只要知道静电学，就可以利用爱因斯坦狭义相对论的知识，推导出与速度有关的磁力的存在。反过来说，包含了由相对论以正确的方式推导出来的磁学的电磁理论，就已经与狭义相对论相符了。

15.2 电动力学的相对论不变性

本章以下讨论将更为中规中矩，不会再涉及新的现象，也不会通过以下讨论计算出新的东西。我们将讨论一些原则问题，这些问题的解决将揭示物理学中令人惊叹的形式美。你最后将知道电动力学理论是一种规范场论，就如同关于弱相互作用和强相互作用的理论一样。谢尔登·格拉肖、阿卜杜勒·萨拉姆和史蒂芬·温伯格将电磁相互作用和弱相互作用描述为规范场论，戴维·格罗斯、弗兰克·维尔泽克和戴维·波利策证明了只有规范场论（量子色动力学，QCD）才能描述强相互作用，其在距离较近时变弱而在距离较远时变强。

你将找到如下两个基本问题的答案。如果磁力与电荷的运动速度有关，那么这一运动速度是相对于谁的速度？如果麦克斯韦方程组给出了光的传播速度 c，那么这一速度又是被谁测得的？问题的答案是：以上两个速度都是被在任一惯性系的观测者测得的。爱因斯坦相对性原理保证了即使其他惯性系的观测者观察到你在运动，你也可以运用与你没有运动时所用的相同的物理学定律。

15.3 洛伦兹变换回顾

洛伦兹变换最为普遍的表达式是如下时空坐标间的变换关系：

$$x'=\frac{x-ut}{\sqrt{1-u^2/c^2}} \tag{15.13}$$

$$y'=y \tag{15.14}$$

$$z'=z \tag{15.15}$$

$$t'=\frac{t-ux/c^2}{\sqrt{1-u^2/c^2}} \tag{15.16}$$

其中 u 是指变换后参考系相对于变换前参考系沿着 x 轴正向的运动速度。（用 v 表示粒子的运动速度）

我们更愿意用四维矢量来表达洛伦兹变换，四维矢量的分量应该具有相同的量纲。因此我们引入如下四维位置矢量 X：

$$X=(ct,\boldsymbol{r})=(X_0,X_1,X_2,X_3)\equiv(x_0,x_1,x_2,x_3) \tag{15.17}$$

这样洛伦兹变换就可以写成如下更为对称的形式：

$$X_0'=\frac{X_0-\beta X_1}{\sqrt{1-\beta^2}} \tag{15.18}$$

$$X_1'=\frac{X_1-\beta X_0}{\sqrt{1-\beta^2}} \tag{15.19}$$

$$\beta=\frac{u}{c} \tag{15.20}$$

上面略去了不受运动影响的两个分量。在以后的讨论中会经常采用这种简略的矢量形式来表示四维矢量。这里，四维矢量符号不再表示成粗体的形式，而四维矢量中的空间部分仍然保持如下粗体形式：

$$X = (X_0, X_1, X_2, X_3) = (x_0, x, y, z) = (ct, \boldsymbol{r}) \tag{15.21}$$

$$P = (P_0, P_1, P_2, P_3) = \left(\frac{E}{c}, \boldsymbol{p}\right) \tag{15.22}$$

其中 P 是能量-动量四维矢量。

一般来讲，一个具有四个分量（V_0，V_1，V_2，V_3）的四维矢量 V 在进行洛伦兹变换时，就与前面所述（X_0，X_1，X_2，X_3）的变换一样，通过四个分量的线性组合来得到另一个四维矢量 V'。对于一维运动，有

$$V \rightarrow V' \tag{15.23}$$

其中

$$V_0' = \frac{V_0 - \beta V_1}{\sqrt{1-\beta^2}} \tag{15.24}$$

$$V_1' = \frac{V_1 - \beta V_0}{\sqrt{1-\beta^2}} \tag{15.25}$$

有了这样的变换规律，就可能得到两个四维矢量 V 和 W 的“点积”是一个洛伦兹不变量，即如果

$$V = (V_0, V_1, V_2, V_3) \equiv (V_0, \boldsymbol{V}) \tag{15.26}$$

和

$$W = (W_0, W_1, W_2, W_3) \equiv (W_0, \boldsymbol{W}) \tag{15.27}$$

则有

$$\begin{aligned} V \cdot W &= V_0 W_0 - V_1 W_1 - V_2 W_2 - V_3 W_3 \\ &= V_0 W_0 - \boldsymbol{V} \cdot \boldsymbol{W} \qquad (15.28) \\ &= V_0' W_0' - V_1' W_1' - V_2' W_2' - V_3' W_3' \\ &= V_0' W_0' - \boldsymbol{V}' \cdot \boldsymbol{W}' = V' \cdot W' \qquad (15.29) \end{aligned}$$

点积中出现的负号反映了四维时空的特性。

15.3.1　对牛顿力学的影响

自然规律应该对所有惯性系的观测者都具有相同的形式，这在爱因斯坦之前并没有被看作是一个规律。牛顿定律在洛伦兹变换下不能保持形式不变。相对论的动力学方程就取而代之，因为只有相对论的动力学方程才能保证在所有惯性系中都具有相同的形式。

这就是为什么

$$\boldsymbol{F} = m\frac{\mathrm{d}^2\boldsymbol{r}}{\mathrm{d}t^2} = \frac{\mathrm{d}\boldsymbol{p}}{\mathrm{d}t} \tag{15.30}$$

被下式取代：

$$F = m\frac{\mathrm{d}^2 X}{\mathrm{d}\tau^2} = \frac{\mathrm{d}P}{\mathrm{d}\tau} \tag{15.31}$$

这里 τ 为固有时间，P 是能量-动量四维矢量：

$$P=(E/c,\boldsymbol{p}) \tag{15.32}$$

F 为四维力，其分量为

$$F=(F_0,F_1,F_2,F_3)=\frac{\mathrm{d}P}{\mathrm{d}\tau} \tag{15.33}$$

$$=\frac{\mathrm{d}P}{\mathrm{d}t}\frac{\mathrm{d}t}{\mathrm{d}\tau}=\frac{1}{\sqrt{1-v^2/c^2}}\frac{\mathrm{d}P}{\mathrm{d}t} \tag{15.34}$$

$$=\frac{1}{\sqrt{1-v^2/c^2}}\left[\frac{1}{c}\frac{\mathrm{d}E}{\mathrm{d}t},\frac{\mathrm{d}p}{\mathrm{d}t}\right] \tag{15.35}$$

$$=\frac{1}{\sqrt{1-v^2/c^2}}\left[\frac{\text{能量}}{c},F\right] \tag{15.36}$$

式（15.31）满足爱因斯坦相对性原理的要求，即在通过洛伦兹变换从一个参考系变换到另一个参考系时仍然具有同样的形式。这之所以成立，是因为 τ 是一个不变量，且 F、P 和 X 都是按洛伦兹变换式以相同的方式进行变换。

为了确保我们能够理解这样的表述，假设在某一参考系中四维力和四维动量满足如下关系式：

$$F_0=\frac{\mathrm{d}P_0}{\mathrm{d}\tau} \tag{15.37}$$

$$F_1=\frac{\mathrm{d}P_1}{\mathrm{d}\tau} \tag{15.38}$$

在第 2 个方程两边同乘以 $-\beta=-u/c$，再与第 1 个方程相加，然后两边再同除以 $\sqrt{1-\beta^2}$ 可得

$$\frac{F_0-\beta F_1}{\sqrt{1-\beta^2}}=\frac{\dfrac{\mathrm{d}P_0}{\mathrm{d}\tau}-\beta\dfrac{\mathrm{d}P_1}{\mathrm{d}\tau}}{\sqrt{1-\beta^2}}=\frac{\mathrm{d}}{\mathrm{d}\tau}\left[\frac{P_0-\beta P_1}{\sqrt{1-\beta^2}}\right] \tag{15.39}$$

这表明

$$F_0'=\frac{\mathrm{d}P_0'}{\mathrm{d}\tau} \tag{15.40}$$

其中 F_0' 和 P_0' 为在以速度 u 运动的参考系中的四维力矢量 F' 和四维动量矢量 P' 的分量。对 F_1' 也可以进行同样的运算并得到同样的结果，总结起来，在变换后参考系中有

$$F'=\frac{\mathrm{d}P'}{\mathrm{d}\tau} \tag{15.41}$$

这里证明的关键是 τ 对于两个参考系中的观测者来说是相等的，就如同伽利略变换中的时间 t 一样。另外，F 和 P 都是四维矢量，它们按照相同的方式进行变换。

相似地，

$$F=m\frac{\mathrm{d}^2X}{\mathrm{d}\tau^2} \tag{15.42}$$

可变换成

$$F'=m\frac{\mathrm{d}^2X'}{\mathrm{d}\tau^2} \tag{15.43}$$

这是因为 m 和 τ 是不变量。

我们已经看到爱因斯坦相对论给力学带来的变化，现在我们要问电动力学的定律又会发生怎样的变化。当然电动力学的定律也必须在不同惯性系中都具有相同的形式，那么它们还会保持在爱因斯坦之前就已经被发现的形式吗？它们还会是我们在前面几章讨论过的定律吗？它们会像牛顿力学的定律一样被修正吗？令人惊奇的是电动力学的定律不需要进行任何的修正。在爱因斯坦之前就被发现的电动力学定律完全是和相对论相融合的，虽然这一点在这些定律被发现时并不为人所知。事实证明，式（14.128）~式（14.131）所表示的麦克斯韦方程式和洛伦兹力公式可以更为简单地用两个新的四维矢量 J 和 A 表示出来，这样得到的新方程在所有惯性系中就具有相同的形式，而且在所有惯性系中光速都相等。

这里我们不能偏离主题太多去进行严格的证明，我们将只讨论其中的一些结论。通过以下内容我想让你们感受到发生了什么，并且为你们打好基础，鼓励你们自己去探索其中的细节。

15.4 标量场和矢量场

我们已经看到，**可以根据一些特定的变换，如旋转变换或洛伦兹变换，去定义标量和矢量**。例如，一个在某一参考系中具有两个分量（V_x，V_y）的矢量 $\boldsymbol{V}$（可以是一个粒子的速度）在另一个旋转了的参考系中具有不同的分量（V'_x，V'_y），而标量如 $\boldsymbol{V}\cdot\boldsymbol{V}$ 则在两个参考系中都具有相同的大小。

下面我们不只是考虑单个标量，而是考虑**标量场** S，即它是位置坐标的标量函数。在空间每一点 S 都有确定的取值。因此场可以看作是一个具有无限多个自由度的系统。在空间某一确定位置处，标量场 S 在不同观测者所用的不同坐标系中都具有相同的取值。

这里我们只考虑最简单的情形，即二维旋转变换下的标量场。一个标量场 S 在空间每一点都有确定的取值，如在某一坐标系中表示成 $S(x, y)$。一个很好的例子就是在（x，y）处的温度。如果进行旋转变换，空间一点分别在新旧坐标系中的位置坐标间的对应关系如下：

$$x'=x\cos\theta+y\sin\theta \tag{15.44}$$

$$y'=-x\sin\theta+y\cos\theta \tag{15.45}$$

如图 15.2 所示，同样的温度分布在旋转后的坐标系中将用一个不同的函数 $S'(x', y')$ 来描述，因此有

$$S(x,y)=S'(x',y') \tag{15.46}$$

也就是说，(x, y) 和 (x', y') 是描述空间同一点的两种不同方式，而该点处的温度对于两个坐标系中的观测者来说是相同的。或者说，同一位置对于不同的观测者可以用不同的坐标来描述，但是该位置处的温度却是客观的、与位置坐标值无关的量。

例如

$$S(x,y)=e^{-(x-a)^2-y^2} \tag{15.47}$$

描述了温度分布在 $(x=a, y=0)$ 处出现峰值。而在一个旋转了 $\theta=\pi/2$ 的坐标系（想象图中的 θ 为 $\pi/2$）中，温度分布的峰值却出现在如下坐标处：

$$x'=a\cos\frac{\pi}{2}+0\sin\frac{\pi}{2}=0 \tag{15.48}$$

$$y'=-a\sin\frac{\pi}{2}+0\cos\frac{\pi}{2}=-a \tag{15.49}$$

峰值在 $(x'=0, y'=-a)$ 处的函数可以表示成

$$S'(x',y')=e^{-x'^2-(y'+a)^2} \tag{15.50}$$

函数 $S'(x', y')$ 可以通过将函数 $S(x, y)$ 中的 (x, y) 表示成 (x', y') 得到。两个不同函数描述了同一个物理状态。

现在来考虑一个矢量场 $\boldsymbol{V}(x, y)$，比如 (x, y) 处的风速。我们知道，一个像温度一样的标量在给定位置处（虽然其在两个坐标系中坐标不同）具有相同的取值，但是矢量（如速度）在旋转后坐标系的观测者看来却发生了转动。在旋转后参考系的坐标 (x', y') 处的矢量将是由旋转前参考系的对应位置 (x, y) 处的矢量经旋转得到。也就是说，

$$V'_x(x',y')=V_x(x,y)\cos\theta+V_y(x,y)\sin\theta \tag{15.51}$$

$$V'_y(x',y')=-V_x(x,y)\sin\theta+V_y(x,y)\cos\theta \tag{15.52}$$

图 15.2 所画出的矢量 $\boldsymbol{V}$，在旋转前坐标系中，它是完全沿着 y 轴方向的，而在旋转了 $\theta=\pi/2$ 的坐标系中，它则是完全沿着 x' 轴方向。

相应的逆变换可通过将 θ 换成 $-\theta$ 得到：

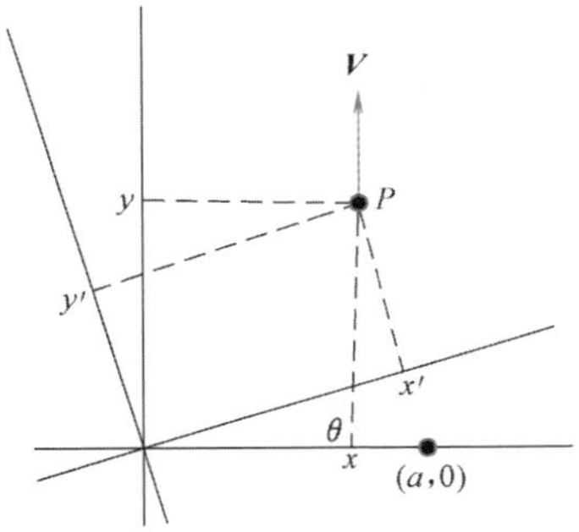

图 15.2　二维平面内同一点 P 在通过旋转 θ 相联系的两个坐标系中具有不同的坐标 (x, y) 和 (x', y')。某一标量，如温度，对于两个坐标系的观测者来说在 P 点具有相同的取值。而矢量 $\boldsymbol{V}$ 对于两个坐标系的观测者来说则不同：矢量 $\boldsymbol{V}$ 在旋转前坐标系中只有 y 方向的分量，但在旋转后坐标系中却有 x' 和 y' 分量。当 $\theta=\pi/2$ 时，矢量 $\boldsymbol{V}$ 在旋转后坐标系中只有 x' 分量，与旋转前坐标 $(x=a, y=0)$ 相对应的旋转后坐标为 $(x'=0, y'=-a)$。

$$V_x(x,y)=V'_x(x',y')\cos\theta-V'_y(x',y')\sin\theta \tag{15.53}$$

$$V_y(x,y)=V'_x(x',y')\sin\theta+V'_y(x',y')\cos\theta \tag{15.54}$$

15.5 微分算符

考虑在变换前坐标系中的如下方程：

$$\frac{\partial E_x}{\partial x}+\frac{\partial E_y}{\partial y}=\nabla\cdot\boldsymbol{E}=\frac{\rho}{\varepsilon_0} \tag{15.55}$$

在变换后坐标系中该方程会是什么形式呢？由于 ρ 是标量，因此等号右侧将会是 $\rho'(x',\ y')/\varepsilon_0$，而且有

$$\rho(x,y)=\rho'(x',y') \tag{15.56}$$

其中（x，y）和（x'，y'）对应于空间同一位置。

等号左侧看起来像是 ∇和 $\boldsymbol{E}$ 的矢量点积，我们希望它是个不变量。也就是说，方程在变化后坐标系中具有如下形式：

$$\nabla'\cdot\boldsymbol{E}'=\frac{\partial E'_x}{\partial x'}+\frac{\partial E'_y}{\partial y'}=\frac{\rho'(x',y')}{\varepsilon_0} \tag{15.57}$$

但是这需要进行证明，因为 ∇并不是一个具有数值分量的普通矢量。以下是证明过程。

考虑式（15.55）的左侧，我们要将所有变换前参考系中的量表示成变换后参考系中的量，然后再看是否得到了相同的表达式。首先将 $\boldsymbol{E}(x,\ y)$ 按式（15.53）和式（15.54）表示成旋转后的 $\boldsymbol{E}'(x',\ y')$：

$$\frac{\partial E_x}{\partial x}+\frac{\partial E_y}{\partial y}=\frac{\partial(E'_x\cos\theta-E'_y\sin\theta)}{\partial x}+\frac{\partial(E'_x\sin\theta+E'_y\cos\theta)}{\partial y} \tag{15.58}$$

这里变换后参考系中的电场应该是变换后参考系中坐标的函数。接下来，我们将把对变换前坐标的偏微分替换成对变换后坐标的偏微分。

一般来说，如果 $F'(x',\ y')$ 是 x'和 y'的函数，我们就只能定义它对 x'和 y'的偏微分，而不能定义它对其他无关的变量（x，y）的偏微分。但是，如果两组变量可以通过某些变换联系起来，如下面所示的变换，

$$x'=x\cos\theta+y\sin\theta \tag{15.59}$$

$$y'=-x\sin\theta+y\cos\theta \tag{15.60}$$

那么 F'就可以表示成（x，y）的函数：

$$F'(x',y')=F'(x'(x,y),y'(x,y)) \tag{15.61}$$

这样就可以利用如下链式法则将上面函数对（x，y）求偏微分：

$$\frac{\mathrm{d}F(z(w))}{\mathrm{d}w}=\frac{\mathrm{d}F}{\mathrm{d}z}\cdot\frac{\mathrm{d}z}{\mathrm{d}w} \tag{15.62}$$

由变换式（15.59）和式（15.60）可得

$$\frac{\partial x'}{\partial x}=\cos\theta \qquad \frac{\partial x'}{\partial y}=\sin\theta \tag{15.63}$$

$$\frac{\partial y'}{\partial x}=-\sin\theta \qquad \frac{\partial y'}{\partial y}=\cos\theta \tag{15.64}$$

因此对任意函数 $F'(x', y')$ 有

$$\begin{aligned}\frac{\partial F'(x',y')}{\partial x}&=\frac{\partial F'}{\partial x'}\frac{\partial x'}{\partial x}+\frac{\partial F'}{\partial y'}\frac{\partial y'}{\partial x}\\&=\frac{\partial F'}{\partial x'}\cos\theta+\frac{\partial F'}{\partial y'}(-\sin\theta)\end{aligned} \tag{15.65}$$

$$\begin{aligned}\frac{\partial F'}{\partial y}&=\frac{\partial F'}{\partial x'}\frac{\partial x'}{\partial y}+\frac{\partial F'}{\partial y'}\frac{\partial y'}{\partial y}\\&=\frac{\partial F'}{\partial x'}\sin\theta+\frac{\partial F'}{\partial y'}\cos\theta\end{aligned} \tag{15.66}$$

由于上面两式对任意函数 F'都成立，因此有

$$\frac{\partial}{\partial x}=\frac{\partial}{\partial x'}\cos\theta-\frac{\partial}{\partial y'}\sin\theta \tag{15.67}$$

$$\frac{\partial}{\partial y}=\frac{\partial}{\partial x'}\sin\theta+\frac{\partial}{\partial y'}\cos\theta \tag{15.68}$$

其中等号意味着当等号的左侧和右侧作用到任一函数 F'上时将得到同样的结果。如果我们忽略等号两边出现的不是数值而是偏微分这一事实，就能得到如下对应关系：

$$\left(\frac{\partial}{\partial x},\frac{\partial}{\partial y}\right)\leftrightarrow(x,y) \tag{15.69}$$

其中↔表示在坐标系发生转动时，↔两侧的量是按相同的方式变换到旋转后坐标系中的。这就保证了

$$\nabla\cdot\boldsymbol{E}=\nabla'\cdot\boldsymbol{E}' \tag{15.70}$$

上式就如同其他点积一样，在旋转变换下保持不变。下面我们回到式（15.58）来进行一个详细的证明，将其中的偏微分进行如下替换：

$$\frac{\partial E_x}{\partial x}+\frac{\partial E_y}{\partial y}=\frac{\partial(E'_x\cos\theta-E'_y\sin\theta)}{\partial x}+\frac{\partial(E'_x\sin\theta+E'_y\cos\theta)}{\partial y} \tag{15.71}$$

$$= \left(\frac{\partial}{\partial x'}\cos\theta - \frac{\partial}{\partial y'}\sin\theta\right)(E'_x\cos\theta - E'_y\sin\theta) +$$

$$\left(\frac{\partial}{\partial x'}\sin\theta + \frac{\partial}{\partial y'}\cos\theta\right)(E'_x\sin\theta + E'_y\cos\theta) \tag{15.72}$$

$$= \frac{\partial E'_x}{\partial x'} + \frac{\partial E'_y}{\partial y'} \tag{15.73}$$

这样我们就证明了 $\nabla \cdot \boldsymbol{E}$ 不仅看起来是个标量，其变换也像一个标量一样。（这从式（15.55）就已经可以看出，其大小等于标量 ρ/ε_0。）相似地，$\nabla\times\boldsymbol{E}$ 看起来是个矢量，在旋转变换下它同样是像矢量一样进行变换。

15.6 洛伦兹标量和矢量

当我们从讨论转动变换过渡到讨论洛伦兹变换时，在对标量和矢量进行定义和操作时，存在相似的处理步骤。

洛伦兹标量在洛伦兹变换下保持不变，如 $X \cdot X$ 或者 $X \cdot P$。

洛伦兹矢量，或者简单地说，四维矢量 $V=(V_0, V_1)$ 按如下方式进行变换：

$$V'_0 = \frac{V_0 - \beta V_1}{\sqrt{1-\beta^2}} \tag{15.74}$$

$$V'_1 = \frac{V_1 - \beta V_0}{\sqrt{1-\beta^2}} \tag{15.75}$$

其逆变换可以通过将 β 反号得到：

$$V_0 = \frac{V'_0 + \beta V'_1}{\sqrt{1-\beta^2}} \tag{15.76}$$

$$V_1 = \frac{V'_1 + \beta V'_0}{\sqrt{1-\beta^2}} \tag{15.77}$$

像前面一样，这里我们对 $(x_0, x_1)\equiv(ct, x)$ 的函数运用链式法则可得

$$\frac{\partial}{\partial x_0} = \frac{\partial}{\partial x'_0}\frac{1}{\sqrt{1-\beta^2}} - \frac{\partial}{\partial x'_1}\frac{\beta}{\sqrt{1-\beta^2}} = \frac{\dfrac{\partial}{\partial x'_0} - \beta\dfrac{\partial}{\partial x'_1}}{\sqrt{1-\beta^2}} \tag{15.78}$$

$$\frac{\partial}{\partial x_1} = \frac{\partial}{\partial x'_1}\frac{1}{\sqrt{1-\beta^2}} - \frac{\partial}{\partial x'_0}\frac{\beta}{\sqrt{1-\beta^2}} = \frac{\dfrac{\partial}{\partial x'_1} - \beta\dfrac{\partial}{\partial x'_0}}{\sqrt{1-\beta^2}} \tag{15.79}$$

将这一结果与式（15.76）和式（15.77）进行比较可以看出，$(\partial/\partial x_0, \partial/\partial x_1)$

的变换与（V_0，V_1）的变换不同，式中出现了负号。但是如果我们定义

$$\nabla=(\nabla_0, \nabla_1)=\left(\frac{\partial}{\partial x_0}, -\frac{\partial}{\partial x_1}\right) \tag{15.80}$$

这样∇的分量就像四维矢量一样进行变换：

$$\nabla_0=\frac{\nabla_0'+\beta\nabla_1'}{\sqrt{1-\beta^2}} \tag{15.81}$$

$$\nabla_1=\frac{\nabla_1'+\beta\nabla_0'}{\sqrt{1-\beta^2}} \tag{15.82}$$

如下算符也就在洛伦兹变换下保持不变：

$$\nabla\cdot\nabla=\nabla'\cdot\nabla' \tag{15.83}$$

即

$$\nabla_0^2-\nabla_1^2=(\nabla_0')^2-(\nabla_1')^2 \tag{15.84}$$

这可以通过式（15.81）和式（15.82）进行证明。这就意味着对任意函数 $F'(x_0', x_1')$ 都有

$$\frac{\partial^2 F'(x_0',x_1')}{\partial x_0^2}-\frac{\partial^2 F'(x_0',x_1')}{\partial x_1^2}=\frac{\partial^2 F'(x_0',x_1')}{\partial(x_0')^2}-\frac{\partial^2 F'(x_0',x_1')}{\partial(x_1')^2} \tag{15.85}$$

不管 F' 是什么样的函数，上式都是成立的。但是，如果它表示一个标量场，即有

$$F'(x_0',x_1')=F(x_0,x_1) \tag{15.86}$$

我们就可以将式（15.85）改写成表示 $\nabla\cdot\nabla F$ 是一个洛伦兹不变量的形式：

$$\frac{\partial^2 F(x_0,x_1)}{\partial x_0^2}-\frac{\partial^2 F(x_0,x_1)}{\partial x_1^2}=\frac{\partial^2 F'(x_0',x_1')}{\partial(x_0')^2}-\frac{\partial^2 F'(x_0',x_1')}{\partial(x_1')^2} \tag{15.87}$$

表示成更为熟悉的形式，$\nabla\cdot\nabla=\nabla'\cdot\nabla'$ 代表了

$$\frac{1}{c^2}\frac{\partial^2}{\partial t^2}-\frac{\partial^2}{\partial x^2}=\frac{1}{c^2}\frac{\partial^2}{\partial t'^2}-\frac{\partial^2}{\partial x'^2} \tag{15.88}$$

如果引入所有四个坐标，作为四维矢量变换的是

$$\nabla=\left(\frac{\partial}{\partial x_0},\frac{\partial}{\partial x},\frac{\partial}{\partial y},\frac{\partial}{\partial z}\right) \tag{15.89}$$

并且

$$\nabla\cdot\nabla=\nabla'\cdot\nabla' \tag{15.90}$$

代表

$$\frac{1}{c^2}\frac{\partial^2}{\partial t^2}-\frac{\partial^2}{\partial x^2}-\frac{\partial^2}{\partial y^2}-\frac{\partial^2}{\partial z^2}=\frac{1}{c^2}\frac{\partial^2}{\partial t'^2}-\frac{\partial^2}{\partial x'^2}-\frac{\partial^2}{\partial y'^2}-\frac{\partial^2}{\partial z'^2} \tag{15.91}$$

15.7 四维电流密度 J

前面提到电动力学可以用两个四维矢量 J 和 A 表示出来。这里介绍第一个四维

矢量 J。

首先考虑电荷密度 ρ 和电流密度矢量 $\boldsymbol{j}$。如果只讨论沿 x 轴的运动，就可以将电流密度的矢量符号去掉，就如同我们在前面引入和学习洛伦兹变换时用 $(x,\ t)$ 来代替 $(x,\ y,\ z,\ t)=(\boldsymbol{r},\ t)$ 一样。这是因为空间和时间的不可分割性主要通过 x 和 t 的相互关联表现出来，而 y 和 z 方向通常不受影响。

考虑一个静止的电荷密度为 ρ_0 的微小带电体，与其相对应的电流为零。如果在另一参考系进行观察，该带电体以速度 v 运动，由于在运动方向上的长度收缩效应，该带电体的电荷密度将变大，而电荷的运动又对应于一定的电流：

$$\rho=\frac{\rho_0}{\sqrt{1-v^2/c^2}} \tag{15.92}$$

$$j=\rho v=\frac{\rho_0 v}{\sqrt{1-v^2/c^2}} \tag{15.93}$$

这与下述方程的形式相同：

$$\frac{E}{c^2}=\frac{m_0}{\sqrt{1-v^2/c^2}} \tag{15.94}$$

$$p=\frac{m_0 v}{\sqrt{1-v^2/c^2}}=\frac{E}{c^2}v \tag{15.95}$$

为了突出相似性，其中的不变量质量表示成 m_0，而不是 m。

这样就得到了两个四维矢量之间的对应关系：

$$\left[\frac{E}{c^2},p\right]\leftrightarrow[\rho,j] \tag{15.96}$$

其中↔表示两个矢量在进行洛伦兹变换时都是按相同的方式进行变换。

通常我们会引入一个因子 c，这样四维矢量的所有分量就具有相同的量纲。这就决定了能量-动量四维矢量 P、四维电流矢量 J、以及时空位置矢量 X 的变换规律彼此间的对应性：

$$P=\left[\frac{E}{c},p\right]\leftrightarrow J=[\rho c,j]\leftrightarrow X=(ct,x) \tag{15.97}$$

J 的分量有以下几种等价的表示方式：

$$J=(J_0,J_1,J_2,J_3)\equiv(\rho c,j_x,j_y,j_z)\equiv(\rho c,\boldsymbol{j}) \tag{15.98}$$

15.7.1 电荷守恒和四维电流密度 J

电荷守恒定律可以用如下方程表示出来。想象一个闭合曲面 S，其包围的体积为 V。电流密度 $\boldsymbol{j}$ 对该闭合曲面 S 的面积分，就表示每秒流出闭合曲面的电荷量。如果电荷既不能凭空产生也不能凭空消失，它就应该等于体积 V 中单位时间减少的电荷量。因此电荷守恒定律可表示为

$$\oint_{S=\partial V} \boldsymbol{j} \cdot \mathrm{d}\boldsymbol{S} = \frac{\mathrm{d}}{\mathrm{d}t}\int_V \rho(\boldsymbol{r},t)\,\mathrm{d}^3 r = \int_V \left[-\frac{\partial p}{\partial t}\right] \mathrm{d}^3 r \tag{15.99}$$

回顾积分形式的麦克斯韦方程：

$$\oint_{S=\partial V} \boldsymbol{E} \cdot \mathrm{d}\boldsymbol{S} = \int_V \frac{\rho}{\varepsilon_0}\mathrm{d}^3\boldsymbol{r} \tag{15.100}$$

意味着如下微分形式的麦克斯韦方程：

$$\nabla \cdot \boldsymbol{E} = \frac{\rho}{\varepsilon_0} \tag{15.101}$$

因此与 $\boldsymbol{j}$ 和 ρ 有关的**连续性方程**可写成

$$\nabla \cdot \boldsymbol{j} + \frac{\partial \rho}{\partial t} = 0 \tag{15.102}$$

令人惊奇的是这是一个四维方程，且在洛伦兹变换下保持不变，这是因为它可以写成如下四维矢量点积的形式：

$$\nabla \cdot J = 0 \tag{15.103}$$

其中

$$\nabla = (\nabla_0,\ \nabla_1,\ \nabla_2,\ \nabla_3) = \left(\frac{\partial}{\partial ct}, -\frac{\partial}{\partial x}, -\frac{\partial}{\partial y}, -\frac{\partial}{\partial z}\right) \tag{15.104}$$

$$J = (\rho c, j_x, j_y, j_z) \tag{15.105}$$

与 J、P 或 X 相同，其他所有四维矢量都由符号相同的标量和矢量构成，如 $X=(X_0,\ X_1,\ X_2,\ X_3)=(ct,\ x,\ y,\ z)$，而四维算符 ∇ 的分量中在空间偏微分前却被定义为负号。这样，其与 J 的四维点积中就不会出现典型矢量（如 X 或 P）点积所构成的洛伦兹不变量中通常存在的负号。

15.8 四维势 A

出于多种原因，电动力学中需要引入势的概念，其中一个原因就是要使麦克斯韦方程组更容易求解。

这里从麦克斯韦方程组（不能被经常地写出来）的**微分形式**出发进行讨论：

$$\nabla \cdot \boldsymbol{E} = \frac{\rho}{\varepsilon_0} \qquad \text{Ⅰ；} \tag{15.106}$$

$$\nabla \cdot \boldsymbol{B} = 0 \qquad \text{Ⅱ；} \tag{15.107}$$

$$\nabla \times \boldsymbol{E} + \frac{\partial \boldsymbol{B}}{\partial t} = 0 \qquad \text{Ⅲ；} \tag{15.108}$$

$$\nabla \times \boldsymbol{B} = \mu_0 \boldsymbol{j} + \mu_0 \varepsilon_0 \frac{\partial \boldsymbol{E}}{\partial t} \qquad \text{Ⅳ；} \tag{15.109}$$

$$\boldsymbol{F} = q(\boldsymbol{E} + \boldsymbol{v} \times \boldsymbol{B}) \qquad \text{洛伦兹力公式} \tag{15.110}$$

我们的目的是在已知电荷和电流分布的情况下求解出 $\boldsymbol{E}$ 和 $\boldsymbol{B}$，然后再利用洛伦兹力公式求得电荷受到的作用力。

注意到中间两个方程与 ρ 和 $\boldsymbol{j}$ 无关，因此可以通过参数化 $\boldsymbol{E}$ 和 $\boldsymbol{B}$ 来使这两个方程同时被满足。在对这两个方程进行处理前，我们先来看一个关于这种方法的简单例子。假设 $A(t)$ 和 $B(t)$ 是两个任何时间都满足如下方程的变量：

$$A^2(t)+B^2(t)=5 \tag{15.111}$$

$$A^2(t)-B^2(t)=5\cos 12t \tag{15.112}$$

如果将它们用参数 $\theta(t)$ 以如下方式表示出来：

$$A(t)=\sqrt{5}\sin\theta(t) \quad B(t)=\sqrt{5}\cos\theta(t) \tag{15.113}$$

可以看出，**不管 $\theta(t)$ 是多少**，式（15.111）都会成立。如果只有式（15.111），参数方程就找到了。但是由于还存在式（15.112），就会对 $\theta(t)$ 的取值加以限制。将参数式（15.113）代入式（15.112）可得

$$5(\cos^2\theta-\sin^2\theta)=5\cos 2\theta=5\cos 12t \tag{15.114}$$

求解可得 $\theta(t)=6t\pm m\pi$，其中 m 为任意整数。

下面是实际的问题。我们按如下方式对 $\boldsymbol{E}$ 和 $\boldsymbol{B}$ 进行参数化，这样就使中间两个麦克斯韦方程变成等式：

$$\boldsymbol{B}=\nabla\times\boldsymbol{A} \tag{15.115}$$

$$\boldsymbol{E}=-\nabla V-\frac{\partial\boldsymbol{A}}{\partial t} \tag{15.116}$$

$\boldsymbol{B}$ 可表示成矢势 $\boldsymbol{A}$ 的旋度，

$$\boldsymbol{B}=\nabla\times\boldsymbol{A} \tag{15.117}$$

这与电场强度 $\boldsymbol{E}$ 可表示成标势 V 的梯度非常相似：$-\nabla V=\boldsymbol{E}$。当考虑随时间变化的情况，电场强度 $\boldsymbol{E}$ 不再是保守的，其环流与变化的磁场有关。这就通过式（15.116）中包含的 $-\partial A/\partial t$ 项表现出来。

下面我们来看参数 V 和 $\boldsymbol{A}$ 是如何使麦克斯韦方程组中间的两个方程式成为恒等式的。

首先我们看到

$$\nabla\cdot\boldsymbol{B}=\frac{\partial B_x}{\partial x}+\frac{\partial B_y}{\partial y}+\frac{\partial B_z}{\partial z} \tag{15.118}$$

$$=\frac{\partial}{\partial x}\left(\frac{\partial A_z}{\partial y}-\frac{\partial A_y}{\partial z}\right)+\frac{\partial}{\partial y}\left(\frac{\partial A_x}{\partial z}-\frac{\partial A_z}{\partial x}\right)+\frac{\partial}{\partial z}\left(\frac{\partial A_y}{\partial x}-\frac{\partial A_x}{\partial y}\right) \tag{15.119}$$

$$\equiv 0 \tag{15.120}$$

其值为 0，这是因为交叉偏微分相互抵消了。

下面再将式（15.116）和式（15.115）代入麦克斯韦方程Ⅲ的左侧：

$$\nabla\times\boldsymbol{E}+\frac{\partial\boldsymbol{B}}{\partial t}=\nabla\times\left(-\nabla V-\frac{\partial\boldsymbol{A}}{\partial t}\right)+\frac{\partial(\nabla\times\boldsymbol{A})}{\partial t} \tag{15.121}$$

$$= -\nabla\times\nabla V+\nabla\times\left(-\frac{\partial \boldsymbol{A}}{\partial t}\right)+\frac{\partial(\nabla\times\boldsymbol{A})}{\partial t} \tag{15.122}$$

$$= -\boldsymbol{i}\left(\frac{\partial^2 V}{\partial y\partial z}-\frac{\partial^2 V}{\partial z\partial y}\right)-\boldsymbol{j}\left(\frac{\partial^2 V}{\partial z\partial x}-\frac{\partial^2 V}{\partial x\partial z}\right)-\boldsymbol{k}\left(\frac{\partial^2 V}{\partial x\partial y}-\frac{\partial^2 V}{\partial y\partial x}\right)$$

$$\equiv 0 \tag{15.123}$$

这里用到

$$\nabla\times\left(\frac{\partial \boldsymbol{A}}{\partial t}\right)=\frac{\partial(\nabla\times\boldsymbol{A})}{\partial t} \tag{15.124}$$

不管你是否能理解推导过程，你只需要记住：如果我们将 $\boldsymbol{E}$ 和 $\boldsymbol{B}$ 用标势和矢势表示成如下形式，麦克斯韦方程组中间两个与电荷和电流无关的方程就同时被满足：

$$\boldsymbol{B}=\nabla\times\boldsymbol{A} \tag{15.125}$$

$$\boldsymbol{E}=-\nabla V-\frac{\partial \boldsymbol{A}}{\partial t} \tag{15.126}$$

这就好比是设 $A(t)=\sqrt{5}\sin\theta(t)$ 和 $B(t)=\sqrt{5}\cos\theta(t)$ 一样。我们知道，如果只考虑方程 $A^2+B^2=5$，$\theta(t)$ 就可以取任意值。相似地，如果我们只考虑麦克斯韦方程组中间两个与电荷和电流无关的方程，V 和 $\boldsymbol{A}$ 也可以任意取值。下面我们再来考虑麦克斯韦方程组的另外两个方程（就如同方程 $A^2-B^2=5\cos 12t$，通过它可求得 $\theta(t)$ 的取值），以得到 V 和 $\boldsymbol{A}$ 所满足的方程。

在将式（15.126）和式（15.125）代入右侧有电荷和电流密度的麦克斯韦方程之前，还需要讨论一个问题。

15.8.1 规范不变性

如果空间内分布着一些试验电荷，我们可以测出空间各点的 $\boldsymbol{E}$ 和 $\boldsymbol{B}$，但是却不能确定空间各点的 V 和 $\boldsymbol{A}$。这是因为 V 和 $\boldsymbol{A}$ 的空间分布取值不是唯一的：假设某种 V 和 $\boldsymbol{A}$ 的空间分布取值决定了空间各点的 $\boldsymbol{E}$ 和 $\boldsymbol{B}$，那么由任一函数 χ 决定的另一对（$\widetilde{V}$，$\widetilde{\boldsymbol{A}}$）

$$\widetilde{\boldsymbol{A}}=\boldsymbol{A}+\nabla\chi \tag{15.127}$$

$$\widetilde{V}=V-\frac{\partial\chi}{\partial t} \tag{15.128}$$

的空间分布取值将产生相同的 $\boldsymbol{E}$ 和 $\boldsymbol{B}$ 的分布。你可以自己去证明这一点。使 V 和 $\boldsymbol{A}$ 发生对某一函数 χ 的偏微分的变化过程被称为规范变换。这样两组（V，A）和（$\widetilde{V}$，$\widetilde{\boldsymbol{A}}$）取值被称为规范等价或者互为规范变换。在前面学习的静电学和引力场中，势函数 V 可定义为相差任一常数。而这里的规范不变性反映了在随时间变化的电磁学一般情形中势函数更广的取值可能。

还记得我们可以有目的地任意设定 V 为某一常数吗？当讨论空间问题时，我们会选取无限远处的 $V(r\to\infty)=0$。在讨论地面附近的问题时，我们会选取地球表面处势能为 0，即 $r=R_E$ 时，$V(r=R_E)=0$。

相似地，我们可以利用规范自由度来简化计算，通过给 V 和 $\boldsymbol{A}$ 设置附加条件，就可以在物理上彼此等价的 V 和 $\boldsymbol{A}$ 的不同取值中选取一组最具代表性的取值，这种附加条件被称为规范条件。例如，我们可以要求由 $\boldsymbol{A}$ 经规范变换得到的 $\widetilde{\boldsymbol{A}}$ 满足

$$\frac{\partial \widetilde{A}_x}{\partial x}+\frac{\partial \widetilde{A}_y}{\partial y}+\frac{\partial \widetilde{A}_z}{\partial z}\equiv\nabla\cdot\widetilde{\boldsymbol{A}}=0 \tag{15.129}$$

这被称为库仑规范。虽然我们不去进行证明，但是对于任意的 $\boldsymbol{A}$，都可以通过规范变换（通过选取适当的 χ）得到满足库仑规范条件的 $\widetilde{\boldsymbol{A}}$。

在讨论相对论不变性时需要用到的规范条件称为洛伦兹规范：

$$\frac{\partial \widetilde{A}_x}{\partial x}+\frac{\partial \widetilde{A}_y}{\partial y}+\frac{\partial \widetilde{A}_z}{\partial z}+\frac{1}{c^2}\frac{\partial \widetilde{V}}{\partial t}=0 \tag{15.130}$$

为了方便后面的讨论，可将上式改写成如下形式（去掉 $\boldsymbol{A}$ 上面的~，因为从现在开始这将是 $\boldsymbol{A}$ 满足的唯一一个规范条件）：

$$\nabla\cdot\boldsymbol{A}=-\frac{1}{c^2}\frac{\partial V}{\partial t} \tag{15.131}$$

有了这个条件，包含电荷和电流的麦克斯韦方程就变成了（V，$\boldsymbol{A}$）满足的波动方程。这里我将推导其中的一个波动方程，另外一个留给你们自己推导。

15.9 四维矢量 A 的波动方程

首先从下式开始：

$$\nabla\cdot\boldsymbol{E}=\frac{\rho}{\varepsilon_0} \tag{15.132}$$

我们用 V 和 $\boldsymbol{A}$ 来定义 $\boldsymbol{E}$：

$$\boldsymbol{E}=-\nabla V-\frac{\partial \boldsymbol{A}}{\partial t} \tag{15.133}$$

这样就得到

$$-\nabla\cdot\nabla V-\frac{\partial\nabla\cdot\boldsymbol{A}}{\partial t}=\frac{\rho}{\varepsilon_0} \tag{15.134}$$

这里用到

$$\nabla\cdot\frac{\partial \boldsymbol{A}}{\partial t}=\frac{\partial\nabla\cdot\boldsymbol{A}}{\partial t} \tag{15.135}$$

这样，V 和 $\boldsymbol{A}$ 通过式（15.134）联系了起来。又由于

$$\nabla\cdot\nabla=\left(\boldsymbol{i}\frac{\partial}{\partial x}+\boldsymbol{j}\frac{\partial}{\partial y}+\boldsymbol{k}\frac{\partial}{\partial z}\right)\cdot\left(\boldsymbol{i}\frac{\partial}{\partial x}+\boldsymbol{j}\frac{\partial}{\partial y}+\boldsymbol{k}\frac{\partial}{\partial z}\right) \tag{15.136}$$

$$=\left(\frac{\partial^2}{\partial x^2}+\frac{\partial^2}{\partial y^2}+\frac{\partial^2}{\partial z^2}\right) \tag{15.137}$$

而且

$$\frac{\partial}{\partial t}\nabla\cdot\boldsymbol{A}=-\frac{1}{c^2}\frac{\partial^2 V}{\partial t^2}\quad\text{［洛伦兹规范的时间微分，式（15.131）］} \tag{15.138}$$

全部代入式（15.134）可得只包含 V 的方程

$$\frac{\partial^2 V}{\partial x^2}+\frac{\partial^2 V}{\partial y^2}+\frac{\partial^2 V}{\partial z^2}-\frac{1}{c^2}\frac{\partial^2 V}{\partial t^2}=-\frac{\rho}{\varepsilon_0} \tag{15.139}$$

对 $\nabla\times\boldsymbol{B}$ 的方程进行相似的处理，就能在洛伦兹规范条件下得到一个 $\boldsymbol{A}$ 满足的方程。

这样就将 $\boldsymbol{E}$ 和 $\boldsymbol{B}$ 满足的包含 ρ 和 $\boldsymbol{j}$ 的方程改写成了如下 V 和 $\boldsymbol{A}$ 满足的最终方程：

$$\frac{\partial^2 V}{\partial x^2}+\frac{\partial^2 V}{\partial y^2}+\frac{\partial^2 V}{\partial z^2}-\frac{1}{c^2}\frac{\partial^2 V}{\partial t^2}=-\frac{\rho}{\varepsilon_0} \tag{15.140}$$

$$\frac{\partial^2 \boldsymbol{A}}{\partial x^2}+\frac{\partial^2 \boldsymbol{A}}{\partial y^2}+\frac{\partial^2 \boldsymbol{A}}{\partial z^2}-\frac{1}{c^2}\frac{\partial^2 \boldsymbol{A}}{\partial t^2}=-\mu_0\boldsymbol{j} \tag{15.141}$$

这两个方程被称为**非齐次波动方程**或者**有源波动方程**。它们的解将展现出相对论要求的延迟性：$A(t,\ \boldsymbol{r})$ 将受到 $t'=t-|\boldsymbol{r}-\boldsymbol{r}'|/c$ 时刻的 $J(t',\ \boldsymbol{r}')$ 的影响。

这两个方程在爱因斯坦之前就已经得到了。而在爱因斯坦之后才认识到 V 和 $\boldsymbol{A}$ 组合在一起就构成了四维势

$$A=\left(\frac{V}{c},\boldsymbol{A}\right)\equiv(A_0,A_1,A_2,A_3) \tag{15.142}$$

而且**结合式（15.140）和式（15.141）可以得到联系四维矢量 A 和四维矢量 J 的单个波动方程**。

要证明这一点，可以

（1）将第 1 个式子中的 V 写成 V/c 的形式；

（2）记住 ρc 为 J 的第 0 个分量，而 V/c 为 A 的第 0 个分量；

（3）最后运用 $1/(\varepsilon_0 c^2)=\mu_0$。

这样就得到

$$\frac{\partial^2 A}{\partial x^2}+\frac{\partial^2 A}{\partial y^2}+\frac{\partial^2 A}{\partial z^2}-\frac{1}{c^2}\frac{\partial^2 A}{\partial t^2}=-\mu_0 J \tag{15.143}$$

这里 A 由式（15.142）定义。我们还可以将此方程改写成

$$\nabla\cdot\nabla A=\mu_0 J \tag{15.144}$$

这一方程表明 $A=(V,\ \boldsymbol{A})$ 是一个四维矢量。这是因为方程右侧为四维矢量 J，

而方程左侧的偏微分组合（∇和∇的点积）又在洛伦兹变换下保持不变。因此，A 就一定像四维矢量 J 一样进行变换。

保证洛伦兹不变性的关键是由式（15.130）给出的洛伦兹规范条件，即

$$\frac{\partial A_x}{\partial x}+\frac{\partial A_y}{\partial y}+\frac{\partial A_z}{\partial z}+\frac{1}{c^2}\frac{\partial V}{\partial t}=0 \tag{15.145}$$

它也可以表示成如下四维的形式：

$$\nabla\cdot A=0 \tag{15.146}$$

这是因为

$$\frac{1}{c^2}\frac{\partial V}{\partial t}=\frac{\partial(V/c)}{\partial(ct)}=\frac{\partial V_0}{\partial x_0} \tag{15.147}$$

至于 $\nabla\cdot J$，由于 ∇的定义中含有负号，所以点积中就没有负号了。

这样，所有的重要方程都写成了四维矢量的形式，且所有的方程在洛伦兹变换下都具有相同的形式，其中的速度 c 取同一常数。关键点是，这里所做的不是去修改爱因斯坦之前的电动力学，而只是将它重新表示成四维矢量的形式。

当麦克斯韦得到了波动方程时，就产生了这样一个问题："波速 c 是相对于谁的？"一般来说，波速是相对于波在其中传播的媒质的。假设光是在一种叫作以太的媒质中传播的，那么 c 的大小就只能由相对于以太静止的观察者测得。如果考虑伽利略变换

$$x=x'+ut' \tag{15.148}$$

$$t=t' \tag{15.149}$$

就能得到如下速度变换式：

$$\frac{\mathrm{d}x}{\mathrm{d}t}=\frac{\mathrm{d}x'}{\mathrm{d}t}+u \tag{15.150}$$

显然，对于相对于以太运动的观察者来说，光速就不等于 c。这样人们可以通过测出光相对于自己的速度再减去 c，就能得到自己相对于以太的运动速度。

当然，不管什么时候、在哪里、由谁去进行测量，最终测得的都是相同的光速 c。这在当时引起了很大的困惑，直到爱因斯坦提出放弃以太这一不必要的概念（在推导波动方程时从未引用它）。如果用洛伦兹变换去改变时空坐标，波动方程的形式将保持不变，且对所有惯性系的观测者来说光速 c 都具有相同的数值。

在爱因斯坦之前，亨德里克 · A · 洛伦兹（1853—1928）、约瑟夫 · 拉莫尔（1857—1942）以及其他科学家已经提出相对于以太的运动能导致时钟变慢、棒的长度缩短，这恰巧和爱因斯坦后来推导出来的结论是一致的。亨利 · 庞加莱（1854—1912）甚至还写出了现代形式的洛伦兹变换，并且证明了它能使光传播的波动方程的形式保持不变。然而，在洛伦兹等人看来，长度收缩和时间延缓是一种真实的效应，这是由相对于无孔不入的媒质即以太的绝对运动引起的。而爱因斯坦才解释了这些效应是相对的，是相对论不变性所要求的。

15.9.1 为什么要用 V 和 A 来表示

考虑到 $A=(V/c,\ \boldsymbol{A})$ 不是唯一的，且还需要一个任意的规范条件对其进行约束，为什么还要用它们来表示麦克斯韦方程式呢？原因只有一个，就是 A 是一个四维矢量，用它来表示麦克斯韦方程组就能保证方程的洛伦兹不变性。那么为什么不从 $\boldsymbol{E}$ 和 $\boldsymbol{B}$ 满足的麦克斯韦方程组和洛伦兹力公式出发，去证明它们在洛伦兹变换下保持不变呢？这其中的原因是 $\boldsymbol{E}$ 和 $\boldsymbol{B}$ 不能变成四维矢量的组成部分，而只能变成并不为人所熟悉的张量的组成部分。如果不需要去证明洛伦兹不变性，我们确实可以不去讨论 V 和 $\boldsymbol{A}$，而继续用 $\boldsymbol{E}$ 和 $\boldsymbol{B}$ 进行讨论。

如果我们讨论的是量子理论，情况就不是这样了。此时我们别无选择，只能用 V 和 $\boldsymbol{A}$ 来进行讨论。在量子理论已有的公式中还没有直接用 $\boldsymbol{E}$ 和 $\boldsymbol{B}$ 场来表示的。

一个由亚克·阿哈诺夫（1932—）和戴维·玻姆（1917—1992）提出的实验对为什么要用 A 来进行讨论给出了非常有意思的说明。想象粒子在一个平面内运动，比如说纸面，一个载有磁通量的无限长螺线管垂直穿过纸面。在螺线管外面 $\boldsymbol{B}=0$，但是 $\boldsymbol{A}\neq 0$。（也就是说，$\boldsymbol{A}$ 在螺线管内外都不等于零，但是只有在螺线管里面 $\boldsymbol{A}$ 才有旋度。）如果粒子不能进入螺线管内部，则它们不应该受到螺线管内部磁通量的影响。但实际上它们却受到了影响。即使粒子不进入螺线管，只是在 $\boldsymbol{B}=0$ 的区域运动，它们也能受到螺线管内磁通量的影响。要解释这一实验，就需要用到量子力学的知识，这不可避免地要用到 $\boldsymbol{A}$。

最后还要强调的是，就如我一开始提到的，关于电磁相互作用、弱相互作用和强相互作用的理论都属于规范场论。这也是我在这里介绍这些内容的原因。

15.10 电磁张量 $\mathcal{F}$

我们再回到经典电动力学。假如你不想用四维势 A，而是更愿意用 $\boldsymbol{E}$ 和 $\boldsymbol{B}$ 场来进行讨论。如果 $\boldsymbol{E}$ 和 $\boldsymbol{B}$ 不能和其他标量一起构成四维矢量，而只能由其自身的六个分量组合在一起构成一个张量，那么如何才能用 $\boldsymbol{E}$ 和 $\boldsymbol{B}$ 来表示电动力学的洛伦兹不变性呢？要回答这个问题，我们需要先弄清楚什么是张量。

15.10.1 张量

我们知道，一个三维空间的标量只有一个（3^0）分量。一个三维空间的矢量 $\boldsymbol{V}$ 有 $3^1=3$ 个分量，可以表示成 V_x、V_y、V_z或者 V_1、V_2、V_3。一个二阶张量 T 有 $3^2=9$ 个分量，这里我们只讨论二阶张量的情形。

二阶张量 T 的分量是什么，它们是怎样进行旋转变换的呢？

你也许能猜到，T 的分量可以表示成 T_{11}，T_{12}，…，T_{33}或者 T_{xx}，T_{xy}，…，T_{zz}。当坐标轴发生旋转时，与矢量的 3 个分量的变换方式相似，T 的 9 个分量将变换成彼此间的线性组合。其变换法则是什么呢？找到变换法则的一种方法就是用两个矢量 $\boldsymbol{V}=(V_x, V_y, V_z)$ 和 $\boldsymbol{W}=(W_x, W_y, W_z)$ 按如下方式去构成一个张量：

$$T_{xx}=V_xW_x \tag{15.151}$$

$$T_{xy}=V_xW_y \tag{15.152}$$

$$\cdots\quad\cdots \tag{15.153}$$

$$T_{zz}=V_zW_z \tag{15.154}$$

旋转后张量的分量可由旋转后矢量的分量得到。例如，对于绕 z 轴旋转 θ 的情形，我们有

$$V'_x=V_x\cos\theta+V_y\sin\theta \tag{15.155}$$

$$V'_y=-V_x\sin\theta+V_y\cos\theta \tag{15.156}$$

$$V'_z=V_z \tag{15.157}$$

对于矢量 $\boldsymbol{W}$ 也有相似的变换。这样我们就得到

$$T'_{xx}=V'_xW'_x \tag{15.158}$$

$$=(V_x\cos\theta+V_y\sin\theta)(W_x\cos\theta+W_y\sin\theta) \tag{15.159}$$

$$=T_{xx}\cos^2\theta+T_{xy}\cos\theta\sin\theta+T_{yx}\sin\theta\cos\theta+T_{yy}\sin^2\theta \tag{15.160}$$

$$T'_{yy}=V'_yW'_y \tag{15.161}$$

$$=(-V_x\sin\theta+V_y\cos\theta)(-W_x\sin\theta+W_y\cos\theta) \tag{15.162}$$

$$=T_{xx}\sin^2\theta-T_{xy}\sin\theta\cos\theta-T_{yx}\cos\theta\sin\theta+T_{yy}\cos^2\theta \tag{15.163}$$

$$T'_{zz}=T_{zz} \tag{15.164}$$

并以此类推。我们规定对于所有的二阶张量，即使它们不是通过两个矢量来构成的，也遵循这样的变换法则。例如

$$\begin{aligned}T'_{yy}=T_{xx}\sin^2\theta-T_{xy}\sin\theta\cos\theta\\-T_{yx}\cos\theta\sin\theta+T_{yy}\cos^2\theta\end{aligned} \tag{15.165}$$

对于绕 z 轴旋转的情形适合于所有的二阶张量。

虽然 9 个分量经过旋转变换后会分别按照上述方式变换成彼此间的线性组合，但是这些分量的某些线性组合在经旋转变换后形式不变。下面就是一个例子。考虑组合

$$S=T_{xx}+T_{yy}+T_{zz} \tag{15.166}$$

这里张量 T 是由矢量 $\boldsymbol{V}$ 和 $\boldsymbol{W}$ 构成的。我们知道经旋转变换后上式的形式不变，即有

$$S=T_{xx}+T_{yy}+T_{zz}=T'_{xx}+T'_{yy}+T'_{zz}=S' \tag{15.167}$$

这是因为上式中的求和只是满足 $\boldsymbol{V}\cdot\boldsymbol{W}=\boldsymbol{V}'\cdot\boldsymbol{W}'$ 的矢量点积。即使张量 T 不是由两个矢量构成的，以上结果也是成立的，因为该结果只与所有张量都遵从的变换法则

有关。你可以通过绕 z 轴旋转的张量变换法则，即式（15.158）~式（15.164），对此进行证明。

通过以上讨论我们可以得到一个更深层次的结论：**如果对张量中两个指标相同的分量求和，则张量的阶数就降低 2**。

因此，一般来说 T_{ij}是一个二阶张量，但是

$$S=\sum_i T_{ii}=T_{xx}+T_{yy}+T_{zz} \tag{15.168}$$

却只有 2−2=0 阶，即它是一个标量。

如果张量 $\boldsymbol{T}$ 的分量遵循如下关系，则该张量为**反对称张量** $\mathcal{A}$，即两个指标位置互换所对应的两个分量互为反号：

$$\mathcal{A}_{ij}=-\mathcal{A}_{ji} \tag{15.169}$$

一般来说，由张量 T_{ij}可按如下方式生成一个反对称张量：

$$\mathcal{A}_{ij}=T_{ij}-T_{ji}=-\mathcal{A}_{ji} \tag{15.170}$$

如果 $\mathcal{A}$ 由 $\boldsymbol{V}$ 和 $\boldsymbol{W}$ 构成，则有

$$\mathcal{A}_{xy}=V_xW_y-V_yW_x=-\mathcal{A}_{yx} \tag{15.171}$$

$$\mathcal{A}_{yz}=V_yW_z-V_zW_y=-\mathcal{A}_{zy} \tag{15.172}$$

$$\mathcal{A}_{zx}=V_zW_x-V_xW_z=-\mathcal{A}_{xz} \tag{15.173}$$

像 $\mathcal{A}_{xx}$一样的两个指标相同的分量则消失了，因为 $\mathcal{A}_{xx}=V_xW_x-V_xW_x\equiv 0$。而分量 $\mathcal{A}_{yx}$、$\mathcal{A}_{zy}$和 $\mathcal{A}_{xz}$只是和分量 $\mathcal{A}_{xy}$、$\mathcal{A}_{yz}$和 $\mathcal{A}_{zx}$的符号相反，因此也不是独立的。

因此，三维反对称张量只有三个独立分量，而三维空间的矢量也是如此！事实上我们发现式（15.171）~式（15.173）所示的三个组合就是矢量叉乘 $\boldsymbol{V}\times\boldsymbol{W}$ 在不同方向上的分量，即

$$\mathcal{A}_{xy}=V_xW_y-V_yW_x=(\boldsymbol{V}\times\boldsymbol{W})_z \tag{15.174}$$

$$\mathcal{A}_{yz}=V_yW_z-V_zW_y=(\boldsymbol{V}\times\boldsymbol{W})_x \tag{15.175}$$

$$\mathcal{A}_{zx}=V_zW_x-V_xW_z=(\boldsymbol{V}\times\boldsymbol{W})_y \tag{15.176}$$

不难想到，$\mathcal{A}$ 的三个分量在旋转变换下会变成彼此间的线性组合。（毕竟它们是矢量 $\boldsymbol{V}\times\boldsymbol{W}$ 的分量。）

也只有在三维情形下我们才可能有如下两个彼此等价的描述：用两个（必要地）不同的指标去标识反对称张量的一个分量（例如 $\mathcal{A}_{xy}$），或者用唯一余下的第三个指标（z）去标识一个矢量分量（$\boldsymbol{V}\times\boldsymbol{W}$）$_z$。

力矩 $\boldsymbol{\tau}=\boldsymbol{r}\times\boldsymbol{F}$ 就是二阶反对称张量的一个例子，它正好具有作为三维矢量所要求的分量数目。同样地，角动量 $\boldsymbol{L}=\boldsymbol{r}\times\boldsymbol{p}$ 也是这种情形。

矢势的旋度也是一个二阶反对称张量：叉乘的第一个因子不是一个普通的矢量，而是一组偏微分算符

$$\nabla\leftrightarrow\left(\frac{\partial}{\partial x},\frac{\partial}{\partial y},\frac{\partial}{\partial z}\right) \tag{15.177}$$

$$\boldsymbol{A} \leftrightarrow (A_x, A_y, A_z) \tag{15.178}$$

$$\nabla\times\boldsymbol{A} \leftrightarrow \left(\frac{\partial A_z}{\partial y} - \frac{\partial A_y}{\partial z}, \frac{\partial A_x}{\partial z} - \frac{\partial A_z}{\partial x}, \frac{\partial A_y}{\partial x} - \frac{\partial A_x}{\partial y}\right) \tag{15.179}$$

$$= (B_x, B_y, B_z) \tag{15.180}$$

再次强调，并不是每一个反对称张量都需要由两个矢量 $\boldsymbol{V}$ 和 $\boldsymbol{W}$ 来构成。反对称张量可以简单地通过其反对称性和变换法则来定义。

在三维情形下我们可以将旋度看作是一个矢量，或者是一个反对称张量。我们将会看到，如果推广到四维时空，旋度就只能被看作是一个反对称张量。

15.10.2 电磁场张量 $\mathcal{F}$

一个普通的四阶张量 $T_{\mu\nu}$ 包含 16 个分量。它在洛伦兹变换下的变换方式可由四维矢量的变换方式得到。首先来考虑一种特殊情形，即 T 是由两个四维矢量 V 和 W 构成：

$$T_{\mu\nu} = V_\mu W_\nu \tag{15.181}$$

在这种情形下

$$T'_{\mu\nu} = V'_\mu W'_\nu \tag{15.182}$$

我们知道 V'、W' 与 V、W 之间的变换关系。考虑一个方向上的运动有

$$T'_{01} = V'_0 W'_1 \tag{15.183}$$

$$= \frac{(V_0 - \beta V_1)}{\sqrt{1-\beta^2}} \frac{(W_1 - \beta W_0)}{\sqrt{1-\beta^2}} \tag{15.184}$$

$$= \frac{T_{01} - \beta T_{00} - \beta T_{11} + \beta^2 T_{10}}{1-\beta^2} \tag{15.185}$$

而对于旋转，不管张量是否由两个矢量构成，我们规定所有张量都按这种方式进行变换。

反对称张量

$$\mathcal{A}_{\mu\nu} = T_{\mu\nu} - T_{\nu\mu} \quad \mu = 0, \cdots, 3, \quad \nu = 0, \cdots, 3 \tag{15.186}$$

将有 6 个独立的分量，它们将变换成彼此间的线性组合。（这是另外一个直接给出而不去证明的结论。）

我们感兴趣的反对称张量就是电磁场张量 $\mathcal{F}$。与 $\boldsymbol{B} = \nabla\times\boldsymbol{A}$ [式（15.179）] 相类似，$\mathcal{F}$ 定义为四维势 A 的四维旋度，即

$$\nabla \leftrightarrow \left(\frac{\partial}{\partial ct}, -\frac{\partial}{\partial x}, -\frac{\partial}{\partial y}, -\frac{\partial}{\partial z}\right) \equiv (\nabla_0, \nabla_x, \nabla_y, \nabla_z) \tag{15.187}$$

$$A \leftrightarrow (V/c, A_x, A_y, A_z) \equiv (A_0, A_x, A_y, A_z) \tag{15.188}$$

$$\mathcal{F}_{\mu\nu} = \nabla_\mu A_\nu - \nabla_\nu A_\mu \tag{15.189}$$

或具体表示为

$$\mathcal{F}_{0x}=\nabla_0 A_x-\nabla_x A_0=\frac{\partial A_x}{c\partial t}+\frac{\partial V/c}{\partial x}=-Ex/c \qquad (15.190)$$

$$\mathcal{F}_{0y}=\nabla_0 A_y-\nabla_y A_0=-E_y/c \qquad (15.191)$$

$$\mathcal{F}_{0z}=\nabla_0 A_z-\nabla_z A_0=-E_z/c \qquad (15.192)$$

$$\mathcal{F}_{xy}=\nabla_x A_y-\nabla_y A_x=-B_z \qquad (15.193)$$

$$\mathcal{F}_{yz}=\nabla_y A_z-\nabla_z A_y=-B_x \qquad (15.194)$$

$$\mathcal{F}_{zx}=\nabla_z A_x-\nabla_x A_z=-B_y \qquad (15.195)$$

与三维矢量如 $\boldsymbol{j}$ 或 $\boldsymbol{p}$ 都是和标量如 $c\rho$ 或 E/c 来构成四维矢量不同，$\boldsymbol{E}$ 和 $\boldsymbol{B}$ 组合在一起构成了反对称洛伦兹张量 $\mathcal{F}$ 的 6 个分量。它们在洛伦兹变换下变换成彼此的组合。

这里是一个常见的例子。对于一维空间和一维时间，唯一的不等于零的分量是 $\mathcal{F}_{01}=-\mathcal{F}_{10}=-E_x/c$。（在一维空间的情形下不存在磁场。）由于是唯一的分量，因此在洛伦兹变换下它只能变换成它自己。这可以利用式（15.185）来进行证明：

$$\mathcal{F}'_{01}=\frac{\mathcal{F}_{01}+\beta^2\mathcal{F}_{10}}{1-\beta^2} \qquad (15.196)$$

$$=\frac{\mathcal{F}_{01}(1-\beta^2)}{1-\beta^2}=\mathcal{F}_{01} \qquad (15.197)$$

这里用到 $\mathcal{F}_{01}=-\mathcal{F}_{10}$。

式（15.116）和式（15.115）：

$$\boldsymbol{E}=-\nabla V-\frac{\partial \boldsymbol{A}}{\partial t} \qquad (15.198)$$

$$\boldsymbol{B}=\nabla\times\boldsymbol{A} \qquad (15.199)$$

将 $\boldsymbol{E}$ 和 $\boldsymbol{B}$ 用 V 和 $\boldsymbol{A}$ 表示出来，并且保证不含电荷和电流的两个麦克斯韦方程同时成立，现在它们将会被单个张量式（15.189）所替代：

$$\mathcal{F}_{\mu v}=\nabla_\mu A_v-\nabla_v A_\mu \qquad (15.200)$$

如果要把另外两个与电荷和电流有关的麦克斯韦方程用 A 表示出来，它们就和我们曾经讨论过的一样与 J 有关：

$$\nabla\cdot\nabla A=\mu_0 J \qquad (15.201)$$

作用在电荷 q 上的四维力 F 可以用 $\mathcal{F}$ 和四维速度

$$V=(V_0,V_x,V_y,V_z)=\left[\frac{c}{\sqrt{1-v^2/c^2}},\frac{v}{\sqrt{1-v^2/c^2}}\right] \qquad (15.202)$$

按如下方式表示出来：

$$F_\mu=q[\mathcal{F}_{\mu 0}V_0-\mathcal{F}_{\mu x}V_x-\mathcal{F}_{\mu y}V_y-\mathcal{F}_{\mu z}V_z] \qquad (15.203)$$

$$\mu=0,x,y,z$$

上式同时给出了分别与 $\mu=x,y,z$ 和 $\mu=0$ 相对应的洛伦兹力和功率。其中的证明留给你们自己完成。

式（15.203）左侧是一个单个指标的量，它是一个矢量，即四维力。右侧为包含三个指标的量：其中两个指标来自 $\mathcal{F}_{\mu\nu}$，一个指标来自 V_ν。但是指标 $\boldsymbol{\nu}$ 将从两侧消失掉，这是因为 $\boldsymbol{\nu}$ 是一个重复指标并且要对它求和（具有四维矢量点积中通常具有的 0-0 项和空间-空间项间的符号差异）。这样右侧也会像矢量一样进行变换。两矢量相等的关系式在经过洛伦兹变换后自然还具有相同的形式，因为两侧都是按照同样的方式进行变换的。

以前我曾经问过，$\boldsymbol{v}\times\boldsymbol{B}$ 中的速度 $\boldsymbol{v}$ 是相对于哪个观测者的速度。通过前面的讨论我们找到了答案，$\boldsymbol{v}$ 是相对于任意惯性系的速度。因此我们可以将式（15.203）改写成

$$F=q\mathcal{F}\cdot V \tag{15.204}$$

上式中的点积仍然是对重复指标进行求和，并且具有通常都有的负号。假设 $\mathcal{F}$ 是一个矢量，那么它与 V 的点积就会得到一个标量。但是，$\mathcal{F}$ 是一个具有两个指标的张量，其中只有一个指标在与 V 的点积时被消去，而另外一个保留下来的指标正好与 F 的指标相对应。

现在我们来理解洛伦兹力公式中为什么不包含速度的高阶项。我们用到的唯一速度是四维速度，它的平方为 c^2。因此能修正答案的 $V\cdot V$ 的函数并不重要。$\mathcal{F}$ 中的线性势修正项和 V 的立方项如（$V\cdot\mathcal{F}\cdot V$）V（$\mathcal{F}$ 前后的两个点积将削去它的两个指标）将同时消失，因为 $\mathcal{F}$ 在交换 $\mu\leftrightarrow\nu$ 时是反对称的，而 $V_\mu V_\nu$ 是对称的。

以下是电动力学的所有方程式（洛伦兹规范）：

$$\nabla\cdot\ \nabla A=\mu_0 J \tag{15.205}$$

$$\nabla\cdot A=0 \quad \text{洛伦兹规范} \tag{15.206}$$

$$\mathcal{F}_{\mu v}=\nabla_\mu A_v-\nabla_v A_\mu \tag{15.207}$$

$$F=q\mathcal{F}\cdot V \quad \text{洛伦兹四维力} \tag{15.208}$$

将 $\mathcal{F}$ 写成 A 的四维旋度使得麦克斯韦方程组的数目减少了一半。另外两个方程在洛伦兹规范下通过式（15.205）由 J 决定 A。

下面是应用这些方程求解电荷运动规律的步骤：

- 给定 J，通过式（15.205）求解 A（按照洛伦兹规范）。（这里没有讲述如何处理这样的纯数学问题。）
- 按照式（15.207），通过对四维势 A 求四维旋度来得到 $\mathcal{F}$。
- 将 $\mathcal{F}$ 代入洛伦兹力式（15.208）以得到电荷 q 的运动规律。

第16章 光学Ⅰ：几何光学回顾

我们已经完成了光的麦克斯韦理论。应用安培环路定理、法拉第电磁感应定律和位移电流等理论，我们得出了激动人心的结果：电磁波可以独立存在、远离电荷和电流传播，实际上这描述了光的行为。光是一种振荡现象，但是振荡的不是像绳或者湖中的水这样的介质，而是电场和磁场。场是在某一点可以用试验电荷测定的状态。你处于该点并且进行测量，会发现有时场指向上，有时指向下，有时强，而有时弱。电磁波传播的就是空间中的这种状态。

16.1 几何光学（光线光学）

经过几个世纪对光的研究，前述观点出现在19世纪下半叶。下面将要呈现的是远在麦克斯韦之前发现的光的一种简单理论。当光的波长远远小于观测的尺度时，这一理论具有重要的作用。例如，在日常生活中，我们用厘米和米来思考问题，而光的波长的数量级是5×10^{-7}m。在这种情况下，你可能忘记了麦克斯韦的波的理论，而是应用这一简化的称为几何光学的理论，就像在低速（$v\ll c$）情况下，忘记相对论力学而应用牛顿力学一样。在几何光学中，光一直沿直线传播，即除非光遇到某物，否则它从光源出发沿直线到达你的眼睛。这就是为什么把它也称之为光线光学的原因。当波长非常小的时候应用麦克斯韦的理论，你最终会回到这一光线的近似。(这里将不推导这一近似。) 当我说“非常小”的时候，你们应该总是在问：“与什么相比较非常小？”你们明白吗？只说波长很小没有任何意义。我可以选择单位，以致同样的波长可以是一百万倍或者百万分之一。通过改变单位就可以改变小和大。

我们所需要的是另一个相关的长度作为λ的参照。如图16.1所示，不透明的隔板上有一个洞[㊀]。隔板一侧是光源，另一侧在距离L处放置屏幕。假设光源到隔板的距离$\gg d$，光线通过洞在屏上成像。现在我可以告诉你们当我说波长λ是小或者大意味着什么：只有当$\frac{\lambda}{d}\cdot\frac{L}{d}\ll1$时几何光学适用。保持$L/d$不变，这样条件就

㊀ 洞的直径为d。——编辑注

变为$\frac{\lambda}{d} \ll 1$。如果 $\lambda \ll d$，我们可以应用几何光学或光线光学。在这一极限条件下，屏上的图像可以通过画直线来得到，如图16.1上半部分所示。洞后的屏上被照亮的区域与洞有相同的形状和尺寸。

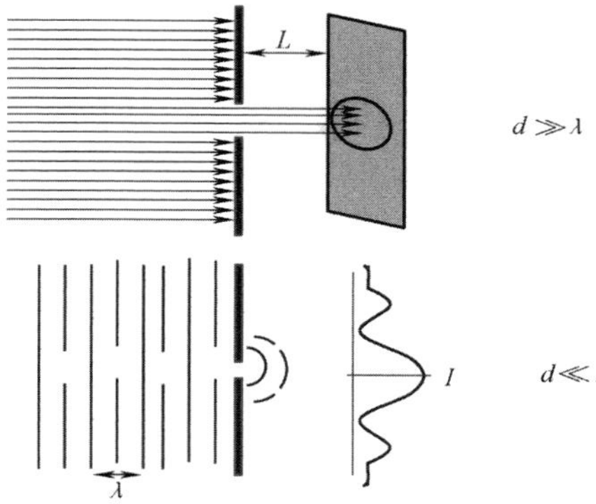

图 16.1 上：几何光学。平行光束通过直径为 d（$d \gg \lambda$）的洞形成与洞形状和尺寸相同的像。（保持 L/d 不变）下：当平面波（波峰和波谷分别用实线和虚线表示）遇到直径为 d（$d \ll \lambda$）的洞时，它散开并在屏上照亮比洞大得多的区域。振荡的曲线描绘了离开中心的光的强度或亮度 I。

如果不能满足 $\lambda \ll d$，光通过洞后散开并在屏上照亮比几何阴影大得多的区域。洞越小，光散开得越大。离开中心的光的亮度并不是单调下降而是振荡下降。振荡的曲线描绘了离开中心的光的强度或亮度 I。尽管几何光学不能描述所有这些现象，但是它统治了光学领域几个世纪，这是因为几何光学的局限性只对尺度小于可见光波长的孔洞才明显。

为什么我不从几何光学开始，一步一步推进，直到到达描述光的麦克斯韦理论的顶峰，而是时光倒流回到几何光学？原因很多。第一个原因是这门课程侧重于电磁理论，而光是最后的一个惊喜。第二个原因是我没有计划简单地重温几何光学的全部内容，而是展示一个非常重要的原理，由这一原理所有表面上互不相关的结果可以被推导出来。最后一个原因是麦克斯韦理论也不是关于光的最终理论。当光强非常弱时，它也不再适用。如果光变得非常弱，你可能认为只是 $\boldsymbol{E}$ 和 $\boldsymbol{B}$ 的大小（其平方量度强度 I）变得越来越小。但是还发生了其他事情。你会发现光的能量不再像它在波中那样是连续的，而是分立的能量单元，称为光子。如果光非常强，你不会意识到光子的存在，因为接近你的光子太多了，就像观海，研究海浪时你不会意识到水是由分子组成的一样。你不会看到分子也不需要用分子来描述海洋的波浪。同样地，除非光非常微弱，你不需要处理光子。但是在微观世界里，这是光的状态。我们将在量子力学中详细讨论光子。

简而言之，研究了麦克斯韦之后，我们首先倒回几何光学，然后向前推进到光子的量子理论。

16.2 c 的简史

古人对于光的认识是什么呢？经过一些错误的开始之后，他们认为任何明亮的或者闪耀的东西可以发出光，而且我们能够看到它。光似乎沿直线传播，而且在很长时间内，人们不知道光传播的速度。好像它可以瞬时从光源传播到感应器，因为观察者在日常生活中不能测量它的传播时间。这与声音不同。声音是以有限的速度传播的，因为如果你对大山呼喊，回声会延迟，延迟的时间甚至可以通过你的脉搏测出来。从延迟的时间就可以计算声音传播的速度。

伽利略试图采用相似的方法测量光速。他请一位朋友站在山顶，而他自己站在一英里外的另一座山顶。每人手提一盏带有开关的灯。首先伽利略打开他的开关，当他的朋友看到闪光的瞬间，立刻打开自己的开关把信号反馈给伽利略以便伽利略对往返的路程计时。不久伽利略就意识到他并没有对往返的路程计时，而是记录了他们的反应时间之和。因为当他的朋友距他非常近时他观察到了相同的延迟时间。显然，如果光速是有限的，为测量它，就需要让光传播非常远的距离。假定在那个时代时间测量是精确的，我们可以看出即使光传播的距离等于地球的周长也是不够的，因为光只需 1/7s 就可以传播这么远的距离。

1676 年，第一个成功测定光速的方法由奥拉夫·罗默（1644—1710）提出。图 16.2 描绘了这一卓越的策略。地球和木星最初位于它们绕太阳（S）运行轨道的 E_1 和 J_1 处。木星有一颗卫星称为艾奥（Io），牛顿力学使我们确信它的轨道周期为 T。每当罗默观察到艾奥经过相对于木星的某一固定位置（涉及卫星蚀）时，他就在实验记录本上记录下时间。我把这一记号称为脉冲，就好像只有当艾奥位于相对于木星的某一特定位置处才可被观察到。第一个脉冲（小图中的实线）在地球位于 E_1 处时到达地球。此时 $t=0$。如果只有艾奥运动，随后的脉冲应该在 $t=T$，$t=2T$ 等时间到达地球，如图中其他实线所示。但是罗默观察到当地球围绕太阳公转时，实际的脉冲相比于预期要延迟。预期的和实际的脉冲（表示为虚线）之间的间隔在增长。（图中夸大了增长。）罗默发现六个月后当地球到达直径的另一端 E_2 处时，延迟大约为 22min。尽管罗默可以非常容易地计入这段时间内木星的运动，但是我们假设木星基本不动。他把这 22min 的延迟归因于光穿过地球轨道直径所需的额外时间。应用地球直径的最佳估算值（接近 2 亿英

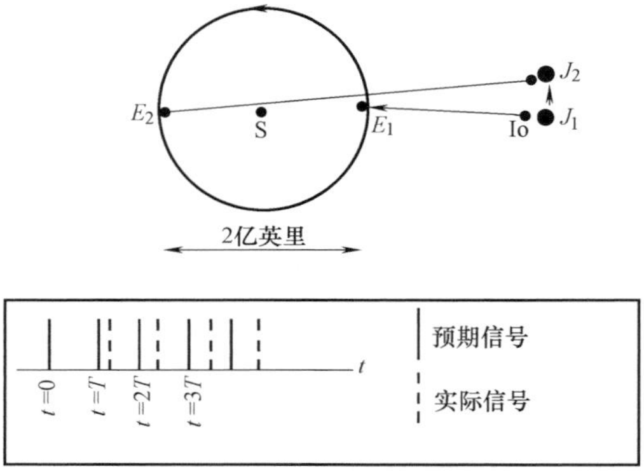

图 16.2　罗默的实验。当地球位于 E_1 而木星位于 J_1 时，木星的卫星艾奥发出的第一个光脉冲（当它位于其轨道上一个特定位置时）到达地球。在底部的小图中这一脉冲用 $t=0$ 时刻的第一根实线表示。下一个脉冲应该在一个时间周期 T 以后到达，但是它延迟了，并用虚线表示。为清楚起见，预期和实际信号之间的延迟被放大了。延迟持续增大，并且在六个月后达到约 22min 的最大值，此时地球位于直径的另一端 E_2 处。（我们的讨论中忽略了木星到 J_2 的运动。）罗默正确地把这一延迟归因于光穿过地球轨道直径所需的额外时间。

里），他计算出光速大约为 200，000km/s，是正确值 300，000km/s 的 2/3。（如果他应用正确的延迟值 16.7min，会更接近于正确值。）最初人们不相信他的理论，但是当艾奥按照他的预测运动时，他那些震惊的同事认识到罗默是正确的。然而，他的理论被广为接受还是花了一段时间。尽管罗默测量的 c 比实际值大约小 30%，但是鉴于在他之前人们对光速毫无了解，甚至它是否有限也不知道，因此罗默的工作是一项伟大的成就。在他之后，人们开始进行实验室实验来测量光速，以获得它的近似值。

16.3 几何光学的若干亮点

如之前提到的，本章的目的不是详细讨论几何光学的所有结果，而是介绍几何光学或光线光学的所有结果所遵循的一个原则。尽管我只给出几个例子来说明，但是你们可以确信任何涉及面镜和透镜的几何光学结果都可以从这一原理导出。

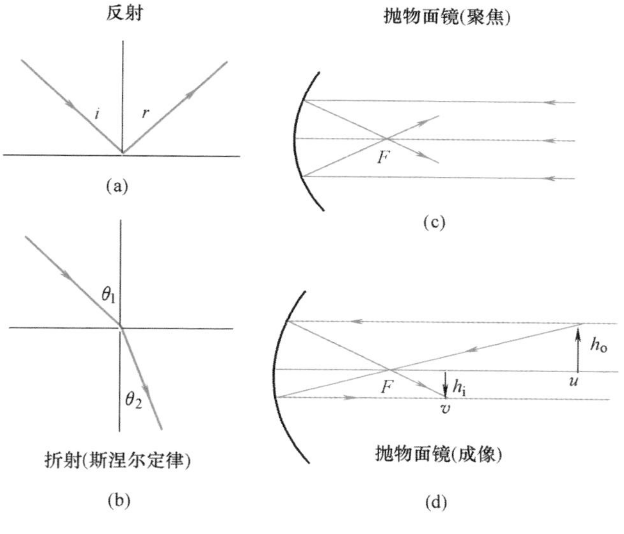

图 16.3 （a）反射、（b）折射（斯涅尔定律）、（c）聚焦和（d）镜面成像的几何光学描述。

下面是我将要推导以证明这一观点的结果。如图 16.3 中四个部分所示。

- （a）当光线从平面镜反射时，$i=r$，其中 i 和 r 是从法线方向测量的入射角和反射角。我把此称为“$i=r$”定律，尽管实际的角度可能被称为 α 或者 β。
- （b）当光线从**折射率**为 n_1 且光速为 c/n_1 的介质进入折射率为 n_2 且光速为 c/n_2 的介质时，入射角和折射角遵守斯涅尔定律

$$n_1\sin\theta_1=n_2\sin\theta_2 \tag{16.1}$$

因此当光线从光疏介质（n 小）进入光密介质（n 大）时，它会向分界面的法线

方向偏折靠近。如果让光线从光密介质进入光疏介质，它会更加偏折远离法线方向。当然，除了折射光线，一般还有反射光线，并遵守 $i=r$。

- (c) 如果一束平行光线从无限远或者远处（在这一段中**远处**是什么意思？）沿对称轴入射到抛物面镜上，光线会聚于距镜面中心为 f 的**焦点** F 上。平行于光轴的每一条光线都通过焦点。电视天线接收来自于卫星的平行波束，在焦点处会聚，并且由接收器提取它。如果让光线反向，你就有了一个汽车前灯。位于 F 的灯泡发出的光线从不同的角度入射到镜面上，然后以平行光束沿对称轴的方向射出。
- (d) 如果光源（即物体）不是位于无限远处的一点，而是位于**有限**距离 u、高度为 h_o 的向上的箭头，则在最简单的情况下，像的位置 v 和高度 h_i 按如下方法确定。从箭头顶端向镜面画一条平行于光轴的直线，它被反射并通过焦点。然后从箭头顶端画一条直线通过焦点，它射到镜面上并平行于光轴射出。这两条反射光线的交点即为箭头顶端的像所在的位置。

  各个距离的关系为

$$\frac{1}{u}+\frac{1}{v}=\frac{1}{f} \tag{16.2}$$

$$\frac{h_i}{h_o}=\frac{v}{u} \tag{16.3}$$

  对于像和物，我称为 v 和 u，其他人可能称为 i 和 o。
- (e) 对于透镜存在相似的公式。考虑一个凸透镜或会聚透镜，即具有如下性质的一块玻璃：当平行于光轴的光线从一侧入射时，它们全部会聚于另一侧距离为 f 的焦点处（因为之后会再讨论，因此未在图中显示）。如果物体在一侧距离透镜为 u，假设 $u>f$，则像将会在另一侧距离为 v 处。像是倒立的，而且各个距离也符合式（16.2）。

当然，在更加复杂的情况下，这些长度中的某些值，例如 f 或者 v，可能为负值，所成的像可能是正立的和虚的，等等。

现在讨论单一而统一的原理，以上各种结果都可以从它推导出来。它被称为**费马最小时间原理**，正是由皮埃尔·费马（1601—1665）发现的。顺便提及，费马提出了著名的猜想，即当整数 $n>2$ 时，方程 $x^n+y^n=z^n$ 没有正整数解（最近由安德鲁·怀尔斯证明）。费马最小时间原理表述为

光从一点传播到另一点时，沿所需时间最短的路径传播。

我希望你们将会分享我的喜悦，因为从这一单一原理就可以推导出各种结论，而不需要在头脑中记住它们。现在开始应用这一原理。

16.4 从费马原理推导反射定律

假设我在图 16.4 中的 B 点而你在 A 点。你向我发出光信号。它将会走哪一条

路径？哪一条路径所需要的时间最短？每个人都知道路径是直线。没有理由走其他路径。所以这告诉你当没有其他障碍物时光线沿直线传播，因为直线是 A 和 B 之间的最短路径。

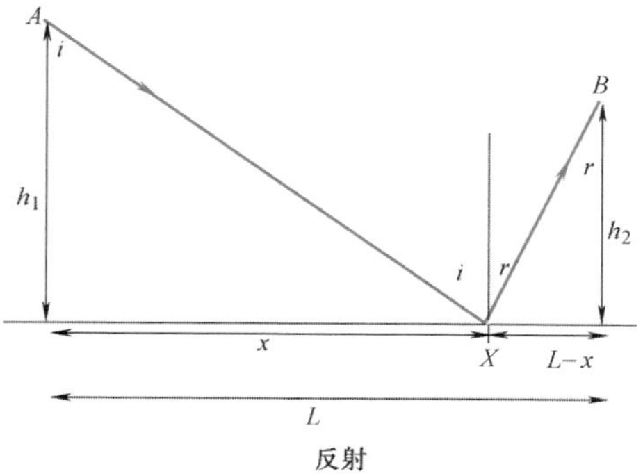

图 16.4　光线从 A 出发，经 X 处的镜面反射后到达 B 所走的最小时间路径通过求 $T(x)$，即长度 AX 和 XB 之和作为 x 的函数的最小值得到。最小值只在 $i=r$ 的点取得。

下一步我希望光线射到镜面上再射向我。就像赛跑，选手离开 A，触碰墙（镜面），然后到达 B。最先到达 B 点的赢得比赛。现在选手有不同的策略可选。有些选手可能在奔向墙的过程中像疯子一样走折线。他们注定会输掉比赛。我们忽略他们，因为沿直线到墙明显是最佳的。即使这样还是存在一个问题：触碰墙的哪里？一位选手可能说："看，我被告知要触碰墙，所以我要先解决这一部分。我将直接跑向墙，触碰 A 正前方的点，然后直接跑向 B。"好，这是一种可能性。另一位选手可以说："我触碰 B 正前方的墙上一点，然后直接跑向 B。"有无限多的可选项。我们必须从所有这些由两段直线段组成的可能的路径，找出所需时间最短的一条。

因此光线（或者选手）需要问的唯一问题如下："我应该触碰镜面（或者墙）上的哪里？"设一个一般的反射点 X，x 是它与 A 之间的水平距离（与镜面平行测量）。L 是 A 和 B 之间的水平距离，h_1 和 h_2 是它们与镜面之间的垂直距离。

我将简单地计算并且求长度 AX 和 XB 之和，然后除以 c 得到关于 x 的时间函数 $T(x)$。由勾股定理可得

$$T(x)=\frac{\sqrt{h_1^2+x^2}}{c}+\frac{\sqrt{h_2^2+(L-x)^2}}{c} \tag{16.4}$$

让它关于 x 的一阶导数为零可求得最小时间：

$$0=\frac{\mathrm{d}T}{\mathrm{d}x}=\frac{x}{c\sqrt{h_1^2+x^2}}-\frac{(L-x)}{c\sqrt{h_2^2+(L-x)^2}} \tag{16.5}$$

因此最优的 x 满足

$$\frac{x}{\sqrt{h_1^2+x^2}}=\frac{(L-x)}{\sqrt{h_2^2+(L-x)^2}} \tag{16.6}$$

$$\sin i=\sin r \tag{16.7}$$

$$i=r \tag{16.8}$$

这就是我们期待的结果。这是最小时间原理的第一次胜利。

16.5 从费马原理推导斯涅尔定律

下面我将重新推导斯涅尔定律，它应用于光在不同介质中传播的情况。如图 16.5 所示，A 点在折射率为 n_1 的介质中，距分界面为 h_1；B 点在折射率为 n_2 的介质中，距分界面为 h_2。A 和 B 之间的距离（与分界面平行测量）为 L。光线从 A 传播到 B。

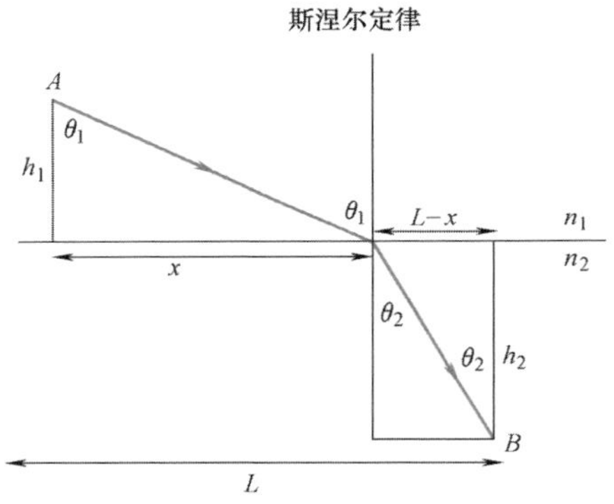

图 16.5 应用最小时间原理推导折射的斯涅尔定律。除了在两段光路中速度不同，其他问题与反射相似。图中假设 $n_2>n_1$，即光在介质 n_2 中传播得慢。从 B 到 A 的相反方向的光线将偏折远离法线方向（$\theta_1>\theta_2$）。条件 $\theta_1\leqslant\pi/2$ 为折射中的 θ_2 设置了一个上限。超出这一上限，就会发生全内反射，光线又反射回介质 2。

这里是与赛跑选手的类比。假设你是海滩上的救生员 A，B 是海水中一个呼救的人。你如何在最短时间内到达那里？一种观点是说："因为我在别处听说直线路径是必胜策略，所以我要沿直线从 A 跑到 B。"但是当改变介质时，这可能不够好，因为在水中速度慢，你可能需要在水中花费较少的时间为好。另外一种观点说："我在陆地上尽可能多跑，直到跑到落水者的正前方，然后垂直于海岸游到 B 处。"有无限多的可能性。为找到必胜策略，我们又要使传播时间最小化了，但要记住这不再与最短距离同义，因为速度不同了。

现在必须把在每一种介质中的距离除以在这种介质中的速度（c/n）以求得在该介质中所需的时间，然后求两段时间之和，再把总时间最小化。随后的步骤与反射类似。首先，

$$T(x)=\frac{n_1\sqrt{h_1^2+x^2}}{c}+\frac{n_2\sqrt{h_2^2+(L-x)^2}}{c} \tag{16.9}$$

让它关于 x 的一阶导数为零可求得最小时间：

$$0=\frac{\mathrm{d}T}{\mathrm{d}x}=n_1\frac{x}{c\sqrt{h_1^2+x^2}}-n_2\frac{(L-x)}{c\sqrt{h_2^2+(L-x)^2}} \tag{16.10}$$

对应最小时间的 x 满足

$$n_1\frac{x}{\sqrt{h_1^2+x^2}}=n_2\frac{(L-x)}{\sqrt{h_2^2+(L-x)^2}} \tag{16.11}$$

$$n_1\sin\theta_1=n_2\sin\theta_2 \tag{16.12}$$

这就是斯涅尔定律。

这里是基于上述讨论的一些实用的建议。如果你是一位救生员，你应当计算好跑步和游泳速度的比值，即 n_1/n_2，以便你知道当一位落水者呼救时在哪里下水。

下一个建议，如果你在湖底并且用手电筒发光求救，记住出射的光线会偏折远离法线方向。这就是图 16.5 中如果你从 B 追踪光线回到 A 的情况。一些光线会反射（$i=r$），其余光线按照斯涅尔定律传播。如果你这一侧的角度 θ_2 超过某一值，就不会有可接受的角度让光出射，因为斯涅尔定律将产生不可能的要求 $\sin\theta_1>1$。在这种情况下，光束产生全内反射，没有光线可以从水中出射。

16.6 从费马原理推导曲面上的反射

我们已经看到当光线在平面上反射时，费马原理导出 $i=r$。现在想象光线在曲面上反射的一般情况。假如角度是从当地的法线测量的话，显而易见仍然符合 $i=r$。换句话说，在切线方向用接近于入射点的平面近似曲面，而当地的法线垂直于它。

可以跳过下面对这一论断的证明，但必须记住结论，它们会被不时引用。

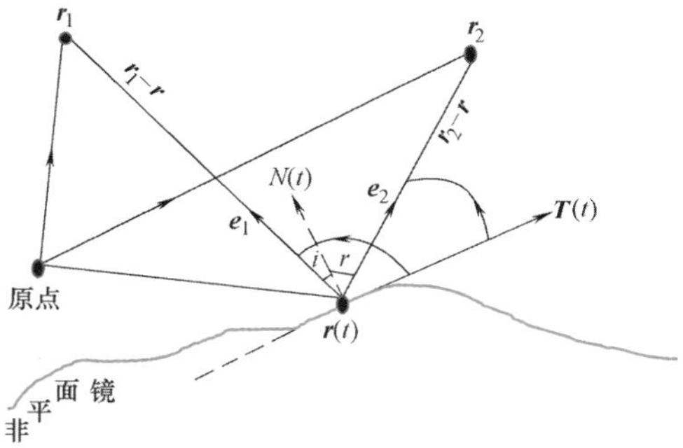

图 16.6 光线从 $\boldsymbol{r}_1$ 经过曲线 $\boldsymbol{r}(t)$ 定义的非平面镜反射后到达 $\boldsymbol{r}_2$。图中显示的单位矢量 $\boldsymbol{e}_1$ 和 $\boldsymbol{e}_2$ 沿最小时间路径的切线矢量 $\boldsymbol{T}(t)=\frac{\mathrm{d}\boldsymbol{r}}{\mathrm{d}t}$ 有相反的投影。（显示的路径不止一条。）法线 $\boldsymbol{N}(t)$ 和切线矢量 $\boldsymbol{T}(t)$ 在反方向的延长线都用虚线表示。

考虑图 16.6 所描绘的情况。在图 16.4 中平面镜用一条直线代替，而现在非平面表面由曲线 $\boldsymbol{r}(t)$ 代表，其中 t 是标识曲线上点的参数。可以把 $r(t)$ 假想为粒子运动轨迹随时间 t 变化的函数。现在考虑光线从点 $\boldsymbol{r}_1$ 出发，在 $\boldsymbol{r}(t)$ 处射到镜面上，然后到达 $\boldsymbol{r}_2$。我们需要改变 t 或者 $\boldsymbol{r}(t)$ 并且寻找一条最小时间路径。参数 t 与光

线从 $\boldsymbol{r}_1$ 经过反射传播到 $\boldsymbol{r}_2$ 所需的时间没有任何关系。

定义单位矢量

$$\boldsymbol{e}_1=\frac{\boldsymbol{r}_1-\boldsymbol{r}}{|\boldsymbol{r}_1-\boldsymbol{r}|} \tag{16.13}$$

$$\boldsymbol{e}_2=\frac{\boldsymbol{r}_2-\boldsymbol{r}}{|\boldsymbol{r}_1-\boldsymbol{r}|} \tag{16.14}$$

和 $\boldsymbol{r}(t)$ 处镜面的当地切线 $\boldsymbol{T}(t)$，它就是假想粒子的速度矢量

$$\boldsymbol{T}(t)=\frac{\mathrm{d}\boldsymbol{r}}{\mathrm{d}t} \tag{16.15}$$

当地的法线 $\boldsymbol{N}(t)$ 用虚线表示。

我们需要改变 t（进而通过它改变反射点 $\boldsymbol{r}(t)$）并且证明最小时间路径遵循 $i=r$，其中 i 和 r 分别是 $\boldsymbol{e}_1$ 与 $\boldsymbol{N}(t)$ 和 $\boldsymbol{e}_2$ 与 $\boldsymbol{N}(t)$ 之间的夹角。

不是从法线测量角度 i 和 r，而是如图所示从切线沿逆时针方向测量角度

$$\theta_1=\frac{\pi}{2}+i \tag{16.16}$$

$$\theta_2=\frac{\pi}{2}-r \tag{16.17}$$

我们需要证明的就是

$$\theta_2+\theta_1=\frac{\pi}{2}+i+\frac{\pi}{2}-r=\pi \tag{16.18}$$

因为 $i=r$。

光线传播的总距离 $D(t)$ 是参数 t 的函数，它决定了反射点：

$$D(t)=|\boldsymbol{r}_1-\boldsymbol{r}(t)|+|\boldsymbol{r}_2-\boldsymbol{r}(t)| \tag{16.19}$$

记住只有 $\boldsymbol{r}(t)$ 依赖于 t：$\boldsymbol{r}_1$ 和 $\boldsymbol{r}_2$ 是固定的。传播时间是 $D(t)/c$。

现在把 $D(t)$ 重新用点积表示并进行如下计算：

$$D(t)=\sqrt{(\boldsymbol{r}_1-\boldsymbol{r}(t))\cdot(\boldsymbol{r}_1-\boldsymbol{r}(t))}+\sqrt{(\boldsymbol{r}_2-\boldsymbol{r}(t))\cdot(\boldsymbol{r}_2-\boldsymbol{r}(t))} \tag{16.20}$$

$$\frac{\mathrm{d}D(t)}{\mathrm{d}t}=\frac{2(\boldsymbol{r}_1-\boldsymbol{r}(t))\cdot\left(\dfrac{\mathrm{d}(\boldsymbol{r}_1-\boldsymbol{r}(t)}{\mathrm{d}t}\right)}{2|\boldsymbol{r}_1-\boldsymbol{r}(t)|}+\frac{2(\boldsymbol{r}_2-\boldsymbol{r}(t))\cdot\left(\dfrac{\mathrm{d}(\boldsymbol{r}_2-\boldsymbol{r}(t))}{\mathrm{d}t}\right)}{2|\boldsymbol{r}_2-\boldsymbol{r}(t)|} \tag{16.21}$$

$$=-\frac{(\boldsymbol{r}_1-\boldsymbol{r}(t))}{|\boldsymbol{r}_1-\boldsymbol{r}(t)|}\cdot\frac{\mathrm{d}\boldsymbol{r}(t)}{\mathrm{d}t}-\frac{(\boldsymbol{r}_2-\boldsymbol{r}(t))}{|\boldsymbol{r}_2-\boldsymbol{r}(t)|}\cdot\frac{\mathrm{d}\boldsymbol{r}(t)}{\mathrm{d}t} \tag{16.22}$$

$$=-(\boldsymbol{e}_1(t)\cdot T+\boldsymbol{e}_2(t)\cdot T) \tag{16.23}$$

其中 $\boldsymbol{e}_1(t)$ 和 $\boldsymbol{e}_2(t)$ 是从 $\boldsymbol{r}(t)$ 到起点 $\boldsymbol{r}_1$ 和终点 $\boldsymbol{r}_2$ 的单位矢量。最小时间条件（$D(t)/c$ 最小）为

$$\frac{\mathrm{d}D(t)}{\mathrm{d}t}=0 \tag{16.24}$$

这表明

$$(\boldsymbol{e}_1(t)\cdot\boldsymbol{T}+\boldsymbol{e}_2(t)\cdot\boldsymbol{T})=0 \tag{16.25}$$

因此，$\boldsymbol{e}_1(t)$ 和 $\boldsymbol{e}_2(t)$ 沿切线 T 具有大小相等而方向相反的投影

$$\theta_1=\pi-\theta_2 \tag{16.26}$$

这证明了式（16.18）。

16.7　椭圆面镜和费马原理

光应该沿最小时间路径传播。这正是在反射和折射（斯涅尔）情况中发生的：存在一个唯一的最小时间路径，并且光沿这一路径传播。但是，如果除了存在一条明显的最小时间路径（遵循 $i=r$），在同样的两点间还有许多条花费同样（最小）时间的路径会如何？这是我们将要讨论的问题。

如图 16.7 所示，考虑椭圆形房间中的反射墙面。你站在其中一个焦点 F_1 处。你的任务是发出一束激光，射到墙上，然后射向站在另一个焦点 F_2 处的一个人。你知道你必须做什么。在 X 处墙的切线像一个水平的镜子，就像上一节所证明的。如果你把光线射向那里，显然光线会到达 F_2，因为这将满足 $i=r$。（光线不会在意镜子是否偏离点 X。只要是光线，它就会被无限相切的平面反射。）

这是正确的答案，但不是唯一正确的答案。事实证明不论你从 F_1 沿哪个方向发射光线，不论反射点 P 是哪一个，光线都会到达 F_2。换句话说，我断言不论 P 在哪里，入射角 α 都将等于反射角 β，二者都从 P 处的法线测量。

如果你只想应用光线光学，证明这一论断的一种方法是在椭圆上的每一点 P 处解析地确立 $\alpha=\beta$。可以从以椭圆的半长轴和半短轴 a 和 b 表示的椭圆方程开始：

$$\frac{x^2}{a^2}+\frac{y^2}{b^2}=1 \tag{16.27}$$

在任意点 $P=(x,\ y)$ 计算椭圆的法线，并且证明它平分。

现在我将证明费马原理可以让我们巧妙处理这一繁琐的计算。

我的论据建立在这一事实上：每一条从 F_1 通过椭圆上的任意点 P 到 F_2 的路径具有和 F_1XF_2 相同的长度，而这一路径自身是最小时间路径。然后根据费马原理，所有这些路径遵循几何光学定律，特别是 $\alpha=\beta$。

所有路径具有相同的长度，因而需要相同时间的事实来自于椭圆的定义：到两个焦点的距离之和为常数的点的轨迹。记住这就是如何画出一个椭圆的方法。如果把两个图钉钉在纸上来固定一根绳的两端，用一根铅笔把绳拉直，然后把笔尖移动一周，就会画出一个椭圆。用图 16.7 中的符号则表明

$$r_1+r_2=\text{常量} \tag{16.28}$$

由于光线从 F_1 到 F_2 所需的时间是 $(r_1+r_2)/c$，所以不论 P 在哪里，每一条路径需要相同的时间。这一共同的时间也是最小时间，因为其中一条路径是通过 X 的对

称路径，从平面镜的例子中知道它是最小时间路径。

回顾最小时间路径具有下述特征的事实：如果稍微改变反射点，在一阶情况下传播时间（或距离）不变。现在取任意路径 F_1PF_2。如果稍微移动 P 以改变路径，所需的时间将不会改变（不只是一阶），因为在这一路径的每一边上是精确的相同时间的路径。

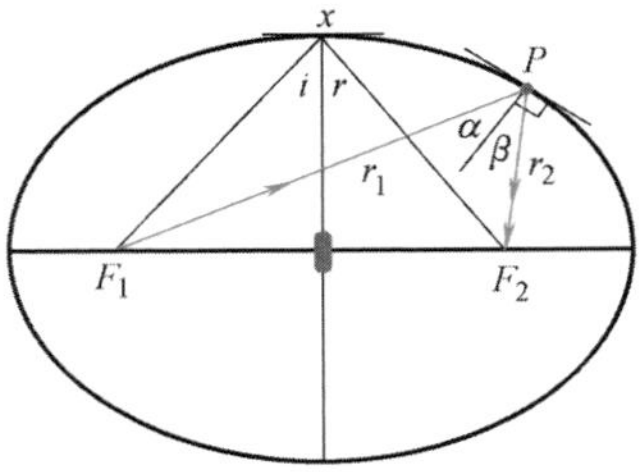

图 16.7　在椭圆墙上，每一条路径 F_1PF_2 都是最小时间路径。显而易见，通过 X 的路径需要最短的时间而且也遵守 $i=r$。这两条特征对于通过椭圆上任意点 P 的所有路径都成立，这不太显然，但却是事实。这就是为什么离开 F_1 的所有光线会聚于 F_2。（中心的、小的竖直障碍排除了两焦点之间的直接路径。）

另外一个实用的技巧如下。想象这一反射光线的椭圆形墙换成反射子弹的钢墙。你的枪中只有一颗子弹。你站在 F_1 处而你的死敌站在 F_2 处，装备与你相同。你向哪个方向开枪？一位学生说："向你的敌人开枪。"而我不得不承认他是正确的。我如此欣赏我脑海中想象的复杂解决方案以至于我忽略了显而易见的答案。所以我说："想象在你们俩人中间有一个小的钢板。现在你将做什么？"现在每一个人都同意他们会瞄准 X 点。这当然可以，但是你现在知道你可以向任何方向开火而且仍然射中敌人。这一策略有效，因为子弹像光线一样。他们遵守 $i=r$。从 X 处反弹的子弹显然遵守 $i=r$。我已经证明对于任意的反射点 P 这也是正确的。如果你不得不应用这一规则，你将会感谢我。当你的对手只学习了物理 101，站在 F_2 处浪费宝贵的时间瞄准中点 X，你由于学习了物理 201㊀，将立即从 F_1 沿任意方向开枪并且击中对手。（显然你瞄准时不会完全偏离 F_2，否则反弹时子弹将首先击中你，然后击中钢板。）

这一策略对短波和高频的声音（几何声学）也有效：如果你位于 F_1，你可以向任何方向吹口哨来召唤位于 F_2 的狗（再次假设在中心处放置钢板来阻断声音的直接传播）。

"外卖信息"㊁如下：如果两给定点之间存在许多所需时间相同的路径，从第一个点沿不同方向出发的光线将因反射而会聚于第二个点。

记住不止离开 F_1 的光线会聚于 F_2，它们经过每一个 P 点所需要的时间也相同。（我希望你们把这一点与另一情况相比较：光线在 F_2 会聚但是需要经过不同的时间。）相同的传播时间意味着如果在 F_1 处有一根蜡烛，在 F_2 处成像，而你突然熄灭它，成的像会在延迟 $(r_1+r_2)/c$ 后突然消失，而不是像不同光线需要不同时间的情况逐渐消失。如果你发出一个闪光，所有辐射的能量会在相同的时间汇聚在

㊀ 这里物理 101、物理 201 分别指耶鲁大学两学期的课程，对应本套书的卷 I 和本卷。——编辑注

㊁ 原文为"take-away message"。——编辑注

F_2。如果不是这样，卫星天线就不能聚焦入射的能量，而你那位于 F_2处的狗就不会听到你。

16.8　抛物面镜

我们已经知道当最小时间路径有多条时，聚焦就可能发生。现在可以尝试用这些术语来理解如图16.8所示的聚焦反射镜的原理。平行光线来自于位于无限远的某光源。把一侧面轮廓为 $y(x)$ 的反射镜放在平行光束的光路上，使得这些平行光线照射到镜面后再传播相同的距离会聚于焦点 F。

（实际的反射镜是旋转 $y(x)$ 后的三维曲面。例如，如果这一曲线是抛物线，实际的反射镜就是抛物面反射镜，与卫星电视接收器属于一个类型。）

现在设计这一反射镜。

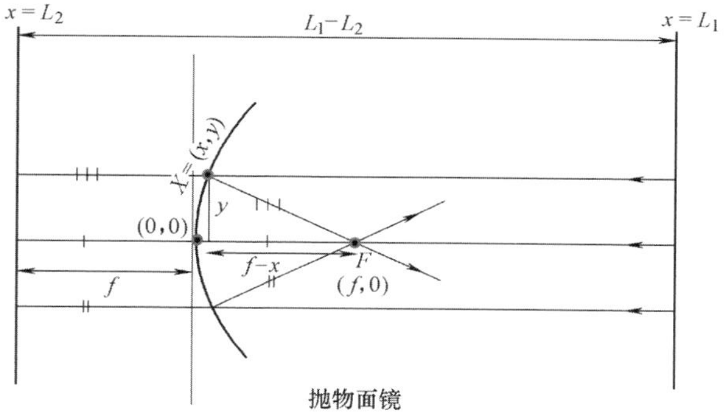

图16.8　抛物面镜的焦点在 F，位于坐标为（0，0）的镜面中心的右侧，与中心相距 f。光线从垂直于对称轴的直线 L_1出发。直线 L_2也垂直于对称轴，位于坐标为（0，0）的镜面中心的左侧，与中心相距 f。每一条光线入射到镜面上的某一（x，y）处并射向 F。因为从（x，y）到 F 的距离与它到 L_2的距离相等（由抛物线的定义给出的性质），所以每一条光线传播相同的距离 L_1-L_2。三个这样相等的距离在图中分别用一条、两条和三条竖直短线显示。

因为光线从无限远处的点出发，所以不管他们如何到达 F 都需要无限长的时间。不可能找出一条或多条路径作为最小时间路径。所以我们测量从一条垂直于对称轴的固定直线 L_1出发的所有平行光线传播的距离，而不是从无限远处的点出发，这样就可以对有限距离进行有意义的比较。首先考虑沿对称轴传播的光线。它经过 F，走过距离 f，在（0，0）处射到镜面上，反射后又传播距离 f 到达焦点 F。这显然是最小时间路径而且遵守 $i=r=0$。现在画一条垂直于对称轴的直线 L_2，但是在反射镜后距离为 f 处。这条光线走过的总距离是两条平行直线 L_1和 L_2之间的距离。

这是正确的，因为一旦光线射到镜面上，它被发射到 F 所走过的距离与它到镜面后的 L_2 之间的距离相等。因此从 L_1 反射到 F 所需的时间就是从 L_1 到 L_2 的时间。现在考虑位于对称轴之上的第二条平行光线，它在某 $X=(x, y)$ 处入射到镜面上。我们希望它传播到 F 的时间与第一条光线一样。**如果从 X 到 F 的距离与从 X 到直线 L_2 的距离相同，这将会实现**。确信你理解这一点。如果没有反射镜，所有平行于对称轴的光线从 L_1 到 L_2 传播相同的时间。但是现在，它们传播相同的距离是通过首先入射到反射镜上，然后不是一直向前射向 L_2，而是射向 F，而**这两段距离是相等的**。三段相等长度的线段在图中分别用一条、两条和三条竖直短线显示。

现在我们得出了反射镜形状的条件：它是一条曲线 $y(x)$，其上每一点到点 F 和直线 L_2 的距离都相等。（到直线的距离是垂直或者最短距离。）如果你能够找到这样的曲线（或者旋转它得到的三维曲面），这就是你想交给制镜者的曲线或者曲面。

我们知道这样的一条曲线：它就是**抛物线**，到给定点（在我们的问题中是 F）和给定直线（在我们的问题中是 L_2）的距离相等的点的轨迹。我们应用这一性质可以找出反射镜表面的方程。

坐标为（0，0）的原点位于反射镜中心，反射镜上各点的坐标为 (x, y)。我们需要找出的是函数 $y(x)$ 的表达式。通过抛物线的定义就可以简单地把它推导出来。

让从点 (x, y) 到焦点 F 的距离等于它到直线 L_2 的距离，对于上面的光线有

$$\sqrt{(f-x)^2+y^2}=x+f \tag{16.29}$$

把方程两侧平方并化简，

$$x^2+f^2-2fx+y^2=x^2+f^2+2fx \tag{16.30}$$

$$y^2=4fx \tag{16.31}$$

这就是抛物线的定义式。（你可能更习惯于抛物线公式 $y=ax^2$，它描述 x 轴上方关于 y 轴对称的二次曲线。这里给出的是把 x 和 y 交换并旋转的版本。）

第17章

光学Ⅱ：更多的反射镜和透镜

很容易用一句话总结上一章：光遵守费马最小时间原理。从这一原理我们推导出反射定律、折射（斯涅尔）定律、椭圆面镜的独特的反射性质以及抛物面镜的方程。我们理解了当有多条最小时间路径连接物和像时聚焦如何发生。

17.1 抛物面镜的球形近似

如果想把一束平行于对称轴的光线聚焦，无论光束多宽，你需要一个抛物面镜。哈勃望远镜上需要的也是抛物面镜。但是如果你支付不起抛物面镜，有一个廉价的替代品：球面镜。当然球面不是抛物面，但我肯定你会高兴地看到球面镜上的一小片可以在一定范围内模仿抛物面镜，如图 17.1 所示。超出一定范围当然就会有偏差。但是如果你只需考虑非常靠近对称轴的光束，除了价钱，这二者是等效的。

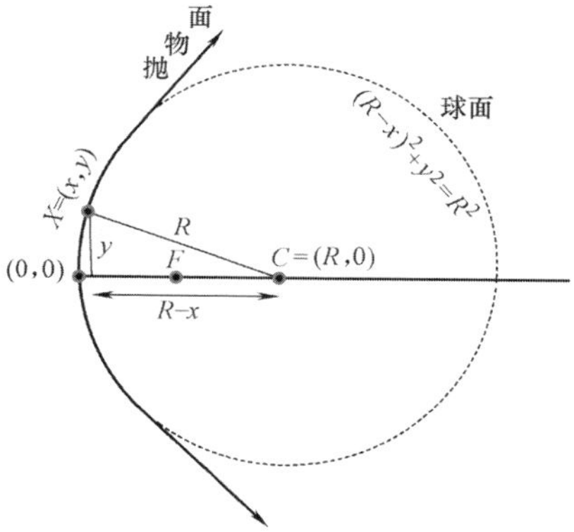

图 17.1 在不远离对称轴的情况下半径为 R 的球面（虚线）的一部分近似一个抛物面（实线）。在这种近似下球面镜的焦距为 $f=\frac{R}{2}$。

在本章中我通常指的都是球面镜。

我们从问自己下述问题开始：如果把半径为 R 的中空球面切下一部分，并且把凸出的一面镀银，那么凹面镜的焦距是多少？

如图 17.1 所示，选圆的最左侧的点作为坐标原点，因为此点将作为近似抛物线的原点。在这一坐标系统中，中心位于 $(R,\ 0)$、半径为 R 的圆的方程为

$$(R-x)^2+y^2=R^2 \tag{17.1}$$

简化为

$$y^2=2xR-x^2 \tag{17.2}$$

首先忽略方程右侧的 x^2，并且把此方程与抛物线的方程 $y^2=4xf$ 比较。求得球

面镜的焦距为

$$f=\frac{R}{2} \tag{17.3}$$

但是我们还没有完成，因为刚刚去除了 x^2 项。我们需要一个这样做的理由。这涉及下述大的和小的长度的概念。每当我们处理反射镜或透镜的问题时，像 u、v、f 这样的长度总是被当作大数处理。离开对称轴的长度 y 将被当作相对小的数处理。如果不这样处理，高度为 y 的物体就不会形成清晰的像。（如果物体违反足够小的条件，即使是精确聚焦任意宽度的平行光束的抛物面镜在有限远处也不能形成清晰的像。）与 y^2 成正比的长度 x 就更小。因此等级如下：u、v、f 是大的，y 是小的，x 是小的平方。现在来看式（17.2）右侧的两项。一个是 x 乘以 R，另一个是 x 乘以 x。因此 x 乘以 R 击败 x 乘以 x，因子为 x/R。我们除去 x^2 项并且把抛物线作为近似。在这一近似下有

$$y^2=2xR \tag{17.4}$$

这一方程与下述概念一致：x 是小数 y 的平方，或者等价地，它比 y 更加小，小的因子为 y/R：

$$x=y\cdot\frac{y}{2R} \tag{17.5}$$

我们知道当偏离轴线很小时，球面可以模拟抛物面。这可以量化为：如果光线远离轴线以致与 xR 相比 x^2 不能忽略，球面镜将既不像抛物面镜也不能聚焦。

抛物面镜只有一个特殊的点，即 F；而球面镜还有第二个特殊的点，即球心 C，在距离 $R=2f$ 处。

17.2　成像：几何光学

仅从最小时间原理出发，我们已经确认抛物面镜和它的球面近似可以聚焦来自于无限远处的平行光线。好！但是反射镜预期能做得更多，而不仅仅是聚焦位于无限远处的物体发出的平行光束。它们也应该使位于有限远处的有限高度的物体形成清晰的像。

在本节中我将利用光线跟踪的方法（对于不太高的物体）分析这一问题，仅仅说明它是如何做到的。我将推导物体位置 u 和高度 h_o（作为输入）和像的位置 v 和高度 h_i（作为输出）之间的关系。在下一节我将应用费马原理重新推导同样的最终公式。

考虑如图 17.2 所示的高度为 h_o、与反射镜之间的距离为 u 的一个箭头。我们需要找出它的尖端在哪里成像。画两条光线，它们的行为通过费马原理可知。第一条光线水平射向反射镜，反射以后通过焦点。第二条光线通过焦点后到达反射镜，

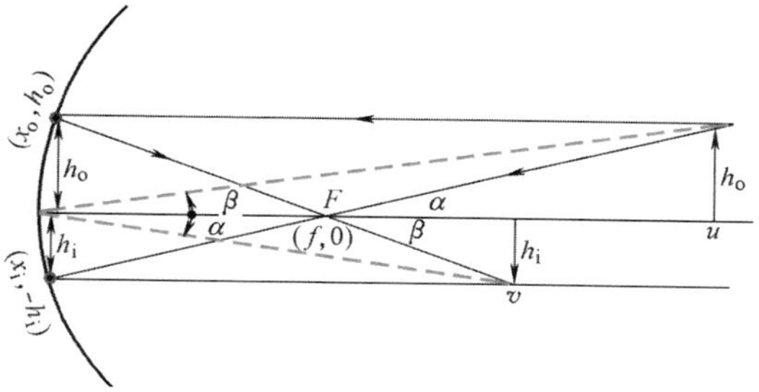

图 17.2　球面镜。对于位于有限远处的物体，实线是两条用于找出 u、v 和 f 的关系的两条光线。光线从 (u,h_o) 出发，在 (x_o,h_o) 或 $(x_i,-h_i)$ 处射到反射镜上，然后会聚于像点 $(v,-h_i)$。虚线是在 $(0,0)$ 处射到反射镜上的第三条光线，然后在像点与另外两条光线会聚。

反射后水平射出。我们知道如此是因为如果让光线反向，我们将看到水平光线射到反射镜上然后通过焦点。但是如果反向传播时它是连接两终点的最小时间路径，正向传播时它也是最小时间路径。

两条反射光线会聚在一点，这就是箭头的倒立像的尖端。设此像出现在距离 v 处，高度为 h_i。（按照惯例，如果是 h_i 正的，则像出现在（v，$-h_i$）。）我们需要由随意选择的 h_o 和 u 求出 h_i 和 v。

让两个对顶的角 α 的正切相等可得

$$\frac{h_o}{u-f}=\frac{h_i}{f-x_i}\approx\frac{h_i}{f} \tag{17.6}$$

其中 x_i 与 f 比较被忽略。类似地，从两个相等的 β 的正切可得

$$\frac{h_i}{v-f}=\frac{h_o}{f-x_o}\approx\frac{h_o}{f} \tag{17.7}$$

其中 x_o 与 f 比较被忽略。让上述两方程左侧的乘积等于右侧的乘积并且消去 h_oh_i，可得

$$(u-f)(v-f)=f^2 \tag{17.8}$$

整理后可得我们熟悉的形式

$$\frac{1}{u}+\frac{1}{v}=\frac{1}{f} \tag{17.9}$$

从式（17.7）可得像与物的大小之比 h_i/h_o：

$$\frac{h_i}{h_o}=\frac{v-f}{f}=\frac{v}{f}-1=v\left[\frac{1}{u}+\frac{1}{v}\right]-1=\frac{v}{u} \tag{17.10}$$

物与像的大小之比正好是物距与像距之比。

式（17.9）和式（17.10）用我们随意选择的 h_o 和 u 给出了 h_i 和 v。当然，我

们可以根据给出的任意两个参数用这些方程找出其他两个参数。例如，在某些问题中我们需要像出现在给定的 v 处，这时用同样的公式可以找到需要的 u。

放大率 M 定义为

$$M=-\frac{v}{u} \tag{17.11}$$

当 u 和 v 都是正的时，负号说明像是倒立的。在其他一些反射镜的情形，因为像是虚像，所以 v 是负的。这时 M 是正的，说明像是正立的。当你观察浴室镜时，你的像与你的脸具有相同的取向，而不是上下颠倒。

尽管我们只考虑了物的尖端和它的像，但是这些讨论对于物体上的其他点同样适用，因为像距 v 不依赖于尖端的高度 h_o。换句话说，正立箭头的像就是一个倒立的箭头。

17.2.1 中年危机

学完几何光学，完成所有考试之后很多年，我开始问自己下述问题。我们只是画出了两条光线并且声称它们的交点就是像（箭头尖端的像）所在的位置。但是除非平行，任意两条光线总会在某处相交。（即使你把球面镜或抛物面镜扭曲变形，这也会发生。）为什么这一点应该是像点？如果画出另一条光线会怎样？我如何知道它也会到达同样的地点？换句话说，两条光线会聚于一点是不可避免的，但是三条或更多光线会聚于一个（像）点将会是通过光线聚焦成像的更加令人信服的证据。

因此我考虑了另一条光线（图 17.2 中的虚线），从中点反射，而这里的切线是垂直的。我们知道这里一定遵守 $i=r$，因此给 h_i、h_o、u 和 v 施加了额外的限制：

$$\frac{h_o}{u}=\frac{h_i}{v} \tag{17.12}$$

如果这一限制不被满足，就说明第三条光线不遵守反射定律，但也通过前两条光线的交点。很幸运地，这一条件得到满足［见式（17.10）］。

17.3 由费马原理成像

因此我们有三条会聚于一点的反射光线。这使我们消除了疑虑但是还不够。也许是因为第三条光线在一个特殊的（对称的）点射入反射镜才如此。如果我画出另外一条光线，在一个更一般的点射入反射镜，我如何知道它也会达到同样的像点？

应用光线光学，我们可以一劳永逸地证明不论它们射到反射镜上的高度 y 如何（假设与 f 或者球面时的 R 相比很小），所有反射的光线都会聚于像点。

但是我想应用最小时间原理来推导相同的结果。在这种方法中，离开物体的光线沿不同的方向传播，在不同的高度 y 处射到反射镜上，在传播相同的距离或者相同的时间（也应该是最小时间）后会聚于像点。我将用两步来说明这一点。

1. 我将证明射到位于 $y=0$ 的反射镜中心，即原点（0，0）的光线是最小时间路径（并且遵守 $i=r$）。

2. 我将证明射到临近 y 处的反射镜上的光线需要同样的时间。这就是说，对于小的 y，传播时间与 y 无关。

在开始证明之前我必须提醒你们，传播时间不依赖于 y 是不精确的。只有当高于 y^2 的高次幂可以忽略的情况下它才有效。这不是因为球面是抛物面的近似，即使对于抛物面也是这样。后者能够完美地聚焦任意宽度的平行光束，但除非 y 很小，否则它也不能使位于有限远处的物体形成清晰的像。

这里是我们需要的两个结果。第一个是反射镜面的方程：

$$y^2 = 4xf \tag{17.13}$$

下一个是当 $\frac{a}{A^2} \ll 1$ 时 $(A^2+a)^{1/2}$ 的二项式近似：

$$(A^2+a)^{1/2} = A\left(1+\frac{a}{A^2}\right)^{\frac{1}{2}} = A+\frac{a}{2A}+\cdots \tag{17.14}$$

现在来看图 17.3，它显示了位于 u、高为 h_o 的物体和位于 v、高为 h_i 的倒立的像。

我们可以随意选择 h_0 和 u，而且我们需要一个方法来找到像的高度 h_i 和位置 v。

我们的策略是计算 $D(y)$，即路径长度作为 y 的函数，并且通过合理地选择 h_i 和 v 来检验它是否不依赖于 y。

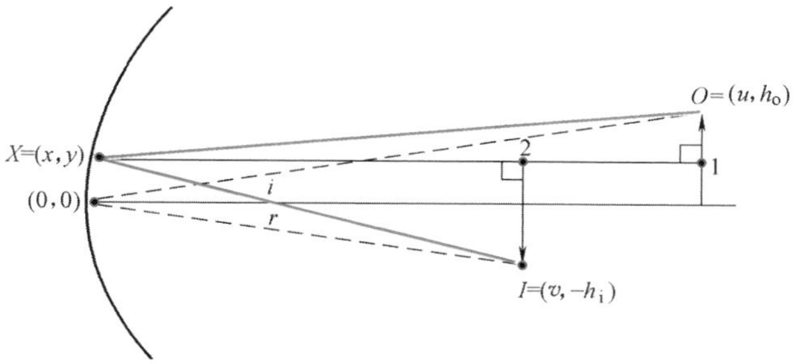

图 17.3　光线从物 O 经反射镜上的点 $X=(x, y)$ 到像 I 的路径长度是两个直角三角形 $OX1$ 和 $IX2$ 的斜边之和。它不依赖于 y（精确到 y_2）。因此所有路径需要相同的时间，也都是最小时间。

射到反射镜上高度为 y 的光线传播的距离是两个直角三角形 $OX1$ 和 $IX2$ 的斜边之和：

$$D(y) = [(u-x)^2+(h_o-y)^2]^{1/2}+[(v-x)^2+(h_i+y)^2]^{1/2} \tag{17.15}$$

因为在反射镜面上 $x=y^2/4f$，所以我们将保留 y 和 h 的二次方项和 x 的一次方项。在这一近似下有

$$D(y)=[u^2-2ux+(h_o-y)^2]^{1/2}+[(v^2-2vx+(h_i+y)^2]^{1/2} \tag{17.16}$$

$$\approx u+\frac{-2ux+(h_o-y)^2}{2u}+v+\frac{-2vx+(h_i+y)^2}{2v}\text{[应用式(17.14)]} \tag{17.17}$$

$$=u-\frac{y^2}{4f}+\frac{(h_o-y)^2}{2u}+v-\frac{y^2}{4f}+\frac{(h_i+y)^2}{2v}\text{(应用 }x=y^2/4f\text{)} \tag{17.18}$$

重新写为

$$D(y)=u+v+\frac{h_o^2}{2u}+\frac{h_i^2}{2v}+y\left[-\frac{h_o}{u}+\frac{h_i}{v}\right]+y^2\left[\frac{1}{2u}+\frac{1}{2v}-\frac{1}{2f}\right]+x\text{ 和 }y\text{ 的高次幂} \tag{17.19}$$

$$\equiv D(0)+y\left.\frac{\mathrm{d}D(y)}{\mathrm{d}y}\right|_{y=0}+\frac{y^2}{2}\left.\frac{\mathrm{d}^2D(y)}{\mathrm{d}y^2}\right|_{y=0}+\cdots \tag{17.20}$$

我们希望这一结果不依赖于 y。

第一行是 $D(0)$，即在 $y=0$ 的竖直切线处反射的路径长度。它作为参考。如果

$$\left.\frac{\mathrm{d}D(y)}{\mathrm{d}y}\right|_{y=0}=0 \tag{17.21}$$

则线性项的系数为零。即

$$\frac{h_o}{u}=\frac{h_i}{v} \tag{17.22}$$

如果 $D(y)$ 在 $y=0$ 处的一阶导数为零的条件得到满足，就可以确定过 $y=0$ 的路径是最小时间路径。毫不奇怪，从图中可以看出这就是说对于竖直切线处的反射 $i=r$。这只确定了射到 $y=0$ 处的一条光线的行为。

只有这一条件不能固定像的位置，因为只要保持 h_i/v 或者对角固定不变，我们可以沿反射光线移动像的位置。这是预料之中的事，因为无限接近 $y=0$ 的路径全都具有相同的路径长度是不够的。即使反射镜是平面也是如此。我们所要寻找的是一个曲面反射镜，它在一个较宽的区域内路径长度不变，以实现会聚 $y=0$ 附近的一个点的连续体所反射光线的目的。

为此，我们考察二次项。要求二次项为零需要二阶导数为零：

$$\left.\frac{\mathrm{d}^2D(y)}{\mathrm{d}y^2}\right|_{y=0}=0 \tag{17.23}$$

这表明

$$\frac{1}{u}+\frac{1}{v}=\frac{1}{f} \tag{17.24}$$

这是从光线光学得到的第二个方程。

在更精确的计算中存在的任何 y 的幂一定是 y^3 或者更高。我们对它们毫无办法，因为在处理过程中为了消去前两个幂次，我们已经用尽了两个自由度，即 h_i 和 v。除非这些高次项异常大，在 $y=0$ 附近 $D(y)$ 对 y 的关系曲线将会非常平缓。路径长度（近似）不变意味着传播时间不变。因为 $y=0$ 对应着最小时间路径（在原点处由竖直的切线反射），所以所有路径都是最小时间路径。

如果 h 或者 y 大到被忽略的项变得重要，像就会模糊。

综上所述，我们对具有连续范围的 y 的路径施加了最小时间条件，保证射到反射镜的光线，不只是 $y=0$ 处而且包括附近的所有光线都会聚从而产生一个聚焦的像。这反过来给出两个方程（在 $y=0$ 处 $D(y)$ 的一阶和二阶导数为零）可以求得 h_i 和 v 对 h_0 和 u 的函数关系。这些方程与光线光学的方程相符合。

17.4　复杂情况

对于反射镜和透镜，方程

$$\frac{1}{u}+\frac{1}{v}=\frac{1}{f} \tag{17.25}$$

有无数多的应用。像之前提到的，在复杂情况下其中的一些变量可以是负值。例如，对于（虚）像和物位于透镜同一侧的情形，v 是负的。使平行光束发散而不是会聚的凸面镜具有负的 f。按惯例只有 u 和 h_0 可以总被选为正的。虽然当你注意符号时，上述方程在所有情况下都适用，但考察一到两个“标准处方”对光线光学或最小时间不适用的情形也很有趣。这两个例子都涉及虚像。

第一个涉及一个 f 为负的凸面镜，也就是说，一个位于无限远处的点的像是一个虚焦点。

第二个涉及物体在凹面镜前 $u<f$ 处成虚像。

我们将看到在两种情况下标准处方如何失效，如何修正它来获得与式（17.25）相符合的结果。

17.4.1　虚焦点的费马原理

考虑如图 17.4 所示的凸面镜。当一束平行光束（实线）从右侧入射到它上面时，反射光线发散而不是会聚。

在光线光学中已知，反射光线好像是从镜面后距离 $|f|$ 处的一个虚焦点发出的，即光线如果向后延续进入凸面镜，它们将会聚于 F 点。

我们想要应用费马原理证明这一结论。似乎我们甚至不能开始，因为来自于无限远处的光线因为反射而发散，而且永远不会真的再相聚。如果没有一个共同的终点，我们如何比较它们的传播时间并且找出一条最小时间路径？这似乎是一个我们不能从最小时间原理推出的几何光学结果。实际上我们可以，但需要两步。

首先假设反射镜在两侧都可以反射。观察反射镜凹面一侧的虚线。我们看到与轴平行的光线来自于左侧。根据适用于凹面一侧的费马原理，这些光线将会聚于 F 并且也遵守 $\alpha=\beta$。现在延长虚线并穿过反射镜到达凸面一侧成为实线，同时把箭头反向。在这一阶段，这些只是一些线条，可能不对应实际的光线。但如果我们把法线延长到凸面一侧，我们看到来自于右侧且平行于轴的光线在镜面反射，并遵守 $\alpha=\beta$。**这正好是实际的光线在曲面反射时所发生的**。由此可知如果凸面一侧发出的光线反向延长到凹面一侧，它将通过 F 点。因此 F 将是凸面镜的虚焦点。

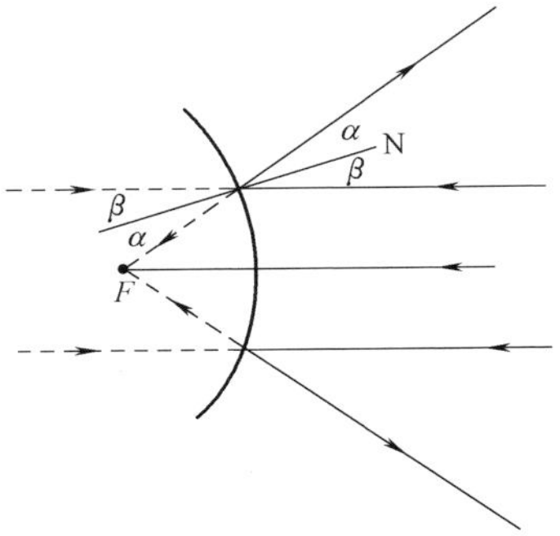

图 17.4 在凹面一侧我们看到一束平行光束（虚线）入到到凹面镜上。从费马原理（这里适用）可知这些光线将会聚于 F 并且遵守 $\alpha=\beta$。如果我们把虚线延长到凸面一侧成为实线，并且把箭头反向，我们看到光线从右侧平行于轴入射并且从镜面反射，且遵守 $\alpha=\beta$，就像实际的光线一样。由此可见，所有发出的实际光线，如果反向延长进入凸面镜，将通过 F 点。

17.4.2 虚像的光线光学

现在考虑一个光线光学的标准处方失败的问题。考虑一个凹面镜和物距 $u>2f$ 的物体。我们应该通过画两条光线来找到像，一条水平入射然后从 F 射出，另一条经 F 入射然后水平射出。它们的交点将位于$v<2f$，如图 17.2 所示。当 u 减小时，v 增大，直到 $u=2f$。然后就有 $v=2f$，而且物和它的倒立像与反射镜的距离相等。假设我把物移近。像将会远离使得 $v>2f$。当物位于 F 点，则 $1/v=0$，这表明 $v=\infty$。这正是入射平行光束会聚于 F 点的反向。现在扩大我们的运气使 $u<f$。像在哪里？由

$$\frac{1}{v}=\frac{1}{f}-\frac{1}{u} \tag{17.26}$$

可知 $v<0$。但是负的 v 意味着像在反射镜的后面！如何在不可穿透的反射镜的后面存在一个像？答案当然是那里不存在像，但是**看起来好像存在**。为理解这一点，我们可以尝试光线追踪，如图 17.5 所示。首先我们从物体的尖端（T）画一条平行于轴射到反射镜上然后反射通过 F 点的光线。这条光线称为光线 1，应该与首先通过 F 点，然后射到反射镜上再平行出射的光线相交。但如果你画一条从尖端 T 到 F 点的光线，它**远离反射镜**！它永远不会在镜面处反射。所以我们应这样做：**从 F**

到 T 画第二条光线，光线 2。如果把它延长直到它射到镜面上，它将被反射并平行出射。(这是正确的，因为如果你把整个光线反向，则入射的平行光射到镜面并且反射到 F 点。) 所以我们成功画出了两条遵守反射定律的光线，但是它们互相远离而且在反射镜的右侧不会相交。另一方面，如果反向延长并穿过反射镜（图中虚线），它们会相交。交点是尖端的虚像，因为光线似乎是从这里发出的。

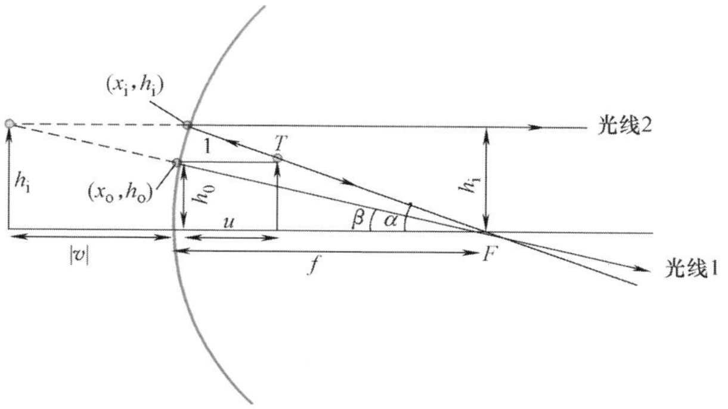

图 17.5　简单解释失败时凹面镜的虚像成像。首先，尖端 T 发出的经过 F 点的光线不会射到反射镜上。因此它沿另一个方向传播直到射到反射镜上并且平行出射（光线 2）。但是它不会与光线 1 相交，而光线 1 平行于轴射到反射镜上并且反射通过 F 点。但是，如果把光线 1 和 2 延长到黑暗的一侧，它们似乎是来自于左侧的虚像。当 $v=-|v|$ 是负的时，标准方程成立。

仍然存在一个问题：反射镜左侧的虚像位置 $|v|$ 也遵守式（17.25）吗？尽管像是虚像，它也遵守。让 $\tan\beta$ 的两个表达式相等，其中一个来自垂直边为 h_o 的小直角三角形，另一个来自垂直边为 h_i 的大三角形：

$$\tan\beta=\frac{h_i}{f+|v|}=\frac{h_o}{f-x_o}\approx\frac{h_o}{f} \tag{17.27}$$

对角度 α 同样处理：

$$\tan\alpha=\frac{h_i}{f-x_i}\approx\frac{h_i}{f}=\frac{h_o}{f-u} \tag{17.28}$$

我们已经见过这一对方程，并且知道从它们得出式（17.25）和放大率公式。例如，让两侧的商相等可得

$$\frac{f}{f+|v|}=\frac{f-u}{f} \tag{17.29}$$

或者

$$(f-u)(f-v)=f^2 \tag{17.30}$$

因为 $|v|=-v$。对于实像，式（17.30）与式（17.8）一样。

最小时间的方法也能复制这些结果，但是只能在我们借助一些聪明的技巧之后。

17.5 从费马原理求解透镜

观察如图 17.6 所示的透镜。在透镜中心的左侧距离为 u 的位置处有一个无限高的物体 O。我希望透镜可以在另一侧距离为 v 的位置处通过会聚所有传播最小时间的光线形成它的像 I。从物直接通过透镜到像的最短路径距离为 $u+v$，而其他在更高的高度通过透镜的路径更长。但它们仍然有竞争机会，因为最短路径不再意味着最小时间：光在透镜中以相对低的速度 c/n 传播。这表明随着传播时间延续，1cm 的透镜相当于 n cm 的空气。

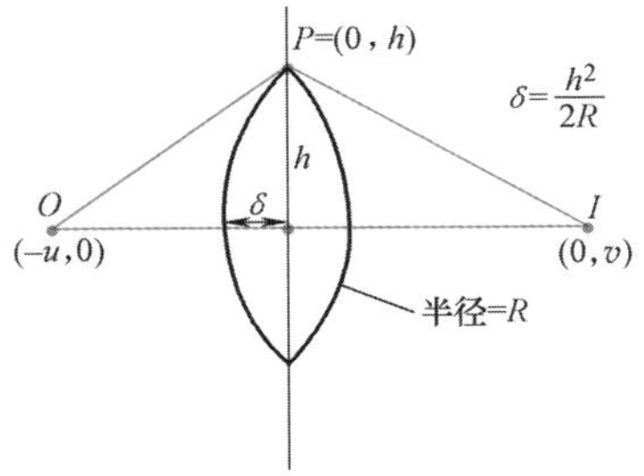

图 17.6　会聚透镜的每一个面都是半径为 R 的球面的一部分。光线沿图中两条标出的路径从物（O）到像（I）所需要的时间相等。因为光在透镜中的传播速度为 c/n，直接通过透镜的较短路径与擦过顶端（P）的路径所需时间相同。

图中显示了一条沿直线通过透镜最厚处的光线。另一条光线略过全部透镜并且擦过最顶端的点 P。我们将简单地让两个极端的时间相等。证明中间高度的路径所需时间相等（在通常的近似中忽略高阶无穷小量）比较困难，因此这里不会尝试。

假设透镜的每一个面都是半径为 R 的球面的一部分，在球面镜中得到的公式

$$x=\frac{y^2}{2R} \tag{17.31}$$

告诉我们图中的距离 δ 为

$$\delta=\frac{h^2}{2R} \tag{17.32}$$

其中 h 是透镜的高度。

沿直线传播的光线经过距离 $u-\delta$ 到达透镜，然后在透镜内传播 2δ，最后在另一侧经过距离 $v-\delta$ 到达像点。如果在空气中把距离除以 c，而在玻璃中把距离除以 c/n，可得总时间为

$$T(\text{直线})=\frac{(u-\delta)}{c}+\frac{(v-\delta)}{c}+\frac{2\delta}{c/n} \tag{17.33}$$

把方程两侧乘以 c，我们发现光线在透镜中的部分贡献了一段距离 $2n\delta$：

$$c\cdot T(\text{直线})=u+v+2\delta(n-1)$$
$$=u+v+\frac{2(n-1)h^2}{2R}\text{［应用关于 }\delta\text{ 的式（17.32）］}\tag{17.34}$$

对于擦过最顶端的 P 点的路径

$$c\cdot T(\text{过 }P)=\sqrt{u^2+h^2}+\sqrt{v^2+h^2}\tag{17.35}$$
$$=u+\frac{h^2}{2u}+v+\frac{h^2}{2v}\text{［应用式（17.14）］}\tag{17.36}$$

要使路径所需时间相同，我们需要

$$\frac{2(n-1)h^2}{2R}=\frac{h^2}{2u}+\frac{h^2}{2v}\tag{17.37}$$

可以改写为

$$\frac{1}{f}=\frac{1}{u}+\frac{1}{v}\tag{17.38}$$

其中$\frac{1}{f}$定义为

$$\frac{1}{f}=\frac{2(n-1)}{R}\tag{17.39}$$

我们可以把组合 $2(n-1)/R$ 命名为任何名称，但是把它称为 $2(n-1)/R$ 就说明它是焦距的倒数。而它确实是。如果让 $u=\infty$，即把物放在无限远处，像距 v 一定等于 f。在式（17.38）中这是正确的。

注意有两种方法可以找出焦距。一种是用平行光束做实验来观察它们在哪里会聚。但是这里我们用 R 和 n 计算焦距，得出的公式将告诉你如果透镜的焦距太大或者太小时应该如何操作。你可以通过改变 n 或者 R 来改变它（应用不同的材料或者不同的曲率半径）。

17.6　最小作用量原理

描述光的费马原理可以推广到描述粒子。考虑一个从（x_1，t_1）运动到（x_2，t_2）的牛顿粒子。一般来说，只有一条牛顿轨迹通过这两点。（在确定轨迹的过程中用轨迹上的两点代替在一点的初始位置和速度。）通过求解 $F=ma$，可得如图 17.7 所示的轨迹 $x_N(t)$。路径 $x_N(t)$ 与其他所有在这两点间画出的路径 $x(t)$ 有什么不同呢？当然在任意点它遵守 $m\mathrm{d}^2x/\mathrm{d}t^2=-\mathrm{d}V/\mathrm{d}x$。但是这是非常局部的描述，有没有能够把轨迹作为一个整体所进行的全面描述？

答案是我们能：这就是最小作用量路径，其中作用量 S 定义为

$$S=\int_{t_1}^{t_2}\left[\frac{1}{2}m\left(\frac{\mathrm{d}x(t)}{\mathrm{d}t}\right)^2-V(x(t))\right]\mathrm{d}t\tag{17.40}$$

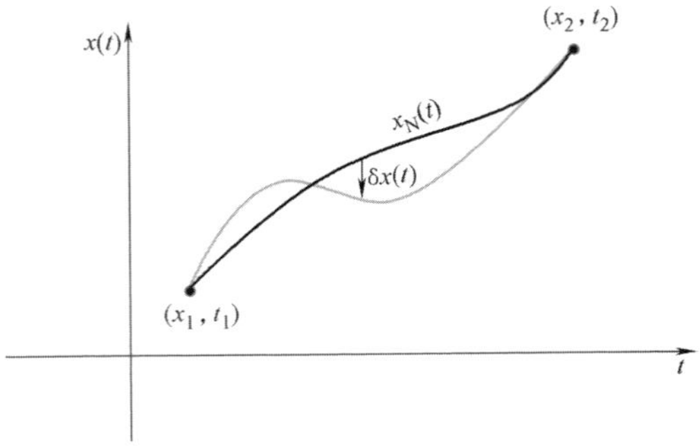

图 17.7　粗线是粒子在最小作用量路径上实际运行的路径。细线显示的是在时刻 t、偏差为 $\delta x(t)$ 的邻近路径。由这一偏差引起的作用量的总变量 δS 要求对 $\delta x(t)$ 的一阶导数为零。这产生了欧拉-拉格朗日方程，其约化为 $F=ma$。

如果给出路径 $x(t)$，就可以通过对路径上动能和势能之差进行积分得出作用量 $S[x(t)]$ 作为路径的函数。因此 S 是所讨论的整个路径 $x(t)$ 的函数。函数的函数称为**泛函**，此函数写为 $S[x(t)]$。

其结果是牛顿路径就是最小作用量路径。

在反射的情况下，为找出最小时间路径，我们考虑了非常简单的路径。它们由两段直线段组成，只由一个变量标定：光线射到镜面上的位置 x。如果 $x_{\min}$ 代表最小时间路径，它必须是下述方程的解：

$$\left.\frac{\mathrm{d}T}{\mathrm{d}x}\right|_{x_{\min}}=0 \tag{17.41}$$

我们可以这样等价地表述是因为

$$\mathrm{d}T=\frac{\mathrm{d}T}{\mathrm{d}x}\cdot \mathrm{d}x+\mathcal{O}(\mathrm{d}x^2) \tag{17.42}$$

在 $x_{\min}$ 处，对 $\mathrm{d}x$ 的一阶导数，T 的改变量 $\mathrm{d}T$ 为零。因此它真的应该被称为平稳时间路径而不是最小时间路径。（它是否最小由二阶导数决定，而这一点我们没有检查。）但是这个名称在光学和力学中已经根深蒂固。

在力学中最小化 S 的问题比反射中最小化 $T(x)$ 更困难。$T(x)$ 只是一个变量，即反射点的位置 x 的函数，而作用量 S 依赖于**整个函数** $x(t)$，且不要求路径是直线。给定两个端点 (x_1, t_1) 和 (x_2, t_2)，我们需要考虑每一条连接它们的可能的路径，然后必须从中选出最小作用量路径。我们仍然可以应用下述事实：如果在时刻 t，最小作用量路径改变了一个无穷小量 $\delta x(t)$，如图 17.7 所示，则作用量对 $\delta x(t)$ 的一阶导数应该不变。这是变分法中的问题。$\mathrm{d}T/\mathrm{d}x=0$ 的类似方程就是**欧拉-拉格朗日方程。其结果正是牛顿定律**。换句话说，为了选择最小作用量路径，粒子不需要事先计算每一条路径的 S，然后挑出优胜者；它只需在每一时刻遵守牛顿定律就可以了。

如果最终得到的方程与牛顿力学等价，为什么我们还要对最小作用量原理费心呢？即使在这一理论最初发展起来的几年间也有许多值得欣赏的优点，大家可以在高等力学的任一本书中或者网络上找到它们。理查德·费曼（1918—1988）发现了一种用经典路径的作用量描述量子力学原理的简单方法，没有从 $F=ma$ 开始的这样的路径。量子场论都是用作用量的语言表述。例如，如果想要给出夸克和胶子如何相互作用的理论公式，你不用寻找 $F=ma$ 的类似方程，而是寻找用夸克和胶子变量表示的正确的作用量。(除了在力学最简单的问题里，作用量不是动能和势能之差对时间的积分。对于磁场中的粒子，欧拉-拉格朗日方程约化为 $F=q(E+v\times \boldsymbol{B})$。顺带说一句，作用量只能写成 $\boldsymbol{A}$ 和 V 的形式而不是 $\boldsymbol{E}$ 和 $\boldsymbol{B}$ 的形式。)

17.7　眼睛

人的眼睛和视觉系统是非常非常了不起的。把一个物体放在眼睛前，眼睛中的水晶体在视网膜上形成一个倒立的像。图像倒立是明确的、客观的和可证实的。如果当你注视一个向上的蜡烛时，我观察你的视网膜，蜡烛的像是倒立的。但是倒立似乎不会对我们造成困扰。但究竟在哪一个阶段我们真正看到了物体？目前还不清楚。我们在视网膜上看到它还是在大脑中看到它？视网膜上所呈现的与真实生活中所遇见的，这二者之间简单地具有 1∶1 的相关性。我四处走动，然后撞上倒立的桌子。它在视网膜上倒立的事实是不重要的。我知道如何把一杯倒立的咖啡放在倒立的桌子上。大脑已经学会如何把视网膜上的像转换成我们所遇到的。实际上，大脑操作图像的能力已经在一个奇特的实验中被证实了。在此实验中参与者戴上眼镜，而眼镜把视网膜上的像再次颠倒了。经过几天以后，那些人还是挺好的。因此视觉系统在后台具有许多软件。我从自己的惨痛经历中了解到了这一点。当我经历一个眼科手术后，医生一挥手解下了绷带。我陷入恐慌：我不能聚焦而且看东西有重影。我的医生似乎没有特别担心。他说：“你在几天内就会好起来的。”我之前听到过这样的话，所以并没有得到安慰。但是慢慢地，我的视力越来越好，但不是由于任何新的外科手术。我的大脑慢慢开始依据新的参数重新对自己编程，再一次把眼中的像与实际存在的物体关联起来。

已经说了太多了不起的软件。我们来看看负责在视网膜上成像的硬件。这里有一个潜在的问题。视网膜与水晶体之间的距离固定，等于眼球的直径。这表明 v 是固定的。当改变物距 u 的时候，我们想要在固定 v 的视网膜上形成一个清晰的像。但是我们从透镜方程

$$\frac{1}{v}=\frac{1}{f}-\frac{1}{u} \tag{17.43}$$

中可知 v 由 u 决定，而且应该随它而变。眼睛如何操作呢？答案是到目前为止我们总是保持不变的某一物理量，即焦距 f 改变。这是人眼中的水晶体所具有的令人惊奇的性质。它由果冻一样的东西组成，而且有一些肌肉拉住它。如果肌肉拉它，它将变得长而薄，并且具有一个焦距。如果肌肉放松，它将具有另一个焦距。当我注视一个远处的物体时，肌肉在放松状态。当物体靠近时，就需要经过一定的努力才能聚焦在其上。

接下来讨论视网膜上形成的像。我将采用最适合这一讨论的光线光学中的另外一条原理：通过透镜中心的光线沿直线穿过。（如果离轴不远，在中心处透镜相对的两面是平行的，光线折射进入透镜并且出射，好像通过一个表面平行的玻璃板。在这种情形下，我们知道它沿相同的方向出射，具有一个横向位移，但是在此情况下可以忽略。）从图 17.8 上半部分我们可以看出任何物体的视尺寸，即视网膜上像的尺寸，是由物体所对的角决定的，$\theta \approx \tan\theta = h/u$。如果物体小，我们就把它移近直到 h/u 足够大。如果能够毫无限制地这样做，我们就不需要显微镜了。比如我们想观察细菌，只需让这些小东西非常接近我们的眼睛就可以了。但是超过某一点就不行了。眼睛不能聚焦在比近点更近的任何物体上，而近点大约为 $N = 25\text{cm}$。拉住水晶体的肌肉不能再进一步使水晶体变形。因此，对于固定高度 h 的物体，你能够做到的最好为

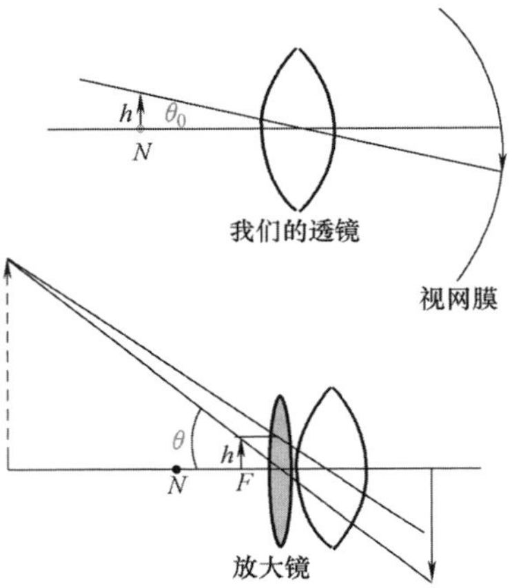

图 17.8　上部：没有放大镜时，把物体放在近点 N 可得最大对角 θ_0。下部：有放大镜时，对角变大，尽管物体比 N 近，但是虚像（具有相同的张角 θ）位于远处，而且更容易被看见。

$$\theta_0 = \frac{h}{N} \tag{17.44}$$

假设让物体离眼睛更近。有好消息也有坏消息。好消息是视网膜上的像变大了。坏消息是变大的像模糊了。因为它太近，水晶体不能把像聚焦在视网膜上。解决的方法是通过一个放大镜看它。如图 17.8 所示，它产生了一个具有相同对角的虚像，但是在一个方便的距离处。通常希望 v 大。在 $v = \infty$ 的极限情况下有

$$\frac{1}{u} = \frac{1}{f} \tag{17.45}$$

即把物体放在焦点上。物体的角尺寸（现在 $u = f$）为

$$\theta = \frac{h}{f} \tag{17.46}$$

放大率定义为对角的比值，即

$$M=\frac{\theta}{\theta_0}=\frac{h/f}{h/N}=\frac{N}{f} \tag{17.47}$$

因此$f=2.5\text{cm}$的水晶体产生的放大率为$25/2.5=10$。

如果我们愿意牺牲一点的话，是有可能把放大率提高到超过N/f一点的。从物体处于一般位置（不必位于F）的公式开始：

$$\theta=\frac{h}{u}=h\left[\frac{1}{f}-\frac{1}{v}\right]=h\left[\frac{1}{f}+\frac{1}{|v|}\right] \tag{17.48}$$

$$\theta_0=\frac{h}{N} \tag{17.49}$$

$$M=\frac{\theta}{\theta_0}=N\left[\frac{1}{f}+\frac{1}{|v|}\right] \tag{17.50}$$

显然当$|v|$减小时，M增大，但是不能让$|v|$太小：要求$|v|\geqslant N$以便我们能够看清虚像。因此虚像位于近点所得到的可能的最佳放大率为

$$M_{\text{最佳}}=N\left[\frac{1}{f}+\frac{1}{N}\right]=\frac{N}{f}+1 \tag{17.51}$$

你为放大率公式中多出来的1所付出的代价是你必须用尽能力的极限来注视物体，但经过一会儿就会非常疲惫。如果你是一个珠宝商或者钟表匠，你可能会很高兴地放弃放大率中增加的1，让像位于无限远处从而使眼睛舒适。

你真的能够看到无限远处的某物吗？你能，如果它是无限大的。方法是当物体后退时让它变得越来越大，保持对角为常量，则不论它在多远你都将看到它。实际上，无限远意味着足够远以至于来自它的光线几乎是平行的。

第18章 光的波动理论

现在我们从几何光学继续前进。一如往常，它被我们都必须屈从的权威——实验——推翻了。

即使你的名字是艾萨克或者阿尔伯特，如果你的理论与实验不符合，它也不能被认可。反过来，如果你是名不见经传的新人，但是你的预测与实验相符，你就会变成明星。一切都是基于实验。这是改变我们思维的唯一途径。现在你可能会说："为什么你持续对我们做这些？我们相信你所说的一切。我们记下了每一件事。我们做了习题集，然后你说：'噢，前几天我教给你们的理论有不足之处。这是更好的理论。'发生了什么？物理学家真的经常犯错误吗？"当我说我们犯错误的时候，我必须非常小心。因为消息泄露给新闻界和媒体以后他们会说："物理学家认为他们总是错的。"实际上，我公开说过："我们总是错的。"我的意思是说不管我们发现了多少定律，总有一天我们会发现这些定律不能解释某些新的实验。这真的不是坏消息。这是维持我们进步的源泉。我们**想要**发现不符合我们知道的任何规律的事物。例如，当速度接近于光速时，牛顿力学不适用，从这个意义上说它是错误的。但是在它适用的领域做出的预测不再适用于高速情况，从这个意义上说它不是错误的。它应该在实验观测的一个有限范围内适用。如果你超出了这一限制，如果你建造了把粒子加速到超高速的加速器，你会发现粒子不遵守牛顿力学。这时你需要爱因斯坦的狭义相对论。

即便一个新的理论推翻了旧理论并且解释了新现象，例如爱因斯坦的理论，这里仍然存在一个额外的要求。你能猜到它会是什么吗？就是用旧理论解释的旧实验也需要被新理论解释。实际上，新理论作为一个好的理论，也将解释为什么人们在很长时间内相信旧理论。相对论就是如此做的。它对于上至光速的所有速度都适用，但如果让 $v/c \to 0$，就又回到了牛顿力学。相似地，量子力学对于原子尺度的非常非常小的物体是必不可少的，但如果把它应用于大的物体，你将发现世界变得看起来像牛顿力学的世界。对于宏观物理，量子力学方程约化为牛顿定律。

现在讨论标识几何光学局限性的实验。在适当的时候我将告诉你们为什么我们在很长的时间内没有认识到它有问题。

考虑我在几何光学开始就提到的实验。在实验中，不透明隔板上有一个孔，从一侧过来的光线穿过孔，照亮另一侧的屏。照亮的区域与孔具有相同的形状和尺寸。当孔缩小时，光线开始向越来越大的区域发散。它不再形成孔的几何图像。另外，光的强度振荡并且在远离中心时减弱。这些特征不能用几何光学解释。有些东西必须取代它的位置。一个主要的线索来自于1801年托马斯·杨（1773—1821）所做的实验。这一引人注目的实验真的推翻了光的光线理论。它涉及被称为干涉的现象。

杨氏实验如图18.1所示。我们向下观察长方形实验区域。光从左墙处的光源E发出。在右墙处有一个屏幕来接受光线。(屏幕和其他仪器都垂直于纸面放置。)在两墙之间放置一个不透明的隔板，上面有两个狭缝 S_1 和 S_2，可以打开或者关闭。图的上半部分显示只有 S_1 打开时，在后墙上测量的作为坐标 y 的函数的强度 $I_1(y)$。$I_1(y)$ 曲线几乎是平的，在狭缝1的正前方有一个小峰。只有 S_2 打开时的相似曲线 $I_2(y)$ 没有在图中显示出来。

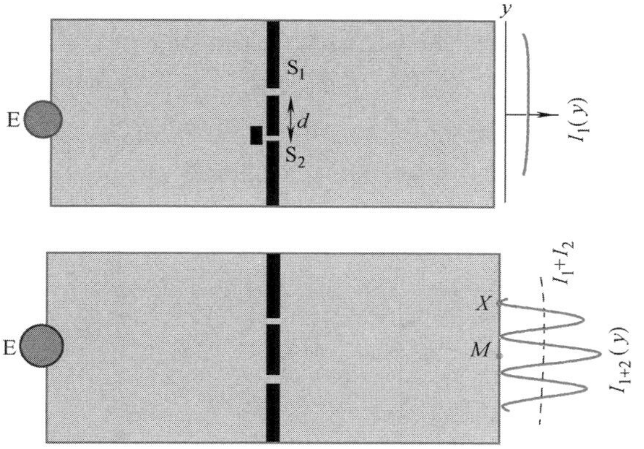

图18.1 上部：左侧发射器E发出的光线经过不透明的隔板上打开的狭缝 S_1 照亮后侧的屏幕，其强度曲线 $I_1(y)$ 几乎是平的，只在狭缝1的正前方微微凸起。当只打开狭缝 S_2 时可得相似的曲线 $I_2(y)$（未显示）。下部：当两个狭缝同时打开时，结果不是两个光强之和 I_1+I_2（用虚线显示），而是振荡曲线 I_{1+2}。在点 X，两狭缝同时打开时的光强比只有一个打开时要弱。

当两狭缝同时打开时你期待强度 I_{1+2} 如何？如果这是太阳光照射两个窗口的情况，你的预期将会是两个强度的简单相加。如果你坐在被两个窗口同时照亮的区域，你期待比只有一个窗户打开时得到更多的阳光而且更加温暖。这种期待由图中下半部分标为 I_1+I_2 的虚线表示。如果你在讨论通过两个窗口的太阳光，这种期待真的会实现。

但是，这不是在杨氏实验中发生的情况。他发现了标为 I_{1+2} 的强度曲线，其中

$$I_{1+2} \neq I_1 + I_2 \tag{18.1}$$

在屏幕（垂直于纸面放置）上，I_{1+2} 上的振荡对应竖直的亮条纹和暗条纹。

这称为干涉。下面是 I_{1+2} 和 I_1+I_2 之间主要的区别。在类似 M 点处强度是只有

一个狭缝打开时的四倍而不是两倍。也有一些地方当两个狭缝同时打开时比只打开一个狭缝光线要少，最神奇的是像 X 点处，在一个或另一个狭缝打开的情况下有一些光，但是当两个狭缝都打开时完全没有光。

振荡的曲线 I_{1+2} 在光线光学中没有任何意义：它既不能解释一个狭缝打开时照亮的更宽的区域，也不能解释打开第二个狭缝时像 X 这样的点变得更暗。但是在波的实验中，例如水波，I_{1+2} 很常见的。（如果你愿意可以看一眼图 18.4。我们后面将会详细讨论它。）想象光源被波长为 λ 的水的波源代替。带有狭缝的不透明隔板被开有两个狭缝的屏障代替。光入射到其上的屏幕被一排上下沉浮的软木塞代替来测量波的振幅。然后强度，即振幅的平方，就是 I_1、I_2 和 I_{1+2}。更为重要的，我们应该看到，它们可以轻而易举地被波动理论解释。

这就是为什么杨氏干涉实验使每一个人都相信光是一种波。他甚至可以找到波长 λ，尽管他不知道是什么在波动。这不得不等待麦克斯韦。

为什么我们打开第二个窗户时不能看到光的干涉？不是每一处都更明亮吗？如果在 X 处你感受到从窗户 S_1 进来的光线的温暖，而且你告诉某人："嘿，这很好，打开另一个窗户。"最终你会获得更多的光线而且更温暖。你得到的将不会减少，因为由振荡曲线 I_{1+2} 所描述的干涉图样将只在下述条件下实现。

1. 光必须具有确定的波长。原因是最大值和最小值的位置随 λ 而变，在复合光中这一特性就消失了。太阳光是包含许多 λ 的复合光，它不合格。

2. 波长 λ 必须与狭缝的宽度或者它们之间的间距可比或者稍大。这对太阳光进入两个窗口也同样是不适用的。

如果单色光（具有确定 λ 的光）从两个窗口射到某一位置，原则上来说，干涉将会产生振荡，但是波峰和波谷之间的间距太小以至于没有探测器可以分辨它们。你的眼睛将会在空间中把许多周期内的图样 I_{1+2} 进行平均，而且只看到如图 18.2 所示的虚线 I_1+I_2。

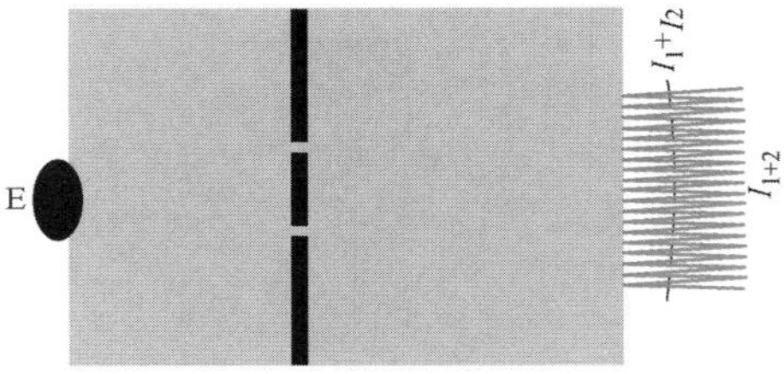

图 18.2　如果振动非常快，任何探头（例如你的眼睛）都将检测出 I_{1+2} 的平均值，即虚线 I_1+I_2。

18.1　波的干涉

首先对于任意形式的波讨论一般意义上的干涉。任何振动的物理量都用 ψ 表示。它可以是对弦的位置、气压或者水的高度的平衡态的偏离。一维非齐次线性波动方程为

$$\frac{1}{v^2}\frac{\partial^2\psi}{\partial t^2}-\frac{\partial^2\psi}{\partial x^2}=S(x,\ t) \tag{18.2}$$

其中 $S(x, t)$ 被称为源项或驱动项。这可以描述一根弦的行为，而它不仅对内力，也对外力（比如小提琴弓）有响应。

对于更高的维度，波动方程为

$$\frac{1}{v^2}\frac{\partial^2\psi}{\partial t^2}-\frac{\partial^2\psi}{\partial x^2}-\frac{\partial^2\psi}{\partial y^2}-\frac{\partial^2\psi}{\partial z^2}=S(\boldsymbol{r}, t) \tag{18.3}$$

它也可以简洁地写为

$$\nabla\cdot\nabla\psi=S(\boldsymbol{r}, t) \tag{18.4}$$

波动方程是线性的。这表明

$$\nabla\cdot\nabla\psi_1=S_1(x, t) \tag{18.5}$$

和

$$\nabla\cdot\nabla\psi_2=S_2(x, t) \tag{18.6}$$

因而

$$\nabla\cdot\nabla(A\psi_1+B\psi_2)=AS_1+BS_2 \tag{18.7}$$

其中 A 和 B 是常数，因为我们可以通过 A 和 B 对 $\nabla\cdot\nabla$求导数。这表明你可以把分别对应 S_1和 S_2的两个解 ψ_1和 ψ_2乘以常数 A 或 B，然后相加得到 AS_1+BS_2对应的解。这是叠加原理。显然它对于没有源 $S_1=0$ 和 $S_2=0$ 即齐次的情况也适用。

如果某人试图让你相信线性齐次问题中 ψ 总是正的会怎样？你将如何反驳这一观点？答案是如果 ψ 是一个正的解，那么 $(-1)\psi$ 总是负的，也将必须是一个解。

如果 ψ 可以是正的或负的，它就不能代表总为正的事物，如光的亮度或波的能量。你能遇到的最差的情况是没有光，但是不能有负的亮度。这就是为什么在光的电磁理论中，亮度不用电（或磁）场来量度（它们可以有两种符号），亮度是用场的二次式来量度，也就是强度 I。一般来说强度（比如声强）正比于振动量的平方。它是波中能量的量度。

因此，如果你有两个光源，它们将一起产生一个场，这个场是两个场之和。可以相加的或叠加的是 ψ，在这种情况下就是 $\boldsymbol{E}$ 和 $\boldsymbol{B}$，不能把强度相加，但是对总强度有一个从它的定义得出的明确的规则。如果

$$I_1=\psi_1^2 \tag{18.8}$$

$$I_2=\psi_2^2 \tag{18.9}$$

则

$$I_{1+2}=(\psi_1+\psi_2)^2=\psi_1^2+\psi_2^2+2\psi_1\psi_2 \tag{18.10}$$

$$=I_1+I_2+2\psi_1\psi_2 \tag{18.11}$$

在最后一个方程中，前两项是正的。但是最后一项可正可负，它就是引起振荡的项。但是，振荡若是负的，其绝对值也要小于前两项的和，因为总和是平方，必须为正。

因此，以波的形式存在的事物分为两个层次：一种是真正振荡并且遵守波动方

程的事物；另一种是它的平方，代表能量或亮度。叠加原理应用于振荡的事物，但不用于它的平方。这就是为什么在实验中，当第二个狭缝被打开时，某些位置如 X 能够比只有一个狭缝打开时变得更暗。

不久之后我们将开始学习量子力学。在那里我们也将遇到称为波函数的 ψ。它是一个非常奇怪的东西。现在我只能说它在本质上是复数。你们是否还记得谐振子中我们把物理变量 $x=A\cos\omega t$ 看作 $x=Ae^{i\omega t}$ 的实部？我们引入了复指数，因为它让求解某些方程变得容易。最后我们只取实部。但是在量子力学中，ψ 的全部，它的实部和虚部都是需要的。事实上，薛定谔方程（牛顿定律的类似物）中就包含 i。在量子力学中没有复数被舍弃。

显然，在量子情形强度的类似物不能是 ψ^2，因为它不总是正的，甚至不总是实数。例如，如果 $\psi=3+4i$，则 $\psi^2=9-16+24i$。你必须足够了解复数才能猜到相应的强度为

$$I=|\psi|^2=\psi^*\psi=(\mathrm{Re}[\psi])^2+(\mathrm{Im}[\psi])^2 \tag{18.12}$$

一般来说可以取 $I=|\psi|^2$，因为如果 ψ 恰好是实数，你会发现 $|\psi|^2=\psi^2$。

18.2 应用实数进行波的叠加

我们从下述简单情形开始学习波的干涉。想象你坐在某一点，有两列波向你传播。在你的位置处观察波，它不是 x 和 t 的函数（一维情形），而只是 t 的函数。例如，你可能在湖上，某人可能在某处划船并且发出频率为 ω 的波纹。在你的位置，相对于平静湖面的水位 $\psi_1(t)$ 为

$$\psi_1(t)=A\cos\omega t \quad 其中\ \omega=2\pi f=\frac{2\pi}{T} \tag{18.13}$$

现在另外一个人发出同样振幅、同样频率的第二个波，但不同步，相位差为 ϕ：

$$\psi_2(t)=A\cos(\omega t+\phi) \tag{18.14}$$

记住两列波之间的相位差在物理上很重要，不能通过重新设定时钟来消去它。假设

$$-\pi\leqslant\phi\leqslant\pi \tag{18.15}$$

当两个波源发出波时，水的高度（相对于平静湖面）就是两个高度的简单相加：

$$\psi_{1+2}(t)=\psi_1(t)+\psi_2(t)=A[\cos(\omega t)+\cos(\omega t+\phi)] \tag{18.16}$$

尽管这不明显但是真的。它来自于线性的波动方程。（水波有时遵循非线性方程，在这种情况下当两波源都工作时高度是不可加的。）为进一步推导，我们需要一个三角恒等式

$$\cos\alpha+\cos\beta=2\cos\left(\frac{\beta-\alpha}{2}\right)\cos\left(\frac{\alpha+\beta}{2}\right) \tag{18.17}$$

如果对这个公式有疑问，你可以测试特殊的情况。例如，如果 $\alpha=\beta$，我们在左侧有 $2\cos\alpha$，而且右侧有 $2\cos 0\times\cos\alpha=2\cos\alpha$。如果 $\beta=0$，我们在左侧得到 $\cos\alpha+1$，而且右侧为 $2\cos^2\frac{\alpha}{2}$，这也相符。最后当 $\alpha\leftrightarrow\beta$ 时两侧都保持不变。这些成功的测试并不意味着此公式是正确的，一个错误将立即否定它。

$$\psi_{1+2}(t)=2A\cos\frac{\phi}{2}\cos\left(\omega t+\frac{\phi}{2}\right) \tag{18.18}$$

$$=\widetilde{A}\cos\left(\omega t+\frac{\phi}{2}\right) \tag{18.19}$$

其中

$$\widetilde{A}=2A\cos\frac{\phi}{2} \tag{18.20}$$

是振幅。因此和就是一个振幅为 $\widetilde{A}=2A\cos\frac{\phi}{2}$、相位为$\frac{\phi}{2}$的信号。

下面在两个特殊情形中检验这一公式。如果 $\phi=0$，两个信号完全相同。我们不需要任何花哨的东西就知道答案是 $2A\cos\omega t$，而答案也确实如此。另外一种在你脑海中很容易出现的情形是 $\phi=\pi$。因为 $\cos(\theta+\pi)=-\cos\theta$，第二个信号正好与第一个信号相反，而且在所有时刻一定抵消它。因为 $\widetilde{A}=2A\cos\frac{\phi}{2}=0$，这与我们的结果相符。

这是两列波具有相同振幅的特殊情形。如果它们具有不同的振幅，公式会更加复杂，但是除了一些不可避免的差异，如不可能完全相消，主要的特征仍然保留。

18.3　应用复数进行波的叠加

现在我将应用复数重新推导式（18.18）。一个原因是我希望你们在为量子力学做准备时习惯于复数。

回顾复数 z 可以应用如图 18.3（a）所示的两种方式来表达。它们是直角坐标和极坐标形式：

$$z=x+iy\quad(\text{直角坐标形式}) \tag{18.21}$$

$$=|z|(\cos\theta+i\sin\theta)=|z|e^{i\theta}\quad(\text{极坐标形式}) \tag{18.22}$$

这里应用了

$$e^{i\theta}=\cos\theta+i\sin\theta \tag{18.23}$$

我们应该知道如何把极坐标用直角坐标来表示：

$$|z|=\sqrt{x^2+y^2} \tag{18.24}$$

$$\theta=\arctan\frac{y}{x} \tag{18.25}$$

反过来为

$$x=|z|\cos\theta\equiv \mathrm{Re}|z| \tag{18.26}$$

$$y=|z|\sin\theta\equiv \mathrm{Im}|z| \tag{18.27}$$

因此一个实函数 $\psi=A\cos\omega t$ 可以表示为

$$\psi=\mathrm{Re}[Ae^{i\omega t}] \tag{18.28}$$

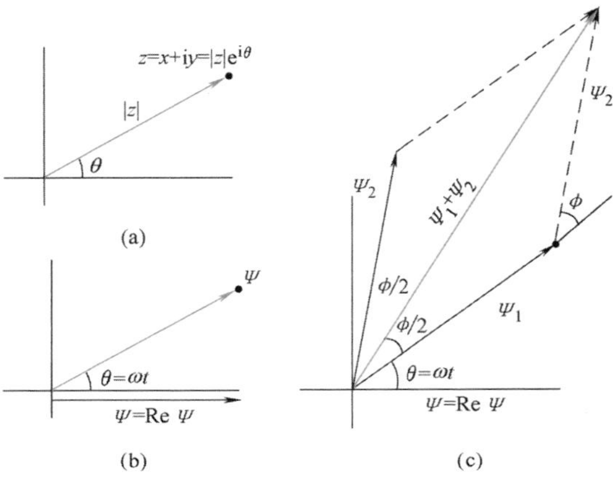

图 18.3 （a）z 的极坐标和直角坐标形式。（b）复数 Ψ 和它的实部——物理的 ψ。（c）把两个复数 Ψ 相加。

我们定义复数 Ψ：

$$\Psi=Ae^{i\omega t} \tag{18.29}$$

它的实部就是 ψ：

$$\psi=\mathrm{Re}|\Psi| \tag{18.30}$$

如图 18.3（b）所示。我们把 Ψ 可视化为长度为 A、相位角为 $\theta=\omega t$ 的旋转复数，而 ψ 是其实时的实部。随着时间推移，矢量 Ψ 旋转，它在实轴上的投影描述了物理的实变量 ψ。如果有一个光源沿 y 轴向下照射，Ψ 在实轴上的阴影就是 ψ。

假设我们想把两个这样的真实波动相加：

$$\psi_1=A\cos\omega t \tag{18.31}$$

$$\psi_2=A\cos(\omega t+\phi) \tag{18.32}$$

因为和的实部是实部之和，我们可以把两个复数 Ψ 相加，然后取实部：

$$\psi_1+\psi_2=\mathrm{Re}[Ae^{i\omega t}]+\mathrm{Re}[Ae^{i\omega t+\phi}] \tag{18.33}$$

$$=\mathrm{Re}[\Psi_1]+\mathrm{Re}[\Psi_2]=\mathrm{Re}[\Psi_1+\Psi_2] \tag{18.34}$$

求复数 Ψ 的和非常简单。从图 18.3 中可以看出和 $\Psi_1+\Psi_2$ 是两个平面矢量之和。从组成平行四边形的两个全等三角形可以得出，合矢量平分 Ψ_1 和 Ψ_2 之间的夹角。这表明和的相位角是 $\omega t+\dfrac{\phi}{2}$。$\Psi_1+\Psi_2$ 的长度根据矢量分析得出

$$|\boldsymbol{A}+\boldsymbol{B}|^2=(\boldsymbol{A}+\boldsymbol{B})\cdot(\boldsymbol{A}+\boldsymbol{B})=|\boldsymbol{A}|^2+|\boldsymbol{B}|^2+2\boldsymbol{A}\cdot\boldsymbol{B} \tag{18.35}$$

在此问题中这表明

$$\begin{aligned}|\boldsymbol{\Psi}_1+\boldsymbol{\Psi}_2|^2&=A^2+A^2+2A^2\cos\phi=2A^2(1+\cos\phi)\\&=4A^2\cos^2\frac{\phi}{2}\end{aligned} \tag{18.36}$$

因此，和的极坐标形式为

$$\boldsymbol{\Psi}_1+\boldsymbol{\Psi}_2=\left|2A\cos\frac{\phi}{2}\right|\mathrm{e}^{\mathrm{i}(\omega t+\phi/2)} \tag{18.37}$$

而且

$$\psi_1+\psi_2=\mathrm{Re}[\boldsymbol{\Psi}_1+\boldsymbol{\Psi}_2]=\left|2A\cos\frac{\phi}{2}\right|\cos\left[\omega t+\frac{\phi}{2}\right] \tag{18.38}$$

与式（18.18）相符。因为 $-\pi\leqslant\phi\leqslant\pi$，$\frac{\cos\phi}{2}$永不为负，所以式（18.37）和式（18.38）中模的符号可以去掉。

最后我将用代数方法做加法 $\boldsymbol{\Psi}_1+\boldsymbol{\Psi}_2$，而不借助任何图形：

$$\boldsymbol{\Psi}_1+\boldsymbol{\Psi}_2=A\mathrm{e}^{\mathrm{i}\omega t}+A\mathrm{e}^{\mathrm{i}(\omega t+\phi)} \tag{18.39}$$

$$=A\mathrm{e}^{\mathrm{i}\left(\omega t+\frac{\phi}{2}\right)}\left[\mathrm{e}^{-\mathrm{i}\frac{\phi}{2}}+\mathrm{e}^{\mathrm{i}\frac{\phi}{2}}\right] \tag{18.40}$$

$$=A\mathrm{e}^{\mathrm{i}\left(\omega t+\frac{\phi}{2}\right)}\cdot 2\cos\frac{\phi}{2} \tag{18.41}$$

这里应用了

$$\frac{\mathrm{e}^{\mathrm{i}\theta}+\mathrm{e}^{-\mathrm{i}\theta}}{2}=\cos\theta \tag{18.42}$$

取式（18.41）的实部可再一次得到式（18.18）。

18.4 干涉分析

现在我们应用上述所有结果分析双缝实验。如图18.4所示，平面波从左侧入射到开有两个狭缝的隔板上，其中一部分进入放置有屏幕的另一侧。我们想要了解强度 $I(y)$ 作为沿着屏测量的变量 y 的函数的变化情况。如果从屏一侧观察隔板，你将看到两个发亮的狭缝。很直观明显，每一条缝作为一个光源。[这一观点由克里斯蒂安·惠更斯（1629—1695）提出。他把瞬时波前上的每一点作为一个点光源，并应用它解释波随时间的传播。] 从每一个狭缝出射的波都沿径向传播。它们同步射出，因为产生它们的入射波的峰和谷在相同时间到达两狭缝。描述径向波的函数为

$$\psi_1 = A\cos(kr_1 - \omega t) \qquad (18.43)$$

$$\psi_2 = A\cos(kr_2 - \omega t) \qquad (18.44)$$

$$k = \frac{2\pi}{\lambda} \qquad (18.45)$$

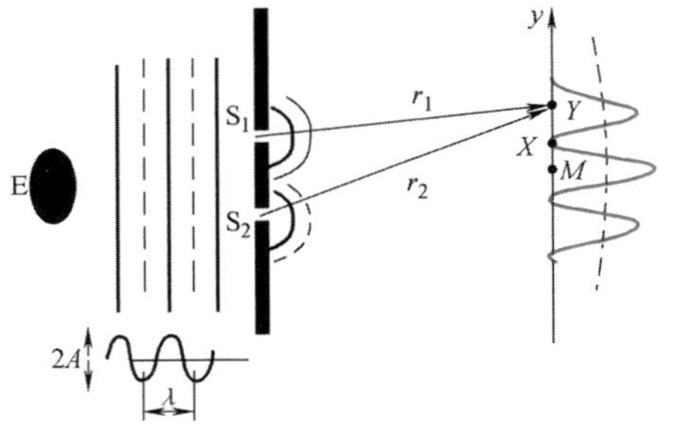

图 18.4　远处的光源 E 产生入射平面波，然后引发从两狭缝出发的同步径向波。径向波到达屏上用 y 标识的不同点，具有不同的相位差。它们和的平方决定这一点的强度。在像 M 的那些点是最大值（相长干涉），在像 X 的那些点是最小值（相消干涉）。

与沿 y 方向传播、按 $\cos(ky-\omega t)$ 变化的平面波不同，这些波从狭缝沿径向传播出去，其相位随 r 的变化关系为 kr，这里 r 从狭缝处开始测量。在给定的 y 处平面波具有相同的相位（在某一固定时刻，如 $t=0$），而这些径向波在给定的 r 处具有相同的相位。图中显示了这些径向波的两组波峰与波谷。

然后这些径向波到达屏上由 y 标识的不同的点，具有不同的相位差。它们和的平方决定这一点的强度。下面计算 $I_{1+2}(x)$。

我们借助水波而不是电磁波来讨论，因为想象水波更容易，而概念是相同的。向下观察如图 18.4 所示的扁平水箱，可以看到分别用实线和虚线表示的入射平面波的波峰和波谷。我坐在最右侧 Y 点处，距离 S_1 为 r_1，距离 S_2 为 r_2。Y 处的水上下振荡，振荡的幅度是从 S_1 发出的信号到达它的幅度加上从 S_2 发出的信号到达它的幅度。

把我所在位置处的两种贡献相加：

$$\psi_1 = A\cos(kr_1 - \omega t) \qquad (18.46)$$

$$\psi_2 = A\cos(kr_2 - \omega t) \qquad (18.47)$$

$$\psi_{1+2} = A\cos(kr_1 - \omega t) + A\cos(kr_2 - \omega t) \qquad (18.48)$$

$$= 2A\cos\left[\frac{k(r_2 - r_1)}{2}\right]\cos\left[\frac{k(r_2 + r_1)}{2} - \omega t\right] \qquad (18.49)$$

这里对余弦的加法应用了式（18.17）。最终的答案不受 $r_1 \leftrightarrow r_2$ 交换的影响，因为余弦函数是偶函数。这表明在对称点 M 之上某一点所发生的所有事件在 M 之下相同距离处也发生。

式（18.49）告诉我们在点 Y 处的信号具有振幅 $2A\cos\dfrac{k(r_2-r_1)}{2}$、频率 ω 和（一个无关紧要的）相位 $k\left(\dfrac{r_2+r_1}{2}\right)$。

我们真正关注的是这一点的强度，由振幅的平方给出：

$$I_{1+2}(r_1, r_2) = 4A^2\cos^2\left[\frac{k(r_2 - r_1)}{2}\right] \qquad (18.50)$$

从现在开始，我将去掉 I_{1+2} 中的下标，因为我们将只考虑两个狭缝同时打开的情形。

现在分析屏幕上下移动时 $I(r_1, r_2)$ 如何变化。设 δ 表示从两狭缝到屏上一个一般点的波程差：

$$\delta = r_2 - r_1 \tag{18.51}$$

我们想要研究的是

$$I = 4A^2\cos^2\frac{k\delta}{2} \tag{18.52}$$

的行为。首先考虑对称位置处的 M 点，它与两狭缝的距离相等。对于这一点 $\delta = 0$ 而且

$$I = 4A^2 \tag{18.53}$$

在此点总的 Ψ_{1+2} 是每一个狭缝引起的振幅的两倍，而强度 I 是其 4 倍。这是**干涉相长**的点。

我们可以如下实时地理解这一点。两个狭缝产生同步的波动，因为产生它们的平面波的波峰和波谷同时到达两狭缝。然后径向的波峰和波谷传播同样的距离同步到达 M。因此在每一时刻总信号是一个狭缝引起信号的两倍，振幅是两倍，而且强度是四倍。

当我们离开中心时，波程差 δ 将变大，式（18.52）中的余弦将变小。它在

$$\frac{k\delta}{2} = \frac{\pi}{2} \tag{18.54}$$

$$\delta = \frac{\pi}{k} = \frac{\pi}{(2\pi/\lambda)} = \frac{\lambda}{2} \tag{18.55}$$

时变为零。在这一位置从两狭缝发出的信号正好相互抵消。从 S_2 发出的信号滞后半个周期（因为它多传播半个周长）。可以从余弦函数中看出，如果移动半个周期或波长，它的符号改变。因此当 ψ_1 告诉水一个向上的幅度，ψ_2 告诉它向下移动同样的幅度。在每一时刻两信号互为相反数，总结果恒为零。

这是**干涉相消**的点。

当进一步远离 M 点时，图形自我重复。如果沿 y 向上直到 $r_2 - r_1$ 是一个完整的波长，这时就好像差为零，我们得到了另一个极大值。它上面是第二个极小值，这里的波程差是 $3\lambda/2$，等等。在 M 点之上某一点发生的情况也在 M 点之下同样距离处发生。

下列公式给出总结：

$$\delta = r_2 - r_1 = 0, \pm\lambda, \pm 2\lambda, \cdots \quad \text{干涉相长} \tag{18.56}$$

$$= \pm\frac{\lambda}{2}, \pm\frac{3\lambda}{2}, \cdots \quad \text{干涉相消} \tag{18.57}$$

考虑如下事实：打开第二个狭缝可以让像 X 的点变暗，而当一个狭缝打开时它却是亮的。这只有在波的情况下才能发生。在光线理论中，来自于两个狭缝的光

线将是来自于每一个狭缝的光线之和。同样在牛顿的光的微粒说中，当两缝同时打开时到达屏幕上某一点的光粒子数将等于来自于每一个缝的光粒子数之和。一个狭缝的贡献不能抵消另一个狭缝的贡献。就像蚊子：如果在蚊帐上有两个洞，你会得到双倍的蚊子。如果负的蚊子可能存在，两个洞就能够比一个洞得到较少的蚊子。但事实并非如此，因此它们也做不到。

但是对于波动这可以发生。对于波来说，可加的是 ψ，它不总是正的。这为抵消和干涉留下了空间。光的杨氏实验展示了干涉。他不知道光是什么，也不知道电磁波，但是他不需要知道。如果你用光照射两个狭缝，然后得到暗的、亮的、暗的和亮的条纹，你（和其他每一个人）都会确信你在处理波动。

他的实验也如下确定了光的波长。

我们从式（18.56）~式（18.57）中用 $\delta=r_2-r_1$ 表示的干涉相长和干涉相消的条件开始。把它们换成用其他参数表示的表达式。这些参数更容易测量，在图 18.5A 中定义：两狭缝之间的间距 d，讨论的点相对于原点（0，0）的坐标（L，y）。首先写出间距 d 的精确结果，然后应用小量 d/L，**只保留 d 的一次幂**（就像我们在偶极子场中所做的）。距离 y 与 d 相比在一个数量级上，因此不认为它小。

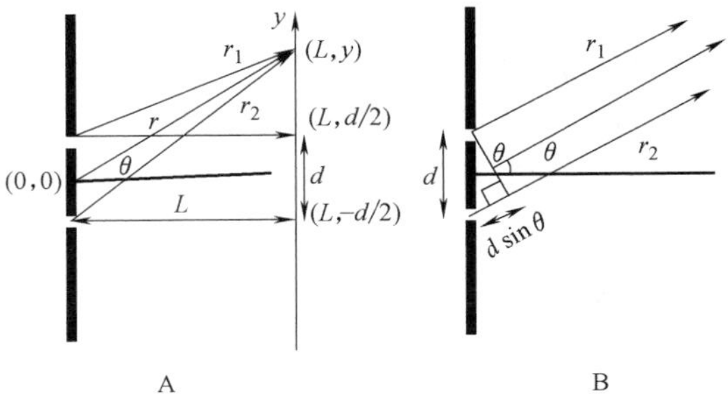

图 18.5 A：精确的波程差 r_2-r_1 的计算。B：假设屏在无限远因而光线是平行的情况下的近似计算。

$$r_1 = \sqrt{L^2+\left(y-\frac{d}{2}\right)^2} \tag{18.58}$$

$$\approx \sqrt{L^2+y^2-yd} \equiv \sqrt{r^2-yd} \tag{18.59}$$

其中 $$r^2=L^2+y^2$$

$$=r\left(1-\frac{yd}{r^2}\right)^{\frac{1}{2}}=r-\frac{yd}{2r}\ \text{（到 } d \text{ 的这一阶）} \tag{18.60}$$

$$r_2=r+\frac{yd}{2r} \tag{18.61}$$

$$r_2-r_1=\frac{yd}{r}=d\sin\theta \tag{18.62}$$

其中 θ 是连接位于两狭缝中点的原点（0，0）和点（L，y）的矢量 $\boldsymbol{r}$ 的角度。

通过用另外一种方法更快地推导同样的结果可以使近似的本质更加显而易见。如图中 B 部分所示。它显示 r_1 和 r_2 是射向非常远的屏上的平行线。与 r_2 相关的额外距离是 $d\sin\theta$。

现在用 d 和 θ 把式（18.56）和式（18.57）写为

$$d\sin\theta = 0, \pm\lambda, \pm 2\lambda \cdots \equiv m\lambda \quad （相长干涉） \qquad (18.63)$$

$$= \pm\frac{\lambda}{2}, \pm\frac{3\lambda}{2}, \cdots \equiv \left(m+\frac{1}{2}\right)\lambda \quad （相消干涉） \qquad (18.64)$$

其中 m 是整数。超过一定的 m 就不能满足以上方程。例如，当 $m\lambda > d$ 时，因为这要求 $\sin\theta = m\lambda/d > 1$，所以没有最大值。从图中可以看出，最大的波程差是 d(r_1 和 r_2 中一个指向上，另一个指向下，$\theta = \pm\frac{\pi}{2}$)。

这些方程可用于定位各个极大值（除了中央极大）和极小值（的角度）。反过来，从测量的角度可以推出 λ。不用知道光是振荡的 $\boldsymbol{E}$ 和 $\boldsymbol{B}$，就可以求出光的波长。

现在你们可以看出为什么过去的人们在宏观尺度上研究光，被几何光学蒙蔽了吧。如果 $d = 1\text{mm}$，$\lambda \approx 5\times10^{-7}\text{m}$，中央极大和第一级极小的角度差是 $5\times10^{-4}\text{rad}$ 的数量级。如果你从 1cm 远的距离观察它，极大之间的间距将大约是 $5\times10^{-4}\text{cm}$。如果干涉图样这样密集的话，眼睛只能看到许多周期的平均值 I_{1+2}，在这种情况下，它约化为 I_1+I_2，这就是几何光学的期望结果。

这里有另外一个从物理 201 所得的使用技巧。假设你有一些滨海财产并且正在游艇上放松。有一个石油钻塔产生的海浪摇动了你的游艇打扰你放松，因此你修建了一堵墙把海浪挡在外面。然后某一天墙上出现一个缺口（S_1），海浪开始灌进来了。你有两个选择。一种是堵上这个缺口，但是你没有砖，没有水泥，没有时间，没有耐心。而你有一把大锤。用它你可以再凿一个缺口。如果水波的波长固定，你可以定位第二个缺口（S_2），以使在你游艇所在位置波动之和消失。（你邻居的游艇要加倍上下晃动，但是这不是你的问题。如果你太担心对手的话，你就不能达到事业的顶峰。）

18.5　衍射光栅

衍射光栅是双缝的推广：不是两条缝，而是许多等间距的狭缝，在下面的分析里假设狭缝数目是无限多。图 18.6 显示了这种光栅的有限的一部分。一种过去常常用来制作光栅的方法是在一块涂有煤烟的玻璃上画上等间距的直线，当光线从一侧照射它时可以让光透过去。现在有更先进的制作技术。

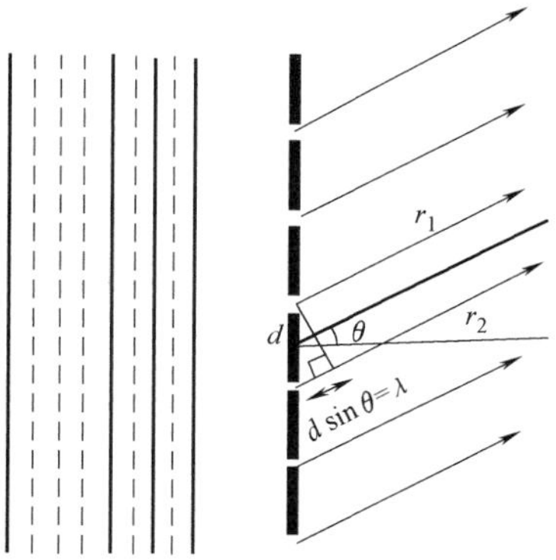

图 18.6　衍射光栅的一部分。如果两相邻狭缝的波程差 $d\sin\theta$ 是 λ 的整数倍，那么从所有狭缝发出的信号是干涉相长的。

在两狭缝的情形我们看到，它们的贡献有时相加，有时相消，这取决于角度。对于无限多狭缝的情形，所有狭缝都干涉相长的唯一途径是所

有的波程差都是 λ 的整数倍。一种这样的情况是简单地向前方传播，当所有发出的波动传播相同的距离到达屏幕（假设非常远）时，它们就同步相加。（有时用透镜把它们聚焦在近处的屏上成像。）当每一个波程都与相邻的波程相差 λ 时，下一个极大值出现。从图 18.6 中可以看出这表明 $d\sin\theta=\lambda$。更一般地，极大值出现在某些角度，其波程差遵守

$$d\sin\theta=m\lambda \quad m=\pm1,\pm2\cdots \tag{18.65}$$

在任何其他角度，相邻波程的波程差将是某一 δ。用复数 Ψ（我们在最后取它的实部）表示，我们试图相加

$$\begin{aligned}\Psi&=\Psi_1+\Psi_2+\cdots\\&=A(\mathrm{e}^{\mathrm{i}0}+\mathrm{e}^{ik\delta}+\mathrm{e}^{-ik\delta}+\mathrm{e}^{2ik\delta}+\mathrm{e}^{-2ik\delta}+\cdots)\end{aligned} \tag{18.66}$$

其中第一项是依照惯例选择的相位为零的参考贡献。把上面的和重新排列如下：

$$\begin{aligned}\Psi&=A(1+\mathrm{e}^{ik\delta}+\mathrm{e}^{2ik\delta}+\mathrm{e}^{3ik\delta}+\cdots)\\&\quad+A(1+\mathrm{e}^{-ik\delta}+\mathrm{e}^{-2ik\delta}+\mathrm{e}^{-3ik\delta}+\cdots)-A\end{aligned} \tag{18.67}$$

第一个括号中的每一项是模为 A、相位为 $mk\delta$ 的数。想象把一系列长度为 A，在方向上慢慢扭转的矢量相加。它们的矢量和将旋转并且给出一个阶数为 A 的矢量。对于第二个括号和常数 $-A$ 也同样如此。但是，如果

$$k\delta=0,\pm2\pi,\pm4\pi\cdots \tag{16.68}$$

矢量箭头都是平行的，如果有 N 个狭缝，矢量和的长度就是 NA。当然条件

$$k\delta=0,\pm2\pi+\cdots \tag{18.69}$$

就是在式（18.65）中的条件

$$\delta=0,\pm\lambda,\pm2\lambda,\cdots \tag{18.70}$$

与极大值不同，对于 N 个狭缝的情况，极小值（位于极大值之间）的条件不容易找出来。

假设让白光照射光栅。因为所有光线在直接指向屏的方向上传播相同的距离，对应于 $\delta=0$ 的中央极大值是所有颜色或者所有 λ 的极大值。因此中央极大值（$m=0$）也是白色的。但是，二级极大值（$m\neq0$）将**出现在由 λ 决定的角位置处**。红色光的波程差不等于蓝色光的波程差。因此入射白光中各种颜色的光将分成不同方向，其极大值由波程差 δ 满足的下述条件决定：

$$\delta=d\sin\theta=m\lambda_{\mathrm{c}} \tag{18.71}$$

其中 λ_{c} 是颜色 c 的波长。光栅起到了与分光棱镜同样的作用。

如果观察来自太阳的白光，你会发现有一些颜色消失了，广谱阳光中的一些黑线分裂成各种颜色。例如，这些可能在氢所辐射波长的位置处。氢像所有原子一样，不仅喜欢辐射某一波长的光，而且喜欢只吸收这些波长的光。因此当白光从太阳的内部辐射出来时，沿路上的氢原子吸收这些颜色，造成观察到的黑线。这些**吸收光谱**中的谱线与发射光谱中的谱线一样都是氢的标识。它们告诉我们太阳中含有氢。这就是人们如何获知不同的行星和恒星上存在何种元素。在古代人们完全不清

楚恒星和行星是由与地球上相同的物质组成的。现在我们知道与这里相同的元素也远在那里，因为我们可以通过消失的谱线，即白光从星球内部发出时被吸收的颜色，或者它们辐射的颜色来识别原子。

18.6　单缝衍射

我们在双缝实验中已经看到，当光从狭缝中射出时，它沿径向发散，狭缝就像一个点光源。因此只有一个狭缝时研究什么呢？答案是只有在波长远大于狭缝宽度时，点光源描述才成立。在双缝实验中，我只明确说明了狭缝间距 d，而假设狭缝宽度为零。

但是，每一个真正的狭缝都有一定的宽度，我把它称为 D，以区别于双缝实验中的夹缝间距 d。只有当狭缝的宽度 D 远远小于 λ 的时候，狭缝的行为就像一个点。现在考虑 D 与 λ 可比或大于 λ 的情况，并且重新分析。

当从暗的一侧观察狭缝时，它是发光的。我们想象将单缝分成许多相邻的微型狭缝，每一个都足够小，可以近似为一个点。在向前的方向上，所有微型狭缝的贡献都同步。当离开后各微型狭缝的贡献开始不同步，它们的和将减小。可以找到它们的和为零的角度 θ，由下式给出：

$$D\sin\theta=\lambda \tag{18.72}$$

这不是打印错误。观察图 18.7A。为简单起见，假设有 N 个微型狭缝。如果 $D\sin\theta=\lambda$，则编号为 1 和 N 的狭缝同步。对于极小值来说这似乎是错误的。但是这两个狭缝不是我们需要担心的仅有的狭缝。我们需要考虑所有 N 个狭缝。所以我把它们按如下方式配对。第一个和第$\frac{N}{2}+1$ 个狭缝不同步，波程差为 $\lambda/2$，而且互相抵消。这同样适用于第二个和第$\frac{N}{2}+2$ 个狭缝，依此类推。所以当端点到端点的波程差是 λ 时，我可以组成一对对互相抵消的狭缝，每一对的波程差是 $\lambda/2$。在一级极小之后，还有其他振荡，不过通常它们大致也就如图中 B 所示的那样。中央极大的半角宽度为

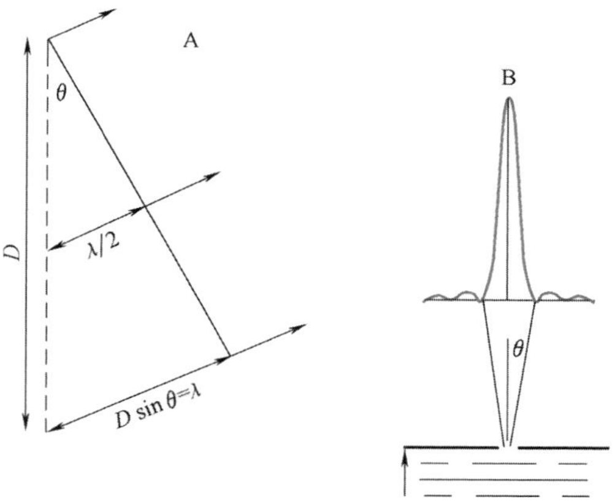

图 18.7　A：组成宽度为 D 的单缝的 $N\to\infty$ 个微型狭缝（方形点）相互抵消的条件是第一个和最后一个的波程差为 λ。这表明每一个微型狭缝都可以与波程差为 $\lambda/2$ 的另一狭缝配对，而且每一对都相互抵消。如果把微型狭缝从 1 到 N 标号，我们把 1 与$\frac{N}{2}+1$ 配对，2 与$\frac{N}{2}+2$ 配对…。B：最终在屏上的强度分布。只给出了几个振荡。

$$\theta = \arcsin \frac{\lambda}{D} \tag{18.73}$$

如果 $\lambda/D \ll 1$，则 $\theta \approx \lambda/D$，出射光束的角宽度是可以忽略的，我们就处于几何光学的范畴。当 D 变得较小并且与 λ 可比时，出射的光束就越来越发散。例如，当 $D=2\lambda$，$\theta=\frac{\pi}{6}$。现在你一定需要波动光学。

现在你就可以理解这样一种常用表述了：为了看清尺寸为 D 的物体，需要的光的波长 $\lambda \ll D$。假设物体是一个不透明的屏上尺寸为 D 的洞（不一定是圆形的，但是具有某些鲜明的特征。我们从一侧用光照射洞并“看见”它，在另一侧观察屏上被照亮的区域。如果 $\lambda \ll D$，衍射峰非常尖锐，几何光学适用，洞的明亮的像在它的正前方，并显示它的细节特征。当增大 λ 时，衍射峰变宽，像变得模糊。当 $\lambda \approx D$ 时，发散光束的半角宽度是 $\pi/2$，光束完全散开，我们已经失去了任何清晰的图像。

18.7 理解反射和晶体衍射

观察图 18.8 所示的晶体点阵中的一排原子。光以相对于原子阵列法线方向的入射角 θ_1 入射到其上。我们知道表面将反射光，$i=r$。但是为什么？如果你认为光由粒子组成，而且晶体表面连续，$i=r$ 恰好对应于弹性碰撞，垂直于表面的动量守恒。但是在杨氏实验之后我们致力于波动光学。而且我们也知道表面由原子阵列组成，它是不连续的。我们必须用这些术语解释 $i=r$。

为此我们需要知道原子如何“反射”光。事实证明它们首先吸收光，然后再次发射它。一个再次发射光的原子这样做是各向同性的，对入射方向没有记忆。因此所有这些各向同性的辐射如何能够只在一个遵守 $i=r$ 的方向最终产生一个强信号？这一定是辐射波同步相加的方向。为证明事实确实如此，我们需要考虑图 18.8 中两个相邻的原子 1 和 2。可以看出原子 1 首先被入射波前照射，稍晚一些是原子 2，因为光必须传播额外的距离，即直角三角形 132 的边长 d_{32}。假设原子立即再次发射（共有的延迟去掉了）。在出射方向，从原子 2 发出的光领先直角三角形 241 的边长 d_{41}。因此原子 1 比 2 接收入射光早，但是它的反射光必须比 2 发出的光传播较长的距离。为使最后的波同步，这两个距离需要相等：

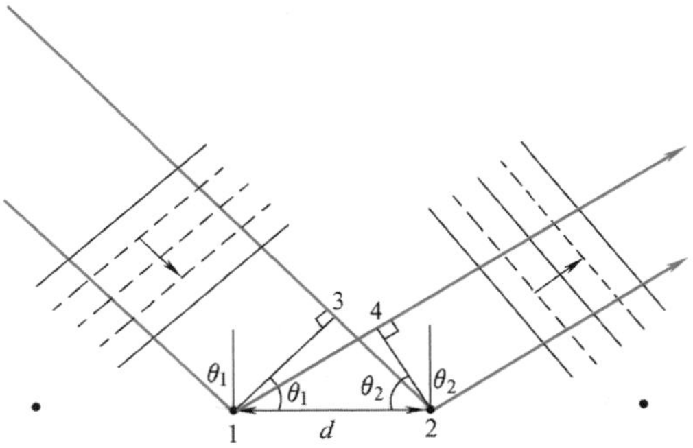

图 18.8 反射入射光束的原子阵列的一部分。原子 1 比 2 早获得入射光，但是它发射的光在反射方向必须传播更远的距离。（吸收和发射之间的共有的延迟被消去了。）

$$d_{32}=d_{41} \tag{18.74}$$

$$d\sin\theta_1=d\sin\theta_2 \tag{18.75}$$

$$\theta_1=\theta_2 \tag{18.76}$$

因此 $i=r$。(我假设 $\lambda>2d$，在这种情况下没有其他的解。否则，可能会有波程差是 λ 的倍数的解，而且 $\theta_2\neq\theta_1$。)

现在考虑 X 射线入射到钻石上，或者物质波（你们将会在后面学到）入射到镍上。晶体有许多层分子，周期性地一层叠着另一层。所有晶面都能接收和再次发射波。我们需要问的是从不同晶面反射的波如何干涉。这显示在图 18.9 中。上层晶面反射的波遵守 $i=r$，原因刚刚讨论过。第二层反射的波落后，因为它必须传播额外的距离 $d_{A2}+d_{2B}=d\sin\theta+d\sin\theta$。我们应用布拉格条件不会产生任何区别：

$$2d\sin\theta=m\lambda \quad m=1,2,\cdots \tag{18.77}$$

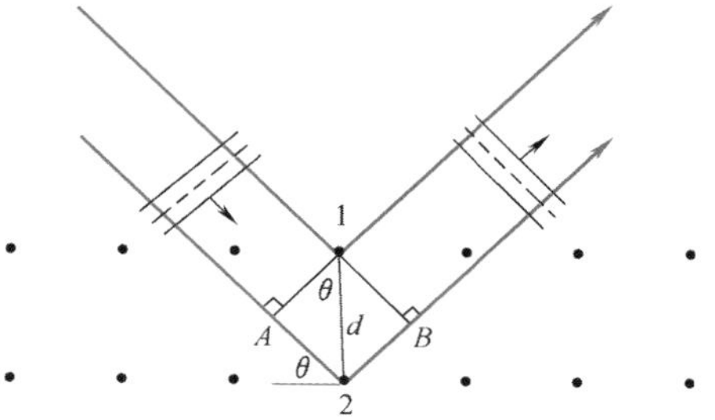

图 18.9 所有各晶面反射的波同相的条件是连续晶面之间的波程差是 λ 的整数倍。注意 θ 是入射光束与晶面之间的夹角，不是与晶面的法线之间的夹角。

其中 θ 是入射光束与晶面之间的夹角，不是与晶面的法线之间的夹角。一旦两连续晶面同相的条件得到满足，因为相关的波程差也是 λ 的整数倍，所有晶面将同相散射。

一个晶面的反射（遵守 $i=r$）对于任意入射角都成立，而所有晶面的相干衍射只有对遵守布拉格条件的入射角 θ 的某些值才发生。可以通过改变光束入射到固定晶体上的方向或者用固定光束照射旋转的晶体来获得这些特殊的角度。

18.8 光入射到油膜上

如果潮湿的路面上有层油膜。你会在反射光线中看到许多颜色。以下解释到底发生了什么。我们有三个区域：上部是空气，接着是厚度为 δ 的油膜，下部是水。入射光线可以在两个界面上反射，在某位向下观察油膜的人看来，两个反射光波可以相长干涉或是相消干涉。

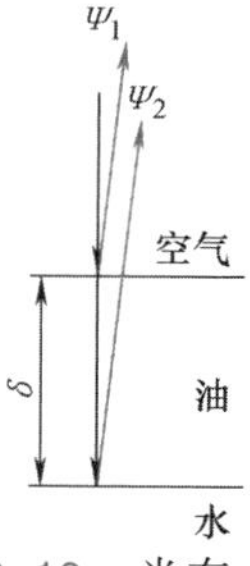

图 18.10 光在水面上一层薄油膜上垂直入射。(从第一层和第二层界面上反射的光线与法线方向和各自稍微偏离是为了清晰。)

18.8.1 垂直入射

首先考虑相对简单的情形，即如图 18.10 所示，白光沿法线方向照射空气-油界面。光的一部分被反射，一部分透射。在图 18.10 中反射的信号是 ψ_1。透射的信号照射油-水界面，一部分被反射。反射光作为 ψ_2 返回空气中并且与 ψ_1 发生干涉。它们的和是你向下所看到的。(我把 ψ_1 和 ψ_2

从法线方向移开是为了清晰。）

和依赖于 ψ_1 和 ψ_2 之间的相位差。比如我们希望 ψ_1 和 ψ_2 干涉相消，必要条件依赖于波长。假设蓝色用这种方式消去了，这表明向下观察油膜我们看到的是白色减去蓝色。如果油膜的厚度变化，我们看到的颜色也变化。如果 ψ_1 和 ψ_2 干涉相长，所讨论的颜色（如蓝色）将在我们看到的颜色中相对加强。在任一种情况，入射白光中颜色的最初比例改变了，有些颜色被消弱，有些被加强，造成我们看到的多种颜色。

下面找出入射光波长为 λ 时的相长和相消干涉的条件。需要考虑两个因素。

第一个因素是我不希望你们知道的，即当光到达光密介质界面（即较大的折射率 n）时，它会在反射回光疏介质时产生一个额外的相位突变 π。在本例中这一相位突变发生在光从油（$n_0=1.5$）反射回空气（$n=1$），而不是在下一界面从水（$n_w=1.33$）把光反射回油。

第二个因素中明显的部分是 ψ_2 需要比 ψ_1 传播额外的距离 2δ，不明显的部分是对于油中每一个波长 λ_0 相应的相位突变是 2π。

油中的波长 λ_0 不是空气中的波长 λ。我们可以通过两个定义关系来理解这一点：

$$c=f\lambda \qquad \text{空气中} \tag{18.78}$$

$$\frac{c}{n_0}+f\lambda_0 \qquad \text{油中} \tag{18.79}$$

注意在油中和空气中用了同样的 f，但不是相同的 λ。原因是光是由某一频率 f 的光源产生的，这只能导致那一 f 的波动，即使它穿过某一介质到达另一介质也如此。在惠更斯理论中，第一种介质中的光作为第二种介质中光的光源，因此它只能在同样的频率驱动它。较低的速度来自于较短的波长。

或者用水波来思考。假设某一机械振动器在水上产生频率为 f 的波动。假如波速依赖于水深，而且在波进入第二个区域时水深突然变化。在第二区域波依然以同样的频率上下振荡，即使它们传播得更慢。减低的速度就来自于减小的波长。

式（18.78）和式（18.79）告诉我们

$$\lambda_0=\frac{\lambda}{n_0} \tag{18.80}$$

因此额外的距离 2δ 在波 ψ_2 中对应于 $\frac{2\delta}{\lambda_0}=2n_0\delta/\lambda$ 个波长和相位落后

$$\Delta\phi_2=2\pi\,\frac{2n_0\delta}{\lambda} \tag{18.81}$$

对 ψ_1 有

$$\Delta\phi_1=\pi \tag{18.82}$$

因此到达观察者的两列波的总相位差（包括来自于空气-油界面的额外的 π）为

$$\Delta\phi_2-\Delta\phi_1=\frac{4\pi n_0\delta}{\lambda}-\pi \tag{18.83}$$

对于相长干涉它应该是 2π 的倍数：

$$\frac{4\pi n_0\delta}{\lambda}-\pi=2\pi m$$

$$\frac{2n_0\delta}{\lambda}=\left(m+\frac{1}{2}\right)\qquad m=0,1,2,\cdots\quad（相长）\tag{18.84}$$

而对于相消干涉它是 π 的奇数倍：

$$\frac{4\pi n_0\delta}{\lambda}-\pi=\pi(2m-1)\qquad m=0,1,2,\cdots$$

$$\frac{2n_0\delta}{\lambda}=m\qquad m=1,2,3,\cdots\quad（相消）\tag{18.85}$$

如果公式显得奇怪，这是由于第一次反射时的额外的 π 导致的。

下面是一些代入数字的例子。假设油膜对 $\lambda=400\text{nm}$ 产生相长干涉，对 $\lambda=500\text{nm}$ 产生相消干涉。δ 是多少？给出的数据可以如下写出。对于 $\lambda=400\text{nm}$ 的光的相长干涉我们需要

$$\begin{aligned}2n_0\delta&=400\text{nm}\cdot\left(\frac{1}{2},\frac{3}{2},\frac{5}{2},\cdots\right)\\&=200\text{nm},\ 600\text{nm},\ 1000\text{nm},\ \cdots\end{aligned}\tag{18.86}$$

对于 $\lambda=500\text{nm}$ 的光的相消干涉我们需要

$$\begin{aligned}2n_0\delta&=500\text{nm}\cdot(1,2,3,\cdots)\\&=500\text{nm},\ 1000\text{nm},\ 1500\text{nm},\ 2000\text{nm}\end{aligned}\tag{18.87}$$

我们看到第一个公共点，即两个条件都满足的 δ 的最小值为

$$2n_0\delta=1000\text{nm}\tag{18.88}$$

对应于

$$\delta=\frac{1000}{2\cdot1.5}=333.33\text{nm}\tag{18.89}$$

如果我们进一步顺着两个系列找下去，就会发现第二个共同值：$2n_0\delta=3000\text{nm}$，换算为 $\delta=1000\text{nm}$。但是 $\delta=333.33\text{nm}$ 是最小的。

我把构建下述变化的任务留给大家：改变介质，在两界面上都发生或都不发生 π 的相位突变。

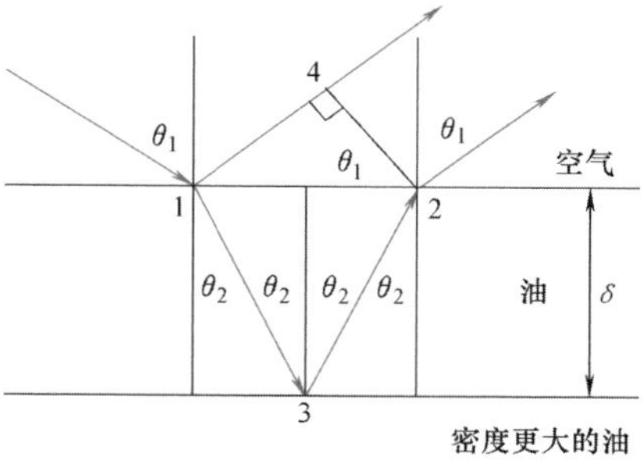

图 18.11　一层薄油膜上的斜入射，薄油膜位于更大密度的油之上。（每一个界面上都有 π 的相位突变，因此我们可以忽略它们的综合效果。）

18.8.2　斜入射

如图 18.11 所示，入射光相对于法线方向以角 θ_1 射到第一个界面上，然后它以斯涅尔定律决定的角 θ_2 进入第二种介质，在第二

个界面上反射并遵守 $i=r$，最后相对于法线方向以角 θ_1 重新进入第一种介质。相位突变和之前一样，但是波程差更加复杂。

考虑没有不能消去的 π 的简单情况。图 18.11 就如此，当在两界面上折射率都变大时，就会在每一个界面产生 π 的突变，总和就是 2π 的突变，因此可以忽略。设中间介质的折射率为 n。相长干涉和相消干涉的条件就为

$$2n\delta\cos\theta_2 = m\lambda \quad （相长） \tag{18.90}$$

$$= \left(m+\frac{1}{2}\right)\lambda \quad （相消） \tag{18.91}$$

详细情况如下。波 ψ_1 必须传播额外的路程

$$d_{14} = d_{12}\sin\theta_1 \tag{18.92}$$

$$= 2\delta\tan\theta_2\sin\theta_1 \tag{18.93}$$

$$= 2n\delta\tan\theta_2\sin\theta_2 \quad （斯涅尔定律：1\cdot\sin\theta_1 = n\sin\theta_2） \tag{18.94}$$

波 ψ_2 传播额外的光程（空气中的等价路程）

$$2nd_{13} = \frac{2n\delta}{\cos\theta_2} \tag{18.95}$$

净波程差为

$$波程差 = \frac{2n\delta}{\cos\theta_2} - 2\delta n\tan\theta_2\sin\theta_2$$

$$= 2n\delta\cos\theta_2 \tag{18.96}$$

这就引出了式（18.90）和式（18.91）。

第19章 Yale

量子力学：主要实验

我们从现在开始直到最后都将着重于讨论量子力学。我带来了坏消息和好消息。坏消息是，你很难直观地理解物理学，而好消息是也没有人能够这样。当代杰出的物理学家理查德·费曼（Richard Feynman）曾经说过，没有人真正了解量子力学。那么这是我的合理目标。现在，我是唯一一个不懂量子力学的人。在这些讲座之后，你们每个人都将无法理解它。

我想让你把这当作一次真正的冒险，不要只是想着考试和成绩，它是物理学以及所有科学中最伟大、最深刻的发现之一。人们从实验中找出潜在的规律是多么了不起！

我不会沿着历史路线。它在教学上不是最好的方式。你经历了所有错误的轨迹和错误的开始。尘埃落定之后，呈现在你面前的是这么一幅图像，这才是我从一开始就想给你的图像。我将描述的实验也许并没有按照我所描述的方式（或顺序）去进行，但可以肯定如果进行了这些实验，结果将如所描述的一样。最重要的一个实验就是**双缝实验**，费曼已经将它看成是展现了量子力学的核心。它不仅非常清晰地展示了牛顿力学和麦克斯韦光波理论的困难，而且还给了我们如何前进的线索。这个实验毫不含糊地证明了波动理论的正确性，并为麦克斯韦的胜利铺平了道路，那么它又是如何导致了这一理论的垮塌呢？通常的答案是：因为我们把实验推向了一系列新的参数范围。

19.1 光的双缝实验

回顾一下标准双缝实验的要点。有某波长为 λ 的光来自左边，射向具有两个狭缝的不透明隔板，并且在另一侧它被检测的地方出现。假设用感光板进行检测。它是由微小像素制成的，像素在被光击中时改变颜色，这样就形成了一个图样。它是一种特别适用于以下变量的探测器。

首先测量只有狭缝 S_1 打开时的强度 I_1 和只有狭缝 S_2 打开时的强度 I_2；然后再测量两个狭缝都打开时的强度 I_{1+2}，其表现出干涉。干涉引人注目的一个方面是，有一些点在一个或另一个狭缝打开时是亮的，而当两个狭缝都打开时是暗的。原因是在这个问题中可叠加的 ψ 是电场或磁场。当两个狭缝打开时，场相加，而不是与场的平方成比例的强度相加。相加的两个场可以具有任何相对的符号或相位，甚至可以彼此抵消。

对于通过两个窗口射入房间的阳光，我们不会看到这种干涉，因为阳光是许多 λ 的混合光，并且任何存在的干涉图案 I_{1+2} 振荡如此迅速，使得我们的感官只能检测其空间平均值 I_1+I_2。波的干涉是杨氏之前常见的一种现象：只需将两块岩石投入宁静的湖泊，就可以看到所产生的两个同心波的干涉。所以当杨氏演示光的干涉时，阐明光是波。然后，麦克斯韦导出了他的波动方程，这似乎完善了光学理论。

19.2 麦克斯韦所遇到的问题

麦克斯韦波动理论干涉条纹看起来不错，直到你实现以下变化：**使光源变得越来越暗**。即便你不能把亮度调低，你总可以把光源移远。

想象一下，你插入一张新的感光片，打开一个亮光源，并使它持续一天。次日早晨你会发现一种明暗相间的条纹图样，如图 19.1A 所示。

当你使用一个暗光源重复实验时，会得到微弱的条纹（未显示）。然后你大大降低光源亮度，并等待一夜。你没有发现条纹图样，只曝光了六个像素，看似在随机的位置，如图 19.1B 所示。如果使光源足够弱，你会有整个晚上只得到一个点的情况。现在这一切都很奇怪。如果光是波，无论多么微弱，它应该照亮整个屏幕。它不能只打中某些像素。所以有别的东西击中那个屏幕，且它不是波。

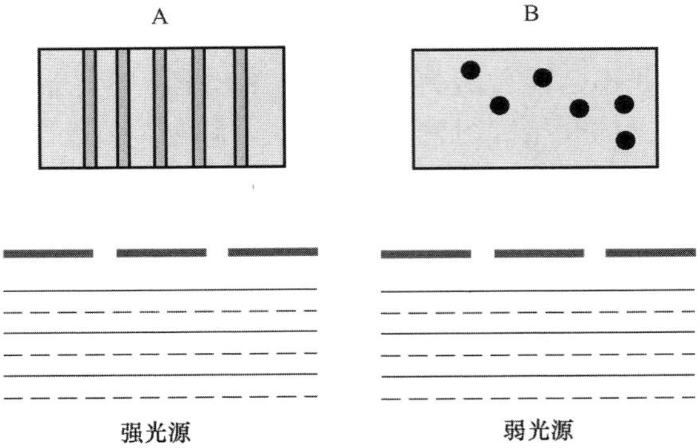

图 19.1 该图显示了波与狭缝的顶视图和感光片的正面视图。A：用强光源，光从下面射向双缝，在感光片上形成的图样。B：用暗光源形成的图样，显示六个曝光像素。

你以这种低强度继续每晚一击的实验探究。做进一步的观察并测量在每个曝光像素处给予感光片的动量。

你会发现每个曝光像素接收到完全相同的动量 p。通过改变 λ 可以确定这个动量值与 λ 有关，如下所示：

$$p=\frac{2\pi\hbar}{\lambda} \tag{19.1}$$

其中

$$\hbar=1.05\times10^{-34}\,\mathrm{J\cdot s} \tag{19.2}$$

称为普朗克常量。（以前该名称留给 $h=2\pi\hbar$。）依据波数（每单位长度的相位变化）

$$k=\frac{2\pi}{\lambda} \tag{19.3}$$

式（19.1）变为

$$p=\hbar k \tag{19.4}$$

接下来，你会发现每个曝光像素接收到一定量的能量，其与入射光的频率满足如下关系：

$$E=\hbar\omega \tag{19.5}$$

这些结果的最自然的解释是，频率为 ω 或相应波数为 k 的光由具有以下能量和动量的粒子即光子组成：

$$E=\hbar\omega \tag{19.6}$$

$$p=\hbar k \tag{19.7}$$

由于 $\omega=kc$，因此光子的能量和动量的关系如下：

$$E=pc \tag{19.8}$$

或 $E^2=c^2p^2$，其与式

$$E^2=c^2p^2+m^2c^4 \tag{19.9}$$

相比较可知，光子是无静质量的粒子。没有静质量的光子要获得由式

$$p=\frac{mv}{\sqrt{1-v^2/c^2}} \tag{19.10}$$

给出的动量唯一的方式是它以光速运动。

如果你保持极暗的光源许多天，你会发现，最初似乎是随机的斑点，逐渐形成前面实验中出现的条纹。

令人惊讶的是，低强度的入射光束所显示的是，你认为是连续波的光实际上是由离散粒子组成的。如果你打开一个亮光源，却观察不到这一现象，这是因为数以百万计的这些光子涌入并瞬间形成了干涉图样。你当即看到的是明暗相间的条纹，并认为这是由于一列波瞬间击中了整个感光片。但是，如果你查看一下覆盖区，就会发现每个亮纹是由单独出现的微小点子形成的。

现在如果有人告诉你，光是由粒子组成的，它是不连续的，本身就不会那么令人不安。你已习惯了那个概念。例如，你认为是连续的水，实际上是由水分子组成的。许多你认为是连续的东西是由小分子组成的。那不惊奇。令人惊讶的是，这些光子不是，也不可能是在牛顿或爱因斯坦力学中出现的，遵循由外力决定的连续轨道的标准的经典粒子。该结论背后的原因是干涉图样 I_{1+2}。下面让我们来理解为什么。

假设光子是一个经典粒子，我的意思是受牛顿或爱因斯坦规律支配。我们期望它在双缝实验中如何表现？请看图 19.2。

假设只有狭缝 S_2 开着。光子将经穿过狭缝 S_2 的某条路径到达感光胶片像素

上。当仅 S_1 开着时，会发生相似的情形。当两者都开着时将发生什么呢？答案是，到达任何点的光子数目一定是分别通过两个狭缝的光子数目之和。其轨迹通过某一狭缝的经典粒子并不知道第二个狭缝是开着还是关闭、甚至它是否存在。因此，在两个狭缝都打开时到达某点的光子数目一定是每个缝单独打开时到达该点的光子数目之和。换句话说，$I_{1+2}=I_1+I_2$ 是经典粒子的逻辑必然。

特别考虑 X 点，其为 I_{1+2} 的暗纹位置。假设某天只让 S_1 开着时有 4 个光子到达 X 处，而只让 S_2 开着时也有 4 个光子到达 X 处。(我已经在附近的 P 点用 4 个×表示了这 4 个光子。) 当两个狭缝都被打开时，我们期望有 8 个光子能到达 X 处，但是我们知道将没有光子到达 X 处。你怎么可能使通过一个狭缝的一定数量的粒子与通过另一狭缝的更多数量的粒子相互抵消掉？从经典粒子的角度来看，这是不可能的。它们不知道有多少狭缝是开着的，它们也不能产生与两个狭缝间距有关的图样。这一事实证明光子不是经典粒子。

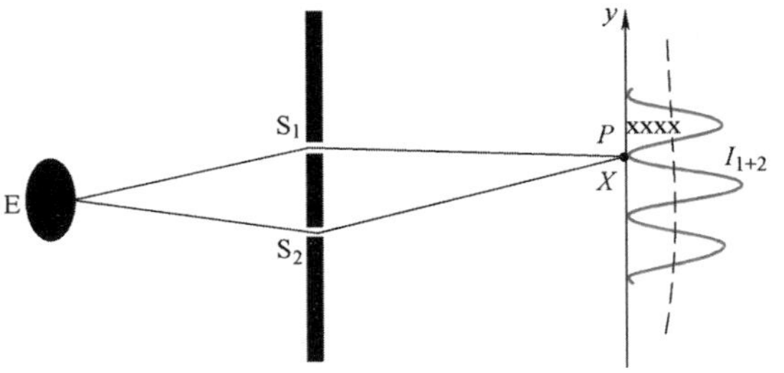

图 19.2　图中分别画出了光子通过狭缝 1 或 2 的两条路径。图中还在干涉图样 I_{1+2} 的暗纹位置 X 处附近的 P 点画了 4 个×，表示通过一个或另一个狭缝到达该处的 4 个光子。当两缝都开着时，我们在 X 处没能观察到光子而非 8 个光子。

与此相反，一个波却毫无问题地知道多少狭缝是开着的以及它们相距多远，因为它不是局域化的。波传播过来同时击中两个狭缝，并且知道它们的间距。当两个狭缝开着时，由于相消干涉，有些地方变暗。所以，我们是不是应该回到光只是一种波的观点，就像杨氏验证的那样？但是，这也不再是一种选择，鉴于我们刚刚学到的东西：一个波不能将能量和动量只传递到一个像素上。

因此，光子具有既像粒子又像波的属性。我们可以总结如下：

- 波数为 k、频率为 $\omega=kc$ 的光由粒子（光子）组成，每个粒子携带相同的能量 $E=\hbar\omega$ 和相同的动量 $p=\hbar k$。能量和动量都局限在这些粒子中。
- 双缝实验中大量光子的分布可由具有相应 k 或 λ 的波产生的干涉图样给出。

询问光究竟是粒子还是波是没有意义的。这两个词都不足以描述光。光就是如上所述那样。如果我们一个一个地依次发射一百万个光子，每个光子将落在感光片上某一确定的像素上，这些光子将共同产生干涉图样。

假设一百万个光子已经在感光片上形成明暗条纹的干涉图样，其形式可以由该波长为 λ 的波的简单干涉计算预测。现在我们发送第 1000001 个光子。它会去哪里呢？

我们肯定不知道。我们只知道，如果我们重复实验一百万次，我们会得到这样的图样。我们不能预测只有一个光子的单一试验的结果。我们只知道函数 I_{1+2} 大的地方光子到达的概率高，函数小的地方光子到达的概率低，而函数为零的地方光子到达的概率为零。因此，波的作用是通过其强度来确定一个具有局域能量和动量的粒子即光子被 r 处的一个像素吸收的概率 $P(r)$。该概率可通过将来自两个狭缝的波相加然后进行平方来计算出来。

19.3 关于光子的题外话

我想岔开一会儿，澄清一个历史事实：光子真的不是通过查看感光板的像素发现的。它们首先由爱因斯坦基于相当复杂的热力学理论预测。他指出：频率为 ω 的辐射表现得好像它是由粒子组成的，每个粒子能量 $E = \hbar\omega$。爱因斯坦放弃了“好像”的描述，并认为这些粒子实际存在。1905 年，他表明根据这些光子可以很容易地解释光电效应。我们将很快会看到他是如何解释的。后来，1927 年，亚瑟·康普顿（Arthur Compton，1892—1962）提供了非常直接的光子证据，他指出，波数为 k、频率为 ω 的光经一个电子的散射可以简单地描述为电子与一个无质量的粒子即具有能量 $E=\hbar\omega$ 和动量 $p=\hbar k$ 的光子之间的相对论弹性碰撞。爱因斯坦因其关于光子的工作，而不是相对论，获得了诺贝尔奖。

19.3.1 光电效应

现在介绍用光子解释的首个实验，光电效应。回想一下，在金属中一些电子是公共的。假设每个原子向整个金属提供一个电子。它们可以在金属内自由运动。它们不必在各自的母核附近，但不能离开金属。它们被束缚在一个静电阱中，如图 19.3A 所示。要使它们以零动能逸出金属所需的最小能量 W，称为逸出功。（想象一个深度为 h 的阱，其底部有质量为 m 的物体。要把它们拉出来[静止]，你需要提供一个最小能量 $W=mgh$。如果你给予的能量超过最小值，它们出来后会具有一些动能。）

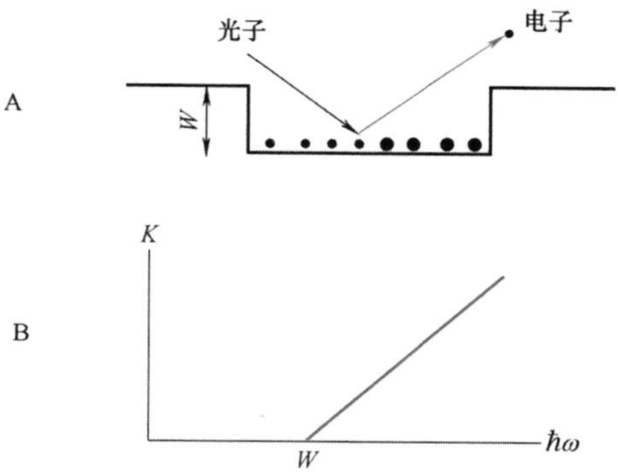

图 19.3 A：金属中的电子位于深度为 W 的阱中。如果光子有足够的能量，则能够把它们释放出来。B：逸出电子的动能对于光子能量 $\hbar\omega$（$\hbar\omega \geqslant W$）的关系曲线。

有一种自然的方式来提供这种能量。既然电子有电荷，你就可以施加一个电场作用于它，并在做所需的功后把它拉出来。由于光就是电磁场，你可以试着用光照射金属。电场会抓住电子并将它晃松。一旦它逃逸就可以跑出来。

你这样做，而没有发现任何东西出来。因为对电子的作用力 eE 随光强 $I \propto |E|^2$ 增长，所以你可以提高光强，但仍然没有任何事情发生。然后你会发现，如

果你增加光的频率，突然电子开始出来。即使这个高频率的光非常微弱，电子也会出来。微弱的光源导致较少的电子出来，但现在它们的确出来了。你测量逸出电子的动能 K，绘制 K 对 ω 的关系，得到图 19.3B 中的图线。图线本身很简单：

当$\hbar\omega<W$ 时，没有发出电子

当$\hbar\omega>W$ 时，发出的电子具有动能 $K=\hbar\omega-W$。 (19.11)

这张图在麦克斯韦理论中毫无意义。高频弱光（具有极小电场 $\boldsymbol{E}$）怎能使电子释放，而强光（具有较大的 $\boldsymbol{E}$）在低频时却不能使电子释放？但依据光子则可以完全理解。低频光束由大量光子组成，每个光子携带的能量比释放电子所需的能量要小。这就像派大量幼儿（独立工作）去提起一个手提箱，他们就是提不起。另一方面，即使是只有一个成年人也可以提起手提箱。这类似于当使用高能光子组成的微弱高频光时所发生的情况。

很容易以如下方式理解该图。如果 $\hbar\omega<W$，没有电子出来。如果 $\hbar\omega>W$，在光子的能量 $\hbar\omega$ 中，一部分（W）用于将电子从深度为 W 的阱中拉出，其余的 $\hbar\omega-W=K$ 则成为释放电子的动能。到 1905 年，这一点已众所周知：光电子的能量随入射光的频率增加而增加，并且与光的强度无关。然而，直到 1914 年，当罗伯特·密里根（Robert Millikan，1868—1953）表明爱因斯坦的预测是正确的时候，增加的精确方式才由实验确定。

19.3.2 康普顿效应

现在介绍 1927 年的康普顿实验，它提供了非常直接的光子证据。设 X 射线，即某 λ（或波数 $k=2\pi/\lambda$）的光沿 x 轴射向静止的自由电子上，如图 19.4 的左半部分所示。

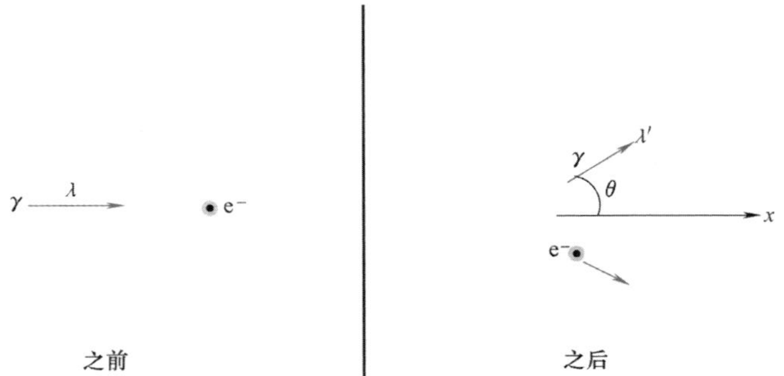

图 19.4 左：波长 λ 或波数 $k=2\pi/\lambda$ 的光（γ）（光子具有动量$\hbar k$ 和能量$\hbar\omega$）沿 x 方向射向一个静止的电子 e^-。右：光（光子）以改变了的波长 λ'沿 θ 方向散射，与反冲电子能量和动量守恒。

（实际上，电子被原子束缚，然而，入射的 X 射线光子具有这么大的能量，使

得初始电子可以被视为自由的和静止的。）电子将光散射到某个方向，并沿另外某个方向反冲，如图右半部分所示。我们不管电子，只观察散射光，可得在相对于 x 轴 θ 方向上的散射光具有的波长 λ'遵守

$$\lambda'-\lambda=\left(\frac{2\pi\hbar}{mc}\right)(1-\cos\theta)\equiv\lambda_{C}(1-\cos\theta) \tag{19.12}$$

其中

$$\lambda_{C}=\frac{2\pi\hbar}{mc} \tag{19.13}$$

称为质量为 m 的粒子的**康普顿波长**。如果你做到以下几点，可以非常简单地导出此结果：

1. 将入射光视为由能量 $E=\hbar\omega$ 和动量$\hbar k$ 的光子组成。光子的四维动量是 $K=(\hbar\omega,\hbar k)$。初始电子具有的四维动量 $P_{e}=(mc^{2},0)$。

2. 假设能量和动量在碰撞时守恒，并求解最终光子的四维动量 $K'=(\hbar\omega',\hbar k')$。这是在第一卷中完成的，我不会在这里重复。如果把最后的 k'换成 λ'，你就得到式(19.12)。

注意我们如何来回往返于波和粒子之间。光可由波长和相应的光子动量以及频率和相应的光子能量来表征。当你想到粒子时，你会想到能量和动量。当你想到波时，你会想到频率和波数。在康普顿实验之后，人们便毫不怀疑光子的现实性了。

你可能听说过爱因斯坦对量子力学非常不满意，没有加入大军。甚至有一种印象，他在晚年已成为一个保守派。这是完全错误的。如果你回顾一下历史就会发现，他从一开始就对量子力学做出了巨大的贡献。甚至连普朗克对于他自己的公式所暗示的光子的现实性也是模棱两可。爱因斯坦却认真地对待它们的存在，并将其应用于光电效应。他以具有量子化能量的振子表示晶格振动，计算了固体比热。薛定谔承认他的波动方程欠了爱因斯坦。所以，当你听说爱因斯坦不喜欢量子力学时，不要以为他不能做习题集，他是对习题集有异议。他不喜欢量子力学的概率性，但让他推测发生了什么却毫无问题。事实上，他自己在处理诱导辐射时引入了概率。如果有人说“我不喜欢那个笑话”，可能有两个原因：他或她并不懂这个笑话，或者即使懂得，也不认为它有趣。对于爱因斯坦与量子力学则是后者。他当然理解量子力学的所有复杂性。他曾说，他已经花了比狭义或广义相对论更多的时间钻研量子力学。的确，直到最后，他也没有找到一种满足他的理论。我要介绍给你的理论至今的每一个预测都是正确的，在这个意义上它当然是有效的。我们将继续使用它，直到有更好的东西来替代它。

19.4　物质波

现在来了法国物理学家路易斯·德布罗意（Louisde Broglie，1892—1987），他

在其博士论文中提出了如下思想：如果光，我们认为是一种波，实际上却是由粒子组成的，那也许我们一直视作粒子的东西，如电子，就应该有一个波与其相关联，波长与动量的关系如下：

$$\lambda = \frac{2\pi \hbar}{p} \tag{19.14}$$

如果这是正确的，我们就应该观察到电子双缝实验中的干涉现象。

公式（19.14）当然与适用于光子的如下公式是相同的：

$$p = \frac{2\pi \hbar}{\lambda} \tag{19.15}$$

其中，只存在一个概念差异：对于光，波长 λ 是自然量，但光子及其动量 p 却是令人惊奇的概念；而对于电子，动量 p 是自然量，但与其相对应的波长 λ 同样也令人惊奇。

对于电子或其他质量粒子如质子或中子，$\lambda = \frac{2\pi \hbar}{p}$称为**德布罗意波长**。用于验证德布罗意假设的电子双缝实验是按与光子双缝实验几乎相同的方式设计的，但有一些明显且不可避免的差异。首先，电子源是不同的——其可以是一些电极，即能够发射动能 K 忽略不计的电子。然后，这些电子经过电压 V 被加速到具有一定的动量 p，其中

$$K = \frac{p^2}{2m} = eV \tag{19.16}$$

请注意，这里用的是粒子动能的非相对论表达式。除光子外对其他粒子都将采用此式，而光子总是以 c 运动并遵从 $E = pc$。

速度选择器可以用来确保所有到达狭缝的电子具有相同的 p 并因此有相同的德布罗意波长。对于光而言所有这些可简单地通过一个单色光源来实现。

为了检测电子，你可以用一排电子探测器或单个可以沿着右侧边缘滑动的探测器替换感光胶片，如图 19.5 所示。这些探测器可以通过引发雪崩、导致宏观电流来放大击中它们的单个电子。检测到的电子如图 19.5 中的×所示，生成由这些检测到的电子触发的事件的直方图。在几次击中之后，在一定时间内到达的电子数的直方图将形成仅 S_1 开着时的图样 I_1、仅 S_2 开着时的图样 I_2 和两个狭缝都开着时的图样 I_{1+2}。振荡的周期将由电子的德布罗意波长 $\lambda = 2\pi \hbar/p$ 确定，这就证实了其波动性。

现在令人惊奇的不是电子只击中一个探测器，并在那里存放它所有的电荷、能量和动量。它本来就应该这样做：毕竟是一个具有局域性的粒子。令人惊讶的是，当两个狭缝都开着时，你会得到干涉图样。在像 M 点处，你检测到的电子的数量是仅一个狭缝开着时的四倍，而不是两倍。更引人注目的是像 X 点处，当两个狭缝都开着时，你没有检测到任何电子，而只有一个狭缝开着时，你却曾经检测到一

些电子。

对于像电子这样的粒子，牛顿力学就此终结。如果电子是经典粒子，则它只会通过一个或另一个狭缝从发射器 E 到达探测器 D。打开第二个狭缝不会影响通过第一个狭缝的粒子数目。粒子只能感知到它的紧邻空间，却不能以任何方式感知到远离它所经狭缝的另一个狭缝开关情况，或对其做出反应。两个狭缝都开着时到达的粒子数目必须是每个狭缝单独开着时到达的粒子数目之和。你不能解释像 X 的那些点，在两个狭缝都开着时没有电子到达，而只打开一个狭缝时却有一些电子到达。

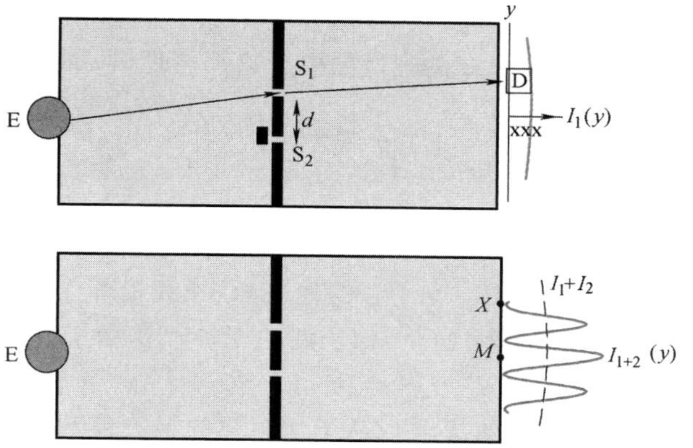

图 19.5　上图：只有狭缝 S_1 开着时，电子从发射器 E 到滑动探测器 D。图中画出了连接两个端点的可能经典轨迹。直方图 I_1（y）是通过记录一定时间内的电子到达数量（由×表示）得到的。图中未画出只有狭缝 S_2 开着时得到的相似图样。下图：与用光子进行的实验一样，在两个狭缝都开着时得到了干涉图样 $I_{1+2}\neq I_1+I_2$。特别是，在两个狭缝都开着时没有电子到达如像 X 点处，虽然当一个缝或另一个缝单独开着时，电子确实能到达这里。

现在有些人可能会说，“嗯，如果同时有很多电子射来，也许这些经过 S_1 的家伙碰到了那些经过 S_2 的家伙，所以最终强度不是 I_1+I_2。没有电子到达 X，因为这些碰撞将朝向 X 的电子转向了其他方向。”这在许多方面都是错误的。

首先，这种类型的随机碰撞不可能产生清晰且可重复的干涉图样，且干涉图样还与入射电子的动量 p 和狭缝间距 d 相关。

其次，可以通过将电子源调得非常微弱，使得在给定的时间内只有一个电子在实验区域中，这样就可以使经典电子的概念得以终止。我们知道电子何时离开发射器 E，何时到达探测器 D。单个电子不能与自身发生碰撞。但是电子却知道两个狭缝是都开着的，因为在许多轮实验后，干涉图样出现了。经典粒子不可能知道两个狭缝是都开着的。所以电子一定有一个相关联的波，它知道有几个狭缝是开着的，它知道两个狭缝的间距是多少，并可以与它自己发生干涉。

为了完整性，我要提到，德布罗意假说最初不是用双缝实验证实的，而是由克林顿·戴维逊（1881—1958）和莱斯特·革末（1896—1971）在 1927 年通过镍晶体衍射实验证实。如果将一束单能电子（其已被加速到一定动量并因此具有确定的德布罗意波长 λ）射向晶体，你会发现只有当相对于原子平面的入射角 θ 满足布拉格条件 $2d\sin\theta=n\lambda$ 时，才会发生电子散射，这里 d 是原子层之间的距离，n 是整数。这个实验在 20 世纪 20 年代初由沃尔特·埃耳赛（Walter Elasser）推测，最终在一些意外事故和意外事件后成功。

总而言之，光，我们曾认为是波，是由粒子组成；而电子，我们曾认为是粒子，由波导引。在微观世界中万物都表现出**波粒二象性**。

19.5 光子与电子

在到目前为止描述的双缝实验中，光子表现得非常像电子（其是所有其他粒子如质子、中子、介子等的代表）。让我提醒你如下相似之处。

1. 两者都表现出类似于波的干涉：函数 $I_{1+2}(y)\equiv I(y)$ 在检测线上随坐标参数 y 振荡。

2. 相应波的 λ 可以从干涉图样的最大值和最小值之间的间距、狭缝间距 d 和到探测器或感光片的距离 L 推断出来，**而这并不需要知道波实际描述的是什么**。对于光子，λ 就是入射电磁波的波长；而对于电子，它将是德布罗意波长。

3. 在这两种情况下，$I(y)$ 给出了在 y 点处一个光子或电子触发像素或探测器的可能性。

但是，随着量子理论的不断发展，光子的最终处理方式与电子完全不同。这是因为光子不同于电子。

首先，光子永远不能静止。它没有静质量，必须以 c 运动。相比之下，电子可以静止，并且存在非相对论运动学适用的情况。其次，电子数是守恒的（在非相对论情形下）：一个电子从不凭空产生，也不能凭空消失。相比之下，光子数则可以改变，甚至在实验过程中发生改变，如在光源发射期间增加 1 个以及在像素吸收过程中减少 1 个。

这将导致对强度 $I(y)$ 和产生它的相应波的不同解释。

1. 与光子相关的波就是电磁波，由 $\boldsymbol{E}$ 和 $\boldsymbol{B}$ 描述。去掉常数如 ε_0、μ_0 和 c，强度为 $I(y)\propto|\boldsymbol{E}(y)|^2+|\boldsymbol{B}(y)|^2$。[参考以往的式(14.87)及推出它的那些式子。]在电子的情况下，相应波称为**波函数** $\psi(y)$，不对应于任何经典场。这是一个我们不得不引入以解释双缝实验的量。我们所知道的是，在单能量电子的双缝实验中，电子被赋予了波长 $\lambda=2\pi\hbar/p$。在 ψ 是复函数的情况下，强度取为 $I(y)=|\psi(y)|^2$，而不是 $I(y)=\psi^2(y)$。

2. 在电子的情况下，$I(y)=|\psi(y)|^2$ 诠释为在 y 处发现电子的概率 $P(y)$。因此我们写为

$$P(y)=|\psi(y)|^2 \tag{19.17}$$

$|\psi(y)|^2$ 和在 y 处发现一个电子的概率之间的关系由马克斯·玻恩（Max Born，1882—1970）提出；它是量子力学的支柱之一。如果实验重复多次，$P(y)=|\psi(y)|^2$ 将与在 y 处发现电子的密度成正比。

光子的情况下，我们不将 $I(y)\propto|\boldsymbol{E}(y)|^2+|\boldsymbol{B}(y)|^2$ 作为在 y 处发现一个光子

的概率。相反,我们认为它表示一个光子被 y 处的一个原子或像素吸收的概率。在 y 处光子被吸收与在 y 处光子被发现之间的巨大差异是什么？答案是,光子的吸收具有非常精确的位置,即改变颜色的像素的位置或吸收它的原子的位置。而这却并不是光子的位置,因为在检测之后光子就失去了踪迹。如果 $I(y)$ 是在 y 处发现光子的概率,那么它在哪里呢？检测后它消失了。

相比之下,检测到的电子实际上就在那里,作为带有电荷 $-e$ 和质量 m 的独立实体在探测器内部发出“嘎嘎”声。因此,我们可以有意义地说,$I(y)$ 与在 y 处发现电子的概率成正比,其在检测时实际上处于 y。

对于用某一概率函数 $P(y)$ 来描述 y 处的光子存在一个基本问题。考虑一宏观电磁场。其能量密度与 $P(y)$（光子在 y 处的概率）和每个光子的能量 $\hbar\omega$ 的乘积成正比：

$$|\boldsymbol{E}(y)|^2+|B(y)|^2 \propto \hbar\omega(y)P(y) \tag{19.18}$$

这意味着

$$P(y) \propto \frac{|\boldsymbol{E}(y)|^2+|\boldsymbol{B}(y)|^2}{\omega(y)} \tag{19.19}$$

$$\propto (|\boldsymbol{E}(y)|^2+|\boldsymbol{B}(y)|^2)\cdot\lambda(y) \tag{19.20}$$

这里略去所有常量。但是“y 处的波长” $\lambda(y)$ 并没有物理意义。这意味着，给出的在 y 处发现光子的概率 $P(y)$ 不仅与 y 处的 $\boldsymbol{E}(y)$ 和 $\boldsymbol{B}(y)$ 值有关，而且与非局域量波长有关。这样概率 $P(y)$ 只能根据与波长相当的距离范围内的场量值推断出来，而这一距离范围却不一定很小。因此，在 y 处发现光子的概率 $P(y)$ 这唯一合理的选择就不可行了。

最重要的一点是与电子不同，光子没有相应的波函数 $\psi(y)$，因此也就不能依据玻恩得到 $P(y)=|\psi(y)|^2$。

本书的其余部分将只处理大量粒子如电子的量子力学，为此我们可以定义波函数 $\psi(y)$，而 $P(y)=|\psi(y)|^2$ 是在 y 处发现它们的概率。

我也将限于非相对论的量子力学,这意味着粒子的（运动学）能量和动量由以下近似公式相联系：

$$E=mc^2+\frac{p^2}{2m} \tag{19.21}$$

或

$$K=E-mc^2=\frac{p^2}{2m} \tag{19.22}$$

而不用更为准确的公式 $E=\sqrt{m^2c^4+c^2p^2}$。以后的讨论中随时会涉及光子，它将影响到电子的运动，如在康普顿散射或原子的光发射和光吸收。光子可以具有能量和动量，但不具有其自身的波函数 $\psi(y)$。

19.6 海森伯不确定关系

粒子由决定它们在某处概率的波来描述，并且处于动量态为 p 的粒子有一个相应的德布罗意波波长

$$\lambda=\frac{2\pi\hbar}{p} \tag{19.23}$$

这一事实意味着著名的海森伯不确定关系。

19.6.1 没有位置和动量完全确定的态

有许多方法来陈述这个原理，让我们从以下这个方法开始：

不可能制备一个粒子，其处于（沿某个轴）动量和位置完全已知的态。不确定度 Δx 和 Δp 的乘积必须遵循

$$\Delta x\Delta p\geqslant\frac{\hbar}{2} \tag{19.24}$$

只有当 Δx 和 Δp 符合量子理论中不确定度的精确定义时，所写的这个公式才适用。这里我们先不讨论这个定义，而是针对每一具体情况确定一个可以称为位置和动量不确定度的合理方法。这些试探性的不确定度的乘积当然不需要以$\hbar/2$ 为下限。然而，它们将始终具有相同的数量级：

$$\Delta x\Delta p\geqslant\hbar \tag{19.25}$$

其中，诸如 2 或 π 等因子不用保证公式两侧彼此相符，并且与 Δx 相乘的 Δp 也应该理解成是 Δp_x。这主要是因为$\hbar\approx10^{-34}\text{J}\cdot\text{s}$ 确定了这些量子效应的总体数量级，这里或那里多一个因子 π 并不改变这个数量级。（我只将 2π 严格保留在德布罗意公式 $\lambda=2\pi\hbar/p$ 中，其中，所有的量都被精确地定义。）

让我们现在去尝试（徒劳地）产生一个位置和动量都完全确定的态。在经典力学中这样做没有问题：我们让一个粒子滚下斜坡，直到其动量在某 $\boldsymbol{r}_0$ 点达到 $\boldsymbol{p}_0$ 值，并用（$\boldsymbol{r}_0$，$\boldsymbol{p}_0$）这对量标记该态。

让我们尝试在量子情况下使类似的东西沿 y 轴运动。我们首先利用电压为 V 的加速器加速电子以让它获得动能

$$\frac{p_0^2}{2m}=eV \tag{19.26}$$

我们沿 x 方向朝着在 y 方向上宽度为 D 的单缝发射电子，如图 19.6 所示。刚刚通过狭缝的电子具有其通过狭缝前相同的位置。我们可以合理地将 y 方向位置的不确定度取为

$$\Delta y\approx D \tag{19.27}$$

上式使用了≈符号，因为不同定义可以使它相差一个同量级的因子。我们可以

通过减少 D 来使 Δy 像我们想要的一样小。

它的 y 方向动量是什么？它入射时的动量在 x 方向为 p_0 而在 y 方向上为零。按经典理论，刚刚穿过狭缝后它在 y 方向的动量不变（为零）。由于这个动量是确切知道的，似乎 $\Delta p_y=0$ 且 $\Delta y\Delta p_y=0$。然而，在量子理论中并非如此。入射电子具有相关联的波，其

$$\lambda=\frac{2\pi\hbar}{p_0} \tag{19.28}$$

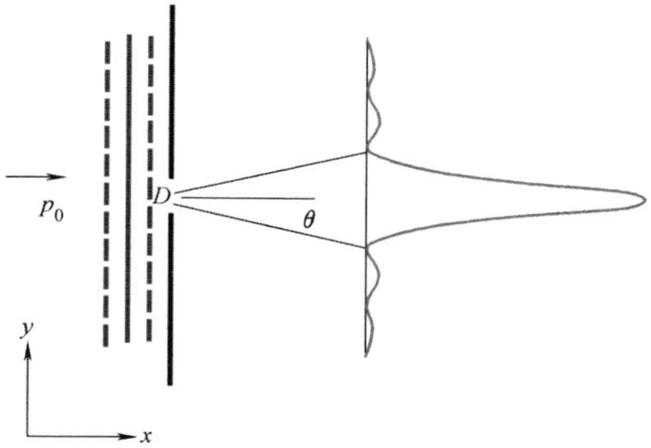

图 19.6　为了确定电子在 y 方向上的位置和动量，我们将其沿 x 轴穿过在 y 方向宽度为 D 的单缝。从狭缝出来的电子具有位置不确定度 $\Delta y\approx D$，且其 y 方向动量至少有与第一衍射峰一样大的角宽度 $2\theta\approx 2\lambda/D$。

当这种波击中单缝时，由于衍射而在另一侧散开。我们已经看到，该波不仅在向前方向上而且直至第一暗纹处都有明显的振幅，第一暗纹处对应的角度满足

$$D\sin\theta\approx D\cdot\theta=\lambda \quad 或 \quad \theta\approx\frac{\lambda}{D} \tag{19.29}$$

该衍射锥的张角为

$$2\theta\approx 2\frac{\lambda}{D}=\frac{4\pi\hbar}{p_0 D} \tag{19.30}$$

能够落在中央主极大内某一位置的粒子必须具有使它从狭缝运动到那里所需的 y 方向的动量。虽然波动只在这个中央主极大内明显，但它在其外严格来说不为零。因此，y 方向动量也具有角宽度不小于 2θ 的概率分布，其表示为

$$\Delta p_y\geqslant p_0(2\theta)=\frac{4\pi\hbar}{D} \tag{19.31}$$

两边乘以 D，也就是 Δy，我们得到

$$\Delta y\Delta p_y\geqslant 4\pi\hbar \tag{19.32}$$

右边的 $\hbar$ 是切实有用的，但 4π 不是，因为它很容易通过稍微且合理地重新定义 Δp_y 和 Δy 而改变。（例如，我们可以说 Δp_y 大些，因为衍射图样在中央峰之外严格来说不是零。）这就是为什么我们舍弃同一量级的数值因子而写为

$$\Delta y\Delta p_y\geqslant\hbar \tag{19.33}$$

我强调的是：不是我们不知道出射电子的 p_y；而是当电子通过狭缝后没有一个确定的 p_y，因为在衍射峰内电子动量取任意值都有一定的非零概率。粒子动量的测量具有测得一系列取值的概率，就不能说它具有确定的动量。

不要被这样的事实所迷惑：在不同的时间，我们可能知道似乎与不确定关系相

矛盾的各种事情。在一开始我们就完全知道动量：它在 x 方向上为 p_0，在 y 方向上为 0。我们不知道它在 y 方向的位置。在它刚穿过狭缝之后，我们知道它的 y 坐标的不确定度在 $\Delta y \approx D$ 之内。但是在这种态下，它具有不确定的 y 方向动量，具有指向中央衍射峰中任何位置的非零概率。后来，当这个电子击中一个特定的探测器时，我们可以往前推算，得到从狭缝开始到达这个位置它必须有什么样的动量。只有在电子击中探测器之后通过反推得到的知识并没有描述出电子经过狭缝后的性质。

这是波的必然属性，你不能用一个狭缝在空间上限制它们而不让它们扇形展开。在量子力学之前对单狭缝衍射的研究中，人们就得到了 $\theta \approx \dfrac{\lambda}{D}$ 的结论。量子理论的新成果是，λ 现在描述了一个具有动量 $p=\dfrac{2\pi \hbar}{\lambda}$ 的粒子，并且扇形展开转化为 y 方向动量的不确定性。

这里概率的作用与经典力学非常不同。假设我向一个开口喷射了一串经典粒子，它们在另一边以一系列的角度出来并击中屏幕。这里我也可以给出粒子将到达屏幕上某点的概率。但是，这种概率的使用是实用策略，并不受制于经典力学的基本原则，而我们可以通过概率来实际预测每个粒子的位置以及每个粒子将落在哪里。在具体试验中，发射的每个粒子都一定到达屏幕上的某个特定点。在量子情况下，我们讨论的只是一个电子，而不是一束电子。该单个电子能够到达屏幕上一系列点，每个点对应于一定的概率。这就是它离开狭缝时没有确定动量的意义。在经典粒子情况下，其测得的动量可能已经由概率分布给出，但它具有确定的动量，我们只是不知道它。但在量子情况下，通过狭缝的电子没有确定的动量。假设它必须有一个确定的动量，就像假设它必须在双缝实验中经过一个特定的狭缝。接下来我们将对此进行更多的讨论，因此如果你到现在还不能领会，也不用担心。

19.6.2 海森伯显微镜

我们已经看到，对于上面给出的物质波，位置和动量完全确定的态根本不存在。当我们试图产生一个位置范围窄小的电子，所得电子的动量却具有宽广的取值范围。这可以通过波动理论来进行理解，其中，波的衍射是非常自然的。

我们想用粒子图像来理解这一点。设一个电子处于具有确定动量 p 的态，如果我们能定位它，并且不改变它的动量，我们就能得到具有确定位置和动量的态。但依据以下版本的不确定关系，这是不可能的：

在 Δx 内确定一个电子的位置的行为将引起其动量的不确定度 Δp，并满足

$$\Delta x \Delta p \geqslant \hbar \tag{19.34}$$

这里我们考虑一个简单的实验，其唯一目的就是确定电子的位置。如图 19.7 所示，电子在 x 轴上。我们希望利用能够沿着 x 滑动、孔径为 D 的显微镜，从上面

观察电子在 x 轴上的发光以确定电子的位置。

接下来，我们首先需要导出显微镜分辨本领的表达式，即其分辨相邻物体的能力。参见图 19.7A。考虑 x 轴上相距为 Δx 且在孔径前距离为 f 处的两个点状物体（其中，f 通常是但并非一定是所使用的透镜的焦距）。

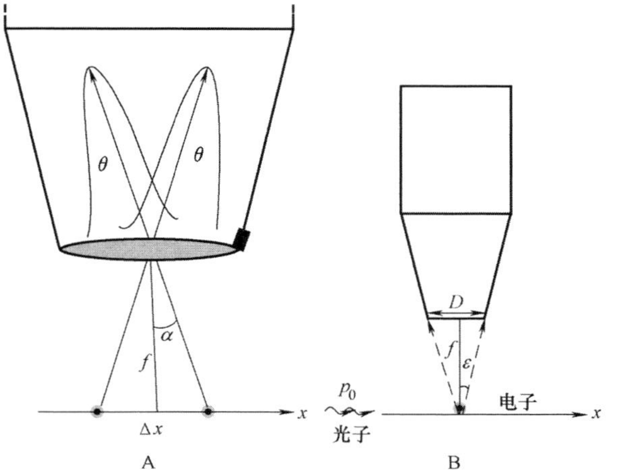

图 19.7 海森伯显微镜。左：分开 Δx 距离的两个点在显微镜内形成宽度为 θ（由于衍射）的两个像。为了能分辨它们，要求 $\alpha>\theta$。右：来自左边的光照射电子并在一个角度为 $\varepsilon \approx D/2f$ 的锥体内进入显微镜，其中，D 为孔径。这使得光子的最终动量以及因此电子在 x 方向上的最终动量不确定。

在几何光学中，通过透镜中心的光线沿直线传播并且形成以角度 2α 分开的两个清晰的像，其中，对于较小的 α，

$$\tan\alpha \approx \alpha \approx \frac{\Delta x}{2f} \tag{19.35}$$

在波动光学中，显微镜中的像不是点状的，而是张开了 $\pm\theta$ 的角度，其中

$$D\sin\theta \approx \lambda \tag{19.36}$$

这是由于孔径衍射。对于较小的 θ，上式变为

$$\theta \approx \frac{\lambda}{D} \tag{19.37}$$

为了清楚地分辨两个物体为不同的实体，需要峰距超过每一个的峰宽：

$$\alpha > \theta \tag{19.38}$$

或

$$\frac{\Delta x}{2f} > \frac{\lambda}{D} \tag{19.39}$$

或

$$\Delta x > \frac{2f\lambda}{D} \tag{19.40}$$

现在，根据图 19.7 的右半部分，散射光子可以沿一个张角为 2ε 的锥体进入显微镜：

$$\tan\varepsilon \approx \varepsilon = \frac{D}{2f} \tag{19.41}$$

这样我们就根据 λ 和 ε 得到显微镜的分辨本领：

$$\Delta x \geqslant \frac{\lambda}{\varepsilon} \tag{19.42}$$

这是经典光学中的一个众所周知的结果。（更准确的结果是 $\Delta x \geqslant \frac{\lambda}{\sin\varepsilon}$。）只针对 Δx 则其不存在下限：在 ε 一定时，我们可以通过减小 λ 来任意减少 Δx。由于如果两个点粒子比 Δx 更接近，则它们不能被分辨，我们就可以把 Δx 称为它们位置的不确定度。

电子的动量又怎样呢？参见图 19.7B。假设电子在位置测定之前具有完全确定的动量。（不确定关系不禁止一个变量，在这种情况下，p 具有完全确定的值。）入射光子的动量为

$$p_0 = \frac{2\pi\hbar}{\lambda} \tag{19.43}$$

沿 x 方向上，光子被电子散射，并进入显微镜（假定具有相同的动量大小）。它可以从半角为 ε 的锥体中的任何地方进入。因此，光子最终的 x 方向的动量具有的不确定度的量级为

$$\Delta p_x = p_0(2\varepsilon) \quad (\text{当 } \varepsilon \text{ 小时}) \tag{19.44}$$

光子动量的这种不确定度通过动量守恒转化成电子最终动量的相同不确定度。

总之，我们已经使用显微镜产生一个电子，其所在态的不确定度 Δx 和 Δp_x 遵从

$$\Delta x \cdot \Delta p_x \geqslant \frac{\lambda}{\varepsilon} p_0 \cdot 2\varepsilon = 2\lambda p_0 = 4\pi\hbar \tag{19.45}$$

使用近似的 Δp_x 和 Δx，并忽略同一量级的因子，上式可写为

$$\Delta p_x \Delta x \geqslant \hbar \tag{19.46}$$

由于需要至少一个光子来检测电子，所以如果需要更多的光子来进行检测，不确定度的乘积只会变得更大。

这里有一点值得强调：事实上并不是入射光子具有很大的动量，也不是它把很大的动量传给了电子，导致最终电子动量的不确定性；而是光子进入显微镜时的角度具有**不确定性**。角度的这种不确定性导致光子最终动量的 x 分量的不确定性，并因此导致电子的最终动量的不确定性。（记住，当我们说光子或电子的动量具有不确定性时，并不表示我们无知；而是说**它本身就没有**确定的动量。）同样的论证要求我们在波和粒子图像之间巧妙地转换。一旦掌握了完整的理论，就可以避免这些简单的处理方法，而有可能去精确定义 Δx 和 Δp，并得出不确定度乘积的精确下限：

$$\Delta x \Delta p \geqslant \frac{\hbar}{2} \tag{19.47}$$

19.7 让问题变清晰

让我们总结一下双缝实验。只考虑一个电子。当发射器反冲时，我们知道电子

被发射了。我们也知道它随后被探测器检测到。这些都是不可否认的事实。即使量子力学也不能改变它们。但是，这两次观察之间发生了什么？我们说不出来，因为我们没有看到期间的电子。似乎这是合理的假设：电子沿着经由一个或另一个狭缝的特定轨迹从发射器 E 到达了探测器 D。我们也许不知道它走了哪条轨迹，但可以肯定它只能选择两条轨迹中的一条。这种合理的假设与干涉图样明显矛盾。如果在每一情况下电子都按照一定的轨迹通过两个狭缝中的一个，则它们就不知道另一个狭缝，这样 $I_{1+2}=I_1+I_2$ 将是必然的结果。

假设我们不接受电子不通过特定狭缝这个概念。我们在两个狭缝之后放置一个发光灯泡，如图 19.8 所示。每当电子通过狭缝，我们自己将看到它经过了哪个狭缝。这样就不会有关于没通过确定狭缝或没有确定轨迹的讨论。被探测器记录的每个电子就可被分类为是通过 S_1 或 S_2，以及是经过了特定的轨迹。根据纯逻辑推理，我们不得不把通过每个狭缝的电子数目相加以获得总数：一定有 $I_{1+2}=I_1+I_2$。

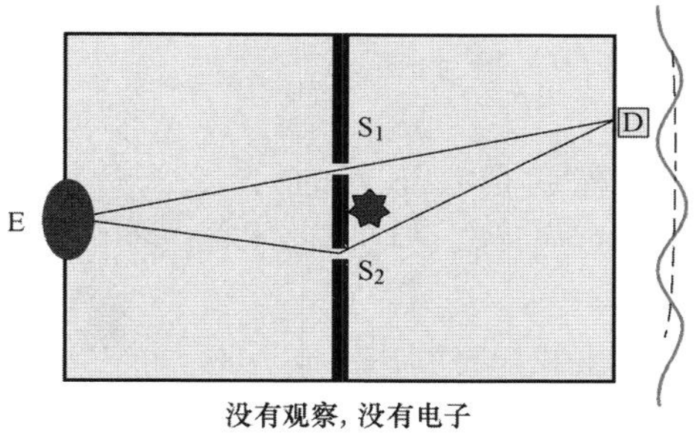

图 19.8　当将灯泡靠近狭缝放置以查看电子经过哪个狭缝时，我们发现，观察到的电子没有显示干涉图样，而逃过检测的那些电子在平的 I_1+I_2（虚线）顶部产生干涉振荡。

如果到达探测器的每个电子在途中都被观察到，以上推理的结果就会实际发生。但偶尔也有一些电子在狭缝附近没有被观察到就到达了探测器。这样除了被标记为经过 S_1 或 S_2 的电子之外，还存在第三类电子：那些溜过去未被观察到的电子。它们的行为也会像我们看到的其他电子一样这种合理的假设是错误的。它们明显地改变了分布。我们假设触发探测器的电子中有 10% 没有被灯泡检测到。我们就不能将这些电子归类为通过了某个特定狭缝或具有特定轨迹的电子。此时我们发现，分布 I_{1+2} 看起来像 I_1+I_2 加上一个 ≈10% 的波形。也就是说，那些被捕获并确定为穿过狭缝 1 或狭缝 2 的电子的数目可按照牛顿力学中的方式加起来，但是那些没被观察到就溜过来的电子就不能与具体的狭缝或者特定的轨迹相关联，这些电子显示出了干涉图样。它们一定知道两个狭缝才能产生与狭缝间隔 d 有关的干涉图样。

想想看：在任何一个狭缝附近被观察到的那些电子似乎是按一定的轨迹运动（通过一个特定的狭缝），而那些溜过去的电子却好像没有特定轨迹，因为它们知道存在两个狭缝。

非常令人惊讶的是，我们是否观察到电子造成了如此之大的差异。当我们在牛顿力学中研究一个物体时，我们不关心该物体在每个阶段是否被观察到。我们让两个台球彼此碰撞，可根据初始数据预测出碰撞的结果。当它们碰撞时，我们可能正在观看它们，或者可能不在观看它们。碰撞结果与我们是否观看无关。我们相信自然规律所描述的客观现实；我们也偶尔在中间阶段观察它，但这并不影响结果。牛顿力学允许一个理想的观察者可以观察中间过程而不影响最后的结果。

那么为什么观察会对电子产生这样的影响呢？为了回答这个问题，我们要问自己如何观察电子，以确定它穿过了哪个狭缝。如图 19.9 所示，狭缝在 y 方向上的间距为 d。我们需要获得一个能够分辨量级为 d 的距离的图像。我们已经知道［式(19.45)］，要确定粒子的位置到精确度 Δx，就需要使用光子，而光子必然会传递动量的不确定量 Δp_x，由下式给出：

$$\Delta p_x \geqslant \frac{4\pi\hbar}{\Delta x} \quad (19.48)$$

虽然我会在下面的讨论中保留因子 4π，但只有 ħ 才有意义。

这里我们将利用上式并对其进行一些修改。我们想知道电子经过了哪个狭缝，因此需要区别出位于狭缝 1 处的电子和位于狭缝 2 处的电子。两缝在 y 方向上的间距为 d。所以我们将式（19.48）中的 x 换成 y，Δx 换成两缝间距 d。我们推断，确定电子经过哪个狭缝将在其 y 动量中引入以下不确定性：

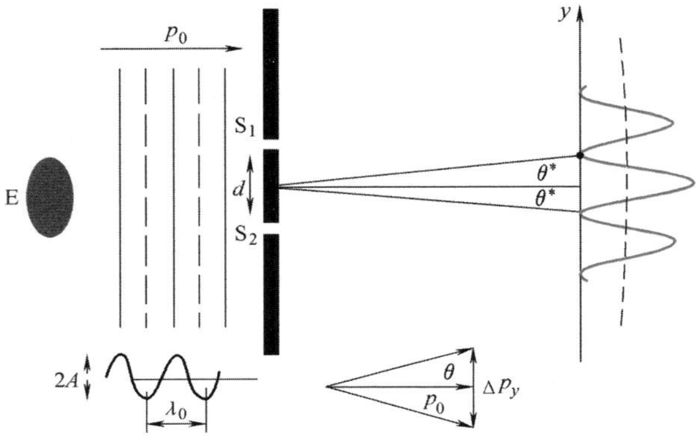

图 19.9　用于确定电子经过哪个狭缝的光子产生的 y 方向动量不确定性的量级为 $\Delta p_y \geqslant \frac{4\pi\hbar}{d}$，以及其方向不确定性的量级为 $2\theta = \Delta p_y/p_0 = \frac{2\lambda_0}{d}$，其与两个相邻最小值之间的角间距 $2\theta^*$ 具有相同的量级。

$$\Delta p_y \geqslant \frac{4\pi\hbar}{d} \quad (19.49)$$

现在，入射电子在水平(x)方向上具有动量 p_0，波长 $\lambda_0 = 2\pi\hbar/p_0$。由位置测量引入的不确定度 Δp_y 将导致 p_y 的角向的不确定度，其大小为

$$2\theta = \frac{\Delta p_y}{p_0} \quad (19.50)$$

$$= \left(\frac{4\pi\hbar}{d}\right)/p_0 \text{［利用式(19.49)］} \quad (19.51)$$

$$= \frac{4\pi\hbar}{dp_0} \quad (19.52)$$

$$= \frac{2\lambda_0}{d} \quad (19.53)$$

另一方面，相邻的最大值和最小值之间的角间距 $2\theta^*$（见图 19.9）由下式推导出：

$$d\sin\theta^* \approx d\theta^* = \frac{\lambda_0}{2} \tag{19.54}$$

为

$$2\theta^* = \frac{\lambda_0}{d} \tag{19.55}$$

在 θ^* 和 θ［关于最小值之间的角间隔的公式（19.55）和由位置测量引起的角向不确定度的公式（19.53）］之间相差的因子 2 不重要。重要的是它们**具有相同的量级**，这足以消除干涉图样。

用光子进行观察的行为对于电子来说产生了神奇的巨大影响，但对你和我却不是这样，每时每刻都有数以百万计的光子击中我，但这对我并无影响。对电子来说与一个光子的单次碰撞就好像被一辆卡车撞了。关键不仅仅是光子的巨大动量，而是传递的动量在量级为 $\Delta p_y \geqslant \frac{4\pi\hbar}{d}$ 的范围内不能被确定这一事实。将光源调暗也不会有帮助：这将仅仅减少光子数和检测的可能性，而不是减少与电子碰撞的光子传递的冲击。

为什么未被检测到的电子表现出干涉，而不是像子弹一样的宏观物体？假设电子枪由机枪替代，不透明挡板由其中有洞的混凝土墙替代。“他们”把你绑在另一边的一个柱子上，然后从左边向洞发射子弹。换言之，你就是“探测器”。你自然很焦虑，因为你要躲避穿过洞的子弹，现在有一个“朋友”来帮助你，他在墙上某位置打了第二个洞，这样就确保你处于相消干涉的地方。但是你拒绝了，因为在子弹的双缝实验中第二个洞不能帮上忙。为什么在原子层面有效的东西在宏观层面会失效呢？原因有两个。

第一个与波长 $\lambda = 2\pi\hbar/p$ 有关。如果在公式 $p = mv$ 中设 $m = 1\text{g}$ 和 $v = 10^3\text{m/s}$，你得到的 λ 具有 10^{-34}m 的量级。这意味着，这些波动在你的位置，几米的路上，也将是这个量级，只相差 10 的几次幂。作为参考，单个质子的大小约 10^{-15}m，则在质子的大小上将有大约 10^{19} 个波动。没有宏观传感器（像你，绑在后墙上）可以检测到这些波动。只有如像 I_1+I_2 一样的空间平均才能被感知到。被射中的概率将是子弹分别通过两个狭缝的概率相加，并且两个狭缝都开着时的死亡风险也大致是仅有一个狭缝开着时的两倍。

在宏观尺度上难以看到干涉的第二个原因是，宏观系统总是不断地（并且经常是无意识地）被观察：通过周围的光，通过撞击它们的空气分子，通过宇宙射线，以及可能通过暗物质。如果你可以将你的系统与所有这些隔绝开，并可以检测到一个具有极其微小的空间周期的波动，即使在宏观系统中你也会观察到干涉效应。从原子尺度开始，实验物理学家已经系统地试图利用越来越大的系统来显示这样的干涉，即在给定时刻使系统处于不止一个的经典态之间的中间态中。

19.8 波函数 ψ

让我们比较一下量子力学和经典力学的运动学。在经典力学中粒子的状态由其位置 $\boldsymbol{r}$ 和动量 $\boldsymbol{p}$ 描述。

在量子理论中，某一时刻的粒子由波函数 $\psi(\boldsymbol{r})$ 描述。记住 $\psi(\boldsymbol{r})$ 描述的是一个粒子，而不是一群粒子。因此，我们已经从仅仅两个变量（$\boldsymbol{r}$，$\boldsymbol{p}$）变为整个函数 $\psi(\boldsymbol{r})$。这个函数告诉我们关于粒子的什么呢？从双缝实验呈现的概率图中，我们知道 $|\psi(\boldsymbol{r})|^2$ 给出了在 $\boldsymbol{r}$ 处发现粒子的概率。我们将假定在所有情况下 ψ 的这一解释都成立。图 19.10 中描述了一个示例。它描述了一维空间（由坐标 x 描述）中的粒子，而不是双缝实验中在二维空间中运动的坐标为 $\boldsymbol{r}=(x, y)$ 的粒子。

根据双缝实验中的干涉图样，关于波函数我们还知道：描述动量为 p 的入射粒子的 ψ 与一定波长 $\lambda=\dfrac{2\pi\hbar}{p}$ 相关。

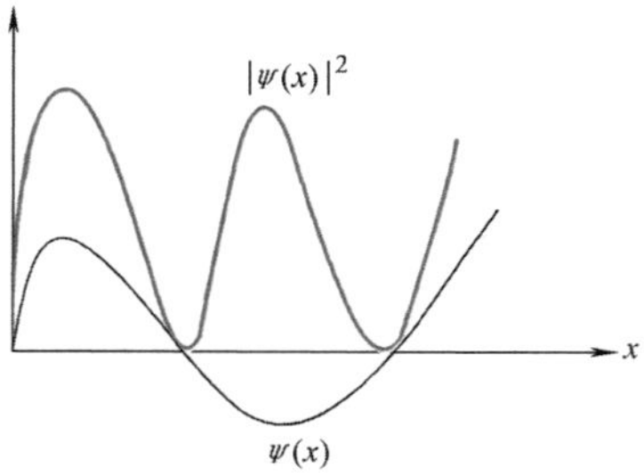

图 19.10 示例：一个被限于 x 轴上的粒子的一般波函数 $\psi(x)$ 以及相应的概率分布 $|\psi(x)|^2$，图中只画出了在一部分 x 轴上的分布。

我们不知道任何更多的关于 ψ 的实际函数形式。（记得在杨氏实验中，并不需要更多地了解波，特别是波代表了振荡的 $\boldsymbol{E}$ 场和 $\boldsymbol{B}$ 场，就可以从干涉图样中推导出光的波长。）例如，它可能是这样的 $\psi(x)=A\cos\dfrac{2\pi x}{\lambda}=A\cos\dfrac{px}{\hbar}$。仅通过双缝实验是没有办法推导出 ψ 的函数形式的。

相反，它是由一个假设给出：

x 方向上动量为 p 的粒子可通过如下波函数描述：

$$\psi_p(x)=A\exp\left(\frac{\mathrm{i}px}{\hbar}\right) \tag{19.56}$$

下标 p 提醒我们，这是对应确定动量 p 的一个态，前面的常数 A 现在还待定。

观察一下，这是一个复函数。它按如下方式遵循不确定关系：

$$\Delta x\Delta p\geqslant\frac{\hbar}{2} \tag{19.57}$$

根据定义这是一个具有确定动量 p 的态，因此 $\Delta p=0$。所以需要 $\Delta x=\infty$。这对于 $|\psi_p(x)|^2$ 确实是对的，它是平直的（与 x 无关），并没有表明粒子在哪里。

$$|\psi_p|^2=|A|^2\exp\left(\frac{\mathrm{i}px}{\hbar}\right)\exp\left(-\frac{\mathrm{i}px}{\hbar}\right)=|A|^2 \tag{19.58}$$

通过复函数 ψ_p 已设法满足两个看似不相容的要求：它有与其相关的波长 λ

（给出粒子的动量），并且其绝对值（平方）也是恒定的，不给出关于位置的信息。

当 $\psi(x)$ 乘以 $\psi*(x)$ 以计算 $|\psi_p(x)|^2$ 时，$\psi(x)$ 中的振荡最终被去掉。这是否意味着由该复波产生的任何干涉图样 $I_{1+2}(y)$ 也将是平直的和非振荡的？

不是！当该复平面波撞击两个狭缝时，狭缝将在另一侧产生两个波长相同的径向复相干波。（也就是说，通过狭缝衍射 $\boldsymbol{p}$ 的大小即 p 保持不变，而所有的不确定度都与其方向有关。）

$$\psi(r_1,r_2)=A'\left[\exp\left(\frac{\mathrm{i}pr_1}{\hbar}\right)+\exp\left(\frac{\mathrm{i}pr_2}{\hbar}\right)\right] \tag{19.59}$$

其中，r_1 和 r_2 是与两个狭缝的距离，如图 19.11 所示，它们也作为坐标。该函数 $\psi(r_1,\ r_2)$ 实际上将显示出在粒子被检测处 $|\psi(\boldsymbol{r})|^2$ 的振荡：

$$|\psi(r_1,r_2)|^2=|A'|^2\left[\exp\left(-\frac{\mathrm{i}pr_1}{\hbar}\right)+\exp\left(-\frac{\mathrm{i}pr_2}{\hbar}\right)\right]\times\left[\exp\left(\frac{\mathrm{i}pr_1}{\hbar}\right)+\exp\left(\frac{\mathrm{i}pr_2}{\hbar}\right)\right] \tag{19.60}$$

$$=|A'|^2\left\{1+1+\exp\left[\frac{\mathrm{i}p(r_1-r_2)}{\hbar}\right]+\exp\left[-\frac{\mathrm{i}p(r_1-r_2)}{\hbar}\right]\right\} \tag{19.61}$$

$$=2\ |A'|^2\left\{1+\cos\left[\frac{p(r_1-r_2)}{\hbar}\right]\right\} \tag{19.62}$$

$$=4\ |A'|^2\cos^2\left[\frac{p(r_1-r_2)}{2\hbar}\right]$$

$$=4\ |A'|^2\cos^2\left[\frac{k(r_1-r_2)}{2}\right] \tag{19.63}$$

正如在杨氏实验中的式(18.50)。

公正地说，如果你不知道复指数，量子力学的发展对你来说就到此为止了。具有一定动量的电子的波函数是一个复指数。复函数以其基本形式进入量子力学。这并不是说，函数 $\psi_p(x)$ 其实是 $A\cos(px/\hbar)$，或者我们试图把它写成一个复指数的实部以简化一些计算。如果我们想描述具有一定动量 p 而位置完全未知的粒子，我们就需要这个复函数。

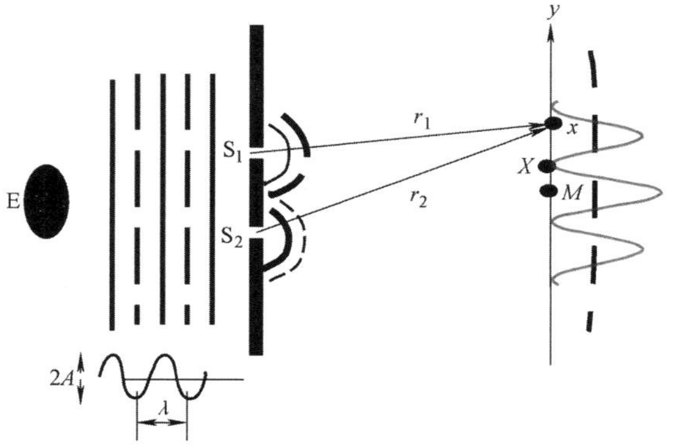

图 19.11　单个复平面波在撞击两个狭缝时产生两个径向波。波长 λ 的波峰和波谷对应于其实部。

需要强调的是，我并没有通过推导得到这个结果：$\psi_p \approx e^{ipx/\hbar}$描述的是 x 方向具有确定动量 p 的粒子。这只是一个假设。基于双缝实验的讨论仅仅是为了使最终结论看起来合理。你不能通过纯逻辑或数学推导出量子力学的基本假设。你必须通过数据资料猜测基本理论结构中的假设，并验证它们如何有效。

19.9 波函数塌缩

考虑具有波函数 $\psi(x)$ 及其概率 $P(x)=|\psi(x)|^2$ 的粒子。假设现在我们在某个点例如 $x=5$ 捕获了它。如果实际有这样的检测，并且紧接着再次对其位置进行测量，该粒子必定仍会在 $x=5$ 处被发现。这意味着就在进行测量之后，$\psi(x)$ 和 $P(x)$ 一定在 $x=5$ 处塌缩成了很窄的尖峰。波函数的这种塌缩被假定会发生并且也被发现确实发生了。在双缝实验中，在探测器处的振荡 $I_{1+2}(y)$ 描述了电子在被检测到之前的状态。一旦电子触发了探测器，ψ 和 P 都塌缩到探测器。

当然，随着时间的流逝，塌缩波函数可能演变和扩展。塌缩函数仅适用于紧接着测量之后。

19.10 总结

下面对我们迄今的所有讨论进行总结。

1. 在微观层面，所有实体都表现出波粒二象性。

2. 曾被认为是波的光实际上是由称为光子的单个粒子组成的，它代表具有能量和动量的一个个粒子。单色光是由光子组成的，所有光子具有由德布罗意公式给出的完全相同的动量 p：

$$p=\frac{2\pi\hbar}{\lambda} \qquad 其中\ \hbar=1.05\times10^{-34}\,\mathrm{J\cdot s} \tag{19.64}$$

以及由光的频率确定的相同的能量：

$$E=\hbar\omega \tag{19.65}$$

3. 电子、质子等曾被认为是具有局域能量、动量和电荷的粒子，在双缝实验中表现出像波那样的特性。动量和波长之间的德布罗意关系与光子相同：

$$\lambda=\frac{2\pi\hbar}{p} \tag{19.66}$$

这里将 λ 写在等号左侧以说明 λ 而不是 p 是粒子意想不到的特征。

4. 每个（实物）粒子与一个波函数 $\psi(\boldsymbol{r})$ 相关联，其绝对值平方 $|\psi(\boldsymbol{r})|^2$ 给出在 $\boldsymbol{r}$ 处找到粒子的可能性。如果在 $\boldsymbol{r}$ 处检测到粒子，则 $\psi(\boldsymbol{r})$ 在刚刚测量之后塌缩为 $\boldsymbol{r}$ 处的尖峰。对位置随即进行重新测量将给出相同的结果。这当然可以随着时

间的推移而发生改变。

5. 干涉的可能性意味着上述粒子不是经典的：它们在被观察期间不遵循一定的轨迹（例如，通过双缝实验中的特定狭缝）。假设它们有确定的轨迹则意味着 $I_{1+2}=I_1+I_2$，这又与实验结果相矛盾。

6. 如果确定了粒子所穿过的狭缝，例如通过照射光，则干涉图样被破坏。这是因为所使用的光子在动量中引入的最小的不确定性，也足以使干涉图样消失。

7. 宏观物体不显示干涉，因为它们不断地受到环境的影响，且生成的任何图样都会表现出极其快速的空间振荡。

8. 与 x 方向上具有确定动量 p 的粒子或简单地说成具有确定动量 p 的态相关联的波函数可表示为

$$\psi_p(x)=A\exp\left(\frac{ipx}{\hbar}\right) \tag{19.67}$$

9. 在每个量子态，粗略估计的不确定度 Δx 和 Δp 必须服从海森伯不确定关系：

$$\Delta x\Delta p\geqslant\hbar \tag{19.68}$$

（上式可相差多达像 2π 等的因子，并且在 y 方向具有同样的形式。）

如果 Δx 和 Δp 是精确定义的不确定度，而不是定性的估算，不确定关系可以写成

$$\Delta x\Delta p\geqslant\frac{\hbar}{2} \tag{19.69}$$

不确定关系仅仅反映了一个事实，即试图将波限制于沿一个方向传播（例如让其穿过一个狭缝）却会使它散开。

在本章中，你已经接触到了这么多新的结果。不可能再做什么以减轻信息负荷或使它显得更自然，因为它本身就不是自然的。然而，我想从这些结果中提取出我认为的假设，它们无法由逻辑或其他假设推导出来。假设的列表并不严密，我会进一步扩大并修改它们。

虽然双缝实验中的粒子做的是二维运动，但为了教学目的，我要提取关于仅由坐标 x 描述的做一维运动的粒子的假设。

假设 1. 一个处于 x 轴上的粒子的状态完全由一个波函数 $\psi(x)$（通常是复函数）描述，其包含关于这个粒子的所有信息。

假设 2. 在 x 处找到粒子的相对概率由下式给出：

$$P(x)=|\psi(x)|^2$$

如果在 x 处检测到粒子，则 $\psi(x)$ 在刚测量之后坍缩为 x 处的尖峰。

假设 3. 处于动量为 p 的状态的粒子由下式描述：

$$\psi_p(x)=A\exp\left(\frac{ipx}{\hbar}\right)$$

如果我们将 $\psi_p(x)$ 表示成用 λ 写出的波的标准形式：

$$\exp\left(\frac{\mathrm{i}px}{\hbar}\right) \equiv \exp\left(\frac{2\pi \mathrm{i}x}{\lambda}\right) \tag{19.70}$$

我们看到，这个假设不仅包含将波长与动量 p 关联起来的德布罗意公式

$$\lambda = \frac{2\pi\hbar}{p} \tag{19.71}$$

而且它通过明确提出实际的函数形式而使我们能够更深入地探讨量子力学理论。

不确定关系究竟怎样呢？它不是一个假设；它是根据将（把动量和波长相关的）假设与经典波动理论的结果相结合得出来的。

第20章 波函数及其诠释

虽然上一章结束时已经做了小结，但这里我还将回顾一遍那些事情，因为它们太奇特了，讨论它们往往是消化它们的一种有效方式。

电子、光子、质子、中子都是粒子。在这里的讨论中，我将简单地将它们统称为电子。毫无疑问，这里我所指的粒子是：如果它们之中的一个击中你的脸，你会感觉到它只在一个微小的区域，就在一点。电子将其所有的电荷、所有的动量、所有的能量都传递到你脸上的一小部分。这种作用并没有像你在受到波前冲击时所预期的那样延伸到更大范围。如果它在所有这些过程中都是一个粒子，问题出在哪里呢？这个问题出现在你进行双缝实验时。对于牛顿物理学或经典物理学这就如同把钉子放在棺材里。回忆一下实验要点。有一个源，如电子枪，在左边发射电子，中间有一个带有两个狭缝的隔板，在右边有一个探测器阵列（或滑动探测器）。电子枪被设计成通过一定电压加速电子并以一定动量和能量发射出去。如果电子枪在左边很远的地方，则电子基本上只能沿着水平方向运动才能击中狭缝。当我们进行实验时，我们真正知道些什么？每隔一段时间，电子枪会发射一个电子并像步枪那样被反冲。则那时我们知道电子已离开。接下来的一会儿我们什么情况都不知道，直到其中的一个计数器发出了“咔哒声”。这意味着电子已到达那里。这是我们实际知道的一切。而我们所说的关于电子的其他所有事情都是一种推测。我们知道它先是在这里，后是在那里。问题是，这之间它在做什么？我们可能会说，“我们不知道它走的轨迹，因为我们没有跟踪它，但它必须沿着某条轨迹，通过狭缝 1 或通过狭缝 2。”这个合理的假设与实验结果相矛盾：它预测的 $I_{1+2}=I_1+I_2$ 是错误的。最明显的例证就在标记为 X 的位置处，即干涉图样中的一条暗纹。在这个位置，我们曾经在只打开一个狭缝时，每小时观察到了 N 个电子；而只打开第二个狭缝时，每小时也观察到 N 个电子；而两个狭缝都开着时观察到的并不是 $2N$ 个电子，而是没有电子。这不是来自一个狭缝的电子与来自另一个狭缝的电子相互碰撞并使它们偏离 X 的结果，因为如果在任意给定时间实验区域中只用一个电子来进行实验，仍然获得了同样的结果。

这是伟大的奥秘。这是牛顿物理学的终结。

如果我们试图通过在狭缝附近放置一个发光的灯泡，来观察电子到底通过了哪个狭缝，这会变得更加神秘。现在我们发现，被观察到的那些电子的数目是通过两个狭缝的电子数相加，而没被观察到就溜过去的那些电子却产生了干涉图样。因此，电子的行为受到我们是否观察到它的影响。事实确实如此，因为用于观察电子通过哪个狭缝的光必然传给电子一些动量，其不确定度的量级被估为 $\Delta p \geqslant \frac{2\pi\hbar}{d}$，其中，$d$ 为狭缝之间的距离。这一动量不确定度接下来又转化为电子传播方向上的不确定性，其具有的角度与干涉图样中相邻最大值和最小值分开的角度相当。这一干涉图样在进行观察时就消失了。

我们没有在宏观领域上看到这样的干涉图样，因为宏观物体不断地被有意无意地冲击，即使奇迹般存在的任何干涉图样都将因具有极小波长从而检测不出来。能够检测到的只有空间平均，其化为 I_1+I_2。

我们该如何理解双缝实验中的振荡图样 I_{1+2}？像你这样训练有素的物理学家会说："嘿，这让我想起了在水波和声波中遇到的干涉。显然这里有某个本征波和某波长。一旦你给我波长和狭缝间距，我就可以通过 $d\sin\theta = m\lambda$ 计算这种图样。相反，从其最大值出现的角度我可以推断出 λ。"你继续下去可发现，波长是某个数 $2\pi\hbar = 2\pi\times1.05\times10^{-34}\,\mathrm{J\cdot s}$ 除以入射电子的动量 p：

$$\lambda = \frac{2\pi\hbar}{p} \tag{20.1}$$

换句话说，你会发现，如果你发送具有更多能量的电子，也就是说，通过更大的电压加速它们以增加它们的 p，波长 λ 将成反比地降低，以 $2\pi\hbar$ 作为比例常数。

所以只要给定电子的动量和相应 λ 的波，你就可以成功地预测这种图样，但关于接下来要发生的事情它又告诉了你什么呢？这种图样又有什么意义呢？该图样告诉你，如果你用这个电子枪重复实验一百万次或十亿次，并绘制在不同计数器位置记录到的电子的直方图，最后填好的直方图将呈现波的干涉产生的形状 I_{1+2}。然而，该波与电子束并无关系。实验区域中的单电子就受该波的控制。这不是电荷或物质的波动，如在水中或绳上。这是一个数学函数，你被迫接受它是因为你知道这是得到这个波动图 I_{1+2} 的唯一方式：给波一定波长，并让它干涉。而这对单次试验又意味着什么？它告诉你电子将落在屏幕上各处的概率。

因此，似乎有一个函数，其在 $\boldsymbol{r}$ 点处的平方给你在 $\boldsymbol{r}$ 点处发现电子的概率。该函数称为波函数 $\psi(\boldsymbol{r})$。给定波以及关系式 $p = 2\pi\hbar/\lambda$，就能得到不确定关系 $\Delta x\Delta p \geqslant \hbar$。推导它的一种方法是尝试设计一种情形，其中，电子位置和动量的不确定度间的乘积为任意小。我们将发现这在经典力学中是可能的，而在量子力学中是不可能的。

首先考虑经典力学。我们沿水平或 x 方向发出一束具有一定动量 p_0 的经典粒子，并使其击中在横向 y 方向上具有宽度为 D 的狭缝的隔板。通过狭缝的任何粒子具有 $p_y = 0$（因为它仍然在水平方向上运动），以及 y 坐标的不确定度 $\Delta y = D$。由于 $\Delta p_y = 0$，不确定度的乘积为零。此外，我们可以通过减少 D 使 Δy 小到我们想要的大小。

这对于像电子这样的量子粒子当然就不正确了。仍然正确的是，刚刚通过狭缝的电子具有 $\Delta y \approx D$。但是它的命运由一个具有 $\lambda = 2\pi\hbar/p_0$ 的波控制。由于衍射，该波扩至的角度 θ 由 $D\sin\theta = \lambda$ 给出。最终电子以一非零概率击中屏幕上衍射图样的主极大区域内的任一点，其对应于 $\pm\theta$ 内的任一角度。为了到达那里，它需要动量的 y 分量具有不确定度 $\Delta p_y \geqslant 2p_0 \sin\theta = 2p_0 \lambda/D = 4\pi\hbar/D$，这与不确定关系相一致。

不确定关系在宏观领域也是有效的，但这已无关紧要。考虑质量为 1kg 的物体，其位置的精度已知为 1 个质子的大小，即 10^{-15}m。这里我们有一个由约为 10^{26} 个质子组成的物体，其位置的精度只有 1 个质子的宽度。这对于大多数可想得出的应用都是足够精确了。相应的 $\Delta p = 10^{-19}$kg · m/s 化成速度的不确定度为 10^{-19}m/s。现在这有多糟糕呢？假设我知道速度具有这个精度，我让该物体行进一年。因为一年大约是 10^7s，这样带来的位置的不确定度为 10^{-12}m，只有原子大小的百分之一。所以这些不确定性在日常生活中并不重要。

在用 x 方向上具有一定动量 p 的电子进行的双缝实验中，产生这种干涉图样的入射波是什么？我们知道波长 $\lambda = 2\pi\hbar/p$，但许多函数都可以以这个 λ 振荡。正确的答案是复指数

$$\psi_p(x) = A\exp\left(\frac{\mathrm{i}px}{\hbar}\right) \tag{20.2}$$

其中，常数 A 暂时未定。下标 p 提醒我们，它不仅是以前所说的任意波函数 ψ，还是描述动量为 p 的粒子的波函数。这是一种普通的标记方式，在下面讨论中将经常使用。该函数设法对其相位中恰当波长的振荡进行编码，并具有与 x 无关的绝对值平方 $|\psi_p(x)|^2$。因此，粒子位置是完全不能确定的，其概率分布是完全平直的，这意味着 $\Delta x = \infty$，这正是动量一定的态所要求的。

需要强调的是，前面的 ψ_p 及其平直的 $P(\boldsymbol{r})$ 描述了到达两个狭缝之前的入射波。通过狭缝之后，波以两个相干径向波的形式出现，并且沿着探测器阵列产生振荡 $P(y)$。

20.1　经典力学与量子力学中的概率

假设你轻抛一枚硬币，问："它会以哪种方式落地？"这需要一个非常复杂的计算。但原则上可以去做，因为硬币一旦从你的手中释放，它只能以一种方式落地。这就是牛顿力学的决定论。如果你知道确切的初始位置、速度、线动量、角动量和空气的黏度等，你就可以预测它将是正面着地还是反面着地，根本不需要求助于概率。实际上，没有人能做这个计算。实际中你所做的是投掷同一枚硬币 5 000 000 次，你得到正面或反面的概率，你说："我预测当你下一次扔出它，它正面向上的概率将是 0.56。"这就是你是如何进行统计预测的。你并不是一定要使用统计的方法，但是当

你面临一个不切实际的计算时，作为一种实用的策略，你会这样去做。

接下来，假设我抛出一枚硬币，且当它落在我的手掌上时，我看也不看就合上手掌。当我打开手掌去看看硬币，看到的可能是它的正面或可能是它的反面。假设我看到了正面，那么在我打开手掌之前就应该是正面，对吧？测量结果早已在我的手中。我所看到的是在我看之前就已经发生的。这就是经典力学中运用概率的方式。

我再举一个具有连续变化的可能性的例子。图 20.1 显示了在某处找到我的概率。它在柴郡（我家）附近和耶鲁附近达到高峰，并在连接两地的臭名昭著的 10 号公路上也有可观的数值。有人对我进行了很长时间的研究并说："如果你要找这个家伙，这里是在不同地点找到他的概率。他要么在家工作，要么在耶鲁工作，要么在 10 号公路上行驶。"首先要明白的是，分布概率并不意味着我自己被分散到各处，除非我在 10 号公路上遇到了可怕事故。我在任一时刻只能在一个地方。只有概率图是展开的。好吧，假设你在许多次试验中某一次发现我在 X 处。如果你只定位了我一次，你就不知道 $P(x)$ 的预测是否是正确的，所以你不断重复进行试验。你定位我很多次，并绘制直方图，你就得到了看起来像这个 $P(x)$ 的图形。重要的是，每次你定位我在某处，我就已经在那里了；你只是碰巧在那里遇到我。虽然你并不知道我的位置，但我确实有一个位置。我会有一个确定的位置，因为在我运动的宏观世界中，我的位置在不断地被测量。你没有问或者你没有发现我在哪，但我还是正在穿过空气分子。我撞上了他们，他们记住了这一切。我辗过这只蚂蚁，蚂蚁所做的最后一件事就是以它自己的生命为代价来测量我的位置。

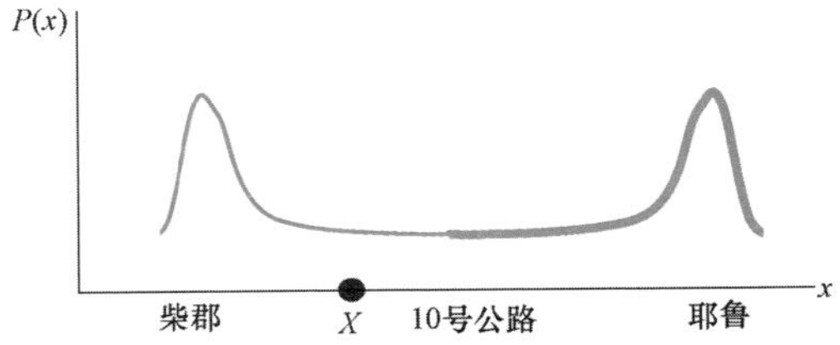

图 20.1　在平常一日里，在柴郡（Cheshire）、10 号公路或耶鲁（Yale）的某个地方找到我的概率。

下面我们来看图 20.2。这里的$P(x)$ 所描述的不再是我了，而是被两个核 N_1 和 N_2 所共用的一个电子。对于电子在经典物理学中只有一个概率函数 $P(x)$，但在量子理论中却有一个本征波函数

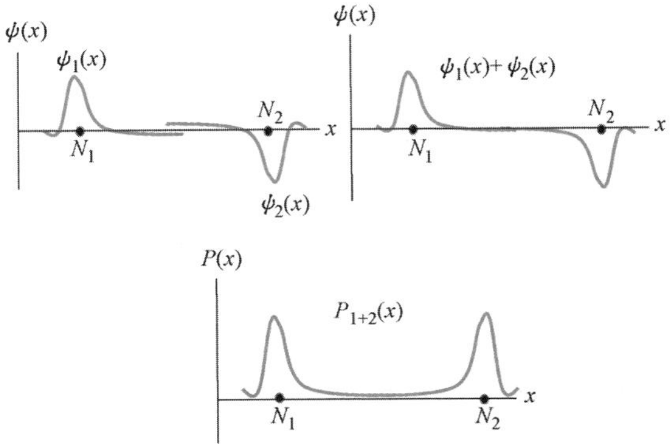

图 20.2　左上：以核 N_1 附近为中心的电子的波函数 ψ_1 或以核 N_2 为中心的 ψ_2。右上：它们的和 $\psi_1+\psi_2$，这也是一个可能的波函数。底部：相应的概率 $P_{1+2}(x)$。

$\psi(x)$，通过它可确定 $P(x)=|\psi(x)|^2$。当电子以核 N_1 为中心时，用 $\psi_1(x)$ 描述它，相应的概率分布为 $P_1(x)=|\psi_1(x)|^2$。该电子没有一个确定的位置，因为在函数是非零的任何地方都可以找到它。如果我们只会做粗略的位置测量，只能确定电子在哪个核的附近。如果波函数是 ψ_1，我们将在核 N_1 附近找到它，那么它就属于 N_1。同样，$\psi_2(x)$ 以核 N_2 为中心并且具有相应的概率 $P_2(x)=|\psi_2(x)|^2$，它描述了在 N_2 附近并且属于 N_2 的电子。

现在，量子理论也允许另一个态 $\psi_{1+2}=\psi_1+\psi_2$。它在两个核的附近达到峰值，即 $P_{1+2}=|\psi_{1+2}|^2$。电子现在处于不属于任何原子核的态。如果你再次去观测电子，你会在靠近一个核或另一个核的某一位置处观测到整个电子。这就是跨过两个核的分布概率。

所有这一切看起来就像是在讨论我在我家、在 10 号公路上或在耶鲁的概率。但是有一个很大的不同：如果你在核 N_2 附近观测到处于态 ψ_{1+2} 的电子，那么认为在观测到它之前它就已经在那里了是不对的。那么之前它在哪里呢？它不在任何一个核附近。在你观测到它的位置之前，它都没有位置。去假定在定位之前它肯定在一个核或另一个附近，这就好比当你没有用光来检测电子时去假定电子通过了一个或另一个狭缝一样。这样去假定会导致与实验不一致的结果。

再重复一遍：在 N_1 或 N_2 附近发现电子不太像在柴郡或在耶鲁找到我的情形，因为在这种情形下，在进行某天某次测量时，你只能测得一个结果，这取决于我实际是在哪里。如果现在你找我，你只能在这里找到我，我正忙着写这本书。你在任何别的地方都找不到我。但是在电子的情形下，在给定的试验中，在给定时刻，同一个电子完全可能在这里或那里。

在经典和量子概率之间有一个共同的特点。一旦由某 $P(x)$ 给出的粒子实际上在某一点被观测到，例如 $x=5$ 处，我们确信在检测之后至少一个无限小的时间内它会在那里。函数 $P(x)$ 塌缩到 $x=5$ 这一点。在量子情况下，本征波函数也会发生塌缩。

简而言之，概率进入经典力学以弥补我们对粒子态的不完全的认识。在量子力学中，即使给出理论即波函数 $\psi(x)$ 所允许的最大信息，仍然不可避免地需要用到概率。第二个重要的区别在于，在两种情况下都有一个非负函数 $P(x)$，在量子情形下，在 $P(x)$ 下面还有一层，即波函数，它可以是负的或甚至是复函数，且可以叠加产生干涉。

在经典理论中，我们认为测量揭示了物体预先存在的性质，如它的位置。但是在量子理论中，不是你不知道粒子的位置，而是它没有位置。它不在任何地方。只是位置测量的操作才赋予电子一定的位置。在你检测到它之前，它可能在 $P(x)$ 不为零的任何地方。物质的这种能同时在这里或那里的状态，也就意味着在进行单次观测时，它可以在任一位置被发现，这在经典世界中是没有相类似的。如果有人试图从日常生活中给你一个这种现象的例子，不要相信它，因为在宏观世界里没有像这样的例子。没有相类似的事情能够让你满意，这是因为宏观世界中就没有相类似的。

一个物体必须变成多小才能表现出量子力学的行为，它可以同时做两件事情？这是最近正在积极探索的一个实验性问题。我们知道，如果它真的很小，就像一个电子，它总是量子力学的。如果它像保龄球那样大，它似乎在任何时候都有一个完全确定的位置和动量。人们正在试图建立更大的系统可以处于这种不定态。创建一个情形，使一个物体能够在这里和那里被找到，或者它能同时做这和做那，这就要求你将该物体与外部世界隔离开。物体越大这就越难实现。原子中的电子通常是在真空中，而宏观物体却受到环境的不断轰击。这些都足以使得宏观世界的量子效应被破坏掉。

这是构建量子计算机的一个主要问题。你可能知道量子计算机有量子比特。与你的笔记本电脑中的经典比特不同，经典比特处于任何一个传统上称为 0 或 1 的经典态，而单个量子比特在给定试验时可以处于被发现或者是 0 态或者是 1 态。这就像电子通过了两个狭缝一样。

因此，一个量子比特可以同时触发两种经典可能性。如果你建立一台有 10 个量子比特的计算机，它可以同时触发 2^{10} 个经典态，在这个意义上，一次测量可以产生 2^{10} 个经典态中的任何一个。而如果它有一百万比特，它正在同一时间触发 $2^{1\,000\,000}$ 个经典态。这使得它在解决某些问题时，其速度比起现有可能的传统计算机会呈指数形式的加快。这意味着，如果传统计算机需要 10^{17}s（宇宙的大概年龄）来解决一个问题，而量子计算机则能在 17s 内完成。但是，量子计算机首先需要被构建起来，并通过编程来做到这一点。到目前为止，不仅我们还没有好几个量子比特的量子计算机，而且还很少知道有问题可以用量子计算机以按指数增加的速度更快地被解决，即使我们有需要的程序。有一个由于彼得・肖尔（Peter Shor）而著名的程序，它可以在几秒钟将一个巨大的数字分解成两个素因子，而传统的程序会花上宇宙年龄的时间去完成它。这可能会让你感到惊讶。你可以在计算机上几乎瞬间算出一个 100 位数的素数乘以另一个 100 位数的素数的结果。但是如果我给你 200 位数的积，并要求你找到两个百位数的素因子，你不可能在几年内找到它。这就是为什么在互联网上安全地发送你的信用卡信息的方法之一是使用通过两个素数相乘获得的非常大的数字以加密它们。解密需要知道它的素因子。即使大的数（积）被公开传播，也无法找到这些素因子。但是如果你有一台量子计算机，由这些量子比特组成，并使用肖尔算法，你实际上可以在几秒钟内分解这个数。

这给了你两个选择，如果你秘密地设法建立一台量子计算机。你可以成为名人，赢得诺贝尔奖（或甚至获得美国国家科学基金会资助），或者你可以不断进行你生活中最大的疯狂购物，因为你可以得到任何人的信用卡号码。当你来到那个岔路口时，你可以决定你要走哪条路。也许你可以两个都选择，如果你足够小的话。

有许多可以做两件事之一的量子系统，其可以处于一个既是这个态且是那个态的态。这些都是可能的量子比特。问题是，它们不能与外部世界接触，因为即使与它们之一接触也可以破坏这个不确定的量子态，就像在双缝实验中用光子定位电子可以破坏干涉图样一样。所以你必须保持你的量子计算机完全被隔离。但是，一台不与外界交流的计算机，不幸的是，也不能与你交流。这意味着你不能问它任何问题，并且如果它知道答案，它也不能告诉你。所以有时你想让它说话，有时你不想让它说话，你该怎么办？你必须建立一个量子系统，你有时可以用可控的方式与它联系，给它问题。然后你就让它独自进行量子计算。最后，你进行测量以得到结果。

20.2 了解 ψ

让我们继续研究量子力学。回想一下，在经典力学中，(x, p) 这对量可以完全地描述状态。只要知道它们，就能知道任一时刻需要知道的一切：动能为 $K=p^2/(2m)$，角动量（在较高维度时）为 $\boldsymbol{r}\times\boldsymbol{p}$，等等。一切都以坐标和动量给出。在量子理论中，我们甚至不知道粒子在哪里，而是有一个描述状态的波函数 $\psi(x)$，并且 $|\psi(x)|^2$ 给出了在 x 处找到粒子的可能性。

函数 ψ 的条件是什么？首先，它应该是连续的且是单值的，使得在每个点它给出唯一的 $P(x)$。另一个技术要求它应该是**平方可积的**：$|\psi(x)|^2$ 对整个空间的积分必须是有限的。这是使我们对束缚态问题中的能量允许值进行限制的原则。在束缚态问题中粒子的总能量 E 小于无穷远处的势能 $V(\pm\infty)$，逃逸至无穷远处是经典理论所禁止的。（如果粒子逃逸至无穷远处，则它需要具有负的动能 $K(\pm\infty)=E-V<0$。）在量子情形下，我们将发现在一般能量取值下，$|\psi|^2$ 的积分在宇宙的大小 L 中呈**指数**增长，与这些能量值相对应的态被简单地去掉了，而允许的能量被确定为是那些平方积分有限时的取值。

对于平方可积性有两个例外，并且不幸的是它们都相当普遍。第一个是具有确定动量的态，其 $|\psi_p(x)|^2$ 为常数。它们的平方积分随着宇宙的尺度 L 呈**线性**增长。这种**线性**发散是一种边界情况，我们可以使用所谓的 **δ 函数**来处理，这将在本书最后进行讨论。另一个例外是具有精确位置的态，我已粗略地称之为以某点为中心的“尖峰”。这些也由 δ 函数描述。现在你必须接受这些函数，尽管它们没有有限的平方积分。你也可以将它们视为平方可积函数的极限。

除了这些限制，ψ 可以是你喜欢的任何形式。特别是，如果 $\psi_1(x)$ 和 $\psi_2(x)$ 是两个允许的波函数，则线性组合 $A\psi_1(x)+B\psi_2(x)$ 也是如此。线性叠加描述了这样的态，其中，可以发现它以相对概率 $|A|^2$ 和 $|B|^2$ 处于 ψ_1（峰值在核 N_1 附近）或处于 ψ_2（峰值在核 N_2 附近）的运动状态。

我一直在说，$|\psi(x)|^2$ 给出了在 x 处找到粒子的概率。这种说法需要改进，我

会告诉你为什么。考虑一个结果可能性可计量的统计事件。例如，当你投掷一个骰子时，有 6 种可能的结果。你可以测量或指定 $P(1)$ 为获得 1 的概率，$P(2)$ 为获得 2 的概率，等等。这些是获得从 1 到 6 的任意数字的概率。由于一定会出现其中一个数字，我们要求其中各数字将出现的概率加起来等于 1：

$$\sum_{i=1}^{6} P(i) = 1 \tag{20.3}$$

这称为归一化条件。在图 20.3A 中描述了一个归一化概率分布的例子：

$$P(1)=0.2,\ P(2)=0.2,\ P(3)=0.05,\ P(4)=0.25,\ P(5)=0.15,\ P(6)=0.15 \tag{20.4}$$

同样的信息包含在非归一化的相对概率中：

$$P'(1)=20,\ P'(2)=20,\ P'(3)=5,\ P'(4)=25,\ P'(5)=15,\ P'(6)=15 \tag{20.5}$$

从非归一化的 P'，可以通过重新标定获得归一化的 P：

$$P(i) = \frac{P'(i)}{\sum_{j=1}^{6} P'(j)} \tag{20.6}$$

现在假设结果的集合不是像骰子那样可计数，而是连续的，如电子的位置。则你不能给任何特定的 x 一个有限概率。（在物理学中，我们经常使用“有限”来表示“不是无穷小”，而不是“不是无限的”。）如果任何一点的概率是某个有限数，那么无穷多个这些点的概率之和将是无穷大的，就不能被重新标定合一，即不能被归一化。因此，我们引入概率密度 $P(x)$ 的概念定义如下：

$$|\psi(x)|^2 \mathrm{d}x \equiv P(x)\mathrm{d}x = \text{在 } x \sim x+\mathrm{d}x \text{ 之间找到粒子的概率。} \tag{20.7}$$

这意味着，如果你画一个 $|\psi(x)|^2 = P(x)$ 的图形，并在 x 处取一个宽度为 $\mathrm{d}x$ 的长条，矩形 $P(x)\mathrm{d}x$ 的面积是在 $x \sim x+\mathrm{d}x$ 之间找到电子的概率，如图 20.3B 所示。因此，你将一个无穷小的概率分给一个无穷小区域。粒子必然在某处的表述，即所有概率加起来为 1，变为归一化条件

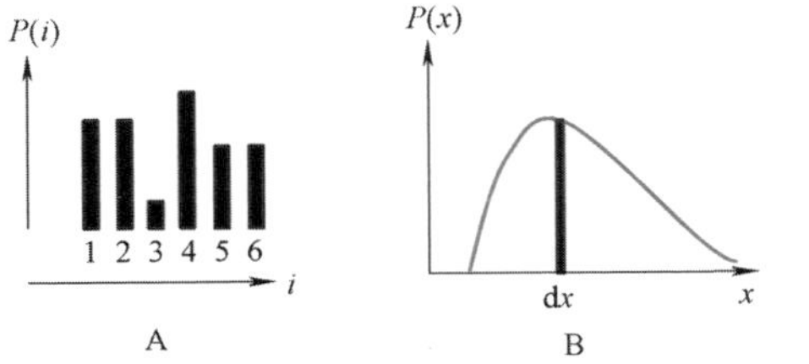

图 20.3　A：6 个离散结果的归一化概率分布 $P(i)$，$i=1, 2, \cdots, 6$。B：连续概率分布的概率密度 $P(x)$。阴影面积 $P(x)\mathrm{d}x$ 是在 $x \sim x+\mathrm{d}x$ 之间找到粒子的概率。

$$\int_{-\Box}^{\Box} |\psi(x)|^2 \mathrm{d}x = \int_{-\Box}^{\Box} P(x)\mathrm{d}x = 1 \tag{20.8}$$

现在，不服从这个条件的 ψ 也包含相同的信息：$|\psi|^2$ 大的地方，概率大；它小的地方，概率小；它为零的地方，概率为零，等等。所以，你将 $\psi(x)$ 乘以任意数，都不改变理论的预测，即相对概率。只是如果你的原始 $\psi(x)$ 有一个归一化的平方积分，新的 $\psi(x)$ 就没有。

因此，量子力学的波函数 ψ 非常不同于你在其他地方可能遇到的其他 ψ。例如，如果 $\psi(x)$ 表示一根振动弦的位移，则 $2\psi(x)$ 是弦的完全不同的形态。如果你取的是电场，并使其变成两倍大，那是一个不同的情况，因为对电荷的作用力加倍，并且能量密度变成了四倍。但在量子力学中，$\psi(x)$ 与它的任何倍数代表相同的物理状态。ψ 的唯一的作用就是给你相对概率。如果你愿意，你可以重新标定它，使其归一化，并给出绝对概率密度。

打一个比喻。假设你是一个警察，询问目击者小偷从哪条路跑了，她想要说与 x 轴成 45°。她可以说"沿 $i+j$"，也可以说"沿 $96i+96j$"。她试图传达的不是一个向量，而是一条射线或一个方向。为此，人们说，在量子力学中波函数是一条射线。在通过重新标定一个给定 $\psi(x)$ 获得的所有射线中，通常选择那条归一化的射线。

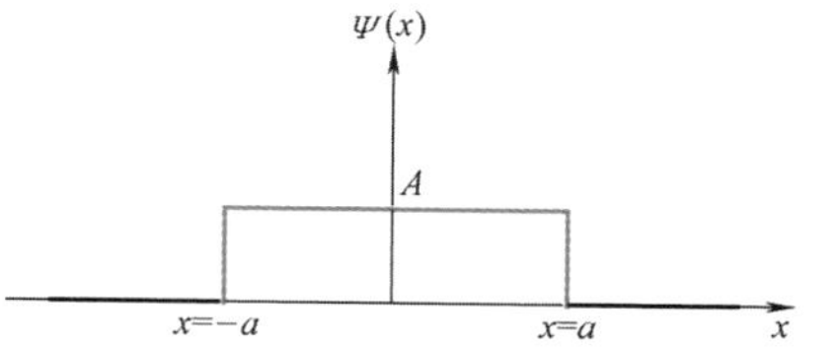

图 20.4　一个非归一化的波函数，当 $-a<x<a$ 时，它是非零的常量。可以选择其高度 A 以对其进行归一化。

看看图 20.4 中描述的简单例子。设

$$\psi(x)=A \quad 对于\ |x|<a \tag{20.9}$$
$$=0 \quad 对于\ |x|>a \tag{20.10}$$

这个 ψ 描述了一个电子将在 $|x|<a$ 内的任何地方以相等的概率被找到而在外面从不会被找到。如果将 A 替换为 $10A$ 或 $\psi(x)$ 替换为 $10\psi(x)$，则此事实不会改变。

（这个函数在 $x=\pm a$ 处不是单值的，而是从 A 突然降到 0。我仍然使用它，因为它很容易在下面的实例计算中起作用。如果你愿意，你可以认为它是在 $|x|=a$ 附近非常非常快速地下降到零的一个单值函数的极限。）

在这个物理上等价的函数系列中，我们现在要选择归一化的一个，即通过对 A 的合理选择，使其满足

$$\int_{-\Box}^{\Box} |\psi(x)|^2 \mathrm{d}x = 1 \tag{20.11}$$

因为

$$\int_{-\Box}^{\Box} |\psi(x)|^2 \mathrm{d}x = |A|^2(2a) \tag{20.12}$$

我们选取

$$A = \frac{1}{\sqrt{2a}} \tag{20.13}$$

从而

$$\psi(x)=\frac{1}{\sqrt{2a}} \quad 对于\ |x|<a \tag{20.14}$$
$$=0 \quad 对于\ |x|>a \tag{20.15}$$

是归一化的。（实际上，我们仍然可以将 A 乘以一个纯相位 $e^{i\theta}$ 而不影响 $|A|^2$。如果可能，通常选择归一化因子 A 为实数。）

另一个常见的例子是钟形高斯式的：

$$\psi(x) = Ae^{-x^2/2\Delta^2} \tag{20.16}$$

该函数以 $x=0$ 处的 A 值开始，并且当 $x \gg \Delta$ 时，下降到可忽略不计的值，其中，Δ 称为高斯宽度。因为这个 ψ 是实的，所以归一化需要 $\psi^2(x)$ 的积分等于 1：

$$|A|^2 \int_{-\square}^{\square} e^{-x^2/\Delta^2} dx = 1 \tag{20.17}$$

在定积分中设 $\alpha = 1/\Delta^2$：

$$\int_{-\square}^{\square} e^{-\alpha x^2} dx = \sqrt{\frac{\pi}{\alpha}} \tag{20.18}$$

我们得到以下归一化波函数：

$$\psi(x) = \frac{1}{(\pi\Delta^2)^{1/4}} e^{-x^2/2\Delta^2} \tag{20.19}$$

20.3 统计学概念：平均值和不确定性

下面是我们在量子力学学习中需要的一些统计学的基本概念。

假设有一个变量 v 可以取许多值 v_i，$[i = 1, \cdots, N]$，根据一些理论或假设，这些取值以一系列相应的归一化概率 $P(i)$ 出现。例如，我们可能在讨论一个骰子，它按以下归一化概率 $P(i)$ 来获得六个数字中的一个：

$$P(1) = 0.2, \ P(2) = 0.2, \ P(3) = 0.05, \ P(4) = 0.25, \ P(5) = 0.15, \ P(6) = 0.15 \tag{20.20}$$

为了验证骰子的这种统计描述，我们必须将它抛掷 N 次或一次抛出 N 个相同的骰子，并且看看给定值 i 出现的次数 $N(i)$ 是否服从

$$\lim_{N \to \square} \frac{N(i)}{N} = P(i) \tag{20.21}$$

这些相同骰子的集合称为系综。

骰子的最完全的统计描述由 $P(i)$ 的完整列表给出。如果骰子有，比如说 30000个面，这可能是相当乏味的。那么作为描述的首先尝试，人们仅提供了一个称为平均值的数字，它是可能值的加权平均：

$$\langle v \rangle = \sum_i P(i) v_i \tag{20.22}$$

（如果 $P'(i)$ 是一个非归一化的分布，我们必须将加权总和除以 $\sum_j P'(j)$。）

对于这个骰子，平均值为

$$\langle v\rangle = \sum_{i=1}^{6} P(i)v_i \tag{20.23}$$

$$= 1\times0.2+2\times0.2+3\times0.05+4\times0.25+5\times0.15+6\times0.15 \tag{20.24}$$

$$= 3.4 \tag{20.25}$$

现在，你可以用两个不同的 $P(i)$ 得到相同的平均值，一个的可能值范围非常窄，而一个具有宽范围。为了将它们分辨开来，我们提供分布较宽的一种测量，即使用标准偏差

$$\Delta v = \sqrt{\sum_i P(i)\ (v_i - \langle v\rangle)^2} \tag{20.26}$$

因此，首先我们取偏差平方的加权平均。然后我们取平方根以获得与 v 相同维度的一个量（没有平方，偏差 $v_i-\langle v\rangle$ 的平均值将为零，请你对此说明。）

对于这个骰子

$$\Delta v = [(1-3.4)^2\times0.2+(2-3.4)^2\times0.2+(3-3.4)^2\times0.05+(4-3.4)^2\times0.25+(5-3.4)^2\times0.15+(6-3.4)^2\times0.15]^{1/2} = 1.74 \tag{20.27}$$

对于具有归一化概率密度 $P(x)$ 的连续变量，如 x，我们进行期望修改：

$$\langle x\rangle = \int P(x)x\mathrm{d}x \tag{20.28}$$

$$\Delta x = \sqrt{\int P(x)(x-\langle x\rangle)^2\mathrm{d}x} \tag{20.29}$$

在量子理论 $P(x)=|\psi(x)|^2$ 的情况下，$\langle x\rangle$ 称为期望值，Δx 称为不确定度。我已经提到精确的不确定关系

$$\Delta x\Delta p \geqslant \frac{\hbar}{2} \tag{20.30}$$

仅当 Δx 是精确定义的不确定度时才成立。式（20.29）提供了该定义。根据获得不同动量值的概率，类似的定义适用于 Δp。这些概率将在下一章中讨论。

以图 20.4 所示的归一化波函数为例：

$$\psi(x) = \frac{1}{\sqrt{2a}} \quad 对于\ |x|<a \tag{20.31}$$

$$= 0 \quad 对于\ |x|>a \tag{20.32}$$

$$P(x) = \frac{1}{2a} \quad 对于\ |x|<a \tag{20.33}$$

$$= 0 \quad 对于\ |x|>a \tag{20.34}$$

直观地看，由于对称性，期望值为零。这可以很容易去证实：

$$\langle \mathrm{x}\rangle = \int P(x)x\mathrm{d}x \tag{20.35}$$

$$= \frac{1}{2a}\int_{-a}^{a} x\mathrm{d}x = 0 \tag{20.36}$$

不确定度可以粗略地估计为 $\Delta x\approx 2a$。更确切地说，该不确定度的平方为

$$(\Delta x)^2=\frac{1}{2a}\int_{-a}^{a}(x-0)^2\mathrm{d}x \tag{20.37}$$

$$=\frac{a^2}{3} \tag{20.38}$$

以及不确定度为

$$\Delta x=\frac{a}{\sqrt{3}} \tag{20.39}$$

为了检验这些预测，我们再次需要一个具有大量粒子的系综，其中，所有粒子以具有相同的位置概率密度 $P(x)$ 被制备于相同的量子态 $\psi(x)$。经典和量子系综之间有一个区别。在具有 N 个相同粒子的经典系综中，刚好测量之前和之后大约 $N\cdot P(x)\mathrm{d}x$ 个粒子会在 $x\sim x+\mathrm{d}x$ 之间。在量子情况下，每个粒子在测量之前将处于不定态，其中，它可以在 $P(x)$ 不为零的任意 x 处被捕获。只有在位置测量之后，系综中的粒子才会获得一定的位置。

第21章 量子化与测量

像往常一样，让我们先快速回顾一下最近的内容。我们一直在研究一维空间中运动的一个粒子，由坐标 x 描述。我们所要知道的关于该粒子在某一瞬间的一切都包含在波函数 $\psi(x)$ 中，其可能是复函数。这是量子运动学，类似于经典力学中用 (x, p) 描述粒子状态的叙述。只要知道这一对量，所有其他的动力学变量，如动能和角动量（在更高的维度）就都有了确定值。例如，$K=\frac{1}{2}mv^2=p^2/(2m)$。（动力学讨论的是这种状态如何随时间变化的问题，它由牛顿定律给出，后面我们将学习 ψ 遵守的时间演化方程。）

在经典物理学中只需要两个量就能告诉你整个事情，而量子理论却需要一个完整的函数 $\psi(x)$。我们知道，一个函数实际上包含了无限多的信息，因为在每个点 x 处函数都有一个值 $\psi(x)$，并且我们必须得确定所有这些值。

被认为能告诉我们一切的这个函数 $\psi(x)$ 包含了什么样的信息呢？这些信息又如何被提取出来？我们已经看到了

$$|\psi(x)|^2=P(x) \tag{21.1}$$

是在 x 点处发现粒子的概率密度。由此我认为，$P(x)\mathrm{d}x$ 就是在 $x \sim x+\mathrm{d}x$ 间检测到粒子的概率。我们更愿意要求各处找到粒子的概率加起来的总和为 1。这是一个习惯，而不算是一个基本要求。你可以任意定义概率。你可以告诉你的朋友你通过这门课程的概率是 50∶50，这些数字加起来是 100 而不是 1，但它们正确地表达了你及格和不及格的机会是相等的。归一化的概率为 P(及格)$=50/(50+50)=0.5$ 和 P(不及格)$=50/(50+50)=0.5$。

同样，在量子理论中所给波函数也不是非要进行归一化，它可以满足如下关系：

$$\int_{-\infty}^{\infty}|\psi(x)|^2\mathrm{d}x=N \tag{21.2}$$

如果你选择了这样的波函数，你可以将该波函数 ψ 通过乘以一个因子 $1/\sqrt{N}$ 而进行重新标定，从而得到一个归一化的 ψ。我们一般会这样做。当然我们也明白，N 应该是有限的，这样重新标定才是可能的。因此，我们要求波函数 ψ 是**可归一化的**或平方可积的，但是不一定非要去归一化。我们还要求 $\psi(x)$ 是单值的：在任一点 x 处只能有一个值。所以跳跃是不允许的。（上一章最后的说明性例子违反了这一要求，它可以看作是允许函数的一个极限。除此之外，你可以写出你自己的 ψ。）

量子力学的 ψ 不像你之前见到过的 ψ，比如在振动的弦上或者水波中。如果一根弦或水面的位移 $\psi(x)$ 乘以 6，所得波函数就描述了一个不同的状态。而在量子力学中，ψ 与它的倍数却描述了相同的物理状态并给出了相同的相对概率。

我们已经见过描述具有一定动量 p 的粒子的特定 ψ：

$$\psi_p(x) = A\exp\left(\frac{\mathrm{i}px}{\hbar}\right) \tag{21.3}$$

虽然我给出了一些支持它的论据，但这确实是一个假设。$\psi_p(x)$ 的下标告诉我们，这不是以前见过的任何一个 ψ，而是一个描述具有特殊属性的粒子的 ψ：它具有一定的动量 p。我们一直使用这样的标记。我们不会在参加聚会时说："嗨，我是人类。"我们会说一些像"我是亚历克斯"或"我是巴里"之类的话，因为这样就比起仅仅说明所属物种提供了更多关于我们的信息。

在具有确定动量（$\Delta p = 0$）的这种状态下，概率密度与 x 无关，它等于常数 $|A|^2$。我们不知道它在哪里，$\Delta x = \infty$。这符合不确定关系。

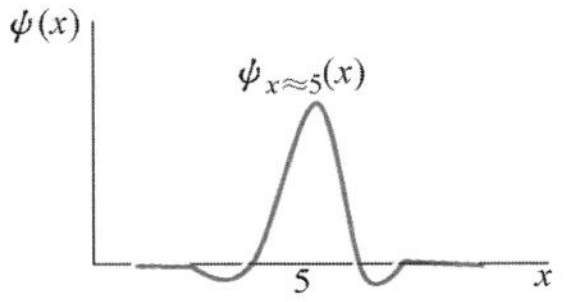

图 21.1　位于 $x = 5$ 附近的一个粒子的波函数

这里是另一个具有某些特征的波函数的例子。假设在一次粗略的位置测量中（使用小动量的光子），我们并不需要非常精确地确定粒子的位置 x 是多少，我们测得粒子在 $x = 5$ 附近。什么样的函数能描述这样的粒子？你当然不能仅仅通过我给出的信息来得出函数的精确形式，因为许多函数都可以在 $x = 5$ 附近达到峰值。但是，如果答案类似于图 21.1 中的函数曲线，你也不应该感到惊讶。相反，如果给你了这个波函数，你应该能够立即看出，它描述了一个很可能在 $x = 5$ 附近被找到的粒子。

21.1　动量态

假设我给你一个态

$$\psi(x) = A\mathrm{e}^{96\mathrm{i}x} \tag{21.4}$$

如果它描述了粒子，你能说些什么呢？通过与原型

$$\psi_p(x) = A\exp\left(\frac{\mathrm{i}px}{\hbar}\right) \tag{21.5}$$

进行比较你可以推断粒子有一定的动量

$$p = 96\hbar \tag{21.6}$$

（不要担心单位，它们包含在"96"中，其实际上是 $96\mathrm{m}^{-1}$。）

同样，如果一个电子已经通过电压 V_0 从静止加速，则其动量由下式确定：

$$\frac{p^2}{2m} = eV_0 \tag{21.7}$$

这样从加速器（沿正 x 轴方向）出来的电子的波函数就可写为

$$\psi(x)=A\exp\left(\frac{\mathrm{i}\sqrt{2meV_0}\,x}{\hbar}\right) \tag{21.8}$$

我们必须处理前因子 A，它现在仍然是任意的，因为它的取值大小没有任何物理意义。通常我们会选择一个使得波函数归一化的 A，这要求

$$1=\int_{-\infty}^{\infty}|\psi(x)|^2\mathrm{d}x=\int_{-\infty}^{\infty}|A|^2\mathrm{d}x=|A|^2\cdot\infty \tag{21.9}$$

由于上式中 $|A|^2$ 乘以了我们宇宙的大小，其从 $-\infty$ 延伸到 $+\infty$，因此就没有合适的 A 可选择。摆脱这种困境的一个常见方法就是假定我们的宇宙很大，但是有限无界。(这甚至可能是现实中的情况。) 在一维情况下，我们可以将其看作是半径为 R 的圆，其周长为

$$L=2\pi R \tag{21.10}$$

你可以用长度为 L 的一根线，将其两端粘合起来形成这样的一个圆。如果在这根线上标上 $0\leqslant x\leqslant L$ 的坐标，如图 21.2 所示，只要将 $x=0$ 和 $x=L$ 处相连就得到了这个圆。在这样一个封闭的宇宙里，如果你扔一块石头，它会回来并从背后打中你。如果你能等到光线一直回到你的眼睛，你甚至可以看到这种情况发生。但是这样的宇宙尺度下的特性对于微小原子或电子的量子力学来说并不重要。这些小家伙不关心这个房间之外是否存在宇宙的程度，更胜于你在日常生活中去关心地球是否不是平的程度。

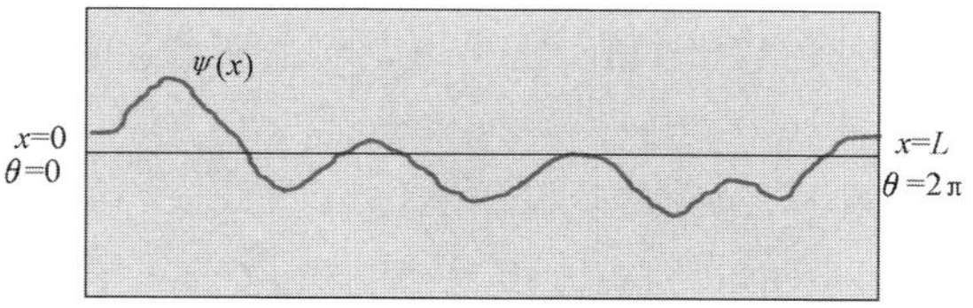

图 21.2 圆环上的一个典型周期函数，该圆已经打开成长度为 L 的一根线，满足的条件为 $x=0$ $(\theta=0)$ 和 $x=L$ $(\theta=2\pi)$ 描述的是同一点。注意当两端粘合时 ψ 如何与其自身平滑地连接。

当我们引入了宇宙的周长作为一种技巧去归一化 ψ_p 时，在当今的许多实验中却已经发现电子确实是存在于一个圆环上的，该环不只是具有有限大小，且其半径 R 只有微米 $(10^{-6}\ \mathrm{m})$ 量级。

无论如何，我们最终可以写出这个圆环上归一化的 ψ_p：

$$\psi_p=\frac{1}{\sqrt{L}}\exp\left(\frac{\mathrm{i}px}{\hbar}\right) \tag{21.11}$$

21.2 动量的单值性和量子化

由于这里宇宙是一个圆环，所以它也可以用限制在 $0\leqslant\theta\leqslant2\pi$ 内的角度 θ 作为

参量来描述。很明显，由角度 θ 标记的点与由 $\theta+2\pi$ 标记的点是同一点。ψ 的单值条件就要求

$$\psi(\theta)=\psi(\theta+2\pi) \tag{21.12}$$

这就意味着，ψ 是一个关于 θ 的周期函数，周期为 2π。我们也可以自由地使用围绕圆环的线性坐标 x：

$$x=R\theta \quad [x:0,2\pi R=L] \tag{21.13}$$

以 x 作为参量，单值条件变为

$$\psi(x)=\psi(x+L) \tag{21.14}$$

如图 21.2 所示。

让我们考虑在这个宇宙中具有如下一定动量的归一化状态：

$$\psi_p(x)=\frac{1}{\sqrt{L}}\exp\left(\frac{\mathrm{i}px}{\hbar}\right) \tag{21.15}$$

概率密度 $P(x)$ 是与 x 无关的：

$$\begin{aligned}P(x)&=|\psi|^2=\psi^*(x)\psi(x)\\&=\frac{1}{\sqrt{L}}\exp\left(-\frac{\mathrm{i}px}{\hbar}\right)\frac{1}{\sqrt{L}}\exp\left(\frac{\mathrm{i}px}{\hbar}\right)=\frac{1}{L}\end{aligned} \tag{21.16}$$

可以看出它确实是归一化的：

$$\int_0^L P(x)\,\mathrm{d}x=\int_0^L\frac{1}{L}\mathrm{d}x=1 \tag{21.17}$$

到目前为止，p 还没有受到限制：它可以是任何实数。当将单值条件

$$\psi(x)=\psi(x+L) \tag{21.18}$$

用于圆环上的所有波函数时，ψ_p 有如下变化：

$$\frac{1}{\sqrt{L}}\exp\left(\frac{\mathrm{i}px}{\hbar}\right)=\frac{1}{\sqrt{L}}\exp\left[\frac{\mathrm{i}p(x+L)}{\hbar}\right] \tag{21.19}$$

$$=\frac{1}{\sqrt{L}}\exp\left(\frac{\mathrm{i}px}{\hbar}\right)\exp\left(\frac{\mathrm{i}pL}{\hbar}\right) \tag{21.20}$$

这意味着

$$\exp\left(\frac{\mathrm{i}pL}{\hbar}\right)=1 \tag{21.21}$$

由于 $\mathrm{e}^{\mathrm{i}\theta}$ 位于复平面中的单位圆上并且具有周期 2π，

$$\exp\left(\frac{\mathrm{i}pL}{\hbar}\right)=1 \tag{21.22}$$

意味着

$$\frac{pL}{\hbar}=2\pi m \quad 其中 \quad m=\cdots-2,-1,0,1,2,\cdots \tag{21.23}$$

在这个不太可能的情况下，你对此产生了怀疑，这对你是第二次选择的机会。我们

从下式开始：

$$\exp\left(\frac{\mathrm{i}pL}{\hbar}\right)=\cos\left(\frac{pL}{\hbar}\right)+\mathrm{i}\sin\left(\frac{pL}{\hbar}\right)=1 \tag{21.24}$$

使上式两边的实部和虚部相等，得到两个条件：

$$\cos\left(\frac{pL}{\hbar}\right)=1 \tag{21.25}$$

$$\sin\left(\frac{pL}{\hbar}\right)=0 \tag{21.26}$$

这一对方程有无限多个解：

$$\frac{pL}{\hbar}=2\pi m \quad 其中 \quad m=\cdots-2,-1,0,1,2,\cdots \tag{21.27}$$

因此，动量的允许值为

$$p=\frac{2\pi\hbar\, m}{L} \quad 其中 \quad m=\cdots-2,-1,0,1,2,\cdots \tag{21.28}$$

我们经常使用符号 p_m 来表示与整数 m 相关的动量：

$$p_m\equiv\frac{2\pi\hbar\, m}{L} \quad 其中 \quad m=\cdots-2,-1,0,1,2,\cdots \tag{21.29}$$

并使用 m 代替 p_m 作为状态的标记。标记 m 有一个很好的特性，即它取一系列的整数。

从图形上看，这些允许的值 $p=p_m$ 确保了余弦和正弦，即波函数的实部和虚部，完成整数（m）个周期的循环，正如我们绕着圆圈走，并且非常平滑地把它们自己衔接起来。例如，波函数的实部变为

$$\cos\left(\frac{px}{\hbar}\right)=\cos\left(\frac{2\pi m\hbar\, x}{\hbar\, L}\right)=\cos\left(\frac{2\pi mx}{L}\right) \tag{21.30}$$

随着 x 从 0 增长到 L，余弦的自变量改变 $2\pi m$，并且它完成 m 个周期。虚部，即正弦也是如此。因为 $\mathrm{e}^{\mathrm{i}0}=1$，所以 $m=0$ 的情形就比较特殊。该常数波函数也可看成是周期性的，只是它完成了零个周期。（当 $m=0$ 时，实部［余弦］等于 1，虚部［正弦］为零。）

21.2.1 量子化

现在是你生命中一个非常重要的时刻。为什么？因为你刚刚遇到一个动力学变量（允许值）的量子化，这个变量恰好是这个例子中的动量 p_m。这就是量子力学的量子。按照经典理论，一个在圆环上运动的粒子可以具有任意动量，但在量子力学中，只允许该粒子具有由 p_m 给出的动量值。量子化来自于对波函数单值性的要求。量子化的起源往往是一个数学上的要求：在这种情况下是单值性，在其他一些情况下是可归一化性。

在 L 是非常非常大的极限下，宏观尺度上，$p=2\pi m\hbar/L$ 的允许值之间的间隔变

得非常非常小，小到你甚至不知道 p 取的都是离散值。p 的两个相邻允许值之间的差值为

$$\mathrm{d}p=\frac{2\pi(m+1)\hbar}{L}-\frac{2\pi m\hbar}{L}=\frac{2\pi\hbar}{L} \tag{21.31}$$

当 m 改变为 $m+1$ 时，假设 L 为 1m 的量级，p 发生变化的量级为 10^{-34} kg · m/s。在这个尺度上，量子世界将呈现为经典的。相比之下，在半径例如为 1μm 的量子环中，p 的量子化将是需要加以考虑的一个非常实际的效应。

对于一个在圆环上运动的粒子，很自然地将 p 的量子化公式

$$p=\frac{2\pi\hbar\, m}{L}=\frac{2\pi\hbar\, m}{2\pi R} \tag{21.32}$$

改写为更令人感兴趣的形式

$$pR=m\hbar \tag{21.33}$$

上式表示角动量 pR 是量子化的，其取值为$\hbar$的整数倍，你可能早先已经遇到过这样的条件，虽然没有进行证明。现在你看到，它是单值性要求的结果。

下面将函数 ψ_p 用 m 和 θ 表示出来：

$$\psi_p(x)=\frac{1}{\sqrt{L}}\exp\left(\frac{\mathrm{i}px}{\hbar}\right) \tag{21.34}$$

$$=\frac{1}{\sqrt{L}}\exp\left(\frac{\mathrm{i}\,\frac{2\pi\hbar\, m}{L}x}{\hbar}\right) \tag{21.35}$$

$$=\frac{1}{\sqrt{L}}\exp\left(\mathrm{i}\,\frac{2\pi m}{2\pi R}x\right),\quad \text{或由于 } x=R\theta \tag{21.36}$$

$$=\frac{1}{\sqrt{L}}\exp(\mathrm{i}m\theta)\equiv\psi_m(\theta) \tag{21.37}$$

这里无论我们是将波函数用动量表示出来，写成 x 的函数，还是用角动量表示出来，写成 θ 的函数，其所描述的都是同一个态。在接下来的讨论中，我会变换着用这两个等价下标 p 和 m 来表示态。在后面的章节中会用 m 表示粒子的质量，但在本章中它将代表动量和角动量的允许取值。

21.2.2 $\psi_p(x)$ 的积分

这里是你应该记住的一个重要结果：除了对 $p=0$ 的情形，其他每个 $\psi_p(x)$ 的积分都为零。

下面是证明：

$$\int_0^L \psi_p(x)\,\mathrm{d}x = \int_0^L \frac{1}{\sqrt{L}}\exp\left(\frac{\mathrm{i}px}{\hbar}\right)\mathrm{d}x \tag{21.38}$$

$$= \int_0^L \frac{1}{\sqrt{L}}\left(\cos\frac{2\pi mx}{L} + \mathrm{i}\sin\frac{2\pi mx}{L}\right)\mathrm{d}x$$

$$= 0 \tag{21.39}$$

这是因为正弦和余弦完成 m 个整周期。而 $p=m=0$ 的情形则比较特殊：

$$\int_0^L \frac{\mathrm{e}^{\mathrm{i}0}}{\sqrt{L}}\mathrm{d}x = \sqrt{L} \tag{21.40}$$

下面我们直接利用复指数对此再进行推导，这样你对此就会更加熟悉。我们需要用到以下积分结果：

$$\int_a^b \mathrm{e}^{\alpha x}\mathrm{d}x = \frac{1}{\alpha}\left(\mathrm{e}^{\alpha b} - \mathrm{e}^{\alpha a}\right) \tag{21.41}$$

即使 α 是复数，特别当它是纯虚数时，上式也是成立的。（对于 α 是纯虚数的情形，你可以自己对此进行证明：通过欧拉公式将指数转换为正弦和余弦的形式，并对它们进行积分，最后再将结果写成复指数的形式。）假设 $m\neq 0$，直接利用上式可以得到

$$\frac{1}{\sqrt{L}}\int_0^L \exp\left(\frac{\mathrm{i}px}{\hbar}\right)\mathrm{d}x = \frac{1}{\sqrt{L}}\int_0^L \exp\left(\frac{2\pi \mathrm{i}mx}{L}\right)\mathrm{d}x \tag{21.42}$$

$$= \frac{\sqrt{L}}{2\pi \mathrm{i}m}\left(\mathrm{e}^{2\pi \mathrm{i}m} - \mathrm{e}^{\mathrm{i}0}\right) \tag{21.43}$$

$$= 0 \tag{21.44}$$

如果 $m=0$，上面的公式得到不确定形式 0/0。此时则最好回到如下积分，就很容易得到

$$\frac{1}{\sqrt{L}}\int_0^L \mathrm{e}^{\mathrm{i}0}\mathrm{d}x = \sqrt{L} \tag{21.45}$$

21.3　测量假设：动量

现在我们考虑由某个一般波函数 $\psi(x)$ 描述的一个环上的粒子，如前面图 21.2 所示。当然，当绕着圆环一周时，$\psi(x)$ 曲线平滑地与自己衔接：它是一个周期为 L 的单值函数。但是它不是具有确定动量或角动量的状态，因为它不是一个具有确定 λ 的振荡指数。

关于这样处于一般状态的粒子我们能说些什么呢？

首先还是老一套：$|\psi(x)|^2 = P(x)$ 给出了作为 x 的函数的概率密度。这意味着，假设你将 100 万个粒子放在 100 万个环上，每个都正好处于这个量子态，如果

进行位置测量（使用海森伯显微镜以超高精度定位 x，而不管 p 是多少），所得直方图将看起来就像 $P(x)$。

但是我们应该要知道得更多，而不仅仅是知道“粒子在哪里”的答案。在经典力学中，你还可以问，“它的动量是多大?”在量子力学中，唯一的一次我们似乎肯定知道的答案是，如果 $\psi(x)=\psi_p(x)$，则其复指数具有一定周期 $\lambda=2\pi\hbar/p$。如果一般单值波函数不是这种形式，又会怎么样呢？如果我们测量动量，会得到什么结果呢？理论会再次给出不同结果的概率吗？我们需要引入随 p 变化的另一波函数 $A(p)$，并通过关系 $P(p)=|A(p)|^2$ 给出测得 p 值的概率吗?

（请记住，$\psi_p(x)$ 是 x 的函数，其下标动量 p 对应于你进行测量时肯定会测得的量，而 $A(p)$ 是 p 的函数，其模的平方给出测量各不同 p 值的概率。）

我不希望你回答这些问题，因为它们不是由逻辑或数学决定的。我们需要一个像 $|\psi(x)|^2$ 就是 $P(x)$ 一样的假设。这个假设将告诉我们如何得到 $P(p)$，即在一次动量测量中测得相应 p 值的概率。

为了得到一般情形，我们首先考虑一个简单的例子：

$$\begin{aligned}\psi(x)&=A(p_1)\frac{1}{\sqrt{L}}\exp\left(\frac{\mathrm{i}p_1x}{\hbar}\right)+A(p_2)\frac{1}{\sqrt{L}}\exp\left(\frac{\mathrm{i}p_2x}{\hbar}\right)\\&=A(p_1)\psi_{P_1}(x)+A(p_2)\psi_{P_2}(x)\end{aligned}\tag{21.46}$$

其中，$A(p_1)$ 和 $A(p_2)$ 是与 x 无关的常数，$p_1=\dfrac{2\pi m_1\hbar}{L}$ 和 $p_2=\dfrac{2\pi m_2\hbar}{L}$ 是两个允许的动量，而 $\psi_{P_1}(x)$ 和 $\psi_{P_2}(x)$ 是相应的归一化波函数。

这是两个归一化波函数 $\psi_{P_1}(x)$ 和 $\psi_{P_2}(x)$ 的叠加，每个波函数描述了具有一定动量（p_1 或 p_2）的态。我们只知道如果 $A(p_2)$ 为零，我们肯定会测得 p_1；而如果 $A(p_1)$ 为零，我们肯定会测得 p_2。但是，假设两者都不为零，我们会测得一个等于 p_1 和 p_2 的加权平均的动量吗？如果这个平均值不是圆环上 p 的一个允许值，怎么办？刚刚测量后的态是什么？它在圆环上是单值的吗?

答案是由两部分测量假设给出：

- 第 1 部分。进行一次动量测量，测得结果为 p_1 的相对概率为 $P'(p_1)=|A(p_1)|^2$，测得结果为 p_2 的相对概率为 $P'(p_2)=|A(p_2)|^2$。（这里我们使用概率，而不是概率密度，因为 p 的允许值是离散的，并且由整数 m 标记。）
- 第 2 部分。刚刚测量后的态将是与所测动量值相对应的态。

对这个假设还需要做如下说明。

1. 进行一次动量测量所测得的结果只能是与叠加的两个波函数相对应的两个动量值，即 p_1 或 p_2，而不是两者的某种平均值。这些可能的动量对应于单值波函数。

2. 由相对概率 $P'(p_1)=|A(p_1)|^2$ 和 $P'(p_2)=|A(p_2)|^2$，显然，我们可以按

如下方式得到绝对概率：

$$P(p_1)=\frac{|A(p_1)|^2}{|A(p_1)|^2+|A(p_2)|^2} \tag{21.47}$$

$$P(p_2)=\frac{|A(p_2)|^2}{|A(p_1)|^2+|A(p_2)|^2} \tag{21.48}$$

3. 至关重要的是，要使第1部分假设成立，式（21.46）中的函数 $\psi_p(x)$ 应该是归一化的。前面曾反复说 $Ae^{ipx/\hbar}$中的数字 A 无关紧要，为什么这里我们又突然关心起 $\psi_p(x)$ 是否归一化了呢？原因是任何给定波函数的整体大小是没有物理意义的，但两个波函数的相对大小却是有物理意义的。因此，我们可以重新标定式（21.46）左边的 $\psi(x)$，如乘以一个因子10，那么右边的 $\psi_{p_1}(x)$ 和 $\psi_{p_2}(x)$ 也应该同时乘以因子10。（因此，如果不使用归一化的 $\psi_p(x)$，就应该用一些相同的量将它们都重新标定，例如，可以把二者前面的 $1/\sqrt{L}$都去掉。）

这里是一个比喻。在光线的世界里如果只需要表示方向，我们可以用 $\boldsymbol{i}$ 或 $10\boldsymbol{i}$ 表示向东，用 $\boldsymbol{j}$ 或 $13\boldsymbol{j}$ 表示向北。但为了表示指向东北，我们可以用 $\boldsymbol{i}+\boldsymbol{j}$ 或 $10\boldsymbol{i}+10\boldsymbol{j}$ 或 $13\boldsymbol{i}+13\boldsymbol{j}$，但不能使用 $10\boldsymbol{i}+13\boldsymbol{j}$。

在后面的讨论中，都统一假定一定动量的每个态 $\psi_p(x)$ 是归一化的。

4. 如果测得 p_1值，则曾经表示为 $\psi_{p_1}(x)$ 与 $\psi_{p_2}(x)$ 的叠加态 ψ 将坍缩到仅有一项，即 $\psi_{p_1}(x)$。如果测得 p_2值，则类似的结果成立。

5. 如果测得 p_1值后立即重新测量，将再次测得 p_1值。这必须成立，只有这样在测量动量时说发现粒子处于动量为 p_1的态才有意义。随着时间的流逝，状态可能改变，但 p_1值应该至少保持一个无穷小的时间。同样的事情发生在位置测量中：刚刚测量之后波函数坍缩到粒子被发现的位置处。

6. 显然，这些结论可推广到描述态的叠加包括任意多项时：

$$\psi(x)=A(p_1)\frac{1}{\sqrt{L}}\exp\left(\frac{ip_1x}{\hbar}\right)+A(p_2)\frac{1}{\sqrt{L}}\exp\left(\frac{ip_2x}{\hbar}\right)+A(p_3)\frac{1}{\sqrt{L}}\exp\left(\frac{ip_3x}{\hbar}\right)+\cdots$$

$$=\sum_j A(p_j)\frac{1}{\sqrt{L}}\exp\left(\frac{ip_jx}{\hbar}\right) \tag{21.49}$$

其中，j 是遍及所有动量允许值的一个标记。

p_j的自然标记是进入量子化条件的整数 m（以$\hbar$为单位的角动量）：

$$p_m=\frac{2\pi m\hbar}{L} \quad m=0,\pm1,\pm2,\cdots \tag{21.50}$$

如果表示成 m，这种叠加最普遍的形式可写为

$$\psi(x)=\sum_{m=-\infty}^{\infty}A(p_m)\frac{1}{\sqrt{L}}\exp\left(\frac{\mathrm{i}p_m x}{\hbar}\right)$$
$$=\sum_{m=-\infty}^{\infty}A(p_m)\frac{1}{\sqrt{L}}\exp\left(\frac{2\pi\mathrm{i}mx}{L}\right)\tag{21.51}$$

按照这种标记，$|A(p_m)|^2$给出了测得p_m的相对概率，并且态塌缩到所测得的一个特定的m。我们利用下式可求得绝对概率：

$$P(p_m)=\frac{|A(p_m)|^2}{\sum_{m'}|A(p_{m'})|^2}\tag{21.52}$$

（分母中的求和标号m'就和m一样且遍及与其相同的值。）

式（21.51）并不意味着在叠加中总是存在无限多的项。我们总是可以对求和进行限制。例如，一个简单的例子就是我们开始只选择$A(p_1)$和$A(p_2)\neq 0$。甚至更简单，只选其中一项不为零，例如$A(p_{43})\neq 0$。这将在我们的表示中对应$\psi_{p_{43}}(x)$，其中

$$p_{43}=\frac{2\pi\cdot 43\cdot\hbar}{L}\tag{21.53}$$

7.（以下讨论供选读。如果你不知所云，请稍后回来。）还有另外一种方法来得到归一化概率。除了如式（21.52）所示那样重新标定相应的概率P，我们还可以通过直接归一化给定的$\psi(x)$来达到相同的目的。换句话说，如果我们首先归一化给定的$\psi(x)$，然后计算归一化的$\psi(x)$的系数$A(p)$，这些系数将自动给出归一化的概率：$P(p)=|A(p)|^2$。我没有对其进行证明，你可以通过只有两个非零$A(p)$的简单情形来验证以上方法。如果你从式（21.46）中的$\psi(x)$出发先计算$|\psi(x)|^2$的积分，并进行适当的重新标定以归一化ψ，你会发现重新标定的$\widetilde{A}(p)$可以用最初给定的$A(p)$表示成如下形式：

$$\widetilde{A}(p_1)=\frac{|A(p_1)|}{\sqrt{|A(p_1)|^2+|A(p_2)|^2}}\tag{21.54}$$

类似地可表示出$\widetilde{A}(p_2)$。这确保了

$$\sum_{m=1,2}|\widetilde{A}(p_m)|^2=1\tag{21.55}$$

所以，这是对如下问题的完整回答，即对于由式（21.51）所示的波函数描述的状态，我们测量动量时将测得什么。我们已经从这种形式的波函数$\psi_p(x)$（在此态下保证测得p值）过渡到了具有系数$A(p)$的这些函数的叠加函数。在这种情况下，测量假设告诉我们，可以测得与求和中的任一项相对应的p，测得它的相对概率为$|A(p)|^2$。

如果波函数不具有这种形式又该怎么办？之所以这样问是有道理的。然而，具

有系数 $A(p)$ 的 $\psi_p(x)$ 的每一种叠加显然都是 L 的周期性函数（因为其中每一项都是以 L 为周期的），因此它就代表圆环上一个允许的波函数，反之则不然。是否每个满足 $\psi(x)=\psi(x+L)$ 的允许波函数 ψ 都可以表示成这样的叠加？如果不是，相应的测量假设又该怎么表述？

这里有好消息：除了这样叠加没有其他允许的波函数！这是由约瑟夫·傅里叶（Joseph Fourier，1768—1830）提出的一个纯数学结果。（在学习量子力学时，重要的是要区分从实验推断的假设和通过数学推理推导的定理。）

傅里叶定理Ⅰ. 每个满足 $\psi(x)=\psi(x+L)$ 的允许波函数 $\psi(x)$ 都可以展开为具有合适系数 $A(p)$ 的 $\psi_p(x)$ 的叠加：

$$\psi(x)=\sum_{m=-\infty}^{\infty}A(p_m)\frac{1}{\sqrt{L}}\exp\left(\frac{\mathrm{i}p_m x}{\hbar}\right),\quad 其中\quad p_m=\frac{2\pi m\hbar}{L} \tag{21.56}$$

傅里叶定理Ⅱ. 对应于给定 $\psi(x)$ 的展开系数 $A(p)$ 由以下积分给出：

$$A(p)=\int_0^L\psi_p^*(x)\psi(x)\,\mathrm{d}x \tag{21.57}$$

考虑第一个定理。左边是遵循 $\psi(x)=\psi(x+L)$ 的一般波函数 $\psi(x)$，它具有周期 L。右边是描述具有一定动量的粒子的函数 $\psi_p(x)$，其中 $p=2\pi m\hbar/L$。这些也是以 L 为周期的，但是除此之外，它们在长度 L 内还完成了 m 个完整的三角循环。傅里叶定理保证，圆环上任何周期性（单值）函数都可以展开为具有相应系数 $A(p_m)$ 的这种振荡 $\psi_p(x)$ 的线性叠加。

这个结果可能对你们中的一些人来说则更为熟悉，如果以先前定义的具有一定角动量 $pR=m\hbar$ 的状态和 $\theta=x/R$ 将 $\psi_p(x)$ 改写为

$$\psi_p(x)=\frac{1}{\sqrt{L}}\exp\left(\mathrm{i}\frac{2\pi m}{2\pi R}x\right)=\frac{1}{\sqrt{L}}\exp(\mathrm{i}m\theta)\equiv\psi_m(\theta) \tag{21.58}$$

上述假设现在变为

$$\psi(\theta)=\sum_{m=-\infty}^{\infty}A(m)\frac{1}{\sqrt{L}}\exp(\mathrm{i}m\theta) \tag{21.59}$$

（你可能已经见到过以 $\mathrm{e}^{\mathrm{i}m\theta}$ 的实部和虚部表示出来的傅里叶级数。）

虽然第一个定理保证环上每个合理的函数 $\psi(x)$ 可以写为具有系数 $A(p)$ 的 $\psi_p(x)$ 之和：

$$\psi(x)=\sum_p A(p)\psi_p(x)=\sum_p A(p)\frac{1}{\sqrt{L}}\exp\left(\frac{\mathrm{i}px}{\hbar}\right) \tag{21.60}$$

第二个定理告诉我们如何确定给定 $\psi(x)$ 的展开系数 $A(p)$：

$$A(p)=\int_0^L\psi_p^*(x)\psi(x)\,\mathrm{d}x \tag{21.61}$$

只要这些系数没有明确，我们就不能给出获得不同 p 的概率。

现在你们需要接受傅里叶定理。我将在后面的章节中作进一步讨论，以帮助你

们通过基本向量分析中更为熟悉的思想来理解他们。

21.3.1 一个可检验的例子

我从一个最终很容易确定 $A(p)$ 的例子开始。这个态是

$$\psi(x)=A\cos\left(\frac{6\pi x}{L}\right) \tag{21.62}$$

其中，A 是某个实常数。这是一个合理的波函数，因为它遵守 $\psi(x)=\psi(x+L)$。我们从傅里叶定理知道，这个函数可以写成式（21.60）的级数形式。

我们总是可以通过下式确定 $A(p)$：

$$A(p)=\int\psi_p^*(x)\psi(x)\mathrm{d}x \tag{21.63}$$

但事实证明，在这种情况下，如果我们首先能利用欧拉恒等式将 $\psi(x)$ 表示成所希望的形式，就可以通过检验读取 $A(p)$。下面是细节。

$$\psi(x)=A\cos\left(\frac{6\pi x}{L}\right) \tag{21.64}$$

$$=\frac{A}{2}\left[\exp\left(\frac{6\pi\mathrm{i}x}{L}\right)+\exp\left(-\frac{6\pi\mathrm{i}x}{L}\right)\right] \tag{21.65}$$

$$=\frac{A\sqrt{L}}{2}\left[\frac{1}{\sqrt{L}}\exp\left(\frac{6\pi\mathrm{i}x}{L}\right)+\frac{1}{\sqrt{L}}\exp\left(-\frac{6\pi\mathrm{i}x}{L}\right)\right] \tag{21.66}$$

$$=\frac{A\sqrt{L}}{2}\left[\psi_{p=6\pi\hbar/L}(x)+\psi_{p=-6\pi\hbar/L}(x)\right] \tag{21.67}$$

$$\equiv\frac{A\sqrt{L}}{2}\left[\psi_{m=3}(x)+\psi_{m=-3}(x)\right] \tag{21.68}$$

在最后一个方程中，我用整数 m 作为标记以替代相应的动量 $p=2\pi m\hbar/L$。

我们已经能将给定的 $\psi(x)$ 表示成如下傅里叶级数的形式：

$$\psi(x)=\sum_p A(p)\psi_p(x)=\sum_p A(p)\frac{1}{\sqrt{L}}\exp\left(\frac{\mathrm{i}px}{\hbar}\right) \tag{21.69}$$

比较式（21.68）和式（21.69），我们可以看到，唯一可能的动量为

$$p=\pm\frac{3\cdot2\pi\cdot\hbar}{L} \tag{21.70}$$

相应系数为

$$A(p_3)=\frac{A\sqrt{L}}{2} \tag{21.71}$$

$$A(p_{-3})=\frac{A\sqrt{L}}{2} \tag{21.72}$$

$$A(p_m)=0\qquad |m|\neq3 \tag{21.73}$$

显然，由于两个非零的系数 $A(p_m)$ 相等，则归一化的概率为

$$P(p_3)=P(p_{-3})=\frac{1}{2} \tag{21.74}$$

如果测量所得值为 $m=3$，则态将化为 $\psi_{m=3}(x)$。

下面我们再利用式（21.61）的傅里叶定理重新导出相同的 $A(p_m)$：

$$\begin{aligned}A(p)&=\int_0^L\psi_p^*(x)\psi(x)\,\mathrm{d}x\\&=\int_0^L\frac{1}{\sqrt{L}}\exp\left(-\frac{\mathrm{i}px}{\hbar}\right)\psi(x)\,\mathrm{d}x\end{aligned} \tag{21.75}$$

$$=A\int_0^L\frac{1}{\sqrt{L}}\exp\left(-\frac{\mathrm{i}px}{\hbar}\right)\cos\left(\frac{6\pi x}{L}\right)\mathrm{d}x \tag{21.76}$$

$$=\frac{A}{2\sqrt{L}}\int_0^L\exp\left(-\frac{\mathrm{i}px}{\hbar}\right)\left[\exp\left(\frac{6\pi\mathrm{i}x}{L}\right)+\exp\left(\frac{-6\pi\mathrm{i}x}{L}\right)\right]\mathrm{d}x \tag{21.77}$$

将 $p=\dfrac{2\pi m\hbar}{L}$代入上式可得

$$A(p)=\frac{A}{2\sqrt{L}}\int_0^L\exp\left(-\mathrm{i}\frac{2\pi mx}{L}\right)\left[\exp\left(\frac{6\pi\mathrm{i}x}{L}\right)+\exp\left(\frac{-6\pi\mathrm{i}x}{L}\right)\right]\mathrm{d}x \tag{21.78}$$

$$=\frac{A}{2\sqrt{L}}\int_0^L\left\{\exp\left[\frac{2\pi(3-m)\mathrm{i}x}{L}\right]+\exp\left[\frac{2\pi\mathrm{i}(-3-m)x}{L}\right]\right\}\mathrm{d}x \tag{21.79}$$

两个指数描述一定动量的状态。我已经证明过，它们的积分等于零，除非粒子的动量为零。对于第一项，这种情况发生在 $m=3$ 时，此时指数变为 $\mathrm{e}^0=1$，将其积分到 L 可得

$$A(p_3)=\frac{A\sqrt{L}}{2} \tag{21.80}$$

同样，对于第二项指数，只有当 $m=-3$ 时才存在积分，此时将其积分到 L 可得

$$A(p_{-3})=\frac{A\sqrt{L}}{2} \tag{21.81}$$

如果 $m\neq\pm3$，两个指数完成整数个周期的振荡且其积分为零。因此有 $A(m\neq\pm3)=0$。

这些值正好就是之前我们通过检验读出的系数，之前的检验中我们简单地将给定 ψ（余弦）用 $m=\pm3$ 的动量态来表示。

21.3.2 归一化的 ψ

我之前提到，如果给出的 ψ 是归一化的，$|A(p)|^2$就表示绝对概率。下面我

们在已知非归一化 ψ 的情况下对此进行验证：

$$\psi(x)=A\cos\left(\frac{6\pi x}{L}\right) \tag{21.82}$$

我们必须选择 A 以使

$$A^2\int_0^L\cos^2\left(\frac{6\pi x}{L}\right)\mathrm{d}x = 1 \tag{21.83}$$

当 x 从 0 变到 L 时，余弦中的角度改变了 6π。它完成了三个完整周期。我们已经多次遇到，$\cos^2\theta$ 在任意多个完整周期内的平均值为 1/2。因此有

$$A^2\ \frac{L}{2}=1 \tag{21.84}$$

$$A=\sqrt{\frac{2}{L}} \tag{21.85}$$

从而归一化的 ψ 为

$$\psi(x)=\sqrt{\frac{2}{L}}\cos\left(\frac{6\pi x}{L}\right) \tag{21.86}$$

为了得到 $A(p)$，我们简单地将余弦写成以下指数形式：

$$\psi(x)=\sqrt{\frac{2}{L}}\frac{1}{2}\left[\exp\left(\frac{6\pi\mathrm{i}x}{L}\right)+\exp\left(\frac{-6\pi\mathrm{i}x}{L}\right)\right] \tag{21.87}$$

$$=\frac{1}{\sqrt{2}}\left[\frac{1}{\sqrt{L}}\exp\left(\frac{6\pi\mathrm{i}x}{L}\right)+\frac{1}{\sqrt{L}}\exp\left(\frac{-6\pi\mathrm{i}x}{L}\right)\right] \tag{21.88}$$

$$=\frac{1}{\sqrt{2}}\left[\psi_{p=6\pi\hbar/L}(x)+\psi_{p=-6\pi\hbar/L}(x)\right] \tag{21.89}$$

$$\equiv\frac{1}{\sqrt{2}}\left[\psi_{m=3}(x)+\psi_{m=-3}(x)\right] \tag{21.90}$$

与式（21.60）比较，可知它们为

$$A(p_3)=\frac{1}{\sqrt{2}} \tag{21.91}$$

$$A(p_{-3})=\frac{1}{\sqrt{2}} \tag{21.92}$$

$$A(p_m,\ |m|\neq 3)=0 \tag{21.93}$$

非零的绝对概率由这些数的平方给出：

$$P(p_{\pm 3})=\frac{1}{2} \tag{21.94}$$

并且正如所希望的，它们加起来为 1。

p 的期望值显然为零，推导步骤如下所示：

$$\langle p \rangle = \sum_i P(p_i)p_i = \frac{1}{2}p_3 + \frac{1}{2}p_{-3} = 0 \quad (21.95)$$

因为 $p_3 = -p_{-3} = \dfrac{6\pi\hbar}{L}$。

不确定度的平方为

$$(\Delta p)^2 = \sum_i P(p_i)(p_i - \langle p \rangle)^2 \quad (21.96)$$

$$= \sum_i P(p_i)(p_i - 0)^2 \quad (21.97)$$

$$= \frac{1}{2}p_3^2 + \frac{1}{2}p_{-3}^2 = p_3^2 \quad (21.98)$$

不确定度为

$$\Delta p = p_3 = \frac{6\pi\hbar}{L} \quad (21.99)$$

21.4　通过计算求得 $A(p)$

下面我们来看一个实际上必须通过积分来求得 $A(p)$ 的例子（然后将其平方得到 $P(p)$）。

设长度为 L 的一段的对应区间为

$$\frac{-L}{2} \leqslant x \leqslant \frac{L}{2} \quad (21.100)$$

将两端 $x = \pm L/2$ 黏合以形成圆环。我们感兴趣的非归一化波函数为

$$\psi(x) = A\mathrm{e}^{-\alpha|x|} \quad (21.101)$$

对于 $A = 1$ 的情况，在图 21.3 中画出了波函数随 αx 的变化曲线。

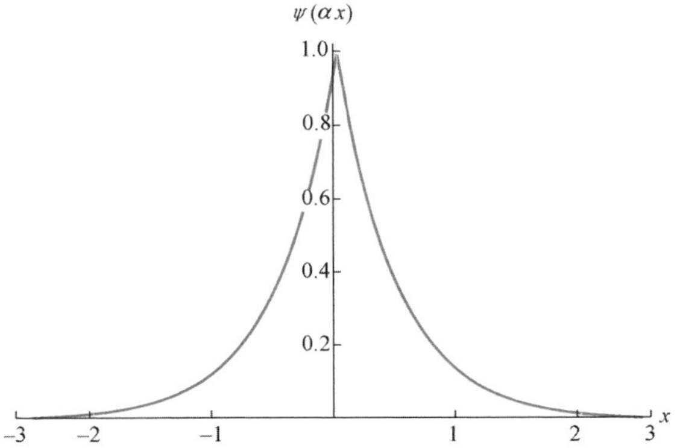

图 21.3　一个指数波函数，当接近端点 $\pm L/2$ 时，其快速趋于零，两端黏合形成圆。

波函数 ψ 在原点处取最大值，由于 ψ 与 $|x|$ 有关，因此对于 x 的正半轴和负半轴，波函数 ψ 都以相同的速率呈指数衰减。离开原点多远时，ψ 就可以变得可以忽略不计了呢？当 $\alpha|x|$ 很大时或当 $|x| \gg 1/\alpha$ 时，ψ 就可以忽略不计。因此，这是一个位置的不确定度约为 $1/\alpha$ 的粒子：

$$\Delta x \approx \frac{1}{\alpha} \quad (21.102)$$

我们可以通过改变 α 来改变宽度 Δx，但是我们也知道，即使函数 ψ 在原点附近变得很宽，它在圆环黏合处，即 $\pm L/2$ 位置处，也是可忽略不计的。也就是说我们假设

$$\alpha L \gg 1 \quad 而 \quad e^{-\alpha|\pm L/2|} \ll 1 \tag{21.103}$$

让我们探讨一下这个波函数所包含的内容。我要问的第一个问题是，“如果我去测量粒子的位置，我会得到什么结果?”概率密度由下式给出：

$$P(x) = |\psi(x)|^2 = \psi^2(x) = A^2 e^{-2\alpha|x|} \tag{21.104}$$

它也是一个指数函数，但其斜率为 ψ 的两倍。

我们现在按下式将其归一化：

$$A^2 \int_{-L/2}^{L/2} e^{-2\alpha|x|} dx = 1 \tag{21.105}$$

为了简化计算，我将把积分上下限扩展至□∞ 。这一修改的影响微不足道，因为按照假定，αL 很大，$\psi^2(x)$ 在接近末端位置 $x=\pm L/2$ 处（黏合处）之前很远就已经趋近于零了。这样归一化条件变为

$$1 = A^2 \int_{-\infty}^{\infty} e^{-2\alpha|x|} dx \tag{21.106}$$

$$= 2A^2 \int_{0}^{\infty} e^{-2\alpha|x|} dx (因为 |x| 为偶函数) \tag{21.107}$$

$$= 2A^2 \frac{1}{2\alpha} \tag{21.108}$$

这意味着

$$A = \sqrt{\alpha} \tag{21.109}$$

因此归一化的 ψ 为

$$\psi(x) = \sqrt{\alpha}\, e^{-\alpha|x|} \tag{21.110}$$

在计算 $A(p)$ 之前，我们先来看看这个态的统计特性。由对称性，$\langle x \rangle = 0$。不确定度的平方和不确定度分别为（设 $L=\infty$ ）

$$(\Delta x)^2 = \int_{-\infty}^{\infty} \alpha e^{-2\alpha|x|} x^2 dx \tag{21.111}$$

$$= 2\alpha \int_{0}^{\infty} e^{-2\alpha|x|} x^2 dx \quad (经过两次分部积分)$$

$$= \frac{1}{2\alpha^2} \tag{21.112}$$

$$\Delta x = \frac{1}{\sqrt{2}\,\alpha} \tag{21.113}$$

这与由式（21.102）得到的粗略估计 $\Delta x \approx 1/\alpha$ 差不多。

现在来计算 $A(p)$。我们不能通过检验得到它们，因为上面的 ψ 没有表示成与一定动量态相对应的复指数函数之和。我们必须用一般的方法来处理：

$$A(p) = \int_{-\infty}^{\infty} \psi_p^*(x)\psi(x)\,\mathrm{d}x = \int_{-\infty}^{\infty} \frac{1}{\sqrt{L}} \mathrm{e}^{-\mathrm{i}px/\hbar} \sqrt{\alpha}\,\mathrm{e}^{-\alpha|x|}\mathrm{d}x \tag{21.114}$$

这个积分有一个小技巧，因为当 $x>0$ 时，$|x|$ 等于 x，$x<0$ 时，$|x|$ 等于 $-x$。因此，让我们将这个积分分成两部分，一部分对应于 $x>0$，一部分对应于 $x<0$：

$$A(p) = \int_{-\infty}^{\infty} \sqrt{\frac{\alpha}{L}} \mathrm{e}^{-\mathrm{i}px/\hbar} \mathrm{e}^{-\alpha|x|}\mathrm{d}x \tag{21.115}$$

$$= \int_{0}^{\infty} \sqrt{\frac{\alpha}{L}} \mathrm{e}^{-\mathrm{i}px/\hbar} \mathrm{e}^{-\alpha x}\mathrm{d}x + \int_{-\infty}^{0} \sqrt{\frac{\alpha}{L}} \mathrm{e}^{-\mathrm{i}px/\hbar} \mathrm{e}^{\alpha x}\mathrm{d}x \tag{21.116}$$

$$\equiv I_+ + I_- \tag{21.117}$$

I_+的估算很简单，只有积分下限有贡献：

$$I_+ = \int_{0}^{\infty} \sqrt{\frac{\alpha}{L}} \mathrm{e}^{-\mathrm{i}px/\hbar} \mathrm{e}^{-\alpha x}\mathrm{d}x \tag{21.118}$$

$$= \sqrt{\frac{\alpha}{L}} \left.\frac{\mathrm{e}^{(-\alpha-\mathrm{i}p/\hbar)x}}{-\alpha-\mathrm{i}p/\hbar}\right|_0^{\infty} \tag{21.119}$$

$$= \sqrt{\frac{\alpha}{L}} \frac{1}{\alpha+\mathrm{i}p/\hbar} \tag{21.120}$$

下式留给你们自己去证明（通过把积分中的 x 变为 $-x$）：

$$I_- = \sqrt{\frac{\alpha}{L}} \frac{1}{\alpha-\mathrm{i}p/\hbar} \tag{21.121}$$

因此

$$A(p) = I_+ + I_- = \sqrt{\frac{\alpha}{L}} \left(\frac{1}{\alpha+\mathrm{i}p/\hbar} + \frac{1}{\alpha-\mathrm{i}p/\hbar}\right) \tag{21.122}$$

$$= \sqrt{\frac{\alpha}{L}} \frac{2\alpha}{\alpha^2+(p/\hbar)^2} \tag{21.123}$$

以及

$$P(p) = \frac{4\alpha^3}{L[\alpha^2+(p/\hbar)^2]^2} \tag{21.124}$$

严格地说，我们只对 p 取量子化值时的这个函数感兴趣。这里先假设 L 非常大，p 基本上是连续的。忽略所有常数，函数具有如下形式：

$$P(p) = \frac{常数}{[p^2+(\alpha\hbar)^2]^2} \tag{21.125}$$

它在 $p=0$ 处达到峰值，并在 $\alpha\hbar$的尺度上平滑地下降。为了粗略地表征它的宽度，我们确定其值下降到其最大值的 1/4 的对应点，因为这两个位置很容易确定。这发

生在

$$p = \pm\alpha\hbar \tag{21.126}$$

这样 p 的不确定度具有的量级为

$$\Delta p \approx 2\alpha\hbar \tag{21.127}$$

结合式

$$\Delta x \approx \frac{1}{\alpha} \tag{21.128}$$

有

$$\Delta x \cdot \Delta p \approx 2\hbar \tag{21.129}$$

因此我们发现，函数在 x 上越窄，测得的可能的动量的分布就越宽。所以在 x 上压缩它使其在 p 上扩展，反之亦然。这就是不确定关系的由来。

早在量子力学之前，在傅里叶分析中，就已知在 x 上狭窄的一个函数在展开时需要许多波数 k 或波长 λ。这可以表示成

$$\Delta x \cdot \Delta k \geqslant 1 \tag{21.130}$$

上式与$\hbar$无关。当我们将动量 $p=\hbar k$ 与波数 k 相关联时，就变成了量子力学。将两边同乘以$\hbar$，就得到不确定关系。

为了应用不确定关系的精确形式

$$\Delta x \Delta p \geqslant \frac{1}{2}\hbar \tag{21.131}$$

Δx 和 Δp 必须是式（20.26）和式（20.29）中定义的不确定度。我们已经得到 $\Delta x = (1/\sqrt{2}\alpha)$。由于 p 取一系列离散值 $p=p_m$，因此通过 $P(p)$ 计算不确定度 Δp 较为复杂。在 $L\to\infty$ 的极限情况下，此时所允许的 p 的取值变得非常密集，有一个简单的方法来进行。在这种极限情况下，我们可以用一个积分代替任意函数 $f(p)$ 对 p 的求和：

$$\sum_p f(p) \to \frac{L}{2\pi\hbar}\int f(p)\,\mathrm{d}p \tag{21.132}$$

以上方法在许多高级课程中经常被用到，下面我将对其中的道理进行介绍。如果你不关心细节，只想利用上面的结果，可直接跳至式（21.136）。

我们还记得如何求函数 $f(x)$ 的积分。我们在竖直方向画出与彼此分开 $\mathrm{d}x$ 的一系列密集点 x_i相对应的 $f(x)$ 值，并进行求和：

$$\int f(x)\,\mathrm{d}x = \lim_{\mathrm{d}x\to 0}\sum_i f(x_i)\,\mathrm{d}x \tag{21.133}$$

在我们所讨论的情形中，函数就如定义在点 $p_m = \dfrac{2\pi m\hbar}{L}$处的 $P(p_m)$ 一样，相邻点之间的间距为

$$\mathrm{d}p = p_{m+1} - p_m = \frac{2\pi(m+1)\hbar}{L} - \frac{2\pi m\hbar}{L} = \frac{2\pi\hbar}{L} \tag{21.134}$$

其当 $L\to\infty$ 时为零。

下面证明这样的概率加起来为 1。通过定义如下积分：

$$\lim_{dp\to 0}\left[\sum_{m=-\infty}^{\infty} P(p_m)\left(dp=\frac{2\pi\hbar}{L}\right)\right]=\int_{-\infty}^{\infty} P(p)\,dp \tag{21.135}$$

由于我们想要的对 $P(p_m)$ 求和中缺少 dp 而不能将其变成一个积分式，因此将此求和与如下的积分相联系（在 $dp\to 0$ 或 $L\to\infty$ 的极限情况下）：

$$\sum_m P(p_m)=\lim_{L\to\infty}\left[\frac{L}{2\pi\hbar}\int_{-\infty}^{\infty} P(p)\,dp\right] \tag{21.136}$$

$$=\lim_{L\to\infty}\left\{\frac{L}{2\pi\hbar}\frac{4\alpha^3}{L}\int_{-\infty}^{\infty}\frac{1}{[\alpha^2+(p/\hbar)^2]^2}dp\right\} \tag{21.137}$$

$$=1 \tag{21.138}$$

你可以通过进行积分来验证最后一步。注意最后 L 被消掉了，且对所有的 $P(p_m)$ 求和等于 1。这是在意料之中的，因为 $\psi(x)$ 已被归一化了。

接下来

$$(\Delta p)^2=\sum_m P(p_m)(p_m-0)^2 \quad (因为\langle p\rangle=0) \tag{21.139}$$

$$=\lim_{L\to\infty}\left[\frac{L}{2\pi\hbar}\int_{-\infty}^{\infty} P(p)p^2\,dp\right] \tag{21.140}$$

$$=\lim_{L\to\infty}\left\{\frac{L}{2\pi\hbar}\frac{4\alpha^3}{L}\int_{-\infty}^{\infty}\frac{p^2}{[\alpha^2+(p/\hbar)^2]^2}dp\right\} \tag{21.141}$$

$$=\hbar^2\alpha^2 \tag{21.142}$$

所以最后

$$\Delta p=\hbar\alpha \tag{21.143}$$

这与由式（21.127）给出的粗略估计 $2\alpha\hbar$ 差不多。因此

$$\Delta x\Delta p=\frac{1}{\sqrt{2}\alpha}\hbar\alpha=\frac{\hbar}{\sqrt{2}} \tag{21.144}$$

与精确的不确定关系 $\Delta x\Delta p\geqslant\frac{1}{2}\hbar$ 一致。

21.5 傅里叶定理

这一节我们专门为那些不熟悉傅里叶级数的人介绍一些数学上的知识。考虑三维空间中的一个任意向量 $\boldsymbol{V}$，我们可以用单位向量 $\boldsymbol{i}$、$\boldsymbol{j}$ 和 $\boldsymbol{k}$ 将其表示为

$$\boldsymbol{V}=V_x\boldsymbol{i}+V_y\boldsymbol{j}+V_z\boldsymbol{k} \tag{21.145}$$

从原点开始，我们可以通过分别沿着 x 方向移动 V_x、沿着 y 方向移动 V_y 及沿着 z 方向移动 V_z，从而到达任何向量 $\boldsymbol{V}$ 的尖端。没有向量可以规避这种构建。因为我们

可以根据 $\boldsymbol{i}$、$\boldsymbol{j}$ 和 $\boldsymbol{k}$ 合成任何 $\boldsymbol{V}$，则可以把 $\boldsymbol{i}$、$\boldsymbol{j}$ 和 $\boldsymbol{k}$ 这三个一组作为一个基。为了便于后面的讨论，我们将这三个分量重新命名为 V_1、V_2 和 V_3，并将三个基矢表示成如下形式：

$$\boldsymbol{i}=\boldsymbol{e}_1 \tag{21.146}$$

$$\boldsymbol{j}=\boldsymbol{e}_2 \tag{21.147}$$

$$\boldsymbol{k}=\boldsymbol{e}_3 \tag{21.148}$$

以及将式（21.145）中的展开改写为

$$\boldsymbol{V}=\sum_{i=1}^{3} V_i \boldsymbol{e}_i \tag{21.149}$$

我们使用数字下标的原因是很容易对它们（而不是对 x、y 和 z）求和，如果要对超过 26 个值求和，只有数字下标能满足我们的需求。

式（21.149）的向量式与下式相类似：

$$\psi(x)=\sum_{m=-\infty}^{\infty} A(p_m)\frac{1}{\sqrt{L}}\exp\left(\frac{\mathrm{i}p_m x}{\hbar}\right),\quad 其中\ p_m=\frac{2\pi m\hbar}{L} \tag{21.150}$$

上式即为由式（21.56）或式（21.59）给出的周期函数的傅里叶级数。在前一种情况下，我们用基矢 $\boldsymbol{e}_i$ 表示一般向量 $\boldsymbol{V}$；而在后一种情况下，我们用基函数 $\psi_{p_m}(x)$ 表示一个泛函 $\psi(x)$。唯一的区别是，在后一种情况下，我们对由 p 或 m 标记的无限多个基函数求和。

每个基矢 $\boldsymbol{e}_i$ 具有单位长度并且与其他两个正交。这种正交性表示如下：

$$\boldsymbol{e}_i\cdot\boldsymbol{e}_j=\delta_{ij} \tag{21.151}$$

其中

$$\begin{aligned}\delta_{ij}&=1\quad 若\ i=j\\ &=0\quad 若\ i\neq j\end{aligned} \tag{21.152}$$

称为克罗内克 δ 函数。我们使用符号 δ_{ij}，这样就用不着总是说“如果 i 和 j 相等时为 1，如果 i 和 j 不等时为 0。”这以非常简洁的方式说明：每个基矢 $\boldsymbol{e}_i$ 具有单位长度，并与其他基矢垂直。

让我们通过这种类比来找到一种表示出傅里叶展开系数 $A(p)$ 的方法。假设你考虑一个特定的向量 $\boldsymbol{V}$（一个具有一定长度和方向的箭头），并想用基矢表示它。为此，你需要知道系数 V_i。假设你想求得 V_2。则你把式（21.149）的两边都取与 $\boldsymbol{e}_2$ 的点积。

$$\boldsymbol{V}\cdot\boldsymbol{e}_2=\left(\sum_{i=1}^{3} V_i\boldsymbol{e}_i\right)\cdot\boldsymbol{e}_2 \tag{21.153}$$

$$=V_1\boldsymbol{e}_1\cdot\boldsymbol{e}_2+V_2\boldsymbol{e}_2\cdot\boldsymbol{e}_2+V_3\boldsymbol{e}_3\cdot\boldsymbol{e}_2 \tag{21.154}$$

$$=V_1\cdot 0+V_2\cdot 1+V_3\cdot 0 \tag{21.155}$$

$$=V_2 \tag{21.156}$$

（左边是 $\boldsymbol{V}$ 的长度乘以它与单位向量 $\boldsymbol{e}_2=\boldsymbol{j}$ 的夹角的余弦。）在求和中只有第二项保

留下来，因为

$$\boldsymbol{e}_i \cdot \boldsymbol{e}_2 = 1(\text{若 } i=2)\text{ 和 } 0(\text{若 } i\neq 2) \tag{21.157}$$

更一般地，如果我们在 n 维空间中有 n 个相互正交且具有单位长度的向量，则它们的正交性可以用克罗内克 δ 函数来简明地表示为如下形式：

$$\boldsymbol{e}_i \cdot \boldsymbol{e}_j = \delta_{ij} \tag{21.158}$$

该 n 维空间中的每个向量可以写为

$$\boldsymbol{V} = \sum_{i=1}^{n} V_i \boldsymbol{e}_i \tag{21.159}$$

为了找到系数 V_j，我们取两边与 $\boldsymbol{e}_j$ 的点积可得

$$\boldsymbol{V} \cdot \boldsymbol{e}_j = \left(\sum_{i=1}^{N} V_i \boldsymbol{e}_i\right) \cdot \boldsymbol{e}_j \tag{21.160}$$

$$= \left(\sum_{i=1}^{N} V_i \boldsymbol{e}_i \cdot \boldsymbol{e}_j\right) \tag{21.161}$$

$$= \sum_{i=1}^{N} V_i \delta_{ij} = V_j \tag{21.162}$$

努力记住此结果一段时间：

$$V_j = \boldsymbol{V} \cdot \boldsymbol{e}_j = \boldsymbol{e}_j \cdot \boldsymbol{V} \tag{21.163}$$

这里特地将矢量点积中的矢量顺序颠倒过来，这样它将非常类似于之后不久的傅里叶理论中的一个表达式。

现在回到傅里叶展开

$$\psi(x) = \sum_p A(p)\psi_p(x) = \sum_p A(p)\frac{1}{\sqrt{L}}\exp\left(\frac{\mathrm{i}px}{\hbar}\right) \tag{21.164}$$

为了用求得 V_j 的方法求得系数 $A(p')$，我们希望对于基函数 $\psi_p(x)$，有与基矢的如下正交关系类似的正交关系：

$$\boldsymbol{e}_i \cdot \boldsymbol{e}_j = \delta_{ij} \tag{21.165}$$

下面就是这种正交关系。给定两个基函数 $\psi_p(x)$ 和 $\psi_{p'}(x)$，我们将它们的点积定义为一个定积分，因为它等于 $\delta_{pp'}$：

$$\int_0^L \psi_p^*(x)\psi_{p'}(x)\,\mathrm{d}x = \delta_{pp'} \tag{21.166}$$

上式将使我们能够求得系数 $A(p)$。

$\psi_p(x)$ 的正交性的证明：

$$\int_0^L \psi_p^*(x)\psi_{p'}(x)\,\mathrm{d}x = \frac{1}{L}\int_0^L \exp\left[\frac{\mathrm{i}(-p+p')x}{\hbar}\right]\mathrm{d}x$$

$$\left(\text{利用 } p=\frac{2\pi m\hbar}{L},\ p'=\frac{2\pi m'\hbar}{L}\right)$$

$$= \frac{1}{L}\int_0^L \exp\left[\frac{2\pi\mathrm{i}(-m+m')x}{L}\right]\mathrm{d}x \tag{21.167}$$

$$=\delta_{mm'}=\delta_{pp'} \tag{21.168}$$

其中，在最后一步用到了要求我们记住的一个结果：每个 $\psi_p(x)$ 对圆环的积分是零，除非 $p=0$，在这种情况下，被积函数是一个常数。这一结果在此适用，因为式（21.167）中的被积函数对应于 $p=2\pi(m'-m)\hbar/L$。

现在我就得到了与 $V_j=e_j\cdot \boldsymbol{V}$ 相似的表达式：

$$A(p')=\int_0^L \psi_{p'}^*(x)\psi(x)\,\mathrm{d}x \tag{21.169}$$

下面的证明步骤类似于式（21.153）~式（21.156）。

$$\int_0^L \psi_{p'}^*(x)\psi(x)\,\mathrm{d}x=\int_0^L \psi_{p'}^*(x)\left[\sum_p A(p)\psi_p(x)\right]\mathrm{d}x \tag{21.170}$$

$$=\sum_p A(p)\int_0^L \psi_{p'}^*(x)\psi_p(x)\,\mathrm{d}x \tag{21.171}$$

$$=\sum_p A(p)\delta_{p'p}=A(p') \tag{21.172}$$

表 21.1　向量与函数展开对比

对象	向量	函数
一般表示	$\boldsymbol{V}$	$\psi(x)$
基的标记	$\boldsymbol{i}$	p
基矢	$\boldsymbol{e}_i$	$\psi_p(x)$
展开式	$\boldsymbol{V}=\sum_i V_i\boldsymbol{e}_i$	$\psi(x)=\sum_p A(p)\psi_p(x)$
系数	V_i	$A(p)$
正交性	$\boldsymbol{e}_i\cdot\boldsymbol{e}_j=\delta_{ij}$	$\int_0^L \psi_p^*(x)\psi_{p'}(x)\,\mathrm{d}x=\delta_{pp'}$
求得系数	$V_i=e_i\cdot\boldsymbol{V}$	$A(p)=\int_0^L \psi_p^*(x)\psi(x)\,\mathrm{d}x$

表 21.1 给出了向量和函数之间的一一对应关系。

再梳理一下到目前为止的进展。对于一个由某波函数 $\psi(x)$ 描述的圆环上的粒子，我们想知道，如果去测量它的动量会测得什么结果。单值性要求允许的动量值遵守如下量子化定则：

$$p=\frac{2\pi\hbar\, m}{L}\quad m=\cdots,-2,-1,0,1,2,\cdots \tag{21.173}$$

假定 $\psi(x)$ 已经被归一化，则测得这些允许值中的任何一个的绝对概率 $P(p)$ 由下式给出：

$$P(p)=|A(p)|^2=\left|\int_0^L \frac{1}{\sqrt{L}}\exp\left(\frac{-\mathrm{i}px}{\hbar}\right)\psi(x)\,\mathrm{d}x\right|^2 \tag{21.174}$$

如果 $\psi(x)$ 不是归一化的，则 $|A(p)|^2=P'(p)$ 给出了相对概率。如果测得某个值 p_0，则紧接在测量之后，$\psi(x)$ 塌缩至 $\psi_{p_0}(x)$。

21.6　测量假设：一般情况

在动量这一具体实例之后，我们就可以来学习测量假设的更一般表述。设 α 表示某动力学变量 A 的一系列允许取值，A 在经典力学中可表示成 x 和 p 的某个函数。例如，A 可以是动量本身，p 是其允许值之一；A 也可以是角动量，$m\hbar$是其允许值之一；A 还可以是能量，E 是其允许值之一（在以下章节中将更多地讨论能量这一变量）。令 $\psi_\alpha(x)$ 表示一个归一化的状态，在该态中 A 的测量值保证为某一特定值 α。（这就像 $\psi_p(x)$，它确保测量动量时得到 p 值。在后面我们会讨论如何实际求得与每个 A 相对应的函数 $\psi_\alpha(x)$。这里先假设对于每个变量 A，我们知道相应的 $\psi_\alpha(x)$。）

首先，我们将傅里叶级数推广可得到两个纯数学结果。

1. 我们可以将任意 $\psi(x)$ 展开为一个线性组合

$$\psi(x)=\sum_\alpha A(\alpha)\psi_\alpha(x) \tag{21.175}$$

2. 展开系数由下式给出：

$$A(\alpha)=\int_0^L\psi_\alpha^*(x)\psi(x)\,\mathrm{d}x \tag{21.176}$$

现在我们再在测量假设中加入物理内容：当对由式（21.175）中的 $\psi(x)$ 描述的一个粒子的对应变量 A 进行测量时，测得一个特定值 α（例如 α_0）的概率由 $P(\alpha_0)=|A(\alpha_0)|^2$给出。如果测得一个值 α_0，则刚测量之后的态将从对于 α 的叠加态塌缩至其中的一个态 $\psi_{\alpha_0}(x)$。

更一般地，在对某一变量进行测量时，粒子将从与其不同可能取值相应态的叠加变化到叠加态中与测得值相应的那一个态。它可以从在许多可能的位置变到它被测得所在的一个位置，从处于许多可能动量的状态变到动量测得值的相应态，从在两个狭缝附近变到灯泡发出的光子检测到它所在的那一个狭缝的附近。这种塌缩是由于测量带来的不可避免的影响，它是最引人注目的假设之一。

该测量假设给出了一个经常出现的问题的答案：我们如何知道一个粒子处在什么状态？以下是一个常用的答案：它处于刚刚测得的某个可观察值的对应态。因此，如果我们测量 p 并测得 $p=p_0$，则刚测量后的态就是 $\psi_{p_0}(x)$。此外，如果我们能利用量子动力学规律（含时薛定谔方程）来计算一个初始态已知的状态随时间变化的关系，我们就可以知道未来时间的对应态。

21.7　多个变量

这里我们简单地考虑不是一个变量，而是两个变量的情形，例如 x 和 p。从经典的角度看，一个粒子可以处于一个位置和动量具有一定值（x_0，p_0）的状态。我可以按如下方式制备这样一个态：我来推动粒子，直到它到达某位置 x_0 时具有所希望的动量 p_0。那一时刻我可以用（x_0，p_0）这对量来描述粒子的状态。如果我立即重新测量粒子的位置和动量，将得到相同的这对量（x_0，p_0）。对位置和动量的一系列快速测量将得到一连串的（x_0，p_0；x_0，p_0；…）。事实上，我可以先测量 p，然后再测量 x，或者倒过来，而且这样并不会带来任何影响。

所有这些在量子的情形下却发生了改变。设粒子处于一定动量的状态 $\psi_{p_0}(x)$，我测量动量就将测得 p_0。但我并不知道粒子在哪里。因此我利用海森伯显微镜来寻找它的位置，假设我在 $x=5$ 处找到了它。刚在这次位置测量之后波函数变为 $\psi_{x=5}(x)$，其在 $x=5$ 处达到峰值。但是此时我不能说粒子处于一个态（$x=5$，$p=p_0$），因为如果我只是为了核实再去测量 p，就不一定会再测得 p_0。要知道我能测得什么，必须首先把 $\psi_{x=5}(x)$ 表示成与一定动量相对应的一系列态的叠加：

$$\psi_{x=5}(x)=\sum_p A(p)\psi_p(x) \tag{21.177}$$

其中

$$A(p)=\int\psi_p^*(x)\psi_{x=5}(x)\,\mathrm{d}x \tag{21.178}$$

我可以测得叠加态中与 $A(p)\neq 0$ 相对应的任何 p。我可以测得 $2p_0$；或者我也可以测得 $-p_0$，如果这样的项存在。因为立即重新测量不一定得到 p_0，所以永远不能说粒子是处于态（$x=5$，$p=p_0$）。假设第二次动量测量得到了 $-p_0$ 的结果，粒子又是否处于状态（$x=5$，$p=-p_0$）呢？不，因为在随后进行位置测量（在一定动量 $-p_0$ 的这个态下）时，测得其在圆环上每个位置的可能性都是相同的，并没有对 $x=5$ 这个位置的偏好或记忆。因此，对 x 和 p 的一连串快速测量将得到一连串一般是不可预测的以及并不重复的值，与之相对应地我们也交替地将位置上狭窄的函数展开成具有尖锐动量的函数的叠加，或者反过来。粒子具有完全确定的位置和动量可以说没有任何意义。

（x，p）这对量恰好是最不相容的。在量子理论中还存在其他的一对对的变量，每一对量可以同时都具有完全确定的值，相同的一对测量值将在连续地重复测量中被反复测得，且测量结果与测量的顺序并无关系。我们将在下一章中讨论一个这样的例子。

第22章 能量定态

Yale

让我们继续讨论一般形式的测量假设。它在经典力学中没有相类似的。在那里，如果知道态变量（x，p）（或对其更高维度广义量），我们不需要测量任何其他动力学变量。例如，角动量（在三维中）由 $\boldsymbol{L}=\boldsymbol{r}\times\boldsymbol{p}$ 给出。我们可以直接测量角动量，但如果我们知道 $\boldsymbol{r}$ 和 $\boldsymbol{p}$，则也可以只计算叉积来得到角动量。

我们看到，在量子理论中，$\psi(x)$ 描述状态并起到（x，p）这对量的作用。它包含在任何给定时间关于粒子的所有可能的信息。虽然我们所问的问题"如果我去测量 A，会得到什么结果?"与经典力学没有太大的区别，其中，A 是像位置或动量那样的某变量，但是答案实际上通常是概率性的。例如，给定一般的 $\psi(x)$，如果我们去问位置测量的结果，会被告知结果 x 将出现的概率密度

$$P(x)=|\psi(x)|^2 \tag{22.1}$$

如果在 $x=x_0$ 处发现粒子，则波函数 $\psi(x)$ 无论是什么样的，都将塌缩至 $\psi_{x_0}(x)$，即一个在 x_0 处的尖峰。

概率的塌缩也发生在经典力学中。回想在我家附近或我的办公室附近或途中某处找到我的概率分布 $P(x)$。如果你在某处遇到我，经典分布塌缩到我被遇到的地方。但不同的是，甚至在你遇到我之前，我就已经在被你遇到的地方了。例如，我在不断地被一束光子或空气分子观察到。从量子角度看，除了 $P(x)$ 之外，我们还有基本的波函数。展开 ψ 不像展开 $P(x)$：它描述了一个真正无处不在的粒子。它在测量之前没有位置。这种不定态没有经典类似。

如果我们提出关于动量测量的同样问题，事情会变得复杂得多。答案更长，得分几个阶段给出。

1. 根据假设，动量 p 的状态由如下波函数描述：

$$\psi_p(x)=A\exp\left(\frac{\mathrm{i}px}{\hbar}\right) \tag{22.2}$$

在圆环的长度为 L 的有限宇宙中，归一化态为

$$\psi_p(x)=\frac{1}{\sqrt{L}}\exp\left(\frac{\mathrm{i}px}{\hbar}\right) \tag{22.3}$$

并且单值条件限制了动量只能取如下允许值：

$$p=p_n=\frac{2\pi n\hbar}{L} \qquad n=0,\pm 1,\pm 2,\cdots \tag{22.4}$$

从现在起，我将使用 n 表示整数，因为 m 将用来表示质量。尽管如此，我以前使用 m 作为动量和角动量的标记，因为与绕轴旋转相关的角动量习惯上被写为 $m\hbar$。

2. 鉴于此，测量假设告诉我们，一次动量测量将以相应概率 $P(p_n)=|A(p_n)|^2$ 得到一个测量结果 p_n，其中，$A(p_n)$ 是下式中的展开系数：

$$\psi(x)=\sum_n A(p_n)\frac{1}{\sqrt{L}}\exp\left(\frac{2\pi i n x}{L}\right)\equiv\sum_p A(p)\psi_p(x) \tag{22.5}$$

式中，我使用 p_n 和 p 来表示允许的动量之一。所以对 n 求和与对 p 求和代表同样的事情，即对所有允许的动量求和。

在某些情况下，可以通过检验来得到展开系数 $A(p)$。而在所有的情况下，都可以通过求下面的积分来计算：

$$A(p)=\int_0^L \psi_p^*(x)\psi(x)\,\mathrm{d}x \tag{22.6}$$

展开系数 $A(p)$ 可以像 $\psi(x)$ 那样是复数，但是 $P(p)=|A(p)|^2$ 将始终是实数并且是非负数。

3. 如果测量得到一个值 p_n，则可展开为多态叠加的态 $\psi(x)$ 将塌缩至 $\psi_{p_n}(x)$。立即重新测量 p 同样会得到 p_n。ψ 的其余部分将被去掉。这就像偏光眼镜一样，入射光中的电场 $\boldsymbol{E}$ 可以在垂直于传播方向的任何方向上偏振，但是一旦它穿过眼镜，它将沿着镜片的轴线发生偏振。垂直方向的 $\boldsymbol{E}$ 分量将被滤掉。所以测量就像一个过滤过程，将从对许多项的求和中过滤出与测得结果相对应的那一项。

我们一定要分清楚式（22.5）中 $\psi(x)$ 和 $\psi_p(x)$ 的不同作用。函数 $\psi(x)$ 描述粒子所处的状态，它是圆环上的一个任意的周期性函数。我们想知道对这个状态进行一次动量测量所得的结果。$\psi_p(x)$ 这些函数也是圆环上的函数，但是它们被假定为具有与其相关联的一定动量 p。如果粒子处在态 $\psi_p(x)$，则进行动量测量一定能得到 p 值。对 $\psi(x)$ 的一次动量测量的结果则复杂得多。这可以通过将给定的 $\psi(x)$ 写成如式（22.5）所示的 $\psi_p(x)$ 的线性组合来确定。与 $\psi_p(x)$ 的情况不同，我们可以得到出现在展开式中的任何 p，并且其概率为 $P(p)=|A(p)|^2$。如果状态在其展开式中有多个 p，则它塌缩至在测量时发现的那一项。当然，一个可能的特殊情况是求和只有一项，如只有 $A(p_3)\neq 0$。此时测量结果肯定是 p_3，状态不受测量的影响并且保持 $\psi_{p_3}(x)$。

以下相类似的例子可能有所帮助。我们知道，任何三维向量 $\boldsymbol{V}$ 可以表示为 $\boldsymbol{V}=V_x\boldsymbol{i}+V_y\boldsymbol{j}+V_z\boldsymbol{k}$。一个像 $\boldsymbol{i}$ 这样的基矢完全是像 $\boldsymbol{V}$ 一样的向量；它只是恰好与某个坐标轴对齐。

这个公式可以推广到所有的动力学变量 A，即在经典力学中的任何一个可以表示成 x 和 p 的函数。例如，角动量 $\boldsymbol{L}$ 是一个由 $\boldsymbol{L}=\boldsymbol{r}\times\boldsymbol{p}$ 给出的动力学变量。质量为 m、与力常数为 k 的弹簧相连并做简谐运动的粒子的能量是另一个动力学变量

$$E(x,p)=\frac{p^2}{2m}+\frac{1}{2}kx^2 \tag{22.7}$$

这一切都是对于某个时刻一个变量。一般情况下不会有两个（或多个）变量都具有完全确定的或肯定的值的态。如果你试图制备某变量具有确定值的一个粒子，那么它的另一个变量可能就会取扩展开的一系列值，也就是说，对第二个变量的测量可能给出一系列的结果。如果你测量第二个变量并得到某个结果，就不能保证第一个变量也肯定给出先前得到的值。位置和动量这对变量就属于这种情形。但在本章中我们将讨论一对可以同时都确定的变量。

再回来讨论 A，令 α 表示变量 A 的允许取值的集合，令 $\psi_\alpha(x)$ 表示确保变量的测得值为 α 的一个态。例如，A 可以是动量，$p_n=2\pi n\,\hbar/L$ 是其允许值之一，$\psi_{p_n}(x)$是相应的波函数。数学上我们知道：

1. 可以将任何 $\psi(x)$ 展开为一个线性组合

$$\psi(x)=\sum_\alpha A(\alpha)\psi_\alpha(x) \tag{22.8}$$

2. 展开系数由下式给出：

$$A(\alpha)=\int\psi_\alpha^*(x)\psi(x)\,\mathrm{d}x \tag{22.9}$$

物理学则告诉我们：当对由式（22.8）中的 $\psi(x)$ 描述的一个粒子测量变量 A 时，获得 α 这一结果的概率由 $P(\alpha)=|A(\alpha)|^2$给出。如果测量得到一个特定值 $\alpha=\alpha_0$，则刚刚测量之后的状态就从对 α 的叠加态塌缩到仅其中一项 $\psi_{\alpha_0}(x)$ 的对应态。

这里的讨论与对动量的讨论并不完全一样，因为**我没有给你波函数 $\psi_\alpha(x)$，其为 A 具有确定取值的状态**。只有知道这些，我们才有希望将给定的 ψ 表示成式（22.8）所示的形式。

为此我们需要另一个假设。选择任何可观察的 A，假设将告诉你如何求得 $\psi_\alpha(x)$。然而，确定 ψ_α的方程将取决于 A 是什么。如果你改变主意，想去测量另一个 A，那么你就得去求解另一个新的方程。这里我们不去进行最一般性的讨论，而是考虑最重要的一种情形，即 A 是能量 E，$\psi_E(x)$ 是一定 E 的相应波函数。

当我们讨论任意初始波函数 $\psi(x,0)$ 如何随时间演化为 $\psi(x,t)$ 时，能量在动力学中起着核心作用。我们将会说明，只要势 V 是与时间无关的，就可以通过首先将初始波函数 $\psi(x,0)$ 表示为 $\psi_E(x)$ 的一种线性组合来非常容易地找到答案。一个明显的推论是，如果在一次测量中测得粒子的能量为 E，则不仅态将塌缩至 $\psi_E(x)$ 并在该态至少保持一无限小的时间（如它对于任何变量一样），而且粒子将永远处于该态！当我们在下一章讨论动力学时，所有这些都将被阐明。现在你

只需要接受，在所有可能的变量中，我们有充分的理由只去关注 $A=E$ 及与一定能量对应的波函数 $\psi_E(x)$ 的情形。

对 $\psi_E(x)$ 的假设 一定能量 E 的态是如下与时间无关的薛定谔方程的可归一化的单值解：

$$-\frac{\hbar^2}{2m}\frac{\mathrm{d}^2\psi_E(x)}{\mathrm{d}x^2}+V(x)\psi_E(x)=E\psi_E(x) \tag{22.10}$$

这是非常重要的一个方程。别担心，你会慢慢理解这个方程的。

现在你可能会说，“你为什么不像只给我 $\psi_p(x)$ 那样只给我 $\psi_E(x)$ 并且用它来进行讨论？”问题是与时间无关的薛定谔方程取决于 $V(x)$ 是什么。每个可能的 $V(x)$ 都有它自己的方程式（22.10）及它自己的一组解 $\psi_E(x)$。对于 $V(x)=kx^2$将存在一组函数 $\psi_E(x)$，而对于 $V(x)=k'x^4$将存在另一组函数。（在三维空间中，如果去讨论处于由质子引起的表示成 $1/r$ 的势中的一个电子，将得到氢原子的相应波函数 $\psi_E(\boldsymbol{r})$。）

我们将经常关注束缚态，即能量 E 小于 $x=\pm\infty$ 处的势 $V(\pm\infty)$ 的态。这是粒子不能逃逸到无穷远的一般情形，因为如果它能逃逸到无穷远，其动能 $K(\pm\infty)=E-V(\pm\infty)$ 就必须是负的，而这是不可能的。在束缚态下我们将发现，只有在以整数 n 标记的量子化的能量值 E_n及相应波函数 $\psi_{E_n}(x)\equiv\psi_n(x)$ 的情况下，薛定谔方程的解才是可能的。求解方程（22.10）将同时得到能量 E_n和 $\psi_{E_n}(x)$，然后我们就可以去求得 $A(E_n)$ 及其概率。但首先我们必须去求解这个方程。

为什么束缚态只对某些取值 $E=E_n$有解？我们将看到，在其他能量时，其对应解将在 $x\to\infty$ 或 $x\to-\infty$ 时，或在两种情况下，都以指数形式发散，因此它们是不可归一化的。当粒子被限于一个有限大的圆环上时，就不存在空间无限时的发散问题，而只存在单值性问题。使动量取值量子化的这种单值性要求也会同样在圆环上使能量取值量子化。

22.1 环上的自由粒子

我想要解决的第一个问题涉及一个自由粒子，对其 $V(x)\equiv 0$。让我们设想它在周长 $L=2\pi R$ 的圆上。薛定谔方程（式（22.10））假设具有如下形式：

$$-\frac{\hbar^2}{2m}\frac{\mathrm{d}^2\psi_E(x)}{\mathrm{d}x^2}=E\psi_E(x) \tag{22.11}$$

我们将方程重新整理为

$$\frac{\mathrm{d}^2\psi_E(x)}{\mathrm{d}x^2}+k^2\psi_E(x)=0 \tag{22.12}$$

其中

$$k^2 = \frac{2mE}{\hbar^2} \tag{22.13}$$

注意，我们要求的 E 通过上述方程被包含在 k 中。

该方程的通解为

$$\psi_E(x) = A\mathrm{e}^{\mathrm{i}kx} + B\mathrm{e}^{-\mathrm{i}kx} \tag{22.14}$$

其中，A 和 B 为常数。下面来验证一下，我们每求一次 $\mathrm{e}^{\mathrm{i}kx}$ 的导数，就得到一个 $\mathrm{i}k$ 因子，两次求导可得 $(\mathrm{i}k)^2 = -k^2$。第二项指数也会得到相同的因子，因为 $(-\mathrm{i}k)^2 = -k^2$。因此，$\psi_E(x)$ 满足

$$\frac{\mathrm{d}^2\psi_E(x)}{\mathrm{d}x^2} = -k^2\psi_E(x) \tag{22.15}$$

通过与原型

$$\psi_p(x) = A\exp\left(\frac{\mathrm{i}px}{\hbar}\right) \tag{22.16}$$

进行比较，可以认为式（22.14）中的指数函数是具有如下一定动量的态：

$$p = \pm\hbar k \tag{22.17}$$

如果我们利用式（22.13）将 k 用 E 表示出来，可得

$$p = \pm\hbar\sqrt{\frac{2mE}{\hbar^2}} = \pm\sqrt{2mE} \tag{22.18}$$

这样就可以将式（22.14）改写为能量 E 的如下关系式：

$$\psi_E(x) = A\mathrm{e}^{\mathrm{i}\sqrt{2mE}x/\hbar} + B\mathrm{e}^{-\mathrm{i}\sqrt{2mE}x/\hbar} \tag{22.19}$$

注意式（22.18），它与经典力学完全一样！换句话说，如果我告诉你一个具有能量 E 的自由粒子在一个圆环上以动能 E 运动，你就会说它的动量是由下式决定：

$$\frac{p^2}{2m} = E \tag{22.20}$$

其解为

$$p = \pm\sqrt{2mE} \tag{22.21}$$

那么在量子的情形下什么是与经典不同的呢？

经典力学和量子力学之间有两个根本的区别。

1. 在量子理论中，p 的允许取值被限制为以下值：

$$p = p_n = \frac{2\pi n\hbar}{L}, \quad n = 0, \pm 1, \pm 2, \cdots \tag{22.22}$$

在本节中为了方便，n 仅取值 0，1，2，…并定义

$$p_n = \frac{2\pi n\hbar}{L}, \quad n = 0, 1, 2, \cdots \tag{22.23}$$

对此可理解为，对于 $n \neq 0$ 的情形，动量的允许取值为 $\pm p_n$。

因此，能量的允许取值也是量子化的，为

$$E_n=\frac{p_n^2}{2m}=\frac{4\pi^2n^2\hbar^2}{2mL^2},\quad n=0,1,2,\cdots \tag{22.24}$$

相应的波函数为

$$\psi_{E_n}(x)\equiv\psi_n(x)=A\exp\left(\frac{\mathrm{i}p_nx}{\hbar}\right)+B\exp\left(-\frac{\mathrm{i}p_nx}{\hbar}\right)\quad(n=1,2,\cdots) \tag{22.25}$$

$$=A\exp\left(\frac{2\pi n\mathrm{i}x}{L}\right)+B\exp\left(-\frac{2\pi n\mathrm{i}x}{L}\right)\quad(n=1,2,\cdots) \tag{22.26}$$

$$=A\quad(n=0) \tag{22.27}$$

2. 虽然一个能量为 E 的经典粒子也可以取两个动量 $p=\pm\sqrt{2mE}$ 之一，但无论如何它只能选择其中的一个。另一方面，量子粒子可以处于式（22.19）所示的动量不确定的状态，其动量分别以相对概率 $|A|^2$ 和 $|B|^2$ 取两个相应值之一。

22.1.1 能级分析：简并

考虑到一个具有确定动量的状态可由一个完全归一化的独立函数来描述这一事实：

$$\psi_p(x)=A\mathrm{e}^{\mathrm{i}px/\hbar} \tag{22.28}$$

而一个具有确定能量的状态却包括两个独立的函数：

$$\psi_E(x)\equiv\psi_n(x)=A\exp\left(\frac{\mathrm{i}p_nx}{\hbar}\right)+B\exp\left(-\frac{\mathrm{i}p_nx}{\hbar}\right) \tag{22.29}$$

这两个函数 $\mathrm{e}^{\pm\mathrm{i}p_nx/\hbar}$ 不能通过乘以一个与 x 无关的常数来彼此相关联，在这个意义上两个函数 $\mathrm{e}^{\pm\mathrm{i}p_nx/\hbar}$ 是独立的。在两个系数 A 和 B 中我们可以自由地选择其中一个等于 1，这样比率 A/B 却是一个更有意义的参数，它决定了 p_n 与 $-p_n$ 的相对概率。这个在 ψ_E 中额外的参数使得概率 $P(E)$ 的计算有点棘手。下面来看我们如何处理这一问题。

令 $\psi(x)$ 为给定态，我们想知道在此态下能量测量所得各种结果的概率。先不考虑 $\psi_E(x)$，而将给定的 $\psi(x)$ 表示为 $\psi_p(x)$ 的一个线性组合，并且按如下所示对这些项进行分组：

$$\psi(x)=A(p=0)\mathrm{e}^{2\pi\mathrm{i}\cdot0\cdot x/L}+A(p_1)\mathrm{e}^{2\pi\mathrm{i}\cdot1\cdot x/L}+A(-p_1)\mathrm{e}^{-2\pi\mathrm{i}\cdot1\cdot rx/L}$$
$$+A(p_2)\mathrm{e}^{2\pi\mathrm{i}\cdot2\cdot x/L}+A(-p_2)\mathrm{e}^{-2\pi\mathrm{i}\cdot2\cdot x/L}+\cdots \tag{22.30}$$

我没有使用归一化的 $\psi_p(x)$，但这并不重要，因为将它们都乘以因子 $1/\sqrt{L}$ 来使之归一化并不会影响相对概率。（我们可以忽略归一化要求，因为它们都少了因子 $1/\sqrt{L}$，这保证了“射线”方向不变。）

在前面的形式中，任何允许的 p 的非归一化概率显然为：$P(\pm p_n)=|A(\pm p_n)|^2$。为了得到能量取任意值 E_n 的概率，我们考虑到 E_n 与动量的平方有关这一事实，所

以动量取$\pm p_n$的概率都对能量取E_n的概率有贡献。例如，两个动量

$$p_3 = \frac{2\pi \cdot 3 \cdot \hbar}{L} \tag{22.31}$$

和

$$-p_3 = \frac{2\pi \cdot (-3) \cdot \hbar}{L} \tag{22.32}$$

对应于相同的能量

$$E_3 = \frac{4\pi^2 3^2 \hbar^2}{2mL^2} \tag{22.33}$$

测得能量的相对概率等于测得与该能量相对应的两个动量的概率之和：

$$P'(E_3) = |A(p_3)|^2 + |A(-p_3)|^2 \tag{22.34}$$

绝对概率为

$$P(E_3) = \frac{|A(p_3)|^2 + |A(-p_3)|^2}{|A(p=0)|^2 + \sum_{n=1,2,\cdots}(|A(p_n)|^2 + |A(-p_n)|^2)} \tag{22.35}$$

显然，若对于$n=3$成立则对于除$n=0$之外的任何其他n也都成立，因为$n=0$时只对应于一项$A(p=0)$。

当在一次测量中测得能量E_n时，式（22.30）所示的波函数将塌缩至$\psi(x)$的展开式中具有相应动量的如下两项：

$$\psi(x)_{后} = A(p_n)\exp\left(\frac{\mathrm{i}p_n x}{\hbar}\right) + A(-p_n)\exp\left(-\frac{\mathrm{i}p_n x}{\hbar}\right) \tag{22.36}$$

在塌缩前后，比率$A(p_n)/A(-p_n)$保持不变。

另一方面，如果测量动量并测得结果p_n（或$-p_n$），则状态将塌缩至$A(p_n)\mathrm{e}^{\mathrm{i}p_n x/\hbar}$（或$A(-p_n)\mathrm{e}^{-\mathrm{i}p_n x/\hbar}$）。

再看具有一定能量的状态

$$\psi_E(x) = A\exp\left(\mathrm{i}\frac{\sqrt{2mE}}{\hbar}x\right) + B\exp\left(-\mathrm{i}\frac{\sqrt{2mE}}{\hbar}x\right) \tag{22.37}$$

由于A和B的任何取值的选择都对应于具有确定能量的一个态，因此有两种取值的选择就具有特别的吸引力。假设只有$A\neq 0$，那么它现在也是一定动量的状态。我们可以用一对值来标记该状态：

$$(E,p) = (E, +\sqrt{2mE}) \tag{22.38}$$

同样可以将动量相反的状态标记为

$$(E,p) = (E, -\sqrt{2mE}) \tag{22.39}$$

与x和p这对不相容的量不同，我们不可以用（x，p）这对量来描述一个态，却可以用（E，p）这对量来描述一个态。原因是当$V(x)\equiv 0$时

$$E = \frac{p^2}{2m} \tag{22.40}$$

我们可以先测量 p 再由其计算 E。

对于每个 E（除了 0）都有与该能量相对应的两个动量态，这称为简并。一般来说，如果有两个或多个具有该能量的独立波函数，则能级是简并的。这种情况如图 22.1 所示。

这里要强调的是，状态

$$\psi_E(x)=A\exp\left(\mathrm{i}\frac{\sqrt{2mE}}{\hbar}x\right)+B\exp\left(-\mathrm{i}\frac{\sqrt{2mE}}{\hbar}x\right) \tag{22.41}$$

不是一定动量的状态：我们可以分别以概率 $|A|^2$ 和 $|B|^2$ 测得 $\pm\sqrt{2mE}$。然而，它是一定能量 E 的状态，因为 E 和 p 的符号无关。换句话说，一定动量的状态也是一定能量的状态，但反过来却不成立。

如果我们将光照在这个“原子”上，它可以发生由边上的两个垂直箭头示出的跃迁：通过发射一个能量如下的光子从 $n=2$ 向下跃迁到 $n=1$：

$$\hbar\omega=E_2-E_1=\frac{4\pi^2\hbar^2}{2mL^2}(2^2-1^2) \tag{22.42}$$

以及通过吸收一个能量如下的光子从 $n=1$ 向上跃迁到 $n=3$：

$$\hbar\omega=E_3-E_1=\frac{4\pi^2\hbar^2}{2mL^2}(3^2-1^2) \tag{22.43}$$

只有适当频率的光可以诱导这种跃迁，相反，通过引起这种跃迁的频率的观测，我们可以了解“原子”的能级结构。

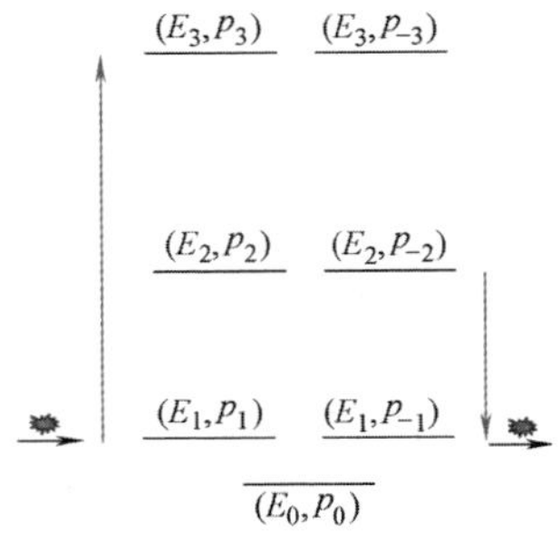

图 22.1　由（E，p）这对量表示的一个圆环上运动的一个粒子的能态。除 $E=p=0$ 态是非简并的外，每个允许的能量取值都有两种态 $p=\pm\sqrt{2mE}$，其分别对应于动量的两个可能方向。能级的“高度”随 n^2 变化。两边的垂直箭头表示通过发射一个能量为 $\hbar\omega=E_2-E_1$ 的光子从 $n=2$ 向下到 $n=1$ 的跃迁，以及通过吸收一个能量为 $\hbar\omega=E_3-E_1$ 的光子从 $n=1$ 向上到 $n=3$ 的跃迁。

在耶鲁（和其他地方）的实验已经证实了这个预测：如果在磁场中放置一个足够小的金属环，它会有一个持续（永久）的电流，而这并不是由电池或超导性引起的。这些实验可以测量一个电子产生的微小电流。在这种情况下，对于自由空间归一化的波函数人为引入的周长 L 就成为描述微米量级的量子环的一个具有物理意义的参数。

真正的原子在数学上比圆环上的粒子要复杂得多，因为电子被库仑力束缚。但是思想是一样的：只有一些能量是允许的，并且它们可以是简并的，通常对应于角动量的不同值。（而在环中，角动量只能有两个符号，顺时针和逆时针，导致双重简并，对三维情形还可以有许多可能的转动平面。）当你先前研究原子时，可能遇到壳层有 2 个电子或 8 个电子或者更多。这些数字代表简并性。从发射和吸收光的频率，我们可以推断出原子的能级结构。

这就是量子力学，它严格限制束缚态的能量的允许取值和相应波函数的集合，以及相应的发射和吸收频率。这就是为什么原子仅有数量有限的种类（H、He等），且任何一种原子（例如He）在整个宇宙中都是相同的。（考虑到电子、质子和中子在整个宇宙中都是相同的，这本身也是令人吃惊的。）这种重复性使我们能够通过发射光的多普勒频移来推断遥远恒星中都包含什么原子以及一些星系的运动快慢。这里是一个例子。氢原子具有两个靠得很近的能级，当其由上向下跃迁时发射光的波长为21cm。这是宇宙中任何地方的氢的特征谱线。如果观察到的波长不是21cm，而是22cm，你可能会说，“我猜它不是氢。”尽管如此，正确的答案是，它仍是氢，但是星系正在远离你，它的光发生了多普勒红移。如果星系向你运动而来，那条谱线就会发生蓝移。如果你相信整个宇宙中的氢原子都是相同的，那么频移就只能由星系的运动引起，通过观测光谱你会发现两件事：它的构成和它的衰退速度。对埃德温·哈勃（Edwin Hubble，1889-1953）的观察结果的解释将星系的红移与它们的距离相关联，这被用于证明宇宙的膨胀。

量子化在生物学和生命科学中同样重要。正是量子化确保了在分子生物学和遗传学中起核心作用的分子构成离散集的可能性，它们可以一次又一次可靠地被产生，就与数字音乐能毫无错误地被复制的方式一样。这不像模拟音乐，它不能无错误地进行复制。

22.2 势箱问题

现在介绍一个非常标准的教学练习，称为**量子阱中的粒子**，以及阱的一种极限情况，**箱子中的粒子**。它比环上的粒子更能代表量子化，因为粒子被一个势束缚，就像电子在原子中一样。

22.2.1 势阱中的粒子

设阱中的粒子所处的势为$V(x)$，其两种不同形式在图22.2的左半部分中分别由虚线和实线表示出来。在两种情形下都有当$x\to\pm\infty$时，$V(x)=V_0$。我们要求得具有确定能量的允许状态。逐渐变化的势（虚线）更接近实际情况，也更适合于在经典描述中作为能量函数去分析各种轨迹。然而，在量子力学中，为了简化数学

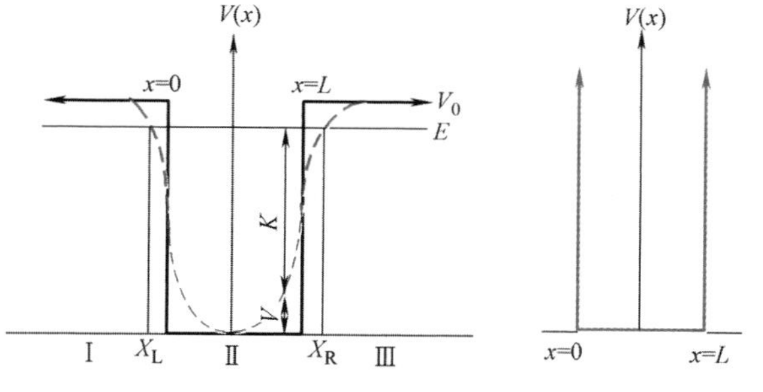

图22.2 左：一个具有有限深度V_0的势阱。其中，虚线给出了实际势阱的情形，实线是在量子力学中为简化计算而人为引入的势阱。右：一个无限深的势阱或一个箱子

计算，我们将采用一个由图中实线所示的方势阱，其在两侧 $x=0$ 和 $x=L$ 处从 0 突然升至 V_0。

我们首先考虑经典动力学。粒子的能量由动能项 $K(x)$ 和势能项 $V(x)$ 组成，总和为与 x 无关的常数 E，如水平线所示。我们感兴趣的主要是图中所示的 $E<V_0$ 的情形。此时粒子处于束缚态，它永远不会逃逸到无穷远，因为动能在无穷远处将是负的：$K(\pm\infty)=E-V(\pm\infty)=E-V_0<0$，而这是不可能的。

如果势阱中的粒子向右运动，它以一定的初始速度把自己推向束缚势，它将爬升直至速度变为 0 的转向点 x_R 处，然后开始向下滚入阱中。如果它向另一个方向运动，它将在 x_L 处做同样的动作。它将在两个转向点之间以恒定的总能量来回摆动。

如果 $E>V_0$，粒子就可以逃逸到无穷远。如果粒子从最左边开始向右运动，它将加速下落到阱中，并减速上升，最后以初始速度离开势阱（在这种情况下，$V(\infty)=V(-\infty)$）。我们不会过多讨论这种未束缚的粒子的情况，因为它的能量不是量子化的。

现在介绍势阱的量子处理。为了找到允许的能量和波函数 $\psi_E(x)$，我们回到薛定谔方程：

$$-\frac{\hbar^2}{2m}\frac{\mathrm{d}^2\psi_E(x)}{\mathrm{d}x^2}+V(x)\psi_E(x)=E\psi_E(x) \tag{22.44}$$

对于 $V\equiv 0$ 的情况，我们能够根据一定动量的状态来求解。对于诸如 $V(x)=\frac{1}{2}kx^2$ 的特殊情形，一个解析解是可能的。对于一些任意的 $V(x)$，通常没有解析解。

考虑 $V=V_0$ 常量的情况。它就像 $V=0$ 的情况一样容易求解，因为我们可以将薛定谔方程左边的 $V_0\psi$ 移到右边，将 V_0 合并在 E 中写成 $E-V_0$：

$$-\frac{\hbar^2}{2m}\frac{\mathrm{d}^2\psi_E(x)}{\mathrm{d}x^2}=(E-V_0)\psi_E(x) \tag{22.45}$$

这就像没有 V 但是 E 被 $E-V_0$ 替代的自由粒子问题一样。不幸的是，描述阱的 $V(x)$ 不是一个常量。然而，我们可以考虑一个方势阱，其中，势是分段常数并且随着 x 增加它从 V_0 跳到 0 并随后再跳回到 V_0，如图中实线所示。这使我们能够通过以下“分而治之”的方法来处理这个问题。

我们将空间分成如图所示的区域Ⅰ、Ⅱ和Ⅲ，并分别在每个区域求解 $\psi_E(x)$。因为 V 在每个区域中都是常量，我们可以做 $E\to E-V$ 的替换，来求解看起来像自由粒子波动方程一样的方程。但是最后我们必须将解合在一起，以使 ψ 和 $\frac{\mathrm{d}\psi}{\mathrm{d}x}$ 在区域Ⅰ与Ⅱ之间以及区域Ⅱ与Ⅲ之间的界面处是连续的。我已经讨论过 ψ 的连续性。$\frac{\mathrm{d}\psi}{\mathrm{d}x}$ 的连续性是薛定谔方程本身所要求的。如果 $\frac{\mathrm{d}\psi}{\mathrm{d}x}$ 在某一点是不连续的，则 $\frac{\mathrm{d}^2\psi}{\mathrm{d}x^2}$ 将在那点离散，这样方程就不能被满足，因为其他项 $E\psi$ 和 $V\psi$ 是有限的。

让我们从区域Ⅰ中的解 ψ_{I} 开始。它遵从

$$\frac{\mathrm{d}^2\psi_{\mathrm{I}}}{\mathrm{d}x^2}+\left[\frac{2m(E-V_0)}{\hbar^2}\right]\psi_{\mathrm{I}}=0 \tag{22.46}$$

这里已经把下标 E（在这种情况下很明显）替换为区域标记Ⅰ。

虽然我们还不知道 E，但先假设 $E<V_0$，看看这个范围内是否有解。这是经典力学中粒子被深深地困在阱中的情况。由于 $E-V_0$ 为负，我们引入如下所示的一个正的实参数 κ：

$$\kappa=\sqrt{\frac{2m(V_0-E)}{\hbar^2}} \tag{22.47}$$

将 κ 代入，薛定谔方程变为

$$\frac{\mathrm{d}^2\psi_{\mathrm{I}}}{\mathrm{d}x^2}-\kappa\psi_{\mathrm{I}}=0 \tag{22.48}$$

其通解为

$$\psi_{\mathrm{I}}(x)=A\mathrm{e}^{\kappa x}+B\mathrm{e}^{-\kappa x} \tag{22.49}$$

其中，A 和 B 此时可取任意值。但注意 B 项：它随 $x\to-\infty$ 以指数形式发散。这使得 ψ_{I} 不能被归一化。因此，我们选择 $B=0$。剩下的 A 项沿负 x 方向以指数形式趋近于零，对于 κx 为很大的负数，或者对于下式给出条件，A 项变得可以忽略不计：

$$|x|\gg\frac{\hbar}{\sqrt{2m(V_0-E)}} \tag{22.50}$$

因此，随着 V_0-E 的增加，波函数越来越快地趋近于零。在 $V_0\to\infty$ 的极限下，ψ_{I} 在整个区域Ⅰ中等于零，这一结果将在后面讨论中用到。

通过类似的推理，

$$\psi_{\mathrm{III}}(x)=C\mathrm{e}^{\kappa x}+D\mathrm{e}^{-\kappa x}\quad x\geqslant L \tag{22.51}$$

具有与区域Ⅰ相同的 κ。现在我们必须选择 $C=0$ 来避免波函数中出现以指数形式发散的项。同样，如果 $V_0\to\infty$，波函数 $\psi_{\mathrm{III}}(x)$ 中还剩下的以指数形式衰降的那一项也完全变为零了。

量子力学的一个显著特点是，对于有限的 V_0，粒子在经典禁区Ⅰ和Ⅲ中具有非零的概率。虽然量子理论并不完全禁止粒子进入到这个区域，但它确实以指数衰减的方式阻止其进入。

这样就还剩下 $V=0$ 的区域Ⅱ。我们刚才已经有了自由粒子情形的解 $\mathrm{e}^{\pm\mathrm{i}\sqrt{2mE}x/\hbar}$。我们有远见地将指数形式改写为如下正弦和余弦的形式：

$$\psi_{\mathrm{II}}(x)=F\sin\left(\frac{\sqrt{2mE}}{\hbar}x\right)+G\cos\left(\frac{\sqrt{2mE}}{\hbar}x\right) \tag{22.52}$$

在六个可能的参数中，两个（B 和 C）已被设为零以避免在 $x=\mp\infty$ 处的发散。剩下的四个，A、D、F 和 G，似乎正是为满足 ψ 和 $\mathrm{d}\psi/\mathrm{d}x$ 在两个界面处连续的四

个条件所需要的四个参数。但这只是一个假象。考虑例如在 $x=0$ 处区域Ⅰ和Ⅱ之间的界面，这些条件变为

$$\psi_{\mathrm{I}}(0)=\psi_{\mathrm{II}}(0)\Rightarrow A=G \tag{22.53}$$

$$\left.\frac{\mathrm{d}\psi_{\mathrm{I}}}{\mathrm{d}x}\right|_{x=0}=\left.\frac{\mathrm{d}\psi_{\mathrm{II}}}{\mathrm{d}x}\right|_{x=0}\Rightarrow\kappa A=\sqrt{\frac{2mE}{\hbar}}F \tag{22.54}$$

我已强调过，ψ 的整体尺度，即 A、D、F 和 G 的绝对大小，并没有物理意义，光靠它们并不能使这些条件被满足。如果对于所选波函数 ψ 不能使其及其斜率在界面处连续，则对其（及其导数）的任意重新标定都不会有帮助，因为 ψ（及其导数）出现在连续性条件的两边。为了更容易看清楚，我们可以选择其中一个系数（例如 A）等于 1，这样就只剩下三个自由参数。这里有四个条件和三个真正的参数，似乎不会有好的结果。但还有一个隐藏着的参数：能量 E，我们认为它是一个任意实数。我们发现，对于 E 的特殊选择（允许取值），波函数将遵循所有的连续性方程，并且在 $x=\pm\infty$ 处也趋近于零。更进一步地，我将用一个图示而不是完全解析地来说明这一情况。（但是，你们也将看到用解析的方法去证明束缚态能量是量子化的一个例子。）

一个典型的束缚态的解如图 22.3 所示。

只要是讨论一个 $E<V(\pm\infty)$ 的束缚态，不管这个束缚态是单个方势阱还是一个更为复杂的势阱，则只有在某些特殊能量值的情形下才能计算出相应参数和得到可归一化的解。为了说明这一点，我们对图 22.3 中的势阱，在区域Ⅱ和Ⅲ之间增加一个编号为Ⅳ的区域，该区域具有不同的恒定势 V_0'，然后在区域Ⅲ中再变回到 V_0，如图 22.4 所示。

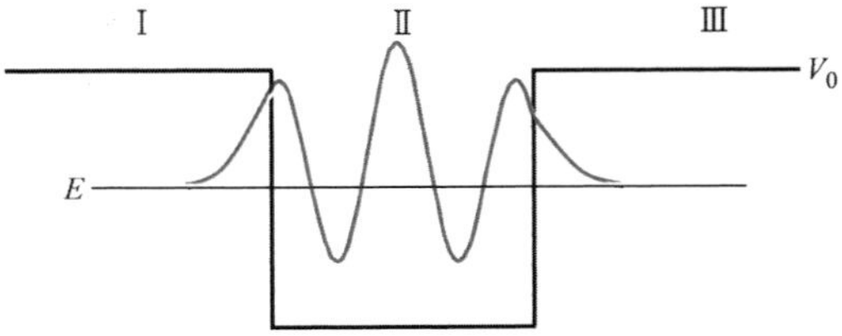

图 22.3 阱中与一个能量允许值对应的束缚态波函数。当势垒 $V_0\to\infty$ 时，势阱变为箱子，阱外的指数尾（区域Ⅰ和Ⅲ）缩小到零宽度，且 $\psi(x)$ 只在区域Ⅱ即箱子中是非零的。

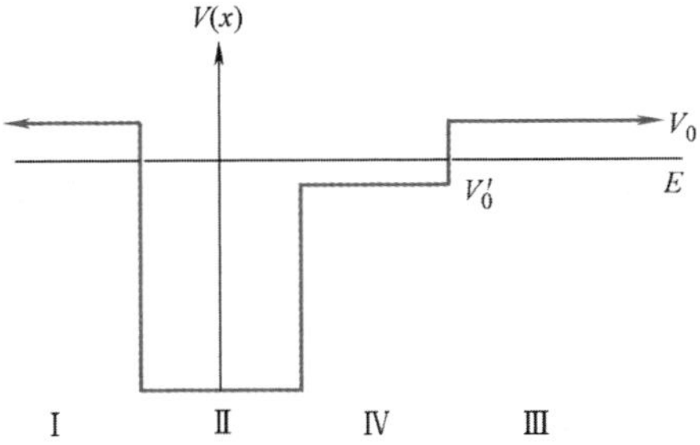

图 22.4 在简单势阱中增加一个不同势的区域。

新区域Ⅳ引入了两个额外的参数。（即使 $V_0'>E$ 也是如此，因为在有限区域Ⅳ中即使以指数形式上升的项也是允许的）。它还另外引入了一个界面和两个连续性条件。因此，即使增加更多的区域，我们也仍然会缺少一个参数。通过增加这种可

变宽度和高度的区域，我们可以对任何给定的 $V(x)$，如像图 22.5 所示的势函数，进行近似处理。我们将不断调整能量的取值，以获得一个在 $x\to\pm\infty$ 时变为零的可归一化的解。

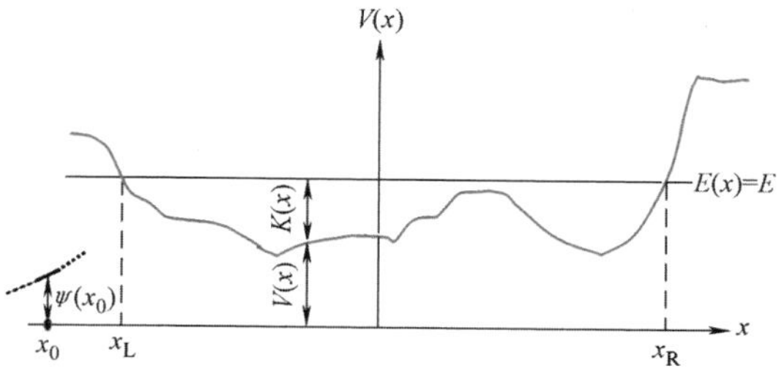

图 22.5 在势 $V(x)$ 中能量为 E 的粒子，对于 $E<V(\pm\infty)$ 的情况，不允许粒子到达±∞。经典上看，粒子被限制在右折返点 x_R 和左折返点 x_L 之间运动，两个折返点处粒子的动能 $K(x)=E-V(x)$ 等于零。（如果 $V(x)$ 在 x_L 和 x_R 之间的某区域超过了 E，则会有更多的折返点，且势阱将分裂成经典上不连续的区域。）量子理论允许粒子短距离地进入到经典禁区。在最左边是一个具有某斜率（实线）的 $\psi_E(x_0)$ 的“初始”值，以及它在两个方向上的数值延拓（虚线）。

让我们以另一种方式来理解在 $E<V(\pm\infty)$ 的一般势中束缚态的能量量子化是如何产生的。回到薛定谔方程

$$\frac{d^2\psi_E}{dx^2}+\left[\frac{2m(E-V(x))}{\hbar^2}\right]\psi_E=0 \tag{22.55}$$

并将 x 视为“时间”，$\psi(x)$ 视为随着这个“时间”从 $-\infty$ 到 ∞ 变化的坐标。薛定谔方程决定了坐标 $\psi_E(x)$ 作为“时间” x 的函数在“含时”的势 $V(x)$ 中的演化，就像牛顿定律将坐标对时间的二阶导数与外力关联起来一样。设刚开始时“时间” $x_0\ll 0$，此时初始“坐标”为 $\psi(x_0)$ 和（“初速度”）$(d\psi/dx)_{x_0}$，并利用这里的牛顿定律即式（22.55），作为“时间”的函数在计算机上对方程进行数值求解或积分。

记住你如何“在计算机上求解它”。你在时间 $t=0$ 时从某初始位置 $x(0)$ 和速度 $v(0)$ 开始。通过这个初速度可求得一个非常小的时间 Δt 之后的位置（$x(\Delta t)=x(0)+v(0)\Delta t$），类似地，通过初始加速度（由牛顿定律）求得 $v(\Delta t)$，并且以 Δt 大小的间隔继续向下推算。你可以选取更小的 Δt 值反复进行计算，以得到更精确的结果。

与力学不同，我们要求的是过去“时间”（$x<x_0$）以及未来时间的解，以确保它对所有的 x 都是正确的。如果试着在计算机上将我们的“时间”演化到更早的“时代”，便会发现，一般来说求得的解在 $x\to-\infty$ 时会发散。我们在方势阱中通过对其解析求解已经清楚地看到了这一点。回想式（22.49）所示对区域 I 的解，其有一项在 $x\to-\infty$ 时发散：

$$\psi_{\mathrm{I}}(x)=Ae^{\kappa x}+Be^{-\kappa x} \tag{22.56}$$

为了避免在 $x\to-\infty$ 时发散，我们只能选择 $B=0$。事实证明，我们可以用适用于数值解的另一种方式达到同样的目的。**这是通过明智而审慎地选择初始条件 $\psi(x_0)$ 和 $(d\psi/dx)_{x_0}$ 实现的。**虽然 $\psi(x_0)$ 和 $(d\psi/dx)_{x_0}$ 的绝对大小并没有物理意义，但它们之间的比率才是一个真正的自由度。实际上这是我们所拥有的唯一的一个自由

度。如何合理地选择这个比率才能有与设 $B=0$ 一样的效果，为此我们考虑解析解在某点处的（$d\psi/dx$）与 $\psi(x)$ 的比率：

$$\left.\frac{\frac{d\psi_{\mathrm{I}}(x)}{dx}}{\psi_{\mathrm{I}}(x)}\right|_{x_0}=\left.\frac{A\kappa e^{\kappa x}-B\kappa e^{-\kappa x}}{Ae^{\kappa x}+Be^{-\kappa x}}\right|_{x_0} \tag{22.57}$$

假设我们要求这个比率等于 κ：

$$\left.\frac{A\kappa e^{\kappa x}-B\kappa e^{-\kappa x}}{Ae^{\kappa x}+Be^{-\kappa x}}\right|_{x_0}=\kappa \tag{22.58}$$

这只有在 $B=0$ 时才会发生。**因此，在解析解中与 $B=0$ 相对应的 $(d\psi/dx)_{x_0}$ 与 $\psi(x_0)$ 的比率有一个魔法值（这在该例子中恰好是 κ，与 x_0 无关）。**这意味着，如果我们尝试对方势阱问题进行数值积分，则确保在 $x\to-\infty$ 时得到有效解的比率将被证明在任意 x_0 处都是 κ。

这个策略适用于一般情况下的数值解。我们也将通过试验和错误发现，总有一个特定的（与 x_0 有关）$(d\psi/dx)_{x_0}$ 与 $\psi(x_0)$ 的比率，其将去掉在 $x\to-\infty$ 时的指数增长项。这也是合理的：我们试图使用一个自由参数即 $(d\psi/dx)_{x_0}$ 与 $\psi(x_0)$ 的比率来强加一个约束（在 $x\to-\infty$ 时没有指数增长项）。

做这样的选择是为了避免 $x\to-\infty$ 时出现发散，现在我们将方程朝着 x 增加的方向进行积分。因为唯一的自由度即 $(d\psi/dx)_{x_0}$ 与 $\psi(x_0)$ 的比率已经被用过了，因此 x 增加方向的积分只能继续进行下去。我们将在阱内发现振荡，并且当 $x\gg L$ 时 ψ 以指数形式增长。换句话说，指数增长项（存在于方势阱的区域Ⅲ中）在 x 为正且很大时又出现了。然而，如果我们在时间无关的薛定谔方程中不断改变能量取值 E，则可以发现，在一些特殊的分立值处，当 $x\to\infty$ 时指数增长项也将消失，并且 $\psi(x\to\pm\infty)$ 将以指数形式衰减到零。这些将是束缚态能量允许的或量子化的值。

虽然一般 $V(x)$ 的这个问题不能以闭合形式解析求解，但我希望前面的分析已经使你相信，束缚态能量必须是量子化的。对于那些坚持要得到一个解析解的人，我会很快给出一个例子。

但首先我们来简略地讨论一下 $E>V_0$ 的情形。此时粒子可以自由地以正的动能逃逸到无穷远处。薛定谔方程将允许在所有三个区域中的振荡（因而束缚）解，而不需要在Ⅰ和Ⅲ两个区域中都去掉一个系数。我们将在每一能量下都得到一组双参数解，尽管一个参数可以重新标定为1而不会带来任何影响。在图22.6中给出了一个这样的势阱及其波函数（的实部）的例子。注意，由

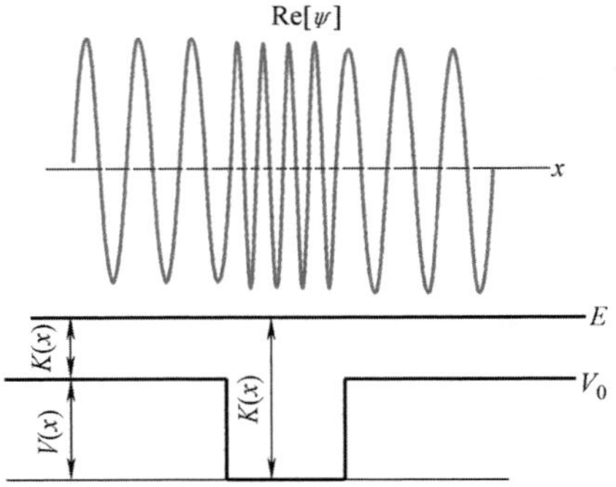

图22.6　描述一个非束缚态（$E>V_0$）的波函数的实部。粒子在势阱内具有较大的动能（和较小的 λ）。

于粒子在势阱内被加速，因此波数 k 在势阱内增加。

22.2.2 势箱：解析解

现在我们来讨论这个箱子，这是势阱在 $V_0\to\infty$ 时的极限。在这个极限下容易证明能量的量子化。根据公式

$$k=\sqrt{\frac{2m(V_0-E)}{\hbar^2}} \tag{22.59}$$

在势阱两侧的指数尾（见图 22.3）在 $V_0\to\infty$ 时衰减至零，因此 $\psi_{\mathrm{I}}(x)$ 只在箱子内部是非零的。

由于在势阱内部 $V=0$，我们只需要做我们早些时候对自由粒子所做的。我在这里重复一下：

$$\frac{\mathrm{d}^2\psi_E(x)}{\mathrm{d}x^2}+k^2\psi_E(x)=0 \tag{22.60}$$

其中

$$k^2=\frac{2mE}{\hbar^2} \tag{22.61}$$

（注意，E 又回到下标，因为只有一个区域。）

在你学习量子力学之前，你可能已经知道（基于满足含 t 的二阶导数的类似方程的振子）其解具有如下形式：

$$\psi_E(x)=A\sin kx+B\cos kx \tag{22.62}$$

进入量子世界后，你发现到处都用到振荡指数项，因此你可能也特别喜欢选择如下形式的解：

$$\psi_E(x)=C\mathrm{e}^{\mathrm{i}kx}+D\mathrm{e}^{-\mathrm{i}kx} \tag{22.63}$$

其中，C 和 D 为常数。两个选择都是同样正确的，因为我们可以将三角函数表示成复指数的形式，反之亦然。对于给定的 A 和 B，你可以利用欧拉公式来得到相应的 C 和 D。

结果表明，在这里使用带正弦和余弦的式（22.62）更好。你可能再次会产生这样的第一印象，即对应于每个 E 都有带系数 A 和 B 的两个独立的解，但这一印象只是一个错觉，因为只有它们的比率才具有物理意义。有了这样一个自由参数，我们必须在箱子的边缘满足边界条件。由于 ψ 在箱子外都变为零，因此根据连续性或单值性，在箱子内部的 ψ 必须在两端为零。

ψ（端部）$=0$ 这个边界条件对 ψ 的绝对大小并不敏感。如果一个给定的 ψ 在两端不为零，则重新标定的 ψ 也不会在两端变为零。因此，我们有两个条件和一个实参数，这意味着，解只存在于特殊能量下。（关于两端 $\frac{\mathrm{d}\psi}{\mathrm{d}x}$ 也连续的另外两个条

件又怎样呢？答案是我们可以不去匹配斜率，这样$\frac{d^2\psi}{dx^2}$在 $x=0$ 和 $x=L$ 处就是发散的。但在这里这种情况是允许的，因为 V 在那里也是发散的。)

让我们看看边界条件如何限制 A 和 B，并确定允许的能量。在 $x=0$ 时，我们要求

$$\psi(0)=0=A\sin k\cdot 0+B\cos k\cdot 0=0+B \tag{22.64}$$

这意味着，$B=0$。这样余弦就必须被去掉，因为它在箱子的左端不为零。在右端我们需要

$$\psi(L)=0=A\sin kL \tag{22.65}$$

如果我们通过使 A 为零来满足上式，则我们将得不到需要的解。所以我们要求

$$\sin kL=0 \tag{22.66}$$

这意味着，k 被限制为

$$k=k_n=\frac{n\pi}{L},\quad n=1,2,3,\cdots \tag{22.67}$$

这样能量就被量子化为

$$E=E_n=\frac{\hbar^2k_n^2}{2m}=\frac{\hbar^2\pi^2n^2}{2mL^2} \tag{22.68}$$

相应的波函数为

$$\psi_E=\psi_n(x)=A\sin\left(\frac{n\pi x}{L}\right) \tag{22.69}$$

由于 $\sin^2\theta$ 在半个周期内的平均值是 1/2，波函数的如下积分为

$$\int_0^L |A|^2\sin^2\left(\frac{n\pi x}{L}\right)dx=\frac{|A|^2L}{2} \tag{22.70}$$

这意味着，归一化波函数为

$$\psi_n(x)=\sqrt{\frac{2}{L}}\sin\left(\frac{n\pi x}{L}\right) \tag{22.71}$$

观察前几个能量值和相应的波函数，如图 22.7 所示，可以得到以下特征。

- 能级是非简并的，不像在一个环上的情形。
- 每个 ψ 在两端都有节点，因此$\frac{d^2\psi}{dx^2}$在那里发散。但在这种情况下是允许的，因为 V 在势垒壁上也突增。这就是为什么我们不要求斜率在箱子的两端连续的原因。
- 带有标记 n 的解在箱子的长度上完成了 n 个半周期。这些正是在求解一根两端固定的弦的波动方程时出现的函数。这些被称为它的简正波：如果我们先将弦变形到这些形状之一，即 $\psi(x,0)=A\sin\left(\frac{n\pi x}{L}\right)$，然后将弦释放并让其运动起来，弦的

每部分将以频率 $\omega_n = k_n v$ 上下同步振动，其中，v 是波速：

$$\psi_{\text{string}}(x,t)=\psi(x,0)\cos\left(\frac{n\pi vt}{L}\right)$$

$$=A\sin\left(\frac{n\pi x}{L}\right)\cos\left(\frac{n\pi vt}{L}\right) \tag{22.72}$$

我们将在量子动力学中遇到一个类似的结果：在零时刻以 $\psi_E(x)$ 开始的态将保持其函数形式，只是简单地在其前面加一个与时间有关的相位因子。

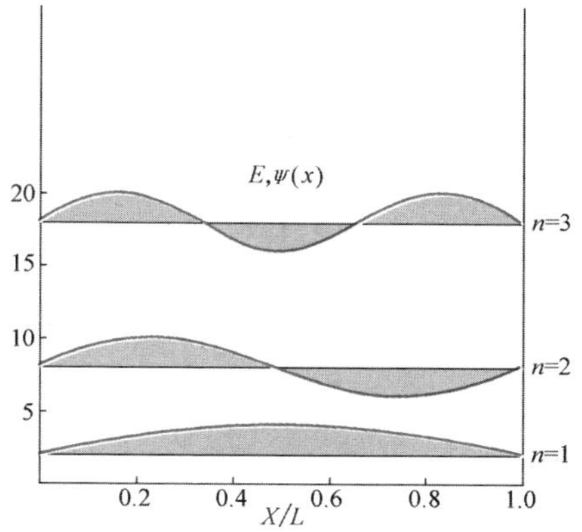

图 22.7　一个箱子中的前三个能级和波函数。

能量的量子化与一根弦的频率的经典量子化具有相同起源，这一事实也是为什么薛定谔方程一被公开就被大家所接受的原因。人们突然明白了为什么能量是量子化的：为了将整数个半波长刚好放入箱子，人们确定允许的波长或波数 k 并且这就转化为允许的能量。

- n 的允许值不包括 0 或负整数，而一个环上的自由粒子却允许这些值。这是因为在环上有

$$\psi_n(x)=A\exp\left(\frac{2\pi nix}{L}\right),\quad n=0,\pm1,\pm2,\cdots \tag{22.73}$$

如果我们设上面的 $n=0$，则我们得到 $\psi_0=Ae^{i\cdot 0}=A$，而如果我们在 $A\sin\left(\frac{n\pi x}{L}\right)$ 中设 $n=0$，则相应的 $\psi_0(x)\equiv 0$。同样，当我们将 n 变为 $-n$：

$$\exp\left(\frac{2\pi nix}{L}\right)\to\exp\left(-\frac{2\pi nix}{L}\right) \tag{22.74}$$

这是一个独立函数，而在同样的变化下：

$$A\sin\left(\frac{n\pi x}{L}\right)\to A\sin\left(\frac{-n\pi x}{L}\right)=-A\sin\left(\frac{n\pi x}{L}\right) \tag{22.75}$$

这只是 $A\sin\left(\frac{n\pi x}{L}\right)$ 的 -1 倍，因此它不是第二个独立解。

- 通过用光照射粒子并观测粒子吸收或发射的光的频率，我们可以探测粒子的能级。当你学到更多的量子力学，你会发现波函数控制吸收和发射的比率。
- 这些状态之一的概率密度为

$$P(x)=\frac{2}{L}\sin^2\left(\frac{n\pi x}{L}\right) \tag{22.76}$$

- 基态能量是 $E_1=\frac{\hbar^2\pi^2}{2mL^2}$。为什么它不等于零？如果你被关在一个长度为 L 且墙的高度无限的监狱中，什么将是你最低的能态？我知道我只会坐在地板上，为自己感到难过。但是根据不确定关系，粒子是不允许有这种零动量和确定位置的态。由于粒子的位置已知在箱子内，其位置不确定度为 $\Delta x\approx L$，根据 $\Delta p\geqslant\frac{\hbar}{L}$，其动量不确定度有下限，因此其能量应具有量级 $(\Delta p)^2/2m=\frac{\hbar^2}{2mL^2}$。事实上，基态能量的量级为 $\hbar^2/(mL^2)$（去掉同一个量级的因子）。更进一步，波函数 $\sin\pi x/L$ 似乎是 $p=\pm\frac{\pi\hbar}{L}$ 的一个混合体，这意味着，$\Delta p\approx\frac{\hbar}{L}$。（虽然 $\psi_1(x)$ 明显是 $\exp\left(\pm\frac{\mathrm{i}\pi\hbar x}{\hbar L}\right)$ 之和，但我还是说“似乎是”，这是因为波函数 $\psi_1(x)$ 只在箱子内才有这种形式，而在箱子外都等于零。然而，这样一个函数可以表示为箱子内外一定动量态的一个叠加。与有限长的环不同，这些在无穷长线上非零的动量函数允许粒子具有连续的 p 值。但由于无限长的线度，这些函数的归一化都非常困难。然而最基本的是，这些在全空间非零的动量函数的一种合理的叠加将在箱子外面得到零而在箱子内得到 $\psi_1(x)$。这种叠加将不仅包含两个动量 $\pm\frac{\pi\hbar}{L}$ 成分，而且包含分布在以 $p=0$ 为中心具有“宽度” $\Delta p\approx\hbar/L$ 的连续动量成分。）

  这种不确定关系的讨论在物理学中比比皆是。例如，为了估计一个大小为 $\Delta x\approx10^{-15}$ m 的原子核中一个质子的最低动能，我们设 $\Delta p\approx\frac{\hbar}{\Delta x}$ 并估计基态动能的量级为 $\frac{1}{2m}\frac{\hbar^2}{\Delta x^2}\approx10^7\,\mathrm{eV}$。

箱子是通过边界条件得到束缚态能量量子化的最简单的例子。它是原子情形的剪影。电子通过电子和核之间一个深为 $1/r$ 的势与原子结合。我们需要在三维空间求解薛定谔方程，这显然是一维情况的推广，但是却要难求解得多。甚至薛定谔也需要数学家的帮助。该求解给出了能级，具有适当的简并和相应的波函数 $\psi_E(\boldsymbol{r})$。波函数的“大小”具有玻尔半径的数量级：

$$a_0=\frac{4\pi\varepsilon_0\hbar^2}{m_e e^2}\approx10^{-10}\mathrm{m}\tag{22.77}$$

其中，m_e 是电子质量。基于不确定关系（只保持 10 的幂）估计的动能约为 $\frac{\hbar^2}{m_e a_0^2}\approx$ 10eV。事实上，电子伏是原子物理学中能量的一个自然单位。

请记住，要研究量子力学，你需要知道经典势能函数 $V(x)$，将其代入薛定谔方程可以求得允许的能量和 ψ_E。如果系统是一个振子，你需要力常数。如果它是一个原子，你应该知道库仑势。如果它是原子核中的一个核子，你需要原子核的势，其通常具有形式$\frac{1}{r}e^{-r/r_0}$，其中，$r_0 \approx 10^{-15}\ \mathrm{m} = 1\mathrm{fm}$㊀。

22.3 势箱中的能量测量

我们已经花了很长时间来讨论如何求得并分析一定能量的状态 $\psi_E(x) \equiv \psi_n(x)$，你可能已经忘记了我们为什么讨论所有这些。让我提醒你一下，我们的目标是，在测量处于任意状态 $\psi(x)$ 的粒子的能量时，要知道测得的可能结果及其相应概率。现在我们再回到这一主题，但这一次我们已经做了充足的准备。

首先，我们将箱子里一个粒子的 $\psi(x)$ 展开为一个叠加：

$$\psi(x) = \sum_{n=1}^{\infty} A(n)\psi_n(x) = \sum_{n=1}^{\infty} A(n)\sqrt{\frac{2}{L}}\sin\left(\frac{n\pi x}{L}\right) \tag{22.78}$$

在确定了 $A(n)$ 之后：

$$A(n) = \int_0^L \psi_n^*(x)\psi(x)\,\mathrm{d}x \tag{22.79}$$

$$= \int_0^L \sqrt{\frac{2}{L}}\sin\left(\frac{n\pi x}{L}\right)\psi(x)\,\mathrm{d}x \tag{22.80}$$

就得到粒子处于 n 标记的态中的概率为

$$P(n) = |A(n)|^2 \tag{22.81}$$

下面是人为设计出来的一个例子，用以说明这些公式。设归一化的 ψ 为

$$\psi(x) = \sqrt{\frac{2}{L}} \quad 0 \leqslant x < \frac{L}{2} \tag{22.82}$$

$$= 0 \quad \frac{L}{2} < x \leqslant L \tag{22.83}$$

（注意，我们考虑选择的 ψ 也会像 ψ_n 那样在箱子外面为零，其原因是，如果它在箱外不是零，它就不能用 ψ_n 来构建。还需要先说明一点，即无论我们讨论的是什么变量 A，将任何给定的 ψ 表示为这些 ψ_α 的线性叠加都是可能的。实际上，对真实的 ψ 还是有一些限制。其中之一是，它们不能进入到所有 ψ_n 都为零的区域。这里给出的 ψ 在 $x=0$ 处违反了这个条件。因此，应该将其看作一系列函数的极限，当 x 从右边→ 0 时其越来越急剧地下降。）

接下来，

$$A(n) = \int_0^{L/2} \sqrt{\frac{2}{L}}\sin\left(\frac{n\pi x}{L}\right)\sqrt{\frac{2}{L}}\,\mathrm{d}x \tag{22.84}$$

㊀ fm，费米。——编辑注

$$= \frac{2}{L}\frac{L}{n\pi}\left[\cos\left(\frac{n\pi x}{L}\right)\right]\Bigg|_{L/2}^{0} \tag{22.85}$$

$$= \frac{L}{n\pi}\left(1-\cos\frac{n\pi}{2}\right) \tag{22.86}$$

$$= \frac{4}{n\pi}\sin^2\left(\frac{n\pi}{4}\right) \tag{22.87}$$

$$P(n) = \frac{16}{n^2\pi^2}\sin^4\left(\frac{n\pi}{4}\right) \tag{22.88}$$

结果的主要特点是，$P(n)$ 随 n 以 $1/n^2$ 下降，并且每当 n 是 4 的倍数时，它变为零。（尝试画出 $\psi(x)$ 的前四个波函数，看看为什么。）

作为式（22.88）的一个具体例子，我们计算出在基态 $n=1$ 中找到粒子的概率为

$$P(1) = \frac{16}{\pi^2}\sin^4\left(\frac{\pi}{4}\right) = \frac{4}{\pi^2} \approx 0.41 \tag{22.89}$$

第23章 散射和动力学

在经典力学中考虑以下问题。你从水平地面的最左边发射一个质量为 m、动量为 p_0 的弹丸，然后它遇到一个从 0 平滑上升到一个恒定的 V_0 的势垒，如图 23.1 所示。

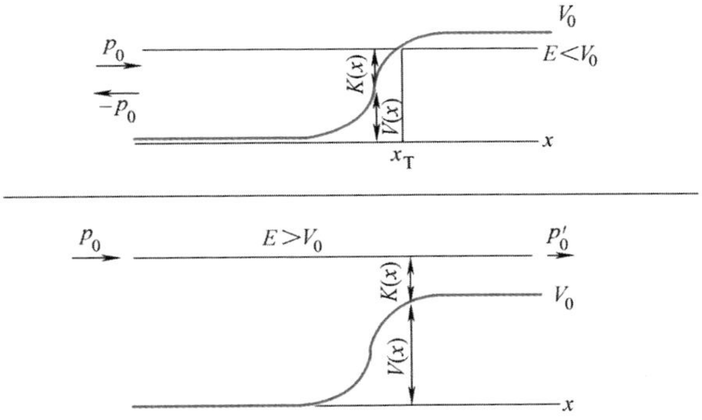

图 23.1　从 $x\to-\infty$ 处的 0 平滑上升到 $x\to\infty$ 时的 V_0 的一个势的经典散射。如果 $E>V_0$，则保证透射，如果 $E<V_0$，则保证反射。

发生什么取决于弹丸的能量 $E=p_0^2/(2m)$。如果 $E<V_0$（图的上半部），则弹丸将爬升，失去动能 $K(x)$，获得势能 $V(x)$，并保持其总和为常数并等于 E，如图中的水平直线所示。弹丸将在折返点 x_T 处停下来，此位置 $E=V(x_T)$。然后弹丸将滚回给你，这称为反射。如果你使能量增加并达到 $E>V_0$（图的下半部），弹丸将越过顶部并以一定的正动能 $K=E-V_0$ 离去，你将永远不会再看到它，这称为透射。即使在你射击弹丸的地方看不见该势垒，你也可以确定 V_0：它是弹丸不能回来的最低发射能量 E。散射就是以这种方式被用于探测亚原子粒子之间的作用力，通过来回发射它们，并观察它们如何散射。

23.1　量子散射

现在我们讨论在量子力学中相同的散射过程。处理这一问题的正确方法是使用含时薛定谔方程，它告诉我们任何初始 $\psi(x,0)$ 如何随时间演化成 $\psi(x,t)$。如

图 23.2 所示，为了便于计算，经典讨论中的平滑变化的 $V(x)$ 已经被高度 V_0 的台阶取代。对于 $\psi(x,0)$，我们选择一个归一化波函数 ψ_{in}，称为波包。该波包在空间中可以很好地被定位，并且它是由与某 p_0 处的尖峰周围的正 p 值相对应的态组成，其中，Δx 和 Δp 遵守不确定关系。然后，我们让含时薛定谔方程来继续计算其久远未来的演化情形。(可以将此计算视为一个黑箱子，只考虑其结果。) 将会发生什么取决于入射波包的平均能量。

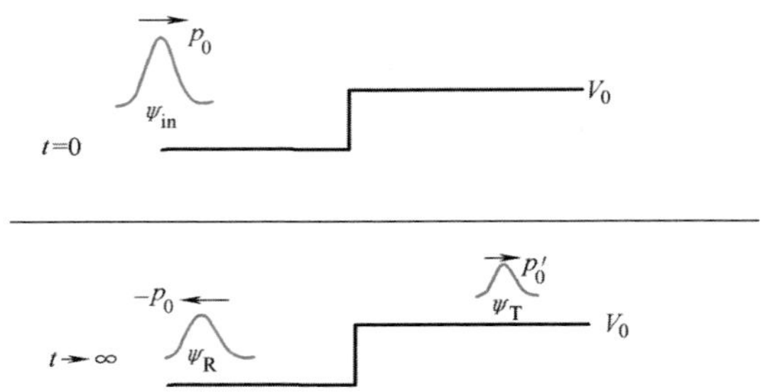

图 23.2 $E>V_0$ 情况下散射的时间演化图。(为了便于计算，经典讨论中的平滑变化的 $V(x)$ 已经被高度 V_0 的台阶取代。) 平均动量为 p_0 且平均能量大于 V_0 的一个波包 ψ_{in} 在 $t=0$ 时从左边入射。经过很长时间，当 $t\to\infty$ 时，它变成了两个波包：一个具有平均动量 $-p_0$ 的反射波包 ψ_R 和一个具有较小动量 p'_0 的透射波包 ψ_T。假设入射波包归一化，反射波包和透射波包的平方积分就给出反射系数 R 和透射系数 T。

23.1.1 当 $E>V_0$ 时的散射

图 23.3 中画出了平均入射能量 $E=\dfrac{p_0^2}{2m}=\dfrac{\hbar^2k^2}{2m}>V_0$ 的情况，这是我们最感兴趣的。(图中没有画出 $E>V_0$ 的恒定能量线。) 当时间 $t\to\infty$ 时，入射波包会分成反射波包 $\psi_R(x,t)$ 和透射波包 $\psi_T(x,t)$。前者在区域 I 中以平均动量 $-p_0$ 朝向 $x=-\infty$ 运动；后者在区域 II 中以平均动量 $p'_0=\hbar k'$ 朝向 $x=\infty$ 运动，其中，$(\hbar k')^2/(2m)=E-V_0$。根据关于概率密度的基本假设，$|\psi_R(x,t\to\infty)|^2$ 和 $|\psi_T(x,t\to\infty)|^2$ 下的总面积就分别给出粒子位于最左边即已经被反射的概率 R 以及粒子在最右边即已经被透射的概率 T。

如果我们发送非常大量的全部处于同一态 ψ_{in} 的粒子，则其中比例为 R 的一部分将被反射，比例为 T 的一部分将被透射。这就是加速器向某个目标射出一束弹丸并且散射的粒子被许多探测器拾取时发生的情况。

我只描述了这所涉及的计算而跳过细节，因为我们还没有学习含时的薛定谔方

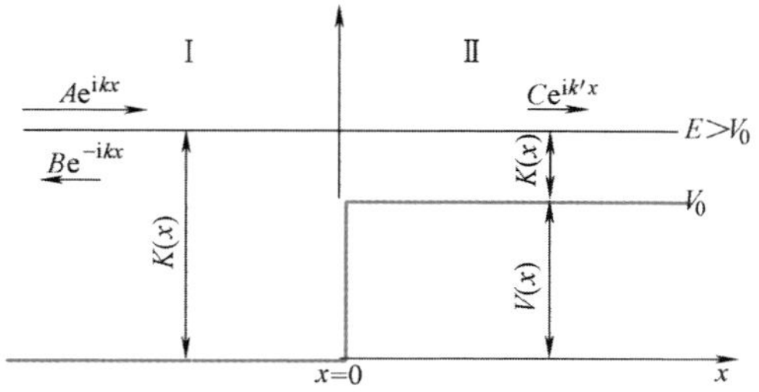

图 23.3 对以能量 $E=\frac{\hbar^2k^2}{2m}>V_0$ 接近阶跃势的一个粒子的与时间无关的量子处理。具有相反动量$\pm\hbar k=\pm\sqrt{2mE}$的入射波和反射波共存于势垒的左侧，而透射波变成一个具有动量$\hbar k'=\pm\sqrt{2m(E-V_0)}$的波。图中标出了动能 $K(x)$、势能 $V(x)$ 和总能量 $E>V_0$ 等典型值。

程，并且因为最终结果只能在一定的极限下才能通过与时间无关的薛定谔方程得到。

这种极限情形可以通过使入射波包在 x 上变得更宽广而在平均动量 $p_0=\hbar k$ 处变得更尖锐来逼近。透射波包和反射波包发生了相同的展宽。在这个意义上它们不再是波包，而是扩展的波。入射波和反射波作为相反动量$\pm p_0$ 的波共存于势垒的左侧，而透射波变成了一个具有动量 $p'_0=\sqrt{2m(E-V_0)}$ 的波。反射系数 R 和透射系数 T 完全由清晰确定的初始动量 $p_0=\hbar k$ 和 V_0 决定。在该极限情形下的结果与时间无关，R 和 T 的大小可以通过在适当边界条件下求解与时间无关的薛定谔方程得到并用 p_0 和 V_0 表示出来。

以下是处理与时间无关的散射问题的细节，下面就简略地罗列一下所熟悉的处理过程的关系式。这里只存在两个区域Ⅰ和Ⅱ，在每个区域我们可以如前写出

$$\psi_{\mathrm{I}}(x)=Ae^{ikx}+Be^{-ikx} \quad 其中\ p_0=\hbar k=\sqrt{2mE} \tag{23.1}$$

$$\psi_{\mathrm{II}}(x)=Ce^{ik'x}+De^{-ik'x} \quad 其中\ \hbar k'=p'_0=\sqrt{2m(E-V_0)} \tag{23.2}$$

请注意，k'小于 k，因为在爬上台阶时损失了动量。

由于当 $|x|\to\infty$ 时没有以指数形式发散，因此我们可以保留所有四个系数，其对于两个区域中的入射（朝向台阶）波和出射（远离台阶）波来说是允许的。然而，如果要描述所讨论的散射过程，我们就只在区域Ⅰ中需要一个入射波，其在区域Ⅰ中产生一个反射波并在区域Ⅱ中产生一个透射波。因此我们选择 $D=0$ 来去除区域Ⅱ中的入射波。

你可能已经注意到，动量波函数没有被通常的因子 $1/\sqrt{L}$ 归一化，因为我们是在无限长的体积中，即 $L=\infty$。我们也不能把系统放在一个圆环上，因为我们不希望透射波从左边又回到我们身边！幸运的是，我们可以仅使用 A、B 和 C 的比率来

得到 R 和 T，而不需要去进行整体的归一化。它不会影响 R 和 T 的大小。（虽然在这个例子中可以巧妙处理无限体积中的归一化问题，你应该知道有一个微妙的方法可以归一化无限体积中的动量态，这种方法之所以有效是因为这些波函数的平方积分随系统的长度 L 呈线性发散，而不是随 L 以指数形式发散。后者情形下则根本不被允许进行归一化。）

由于波函数的总体尺度是任意的，因此可以选择 $A=1$。系数 B 和 C 必须确保 ψ 和 $\psi'\equiv\frac{\mathrm{d}\psi}{\mathrm{d}x}$在 $x=0$ 处是连续的：

$$1+B=C(\psi_{\mathrm{I}}(0)=\psi_{\mathrm{II}}(0)) \tag{23.3}$$

$$\mathrm{i}k(1-B)=\mathrm{i}k'C((\psi'_{\mathrm{I}}(0)=\psi'_{\mathrm{II}}(0)) \tag{23.4}$$

解为

$$B=\frac{k-k'}{k+k'} \tag{23.5}$$

$$C=\frac{2k}{k+k'} \tag{23.6}$$

既然与时间无关，那我们应该如何定义 R 和 T？我们不能根据这些波函数下的面积之比来定义它们，因为所有这些面积都是无限的。所以我们回到最基本的问题，如果有很多弹丸可供使用，我们如何去定义 R 和 T？我们会朝台阶发射大量的弹丸，例如 10000 粒，那么如果 6000 回来了，4000 通过了，我们会定义

$$R=\frac{6000}{10000}\quad T=\frac{4000}{10000} \tag{23.7}$$

（我们应该不断增加投射的数目，直到比率 R 和 T 达到稳定。）

注意振幅分别为 1、B 和 C 的入射波、反射波和透射波的波函数。如果有大量的投射物，所有都是由相同的波函数给出，它们的数密度将与概率密度成正比。粒子在区域Ⅰ中将具有速度 $v=\frac{p}{m}=\hbar k/m$，而在区域Ⅱ中具有速度 $v'=\frac{\hbar k'}{m}$。有一个稳定的粒子流朝势垒运动过来并且被反射或透射。因此，我们不能用粒子的总数（无限的），而必须用**每秒**到达的及被散射或被反射的数量来进行讨论。也就是说，我们必须用这种粒子流来研究。

回顾一下我们所学的关于电流的知识

$$j=\rho v \tag{23.8}$$

其中，j 是电流密度，ρ 是粒子密度，v 是速度。在一维时，粒子流（每秒穿过某检测点的粒子数）与电流密度相同（没有除以垂直于粒子流的面积）。所以

$$j_{\text{入射}}=P(x)v=P(x)\frac{\hbar k}{m}=1\cdot\frac{\hbar k}{m} \tag{23.9}$$

同样

$$j_R = |B|^2 \cdot \frac{\hbar k}{m} \tag{23.10}$$

$$j_T = |C|^2 \cdot \frac{\hbar k'}{m} \tag{23.11}$$

透射流中的关键因子 $v' = \frac{\hbar k'}{m}$ 确保了我们计算它们在最右端的到达率时不仅要考虑粒子密度，而且要考虑它们的速度。

所以最后有

$$R = \frac{j_R}{j_{入射}} = |B|^2 = \left(\frac{k-k'}{k+k'}\right)^2 \tag{23.12}$$

$$T = \frac{j_T}{j_{入射}} = |C|^2 \frac{k'}{k} = \left(\frac{2k}{k+k'}\right)^2 \frac{k'}{k} = \frac{4kk'}{(k+k')^2} \tag{23.13}$$

可以看出 $R+T=1$，这表示概率守恒。对于所发射的稳定粒子流，这意味着，每秒到达的粒子数量等于每秒反射的粒子数量加上每秒透射的粒子数量。

如果我们使用含时薛定谔方程，那么在入射波包具有一个清晰确定的动量 p_0 的极限情形下，我们将精确地求得 R 和 T 的这些值。

- 如果 $V_0=0$，即没有台阶，我们期望没有反射，而我们确实发现 $R=0$。
- 即使当入射能量超过台阶高度时，粒子也有一个非零的反弹概率。这在量子理论中是能够发生的，因为粒子由波控制，在介质发生改变时，或者在势从 0 变化到 V_0 这种情况下，波都会发生反射。
- 如果 $E\to\infty$，则势能与动能相比可以忽略不计，$k'/k\to 1$，而 $T\to 1$，即，即使在量子理论中也存在完全透射。

23.1.2 当 $E<V_0$ 时的散射

在空间无穷大时可选择如下波函数：

$$\psi_{\mathrm{I}}(x) = e^{ikx} + e^{-ikx} \quad 其中\ \hbar k = \sqrt{2mE} \tag{23.14}$$

$$\psi_{\mathrm{II}}(x) = Ce^{-\kappa x} \quad 其中\ \hbar\kappa = p'_0 = \sqrt{2m(V_0-E)} \tag{23.15}$$

如图 23.4 所示。

匹配条件为

$$1+B=C \tag{23.16}$$

$$ik(1-B) = -\kappa C \tag{23.17}$$

解为

$$B = \frac{k-i\kappa}{k+i\kappa} \tag{23.18}$$

$$C = \frac{2k}{k+i\kappa} \tag{23.19}$$

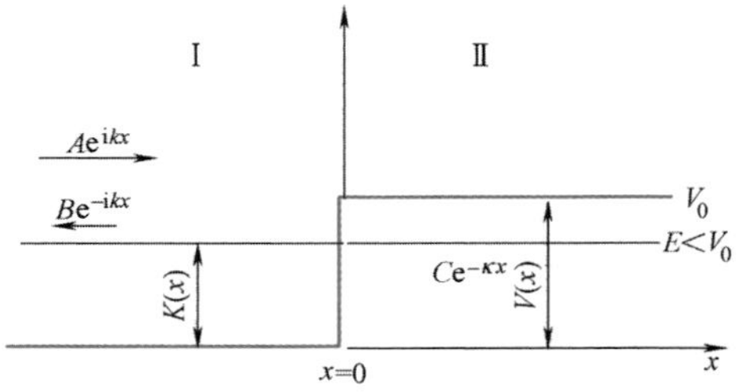

图 23.4　以能量 $E=\frac{\hbar^2k^2}{2m}<V_0$ 接近阶跃势的一个粒子的与时间无关的量子处理。具有相反动量 $\pm\hbar k=\pm\sqrt{2mE}$ 的入射波和反射波共存于势垒的左侧，而透射波以 $\hbar\kappa=\sqrt{2m(V_0-E)}$ 呈指数衰减。图中标出了动能 $K(x)$ 和势能 $V(x)$ 的典型值。

反射流有一个值

$$j_R=|B|^2\frac{\hbar k}{m}=\left|\frac{k-i\kappa}{k+i\kappa}\right|^2\frac{\hbar k}{m}=\frac{\hbar k}{m}=j_{入射} \tag{23.20}$$

因此，当台阶高于入射能量时，入射流完全反射：$R=1$。但是如果 $R=1$，非零 $|C|^2$ 对条件 $R+T=1$ 有什么作用？$|C|^2>0$ 的结果仅意味着在禁区中存在概率的指数尾部，而并不意味着透射粒子流。（公式 $j=P(x)v$ 在这里不适用，因为波函数不描述以实动量运动的粒子。流的更高级定义将在区域Ⅱ中产生零流，并且事实上，每当 ψ 是实的时。）

23.2　隧穿效应

假设势垒不是永远保持 V_0 值，而是如图 23.5 的区域Ⅲ中那样超过某点时下降到 0。在区域Ⅱ中，两个 $e^{\pm\kappa x}$ 都允许，但是如果我们在两个界面处匹配 ψ 和 $d\psi/dx$，则透过势垒的最终振幅以指数方式变小。只要势垒的高度和宽度是有限的，波函数将总是会“泄漏”到区域Ⅲ中。一旦粒子泄漏到允许的区域，它就不需要隐藏；它可以具有实动量，事实上它等于入射动量（假设 V 在势垒的两侧是相同的）。也会有一个非零的粒子流流向右边。这种泄漏称为势垒穿透。这意味着，如果发送一个粒子，其能量不足以克服经典力学中的势垒，量子力学却给它一个小的机会让它穿过势垒出现在另一边。

所以在量子理论中没有屏障是完全安全的。这里是最后的求生锦囊。你在监狱里，墙壁具有有限高度和厚度。你该怎么办？我说，尽可能经常地让你自己去猛撞墙壁，因为有一个很小的概率，你会突然发现自己出现在墙的另一边。

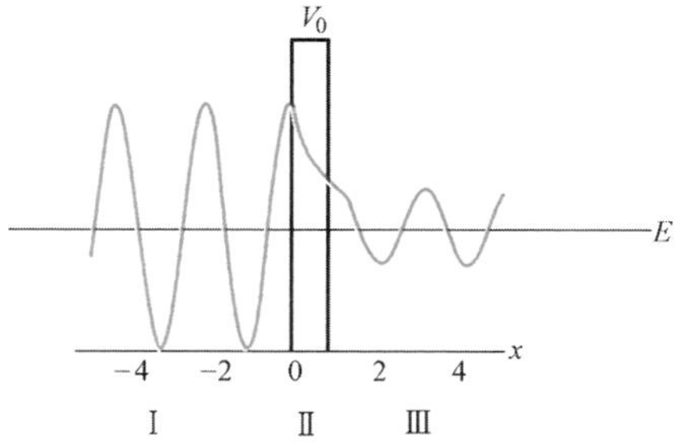

图 23.5 一个能量小于势垒高度的粒子从左边射向势垒，它可以隧穿到另一侧，因为 ψ 在势垒中是非零的。一旦它到达另一侧，波函数再次变成振荡的。

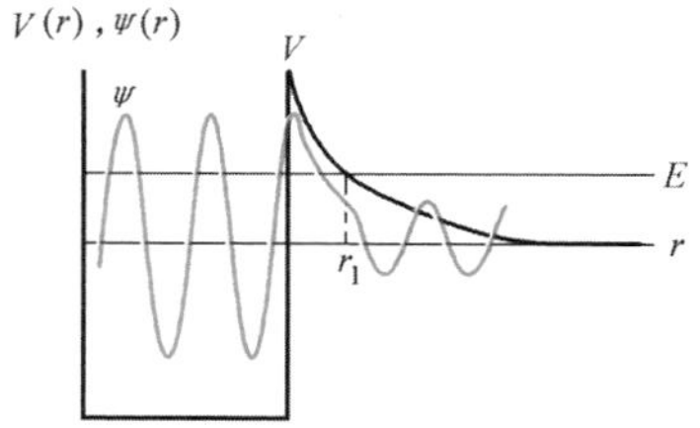

图 23.6 在其他核子产生的势阱内部，α 粒子有一个振荡的波函数。一旦它隧穿到 r_1（以指数衰减），就能逃逸到无穷远（又以一个振荡的 ψ）。

这就是在 α 衰变中所发生的。α 粒子，即氦核，位于一个大的放射性原子核内。α 和其余的核子之间的吸引力产生一个吸引势阱 $V(r)$，其使能量低于势垒高度的 α 粒子保持在阱内，如图 23.6 所示。但是随着 r 远离原子核，势垒逐渐减小，在 r_1 处它降到 α 粒子的能量 E 以下。这样 α 粒子就可以隧穿出来，一旦超过 r_1，α 粒子就成为一个真正的自由粒子。α 粒子所做的正是我告诉你要做的。它在原子核内来回晃动，偶尔一次它会穿透势垒出来。这就是原子核的 α 衰变。

α 粒子以非常高的频率 f 不停地猛撞势垒壁，我们可以按如下估计 f 的大小。原子核具有尺寸 Δ，α 粒子的动量具有的量级为 $\hbar/\Delta$，其速度具有的量级为 $\hbar/(m\Delta)$，因此 α 粒子以下式表示的一个频率反复振荡：

$$f \approx \frac{v}{\Delta} = \frac{\hbar}{m\Delta^2} \tag{23.21}$$

去掉了所有同个量级的因子。对于 $\hbar \approx 10^{-34}\ \mathrm{J \cdot s}$，$m \approx 10^{-27}\,\mathrm{kg}$ 和 $\Delta \approx 10^{-15}\,\mathrm{m}$，我们求得 $f \approx 10^{23}\,\mathrm{Hz}$。（一个更好的估计是 $10^{21}\,\mathrm{Hz}$。）这是一个好消息。可坏消息是，每次尝试的隧穿概率呈指数形式减小，比如□10^{-38}。所以成功逃脱可能需要大约十亿年的时间。但你不必等那么长的时间，你的盖革计数器就会发出声响，因为非常大量的原子核会同时试图衰变。相比之下，你的越狱更不可能成功，但如果你放弃了你的律师或总统赦免，这可能是你最好的赌注。

23.3 量子动力学

想知道所有的理论吗？你马上就能知道，因为我要向你揭示（非相对论）量子动力学的规律。它将告诉你事情如何随时间而变化。它类似于 $F=ma$，被称为含时薛定谔方程，或简称薛定谔方程。它包含了牛顿定律（作为它的一部分），因为如果你懂得量子理论，总是可以找到隐藏在其中的经典理论。它描述了在这个星球上和宇宙中你周围的惊人数量的现象。当然，有一些现象是它无法描述的，但它却有很长的路要走。

我们已经看到，波函数 $\psi(x)$ 类似于牛顿力学中 (x, p)。它包含了关于粒子的最多可能的信息。当然，在量子理论中提取这种信息比在经典理论中要困难得多。经典中，如果你有了 (x, p) 并还想知道，如果去测量某动力学变量会测得什么。由于这些变量都是坐标和动量的函数，如角动量 $\boldsymbol{L}=\boldsymbol{r}\times\boldsymbol{p}$，你就只需将 (x, p)（或其在三维的推广）的值代入到这个变量的表达式中。量子力学中相应问题的答案是如此漫长而乏味，你希望自己没有问：将给定的 ψ 表示为具有系数 $A(\alpha)$ 的函数 $\psi_\alpha(x)$ 的和。即使有了所有这些，你只是得到各种结果的概率。这里我们不再去回顾这些知识。

我们想要做的是考虑动力学。ψ 如何随时间变化？如果它在 $t=0$ 时刻有一个值 $\psi(x, 0)$，那么在稍后的时间 t，$\psi(x, t)$ 是什么？与 $F=ma$ 类似的是什么？

我只是想把它表示出来：$\psi(x, t)$ 的演化是由如下含时薛定谔方程决定：

$$\mathrm{i}\hbar\frac{\partial\psi(x,t)}{\partial t}=-\frac{\hbar^2}{2m}\frac{\partial^2\psi(x,t)}{\partial x^2}+V(x,t)\psi(x,t) \tag{23.22}$$

我们将只讨论与时间无关的势 $V(x,t)=V(x)$ 的情况，即使含时薛定谔方程也适用于该情况。

在考虑方程的求解之前，让我们探讨一些明显和引人注目的特征。

第一个特征是，$\mathrm{i}=\sqrt{-1}$ 进入了这个运动方程。当我们使用复数作为解决电路或振荡问题的工具时，这是为了方便。我们感兴趣的量总是实的，无论是振子的坐标还是电路中的电流。但是在这里 i 是直接深深地嵌入到运动方程中。我们已经看到，没有它，我们不能写出一定动量的状态 $\psi_p(x)=A\mathrm{e}^{\mathrm{i}px/\hbar}$。

第二个特征是，不同于 $x(t)$ 满足的牛顿定律，这是时间的一阶偏导数。这意味着，只需要 $\psi(x, 0)$ 作为初始条件。薛定谔方程将告诉我们 $\partial\psi/\partial t$ 是什么，就像牛顿定律根据力确定了加速度。

式（23.22）中的 $\psi(x, t)$ 不是什么特别的东西：每个 $\psi(x, t)$ 都遵从这个方程，就像每个经典轨迹 $x(t)$ 都遵从牛顿第二定律一样。

不要把这个方程和你在上一章看到的如下与时间无关的薛定谔方程相混淆：

$$-\frac{\hbar^2}{2m}\frac{\mathrm{d}^2\psi_E(x)}{\mathrm{d}x^2}+V(x)\psi_E(x)=E\psi_E(x) \tag{23.23}$$

上式中没有时间并且 $\psi_E(x)$ 不是一般的波函数，而是对应于一定能态的特定波函数。但是我们会很快又开始重新讨论这个方程。

给出现状，我们如何利用这个方程来计算未来？如何求解这个方程？下面我将分几个层次进行讨论。

1. 只写下一个特别简单的解，并验证它是否满足方程。了解一下该解的一个显著特性。

2. 了解该解是如何推导出来的。这是可选的。

3. 说明如何在这个简单解的基础上由任意给定的初始态 $\psi(x, 0)$ 求解得到未来波函数 $\psi(x, t)$。

23.3.1 含时薛定谔方程的解

假设 V 是时间无关的，即 $V=V(x)$，以下是含时薛定谔方程的解：

$$\psi_E(x,t)=\psi_E(x)\mathrm{e}^{-\frac{\mathrm{i}Et}{\hbar}} \tag{23.24}$$

上式左边是含时薛定谔方程的一个特解，其带有标记 E，因为它是由与时间无关的薛定谔方程的解 $\psi_E(x)$ 构建的。让我们验证这个论断，从左边开始：

$$\mathrm{i}\hbar\frac{\partial\psi_E(x,t)}{\partial t}=\mathrm{i}\hbar\frac{\partial\left[\psi_E(x)\mathrm{e}^{-\frac{\mathrm{i}Et}{\hbar}}\right]}{\partial t} \tag{23.25}$$

$$=\psi_E(x)\mathrm{i}\hbar\frac{\partial\mathrm{e}^{-\frac{\mathrm{i}Et}{\hbar}}}{\partial t} \tag{23.26}$$

$$=\psi_E(x)\mathrm{i}\hbar\frac{\mathrm{d}\mathrm{e}^{-\frac{\mathrm{i}Et}{\hbar}}}{\mathrm{d}t} \tag{23.27}$$

$$=E\psi_E(x)\mathrm{e}^{-\frac{\mathrm{i}Et}{\hbar}}=E\psi_E(x,t) \tag{23.28}$$

我已经提到过这个事实，时间偏导数仅仅作用于 $\psi_E(x, t)$ 的 $\mathrm{e}^{-\frac{\mathrm{i}Et}{\hbar}}$ 部分，并且这样如同求一般导数或总导数。

现在考虑右边：

$$-\frac{\hbar^2}{2m}\frac{\partial^2\psi_E(x,t)}{\partial x^2}+V(x)\psi_E(x,t)$$

$$=\left(\mathrm{e}^{-\frac{\mathrm{i}Et}{\hbar}}\right)\left[-\frac{\hbar^2}{2m}\frac{\partial^2\psi_E(x)}{\partial x^2}+V(x)\psi_E(x)\right] \tag{23.29}$$

$$=\left(\mathrm{e}^{-\frac{\mathrm{i}Et}{\hbar}}\right)\left[-\frac{\hbar^2}{2m}\frac{\mathrm{d}^2\psi_E(x)}{\mathrm{d}x^2}+V(x)\psi_E(x)\right] \tag{23.30}$$

$$=\mathrm{e}^{-\frac{\mathrm{i}Et}{\hbar}}E\psi_E(x)=E\psi_E(x,t) \tag{23.31}$$

对 x 的偏导数仅作用于 $\psi_E(x, t)$ 的 $\psi_E(x)$ 部分（作为一个总导数），并且与 $V(x)\psi_E(x)$ 一起给出 $E\psi_E(x)$，因为 $\psi_E(x)$ 是与时间无关的薛定谔方程式（23.23）的解。从式（23.28）和式（23.31）可以看出，含时薛定谔方程得到满足。

23.3.2 特解 $\psi_E(x, t)$ 的推导

假设我们说，“看，我们不知道是否能找到含时薛定谔方程的每个可能的解。

因此我们从寻找如下直积形式的解这一适当的目标开始：

$$\psi(x,t)=X(x)T(t) \tag{23.32}$$

其中，$X(x)$ 仅是 x 的函数，$T(t)$ 仅是 t 的函数。”这些绝不是解的唯一类型。（我们将看到其他形式的解的例子。）但现在我们急需一个任意形式的解，即使是规定形式的，因为这种策略在以前遇到的偏微分方程中已经被证明是卓有成效的。为了验证这个适当的目标是否可以达到，我们将假定形式的解代入方程中。我们再次注意到，对 t 的导数只作用在 $T(t)$ 上，而对 x 的导数只作用在 $X(x)$ 上。因此，含时薛定谔方程告诉我们，我们的直积形式的解必须遵从

$$X(x)\left[\mathrm{i}\hbar\frac{\mathrm{d}T(t)}{\mathrm{d}t}\right]=T(t)\left[-\frac{\hbar^2}{2m}\frac{\mathrm{d}^2X(x)}{\mathrm{d}x^2}+V(x)X(x)\right] \tag{23.33}$$

现在将两边同除以 $X(x)T(t)$ 并得到

$$\frac{1}{T(t)}\left[\mathrm{i}\hbar\frac{\mathrm{d}T(t)}{\mathrm{d}t}\right]=\frac{1}{X(x)}\left[-\frac{\hbar^2}{2m}\frac{\mathrm{d}^2X(x)}{\mathrm{d}x^2}+V(x)X(x)\right] \tag{23.34}$$

式中只出现对 t 和 x 的总导数，因为偏导数仅对相应变量的函数起作用。

看看式（23.34）。左边仅是 t 的函数，右边仅是 x 的函数。（这就是为什么我们要求 V 与时间无关。）左边可以随 t 变化吗？不能，因为如果它随 t 变化，而右边中没有 t，不能跟上变化。因此左边必须是不依赖于 t 的。由于相同的原因，右边也不能依赖于 x。两边必须等于一个与 t 和 x 无关的常量，我有一个很好的理由将其称为 E：

$$\frac{1}{T(t)}\left[\mathrm{i}\hbar\frac{\mathrm{d}T(t)}{\mathrm{d}t}\right]=\frac{1}{X(x)}\left[-\frac{\hbar^2}{2m}\frac{\mathrm{d}^2X(x)}{\mathrm{d}x^2}+V(x)X(x)\right]=E \tag{23.35}$$

对于直积解，原来的偏微分方程分解为两个常微分方程：

$$\left[\mathrm{i}\hbar\frac{\mathrm{d}T(t)}{\mathrm{d}t}\right]=ET(t) \tag{23.36}$$

$$\left[-\frac{\hbar^2}{2m}\frac{\mathrm{d}^2X(x)}{\mathrm{d}x^2}+V(x)X(x)\right]=EX(x) \tag{23.37}$$

第一个方程的解显然是

$$T(t)=A\mathrm{e}^{-\frac{\mathrm{i}Et}{\hbar}} \tag{23.38}$$

第二个方程的解 $X(x)$ 是我们一直所说的函数 $\psi_E(x)$！因此，直积解为

$$\psi_E(x,t)=\mathrm{e}^{-\frac{\mathrm{i}Et}{\hbar}}\psi_E(x) \tag{23.39}$$

换句话说，只有当含时部分 $T(t)$ 是指数形式 $\mathrm{e}^{-\frac{\mathrm{i}Et}{\hbar}}$ 并且与 x 相关部分 $X(x)$ 是与时间无关的薛定谔方程的一个与能量 E 相对应的解时，才存在直积解。这种直积形式的允许解仅仅对允许的能量 E 存在。

这就完成了直积解的推导。

23.4 直积解的特性

看看式（23.39）中的直积解。如果我们在两边设 $t=0$，得到

$$\psi_E(x,0)=\psi_E(x) \tag{23.40}$$

因此，直积解初始时为 $\psi_E(x)$，随着时间的推移，所发生的一切是初始波函数拾取了一个相位因子 $e^{-\frac{iEt}{\hbar}}$，从而变成

$$\psi_E(x,t)=e^{-\frac{iEt}{\hbar}}\psi_E(x,0) \tag{23.41}$$

上式说明，这种波函数对 x 的依赖性根本不随时间改变！回想一下我早前所做的关于弦的类比。如果你把一根弦（固定在 $x=0$ 和 $x=L$ 处）拉成某任意形状 $\psi(x,0)$ 并让它动起来，它将以复杂的方式摆动和摇晃成由波动方程描述的某 $\psi(x,t)$ 的对应形状。然而，如果你让它从如下形状开始运动：

$$\psi_n(x,0)=A\sin\left(\frac{n\pi x}{L}\right) \tag{23.42}$$

它将演化成

$$\psi_n(x,t)=A\sin\left(\frac{n\pi x}{L}\right)\cos\left(\frac{n\pi vt}{L}\right) \tag{23.43}$$

随着时间的推移，这根弦的形状将只在整体尺度上按余弦因子变化。弦的每一个部分都会同步上升和下降。

正如弦的情形一样，在式（23.41）的直积解中，各 x 处的 ψ 都以 $e^{-\frac{iEt}{\hbar}}$ 这一相同形式振荡。但是与弦的情形不同的是，余弦因子使弦的外观随时间变化，而在 $\psi_n(x,t)$ 态下却没有测量到什么量可随时间变化。例如，考虑箱子中初始时处于态 n 的粒子。它将随时间演化成

$$\begin{aligned}\psi_n(x,t)&=\sqrt{\frac{2}{L}}\sin\left(\frac{n\pi x}{L}\right)\exp\left(-\frac{iE_nt}{L}\right)\\&=\sqrt{\frac{2}{L}}\sin\left(\frac{n\pi x}{L}\right)\exp\left(-\frac{i\hbar n^2\pi^2t}{2mL^2}\right)\end{aligned} \tag{23.44}$$

在 t 时刻的概率密度为

$$P_n(x,t)=|\psi_n(x,t)|^2 \tag{23.45}$$

$$=\left|\sqrt{\frac{2}{L}}\sin\left(\frac{n\pi\ x}{L}\right)\exp\left(-\frac{i\hbar n^2\pi^2t}{2mL^2}\right)\right|^2 \tag{23.46}$$

$$=\left|\sqrt{\frac{2}{L}}\sin\left(\frac{n\pi\ x}{L}\right)\right|^2\left|\exp\left(-\frac{i\hbar n^2\pi^2t}{2mL^2}\right)\right|^2 \tag{23.47}$$

$$= \left| \sqrt{\frac{2}{L}} \sin\left(\frac{n\pi \ x}{L}\right) \right|^2 \tag{23.48}$$

$$= P_n(x,0) \tag{23.49}$$

因此，在某 x 处找到粒子的概率不随时间改变！振荡的复指数只有在含时薛定谔方程中 $\mathrm{i}\hbar\frac{\partial}{\partial t}$作用于它时才起作用，但它在 $|\psi|^2$ 中却被消去。这很有趣。波函数取决于时间，但在实际意义上物理性质却不依赖于时间。这类似于在一定动量的状态下发生的情况：波函数随 $\mathrm{e}^{\mathrm{i}px/\hbar}$（其定义一个德布罗意波长 $\lambda = 2\pi\hbar/p$）振荡，但概率密度 $P(x)$ 却是一条平直直线。

如果一个系统在能量测量之后发现处于态 $\psi_E(x)$，则它不仅在无限小的时间内一直在这个态，而且会永远处于这个态。相位因子 $\mathrm{e}^{-\mathrm{i}Et/\hbar}$不会影响到 $P(x,\ t)$。

接下来考虑 $P(p,\ t)$，即由一定能量的初始态 $\psi_E(x)$ 演化而来的态中测得动量 p 的概率。如果对 $t=0$ 时做如下展开：

$$\psi_E(x,0) = \sum_p A(p)\psi_p(x) \tag{23.50}$$

然后在稍后的时间 t，

$$\psi_E(x,t) = \exp\left(-\frac{\mathrm{i}Et}{\hbar}\right)\psi_E(x,0)$$

$$= \exp\left(-\frac{\mathrm{i}Et}{\hbar}\right)\sum_p A(p)\psi_p(x) \tag{23.51}$$

$$= \sum_p A(p)\exp\left(-\frac{\mathrm{i}Et}{\hbar}\right)\psi_p(x) \tag{23.52}$$

这意味着，随着时间的推移，每个初始 $A(p)$ 拾取一个相：

$$A(p,t) = A(p)\exp\left(-\frac{\mathrm{i}Et}{\hbar}\right) \tag{23.53}$$

$$|A(p,t)|^2 = |A(p)|^2 \tag{23.54}$$

由此可得，测得 p 值的概率不随时间变化：

$$P(p,t) = P(p,0) \tag{23.55}$$

这对所有可观测量都是相同的：概率不随时间改变。正因为这样，这种直积态被称为**定态**。你在教科书中看到的描述原子中电子态的电子云对应于原子处于以 n 标记的一定能态时与时间无关的分布 $P_n(\boldsymbol{r})$。

如果一个处于这样原子态的电子不随时间演化，它如何从一个态跃迁到另一个态而吸收或发射一个光子？答案是，如果原子是真正孤立的，它将永远保持在 ψ_n 态。然而，如果我们用光照射它，就正在对电子施加新的作用。只要存在辐射，描述入射电磁波的 $\boldsymbol{E}$ 和 $\boldsymbol{B}$ 的标势 φ 和矢势 $\boldsymbol{A}$ 将进入到含时薛定谔方程。在此期间，具有一定 n 的初始态可以演化成许多这样的态之和。最后，我们得到了处在不同态的原子，而电磁场就多了一个或少了一个光子。

实际上，即使在真空中没有外加电磁场的一个原子，也可以通过发射一个光子跃迁到低能级。这称为**自发辐射**。你离开一个处于第一激发态的孤立氢原子，很短时间后再回来，你会发现“这家伙”已经落到了基态。你说，“看，我没有打开任何电场或磁场：$\boldsymbol{E}=0$，$\boldsymbol{B}=0$。是什么使原子落到了基态呢?”场在哪里呢？结果表明，$\boldsymbol{E}=0$、$\boldsymbol{B}=0$ 的态就像振子的 $x=p=0$ 的一个态，该振子静止地位于势阱的底部。我们知道这在量子力学中是不允许的。你不能同时有 $x=0$，$p=0$。事实证明，在电磁场的量子理论中，$\boldsymbol{E}$ 和 $\boldsymbol{B}$ 就像 x 和 p。这意味着，一定 $\boldsymbol{E}$ 的态不能是一定 $\boldsymbol{B}$ 的态。特别地，$\boldsymbol{E}=0$、$\boldsymbol{B}=0$ 是不可能的。这在宏观世界中看起来是可能的，因为 $\boldsymbol{E}$ 和 $\boldsymbol{B}$ 的波动非常小。因此，正如处于其最低能态的振子也有一定概率在 x 和 p 上来回摆动，真空具有其自身的**真空波动**，在其中，我们可以发现 $\boldsymbol{E}\neq 0$ 和 $\boldsymbol{B}\neq 0$。这些波动可以微扰原子并引起“自发”辐射。但是不可能有**自发吸收**，因为场处于其最低能态并且没有能量去传给原子。我答应你的关于一切的理论，其实就是什么都没有的真空的理论。

23.5　时间演化的通解

直积解是非常特殊的。在一般情况下，事情随时间改变，因为解通常不是直积形式 $X(x)T(t)$。制造一个非直积解是非常容易且有指导意义的。如果 $\psi_1(x,t)$ 和 $\psi_2(x,t)$ 是含时薛定谔方程的两个解，则下面的一个线性组合也是薛定谔方程的解：

$$\begin{aligned}\psi_{1+2}(x,t)&=A(1)\psi_1(x,t)+A(2)\psi_2(x,t)\\&=A(1)\psi_{E_1}(x)\mathrm{e}^{-\mathrm{i}E_1t/\hbar}+A(2)\psi_{E_2}(x)\mathrm{e}^{-\mathrm{i}E_2t/\hbar}\end{aligned}\tag{23.56}$$

因为含时薛定谔方程是线性的。由于两个指数是不同的，我们不能提出一个共同的含时因子，上述解不具有直积形式 $X(x)T(t)$。其结果是可测量量如 $P(x,t)$ 将变成随时间变化的。

让我们以箱子中两个最低能量态的叠加为例：

$$\psi_{1+2}(x,t)=A(1)\sqrt{\frac{2}{L}}\sin\left(\frac{\pi x}{L}\right)\mathrm{e}^{-\mathrm{i}E_1t/\hbar}+A(2)\sqrt{\frac{2}{L}}\sin\left(\frac{2\pi x}{L}\right)\mathrm{e}^{-\mathrm{i}E_2t/\hbar}\tag{23.57}$$

在这种态下，能量测量只能以如下绝对概率得到两个相对应的结果，E_1 或 E_2：

$$\begin{aligned}P(n=1)&=\frac{|A(1)\mathrm{e}^{-\mathrm{i}E_1t/\hbar}|^2}{|A(1)\mathrm{e}^{-\mathrm{i}E_1t/\hbar}|^2+|A(2)\mathrm{e}^{-\mathrm{i}E_2t/\hbar}|^2}\\&=\frac{|A(1)|^2}{|A(1)|^2+|A(2)|^2}\end{aligned}\tag{23.58}$$

$$P(n=2)=\frac{|A(2)\mathrm{e}^{-\mathrm{i}E_1t/\hbar}|^2}{|A(1)\mathrm{e}^{-\mathrm{i}E_1t/\hbar}|^2+|A(2)\mathrm{e}^{-\mathrm{i}E_2t/\hbar}|^2}$$

$$=\frac{|A(2)|^2}{|A(1)|^2+|A(2)|^2} \tag{23.59}$$

假设我们已选择 $A(1)=3$ 和 $A(2)=4$。则

$$P(1)=\frac{9}{25},\ P(2)=\frac{16}{25} \tag{23.60}$$

在这种情况下这是明智的，我们将两个 A 分别除以 $|A(1)|^2+|A(2)|^2=25$，从而从相对概率得到了绝对概率，而不是通过计算初始波函数 $\psi_{1+2}(x)$ 平方积分来使其归一化。你可能想要进行验证，如果你这样做，对 $\psi_{1+2}(x)$ 重新标定的因子将是 1/5。

虽然不同能量的概率不随时间变化，但是对于其他可观测量则不是这样。位置的概率密度为

$$P(x,t)=\left|A(1)\sqrt{\frac{2}{L}}\sin\left(\frac{\pi x}{L}\right)\mathrm{e}^{-\mathrm{i}E_1t/\hbar}+A(2)\sqrt{\frac{2}{L}}\sin\left(\frac{2\pi x}{L}\right)\mathrm{e}^{-\mathrm{i}E_2t/\hbar}\right|^2 \tag{23.61}$$

$$\begin{aligned}&=|A(1)|^2\frac{2}{L}\sin^2\left(\frac{\pi x}{L}\right)+|A(2)|^2\frac{2}{L}\sin^2\left(\frac{2\pi x}{L}\right)\\&+A^*(1)A(2)\frac{2}{L}\sin\left(\frac{\pi x}{L}\right)\sin\left(\frac{2\pi x}{L}\right)\mathrm{e}^{-\mathrm{i}(E_2-E_1)t/\hbar}\\&+A^*(2)A(1)\frac{2}{L}\sin\left(\frac{2\pi x}{L}\right)\sin\left(\frac{\pi x}{L}\right)\mathrm{e}^{+\mathrm{i}(E_2-E_1)t/\hbar}\end{aligned} \tag{23.62}$$

其中

$$E_2-E_1=\frac{\hbar^2\pi^2}{2mL^2}(2^2-1^2) \tag{23.63}$$

概率密度 $P(x,t)$ 明显随时间变化。例如，如果 $A(1)=A(2)=1$，

$$\begin{aligned}P(x,t)=&\frac{2}{L}\sin^2\left(\frac{\pi x}{L}\right)+\frac{2}{L}\sin^2\left(\frac{2\pi x}{L}\right)\\&+\frac{4}{L}\sin\left(\frac{\pi x}{L}\right)\sin\left(\frac{2\pi x}{L}\right)\cos\left[\frac{(E_2-E_1)t}{\hbar}\right]\end{aligned} \tag{23.64}$$

其他概率密度如 $P(p,t)$ 也随时间变化。

然而，在一定能态下，什么都不随时间变化；在由两个不同能量组成的态下，$P(x,t)$ 随时间变化。为了看到明显的变化，我们必须等待至少一个与振荡余弦的时间周期 T 相当的时间 Δt：

$$\Delta t\geqslant T=\frac{2\pi}{\omega}=\frac{2\pi}{(E_2-E_1)/\hbar}\approx\frac{\hbar}{\Delta E} \tag{23.65}$$

式中已略去了诸如 2 和 π 等因子，并且 $\Delta E=E_2-E_1$ 是态的能级宽度。

这是下一章要讨论的**能量-时间不确定关系**的一个特例。它表明，一个能级宽度为 ΔE 的系统需要最小时间 $\Delta t\geqslant\hbar/\Delta E$，才能显示出可观的变化。

让我们推广到对所有能态的总和：

$$\psi_{\text{general}}(x,t)=\sum_{n=1}^{\infty}A(n)\sqrt{\frac{2}{L}}\sin\left(\frac{n\pi x}{L}\right)\mathrm{e}^{-\mathrm{i}E_nt/\hbar} \tag{23.66}$$

这也通过线性化求解了含时薛定谔方程。这是从什么样的初始态演化而来的呢？设 $t=0$，我们发现

$$\psi_{\text{general}}(x,0)=\sum_{n=1}^{\infty}A(n)\sqrt{\frac{2}{L}}\sin\left(\frac{n\pi x}{L}\right) \tag{23.67}$$

因此，我们可以预测用这种形式表示的任何初始态的未来。然而，这没有限制，因为前面提到的一般数学定理使我们确信任何函数 $\psi(x,0)$ 都可以展开成上式所示的形式，其系数如下求得：

$$A(n)=\int_0^L\sqrt{\frac{2}{L}}\sin\left(\frac{n\pi x}{L}\right)\psi(x,0)\,\mathrm{d}x \tag{23.68}$$

（不需要对 $\psi_n(x)$ 进行共轭，因为它是实的。）

因此，对于与时间无关的任何势 $V(x)$ 中给定任意初始态 $\psi(x,0)$，我们有以下方法求得态 $\psi(x,t)$：

1. 将初始态表示为

$$\psi(x,0)=\sum_E A(E)\psi_E(x) \tag{23.69}$$

其中，系数

$$A(E)=\int\psi_E^*(x)\psi(x,0)\,\mathrm{d}x \tag{23.70}$$

2. 时刻 t 的态可通过对每个 $A(E)$ 附加一个因子 $\mathrm{e}^{-\mathrm{i}Et/\hbar}$ 来得到：

$$\psi(x,t)=\sum_E A(E)\mathrm{e}^{-\mathrm{i}Et/\hbar}\psi_E(x) \tag{23.71}$$

然而由数学定理可知，$\psi(x,0)$ 也可以展开为任何其他可观测量 A 具有确定值 α 的态的叠加：

$$\psi(x,0)=\sum_\alpha A(\alpha)\psi_\alpha(x) \tag{23.72}$$

使用相同的规则有

$$A(\alpha)=\int\psi_\alpha^*(x)\psi(x,0)\,\mathrm{d}x \tag{23.73}$$

随时间演化后，状态的系数 $A(\alpha,t)$ 不会简单地由 $A(\alpha,0)$ 乘以某个相因子给出。可以证明每个 $A(\alpha,t)$ 一般可以表示成所有 $A(\beta,t)$ 的某种复杂的线性组合。这就是在计算与时间无关的薛定谔方程的解 $\psi_E(x)$ 中花费这么多时间的原因：它掌握着走向未来的钥匙。

23.5.1 时间演化：一个更复杂的例子

在前面的例子中，已知初始态可表示为箱子波函数 $\psi_1(x)$ 和 $\psi_2(x)$ 的一种叠

加，我们计算了其随时间的演化。我们只需要把对应于时间演化的指数 $e^{-iE_1t/\hbar}$和 $e^{-iE_2t/\hbar}$附加到系数 A（1）和 A（2）上。现在来考虑一个更复杂的情况，已知 $\psi(x,0)$ 为 x 的函数，但并没有写为 $\psi_E(x)$ 的线性组合。在这种情况下，我们必须首先找出线性组合的系数 $A(E)$，然后再将指数附加给它们。

作为一个例子考虑箱子中的如下初始态：

$$\psi(x,0)=Bx \quad 0<x<L \tag{23.74}$$

（这个函数在 $x=L$ 时不为零，因此不能展开成在箱子两端为零的箱子波函数的叠加。这样我们应该把它看作一系列随着 $x\to L$ 越来越快地降为零的函数的极限。等价地，除了在 $x=L$ 处，对箱子波函数进行求和可以无限接近于它，但这足以达到目的。）

在进行时间演化之前，我们需要对初始态进行更多一点的探讨，从计算系统处于能态 n 的绝对概率 $P(n)$ 开始。这里存在一个问题，即在计算后发现有很多（可能是无穷的）非零的 $A(n)\equiv A(E_n)$，这样就很难对其进行归一化。另一方面，初始态的归一化足够简单。因此，我们将首先对给定初始态进行如下归一化，并认为由它计算出来的 $A(n)$ 是归一化的。我们要求

$$\int_0^L B^2x^2\mathrm{d}x=\frac{B^2L^3}{3}=1 \tag{23.75}$$

这意味着，归一化波函数为

$$\psi(x,0)=\sqrt{\frac{3}{L^3}}x \quad 0<x<L \tag{23.76}$$

相应系数（对于 $E=E_n$）为

$$A(n)=\int_0^L\sqrt{\frac{2}{L}}\sin\left(\frac{n\pi x}{L}\right)\sqrt{\frac{3}{L^3}}x\mathrm{d}x \tag{23.77}$$

$$=\frac{\sqrt{6}}{L^2}\left[-\frac{L}{n\pi}x\cos\left(\frac{n\pi\ x}{L}\right)\right]\Bigg|_0^L+\frac{L}{n\pi}\int_0^L\cos\left(\frac{n\pi x}{L}\right)\mathrm{d}x \tag{23.78}$$

$$=\frac{\sqrt{6}}{n\pi}(-\cos n\pi)=(-1)^{n+1}\frac{\sqrt{6}}{n\pi} \tag{23.79}$$

例如，发现系统处于箱子中的基态的概率为

$$P(1)=|A(1)|^2=\frac{6}{\pi^2} \tag{23.80}$$

我们可以顺便验证一下，由于初始态是归一化的，我们得到如下有趣的数学结果：

$$1=\sum_{n=1}^{\infty}P(n)=\sum_{n=1}^{\infty}\frac{6}{n^2\pi^2} \tag{23.81}$$

这可以写为欧拉的一个著名结果：

$$\sum_{n=1}^{\infty}\frac{1}{n^2}=\frac{\pi^2}{6} \tag{23.82}$$

回到状态的时间演化。在这种情形下 $\psi(x, t)$ 可表示为

$$\psi(x,t)=\sum_{n=1}^{\infty}A(n)\mathrm{e}^{-\frac{\mathrm{i}E_n t}{\hbar}}\psi_n(x) \tag{23.83}$$

$$=\sqrt{\frac{2}{L}}\sum_{n=1}^{\infty}(-1)^{n+1}\frac{\sqrt{6}}{n\pi}\sin\left(\frac{n\pi x}{L}\right)\exp\left(-\frac{\mathrm{i}\hbar n^2\pi^2 t}{2mL^2}\right) \tag{23.84}$$

图 23.7 画出了对于参数 $L=\hbar=\frac{\pi^2}{2m}=1$ 以及对 n 直至 50 的求和时得到的相应时刻的 $P(x, t)$ 曲线。所选择的时间为 $t=0$、$\frac{\pi}{2}$ 和 π。我稍后会解释为什么选择这几个时间。

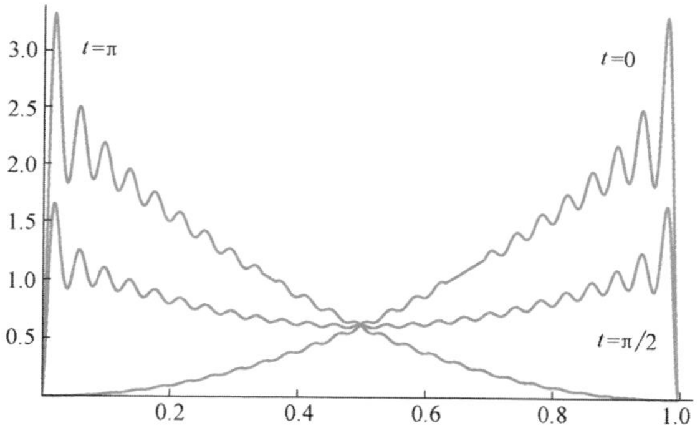

图 23.7 对于 $\psi(x, 0)=\sqrt{\frac{3}{L^3}}x$ 和 $L=\hbar=\frac{\pi^2}{2m}=1$，在时间为 0、$\frac{\pi}{2}$ 和 π 时，$P(x, t)$ 的时间相关性。注意在 $t=0$ 时在 $x=L=1$ 附近的振荡，那里初始波函数从 1 降至 0。可以看到，对称性 $\psi(x, t)=-\psi(1-x, t+\pi)$。在从 $\psi(x, t)$ 到 $P(x, t)$ 的过程中，失去了减号。

我们也可以解析地说明

$$\psi(x,t)=-\psi(1-x,t+\pi) \tag{23.85}$$

利用正弦的性质和结果

$$\mathrm{e}^{-\mathrm{i}n^2\pi}=(-1)^n \tag{23.86}$$

(如果 n 是偶数，则 n^2 也是偶数，这样 $\exp(-\mathrm{i}\pi\times$偶数$)=+1=(-1)^n$；而如果 n 是奇数，则 n^2 也是奇数，这样 $\exp(-\mathrm{i}\pi\times$奇数$)=-1=(-1)^n$。)因此，在时间 π 之后，波函数 $\psi(x, t)$ 改变符号（$P(x,t)$ 却并不改变符号），并且相对于 $x=1/2$ 处对称，

经过又一个时间 π 后刚好回到 $\psi(x, 0)$。通过比较可得其周期显然为 2π，因为对于任何整数 n，式（23.84）中的含时因子 $e^{-2\pi i n^2}$ 都等于 1。

这种简单的周期性行为是不常见的，并且通常仅发生在可以解析求解的问题中。概率密度 $P(x, t)$ 一般不重复它自己。因此，你得到的唯一信息应该是随着时间的推移，初始 $\psi(x, 0)$ 和 $P(x, 0)$ 演化为我们可以计算出的 $\psi(x, t)$ 和 $P(x, t)$。

现在来解释为什么我们选择时间 0、π/2 和 π，而不是图 23.7 中的 0、1 和 2：应该从问题本身产生的**自然单位**来选择时间。假设你想表示一个长度为 L 且质量为 m 的钟摆的各种态，应该在与其周期可比的时间显示这个钟摆，以便你可以表示出钟摆的一个或两个令人关注的振荡阶段。例如，如果它的时间周期为 10s，则显示其每秒或每两秒的位置而不是每纳秒或每年的位置才是有意义的。量纲分析给出了与由 L、m 和 g 表示的时间相关联的一种方法。我们写出

$$T = L^a g^b m^c \tag{23.87}$$

这里，方程旨在只通过适当选择常数 a、b 和 c 来使两边的单位一样。接着

$$T = L^a \left(\frac{L}{T^2}\right)^b m^c \tag{23.88}$$

$$a+b=0 \tag{23.89}$$

$$-2b=1 \tag{23.90}$$

$$c=0 \tag{23.91}$$

这样我们就得到时间的以下自然单位：

$$T = \sqrt{\frac{L}{g}} \tag{23.92}$$

注意，T 不是钟摆的实际时间周期（缺少 2π）。一般来说，运动甚至可能不是周期性的。自然时间单位简单地避免了在讨论所问的问题时引入非常大或非常小的时间。例如，在研究行星运动时，1 年是一个自然单位，而不是 1 纳秒。

为了找到量子问题的自然时间尺度，我们可以从其最低能量提取频率 $\omega = E_1/\hbar$，并通过 $\omega = \frac{2\pi}{T}$ 得到相应的时间。（使用 E_2 只不过是以同一量级下数值因子来改变单位。）在我们的问题中，对于我们所选择的参数有 $\frac{2\pi}{T} = \omega = E_1/\hbar = \frac{\hbar\pi^2}{2mL^2} = 1$，这样就导致自然时间单位 $T = 2\pi$。我要强调的是，虽然在我们的例子中，自然时间单位碰巧就与周期 T 相联系，但一般来说这样一个自然时间单位并不意味着具有周期 T 的周期性行为，甚至并不意味着周期性行为。

第24章 总结与展望

现在是时候来巩固一切了，我们从它的假设出发提出主题。虽然可以简单地说知道“$F=m\dfrac{\mathrm{d}^2x(t)}{\mathrm{d}t^2}$”就可以开始进行力学研究了，但是在量子情形下还必须做很多的准备工作。现在准备工作已经完成，那么在这里将量子力学的所有规则、定律再罗列梳理一下将是非常有用的。这些规则、定律或假设是对实验发现的总结，它们并不能通过纯逻辑被推导出来。

有很多种方法来罗列这些假设，甚至关于有多少假设也是个争论。我在下面所罗列的是适合于这门课程的假设，它们被限制适用于一维运动中单个有质量的粒子。鉴于这些和一些数学公式，你就可以做任何习题。在此之后，我将更深入地探讨这些假设，将其中一些假设统一为一个假设。这一主题可供选择阅读，但是如果你想超越这门课程还是应该推荐的。本章的最后将介绍多个粒子的情形和能量-时间的不确定关系。

24.1 假设：第一步

1. 假设Ⅰ　关于一个粒子在某一时刻状态的完整信息由复数的、连续的、可归一化的波函数 $\psi(x)$ 给出。一定位置和动量的状态是不可归一化的例外，需要特殊处理。

2. 假设Ⅱ　在 x 处发现粒子的概率密度由下式给出：

$$P(x)=|\psi(x)|^2 \tag{24.1}$$

如果一个粒子在某 x_0 处被发现，则波函数塌缩为 x_0 处的一个尖峰。如果 $P(x)$ 是归一化的，则

$$\int P(x)\,\mathrm{d}x=\int|\psi(x)|^2\mathrm{d}x=1 \tag{24.2}$$

归一化是为了方便而不是出于要求，因为重新标定 ψ 没有任何物理效应。

3. 假设Ⅲ（动量态）　在测量时保证测得动量 p 的状态被描述为

$$\psi_p(x)=A\exp\left(\frac{\mathrm{i}px}{\hbar}\right) \tag{24.3}$$

在无限长的线上，此函数无法通过任何 A 的选择来进行归一化。如果我们将有限长的线折成一个周长为 L 的环，我们可以选择 $A=1/\sqrt{L}$。单值性要求 $\psi(x)=\psi(x+L)$，导致动量量子化的取值为

$$p_n=\frac{2\pi\hbar n}{L},\quad n=0,\pm1,\pm2,\cdots \tag{24.4}$$

p 的量子化可在给定的对 ψ 的单值性要求下通过数学推理得到。这不是一个假设。

4. 假设Ⅳ（能态）　在能量测量时保证测得结果 E 的状态是与时间无关的薛定谔方程的解

$$-\frac{\hbar^2}{2m}\frac{\mathrm{d}^2\psi_E(x)}{\mathrm{d}x^2}+V(x)\psi_E(x)=E\psi_E(x) \tag{24.5}$$

在适当的边界条件下求解该方程将得到允许值 E 和对应的函数 $\psi_E(x)$。注意，这里假定 V 仅与 x 有关而与 t 无关。仅当 V 与时间无关时才存在一定能态。（这也是经典情形下能量 E 守恒成立的条件。）

数学知识：设 A 是一个如动量或能量一样的动力学量变量；$\psi_\alpha(x)$ 是一个波函数，它描述了如果测量 A 保证测得结果 α（如 p_n 或 E_n）的一个态。仅从数学上考虑（这里不讨论）我们知道任何 $\psi(x)$ 可以展开成如下的一个叠加：

$$\psi(x)=\sum_\alpha A(\alpha)\psi_\alpha(x) \tag{24.6}$$

其中，展开系数由下式给出：

$$A(\alpha)=\int\psi_\alpha^*(x)\psi(x)\,\mathrm{d}x \tag{24.7}$$

5. 假设Ⅴ（测量）　如果在状态（由 $\psi(x)$ 描述）下测量 A，则只可能测得与出现在叠加式（24.6）中的项相对应的结果 α，测得它的概率为

$$P(\alpha)=|A(\alpha)|^2 \tag{24.8}$$

在刚测得结果 α_0 后，状态就塌缩（从对 α 求和的态）到态 $\psi_{\alpha_0}(x)$。此时立即重新测量 A 将得到相同的值 α_0。

简并问题：有时会有两个或两个以上独立的波函数对应于某变量 A 的同一取值。其中，一个例子是圆环上的自由粒子：在每个能量 E 下，存在由独立的函数 $e^{\pm ipx/\hbar}$ 描述的具有动量 $p=\pm\sqrt{2mE}$ 的两个状态。它们的任意线性组合是一个具有一定能量的状态。为了在这种情况下求得 $P(E)$，最好将给定的 $\psi(x)$ 表示成 $\psi_p(x)$ 的叠加，并计算 $p=\pm\sqrt{2mE}$ 的概率，最后将它们相加以得到概率 $P(E)=P(p=\sqrt{2mE})+P(p=-\sqrt{2mE})$。

多个变量问题：如果我们对两个变量感兴趣，可能就不存在一个状态，在其中两者都保证具有确定的值。在位置和动量的情况下就没有这样的状态。另一方面，对于环上的自由粒子就可能存在 E 和 p 都为确定值的态。

6. 假设Ⅵ（时间演化）　波函数的时间演化满足下面的含时薛定谔方程：

$$\mathrm{i}\hbar\frac{\partial\psi(x,t)}{\partial t}=-\frac{\hbar^2}{2m}\frac{\partial^2\psi(x,t)}{\partial x^2}+V(x,t)\psi(x,t) \tag{24.9}$$

在该方程中，$V=V(x,\ t)$ 可以与时间有关。

可以通过替代来验证，如果 $V=V(x)$，下式是一个解：

$$\psi_E(x,t)=\psi_E(x)\mathrm{e}^{-\mathrm{i}Et/\hbar} \tag{24.10}$$

其中，E 和 $\psi_E(x)$ 是与时间无关的薛定谔方程式（24.5）的解。它被称为定态，因为任何概率（$P(x)$，$P(p)$，$P(\alpha)$）都不随时间变化。

具有任意系数 $A(E)$ 的这些定态的叠加为

$$\psi(x,t)=\sum_E A(E)\psi_E(x)\mathrm{e}^{-\mathrm{i}Et/\hbar} \tag{24.11}$$

上式所示的叠加是线性的，因此它也是含时薛定谔方程的一个解。如果要问与这样的解相对应的初始态是什么时，可通过设 $t=0$ 得到：

$$\psi(x,0)=\sum_E A(E)\psi_E(x) \tag{24.12}$$

对于初始态我们没有任何限制，因为数学上保证任何函数 $\psi(x,\ 0)$ 都可以表示成 $\psi_E(x)$ 的叠加。因此，式（24.11）描述了在与时间无关的 V 下产生的最一般的时间演化问题的解。

如果式（24.12）在 $t=0$ 时有效，则它在时间 t 有效，当然我们只要选择系数 A 作为时间的函数：

$$\psi(x,t)=\sum_E A(E,t)\psi_E(x) \tag{24.13}$$

将此式与式（24.11）比较，可得

$$A(E,t)=A(E)\mathrm{e}^{-\mathrm{i}Et/\hbar} \tag{24.14}$$

因此，如果一般状态用 $\psi_E(x)$ 表示，则展开系数具有非常简单的时间演化。换句话说，尽管数学上 $\psi(x)$ 可以展开为任何变量 A 具有确定取值的态 $\psi_\alpha(x)$ 的叠加，但是只有对于具有确定能态的展开系数才具有这种简单的时间相关性。

不确定关系并不在假设之中：它可以通过粒子由波函数描述以及一定动量对应于一定波长这些假设推导出来。

24.2　改进假设

上面所罗列的假设不会在任何书中找到。我把它们作为一套规则总结出来，以便于你们讨论本课程中的内容。量子力学包含很多假设，即使有了上述假设，但仍然需要改进。你可能已经注意到了至少有两个缺陷。

1. 对于每个变量，似乎都有一个不同的方法用于求得该变量具有确定值的波函数。例如，我只是告诉你 $\psi_p(x)=A\mathrm{e}^{\mathrm{i}px/\hbar}$ 表示一定动量的状态，而我要求你通过求解与时间无关的薛定谔方程来得到 $\psi_E(x)$。因为可以设想无限多个这样的变量，

对应于 x 和 p 的任意函数，因此一定有无限多个这样的方法。那么是否真的就有无限多个这样的假设，每个变量一个呢？

2. 我对待 x 不同于任何其他变量。首先，我回避了一定位置 $x=x_0$ 的状态（对应的波函数），而简单地将其称为 x_0 处的尖峰。其次，规则

$$\psi(x)=\sum_{\alpha}A(\alpha)\psi_{\alpha}(x) \tag{24.15}$$

其中

$$A(\alpha)=\int\psi_{\alpha}^{*}(x)\psi(x)\,\mathrm{d}x \tag{24.16}$$

从未用于 A 是位置的情形：我从来没有将 $\psi(x)$ 写成具有相应系数 $A(x)$ 的确定位置的态的线性组合，也并没有将展开系数的模平方与在某 x 处找到粒子的概率相联系。而是作为一个假设给出 $P(x)=|\psi(x)|^2$ 表示在某 x 处找到粒子的概率密度。

24.2.1 一组简洁的假设

这里，我将在本课程可能的知识范围内去尽可能弥补这些相互关联的缺陷。

首先考虑动量态。根据基于双缝实验的一些合理性论证，假设这些动量态为

$$\psi_p(x)=A\exp\left(\frac{\mathrm{i}px}{\hbar}\right) \tag{24.17}$$

在不改变这个假设的实质的情况下可将假设重新写为：

假设Ⅲ　一定动量 p 的状态是微分方程的一个解：

$$-\mathrm{i}\hbar\frac{\mathrm{d}\psi_p(x)}{\mathrm{d}x}=p\psi_p(x) \tag{24.18}$$

你可以在脑海中求解这个方程并看到，这些解的确是式（24.17）所示的解。出现任意的比例因子 A 是因为两边都出现了 $\psi_p(x)$。给定一个解，你可以通过重新标定获得另一个解。选择 A 的一个常见方式是进行归一化，这是形式优化的要求。

24.2.2 本征值问题

讨论熟悉的微分方程式（24.18）及其解是对本征值问题的一种简单引入。让我们花一些时间去探讨它。取某任意函数 $f(x)$ 并对它求导，它将变成一个新的函数。例如，

$$\frac{\mathrm{d}\sin x}{\mathrm{d}x}=\cos x \tag{24.19}$$

$$\frac{\mathrm{d}x^3}{\mathrm{d}x}=3x^2 \tag{24.20}$$

将上面两式改写为如下形式：

$$D[\sin x]=\cos x \tag{24.21}$$

$$D[x^3]=3x^2 \tag{24.22}$$

这里你应该把上面的式子作为 D 的定义。人们把 D 称为算符。就如同对于函数，若输入一个变量 x 就会输出一个值 $f(x)$，对于一个算符则是如果输入一个函数 $f(x)$ 就会输出另一个函数。函数 $f(x)$ 总是位于算符的右侧，如在 $D[f(x)]$ 或更简单的 Df 中。D 对 $f(x)$ 所做的就是对它求导。

算符 D 是线性的，这意味着

$$D[\alpha f(x)+\beta g(x)]=\alpha D[f(x)]+\beta D[g(x)] \tag{24.23}$$

这是我们所熟悉的关于微分的一个性质。我们在这里考虑的所有算符都将是线性的。

将算符 D^2 定义为 D 后跟着另一个 D 是很自然的，它具有以下效果：

$$D^2[f(x)]=\frac{\mathrm{d}^2f}{\mathrm{d}x^2} \tag{24.24}$$

因此，例如

$$D^2[\sin x]=-\sin x \tag{24.25}$$

不要被 D^2 中的指数所欺骗而认为它是一个非线性算符。毕竟

$$\begin{aligned}D^2[\alpha f(x)+\beta g(x)]&=\alpha\frac{\mathrm{d}^2f}{\mathrm{d}x^2}+\beta\frac{\mathrm{d}^2g}{\mathrm{d}x^2}\\&=\alpha D^2[f(x)]+\beta D^2[g(x)]\end{aligned} \tag{24.26}$$

你可以这样去构成算符，将它们表示为乘以某个常数的 D 的不同幂次之和。

一般来说，算符将修改它们所作用的函数，并将它们转换为其他函数。但有时候，一个算符可能有一些特许的函数，称为它的本征函数，对其的作用效果等于直接把它们乘以一个常数，该常数称为本征值。让我们考虑 D 的本征值方程。其本征函数必须服从

$$D[f(x)]=\frac{\mathrm{d}f(x)}{\mathrm{d}x}=kf(x) \tag{24.27}$$

其中，常数 κ 是本征值。显然，其解或本征函数为

$$f(x)=A\mathrm{e}^{\kappa x} \tag{24.28}$$

换句话说，虽然 D 的微分效果通常是将一个函数变换成别的函数，但是对有一些函数，比如指数函数，D 对其的作用效果是将它们乘以一个常数。通常通过相应的本征值按如下方式来标记本征函数：

$$f_\kappa(x)=A\mathrm{e}^{\kappa x} \tag{24.29}$$

在这一点上，对本征值 κ 没有限制。

在这种语言中，我们可以说，一定动量的状态 $\psi_p(x)$ 是如下算符的本征函数：

$$P=-\mathrm{i}\hbar D \tag{24.30}$$

在量子理论中，它被称为动量算符，因此，态 $\psi_p(x)$ 也是如下方程的解：

$$P[\psi_p(x)]\equiv-\mathrm{i}\hbar\frac{\mathrm{d}\psi_p(x)}{\mathrm{d}x}=p\psi_p(x) \tag{24.31}$$

其中，p 是本征值。综上所述：

假设Ⅲ（动量态） 一定动量 p 的状态是 P 的本征函数：

$$P[\psi_p(x)]=p\psi_p(x) \tag{24.32}$$

如果解 $\psi_p(x)$ 存在于周长为 L 的一个环上，单值要求就将本征值 p 限为 $p_n=\dfrac{2\pi n\hbar}{L}$。

24.2.3 狄拉克 δ 函数和算符 X

只要再有一个这样的算符，我们就完成了。它被称为 X，这是它对放置在它右边的任何 $f(x)$ 所做的

$$X[f(x)]=xf(x) \tag{24.33}$$

例如

$$X[\sin x]=x\sin x \tag{24.34}$$

因此，X 的作用是取给定函数 $f(x)$ 并将其变为新的函数 $xf(x)$。显然，X^2 是 X 后面跟着另一个 X 并因此有

$$X^2[f(x)]=x^2f(x) \tag{24.35}$$

例如

$$X^2[\sin x]=x^2\sin x \tag{24.36}$$

我们可以用 X 和 P 构成更为复杂的算符，它们的作用是显而易见的。例如

$$(3D^2+9X^2)[f(x)]=3\frac{\mathrm{d}^2f(x)}{\mathrm{d}x^2}+9x^2f(x) \tag{24.37}$$

考虑算符 X 的本征函数，记住

$$X[f(x)]=xf(x) \tag{24.38}$$

如果它有一个具有本征值 x_0 的本征函数 $f_{x_0}(x)$，则它必须满足

$$xf_{x_0}(x)=x_0f_{x_0}(x) \tag{24.39}$$

注意！在不同的 x 处乘以 x 有不同的效果，而我们也正在寻找一个函数，该函数前面乘以 x 会变为一个常数 x_0 乘以该函数！当被乘以 x 时函数如何能够保持其原有的函数形式（只多一个可乘的常数）呢？但还真有这样一个函数。正如你可能期望的，它有点奇怪。它被称为**狄拉克 δ 函数**或简称为 δ 函数。它是所有平滑函数的一个极限，这里是一个例子。如图 24.1 所示，它画出了以 $x=x_0$ 为中心的宽度 w 减小和高度 $1/w$ 增加的三个矩形。每个矩形都具有单位面积。如果取 $w\to 0$ 的极限，就得到了狄拉克 δ 函数 $\delta(x-x_0)$，由一个垂直向上指向无穷远的箭头表示。它在 x_0 处是无限高的，但在其他地方都为零，并且仍然具有单位面积：

$$\delta(x-x_0)=0 \qquad x\neq x_0 \tag{24.40}$$

$$=\infty \qquad x=x_0 \tag{24.41}$$

$$\int_a^b\delta(x-x_0)\,\mathrm{d}x=1 \quad \text{如果 } a<x_0<b\text{；否则为 }0 \tag{24.42}$$

δ 函数是偶的，如图 24.1 中的那个，它的极限是

$$\delta(x-x_0)=\delta(x_0-x) \tag{24.43}$$

让我们看看狄拉克 δ 函数 $\delta(x-x_0)$ 如何满足本征值方程

$$x\delta(x-x_0)=x_0\delta(x-x_0) \tag{24.44}$$

首先考虑某位置 $x \neq x_0$ 处，此时由于两边 $\delta(x-x_0)$ 都为零。因此，一边的 δ 函数乘以 x 而另一边乘以 x_0 不起任何作用。而在 $x=x_0$ 处，左边的 x 变成 x_0，两边再次一致。

这里是另一种说法。因子 x 用可变量 x 来重新标定某 $f(x)$，但是我们的本征函数仅存在于一个点 $x=x_0$ 处，其中，它被 x_0 重新标定。所以也可以说它在任何地方都被用一个值 x_0 重新标定了。

你可以在取矩形尖峰的极限 $w\to 0$（见图 24.1 的左半部分）之前就只画出 δ 函数，或者取以 δ 函数为极限的任何函数。这个极限函数本身只有两个值，零或无穷大。幸运的是，我们从来不需要该函数本身，而只需要它出现范围内的积分。式 (24.42) 则会告诉我们该如何处理它。

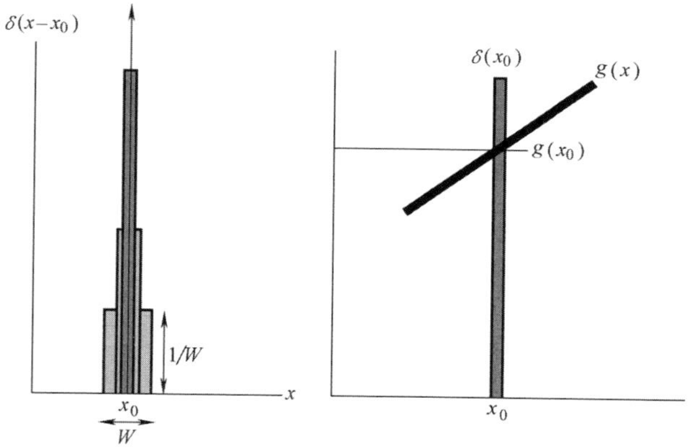

图 24.1 左：以 $x=x_0$ 为中心、宽度为 w、高度为 $1/w$ 在 $w\to 0$ 时的三个矩形。图中只标出了最宽的矩形的高度和宽度。用箭头表示的极限是 δ 函数 $\delta(x-x_0)$。它是偶的：$\delta(x-x_0)=\delta(x_0-x)$。右：$g(x)$ 乘以 $\delta(x-x_0)$ 的积分只有在无限接近 x_0 时才有非零的值。在此区间内，$g(x)\approx g(x_0)$ 是一个可以从积分中提出的常数，而 δ 函数的积分为 1。

令 $g(x)$ 为某平滑函数。考虑如下积分：

$$\int_a^b g(x)\delta(x-x_0)\,\mathrm{d}x \quad a<x_0<b \tag{24.45}$$

恰好在取极限 $w\to 0$ 之前。由于 $\delta(x-x_0)$ 对于不是无限接近 x_0 的任何 x，被积函数都为零（参见图 24.1），所以整个积分来自 x_0 周围的一个无穷小的区域。我们进

行如下处理：

$$\int_a^b g(x)\delta(x-x_0)\,\mathrm{d}x = \lim_{\varepsilon\to 0}\int_{x_0-\varepsilon}^{x_0+\varepsilon} g(x)\delta(x-x_0)\,\mathrm{d}x \tag{24.46}$$

$$= g(x_0)\lim_{\varepsilon\to 0}\int_{x_0-\varepsilon}^{x_0+\varepsilon}\delta(x-x_0)\,\mathrm{d}x \tag{24.47}$$

$$= g(x_0)\cdot 1 \tag{24.48}$$

这里可以从积分中提出 $g(x_0)$，是因为平滑函数 $g(x)$ 在 $x=x_0$ 的无穷小邻域内基本上是常数。因此 $\delta(x-x_0)$ 可以用来提出或取 $g(x)$ 在 x_0 处的值：

$$\int_a^b g(x)\delta(x-x_0)\,\mathrm{d}x = g(x_0),\text{若 } a < x_0 < b \tag{24.49}$$

$$= 0,\qquad \text{若不满足 } a<x_0<b \tag{24.50}$$

例如

$$\int_1^{10} x^3\delta(x-5)\,\mathrm{d}x = 5^3 \tag{24.51}$$

和

$$\int_1^{10} x^3\delta(x-15)\,\mathrm{d}x = 0 \tag{24.52}$$

和

$$\int_0^{\pi}\sin x\cdot\delta\left(x-\frac{\pi}{2}\right)\mathrm{d}x = \sin\frac{\pi}{2} = 1 \tag{24.53}$$

现在回到量子力学。令 $g(x)$ 是一个波函数 $\psi(x)$。其在 x_0 处的值由 $\delta(x-x_0)$ 挑选：

$$\psi(x_0) = \int_{-\infty}^{\infty}\delta(x-x_0)\psi(x)\,\mathrm{d}x \tag{24.54}$$

如果将任意波函数 $\psi(x)$ 表示成某变量 A 为定值的状态的叠加，则其展开系数的数学表达式如下，将上式与下式进行比较：

$$A(\alpha) = \int\psi_{\alpha}^{*}(x)\psi(x)\,\mathrm{d}x \tag{24.55}$$

可以明显看出如下的对应关系：

$$A\to\text{位置} \tag{24.56}$$

$$\alpha\to x_0 \tag{24.57}$$

$$\psi_{\alpha}(x)\to\delta(x-x_0) \tag{24.58}$$

$$A(\alpha)\to\psi(x_0) \tag{24.59}$$

因此我们看出，波函数 $\psi(x_0)$ 本身就是 $\psi(x)$ 的展开式中的系数，即在 $\psi(x)$ 的展开中我们所需的 $\delta(x-x_0)$ 的“量”。根据测量假设，则

$$P(x_0) = |\psi(x_0)|^2 \tag{24.60}$$

可以看出，对于 x 的规则就像对于任何其他变量如 p 或 E 一样。唯一不同的是，由于 x_0 是一个连续变量，因此 $P(x_0)$ 是一个对所有 x_0 的积分为 1 的概率密度，而不

是一个所有可能性之和为1的概率。

如果你跟上了我的思维，你就会问，“与下式相类比的是什么？

$$\psi(x)=\sum_{\alpha}A(\alpha)\psi_{\alpha}(x) \tag{24.61}$$

即任何 $\psi(x)$ 都可以展开成变量 A 为定值的函数的叠加，如果 A 现在是位置情况又会如何？”考虑式

$$\psi(x_0)=\int_{-\infty}^{\infty}\psi(x)\delta(x-x_0)\,\mathrm{d}x \tag{24.62}$$

交换 $x\leftrightarrow x_0$ 位置，可得

$$\psi(x)=\int_{-\infty}^{\infty}\psi(x_0)\delta(x_0-x)\,\mathrm{d}x_0 \tag{24.63}$$

将此与式（24.61）进行比较，可得如下对应关系：

$$A\rightarrow\text{位置} \tag{24.64}$$

$$\alpha\rightarrow x_0 \tag{24.65}$$

$$\sum_{\alpha}\rightarrow\int \mathrm{d}x_0 \tag{24.66}$$

$$\psi_{\alpha}(x)\rightarrow\delta(x-x_0) \tag{24.67}$$

$$A(\alpha)\rightarrow\psi(x_0) \tag{24.68}$$

因此，我已经将任意 $\psi(x)$ 表示成了相应系数为 $\psi(x_0)$ 的一定位置 x_0 的状态（尖峰）的积分（而不是求和）。

前面已经提到，一定位置和动量的状态是不可归一化的。在动量的情况下 $|\psi_p(x)|^2$ 是一个常数，其对整个空间的积分是无穷大。对于位置的情况，我们有以下平方积分：

$$\int_{-\infty}^{\infty}\delta(x-x_0)\delta(x_0-x)\,\mathrm{d}x=\delta(x_0-x_0)=\delta(0)=\infty \tag{24.69}$$

（这里我使用了一个 δ 函数对在 $x=x_0$ 处的另一个 δ 函数进行挑选。）

由以上讨论可知，位置和动量都可以在同一基础上进行分析，作为本征值问题，我们再来看看一定能量的状态，其是下式的解：

$$-\frac{\hbar^2}{2m}\frac{\mathrm{d}^2\psi_E(x)}{\mathrm{d}x^2}+V(x)\psi_E(x)=E\psi_E(x) \tag{24.70}$$

即

$$\frac{1}{2m}\left[-\mathrm{i}\hbar\frac{\mathrm{d}}{\mathrm{d}x}\left(-\mathrm{i}\hbar\frac{\mathrm{d}}{\mathrm{d}x}\psi_E(x)\right)\right]+V(x)\psi_E(x)=E\psi_E(x) \tag{24.71}$$

即

$$\left(\frac{p^2}{2m}+V(X)\right)[\psi_E(x)]=E\psi_E(x) \tag{24.72}$$

通过利用 $P\psi_E(x)=-\mathrm{i}\hbar\frac{\mathrm{d}\psi_E}{\mathrm{d}x}$ 以及 $V(X)$ 对 $f(x)$ 的作用就是用 $V(x)f(x)$ 代替它的

事实。

将式（24.72）与经典力学的公式

$$E=\frac{p^2}{2m}+V(x) \tag{24.73}$$

进行比较我们看到，一定能量的状态是下面的本征值方程的解：

$$E\left(x\to x,p\to -\mathrm{i}\hbar\frac{\mathrm{d}}{\mathrm{d}x}\right)\psi_E(x)=E\psi_E(x) \tag{24.74}$$

或更为抽象地，

$$E(x\to X,p\to P)\psi_E(x)=E\psi_E(x) \tag{24.75}$$

在左边，我们先取以 x 和 p 为函数的能量 E 的经典表达式，然后将其中的每个 x 替换为 $X=x$，以及每个 p 替换为 $P=-\mathrm{i}\hbar\frac{\mathrm{d}}{\mathrm{d}x}$，并且使结果作用于其右边的 $\psi_E(x)$。

这个组合

$$H=\frac{p^2}{2m}+V(X) \tag{24.76}$$

称为哈密顿算符或简称哈密顿量。它取决于势 $V(x)$。例如，在简谐振子的情况下，它是

$$H=\frac{p^2}{2m}+\frac{1}{2}kX^2 \tag{24.77}$$

这意味着，量子振子的一定能量的态是对下式的归一化的解：

$$-\frac{\hbar^2}{2m}\frac{\mathrm{d}^2\psi_E(x)}{\mathrm{d}x^2}+\frac{1}{2}kx^2\psi_E(x)=E\psi_E(x) \tag{24.78}$$

时间无关的薛定谔方程可以用 H 表示为

$$H\psi_E(x)=E\psi_E(x) \tag{24.79}$$

24.3 假设：最终形式

我们现在就可以将量子力学的基本假设综合地罗列成以下几条，这比起前面已经罗列的那些假设更为简洁并且避免了其中的缺陷。

1. 假设Ⅰ　关于一个粒子状态的完整信息由一个复数的、连续的波函数 $\psi(x)$ 给出，除了对于一定 x 或 p 的状态之外，该函数是可归一化的。

2. 假设Ⅱ　令 $\mathcal{A}(x,\ p)$ 是一个动力学变量，例如动量或位置或其函数，如能量。则其允许值 α 和相应的 $\psi_\alpha(x)$ 是对以下方程的可归一化的（除了位置和动量的情况）单值解：

$$\mathcal{A}\left(x\to x,p\to -\mathrm{i}\hbar\frac{\partial}{\partial x}\right)\psi_\alpha(x)=\alpha\psi_\alpha(x) \tag{24.80}$$

（这里表示为 x 的偏导数的形式，对于附加坐标 y 和 z 的表示相似。）

数学知识：数学结果保证了任何 $\psi(x)$ 都可以写为

$$\psi(x)=\sum_{\alpha} A(\alpha)\psi_{\alpha}(x) \tag{24.81}$$

其中

$$A(\alpha)=\int \psi_{\alpha}^{*}(x)\psi(x)\,\mathrm{d}x \tag{24.82}$$

3. 假设Ⅲ　如果在状态 $\psi(x)$ 下测量 A，则唯一可能的结果是出现在上述叠加中的 α，测得每个 α 的概率为

$$P(\alpha)=|A(\alpha)|^2 \tag{24.83}$$

刚刚测量之后状态将从对 α 的叠加态塌缩到与取值 α 相对应的单一项表示的态，立即重新测量 A 将测得相同的值。

4. 假设Ⅳ　波函数的时间演化由以下含时薛定谔方程给出：

$$\begin{aligned} \mathrm{i}\hbar\frac{\partial\psi(x,t)}{\partial t} &= -\frac{\hbar^2}{2m}\frac{\partial^2\psi(x,t)}{\partial x^2}+V(x,t)\psi(x,t) \\ &\equiv H\psi(x,t) \end{aligned} \tag{24.84}$$

在该方程中，经典势 $V=V(x,\ t)$ 可以与时间有关。

24.4　多粒子情形：玻色子与费米子

多个粒子的量子力学是什么样子呢？有一些是显而易见的结果，如需要更多的坐标；而有一些却会带来和量子起源一样的真正的惊喜。

首先考虑两个不同的粒子，比如一个质子和一个电子。现在它们每个都有自己的位置，即 x_1 和 x_2，它们出现在双粒子波函数 $\psi(x_1,\ x_2)$ 中。在 x_1 处发现粒子1和在 x_2 处发现粒子2的概率密度为

$$P(x_1,x_2)=|\psi(x_1,x_2)|^2 \tag{24.85}$$

如果有三个粒子，相应波函数则为 $\psi(x_1,\ x_2,\ x_3)$，并以此类推，但这里只讨论两个粒子的情形，因为你只要花大约十五分钟探讨这种情形就能学到一些深刻的东西。

假设两个粒子都在一个箱子中，电子处于状态 $n=3$，质子处于状态 $n=5$。相应的 $\psi(x_1,\ x_2)$ 具有**直积形式**

$$\begin{aligned} \psi_{3,5}(x_1,x_2) &= \psi_3(x_1)\psi_5(x_2) \\ &= \sqrt{\frac{2}{L}}\sin\left(\frac{3\pi x_1}{L}\right)\sqrt{\frac{2}{L}}\sin\left(\frac{5\pi x_2}{L}\right) \end{aligned} \tag{24.86}$$

发现电子在 $x=4$ 处而质子在 $x=8$ 处的概率密度由下式给出：

$$P_{3,5}(x_1=4,x_2=8)=|\psi_3(4)|^2|\psi_5(8)|^2 \tag{24.87}$$

$$= \frac{4}{L^2}\sin^2\left(\frac{3\pi \cdot 4}{L}\right)\sin^2\left(\frac{5\pi \cdot 8}{L}\right) \quad (24.88)$$

如果反过来我们要求发现电子在 $x=8$ 处而质子在 $x=4$ 处的概率密度，则这个概率密度将为

$$P_{3,5}(x_1=8, x_2=4) = \frac{4}{L^2}\sin^2\left(\frac{3\pi \cdot 8}{L}\right)\sin^2\left(\frac{5\pi \cdot 4}{L}\right) \quad (24.89)$$

两者是非常不同的。例如，如果箱子的大小为 $L=40$，则 $P_{3,5}(x_1=4,\ x_2=8)$ 将为零，而 $P_{3,5}(x_1=8,\ x_2=4)$ 不会为零。

这是完全可以的，因为他们是两个不同结果的两个不同的概率：发现电子在这里和质子在那里，与发现电子在那里和质子在这里是不一样的。为了验证这些概率，我取许多箱子，其中，有处于状态 $n=3$ 的电子和处于状态 $n=5$ 的质子，这时测量它们的位置，并将结果在以 x_1 和 x_2 标记的二维直方图中表示出来。每次测量后可以明确地将测量位置分配给电子或质子。最后，直方图应与 $P_{3,5}(x_1,\ x_2)$ 一致。如果发现电子在 $x=8$ 处而质子在 $x=4$ 处，这将与预测一致（但没有充分地证明），但是如果发现电子在 $x=4$ 处而质子在 $x=8$ 处，甚至只是一次，这将给该理论带来致命一击，因为质子不应该在 $x=8$ 处被发现，该处为波函数的一个零点。

24.4.1 全同与不可分辨

如果两个粒子是全同的，则会发生非常戏剧性的事情。“全同粒子”这个词在量子力学中有着与在经典力学中截然不同的含义。考虑同卵双胞胎。我的意思是完全相同。他们在出生时就分开了，以后他们还到处走动。即使他们在各个方面看起来都相同，我们仍然可以跟踪他们。我们知道这是乔，那是萌。我们可以不断地跟踪他们。考虑下面涉及这对双胞胎的实验，如图 24.2 所示。一个房间有四扇门，乔从 A 门进入，萌从 B 门进入，两人都走向房间的中央。现在有两个选项。他们或者通过他们的入口门（左半图）前面的门离开，或者交叉让乔由 C 门而萌由 D 门离开出来。现在假设在开始时你看到他们进入房间，你短暂地离开房间一会，回来时看到他们正离开房间。你不知道他们是否交叉过，因为你只看到两个全同的双胞胎在这些门的位置。但有人知道发生了什么，有人一直在观察他们。因此，即使他们是全同的，他们也是可分辨的。他们不能在没有人知道的情况下交换角色。

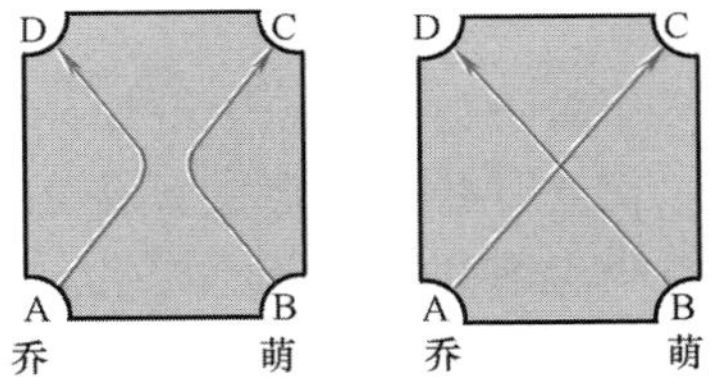

图 24.2 两个全同的双胞胎乔和萌分别由 A 门和 B 门进入，并沿着两个可能的经典路径，由 C 门和 D 门离开。在量子理论中，我们不能断定这里所说的两种情形哪种发生了。但如果这些是全同的宏观双胞胎萌和乔，由于可以连续观察，因此我们可以断定是发生了哪种情形。

但是现在想象一下，这些不是经典双胞胎，而是量子粒子，如电子，它们在被

观察到的位置之间没有确定的轨迹。你知道一个电子从 A 门发射和另一个电子从 B 门发射，它们最终在 C 门和 D 门处被检测到。你不知道谁真的去了哪里。是这个家伙还是那个家伙？没有办法知道。因此，若你有全同粒子，但又不能跟踪它们的轨迹，当你发现一个粒子在这里以及一个粒子在那里，你就不能说乔在这里，萌是在那里。这是不允许的，因为你不是一直跟着他们。你只能说，“我在这里发现了一个粒子，以及我在那里发现了一个粒子”，而不是“我在这里发现了乔，在那里发现了萌”。因此，该理论不能对发现粒子 1 在这里、粒子 2 在那里以及发现粒子 2 在这里、粒子 1 在那里这两种情形给出不同的概率，因为两个结果是不可分辨的。**对于两个不可分辨的结果它必须给出相同的概率：**

$$P(x_1,x_2)=P(x_2,x_1) \tag{24.90}$$

可以看出，对于前面为电子-质子系统写出的直积函数，上式并不成立。当电子在 $x=4$、质子在 $x=8$ 时，概率为零；而反过来概率则不是零。因此直积函数不能描述箱子中的两个电子。

然而，我们可以通过将两种可能的波函数叠加来生成一个符合粒子不可分辨性的函数：

$$\psi_{3,5,S}(x_1,x_2)=\psi_3(x_1)\psi_5(x_2)+\psi_5(x_1)\psi_3(x_2) \tag{24.91}$$

$$=\sqrt{\frac{2}{L}}\sin\left(\frac{3\pi x_1}{L}\right)\sqrt{\frac{2}{L}}\sin\left(\frac{5\pi x_2}{L}\right)+$$

$$\sqrt{\frac{2}{L}}\sin\left(\frac{5\pi x_1}{L}\right)\sqrt{\frac{2}{L}}\sin\left(\frac{3\pi x_2}{L}\right) \tag{24.92}$$

两个直积态的这种叠加中，其中，一个直积态代表粒子 1 处于态 $n=3$、粒子 2 处于态 $n=5$ 的对应态，而在另一个直积态两个粒子相互交换了彼此态。上式中下标 S 表示对称的，这意味着，因为我们已经将与粒子互换态相联系的两个可能的直积态相加，所以这两个粒子现在扮演对称角色。你只能从这个波函数推断，有一个 $n=3$ 的粒子和一个 $n=5$ 的粒子，而不是粒子 1 在 $n=3$ 而粒子 2 在 $n=5$。

形式上，这意味着对称波函数对粒子坐标的交换是不敏感的：

$$\psi_{3,5,S}(x_1,x_2)=\psi_3(x_1)\psi_5(x_2)+\psi_5(x_1)\psi_3(x_2) \tag{24.93}$$

$$\psi_{3,5,S}(x_2,x_1)=\psi_3(x_2)\psi_5(x_1)+\psi_5(x_2)\psi_3(x_1)$$
$$=\psi_{3,5,S}(x_1,x_2) \tag{24.94}$$

如果我们交换坐标 x_1 和 x_2，对称波函数中的两项互换了角色，但它们的和不受影响。量子波函数中的标记 1 和 2 不再代表单个的粒子，这些粒子不再具有特定的标识。

如果不改变波函数中 x_1 和 x_2 的位置，而是**交换其态标记**，对称波函数也不受影响：

$$\psi_{3,5,S}(x_1,x_2)=\psi_{5,3,S}(x_1,x_2) \tag{24.95}$$

这是一个等价的说法，我们所知道的是，有一个粒子在 $n=3$ 和有一个粒子在 $n=5$。

在任何一种情况下，概率密度，其仅仅是波函数 ψ 模的平方，也有相应的对称性

$$P_{3,5,S}(x_1,x_2)=P_{3,5,S}(x_2,x_1) \tag{24.96}$$

图 24.3 将帮助你想象这种情况。左边是粒子 1 在 $n=3$ 而粒子 2 在 $n=5$ 的态，中间是粒子 1 在 $n=5$ 而粒子 2 在 $n=3$ 的态。这些是两个直积态。如果我们讨论的是箱子中的一个质子和一个电子，这两种态在量子理论中都是允许的，它们被计为不同的态。但是如果它们是两个全同的粒子，则标记不同在量子理论中是毫无意义的。只有一个允许态，即右边描述的对称态。我们只看到两个粒子，一个在 $n=3$ 和一个在 $n=5$，没有标记。

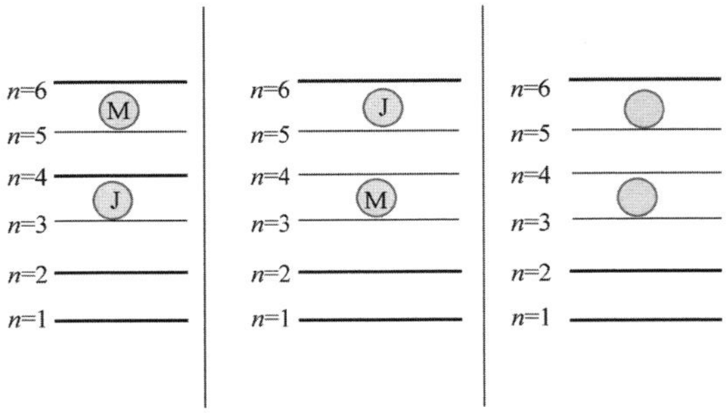

图 24.3　左边是粒子 1 在态 $n=3$ 而粒子 2 在态 $n=5$ 的一个态，中间是两个粒子交换了彼此态的一个态。如果粒子是不同的，这两种态在量子理论中都是允许的，它们被计为两个不同的态。如果粒子是全同的，则只有右边描述的不带标记的态是允许的。

更一般地，对于任意两个量子态 a 和 b（不只是我们的例子中的箱子状态 $n=3$ 和 $n=5$），允许的波函数为

$$\psi_{a,b,S}(x_1,x_2)=\psi_a(x_1)\psi_b(x_2)+\psi_a(x_2)\psi_b(x_1) \tag{24.97}$$

我可以通过使直积态相加来得到对称态，即一个态中交换 x_1 和 x_2 位置而保持 a 和 b 位置不变或反之亦然。两种情形都反映了粒子不可分辨的事实。概率密度为

$$\begin{aligned}P_{a,b,S}(x_1,x_2)&=|\psi_{a,b,S}(x_1,x_2)|^2\\&=|\psi_a(x_1)\psi_b(x_2)+\psi_a(x_2)\psi_b(x_1)|^2\end{aligned} \tag{24.98}$$

在对称波函数中，我们似乎终于找到了一种描述两个电子的方法，一个在 $n=3$，一个在 $n=5$，其符合不可分辨性的要求。然而，这却不是真的。这种方法适用于两个全同的 π 介子或介子但不适用于两个电子。但除了使直积波函数对称化，我们还能做什么呢？

还有另一种允许的组合称为**反对称波函数**，其中，我们使具有交换了次序的直积态相减：

$$\psi_{a,b,A}(x_1,x_2)=\psi_a(x_1)\psi_b(x_2)-\psi_a(x_2)\psi_b(x_1) \tag{24.99}$$

如果我们现在交换坐标，我们发现 $\psi_{a,b,\mathrm{A}}$ 改变了符号：

$$\psi_{a,b,\mathrm{A}}(x_2,x_1)=\psi_a(x_2)\psi_b(x_1)-\psi_a(x_1)\psi_b(x_2)$$
$$=-\psi_{a,b,\mathrm{A}}(x_1,x_2) \tag{24.100}$$

这似乎违反了交换全同粒子不应该引起什么不同的前提。然而，在量子理论中波函数 ψ 本身不能直接被观察到（记住 ψ 和 $-\psi$ 是相同的态），而只有 ψ 的二次方的量，例如 $P=|\psi|^2$，是可以直接被观察到的。事实上，我们发现

$$P_{a,b,\mathrm{A}}(x_1,x_2)=|\psi_a(x_1)\psi_b(x_2)-\psi_a(x_2)\psi_b(x_1)|^2 \tag{24.101}$$

而

$$P_{a,b,\mathrm{A}}(x_2,x_1)=|\psi_a(x_2)\psi_b(x_1)-\psi_a(x_1)\psi_b(x_2)|^2 \tag{24.102}$$
$$=|(-1)[\psi_a(x_1)\psi_b(x_2)-\psi_a(x_2)\psi_b(x_1)]|^2 \tag{24.103}$$
$$=P_{a,b,\mathrm{A}}(x_1,x_2) \tag{24.104}$$

因此，在量子力学中，对于全同粒子有两种选择。或者可以取直积函数，并让它加上交换了坐标的直积函数以获得对称波函数 ψ_{S}，或者让它减去交换了坐标的直积函数以获得反对称波函数 ψ_{A}。值得注意的是，宇宙中的每个粒子都属于一个阵营或另一个阵营。称为玻色子的粒子总是选择对称波函数，而称为费米子的粒子总是选择反对称波函数。每个粒子要么是玻色子，要么是费米子。介子是玻色子，电子是费米子，夸克是费米子，光子和引力子是玻色子。例如，两个具有一定动量 p_1 和 p_2 的介子在交换动量情形下是对称的。我们不能说哪一个具有动量 p_1 以及哪一个具有动量 p_2。我们只能说有一个介子具有 p_1 和一个介子具有 p_2。如果你把两个全同玻色子放在一个箱子里，当你交换它们时，对称波函数将保持不变。如果你把两个全同费米子放在一个箱子里，如果你交换它们，它们的波函数将改变符号。（如果你放置非全同粒子，比如一个电子和一个质子，你可以使用一个直积波函数，如果你交换坐标，一般得到一个不同的直积态，而不是原来的±1倍。）

在前面的讨论中，假设态 a 和 b 是不同的。让我们看看如果 $a=b$ 会发生什么。对于玻色子我们发现

$$\psi_{a,a,\mathrm{S}}(x_1,x_2)=\psi_a(x_1)\psi_a(x_2)+\psi_a(x_2)\psi_a(x_1)$$
$$=2\psi_a(x_1)\psi_a(x_2) \tag{24.105}$$

其中，总因子 2 在物理上是不重要的。所以两个玻色子处于同一个态不会有问题，如果考虑更多的玻色子，我们会发现，它们喜欢与其他玻色子处于同一态，这一特性在激光中被用到，但是我们不得不跳过去。

我们更感兴趣的是两个全同费米子的奇特情形。它们两个都可以处于相同的量子态吗？如果在反对称波函数中设 $a=b$，我们发现

$$\psi_{a,a,\mathrm{A}}(x_2,x_1)=\psi_a(x_1)\psi_a(x_2)-\psi_a(x_2)\psi_a(x_1)\equiv 0 \tag{24.106}$$

这就是著名的泡利不相容原理，其表示两个全同费米子不能处于同一量子态。

还需要注意，即使 $a\neq b$，两个费米子也不能占据同一位置：如果设 $x_1=x_2=x$，

则我们发现 ψ_A 为零：

$$\psi_{a,b,A}(x,x)=\psi_a(x)\psi_b(x)-\psi_a(x)\psi_b(x)\equiv 0 \tag{24.107}$$

（这不是因为两个粒子不能位于同一点的微不足道的缘故。量子理论允许两个介子在同一点。）因为当 $x_1=x_2$ 时，$\psi_A(x_1,\ x_2)$ 为零；根据连续性，当 x_1 和 x_2 彼此接近时，波函数也会变得很小。因此，两个全同费米子彼此避开，不是由于它们之间的任何排斥力，而是由于泡利不相容原理。

当我们有三个费米子时，泡利不相容原理又会有什么说法？如果要求每当交换任何两个费米子时波函数改变符号，可以有如下波函数：

$$\begin{aligned}\psi_{a,b,c,A}(x_1,x_2,x_3)=&\psi_a(x_1)\psi_b(x_2)\psi_c(x_3)-\psi_a(x_2)\psi_b(x_1)\psi_c(x_3)\\&-\psi_a(x_1)\psi_b(x_3)\psi_c(x_2)-\psi_a(x_3)\psi_b(x_2)\psi_c(x_1)\\&+\psi_a(x_2)\psi_b(x_3)\psi_c(x_1)+\psi_a(x_3)\psi_b(x_1)\psi_c(x_2)\end{aligned}$$

你可以去验证，如果设任何两个坐标相等或任何两个态标记相等，$\psi_{a,b,c,A}$（x_1，x_2，x_3）都为零。有一种方法可以写出任何数量的全同费米子的**完全反对称波函数**。如果你知道行列式，如下是三个粒子时的答案：

$$\psi_{a,b,c,A}(x_1,x_2,x_3)=\begin{vmatrix}\psi_a(x_1) & \psi_b(x_1) & \psi_c(x_1)\\ \psi_a(x_2) & \psi_b(x_2) & \psi_c(x_2)\\ \psi_a(x_3) & \psi_b(x_3) & \psi_c(x_3)\end{vmatrix}$$

你可以依靠行列式理论或通过细致的计算验证，只要两行或两列相等，即当坐标或态标记中的两个变为相同时，该波函数就会变为零。当交换两行或两列时，波函数将改变符号。对于更多的粒子，你只是需要一个更大的行列式。

只有所讨论的粒子是全同时，我们才需要对称和反对称态。即使两个粒子之间存在细微差异，它们也将被看作是可分辨的并且由直积波函数来描述。是什么使得这种对称和反对称的波函数如此有应用价值呢，就是因为自然界中有许多粒子是**完全相同的**。每个电子都与其他任一个电子全同，一个可能由在地球上的加速器产生，而另一个却来自另一个星系。你把这两个家伙放在一个箱子或一个原子中，它们将遵守泡利不相容原理。令人惊奇的是，大自然是如何在宇宙中相隔如此之远的两个区域中产生完全相同的粒子！

24.4.2 原子结构的意义

让我们根据所学习的知识试着来弄清楚原子的结构。首先需要计算在一个带有电荷 Ze 的原子核的场中一个电子的稳定态，其中，Z 是质子的数目。

这意味着需要求解具有如下势函数的三维薛定谔方程：

$$V(r)=-\frac{Ze^2}{4\pi\varepsilon_0 r} \tag{24.108}$$

由能量的经典表达式

$$E=\frac{p_x^2+p_y^2+p_z^2}{2m}-\frac{Ze^2}{4\pi\varepsilon_0\sqrt{x^2+y^2+z^2}} \tag{24.109}$$

并根据最后的假设Ⅱ，我们知道 $\psi_E(x,\ y,\ z)$ 遵从如下薛定谔方程：

$$-\frac{\hbar^2}{2m}\left(\frac{\partial^2\psi_E}{\partial x^2}+\frac{\partial^2\psi_E}{\partial y^2}+\frac{\partial^2\psi_E}{\partial z^2}\right)-\frac{Ze^2}{4\pi\varepsilon_0\sqrt{x^2+y^2+z^2}}\psi_E=E\psi_E \tag{24.110}$$

我将跳过求解过程，直接给出求解得到的以下能谱。允许的能量是

$$E_n=-\frac{Z^2me^4}{32\pi^2\varepsilon_0^2\hbar^2n^2}=-\frac{13.6Z^2}{n^2}\mathrm{eV},\quad n=1,2,3,\cdots \tag{24.111}$$

能级是简并的：在给定 n 时有 n^2 个能级。此外，电子还具有称为**自旋**的双重自由度，对应于与运动无关的内禀角动量 $\pm\hbar/2$，对此我们在这里不作讨论。因此真正的简并度为 $2n^2$，其取值分别为 2，8，18，…。对于一个在能级 n 且具有最大允许角动量的粒子，在 r 和 $r+\mathrm{d}r$ 之间的球壳中被发现的概率密度 $P(r)$ 是在半径 n^2a_0 处达到峰值的函数，其中

$$a_0=\frac{4\pi\varepsilon_0\hbar^2}{me^2} \tag{24.112}$$

是玻尔半径。由于这个原因，任何 n 的态通常被称为壳层。在一些书中，这些壳层被描绘为该半径的轨道或云。

已知一个原子的能谱，我们就可以预测当 n 值变化时它发射或吸收的光的频率

$$\omega_{n_1\to n_2}=\left|\frac{E(n_1)-E(n_2)}{\hbar}\right| \tag{24.113}$$

我们甚至可以计算它吸收或发射光的比率，但是这需要调用波函数 ψ_E。

结合泡利不相容原理，我们可以通过询问电子在给定原子中发生了什么来理解很多化学知识。

氢只有一个电子，我们可以将其置于自旋 $\hbar/2$ 或自旋 $-\hbar/2$ 的 $n=1$ 态。氦的 $Z=2$，它的两个电子以相反自旋占据了 $n=1$ 的能级。锂的 $Z=3$，它的第三电子必须进入八个 $n=2$ 的态中的一个。（在这里我们可能需要用到的事实：内层 $n=1$ 态中的两个电子可以屏蔽一部分核电荷使 $n=2$ 的电子不受其作用。）如此继续下去直到氖，它的 10 个电子填充满了 $n=1$ 和 $n=2$ 壳层。如果再增加一个电子，就进入了下一个能级 $n=3$。这就是 Na（钠）的情形，它具有 11 个电子。当第 11 个电子朝向原子核方向看去时，它只看到了 1 个核电荷 $1e$，因为 10 个内层电子屏蔽了其他的核电荷。其结合能已经降低至 5.1eV。与 Na 原子不同，F（氟）原子却有 9 个电子，其中的 7 个 $n=2$ 电子每个都具有 17.46eV 的巨大结合能。在其 $n=2$ 壳层中还有一个电子未填充的空位。如果 Na 可以将它的单个 $n=3$ 电子转移到 F 在 $n=2$ 壳层中的空位上，则这两个原子都可以降低它们的结合能。假定有给机会，它们就会这么做。但是在这个转移之后，Na 原子将带正电，而 F 原子带负电。两者将通

过离子键静电结合以形成 NaF 分子。

这种图像非常清晰。带有满壳层的原子（如 He 或 Ne）将没有动力与任何别的原子交流。在最外层具有单个电子（价电子）的原子会尝试将其转移给最外层具有一个空位的原子。(对于多于一个转移电子的情形也是如此。) 当壳层被填满时，这种行为将重复。这解释了元素周期表。鉴于格言“幸福是一个充满的壳层”，我们可以预言哪些原子会愿意彼此结合在一起。然而，在多电子的原子中有一些惊奇和异常，在这里我们不会进行讨论。

我们对量子世界描述的信念是基于与经典世界相比截然不同的考虑。例如，如果牛顿说，“我可以用我的定律表明行星轨道是椭圆”，这可以通过直接观察来证实。(在这种情况下，观察已经在牛顿之前由开普勒完成了。) 另一方面，对于原子，我们所拥有的是能级和相应的波函数。利用这些，我们可以预测原子的结构和它们彼此之间的相互作用以及与电磁场的相互作用。这是理论和实验之间的完美融合，证实了我们对量子力学的信念，把它作为描述我们没有直接感知的原子世界的方式。

24.5 能量-时间的不确定关系

我们现在考虑能量-时间的不确定关系

$$\Delta E\Delta t \geqslant \frac{\hbar}{2} \tag{24.114}$$

这个不等式意味着 Δt 的特殊定义将在后面说明，并且可能必须由 $\Delta E\Delta t \geqslant \hbar$ 或 $\Delta E\Delta t \approx \hbar$ 代替。这是因为即使 ΔE 是精确定义的不确定度（见公式（24.128）），Δt 却没有特定的定义。这是因为时间不是一个具有概率分布的动力学变量，反而它是动力学变量诸如 $x(t)$ 和 $\psi(t)$ 所依赖的一个参数。通过看时钟我们就都完全知道是什么时间了，而 Δt 不是时间的不确定度。

Δt 意味着什么？式（24.114）对于 Δt 的什么样的定义才有效？式（24.114）及其变化形式意味着什么？

它们经常反映出这样的事实，即为了使一种现象归于一个确定的阶段，它就必须完成许多个周期。

假设，通过观察你一段时间，我断言你每天都从纽黑文到纽约市往返一次。我把你离开纽黑文的距离 $x(t)$ 作为时间的函数绘制下来，并发现你用一天完成了一个完整的周期。但如果我要非常自信地断言你的访问频率是每天一次，我就需要看到你很多天都这样做了。如果你只是连续两天这样做了，这还不够得出结论，尽管十天后我就变得更加肯定。我从来没有真正确定，因为你可能会在任何时间停止。为了绝对肯定，我必须等待一个无限长的时间。但经过有限时间的观察后，我能得到什么结论呢？我想说我知道你的访问频率 f，且它具有某个不确定度 Δf，不确定

度 Δf 应该随着观测时间 Δt 的增大而减少。但 Δf 是什么呢？

假设我已在一段时间 Δt（不一定很小）内记录了数据。这段时间 Δt 通常包含非整数次出行，因为在时间间隔 Δt 的开始和结束那一刻你通常在往返路程中的某个地方。因此你在此 Δt 时间内出行的次数 N 将具有量级 1 大小的不确定性。所以估计的频率将为

$$f\approx\frac{N\pm1}{\Delta t}=\frac{N}{\Delta t}\pm\frac{1}{\Delta t}\equiv f_0+\Delta f \tag{24.115}$$

并且 f 的不确定度将是

$$\Delta f\approx\frac{1}{\Delta t} \tag{24.116}$$

$$\Delta f\Delta t\approx 1 \tag{24.117}$$

Δf 有一个更技术的定义。如果我利用傅里叶变换将在观察时间 Δt 内的 $x(t)$ 表示为所有时间内的真正周期性波的叠加，它将是一个对连续频率成分的求和，各成分系数的峰值在 $f_0=(24\text{h})^{-1}$、宽度约为 $1/\Delta t$，这样同样能得到式（24.117）。

这里是这种现象在机械方面的例子。如图 24.4 所示，几个簧片根据它们的共振频率排成一排，其一端固定，另一端指离页面外并且可以上下自由振动。如果现在使用机械振动器以某频率 f_0 去激励它们，我们应该期望只有 f_0 的簧片响应强烈。但我们会发现，当打开振动器并使其在刻度盘上指向频率 f_0 时，临近 f_0 簧片的许多簧片也有较大的响应，如图中上半部分所示。画出的矩形表示每个簧片末端的运动范围。

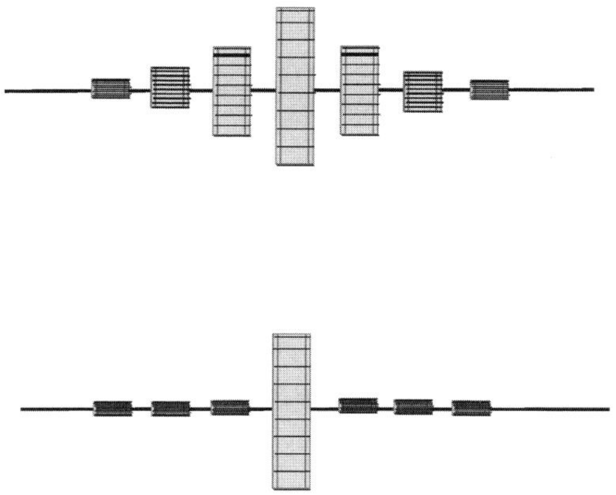

图 24.4　以共振频率排列并指向页面外的一系列簧片。上图显示它们对频率等于中心簧片频率 f_0 的激励的早期响应（矩形表示每个簧片末端的运动范围）。下图显示多个周期后的响应。

这是因为簧片并不关心振动器的刻度盘指向什么频率：它们按照它们在某一时间 Δt 内所感受到的开始振动，其为 Δt 长的周期性激励的有限波列。然而，随着时

间的推移，它们将得到我们正在施加一个周期性力的信息，并且最终只有 f_0 的簧片将显示出明显的响应，如图的下半部分所示。

所有这一切都与量子力学无关，只反映了一个事实，即为了测量某事件的周期（或频率），你需要等待几个周期，并且等待的时间越长，频率的测定就越精确。

现在来考虑量子力学的情形。假设有许多相同的原子处于它们的基态（具有能量 E_0），我们想要找到它们的较高能级。为此，我们打开频率为 f_0 的激光，看看它是否被吸收。如果它被吸收了，我们知道就存在一个能量为 $E_0+hf_0 \equiv E_0+\hbar\omega_0$ 的态。然而，我们将发现的是，原子最初不仅跃迁到相隔 $hf_0 \equiv \hbar\omega_0$ 的态，而且还跃迁到两边的几个态。激光器上的刻度盘再一次指向了 f_0 或 ω_0，但是原子感受到的却是在时间 Δt 内得到的信息。它们将对组成有限（时间）波列的不同频率成分做出响应，该波列的傅里叶展开系数由峰值在 f_0 处宽度为 $\Delta f \approx 1/\Delta t$ 的一个分布给出。因此，入射光子和最终原子态的能量范围为

$$\Delta E = \hbar \Delta f \approx \hbar \frac{1}{\Delta t}, \quad \text{这意味着 } \Delta E \Delta t \approx \hbar \tag{24.118}$$

ΔE 的含义不是违反能量守恒的偏差值。如果来自场的能量传递持续了时间 Δt，则 ΔE 是可以被原子吸收的可能的能量范围。然而，一旦原子吸收具有这些能量之一的一个光子，辐射场就会失去等值的能量。

这类似于进入海森伯显微镜的光子的 Δp。它不是违反动量守恒的偏差值：相反，Δp 给出了在测量时光子可能具有的动量范围。一旦测得了这些值之一，你就可以确定，散射电子将只具有恰好的动量以满足动量守恒。散射之后，光子-电子组成的系统将处于具有光子动量 p、电子动量 $P-p$ 和总动量 P 的直积态的叠加，如下面以明显的标记表示

$$\psi^{e\gamma} = \sum_p A(p) \psi_p^{\gamma} \psi_{P-p}^{e} \tag{24.119}$$

我们得到，系数 $A(p)$ 仅在平均值 p_0 处的宽度 Δp 内才有较大取值。虽然光子可以被检测出具有一定范围内的动量 p，但在每一次散射后，电子将具有损失的动量 $P-p$。测量光子的动量将使直积态之和的叠加态塌缩至所观察到的那一个态。

接下来考虑一个处于具有初始能量 E_i 的某稳定态的系统。如果我们在时间 $t=0$ 时加上一恒定势 V_0，则在时间 Δt 时，系统将跃迁到如下能量的最终状态：

$$E_f = E_i \pm \frac{\hbar}{\Delta t} \tag{24.120}$$

这是因为所加的势实际上不是一个常数，而是一个阶跃函数，在 $t=0$ 时从 0 跃升至 V_0。这个过程以 $\Delta E \approx \frac{\hbar}{\Delta t}$的大小违背了这个系统的能量守恒。然而，系统的能量与突然施以势 V_0 的外部机构的能量将是守恒的。

接下来考虑一个原子，其在衰变到基态之前已经位于一个能量为 E_n 的激发态一段时间 Δt。在它被激发期间，其波函数随时间按 $e^{-iE_n t/\hbar}$变化。该函数（仅存在

时间 Δt）的傅里叶变换将具有宽度$\hbar/\Delta t$。因此，当该原子跃迁到基态时，由它发射的光将具有以 $\omega_{n,0}=(E_n-E_0)/\hbar$为中心以及宽度（称为线宽度）为 $\Delta E\approx\hbar/\Delta t$ 的光谱。再一次，这种宽度 ΔE 仅意味着原子和辐射场开始于不同能态的一个叠加态，其中，原子具有某个能量，而场具有守恒能量的余下部分。原子和场的能量将总是等于某固定的守恒值，就像式（24.119）中的总动量 P。“一个已经存在有限时间的系统不能被赋予一个确定的能量”的说法必须如上所述来理解，而不能理解为违反了能量守恒。

还有另一种方法来推导并解释 $\Delta E\Delta t\geqslant\hbar$。让我们从一个类比开始。假设一个班的成绩分布是平均值为$\langle G\rangle$而宽度为 ΔG 的某钟形曲线。现在，某教育家提出一个提高平均值的方案。如果该策略的优越性要令人信服，则其带来的变化必须是使分布的中心$\langle G\rangle$至少提高宽度 ΔG 以上。

现在把这个想法用于量子问题。考虑一个具有平均动量 p_0 和不确定度 Δp 的波包。其在 x 上的宽度必须为

$$\Delta x\geqslant\frac{\hbar}{2\Delta p}\tag{24.121}$$

当波包至少移动不确定度 Δx 时，其中心移动了一个可检测的距离。对于平均速度 $v=\dfrac{p_0}{m}$，该移动所需的时间为

$$\Delta t=\frac{\Delta x}{v}\geqslant\frac{\hbar}{2\Delta p\cdot v}=\frac{\hbar}{2\Delta p\cdot(p_0/m)}\tag{24.122}$$

现在考虑 ΔE，即波包的动量宽度 Δp 引起的粒子的能量宽度

$$\begin{aligned}E&=\frac{p^2}{2m}=\frac{(p_0\pm\Delta p)^2}{2m}\\&=\frac{p_0^2}{2m}\pm\frac{p_0\Delta p}{m}+(\text{量级 }\Delta p)^2 &(24.123)\\&=E_0+\Delta E &(24.124)\end{aligned}$$

这说明波包的能量宽度为

$$\Delta E=\frac{p_0\Delta p}{m}\tag{24.125}$$

将上式代入式（24.122）中，可得 $\Delta E\cdot\Delta t\geqslant\dfrac{\hbar}{2}$。

总之，如果一个粒子处于能量具有不确定度 ΔE 的态，则使其移动位置不确定度 Δx 所需的时间服从 $\Delta t\geqslant\dfrac{\hbar}{2\Delta E}$。这里我们有一个严格的不等式，因为 ΔE 和 Δt 都是严格定义的。

我们在上一章已经看到了这样一个例子。在一个由能量为 E_1 和 E_2 的两个箱子态构成的态中，能观察到 $P(x,t)$ 发生明显变化的最小时间 Δt（见式（23.64）

和（23.66））由下式给出：

$$\Delta t \geqslant \frac{\hbar}{\Delta E} \tag{24.126}$$

其中，$\Delta E \approx E_2 - E_1$。

这种说法很笼统。考虑一个量子态和一个被测的变量 $\mathcal{A}$。将测得一系列具有概率 $P(\alpha)$ 的可能结果，其期望值为

$$<\mathcal{A}> = \sum_{\alpha} P(\alpha)\alpha \tag{24.127}$$

其不确定度为

$$\Delta\mathcal{A} = \sqrt{\sum_{\alpha} P(\alpha)\,(<\mathcal{A}> - \alpha)^2} \tag{24.128}$$

在某能量 E 的定态下，无论是 $<\mathcal{A}>$ 还是 $\Delta\mathcal{A}$ 都不会随时间变化，因为 $P(\alpha)$ 不会。

现在假设系统以能态的一个叠加态开始，然后 $P(\alpha)$ 和 $<\mathcal{A}>$ 可以随着时间改变，就如同初始时处于由许多能级构成的箱子态 $\psi(x, 0) = Ax$ 的某粒子的 $P(x, t)$ 随时间的变化方式一样。令 ΔE 为叠加态中的能量范围。令 Δt 为 $<\mathcal{A}>$ 发生了与 $\mathcal{A}$ 的不确定度一样大小的变化时所用的时间。换句话说，Δt 由下式给出：

$$\frac{\mathrm{d}<\mathcal{A}>}{\mathrm{d}t} \cdot \Delta t = \Delta\mathcal{A} \tag{24.129}$$

$$\Delta t = \frac{\Delta\mathcal{A}}{\dfrac{\mathrm{d}<\mathcal{A}>}{\mathrm{d}t}} \tag{24.130}$$

从含时薛定谔方程可以计算 $\mathcal{A}$ 的变化率，并建立一个精确的不等式

$$\Delta t \geqslant \frac{\hbar}{2\Delta E} \tag{24.131}$$

换句话说，如果一个系统在其波函数中具有能量不确定度 ΔE，则使一个变量 $\mathcal{A}$ 发生其概率分布宽度大小（由其不确定性 $\Delta\mathcal{A}$ 精确地定义）的变化所需的最小时间 Δt 为 $\dfrac{\hbar}{2\Delta E}$。这是因为一个取值具有固有不确定度 $\Delta\mathcal{A}$ 的量必须至少发生不确定度大小的变化时，我们才能观测得到它的变化，Δt 就是该变化要被检测到所需的最小时间。最小时间与变量 $\mathcal{A}$ 的选择有关。这种最小时间值定义了系统的自然时间尺度，即是能够观测到系统的任何可观察量发生任何变化所需要的时间。态的能谱越是狭窄尖锐，该最小时间就越长。最后，对于一个确定能量的状态，要想观察到它的变化，就必须耐心等待直至永远。

让我们将这种说法应用于我们已经分析过的问题：一个原子处于一激发态，短暂时间 τ 之后它衰变到基态。原子的初始态显然不是定态，因为其态发生了改变：原子跃迁到了基态。因此初始态必须是许多能态的叠加态。我们从前面的论证中知道，宽度 ΔE 与事物可被察觉到发生的时间 Δt 之间有如下关系式：

$$\Delta E \geqslant \frac{\hbar}{\Delta t} \tag{24.132}$$

由于原子在时间 τ 内发生了衰变，因此时间 τ 称为寿命，由于其衰变确实是一个可以观察到的事情，所以结论 $\Delta t \approx \tau$ 就是合理的。这就有

$$\Delta E \cdot \tau \approx \hbar \tag{24.133}$$

这样就得到了如下的陈述：一个寿命为 τ 的系统具有能量的不确定度 $\Delta E \approx \frac{\hbar}{\tau}$。这意味着，能量值为 E 宽度为 ΔE 的 ψ_E 的叠加态就是这样一个非稳态。

24.6 下一步？

本书的结束只是你通向物理世界旅途的开始。每个前沿都有很多东西需要学习。例如，我在这里描述的量子力学是基于薛定谔方程，并从如下动能的牛顿力学表达式出发的：

$$E = \frac{p^2}{2m} \tag{24.134}$$

如果所涉及的粒子具有的动能比静止能量 mc^2 小，则上式是有效的。当这个条件不满足时，我们就需要狄拉克（P. A. M. Dirac）的相对论波动方程，其基于如下相对论表达式：

$$E^2 = c^2 p^2 + m^2 c^4 \tag{24.135}$$

在某些时候，狄拉克理论也会变得不适合。例如，在狄拉克理论中假定为简并的氢的两个能级却被发现具有被称为兰姆位移的细微差别。为了解释这一点，我们需要量子场论，它根据量子力学和相对论的规律来处理物质和辐射。量子场理论已被证明是描述且可能把电磁相互作用、弱相互作用和强相互作用统一成一个大规范理论的一种强有力方式。但它也存在一些问题：在有限结果的计算过程的中间阶段出现了不需要的无穷大。有一个修正这些无穷大并得到有限结果的方法（这与实验符合得非常好，例如在描述兰姆位移时），但是这种修正不适用于我们想包括进来的引力。

弦理论是场理论的所有困境的潜在解决方案：没有出现无穷大，引力被合情合理地包含进来，甚至时空维度的数目，其可以是场理论中的任何东西，被修正到了10。这一切都很诱人。然而，目前弦理论存在一些技术复杂性，特别值得注意的是，由于弦的真正差异仅出现在被称为普朗克长度 $\approx 10^{-35}$m 这一难以想象的小距离上，这是质子大小的 10^{-20}倍。（作为对比，原子的半径大约是地球绕太阳的轨道半径的 10^{-20}倍。）测试弦物理所需的能量是以 10^{12} eV 工作的大型强子对撞机的 10^{15}倍。因此，即使弦理论是正确的，但基于我们当今可以进行的实验探究，可能也很难验证它是正确的。但弦应该在很早期的宇宙中发挥重要作用，这就是为什么人们在寻找“弦物理学”的残余。

所以你还有很多需要学习，最好现在就开始吧！

常数

$G=6.7\times10^{-11}\,\mathrm{m^3\cdot kg^{-1}\cdot s^{-2}}$　引力常量

$e=1.6\times10^{-19}\,\mathrm{C}$　质子电荷量

$m_\mathrm{e}=9.1\times10^{-31}\,\mathrm{kg}$　电子质量

$m_\mathrm{p}=1.7\times10^{-27}\,\mathrm{kg}$　质子质量

$$\frac{1}{4\pi\varepsilon_0}=9\times10^{9}\,\mathrm{N\cdot m^2\cdot C^{-2}}$$

$$\frac{\mu_0}{4\pi}=10^{-7}\,\mathrm{N\cdot s^2\cdot C^{-2}}$$

$\hbar=1.05\times10^{-34}\,\mathrm{J\cdot s}$　普朗克常量

$$a_0=\frac{4\pi\varepsilon_0\hbar^2}{m_\mathrm{e}e^2}=0.53\times10^{-10}\,\mathrm{m}$$

1Amp = 1C/s

《耶鲁大学开放课程：基础物理》分为“力学、相对论和热力学”与“电磁学、光学和量子力学”两卷，本书为后者，主要内容包括电磁学、光学以及量子力学的基础理论。本书可作为高等学校理工科专业学生的教材或参考书，也适用于优秀的高中生及自学人员。

图书在版编目（CIP）数据

耶鲁大学开放课程：基础物理. Ⅱ，电磁学、光学和量子力学/（美）R. 尚卡尔（R. Shankar）著；刘兆龙，吴晓丽，胡海云译. —北京：机械工业出版社，2018. 10（2023. 12 重印）

书名原文：Fundamentals of Physics Ⅱ：Electromagnetism，Optics，and Quantum Mechanics（The Open Yale Courses Series）

“十三五”国家重点出版物出版规划项目

ISBN 978-7-111-60824-0

Ⅰ. ①耶…　Ⅱ. ①R…　②刘…　③吴…　④胡…　Ⅲ. ①物理学-高等学校-教材②电磁学-高等学校-教材③光学-高等学校-教材④量子力学-高等学校-教材　Ⅳ. ①O4

中国版本图书馆 CIP 数据核字（2018）第 205756 号

机械工业出版社（北京市百万庄大街 22 号　邮政编码 100037）

策划编辑：张金奎　责任编辑：张金奎

责任校对：张晓蓉　责任印制：刘　媛

涿州市般润文化传播有限公司印刷

2023 年 12 月第 1 版第 4 次印刷

169mm×239mm · 26. 5 印张 · 1 插页 · 537 千字

标准书号：ISBN 978-7-111-60824-0

定价：89. 80 元

凡购本书，如有缺页、倒页、脱页，由本社发行部调换

电话服务	网络服务
服务咨询热线：010-88379833	机 工 官 网：www.cmpbook.com
读者购书热线：010-88379649	机 工 官 博：weibo.com/cmp1952
	教育服务网：www.cmpedu.com
封面无防伪标均为盗版	金 书 网：www.golden-book.com